高等学校教材

化学工业出版社“十四五”普通高等教育规划教材

基础工程

第二版

张艳美 张连震 井文君 主编
周明芳 杨文东 高峰 副主编

化学工业出版社
·北京·

内容简介

《基础工程》（第二版）主要内容包括：绪论、浅基础设计的基本原理、扩展基础与联合基础设计、柱下条形基础（包括柱下交叉条形基础）设计、筏形与箱形基础设计、桩基础设计、沉井基础设计、岩石锚杆基础设计、储罐基础设计、挡土墙设计、基坑支护工程和地基处理。

本书可作为高等院校土木工程各领域（如建筑工程、桥梁工程、道路工程等）以及工程力学和储运工程等专业的本科教材，也可作为土建专业技术人员的参考用书。

图书在版编目（CIP）数据

基础工程/张艳美，张连震，井文君主编．—2 版．—北京：化学工业出版社，2024.8

高等学校教材

ISBN 978-7-122-45516-1

Ⅰ．①基…　Ⅱ．①张…②张…③井…　Ⅲ．①基础（工程）-高等学校-教材　Ⅳ．①TU47

中国国家版本馆 CIP 数据核字（2024）第 084124 号

责任编辑：满悦芝　　文字编辑：王　琪

责任校对：田睿函　　装帧设计：张　辉

出版发行：化学工业出版社

（北京市东城区青年湖南街 13 号　邮政编码 100011）

印　　装：北京科印技术咨询服务有限公司数码印刷分部

787mm×1092mm　1/16　印张 21　字数 552 千字

2024 年 9 月北京第 2 版第 1 次印刷

购书咨询：010-64518888　　售后服务：010-64518899

网　　址：http://www.cip.com.cn

凡购买本书，如有缺损质量问题，本社销售中心负责调换。

定　　价：69.80 元

前言

为了满足大土木专业的需要，突出不同领域的特色，由中国石油大学（华东）、山东科技大学、山西大同大学联合编写了本教材。

本教材遵循普通高等学校土木工程专业培养方案以及现行国家和行业相关规范编写，注重实用性，内容广泛，针对性强。本书安排了一定数量的例题、习题和设计案例，以供学习参考，也为学生将来独立从事基础设计工作奠定基础。另外，本书中基础的相关构造要求和例题中材料的选择是以现行的相关规范为基础的，在今后的学习和实际工程中应参考最新规范。

本书共分为12章，其中，第1、2、6、9章由中国石油大学（华东）张艳美编写；第3、4、5章由中国石油大学（华东）周明芳、张艳美合写；第7、8章由山西大同大学高峰编写；第10章由中国石油大学（华东）井文君、山西大同大学张芳芳编写；第11章由中国石油大学（华东）杨文东、张媛编写；第12章由中国石油大学（华东）张艳美、张连震合写。另外，感谢中国石油大学（华东）程玉梅、山东科技大学卢玉华和张建等老师提供重要资料和建议。全书由张艳美统稿。

由于编者水平有限，书中难免有不妥之处，敬请读者批评指正。

编　者

2024年6月

目录

第1章

绪论

【学习指南】本章主要介绍基础工程的基本概念、发展概况、学科特点及学习要求。通过本章的学习，应掌握地基与基础的概念，熟悉基础工程的主要研究内容，了解基础工程的发展概况，了解本学科的特点及学习要求。

1.1 概述

“万丈高楼平地起”，任何建（构）筑物的全部荷载都由它下面的地层（土层行或岩层）来承担。其中，地基是指支撑建（构）筑物荷载并受其影响的那一部分地层；基础是指将建（构）筑物荷载传递到地基上的结构组成部分（图 1-1）。对某一建筑物而言，地表以上的部分称为上部结构，地基和基础属于下部结构。

基础工程的研究对象包括地基和基础两部分，主要是研究下部结构设计以及下部结构与岩土相互作用共同承担上部荷载而产生的各类变形与稳定问题。基础工程的主要内容包括地基基础的设计、施工和监测等。其中，基础设计包括选择基础类型、确定基础埋深及基底面积、基础内力计算和结构设计等；地基设计包括确定地基承载力、进行地基变形和稳定计算等。当地基承载力不足或压缩性很大而不能满足设计要求时，需要对地基进行人工处理即地基处理[1]。

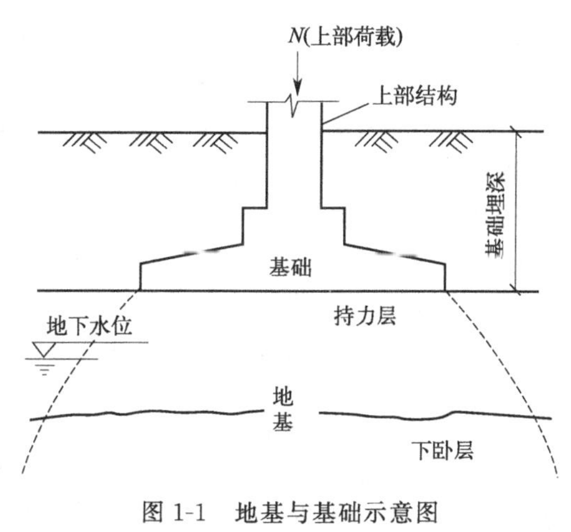

图 1-1 地基与基础示意图

为了保证上部结构的安全和正常使用，地基基础必须具有足够的强度和耐久性，变形也应控制在允许范围之内。地基基础的形式很多，设计时应根据工程地质条件、上部结构要求、荷载作用及施工技术等因素综合选择合理的设计方案。

地基可分为天然地基和人工地基。无须人工处理就可满足设计要求的地基称为天然地基。如果天然土层不能满足工程要求，必须经过人工加固处理后才能满足设计要求，则处理后的地基称为人工地基。建（构）筑物应尽量修建在良好的天然地基上，以减少地基处理的费用。另外，主要由淤泥、淤泥质土、冲填土、杂填土或其他高压缩性土层构成的地基属于软弱地基，软弱地基必须经过地基处理后方可作为建（构）筑物的地基[2]。

地基一般由多层土构成。如图 1-1 所示，直接承担基础荷载的地层称为持力层，位于持力层以下，并处于压缩层或可能被剪损深度内的各层地基土称为下卧层，当下卧层的承载力显著低于持力层时称为软弱下卧层。

根据埋置深度，基础可分为浅基础和深基础两大类。浅基础一般是指埋置深度不大（小于或相当于基础底面宽度，一般认为小于 5m）的基础。深基础是指埋深较大（一般大于 5m 或借助于特殊方法才能施工）的基础。常见的深基础有桩基、沉井、沉箱和地下连续墙等。当浅层土质不良，需要利用地基深部较为坚实的地层作为持力层时可采用深基础。与浅基础相比，深基础耗料多、施工时需要专门的设备、施工技术相对复杂、造价较高，因此，基础设计时应优先考虑天然地基上的浅基础。

基础工程属于隐蔽工程，如有缺陷，较难发现，一旦出现问题，很难补救。古今中外因基础工程问题而导致的工程事故，不胜枚举，基础工程的重要性不言而喻。此外，随着高层建筑的大量涌现，基础工程的造价在整个建筑物造价中所占的比例明显上升。因此，工程实践中必须严格遵守基本建设原则，对基础工程做到精心设计、精心施工，确保其安全可靠、经济合理。

1.2 基础工程的发展概况[3~9]

基础工程是一门实践性很强的应用学科，是人类在长期的工程实践中不断发展起来的。

追本溯源，早在几千年前，人类就已经创造了基础工程工艺，遍及世界各地的古代宫殿、寺院、桥梁和高塔都充分体现了当时能工巧匠的高超技艺。但是由于受到当时生产力水平的限制，基础工程建设还主要依靠经验，缺乏相应的科学理论。

随着 18 世纪欧洲工业革命的开始，公路、铁路、水利和建筑工程的大量兴建推动了土力学的发展。1925 年，美籍奥地利学者 Terzaghi 发表了专著《土力学》，标志着土力学从此成为一门独立的学科。土力学的诞生不仅为基础工程建设提供了理论基础，还促使人们对基础工程进行深入的研究和探索。

1936 年在美国哈佛召开了第一届国际土力学与基础工程会议，1962 年在我国天津召开了第一届土力学与基础工程会议，另外，欧洲等地区的国家也相继召开了相关的学术会议。国内外各类学术会议的召开，极大地促进了土力学与基础工程的发展。

特别是近几十年，随着计算机和计算技术的引入，使得基础工程无论是在理论上还是在施工技术上都得到了迅猛发展。不仅常规基础的设计理论更加完善，还出现了诸如桩-箱基础、桩-筏基础、补偿基础、墩基础、沉井、沉箱和地下连续墙等基础形式。在地基处理方面也出现了振冲法、强夯法、预压法、复合地基法、注浆法、冷热处理和各类托换技术等地基加固方法。与此同时，人们还研发了各种各样的与勘察、试验和地基处理有关的仪器设备如薄壁取土器、高压固结仪、大型三轴仪、动三轴仪、深层搅拌器、塑料排水带插板机等，这些仪器设备为基础工程的研究、实施和质量保证提供了条件。另外，随着土工合成材料技术的发展，各类土工聚合物也在建筑、水利、道路、港口、桥梁等工程的地基处理中得到广泛应用。在大量理论研究和实践经验积累的基础上，各类与基础工程相关的规范、规程相继问世，如《建筑地基基础设计规范》《建筑地基处理技术规范》《钢制储罐地基基础设计规范》《石油化工钢储罐地基处理技术规范》《港口工程地基规范》《铁路桥涵地基和基础设计规范》《建筑地基基础工程施工质量验收规范》等，这些规范为基础工程的设计和施工提供了理论和实践经验依据。

由于基础工程深入地下，再加上工程地质条件复杂，特别是随着我国西部大开发战略的实施、大型和重型土木工程的兴建，尽管目前基础工程的设计理论和施工技术有了较大发展，但仍有许多问题值得深入研究和探索。

1.3 本课程的特点及学习要求

基础工程内容广泛，综合性、理论性和实践性都很强。它不仅涉及材料力学、结构力学、弹性力学、土力学、水力学、工程地质、钢筋混凝土结构、砌体结构、建筑材料、施工技术等多个学科，还涉及建筑、水利、道路、港口等多个领域的规范，加之我国幅员辽阔、地质环境复杂、区域性强、地基土具有多样性和易变性的特点，使得基础工程问题十分复杂。

党的二十大报告提出，构建现代化基础设施体系。地基基础作为建（构）筑物的根基，它的设计和施工质量会直接影响上部结构的安危。因此，在学习本课程时，除了掌握基础工程设计的基本原理以外，还应注意各类基础及地基处理方法的适用范围和地基土的特性，了解全国性及区域性的相关规程和规范，培养阅读和使用工程地质勘察资料的能力，树立安全设计、执行国家规范、遵守法律法规的意识，践行工匠精神，理论联系实际，重视工程实践，增强解决基础工程问题的能力。

参考文献

[1] 华南理工大学，浙江大学，湖南大学．基础工程．北京：中国建筑工业出版社，2005.
[2] 中华人民共和国建设部．建筑地基基础设计规范（GB 50007—2011）．北京：中国建筑工业出版社，2012.
[3] 金喜平，等．基础工程．北京：机械工业出版社，2007.
[4] 袁聚云，等．基础工程设计原理．上海：同济大学出版社，2001.
[5] 华南理工大学，东南大学，浙江大学，湖南大学．地基及基础．3 版．北京：中国建筑工业出版社，1991.
[6] 陈希哲．土力学地基基础．北京：清华大学出版社，1996.
[7] 常士骠，等．工程地质手册．4 版．北京：中国建筑工业出版社，2007.
[8] 刘起霞．特种基础工程．北京：机械工业出版社，2008.
[9] 罗晓辉．基础工程设计原理．武汉：华中科技大学出版社，2007.

第2章

浅基础设计的基本原理

【学习指南】 本章主要介绍浅基础设计的内容和步骤及常规设计方法、地基基础设计的基本规定、浅基础的类型和基础方案的选择以及地基计算等。通过本章学习，应了解现行《建筑地基基础设计规范》对地基基础设计的基本规定、荷载效应的取值及两种极限状态；熟悉浅基础的分类、特点及使用条件；熟知影响基础埋深的因素；掌握地基承载力特征值及基础底面积的确定方法；了解对建筑物地基变形允许值的控制标准及地基的稳定性验算要求。

地基基础设计是建筑设计的重要组成部分。在进行地基基础设计时，应根据岩土工程勘察资料，综合考虑建筑物的用途、上部结构的类型、荷载大小和分布情况、材料供应情况、施工条件等因素，坚持因地制宜、就地取材、保护环境和节约资源的原则，进行精心设计。地基基础必须满足以下几方面的基本要求：基底压力小于地基承载力并具有足够的安全储备以防地基土发生强度破坏；地基及基础的变形值小于建筑物的允许值以免影响建筑物的正常使用；地基及基础的整体稳定性应有足够保证；基础本身的强度、刚度、耐久性等应满足上部结构的要求。一般情况下，宜首先考虑采用天然地基上的浅基础，这样不仅便于施工，缩短工期，还可以降低工程造价。本章将主要介绍天然地基上浅基础的设计原理和基本规定。

2.1 浅基础设计的内容及步骤

由于浅基础具有埋深浅、结构形式简单、施工方便、工期短、造价较低等优点，是工程中最常用的基础类型。天然地基上浅基础的设计包括地基计算和基础设计两部分。设计时，不仅要满足地基强度、变形和稳定性的要求，还应保证基础本身的强度及稳定性。浅基础设计的主要内容及步骤如下：仔细研究分析相关岩土工程勘察资料及上部结构相关设计资料；选择合适的基础类型及材料，进行基础平面布置；选择持力层并初步确定基础埋置深度；确定持力层的地基承载力；初步确定基础底面尺寸，若存在软弱下卧层，尚应验算软弱下卧层的承载力；根据需要进行地基变形及稳定性验算；对需要抗震验算的建筑物，应进行地基基础的抗震验算；进行基础结构设计并满足相关构造要求；绘制基础施工图，并附必要的施工说明。如果在以上计算过程中有不满足要求的情况，应调整基础底面尺寸或基础埋深甚至上部结构设计，直至满足要求为止。

2.2 浅基础的常规设计方法

在建筑工程设计中，通常把上部结构、基础和地基三者分开，即把三者各自作为独立的结构单元分别进行计算分析。如图 2-1 所示的一榀框架设计，先把一榀框架分离出来，框架柱底端视为固定端［图 2-1(a)］，进行内力计算；把求得的柱脚支座反力作为外荷载作用于基础上，对基础进行结构设计［图 2-1(b)］；在进行地基计算时，将基底压力视为施加于地基上的外荷载（不考虑基础刚度即作为柔性荷载）对地基进行承载力验算和沉降计算［图 2-1(c)］。这种设计方法称为常规设计方法。

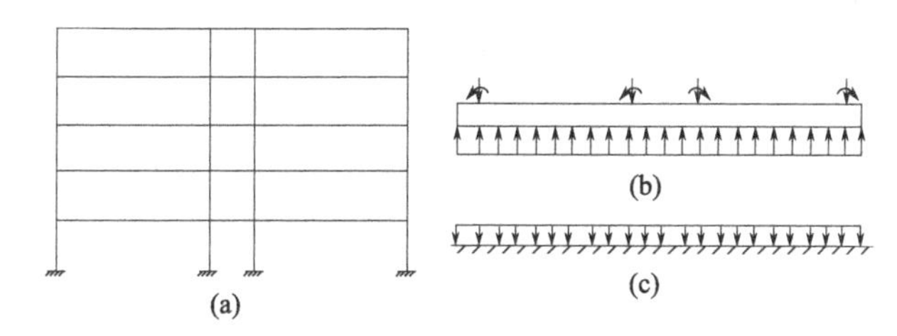

图 2-1　常规设计方法计算简图

常规设计方法满足了静力平衡，但是由于没有考虑上部结构、基础和地基三者之间共同工作、协调变形的实质，而使得该方法不能满足变形协调条件。因此，在工程设计中，按常规设计方法得到的计算结果与实际情况之间存在一定的误差。鉴于这类方法简单易懂，所以常用于连续基础的初步设计中，对于大型或复杂的基础，宜在常规设计方法的基础上，根据具体情况考虑上部结构、基础与地基之间的相互作用。

2.3 地基基础设计[1]

2.3.1 地基基础设计等级

现行《建筑地基基础设计规范》(GB 50007—2011）根据地基复杂程度、建筑物规模和功能特征以及由于地基问题可能造成建筑物破坏或影响正常使用的程度，将地基基础设计分为三个设计等级，设计时应根据具体情况按表 2-1 选用。

表 2-1　地基基础设计等级

设计等级	建筑和地基类型
甲级	重要的工业与民用建筑物 30 层以上的高层建筑 体型复杂,层数相差超过 10 层的高低层连成一体建筑物 大面积的多层地下建筑物(如地下车库、商场、运动场等) 对地基变形有特殊要求的建筑物 复杂地质条件下的坡上建筑物(包括高边坡) 对原有工程影响较大的新建建筑物 场地和地基条件复杂的一般建筑物 位于复杂地质条件及软土地区的 2 层及 2 层以上地下室的基坑工程 开发深度大于 15m 的基坑工程 周边条件复杂,环境保护要求高的基坑工程

续表

设计等级	建筑和地基类型
乙级	除甲级、丙级以外的工业与民用建筑物 除甲级、丙级以外的基坑工程
丙级	场地和地基条件简单、荷载分布均匀的7层及7层以下民用建筑及一般工业建筑物 次要的轻型建筑物 非软土地区且场地地质条件简单、基坑周边环境条件简单、环境保护要求不高且开挖深度小于5.0m的基坑工程

2.3.2　地基基础设计的基本规定

根据建筑物地基基础设计等级及长期荷载作用下地基变形对上部结构的影响程度，地基基础设计应符合下列规定。

① 所有建筑物的地基计算均应满足承载力计算的有关规定。

② 设计等级为甲级、乙级的建筑物，均应按地基变形设计。

③ 表2-2所列范围内设计等级为丙级的建筑物可不进行变形验算，如有下列情况之一时，仍应进行变形验算。

a. 地基承载力特征值小于130kPa，且体型复杂的建筑。

b. 在基础上及其附近有地面堆载或相邻基础荷载差异较大，可能引起地基产生过大的不均匀沉降。

c. 软弱地基上的建筑物存在偏心荷载。

d. 相邻建筑距离过近，可能发生倾斜。

e. 地基内有厚度较大或厚薄不均的填土，其自重固结未完成。

④ 对经常受水平荷载作用的高层建筑、高耸结构和挡土墙等，以及建造在斜坡上或边坡附近的建筑物和构筑物，尚应验算其稳定性。

⑤ 基坑工程应进行稳定验算。

⑥ 当地下水埋藏较浅，建筑地下室或地下构筑物存在上浮问题时，尚应进行抗浮验算。

表2-2　可不进行地基变形验算的设计等级为丙级的建筑物范围

地基主要受力层情况	地基承载力特征值 f_{ak}/kPa			$80 \leqslant f_{ak} < 100$	$100 \leqslant f_{ak} < 130$	$130 \leqslant f_{ak} < 160$	$160 \leqslant f_{ak} < 200$	$200 \leqslant f_{ak} < 300$
建筑类型	各土层坡度/%			≤5	≤10	≤10	≤10	≤10
	砌体承重结构、框架结构(层数)			≤5	≤5	≤6	≤6	≤7
	单层排架结构（6m柱距）	单跨	吊车额定起重量/t	10～15	15～20	20～30	30～50	50～100
			厂房跨度/m	≤18	≤24	≤30	≤30	≤30
		多跨	吊车额定起重量/t	5～10	10～15	15～20	20～30	30～75
			厂房跨度/m	≤18	≤24	≤30	≤30	≤30
	烟囱		高度/m	≤40	≤50	≤75		≤100
	水塔		高度/m	≤20	≤30	≤30		≤30
			容积/m^3	50～100	100～200	200～300	300～500	500～1000

注：1. 地基主要受力层是指条形基础底面下深度为3b（b为基础底面宽度），独立基础下为1.5b，且厚度均不小于5m的范围（2层以下一般的民用建筑除外）。

2. 地基主要受力层中如有承载力标准值小于130kPa的土层时，表中砌体承重结构的设计，应符合《建筑地基基础设计规范》（GB 50007—2011）中软弱地基的有关要求。

3. 表中砌体承重结构和框架结构均指民用建筑，对于工业建筑可按厂房高度、荷载情况折合成与其相当的民用建筑层数。

4. 表中吊车额定起重量、烟囱高度和水塔容积的数值是指最大值。

2.3.3　荷载效应取值

2.3.3.1　两种极限状态设计

当整个结构或结构的某一部分超过某一特定状态就不能满足设计规定的某一功能要求，此特定状态称为该功能的极限状态。结构的极限状态总体上可分为承载力极限状态和正常使用极限状态两类。承载力极限状态一般以结构的内力超过其承载能力为依据；正常使用极限状态一般以结构的变形、裂缝、振动参数超过设计允许的限值为依据。在地基基础设计时，地基稳定和变形允许是地基基础必须满足的两种不同要求。为此，现行《建筑地基基础设计规范》（GB 50007—2011）采用正常使用极限状态进行地基计算，采用承载力极限状态进行基础设计，并明确规定了两种极限状态对应的荷载组合及使用范围。

2.3.3.2　荷载效应取值的基本规定[1]

地基基础设计时，所采用的荷载效应最不利组合与相应的抗力限值应按下列规定。

① 按地基承载力确定基础底面积及埋深时，传至基础底面上的荷载效应应按正常使用极限状态下荷载效应的标准组合；相应的抗力应采用地基承载力特征值。

② 计算地基变形时，传至基础底面上的荷载效应应按正常使用极限状态下荷载效应的准永久组合，不应计入风荷载和地震作用；相应的限值应为地基变形允许值。

③ 在确定基础高度、支挡结构截面，计算基础或支挡结构内力，确定配筋和验算材料强度时，上部结构传来的荷载效应和相应的基底反力、挡土墙土压力以及滑坡推力，应按承载能力极限状态下荷载效应的基本组合，采用相应的分项系数；当需要验算基础裂缝宽度时，应按正常使用极限状态下荷载效应的标准组合。

④ 计算挡土墙、地基或滑坡稳定以及基础抗浮稳定时，荷载效应应按承载能力极限状态下荷载效应的基本组合，但其分项系数均为 1.0。基础设计安全等级、结构设计使用年限、结构重要性系数应按有关规范的规定采用，但结构重要性系数 γ_0 不应小于 1.0。

2.4　浅基础的类型与方案选择

浅基础根据所用材料和受力性能可分为刚性基础（无筋基础）和柔性基础（钢筋混凝土基础），根据基础形状和结构形式可分为扩展基础、联合基础、连续基础和壳体基础等，如图 2-2 所示。

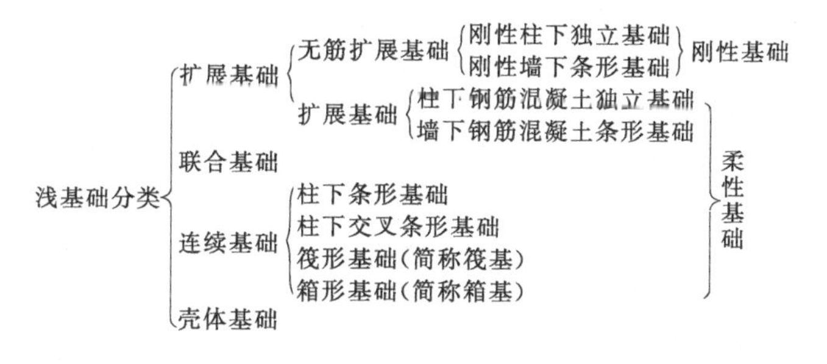

图 2-2　浅基础的分类

2.4.1　浅基础的类型

2.4.1.1　刚性基础

刚性基础又称无筋扩展基础，通常是指由砖、毛石、混凝土或毛石混凝土、灰土（石灰和土）和三合土（石灰、砂和骨料如矿渣、碎砖或碎石等加水泥混合而成）等材料组成的，且无须配置钢筋的基础[1]。刚性基础主要包括刚性墙下条形基础和刚性柱下独立基础（图

2-3）两类。

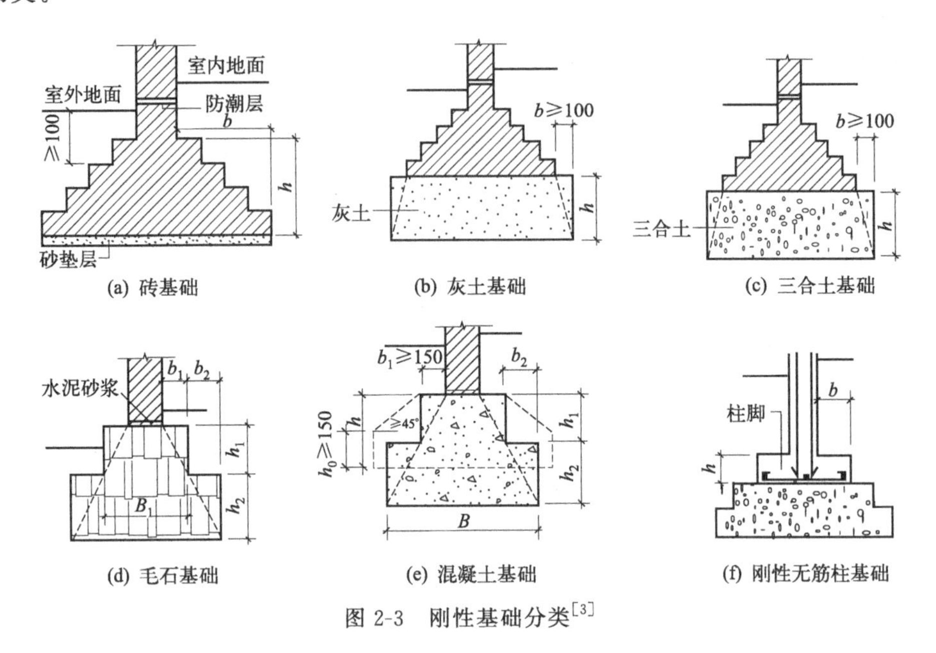

图 2-3 刚性基础分类[3]

由于构成刚性基础的材料的抗压强度一般远大于其抗拉、抗剪强度，所以刚性基础能够承担较大的竖向荷载、稳定性较好。但是，由于没有配置钢筋，基础的抗拉、抗剪性能较差，所以，在设计时，一般通过控制材料的质量和对基础构造的限制来确保基础不发生拉力或剪切破坏。在这样的限制下，基础的相对高度一般较大，基础几乎不发生挠曲变形，故习惯上又把无筋基础称为刚性基础。刚性基础一般适用于多层民用建筑（三合土基础不宜超过4层）和轻型厂房。

2.4.1.2 柔性基础

柔性基础是指钢筋混凝土基础。这类基础整体性较好，不仅能够承担较大的竖向荷载，还具有较好的抗弯强度、抗剪强度和抵抗一定不均匀沉降的能力，所以在工程中得到广泛应用。柔性基础主要包括扩展基础、联合基础、连续基础和壳体基础等类型。

（1）扩展基础

将上部结构传来的荷载，通过向侧边扩展成一定底面积，使作用在基底的压应力等于或小于地基土的允许承载力，而基础内部的应力应同时满足材料本身的强度要求，这种起到压力扩散作用的基础称为扩展基础[1]。

根据基础材料，扩展基础可分为无筋扩展基础和钢筋混凝土扩展基础。无筋扩展基础即刚性基础。钢筋混凝土扩展基础常简称为扩展基础，主要包括墙下钢筋混凝土条形基础和柱下钢筋混凝土独立基础两类。与无筋扩展基础相比，扩展基础具有良好的抗弯和抗剪性能，可在竖向荷载较大、地基承载力不高以及承受弯矩和水平荷载等情况下使用。由于这类基础可通过扩大基础底面积的方法来满足地基承载力的要求，而不必增加基础埋深，因此特别适用于需要“宽基浅埋”的工程。

① 墙下钢筋混凝土条形基础 是混合结构承重墙基础中最常用的一种形式。如图 2-4 所示，可分为有肋和无肋两种，有肋基础的整体性和抗弯能力较强，在地基不均匀时宜采用。

② 柱下钢筋混凝土独立基础 主要用于柱下，也可用于一般的高耸构筑物，如烟囱、水塔等。柱下钢筋混凝土独立基础分为现浇和预制两种。现浇的独立基础可做成阶梯形或锥形；预制基础一般做成杯形，又称为杯口基础（图 2-5）。现浇独立基础可用于一般厂房或

多层框架结构中；杯口基础常用在装配式单层工业厂房中，作为预制柱的基础。

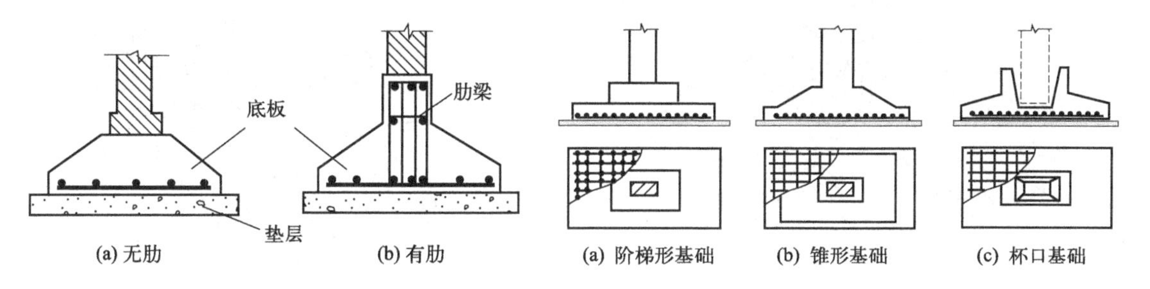

图 2-4　墙下钢筋混凝土条形基础[4]　　图 2-5　柱下钢筋混凝土独立基础[4]

(2) 联合基础

这里所介绍的联合基础主要指同列相邻两柱公共的钢筋混凝土基础，即双柱联合基础（图 2-6）。通常为了满足地基承载力要求，必须扩大基础底面尺寸，使得相邻两柱的独立基础底面相接甚至重叠时，可将它们连在一起形成联合基础。联合基础还可用于调整相邻两柱的不均匀沉降，或防止两者之间的相向倾斜等。

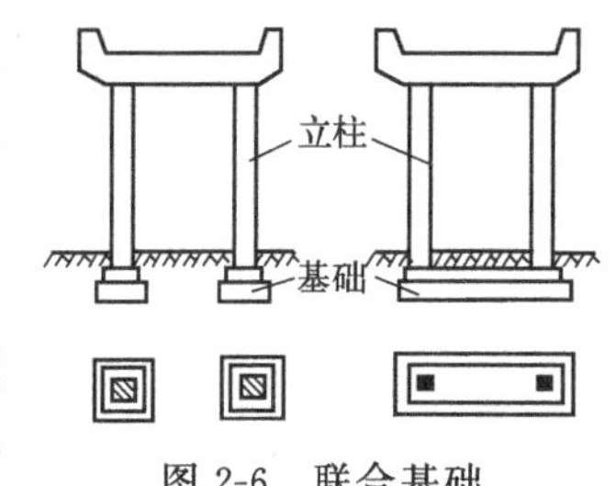

图 2-6　联合基础

(3) 连续基础

为了扩大基础底面积以满足地基承载力的要求，可将建筑物的基础沿单向或双向（柱列）甚至整片连接起来形成连续基础。连续基础主要包括柱下条形基础、柱下交叉条形基础、筏形基础和箱形基础等。与其他基础相比，连续基础的整体刚度和调整不均匀沉降的能力显著提高，建筑物的整体抗震性能也有所改善。

① 柱下条形基础　当柱荷载较大、地基较软弱或地基土压缩性分布不均匀时，为了满足地基承载力要求，减小柱基之间的不均匀沉降，可将同一方向上若干柱子的基础连接起来形成一个整体，称为柱下条形基础（图 2-7）。这类基础常用于软弱地基上的框架结构或排架结构中。另外，当柱距较小、基底面积较大、相邻基础十分接近时，为了便于施工，也可采用柱下条形基础。

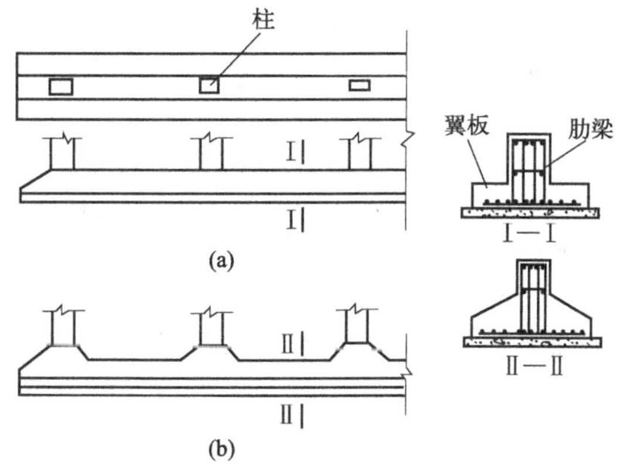

图 2-7　柱下条形基础

② 柱下交叉条形基础　当采用柱下条形基础仍不能满足地基承载力要求或在地基两个方向上都存在不均匀沉降时，可把柱列纵横两个方向的基础连接起来，形成柱下交叉条形基础（图 2-8）。如果采用单向柱下条形基础已经能够满足地基承载力要求，可仅在另一个方向设置连梁以调整其不均匀沉降，从而形成连梁式柱下交叉条形基础（图 2-9）。连梁应具有一定的强度和刚度，不宜着地，否则作用不大。

③ 筏形基础　当采用柱下交叉条形基础仍不能满足地基承载力要求，或交叉基础的底面积超过建筑物投影面积的 50%时，可将基础底板连成一片而形成筏形基础。筏形基础俗称满堂基础。与交叉基础相比，该类基础的整体刚度更大、调节地基不均匀沉降的能力增强，能够更好地适应上部荷载分布的变化，并能减少地基沉降量、改善建筑物的整体抗震性能，同时筏形基础还可兼作地下室或地下车库等。

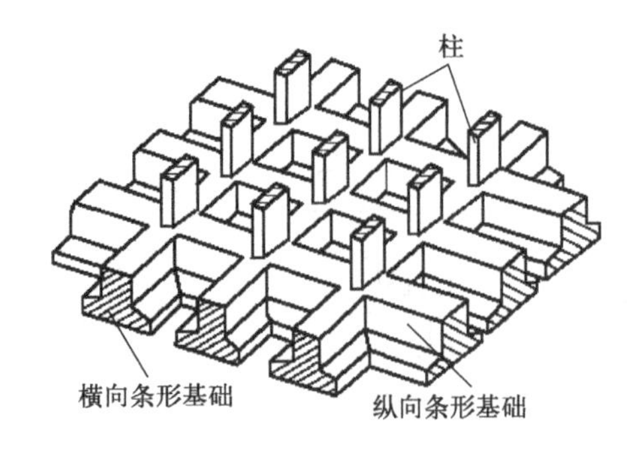

图 2-8　柱下交叉条形基础

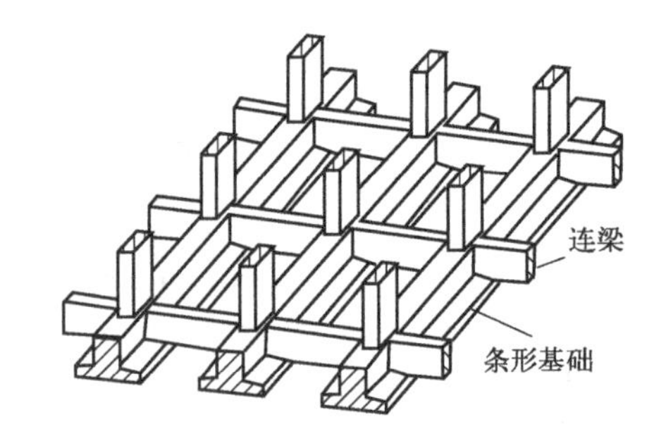

图 2-9　连梁式柱下交叉条形基础[5]

筏形基础有平板式和梁板式两种。平板式筏形基础为一块等厚的钢筋混凝土板［图 2-10(a)］。当柱荷载较大时，为了防止筏板冲切破坏，可局部加厚柱位下的板或设柱墩［图 2-10(b)］。当柱距较大、柱荷载相差也较大时，为了减小板厚，增加筏板刚度，可在板上沿柱轴单向或两个方向设置肋梁，形成梁板式筏形基础［图 2-10(c)］[5]。

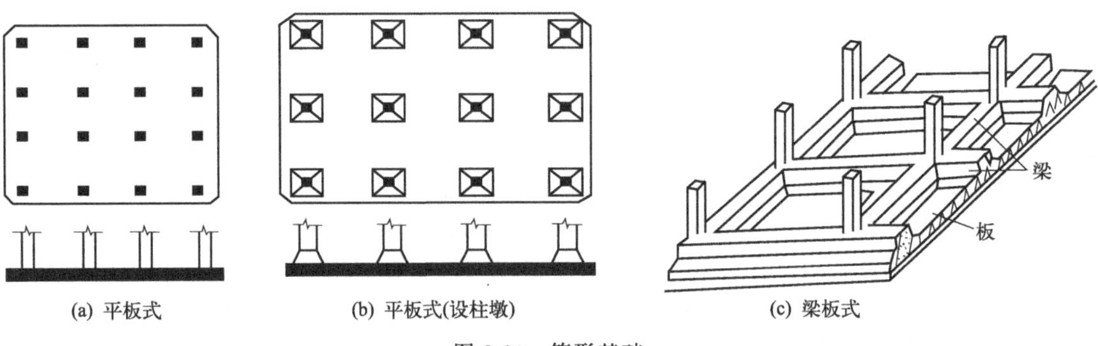

(a) 平板式　(b) 平板式(设柱墩)　(c) 梁板式

图 2-10　筏形基础

筏形基础适用于软弱地基、上部荷载较大或不宜采用其他基础形式的建筑。它可用于砌体结构、剪力墙结构的墙下，也可用于框架、框架-剪力墙结构的柱下；可用于 6 层的住宅中，也可用于 50 层的高层建筑中。特别是水工建筑物和大型储液结构物（如水池、油库等）或带地下室、地下车库以及承受水平荷载较大要求基础具有足够的刚度和稳定性的建筑物，采用筏形基础更为理想。

④ 箱形基础　如图 2-11 所示，箱形基础是由钢筋混凝土底板、顶板、侧墙和一定数量内隔墙组成的单层或多层钢筋混凝土基础。与一般实体基础相比，箱形基础的整体刚度较好，抗弯刚度更大，一般不会产生不均匀沉降。这类基础适用于软弱地基上的高层、超高层、重型或对不均匀沉降要求严格的建筑。由于基础中空，卸除了基底以上原有土层的自重，从而减小了基底附加压力、降低了地基沉降量，因此这类基础又称为补偿基础。另外，箱基的抗震性较好，基础的中空部分还可作为储藏室、设备间、库房等，但不可用作地下停车场。有时为了增加基础底板的刚度，也可采用套箱式箱形基础［图 2-11(b)］。

由于箱基的材料用量大、施工技术复杂、造价较高，因此，工程中是否采用箱基，应与其他可能的地基基础方案进行技术经济比较之后再做决定[4]。

(4) 壳体基础

为了更好地发挥基础的受力性能，可将基础做成图 2-12 所示的各种形式的壳体而形成壳体基础。壳体基础具有省材料、造价低、力学性能好等优点，但是施工技术要求较高。这类基础可用作柱基础或烟囱、水塔、电视塔、料仓等特种结构的基础。常见的壳体基础形式

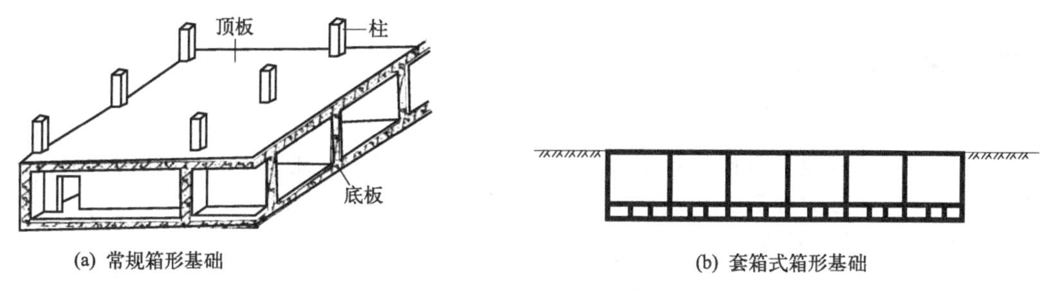

(a) 常规箱形基础　(b) 套箱式箱形基础

图 2-11　箱形基础

有正圆锥壳、M 形组合壳和内球外锥组合壳。

另外，砖基础、毛石基础和钢筋混凝土基础在施工前常在基坑底面铺设素混凝土垫层。垫层既是基础底板钢筋绑扎的工作面，又可保证基础底板的质量，并保护坑底土体不被扰动和雨水浸泡，同时改善基础施工条件。垫层厚度一般为 100mm。

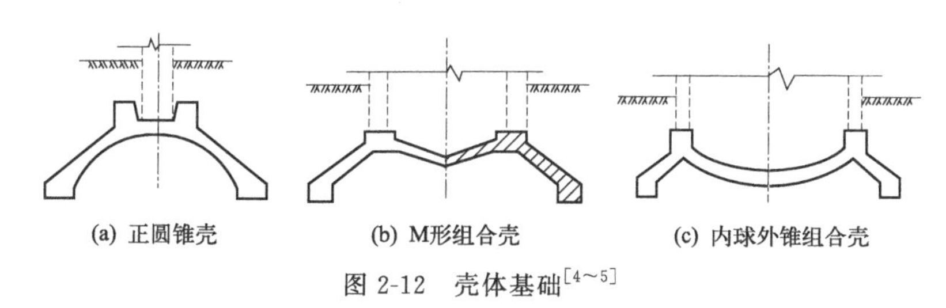

(a) 正圆锥壳　(b) M形组合壳　(c) 内球外锥组合壳

图 2-12　壳体基础[4~5]

2.4.2　基础方案选择[6~7]

基础设计中，一般遵循无筋扩展基础→扩展基础→柱下条形基础→柱下交叉条形基础→筏形基础→箱形基础的顺序来选择基础形式。选择过程中尽量做到经济、合理、安全，并考虑建筑条件、工程地质条件、技术条件、施工条件等因素综合确定。只有当上述浅基础均不合适时，才考虑用桩基等深基础，以免浪费。浅基础的类型选择见表 2-3。

表 2-3　浅基础的类型选择

结构类型	岩土条件及荷载条件	基础类型
多层砖混结构	地基土土质均匀、承载力高、无软弱下卧层、地下水位以上、荷载不大(5 层以下建筑)	无筋扩展基础
	地基土土质均匀性差、承载力低、有软弱下卧层、基础需浅埋时	墙下钢筋混凝土条形基础或墙下钢筋混凝土交叉条形基础
	地基土土质均匀性差、承载力低、荷载较大、采用条形基础基底面积超过建筑物投影面积的 50%时	墙下筏形基础
框架结构(无地下室)	地基土土质均匀、承载力高、荷载相对较小、柱网分布均匀	柱下钢筋混凝土独立基础
	地基土土质均匀性差、承载力低、荷载较大、采用独立基础不能满足要求	柱下钢筋混凝土条形基础或柱下钢筋混凝土交叉条形基础
	地基土土质均匀性差、承载力低、荷载较大、采用条形基础基底面积超过建筑物投影面积的 50%时	柱下筏形基础
剪力墙结构，10 层以上住宅	地基土层较好、荷载分布均匀	墙下钢筋混凝土条形基础
	当上述条件不满足时	墙下筏形基础或箱形基础
高层框架、剪力墙结构(有地下室)	可采用天然地基时	筏形基础或箱形基础

2.5 地基计算

按照现行《建筑地基基础设计规范》（GB 50007—2011），地基计算主要包括确定基础埋置深度、地基承载力验算、地基变形计算和地基稳定性验算四部分。

2.5.1 确定基础埋置深度

基础埋置深度一般是指从设计地面到基础底面的垂直距离。基础埋深选择是否合理，不仅关系到上部结构的安全与稳定，还会影响施工工期和工程造价等各个方面。一般情况下，当能够满足地基稳定和变形要求时，基础宜浅埋；当上层地基土的承载力大于下层土时，宜利用上层土作持力层。考虑到基础的稳定性及动植物的影响等，除岩石地基外，基础埋深不宜小于 0.5m，基础顶面一般低于地面不小于 0.1m。影响基础埋深的因素很多，应综合考虑以下几方面加以确定。

2.5.1.1 建筑物的用途、基础类型及荷载

确定基础埋深时，首先要考虑的因素包括建筑物的用途、有无地下室以及设备基础和地下设施、基础类型和构造、上部结构荷载的大小和性质等。

建筑物的使用功能不同，对基础埋深的要求也不同。如有地下室、设备基础和地下设施，基础埋深应低于这些设施。对于有特殊使用功能要求的建（构）筑物如冰库、高炉、砖窑和烟囱等，在确定基础埋深时应考虑由于热传导作用引起地基土低温冻胀和高温干缩的影响[5]。

对于无筋扩展基础，由于台阶高宽比的限制，基础的高度一般都较大，因而无筋扩展基础的埋深往往大于扩展基础的埋深。

高层建筑不仅竖向荷载大，而且要承受较大的水平荷载，所以高层建筑筏形和箱形基础的埋置深度应满足地基承载力、变形和稳定性要求。位于岩石地基上的高层建筑，其基础埋深应根据抗滑要求来确定。位于天然土质地基上的高层建筑筏形和箱形基础，其埋深应满足基础的抗倾覆和抗滑移稳定性要求。在抗震设防区，除岩石地基外，天然地基上的箱形和筏形基础埋置深度不宜小于建筑物高度的 1/15；桩箱或桩筏基础的埋置深度（不计桩长）不宜小于建筑物高度的 1/20～1/18。

一般情况下，上部结构荷载越大，越需要将基础埋在较好的土层上。对于将承受较大水平荷载的建筑物或承受上拔力的构筑物（如水塔、烟囱、电视塔等）的基础要加大埋深[8]。对不均匀沉降要求严格的建筑物，应将基础埋置在较坚实和厚度比较均匀的良好土层上。

2.5.1.2 工程地质和水文地质条件

为了保证建筑物的安全与稳定，应在详细分析工程地质勘察资料的基础上，尽量把基础埋置在较好的持力层上。工程中常见的成层土地基有以下几种情况。

① 沿地基深度方向均为良好土层。这种情况下，无须考虑土性对基础埋深的影响，基础的埋置深度将由其他因素确定。

② 沿地基深度方向均为软弱土层。这种情况下，天然地基往往不能满足地基承载力和变形的要求，可考虑采用适当的地基处理措施或桩基础等。

③ 地基上层为良好土层但下层为软弱土层。这种情况下，宜将上层土作为持力层，并尽可能采用宽基浅埋，以便加大基底与软弱层顶面之间的距离[5]，减少对软弱层的压力。

④ 地基上层为软弱土层而下层为良好土层。这种情况可视软弱土层的厚度而定。当软弱土层较薄时，可将基础埋置在下层良好土层上；当软弱土层较厚时，可考虑采用适当的地基处理措施或桩基础等。

基础宜埋置在地下水位以上，当必须埋在地下水位以下时，应采取措施防止地基土在施工时受到扰动，如基坑降水、基坑护壁等。如果地基埋藏承压水，确定基础埋深时必须考虑承压水的作用，控制基坑开挖深度，以避免基坑开挖时坑底被承压水冲破，引起突涌或流土问题。基坑底面到承压含水层顶面的距离应满足下式要求[5]（图 2-13）：

$$h>\frac{\gamma_w h_w}{\gamma} \tag{2-1}$$

式中，h 为基坑底面至承压含水层顶面的距离；h_w 为基坑底面至承压水位的距离；γ_w 为水的重度；γ 为基坑底面至承压含水层顶面范围内土层的加权重度，地下水位以下用浮重度。

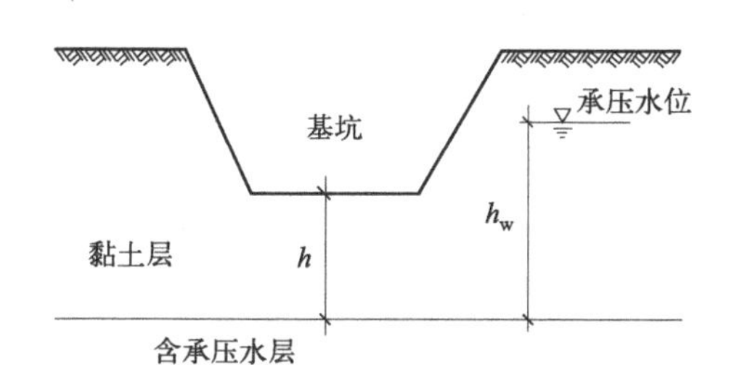

图 2-13　基坑下埋藏有承压含水层

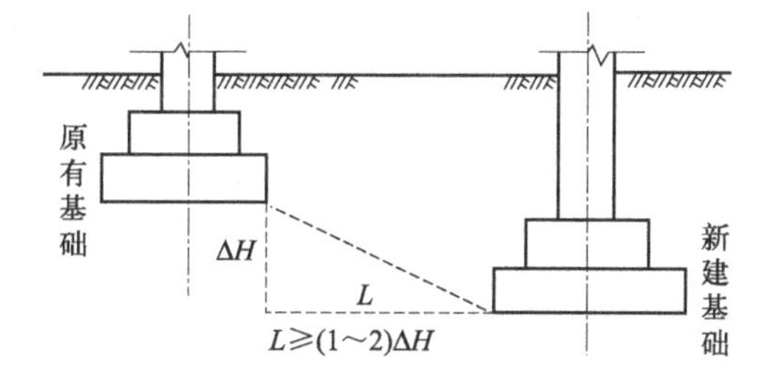

图 2-14　埋深不同的相邻基础

当无法满足上式要求时，应采取相应的处理措施如降低承压水头、减小基础埋深等。

2.5.1.3　相邻建筑物的基础埋深

当存在相邻建筑物时，为避免原有基础的倾斜或下沉，新建建筑物的基础埋深不宜大于原有建筑基础。当埋深大于原有建筑基础时，两基础间应保持一定的净距，其数值应根据原有建筑荷载的大小、基础形式和土质情况确定，一般可取相邻两基础底面高差的 1～2 倍（图 2-14）。当上述要求不能满足时，应采取分段施工、设临时支撑、打板桩或地下连续墙、加固原有建筑物地基等工程措施。

2.5.1.4　地基土冻胀和融陷的影响

在寒冷地区，当温度低于零度时，土中部分水将结成冰而形成冻土。按冻结状态持续时间，冻土可分为多年冻土、隔年冻土和季节冻土（表 2-4）[9～10]。季节冻土随季节冻结和融化，每年冻融交替一次，广泛分布于我国的东北、华北和西北等地区，对建筑物危害较大。

表 2-4　按冻结状态持续时间分类

类型	持续时间（T）	地面温度特征	冻融特征
多年冻土	$T\geqslant2$ 年	年平均地面温度≤0℃	季节融化
隔年冻土	1 年$<T<$2 年	最低月平均地面温度≤0℃	季节冻结
季节冻土	$T<$1 年	最低月平均地面温度≤0℃	季节冻结

在冬季，随着气温降低，土中部分水冻结成冰，同时未冻结区域的水分不断向冻结区迁移，使得冻结区体积产生膨胀即冻胀现象。土体膨胀会对建（构）筑物基础产生冻胀力，一旦基础所受到的冻胀力大于基底压力，基础可能被抬起。另外，冰体在土中起到了胶结作用，提高了土体的强度。当夏季气温回升解冻时，冻结区由于冰体融化体积收缩使土中孔隙增大，土体结构变得松散，含水量显著增加，土体强度大幅度降低，建筑物下陷，这种现象称为融陷。由于地基土的冻胀和融陷一般是不均匀的，多次冻融将导致建筑物严重开裂破坏。

土体冻结不一定产生冻胀。土体是否冻胀及冻胀性的强弱主要受土的粒度、含水量及地下水位等因素影响。一般情况下，粗粒土或坚硬的黏性土结合水含量小，不易发生水分迁移，冻胀程度小，甚至不冻胀；在细粒土中，由于结合水表面能较大，又存在毛细水，所以水分迁移现象明显，冻胀较严重；冻前土层含水量大的比含水量小的土层冻胀性强；若地下水位高或通过毛细水能使水分向冻结区补充，则冻胀较严重。现行《建筑地基基础设计规范》（GB 50007—2011）根据冻土层平均冻胀率的大小，把地基土的冻胀性分为不冻胀、弱冻胀、冻胀、强冻胀和特强冻胀五类（表 2-5）。

表 2-5 地基土的冻胀性分类

<table>
<tr><th>土的名称</th><th>冻前天然含水量 w/%</th><th>冻结期间地下水位距冻结面的最小距离 h_w/m</th><th>平均冻胀率 η/%</th><th>冻胀等级</th><th>冻胀类别</th></tr>
<tr><td rowspan="6">碎(卵)石、砾、粗、中砂(粒径小于 0.075mm 颗粒含量大于 15%)，细砂(粒径小于 0.075mm 颗粒含量大于 10%)</td><td rowspan="2">$w \leqslant 12$</td><td>>1.0</td><td>$\eta \leqslant 1$</td><td>Ⅰ</td><td>不冻胀</td></tr>
<tr><td>≤1.0</td><td rowspan="2">$1<\eta \leqslant 3.5$</td><td rowspan="2">Ⅱ</td><td rowspan="2">弱冻胀</td></tr>
<tr><td rowspan="2">$12<w \leqslant 18$</td><td>>1.0</td></tr>
<tr><td>≤1.0</td><td rowspan="2">$3.5<\eta \leqslant 6$</td><td rowspan="2">Ⅲ</td><td rowspan="2">冻胀</td></tr>
<tr><td rowspan="2">$w>18$</td><td>>0.5</td></tr>
<tr><td>≤0.5</td><td>$6<\eta \leqslant 12$</td><td>Ⅳ</td><td>强冻胀</td></tr>
<tr><td rowspan="7">粉砂</td><td rowspan="2">$w \leqslant 14$</td><td>>1.0</td><td>$\eta \leqslant 1$</td><td>Ⅰ</td><td>不冻胀</td></tr>
<tr><td>≤1.0</td><td rowspan="2">$1<\eta \leqslant 3.5$</td><td rowspan="2">Ⅱ</td><td rowspan="2">弱冻胀</td></tr>
<tr><td rowspan="2">$14<w \leqslant 19$</td><td>>1.0</td></tr>
<tr><td>≤1.0</td><td rowspan="2">$3.5<\eta \leqslant 6$</td><td rowspan="2">Ⅲ</td><td rowspan="2">冻胀</td></tr>
<tr><td rowspan="2">$19<w \leqslant 23$</td><td>>1.0</td></tr>
<tr><td>≤1.0</td><td>$6<\eta \leqslant 12$</td><td>Ⅳ</td><td>强冻胀</td></tr>
<tr><td>$w>23$</td><td>不考虑</td><td>$\eta>12$</td><td>Ⅴ</td><td>特强冻胀</td></tr>
<tr><td rowspan="9">粉土</td><td rowspan="2">$w \leqslant 19$</td><td>>1.5</td><td>$\eta \leqslant 1$</td><td>Ⅰ</td><td>不冻胀</td></tr>
<tr><td>≤1.5</td><td rowspan="2">$1<\eta \leqslant 3.5$</td><td rowspan="2">Ⅱ</td><td rowspan="2">弱冻胀</td></tr>
<tr><td rowspan="2">$19<w \leqslant 22$</td><td>>1.5</td></tr>
<tr><td>≤1.5</td><td rowspan="2">$3.5<\eta \leqslant 6$</td><td rowspan="2">Ⅲ</td><td rowspan="2">冻胀</td></tr>
<tr><td rowspan="2">$22<w \leqslant 26$</td><td>>1.5</td></tr>
<tr><td>≤1.5</td><td rowspan="2">$6<\eta \leqslant 12$</td><td rowspan="2">Ⅳ</td><td rowspan="2">强冻胀</td></tr>
<tr><td rowspan="2">$26<w \leqslant 30$</td><td>>1.5</td></tr>
<tr><td>≤1.5</td><td rowspan="2">$\eta>12$</td><td rowspan="2">Ⅴ</td><td rowspan="2">特强冻胀</td></tr>
<tr><td>$w>30$</td><td>不考虑</td></tr>
<tr><td rowspan="9">黏性土</td><td rowspan="2">$w \leqslant w_p+2$</td><td>>2.0</td><td>$\eta \leqslant 1$</td><td>Ⅰ</td><td>不冻胀</td></tr>
<tr><td>≤2.0</td><td rowspan="2">$1<\eta \leqslant 3.5$</td><td rowspan="2">Ⅱ</td><td rowspan="2">弱冻胀</td></tr>
<tr><td rowspan="2">$w_p+2<w \leqslant w_p+5$</td><td>>2.0</td></tr>
<tr><td>≤2.0</td><td rowspan="2">$3.5<\eta \leqslant 6$</td><td rowspan="2">Ⅲ</td><td rowspan="2">冻胀</td></tr>
<tr><td rowspan="2">$w_p+5<w \leqslant w_p+9$</td><td>>2.0</td></tr>
<tr><td>≤2.0</td><td rowspan="2">$6<\eta \leqslant 12$</td><td rowspan="2">Ⅳ</td><td rowspan="2">强冻胀</td></tr>
<tr><td rowspan="2">$w_p+9<w \leqslant w_p+15$</td><td>>2.0</td></tr>
<tr><td>≤2.0</td><td rowspan="2">$\eta>12$</td><td rowspan="2">Ⅴ</td><td rowspan="2">特强冻胀</td></tr>
<tr><td>$w>w_p+15$</td><td>不考虑</td></tr>
</table>

注：1. w_p 为塑限含水量，%；w 为在冻土层内冻前天然含水量的平均值，%。

2. 盐渍化冻土不在表列。

3. 塑性指数大于 22 时，冻胀性降低一级；粒径小于 0.005mm 的颗粒含量大于 60%时，为不冻胀土。

4. 碎石类土当充填物大于全部质量的 40%时，其冻胀性按充填物土的类别判断。

5. 碎石土、砾砂、粗砂、中砂（粒径小于 0.075mm 颗粒含量不大于 15%）、细砂（粒径小于 0.075mm 颗粒含量不大于 10%）均按不冻胀考虑。

冻胀率是指单位冻结深度（简称冻深）的冻胀量，冻胀率沿冻结深度的分布是不均匀的，一般上大下小。冻土的平均冻胀率 η 可按下式计算：

$$\eta=\Delta z / z_d \tag{2-2}$$

式中，Δz 为地表冻胀量；z_d 为设计冻深，见式(2-3)。

对于埋置于冻胀土中的基础，确定基础埋深时应考虑地基土冻结深度的影响。季节性冻土地基的设计冻深 z_d 可按下式计算：

$$z_d = z_0 \Psi_{zs} \Psi_{zw} \Psi_{ze} \tag{2-3}$$

式中，z_d 为设计冻深（自冻前原自然地面算起），若当地有多年实测资料，也可用 $z_d = h' - \Delta z$ 计算，h' 和 Δz 分别为最大冻深出现时场地最大冻土层厚度和最大冻深出现时地表冻胀量；z_0 为标准冻深，是采用在地表平坦、裸露、城市之外的空旷场地中不少于 10 年实测最大冻深的平均值，当无实测资料时，可按现行《建筑地基基础设计规范》（GB 50007—2011）附录 F 采用；Ψ_{zs} 为土的类别对冻深的影响系数，按表 2-6 取值；Ψ_{zw} 为土的冻胀性对冻深的影响系数，按表 2-7 取值；Ψ_{ze} 为环境对冻深的影响系数，按表 2-8 取值。

表 2-6　土的类别对冻深的影响系数

土的类别	影响系数 Ψ_{zs}	土的类别	影响系数 Ψ_{zs}
黏性土	1.00	中、粗、砾砂	1.30
细砂、粉砂、粉土	1.20	碎石土	1.40

表 2-7　土的冻胀性对冻深的影响系数

冻胀性	影响系数 Ψ_{zw}	冻胀性	影响系数 Ψ_{zw}
不冻胀	1.00	强冻胀	0.85
弱冻胀	0.95	特强冻胀	0.80
冻胀	0.90		

表 2-8　环境对冻深的影响系数

周围环境	影响系数 Ψ_{ze}	周围环境	影响系数 Ψ_{ze}
村、镇、旷野	1.00	城市市区	0.90
城市近郊	0.95		

如果以设计冻深作为基础埋深，可以避免冻胀力对基础的影响，但是有些严寒地区冻结深度很大，按照这一要求基础需要埋置很深。实际上，如果基础底面以下保留一定厚度的冻土层，只要基底附加压力大于作用于基础底面的冻胀应力，基础就不会出现冻胀变形，解冻时只要不产生过量的融陷，也是可以允许的。所以，当建筑基础底面之下允许有一定厚度的冻土层时，可按下式确定基础的最小埋深：

$$d_{min} = z_d - h_{max} \tag{2-4}$$

式中，d_{min} 为基础最小埋深；h_{max} 为基础底面下允许残留冻土层的最大厚度，按表 2-9 取值，当有充分依据时，基底下允许残留冻土层最大厚度也可根据当地经验确定。

表 2-9　建筑基底下允许冻土层最大厚度 h_{max}

分类			冻土层最大厚度/m					
冻胀性	基础形式	采暖情况	基底平均压力 110 kPa	基底平均压力 130 kPa	基底平均压力 150kPa	基底平均压力 170 kPa	基底平均压力 190 kPa	基底平均压力 210kPa
弱冻胀土	方形基础	采暖	0.90	0.95	1.00	1.10	1.15	1.20
		不采暖	0.70	0.80	0.95	1.00	1.04	1.10
	条形基础	采暖	>2.50	>2.50	>2.50	>2.50	>2.50	>2.50
		不采暖	2.20	2.50	>2.50	>2.50	>2.50	>2.50
冻胀土	方形基础	采暖	0.65	0.70	0.75	0.80	0.85	—
		不采暖	0.55	0.60	0.65	0.70	0.75	—
	条形基础	采暖	1.55	1.80	2.00	2.20	2.50	—
		不采暖	1.15	1.35	1.55	1.75	1.95	—

注：1. 本表只计算法向冻胀力，如果基侧存在切向冻胀力，应采取防切向力措施。
2. 本表不适用于宽度小于 0.6m 的基础，矩形基础可取短边尺寸按方形基础计算。
3. 表中数据不适用于淤泥、淤泥质土和欠固结土。
4. 表中基底平均压力数值为永久荷载标准值乘以 0.9，可以内插。

对于冻胀、强冻胀和特强冻胀土地基上的建筑，现行《建筑地基基础设计规范》（GB 50007—2011）建议应采取以下相应的防冻措施[1]。

① 对于地下水位以上的基础，基础侧面应回填非冻胀性的中砂或粗砂，其厚度一般不应小于 20cm。对于地下水位以下的基础，可以采用桩基础、保温性基础、自锚式基础（冻土层下有扩大板或扩底短桩），也可将独立基础或条形基础做成正梯形的斜面基础。

② 宜选择地势高、地下水位低、地表排水良好的建筑场地。对低洼场地，宜在建筑四周向外 1 倍冻深距离范围内，使室外地坪至少高出自然地面 300～500mm。

③ 防止雨水、地表水、生产废水、生活污水侵入建筑地基，应设置排水设施。在山区应设截水沟或在建筑物下设置暗沟，以排走地表水和潜水流。

④ 在强冻胀性和特强冻胀性地基上，其基础结构应设置钢筋混凝土圈梁和基础梁，并控制上部建筑的长高比，增强房屋的整体刚度。

⑤ 当独立基础连梁下或桩基础下有冻土时，应在梁或承台下留有相当于该土层冻胀量的空隙，以防止因土的冻胀将梁或承台拱裂。

⑥ 外门斗、室外台阶和散水坡等部位宜与主体结构断开，散水坡分段不宜超过 1.5m，坡度不宜小于 3%，其下宜填入非冻胀性材料。

⑦ 对跨年度施工的建筑，入冬前应对地基采取相应的防护措施；按采暖设计的建筑物，当冬季不能正常采暖时，也应对地基采取保暖措施。

2.5.2 确定地基承载力

地基承载力特征值是指由载荷试验测定的地基土压力变形曲线线性变形段内规定的变形所对应的压力值，其最大值为比例界限值[1]。目前常用以下方法确定地基承载力特征值：由载荷试验或其他原位测试（如静力触探、旁压试验等）确定；根据土的抗剪强度指标由公式计算确定；根据工程实践经验确定。

2.5.2.1 由载荷试验确定地基承载力特征值

载荷试验可用于测定承压板下应力主要影响范围内土体的承载力和变形特性，是一种常用的现场测定地基土压缩性指标和地基承载力的方法。载荷试验包括浅层平板载荷试验、深层平板载荷试验和螺旋板载荷试验。

浅层平板载荷试验是在地基土原位施加竖向荷载，并通过一定尺寸的承压板将荷载传到地基土层中，通过观测承压板的沉降量，测定地基土的变形模量和承载力。浅层平板载荷试验适用于浅部地基土。深层平板载荷试验适用于深层地基土和大直径桩的桩端土，试验深度不应小于 5m。螺旋板载荷试验是将螺旋板旋入地下预定深度，通过传力杆向螺旋板施加竖向荷载，通过观测螺旋板的沉降量，测定地基土承载力和变形模量。螺旋板载荷试验适用于深层地基土或地下水位以下的地基土。

根据载荷试验结果可绘制各级荷载 p 与相应的沉降量 s 之间的关系曲线即 p-s 曲线，如图 2-15 所示。承载力特征值的确定应符合下列规定[1]：当 p-s 曲线上有比例界限时，取该比例界限所对应的荷载值 [图 2-15(a)]；当极限荷载小于对应比例界限的荷载值的 2 倍时，取极限荷载值的一半；当不能按上述要求确定时，当压板面积为 0.25～0.50m^2，可取 $s/b=0.01$～0.015 所对应的荷载（b 为承压板的宽度或直径），但其值不应大于最大加载量的一半 [图 2-15(b)]。另外，同一土层参加统计的试验点不应少于三点，当试验实测值的极差不超过其平均值的 30%时，取此平均值作为该土层的地基承载力特征值 f_{ak}。

由于原位试验确定地基承载力特征值时没有考虑基础埋深和宽度对承载力的影响，因此需要根据基础宽度和埋深对地基承载力特征值 f_{ak} 进行修正。现行《建筑地基基础设计规范》（GB 50007—2011）规定：当基础宽度大于 3m 或埋深大于 0.5m 时，从载荷试验或其他原位测试、经验值等方法确定的地基承载力特征值，应按下式进行修正：

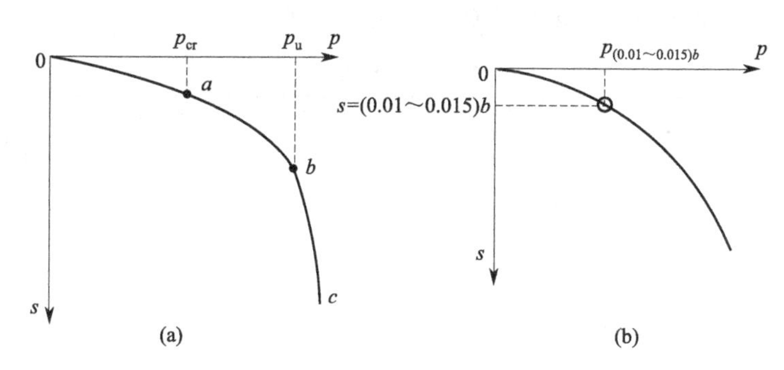

图 2-15　p-s 曲线

p_{cr}—比例界限荷载；p_u—极限荷载

$$f_a=f_{ak}+\eta_b\gamma(b-3)+\eta_d\gamma_m(d-0.5) \tag{2-5}$$

式中，f_a 为修正后的地基承载力特征值；f_{ak} 为地基承载力特征值；η_b、η_d 为基础宽度和埋深的地基承载力修正系数，按基底下土的类别查表 2-10 取值；γ 为基础底面以下土的重度，地下水位以下取浮重度；γ_m 为基础底面以上土的加权平均重度，地下水位以下取浮重度；d 为基础埋置深度，一般自室外地面标高算起，在填方平整地区，可自填土地面标高算起，但填土在上部结构施工后完成时，应从天然地面标高算起。对于地下室，当采用箱形基础或筏基时，基础埋置深度自室外地面标高算起，当采用独立基础或条形基础时应从室内地面标高算起；b 为基础底面宽度，当基宽小于 3m 按 3m 取值，大于 6m 按 6m 取值。

表 2-10　承载力修正系数

土的类别		η_b	η_d
淤泥和淤泥质土		0	1.0
人工填土 e 或 I_L 大于等于 0.85 的黏性土		0	1.0
红黏土	含水比 $a_w>0.8$	0	1.2
	含水比 $a_w\leqslant0.8$	0.15	1.4
大面积压实填土	压实系数大于 0.95，黏粒含量 $\rho_c\geqslant10\%$的粉土	0	1.5
	最大干密度大于 2.1t/m^3 的级配砂石	0	2.0
粉土	黏粒含量 $\rho_c\geqslant10\%$的粉土	0.3	1.5
	黏粒含量 $\rho_c<10\%$的粉土	0.5	2.0
e 及 I_L 均小于 0.85 的黏性土		0.3	1.6
粉砂、细砂(不包括很湿与饱和时的稍密状态)		2.0	3.0
中砂、粗砂、砾砂和碎石土		3.0	4.4

注：1. 强风化和全风化的岩石，可参照所风化成的相应土类取值；其他状态下的岩石不修正。

2. 当地基承载力特征值按深层平板载荷试验确定时，η_d 取 0。

3. $a_w=w/w_L$。

2.5.2.2　由土的抗剪强度指标确定地基承载力特征值

当偏心距 e 小于等于 0.033 倍基础底面宽度时，现行《建筑地基基础设计规范》(GB 50007—2011) 以地基临界荷载 $p_{1/4}$ 为基础，提出可根据土的抗剪强度指标确定地基承载力特征值，理论计算公式如下：

$$f_a=M_b\gamma b+M_d\gamma_m d+M_c c_k \tag{2-6}$$

式中，f_a 为由土的抗剪强度指标确定的地基承载力特征值；M_b、M_d、M_c 为承载力系数，按表 2-11 确定；b 为基础底面宽度，大于 6m 时按 6m 取值，对于砂土小于 3m 时按 3m

取值；c_k 为基底下一倍短边宽深度内土的黏聚力标准值。

表 2-11 承载力系数

土的内摩擦角标准值 φ_k/(°)	M_b	M_d	M_c	土的内摩擦角标准值 φ_k/(°)	M_b	M_d	M_c
0	0	1.00	3.14	22	0.61	3.44	6.04
2	0.03	1.12	3.32	24	0.80	3.87	6.45
4	0.06	1.25	3.51	26	1.10	4.37	6.90
6	0.10	1.39	3.71	28	1.40	4.93	7.40
8	0.14	1.55	3.93	30	1.90	5.59	7.95
10	0.18	1.73	4.17	32	2.60	6.35	8.55
12	0.23	1.94	4.42	34	3.40	7.21	9.22
14	0.29	2.17	4.69	36	4.20	8.25	9.97
16	0.36	2.43	5.00	38	5.00	9.44	10.80
18	0.43	2.72	5.31	40	5.80	10.84	11.73
20	0.51	3.06	5.66				

注：1. φ_k 为基底下一倍短边宽深度内土的内摩擦角标准值。

2. 内摩擦角标准值 φ_k 和黏聚力标准值 c_k，取值参见附录 A。

【例 2-1】 某墙下条形基础，基础底面宽度为 3.8m，基础埋深为 1.6m，地下水位位于地面以下 1.0m 处。地质剖面如图 2-16 所示。试确定持力层及下卧层的承载力特征值。

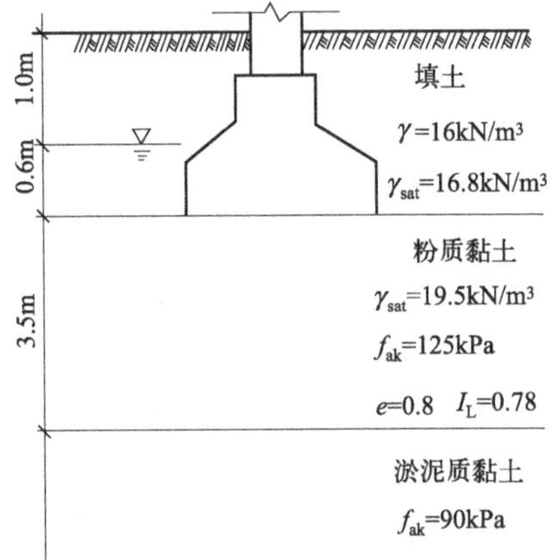

图 2-16 例 2-1 图

【解】 (1) 持力层承载力特征值

因为基础宽度 $b>3$m、基础埋深 $d>0.5$m，所以持力层承载力特征值需要进行宽度和深度修正。由表 2-10 查得 $\eta_b=0.3$，$\eta_d=1.6$。

$$\gamma_m=\frac{16\times1+(16.8-10)\times0.6}{1.6}=12.55(\text{kN/m}^3)$$

由式(2-5) 可得修正后的地基承载力特征值为

$$\begin{aligned}f_a&=f_{ak}+\eta_b\gamma(b-3)+\eta_d\gamma_m(d-0.5)\\&=125+0.3\times(19.5-10)\times(3.8-3)+1.6\times12.55\times(1.6-0.5)\\&=149.37(\text{kPa})\end{aligned}$$

(2) 下卧层承载力特征值

由表 2-10 查得 $\eta_b=0$，$\eta_d=1.0$。

$$\gamma_m=\frac{16\times1+(16.8-10)\times0.6+(19.5-10)\times3.5}{1.6+3.5}=10.46(\text{kN/m}^3)$$

$$\begin{aligned}f_a&=f_{ak}+\eta_b\gamma(b-3)+\eta_d\gamma_m(d-0.5)=90+1.0\times10.46\times(1.6+3.5-0.5)\\&=138.12(\text{kPa})\end{aligned}$$

【例 2-2】 某条形基础，基础底面宽度为 2.5m，基础埋深为 1.5m，合力偏心距 $e=0.04$m，地基土内摩擦角 $\varphi_k=24°$，黏聚力 $c_k=15$kPa，地下水位位于地面以下 0.8m 处，地下水位以上土的重度为 $\gamma=18\text{kN/m}^3$，地下水位以下土的重度为 $\gamma_{sat}=19\text{kN/m}^3$。试确定地基土的承载力特征值。

【解】 因为 $e=0.04\text{m}<0.033\times2.5\text{m}=0.0825\text{m}$，所以可按式(2-6) 确定地基土的承载力特征值。由表 2-11 查得 $M_b=0.8$，$M_d=3.87$，$M_c=6.45$。

$$\gamma_m=\frac{18\times0.8+(19-10)\times0.7}{1.5}=13.8(\text{kN/m}^3)$$

$f_a = M_b\gamma b + M_d\gamma_m d + M_c c_k = 0.8\times(19-10)\times2.5 + 3.87\times13.8\times1.5 + 6.45\times15 = 194.86(\text{kPa})$

2.5.3　地基承载力验算

2.5.3.1　持力层承载力验算

① 在轴心荷载作用下，基础底面的压力应符合下式要求：

$$p_k \leqslant f_a \tag{2-7}$$

$$p_k = \frac{F_k + G_k}{A} \tag{2-8}$$

$$G_k = \gamma_G A d$$

式中，f_a 为修正后的地基承载力特征值；p_k 为相应于荷载效应标准组合时，基础底面处的平均压力值，按式(2-8) 计算；F_k 为相应于荷载效应标准组合时，上部结构传至基础顶面的竖向力值；G_k 为基础自重和基础上的土重；γ_G 为基础及回填土的平均重度，一般取 20kN/m^3，地下水位以下部分取 10kN/m^3；d 为基础埋深，应从设计地面或室内外平均设计地面算起；A 为基础底面的面积。

② 当偏心荷载作用时，除应符合式(2-7) 的要求外，尚应符合下式要求：

$$p_{kmax} \leqslant 1.2 f_a \tag{2-9}$$

单向偏心荷载作用时：

$$\left.\begin{matrix} p_{kmax} \\ p_{kmin} \end{matrix}\right\} = \frac{F_k + G_k}{A} \pm \frac{M_k}{W} = \frac{F_k + G_k}{A}\left(1 \pm \frac{6e}{l}\right) \tag{2-10}$$

式中，p_{kmax} 为相应于荷载效应标准组合时，基础底面边缘处的最大压力值；l 为偏心方向的基础底面边长，单向偏心一般为基础长边；W 为基础底面的抵抗矩，$W = bl^2/6$；e 为荷载合力的偏心距；p_{kmin} 为相应于荷载效应标准组合时，基础底面边缘处的最小压力值。

当 $p_{kmin} < 0$（即合力偏心距 $e > l/6$）时，基底一侧出现拉应力，基础与地基脱离，接触面积有所减少，基底压力出现应力重分布，如图 2-17 所示，此时基础底面边缘的最大压力值按下式计算：

$$p_{kmax} = \frac{2(F_k + G_k)}{3ba} \tag{2-11}$$

式中，b 为垂直于力矩作用方向的基础底面边长；a 为合力作用点至基础底面最大压力边缘的距离，$a = \frac{l}{2} - e$。

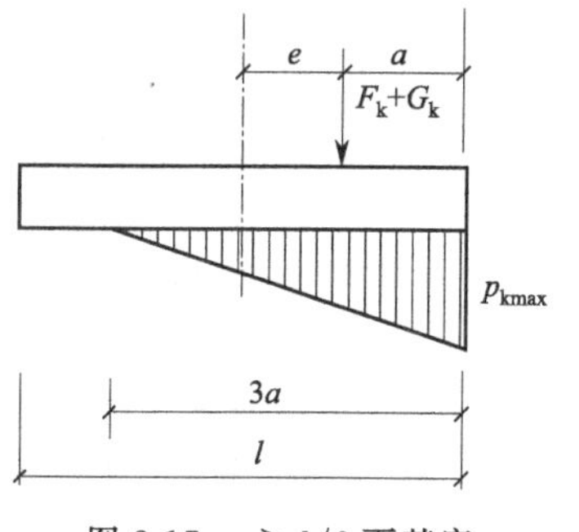

图 2-17　$e > l/6$ 下基底压力计算简图

双向偏心荷载作用时：

$$\left.\begin{matrix} p_{kmax} \\ p_{kmin} \end{matrix}\right\} = \frac{F_k + G_k}{lb} \pm \frac{M_{xk}}{W_x} \pm \frac{M_{yk}}{W_y} \tag{2-12}$$

式中，M_{xk}、M_{yk} 分别为相应于荷载效应标准组合时，作用于矩形基础底面，绕通过底面形心的 x、y 轴的力矩值；W_x、W_y 分别为基础底面对 x、y 轴的抵抗矩。

另外，当 p_{kmax}/p_{kmin} 过大时，说明基底压力分布很不均匀，容易引起过大的不均匀沉降，应尽量避免。一般情况下，为了保证基础不致过分倾斜，要求偏心距 $e \leqslant l/6$；对于低压缩性地基土，当考虑短暂作用的偏心荷载时，偏心距可放宽到 $l/4$[5]。

2.5.3.2　软弱下卧层承载力验算

当地基受力层范围内存在软弱下卧层时，除需对持力层进行承载力验算外，还应对软弱下卧层承载力进行验算，验算公式为

$$p_z + p_{cz} \leqslant f_{az} \tag{2-13}$$

式中，p_z 为相应于荷载效应标准组合时，软弱下卧层顶面处的附加应力值；p_{cz} 为软弱下卧层顶面处土的自重应力值；f_{az} 为软弱下卧层顶面处经深度修正后的地基承载力特征值。

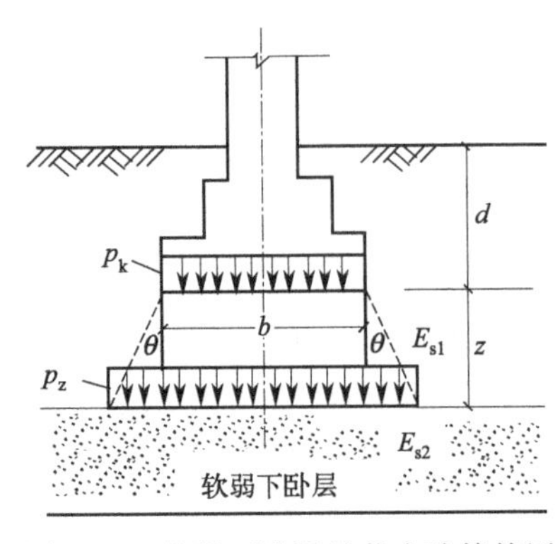

图 2-18　软弱下卧层承载力验算简图

现行《建筑地基基础设计规范》（GB 50007—2011）通过试验研究并参照双层地基中附加应力分布的理论解答提出软弱下卧层顶面处的附加应力 p_z 可按照应力扩散原理进行计算，即假定基底附加压力 p_0 按照一定角度 θ 向下扩散至软弱下卧层顶面，如图 2-18 所示。根据扩散前后总压力相等的条件，可得到 p_z 的计算公式如下：

条形基础
$$p_z=\frac{b(p_k-\sigma_{cd})}{b+2z\tan\theta} \tag{2-14}$$

矩形基础
$$p_z=\frac{lb(p_k-\sigma_{cd})}{(b+2z\tan\theta)(l+2z\tan\theta)} \tag{2-15}$$

式中，p_k 为相应于荷载效应标准组合时，基础底面处的平均压力值；σ_{cd} 为基础底面处土的自重应力值；b、l 分别为基础底面的宽度和长度，若为条形基础，l 可取 1m，长度方向应力不扩散；z 为基础底面至软弱下卧层顶面的距离；θ 为地基压力扩散角即基底压力扩散线与垂直线的夹角，可按表 2-12 采用。

表 2-12　地基压力扩散角

E_{s1}/E_{s2}	z/b	
	0.25	0.5
3	6°	23°
5	10°	25°
10	20°	30°

注：1. E_{s1} 为上层土的压缩模量；E_{s2} 为下层土的压缩模量。
2. $z/b<0.25$ 时取 $\theta=0°$，必要时，宜由试验确定；$z/b>0.5$ 时 θ 值不变。

2.5.3.3　抗震设防区地基承载力验算

现行《建筑抗震设计规范（附条文说明）（2016 年版）》（GB 50011—2010）规定下列建筑可不进行天然地基及基础的抗震承载力验算[12]。

① 规范规定可不进行上部结构抗震验算的建筑。

② 地基主要受力层范围内不存在软弱黏性土层的下列建筑：

a. 一般的单层厂房和单层空旷房屋；

b. 砌体房屋；

c. 不超过 8 层且高度在 24m 以下的一般民用框架和框架-抗震墙房屋；

d. 基础荷载与 c 项相当的多层框架厂房和多层混凝土抗震墙房屋。

其中，软弱黏性土层是指 7 度、8 度和 9 度时，地基承载力特征值分别小于 80kPa、100kPa 和 120kPa 的土层。

当天然地基基础进行抗震验算时，应采用地震作用效应标准组合，且地基抗震承载力应取地基承载力特征值乘以地基抗震承载力调整系数计算。地基抗震承载力计算公式如下：

$$f_{aE}=\xi_a f_a \tag{2-16}$$

式中，f_{aE} 为调整后的地基抗震承载力；ξ_a 为地基抗震承载力调整系数，应按表 2-13 采用；f_a 为深宽修正后的地基承载力特征值。

验算天然地基地震作用下的竖向承载力时，应符合下列各式要求：

$$p_k \leqslant f_{aE} \tag{2-17}$$

$$p_{kmax} \leqslant 1.2 f_{aE} \tag{2-18}$$

式中，p_k 为地震作用效应标准组合的基础底面平均压力值；p_{kmax} 为地震作用效应标准组合的基底边缘的最大压力值。

另外，对于高宽比大于 4 的高层建筑，在地震作用下基础底面不宜出现脱离区（零应力区）；其他建筑，基础底面与地基土之间脱离区（零应力区）面积不应超过基础底面面积的 15%。

表 2-13　地基抗震承载力调整系数

岩土名称和性状	ξ_a
岩石，密实的碎石土，密实的砾、粗、中砂，$f_{ak} \geqslant 300$kPa 的黏性土和粉土	1.5
中密、稍密的碎石土，中密和稍密的砾、粗、中砂，密实和中密的细、粉砂，150kPa$\leqslant f_{ak} <$300kPa 的黏性土和粉土，坚硬黄土	1.3
稍密的细、粉砂，100kPa$\leqslant f_{ak} <$150kPa 的黏性土和粉土，可塑黄土	1.1
淤泥，淤泥质土，松散的砂，杂填土，新近堆积的黄土及流塑黄土	1.0

【例 2-3】 某矩形基础底面尺寸为 5m×4m，基础埋深为 1.5m，地下水位位于地面以下 1.5m 处，上部结构传至基础顶面的竖向荷载 $F_k=600$kN，弯矩 $M_k=150$kN·m（偏心方向与长边方向一致）。土层分布：0～3.0m 粉质黏土，$\gamma=17.5$kN/m^3，$\gamma_{sat}=19$kN/m^3，$f_{ak}=120$kPa，孔隙比 $e=0.85$，$E_{s1}=6$MPa；3.0m 以下为淤泥质土，$E_{s2}=2$MPa，$f_{ak}=100$kPa。试验算地基承载力。

【解】（1）持力层承载力验算

根据已知条件，先对持力层地基承载力进行修正，由表 2-10 查得 $\eta_b=0$，$\eta_d=1.0$。

$$f_a=f_{ak}+\eta_b\gamma(b-3)+\eta_d\gamma_m(d-0.5)=120+1.0\times17.5\times(1.5-0.5)=137.5(\text{kPa})$$

基底平均压力：

$$p_k=\frac{F_k+G_k}{A}=\frac{600+20\times1.5\times5\times4}{5\times4}=60(\text{kPa})<f_a=137.5(\text{kPa})\quad 满足要求$$

偏心距：

$$e=\frac{M_k}{F_k+G_k}=\frac{150}{600+20\times1.5\times5\times4}=0.125(\text{m})<\frac{l}{6}=\frac{5}{6}=0.83(\text{m})\quad 满足要求$$

基底最大压力：

$$p_{kmax}=\frac{F_k+G_k}{A}+\frac{M_k}{W}=\frac{F_k+G_k}{A}\left(1+\frac{6e}{l}\right)=60\times\left(1+\frac{6\times0.125}{5}\right)$$
$$=69(\text{kPa})<1.2f_a=165(\text{kPa})\quad 满足要求$$

（2）软弱下卧层承载力验算

对软弱下卧层承载力特征值进行深度修正，由表 2-10 查得 $\eta_d=1.0$。

$$\gamma_m=\frac{17.5\times1.5+(19-10)\times1.5}{3.0}=13.25(\text{kN/m}^3)$$

$$f_{az}=f_{ak}+\eta_d\gamma_m(d-0.5)$$
$$=100+1.0\times13.25\times(3.0-0.5)=133.13(\text{kPa})$$

下卧层顶面处的自重应力为

$$p_{cz}=17.5\times1.5+(19-10)\times1.5=39.75(\text{kPa})$$

因为 $z/b=1.5/4=0.375$，$E_{s1}/E_{s2}=6/2=3$，由表 2-12 插值得 $\theta=14.5°$。

下卧层顶面处的附加应力为

$$p_z=\frac{lb(p_k-\sigma_{cd})}{(b+2z\tan\theta)(l+2z\tan\theta)}=\frac{5\times4\times(60-17.5\times1.5)}{(4+2\times1.5\times\tan14.5°)(5+2\times1.5\times\tan14.5°)}=24.47(\text{kPa})$$

$$p_z+p_{cz}=24.47+39.75=64.22(\text{kPa})<f_{az}=133.13(\text{kPa})\quad 满足要求。$$

2.5.4 确定基础底面尺寸

由于基础底面尺寸事先并不知道，在基础设计时，如果基础类型、作用荷载、基础埋深已经确定，一般先根据地基承载力初步确定基础底面尺寸，再进行相关的承载力、地基变形或抗震验算，如果验算不满足要求，需调整基础底面尺寸甚至基础埋深或上部结构设计，直至满足要求为止。

（1）轴心荷载作用下基础底面尺寸的确定

由前面介绍的地基承载力验算公式(2-7) 可知：

$$A\geqslant\frac{F_k}{f_a-\gamma_G d} \tag{2-19}$$

式中，F_k 为相应于荷载效应标准组合时，上部结构传至基础顶面的竖向力值；f_a 为修正后的地基承载力特征值；γ_G 为基础及回填土的平均重度，一般取 20kN/m^3，地下水位以下部分取 10kN/m^3；d 为基础埋深，须从设计地面或室内外平均设计地面算起。

对于条形基础，可沿基础长度方向取单位长度 1m 进行计算，荷载也为单位长度上作用于基础的荷载值，条形基础的宽度为

$$b\geqslant\frac{F_k}{f_a-\gamma_G d} \tag{2-20}$$

按照式(2-19) 或式(2-20) 确定基础底面尺寸时，由于基础宽度未知，一般先对地基承载力特征值进行深度修正，然后根据计算得到的基础宽度判断是否需要进行宽度修正。如果需要，应对地基承载力特征值进行宽度和深度修正并重新计算基础底面尺寸，如此反复，直至确定出合理的基底尺寸为止。为了便于施工，基础底面的长度和宽度均应为 100mm 的倍数。

【例 2-4】 某轴心受压柱下方形独立基础，上部结构传至基础顶面的竖向荷载 $F_k=1350\text{kN}$。地质剖面图如图 2-19 所示，试确定基础底面尺寸。

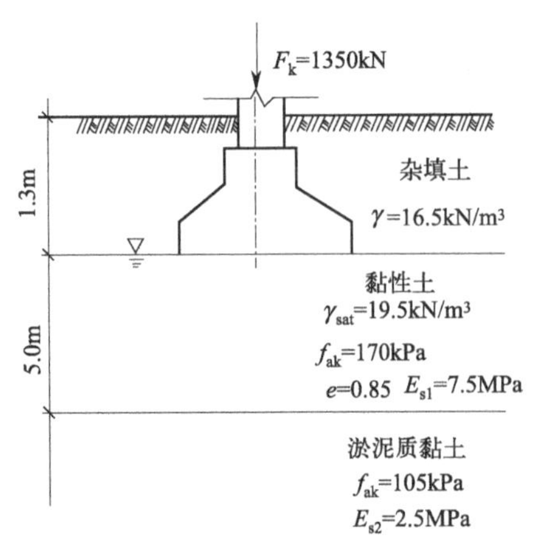

图 2-19 例 2-4 图

【解】（1）确定基础底面尺寸

根据已知条件，先对持力层地基承载力进行深度修正，由表 2-10 查得 $\eta_d=1.0$。

$$\begin{aligned}f_a&=f_{ak}+\eta_d\gamma_m(d-0.5)\\&=170+1.0\times16.5\times(1.3-0.5)\\&=183.2(\text{kPa})\end{aligned}$$

由式(2-24) 可知：

$$A\geqslant\frac{F_k}{f_a-\gamma_G d}=\frac{1350}{183.2-20\times1.3}=8.59(\text{m}^2)$$

则基础宽度为

$$b=\sqrt{A}=2.93(\text{m})$$

取 $b=3.0\text{m}$，无须对承载力进行宽度修正。

（2）对软弱下卧层进行承载力验算

对软弱下卧层承载力特征值进行深度修正：

$$\gamma_m=\frac{16.5\times1.3+(19.5-10)\times5.0}{6.3}=10.94(\text{kN/m}^3)$$

$$f_{az}=f_{ak}+\eta_d\gamma_m(d-0.5)$$
$$=105+1.0\times10.94\times(6.3-0.5)=168.45(\text{kPa})$$

基底平均压力为

$$p_k=\frac{F_k+G_k}{A}=\frac{1350+20\times3\times3\times1.3}{3\times3}=176(\text{kPa})$$

下卧层顶面处的自重应力为

$$p_{cz}=16.5\times1.3+(19.5-10)\times5.0=68.95(\text{kPa})$$

因为 $z/b=5/3=1.67$，$E_{s1}/E_{s2}=7.5/2.5=3$，所以查表 2-12 得 $\theta=23°$。

下卧层顶面处的附加应力为

$$p_z=\frac{b^2(p_k-\sigma_{cd})}{(b+2z\tan\theta)^2}=\frac{3\times3\times(176-16.5\times1.3)}{(3+2\times5.0\times\tan23°)^2}=26.50(\text{kPa})$$

$p_z+p_{cz}=26.50+68.95=95.45(\text{kPa})<f_{az}=168.45(\text{kPa})$　满足要求。

(2) 偏心荷载作用下基础底面尺寸的确定

偏心荷载作用下基础底面尺寸不能由公式直接写出，计算步骤一般如下：

① 对地基承载力特征值进行深度修正。

② 按照轴心荷载作用，利用式(2-19) 或式(2-20) 初步估算基础底面积 A。

③ 将基础底面积 A 增大 10%～40%作为偏心荷载作用下的基础底面积，并适当地确定基础底面的长 l 与宽 b 之比，即 $l/b=n$ (一般取 $n\leqslant2$)。

④ 如果 $b>3$，应对地基承载力特征值进行宽度和深度修正，并根据修正后的地基承载力特征值重复②和③，直至前后一致。

⑤ 对持力层进行承载力验算，使其同时满足式(2-7) 和式(2-9) 的要求，并且将偏心距控制在 $e\leqslant l/6$ (l 为力矩作用方向基础底面边长) 范围之内；如果不满足要求，应调节基础底面尺寸再验算直至满足要求。

⑥ 当持力层下存在软弱下卧层时，应按照式(2-13) 进行软弱层承载力验算，如不满足要求应调整基础底面尺寸或基础埋深直至满足要求为止。如此反复，便可得出合适的尺寸。

另外，在抗震设防区，应根据现行《建筑抗震设计规范》进行必要的抗震验算。

【例 2-5】 某矩形基础如图 2-20 所示，试确定基础底面尺寸。

图 2-20　例 2-5 图

【解】 (1) 对地基承载力特征值进行深度修正

根据已知条件，先对持力层地基承载力进行深度修正，由表 2-10 查得 $\eta_d=1.6$。

$$f_a=f_{ak}+\eta_d\gamma_m(d-0.5)$$
$$=220+1.6\times18.5\times(1.6-0.5)$$
$$=252.56(\text{kPa})$$

(2) 按轴心荷载初步确定基础底面积

$$A_0\geqslant\frac{F_k}{f_a-\gamma_G d}=\frac{F_{k1}+F_{k2}}{f_a-\gamma_G d}$$
$$=\frac{1500+350}{252.56-20\times1.6}=8.39(\text{m}^2)$$

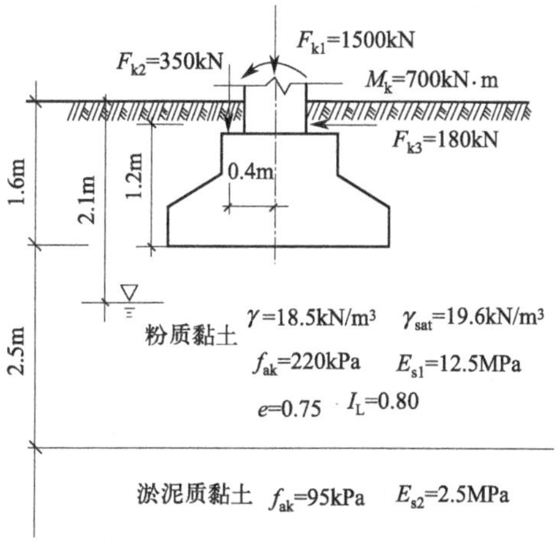

考虑偏心荷载影响，将 A_0 初步增大 20%，即

$$A=1.2A_0=1.2\times8.39=10.07(\text{m}^2)$$

设基底长宽比 $l/b=n=2$，则有

$$l=nb=2b$$

$$b=\sqrt{A/n}=\sqrt{10.07/2}=2.24(\mathrm{m})$$

取 $b=2.3\mathrm{m}$，于是 $l=2b=4.6\mathrm{m}$，因为 $b<3.0\mathrm{m}$，无须对承载力进行宽度修正。

(3) 对持力层进行承载力验算

验算基底平均压力

$$p_k=\frac{F_k+G_k}{A}=\frac{1500+350+20\times1.6\times2.3\times4.6}{2.3\times4.6}$$

$$=206.86(\mathrm{kPa})<f_a=252.56(\mathrm{kPa}) \quad \text{满足要求}$$

验算偏心距

$$e=\frac{M_k}{F_k+G_k}=\frac{700+350\times0.4+180\times1.2}{1500+350+20\times1.6\times2.3\times4.6}=0.48(\mathrm{m})<\frac{l}{6}=\frac{4.6}{6}=0.77(\mathrm{m}) \quad \text{满足要求}$$

验算基底最大压力

$$p_{k\max}=\frac{F_k+G_k}{A}\left(1+\frac{6e}{l}\right)=\frac{1500+350+20\times1.6\times2.3\times4.6}{2.3\times4.6}\times\left(1+\frac{6\times0.48}{4.6}\right)$$

$$=336.37(\mathrm{kPa})>1.2f_a=303.07(\mathrm{kPa}) \quad \text{不满足要求}$$

(4) 调整底面尺寸再验算

取 $b=2.5\mathrm{m}$，$l=5.0\mathrm{m}$，则

$$p_k=\frac{F_k+G_k}{A}=\frac{1500+350+20\times1.6\times2.5\times5.0}{2.5\times5.0}=180(\mathrm{kPa})<f_a=252.56(\mathrm{kPa}) \quad \text{满足要求}$$

$$e=\frac{M_k}{F_k+G_k}=\frac{700+350\times0.4+180\times1.2}{1500+350+20\times1.6\times2.5\times5.0}=0.47(\mathrm{m})<\frac{l}{6}=0.83(\mathrm{m}) \quad \text{满足要求}$$

$$p_{k\max}=\frac{F_k+G_k}{A}\left(1+\frac{6e}{l}\right)=\frac{1500+350+20\times1.6\times2.5\times5.0}{2.5\times5.0}\times\left(1+\frac{6\times0.47}{5.0}\right)$$

$$=281.52(\mathrm{kPa})<1.2f_a=303.07(\mathrm{kPa}) \quad \text{满足要求。}$$

(5) 软弱下卧层承载力验算

对软弱下卧层承载力特征值进行深度修正

$$\gamma_m=\frac{18.5\times2.1+(19.6-10)\times(2.5+1.6-2.1)}{2.5+1.6}=14.16(\mathrm{kN/m^3})$$

$$f_{az}=f_{ak}+\eta_d\gamma_m(d-0.5)=95+1.0\times14.16\times(2.5+1.6-0.5)=145.98(\mathrm{kPa})$$

下卧层顶面处的自重应力为

$$p_{cz}=18.5\times2.1+9.6\times(2.5+1.6-2.1)=58.05(\mathrm{kPa})$$

因为 $z/b=2.5/2.5=1$，$E_{s1}/E_{s2}=12.5/2.5=5$，所以查表 2-12 得 $\theta=25°$。

$$p_k=\frac{F_k+G_k}{A}=\frac{1500+350+20\times1.6\times2.5\times5.0}{2.5\times5.0}=180(\mathrm{kPa})$$

下卧层顶面处的附加应力为

$$p_z=\frac{lb(p_k-\sigma_{cd})}{(b+2z\tan\theta)(l+2z\tan\theta)}=\frac{5.0\times2.5\times(180-18.5\times1.6)}{(2.5+2\times2.5\times\tan25°)(5.0+2\times2.5\times\tan25°)}=53.07(\mathrm{kPa})$$

$$p_z+p_{cz}=53.07+58.05=111.12(\mathrm{kPa})<f_{az}=145.98(\mathrm{kPa}) \quad \text{满足要求。}$$

2.5.5 地基变形验算

在地基基础设计时，不仅要满足地基承载力的要求，还要保证地基的变形不大于地基变形允许值，否则会影响建筑物的正常使用，甚至带来严重危害。因此，在常规设计中，除了

进行地基承载力验算外，还应根据规定（见 2.3.2 地基基础设计的基本规定）进行地基变形验算，即

$$s \leqslant [s] \tag{2-21}$$

式中，s 为地基变形计算值；$[s]$ 为地基变形允许值。

根据变形特征，地基变形可主要分为以下四类。

① 沉降量：独立基础或刚度特大的基础中心的沉降量。

② 沉降差：相邻两个柱基的沉降量之差。

③ 倾斜：基础倾斜方向两端点的沉降差与其距离的比值。

④ 局部倾斜：砌体承重结构沿纵向 6～10m 内基础两点的沉降差与其距离的比值。

2.5.5.1　地基变形计算

地基变形受地基土性质、上部荷载的大小和分布等诸多因素的影响，十分复杂。目前已经发展了多种计算方法如弹性理论法、分层总和法、Skempton-Bjerrum 法、三维压缩非线性模量法、应力路径法、有限单元法、原位测试法、从现场资料推算最终变形量法等，在一般土力学教材中都有较为详细的阐述。工程中最常用的计算方法是现行《建筑地基基础设计规范》(GB 50007—2011) 推荐的分层总和法，其中地基内的应力分布，可采用各向同性均质线性变形体理论进行计算（见相关土力学教材）。

（1）地基最终变形量（沉降量）计算

$$s = \Psi_s s' = \Psi_s \sum_{i=1}^{n} \Delta s'_i = \Psi_s \sum_{i=1}^{n} (z_i \bar{\alpha}_i - z_{i-1} \bar{\alpha}_{i-1}) \frac{p_0}{E_{si}} \tag{2-22}$$

式中，s 为地基最终沉降量；s' 为按分层总和法计算出的地基沉降量；n 为地基变形计算深度范围内所划分的土层数；Ψ_s 为沉降计算经验系数，根据地区沉降观测资料及经验确定，无经验时可按表 2-14 取值；p_0 为对应于荷载效应准永久组合时的基础底面处的附加压力值；z_i、z_{i-1} 分别为基础底面至第 i 层土、第 $i-1$ 层土底面的距离；E_{si} 为基础底面下第 i 层土的压缩模量，应取土的自重应力至自重应力与附加应力之和的压力段计算；$\bar{\alpha}_i$、$\bar{\alpha}_{i-1}$ 分别为基础底面计算点至第 i 层土、第 $i-1$ 层土底面范围内的平均附加应力系数，可按现行《建筑地基基础设计规范》(GB 50007—2011) 附录 K 采用。

表 2-14　沉降计算经验系数 Ψ_s

基底附加压力	$\overline{E}_s$				
	2.5MPa	4.0MPa	7.0MPa	15.0MPa	20.0MPa
$p_0 \geqslant f_{ak}$	1.4	1.3	1.0	0.4	0.2
$p_0 \leqslant 0.75f_{ak}$	1.1	1.0	0.7	0.4	0.2

表 2-14 中，f_{ak} 为地基承载力特征值；$\overline{E}_s$ 为沉降计算深度范围内压缩模量的当量值，按下式计算：

$$\overline{E}_s = \sum A_i / \sum \frac{A_i}{E_{si}} \tag{2-23}$$

式中，A_i 为第 i 层土的竖向附加应力面积。

（2）地基沉降计算深度

地基沉降计算深度 z_n 应满足下式要求：

$$\Delta s'_n \leqslant 0.025 \sum_{i=1}^{n} \Delta s'_i \tag{2-24}$$

式中，$\Delta s'_i$ 为在计算深度范围内，第 i 层土的沉降量；n 为地基计算深度范围内所划分的层数；$\Delta s'_n$ 为由计算深度 z_n 处向上取厚度为 Δz 的土层的计算沉降量，Δz 的厚度选取与

基础宽度 b 有关，取值见表 2-15。

计算地基变形时，应考虑相邻荷载的影响，其值可按应力叠加原理，采用角点法计算。

当确定沉降计算深度下有软弱土层时，尚应向下继续计算，直至软弱土层也满足式(2-24)为止。当无相邻荷载影响，基础宽度在 1～30m 范围内时，基础中点的地基变形计算深度也可按下面的简化公式计算：

$$z_n = b(2.5 - 0.4\ln b) \tag{2-25}$$

式中，b 为基础宽度。

若计算深度范围内存在基岩，z_n 可取至基岩表面；当存在较厚的坚硬黏性土层，其孔隙比小于 0.5，压缩模大于 50MPa，或存在较厚的密实砂卵石层，其压缩模量大于 80MPa 时，z_n 可取至该土层表面。

表 2-15　计算厚度值 Δz 值

b/m	$b \leqslant 2$	$2 < b \leqslant 4$	$4 < b \leqslant 8$	$8 < b$
Δz/m	0.3	0.6	0.8	1.0

(3) 回弹变形量计算

当建筑物地下室基础埋置较深时，需要考虑开挖基坑地基土的回弹，该部分回弹变形量可按下式计算：

$$s_c = \Psi_c \sum_{i=1}^{n} (z_i \bar{a}_i - z_{i-1} \bar{a}_{i-1}) \frac{p_c}{E_{ci}} \tag{2-26}$$

式中，s_c 为地基的回弹变形量；Ψ_c 为考虑回弹影响的沉降计算经验系数，无地区经验时可取 1.0；p_c 为基坑底面以上土的自重压力，地下水位以下应扣除浮力；E_{ci} 为土的回弹模量，按《土工试验方法标准》(GB/T 50123—2019) 确定。

在同一整体大面积基础上建有多栋高层和低层建筑时，应该按照上部结构、基础与地基的共同作用进行变形计算。

2.5.5.2　地基变形允许值

建筑物的结构类型不同，对地基变形的反应也不同，起控制作用的变形类型也不一样，因此在计算地基变形时，应符合下列基本规定。

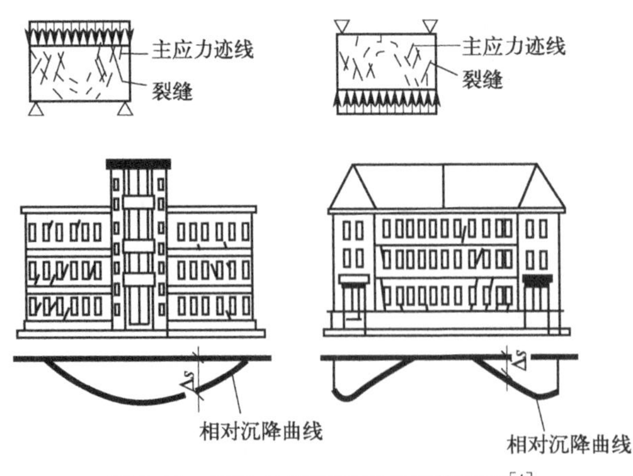

图 2-21　不均匀沉降引起的墙体开裂[4]

① 由于建筑地基不均匀、荷载差异很大、体型复杂等因素引起的地基变形，对于砌体承重结构而言，地基变形造成的破坏主要是由于纵墙挠曲引起墙体局部出现斜裂缝，如图 2-21 所示，因此应由局部倾斜控制；对于框架结构和单层排架结构而言，当遇到地基土质不均匀、荷载差异较大、基础附近有堆载或受相邻基础荷载影响时，会使相邻柱基的沉降差较大而导致上部构件受剪扭曲破坏，因此该类结构应由相邻柱基的沉降差控制；对于多层或高层建筑和高耸结构，因为重心偏高，可能出现的变形特征主要是整体倾斜，因此应由倾斜值控制；必要时尚应控制平均沉降量。

② 在必要情况下，需要分别预估建筑物在施工期间和使用期间的地基变形值，以便预留建筑物有关部分之间的净空，考虑连接方法和施工顺序。一般多层建筑物在施工期间完成

的沉降量，对于砂土可认为其最终沉降量已完成 80%以上，对于其他低压缩性土可认为已完成最终沉降量的 50%～80%，对于中压缩性土可认为已完成 20%～50%，对于高压缩性土可认为已完成 5%～20%。

建筑物的地基变形允许值，按表 2-16 规定采用。对表中未包括的建筑物，其地基变形允许值应根据上部结构对地基变形的适应能力和使用上的要求确定。

表 2-16　建筑物的地基变形允许值[1]

变形特征	地基土类别	
	中、低压缩性土	高压缩性土
砌体承重结构基础的局部倾斜	0.002	0.003
工业与民用建筑相邻柱基的沉降差		
(1)框架结构	$0.002l$	$0.003l$
(2)砌体墙填充的边排柱	$0.0007l$	$0.001l$
(3)当基础不均匀沉降时不产生附加应力的结构	$0.005l$	$0.005l$
单层排架结构(柱距为 6m)柱基的沉降量/mm	(120)	200
桥式吊车轨面的倾斜(按不调整轨道考虑)		
纵向	0.004	
横向	0.003	
多层和高层建筑的整体倾斜		
$H_g \leqslant 24$	0.004	
$24 < H_g \leqslant 60$	0.003	
$60 < H_g \leqslant 100$	0.0025	
$H_g > 100$	0.002	
体型简单的高层建筑基础的平均沉降量/mm	200	
高耸结构基础的倾斜		
$H_g \leqslant 20$	0.008	
$20 < H_g \leqslant 50$	0.006	
$50 < H_g \leqslant 100$	0.005	
$100 < H_g \leqslant 150$	0.004	
$150 < H_g \leqslant 200$	0.003	
$200 < H_g \leqslant 250$	0.002	
高耸结构基础的沉降量/mm		
$H_g \leqslant 100$	400	
$100 < H_g \leqslant 200$	300	
$200 < H_g \leqslant 250$	200	

注：1. 本表数值为建筑物地基实际最终变形允许值。
2. 括号内数值仅适用于中压缩性土。
3. l 为相邻柱基的中心距离，mm；H_g 为自室外地面起算的建筑物高度，m。

2.5.5.3　减小沉降危害的措施[1,4～6,13～16]

当地基变形计算值超过地基变形允许值时，一般情况下可先考虑调整基础底面积或基础埋深，如果还不能满足要求，可对地基进行处理以提高地基承载力并减小沉降量，也可考虑从建筑、结构、施工等方面采取有效措施以减小沉降量和不均匀沉降差，或采用其他地基基础设计方案如桩基础等。

(1) 建筑措施

① 建筑体型应力求简单　在满足使用和其他要求的前提下，建筑的平面和立面形式应力求简单。对于平面形状复杂的建筑物（如建筑平面为“H”形、“山”形、“T”形等），在纵横方向交叉处，由于基础密集，使得地基附加应力相互重叠而造成这部分的沉降量比其

他部位大。同时因为转折较多，这类建筑的整体刚度较小，很容易因为不均匀沉降造成建筑物的开裂破坏。如果建筑物立面高低差距过大，会因为地基各部分的荷载悬殊而增大不均匀沉降。

② 设置沉降缝　当建筑体型比较复杂时，宜根据其平面形状和高度差异情况，在适当部位用沉降缝将其划分成若干个刚度较好的单元。沉降缝应从屋顶到基础把建筑物完全分开。每个单元应体型简单、结构类型单一、长高比较小、地基土较均匀并能自成沉降体系。当高度差异或荷载差异较大时，可将两单元隔开一定距离，当拉开距离后的两单元必须连接时，应采用能自由沉降的连接构造如简支或悬挑结构等。宜在建筑物的下列部位设沉降缝：建筑平面的转折部位；高度差异或荷载差异处；长高比过大的砌体承重结构或钢筋混凝土框架结构的适当部位；地基土的压缩性有显著差异处；建筑结构或基础类型不同处；分期建造房屋的交界处。

为了防止缝两侧单元相向倾斜而相互挤压，沉降缝应有足够的宽度，缝宽可按表 2-17 选用。由于沉降缝的设置不仅会增加工程造价，还会增加建筑、结构和施工处理上的难度，因此不宜轻率多用。

表 2-17　房屋沉降缝的宽度

房屋层数	沉降缝宽度/mm
2～3	50～80
4～5	80～120
5 层以上	不小于 120

③ 控制相邻建筑物基础间的距离　当两个建筑物基础相距较近时，由于地基附加应力扩散作用的影响，会引起附加的不均匀沉降，从而导致建筑物开裂或发生倾斜。因此，为了避免此项危害，必须控制相邻建筑物基础间的净距。

相邻建筑物基础间净距的大小取决于被影响建筑物的刚度和影响建筑物的规模、荷载及地基土的性质等因素，设计时可按表 2-18 取值。另外，相邻高耸结构或对倾斜要求严格的构筑物的外墙间隔距离，应根据倾斜允许值计算确定。

④ 对建筑物各部分的标高进行调整　为了避免或减小由于不均匀沉降导致原有建筑物标高改变对建筑物使用功能的影响，建筑物各组成部分的标高，应根据可能产生的不均匀沉降采取下列相应措施：

a. 室内地坪和地下设施的标高，应根据预估沉降量予以提高。建筑物各部分（或设备之间）有联系时，可将沉降较大者标高提高；

b. 建筑物与设备之间，应留有净空。当建筑物有管道穿过时，应预留孔洞，或采用柔性的管道接头等。

表 2-18　相邻建筑物基础间的净距　　单位：m

影响建筑物的预估平均沉降量/mm	净距	
	被影响建筑物的长高比 $2.0 \leqslant L/H_f < 3.0$	被影响建筑物的长高比 $3.0 \leqslant L/H_f < 5.0$
70～150	2～3	3～6
160～250	3～6	6～9
260～400	6～9	9～12
>400	9～12	≥12

注：1. 表中 L 为建筑物长度或沉降缝分隔的单元长度，m；H_f 为自基础底面标高算起的建筑物高度，m。
2. 当被影响建筑的长高比为 $1.5 < L/H_f < 2.0$ 时，其间净距可适当缩小。

（2）结构措施

① 减小或调整基底附加压力　为了减少建筑物沉降和不均匀沉降，可采用下列措施以

减小或调整基底附加压力：

a. 选用轻型结构，减轻墙体自重，采用架空地板代替室内填土；

b. 设置地下室或半地下室，采用覆土少、自重轻的基础类型；

c. 调整各部分的荷载分布、基础尺寸或埋置深度；

d. 对不均匀沉降要求严格的建筑物，可选用较小的基底压力。

② 加强基础刚度　对于建筑体型复杂、荷载差异较大的框架结构，可采用箱基、桩基、筏基等加强基础整体刚度，减少不均匀沉降。

③ 加强整体刚度和强度　对于砌体承重结构的房屋，宜采用下列措施增强整体刚度和强度。

a. 对于 3 层和 3 层以上的房屋，其长高比 L/H_f 宜小于或等于 2.5；当房屋的长高比为 $2.5<L/H_f\leqslant 3.0$ 时，宜做到纵墙不转折或少转折，并应控制其内横墙间距或增强基础刚度和强度；当房屋的预估最大沉降量小于或等于 120mm 时，其长高比可不受限制。

b. 墙体内宜设置钢筋混凝土圈梁或钢筋砖圈梁。圈梁的布置：在多层房屋的基础和顶层处宜各设置一道，其他各层可隔层设置，必要时也可层层设置；单层工业厂房、仓库，可结合基础梁、联系梁、过梁等酌情设置；圈梁应设置在外墙、内纵墙和主要内横墙上，并宜在平面内连成封闭系统。

c. 在墙体上开洞过大时，宜在开洞部位配筋或采用构造柱及圈梁加强。

(3) 施工措施

施工时，对淤泥和淤泥质土及高灵敏度黏土基槽底面应注意保护，减少扰动。一般的做法是在基坑开挖时，在坑底暂时保留约 200mm 厚的原状土，待浇筑混凝土垫层时再挖至设计标高。如果坑底土已被扰动，可挖去扰动部分，并用碎石或碎砖、砂等回填夯实。如果建筑物荷载差异较大，施工时宜先建重、高部分，后建轻、低部分。

2.5.6 地基稳定性验算[1]

对经常受水平荷载作用的高层建筑、高耸结构和挡土墙等，以及建造在斜坡上或边坡附近的建筑物和构筑物，应对其进行稳定性验算。

地基稳定性可采用圆弧滑动面法进行验算，最危险滑动面上诸力对滑动中心所产生的抗滑力矩与滑动力矩，应满足下式要求：

$$\frac{M_R}{M_S}\geqslant 1.2 \tag{2-27}$$

式中，M_R 为抗滑力矩；M_S 为滑动力矩。

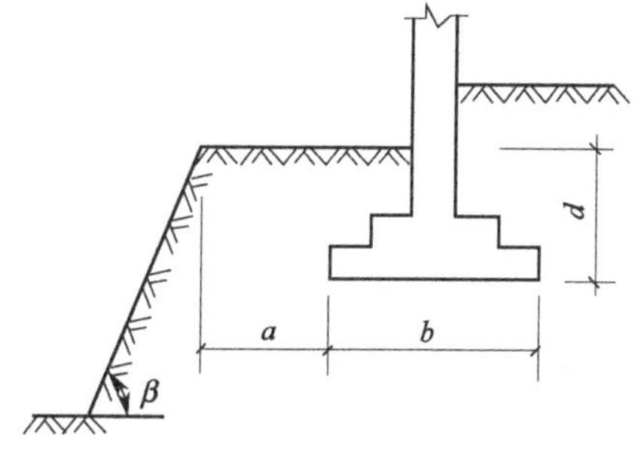

图 2-22　基础底面外边缘线至坡顶的水平距离示意图

对位于稳定土坡坡顶上的建筑，当垂直于坡顶边缘线的基础底面边长小于或等于 3m 时，其基础底面外边缘线至坡顶的水平距离（图 2-22）应符合下式要求，但不得小于 2.5m：

条形基础
$$a\geqslant 3.5b-\frac{d}{\tan\beta} \tag{2-28}$$

矩形基础
$$a\geqslant 2.5b-\frac{d}{\tan\beta} \tag{2-29}$$

式中，a 为基础底面外边缘线至坡顶的水平距离；b 为垂直于坡顶边缘线的基础底面边长；d 为基础埋置深度；β 为边坡坡角。

当基础底面外边缘线至坡顶的水平距离不满足式(2-28)、式(2-29) 的要求时，可根据基底平均压力按式(2-27) 确定基础距坡顶边缘的距离和基础埋深。

当边坡坡角大于45°、坡高大于8m时，尚应按式(2-27)验算坡体的稳定性。

习　题

2-1　某轴心受压独立基础底面尺寸为2.5m×3.6m，埋深为2m。地下水位在地表下1.0m。地基土内摩擦角$\varphi_k=20°$，黏聚力$c_k=10\text{kPa}$。地下水位以上土的重度为$\gamma=17.5\text{kN/m}^3$，地下水位以下土的重度为$\gamma_{sat}=19.3\text{kN/m}^3$。试确定地基土的承载力特征值$f_a$。

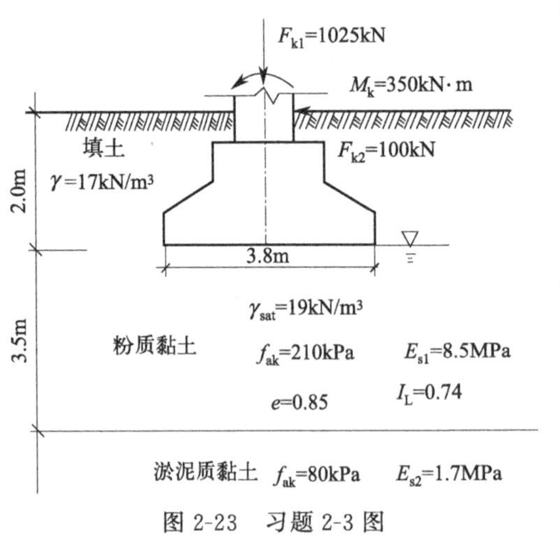

图2-23　习题2-3图

2-2　某墙下条形基础，建于粉质黏土地基上，基础宽度为4.2m，基础埋深为1.3m。由载荷试验确定的地基承载力特征值$f_{ak}=230\text{kPa}$。地下水位在地表下1.0m，地下水位以上土的重度为$\gamma=17\text{kN/m}^3$，地下水位以下土的重度为$\gamma_{sat}=18.5\text{kN/m}^3$，$e=0.70$，$I_L=0.8$。试确定修正后的地基承载力特征值。

2-3　某独立基础，基础底面尺寸为3m×3.8m，如图2-23所示，试验算持力层与软弱下卧层的强度。

2-4　某柱下独立基础，上部结构传至基础顶面的竖向荷载$F_k=1100\text{kN}$，基础埋深2.0m。土层自地表起分布如下：第一层为粉质黏土，厚3.5m，$\gamma=17\text{kN/m}^3$，$f_{ak}=130\text{kPa}$，$e=0.89$，$E_{s1}=8\text{MPa}$；第二层为淤泥质土，$f_{ak}=90\text{kPa}$，$E_{s2}=1.6\text{MPa}$。试确定基础底面尺寸。

2-5　某墙下条形基础如图2-24所示，地基土为红黏土且含水比$\alpha_w=0.75$，$\gamma=17\text{kN/m}^3$，$\gamma_{sat}=18\text{kN/m}^3$，$f_{ak}=125\text{kPa}$，试确定基础宽度。

2-6　某条形基础如图2-25所示，试确定基础底面尺寸。

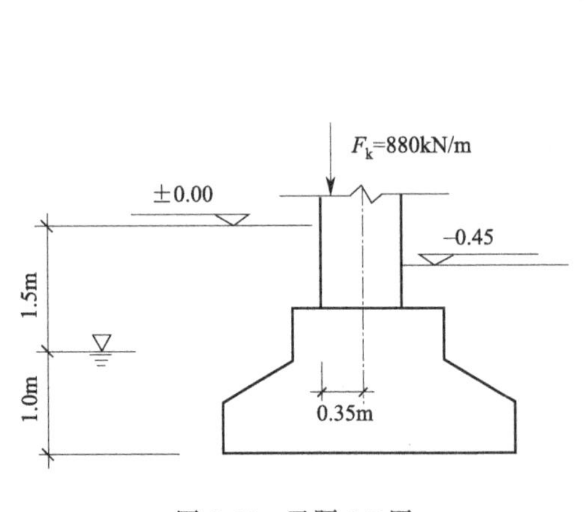

图2-24　习题2-5图

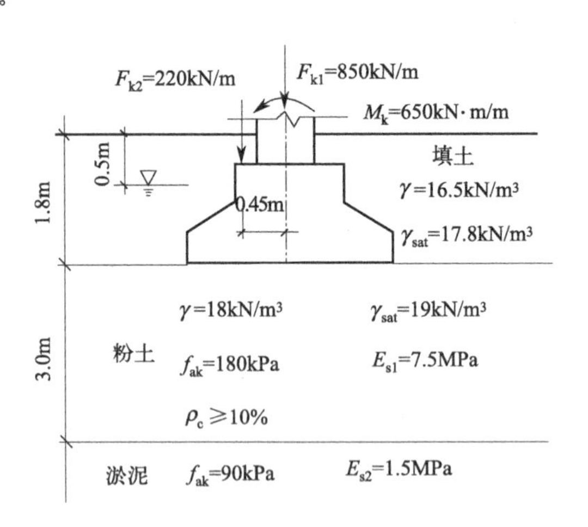

图2-25　习题2-6图

参　考　文　献

[1]　中华人民共和国建设部．建筑地基基础设计规范（GB 50007—2011）．北京：中国建筑工业出版社，2012.

[2]　中华人民共和国建设部．建筑结构荷载规范（GB 50009—2012）．北京：中国建筑工业出版社，2012.

[3]　林晨，等．建筑设计资料集．2版．北京：中国建筑工业出版社，2005.

[4]　袁聚云，等．基础工程设计原理．上海：同济大学出版社，2001.

[5]　华南理工大学，浙江大学，湖南大学．基础工程．北京：中国建筑工业出版社，2005.

[6]　金喜平，等．基础工程．北京：机械工业出版社，2007.

[7] 中国土木工程协会．2007 注册岩土工程师专业考试复习教程．4 版．北京：中国建筑工业出版社，2007.
[8] 罗晓辉．基础工程设计原理．武汉：华中科技大学出版社，2007.
[9] 中华人民共和国建设部．冻土工程地质勘察规范（GB 50324—2014）．北京：中国建筑工业出版社，2015.
[10] 常士骠，等．工程地质手册．4 版．北京：中国建筑工业出版社，2007.
[11] 中华人民共和国建设部．岩土工程勘察规范（GB 50021—2001）（2009 年版）．北京：中国建筑工业出版社，2009.
[12] 中华人民共和国住房和城乡建设部．建筑抗震设计规范（GB 50011—2010）（2016 年版）．北京：中国建筑工业出版社，2016.
[13] 刘昌辉，时红莲．基础工程学．武汉：中国地质大学出版社，2005.
[14] 徐长节．地基基础设计．北京：机械工业出版社，2007.
[15] 周景理，李广信，等．基础工程．2 版．北京：清华大学出版社，2007.
[16] 华南理工大学，东南大学，浙江大学，湖南大学．地基及基础．3 版．北京：中国建筑工业出版社，1991.
[17] 陈希哲．土力学地基基础．北京：清华大学出版社，1996.
[18] 中华人民共和国水利部．岩土工程基本术语标准（GB/T 50279—2014）．北京：中国计划出版社，1999.
[19] 钱德玲．注册岩土工程师专业考试模拟题集．北京：中国建筑工业出版社，2009.
[20] 筑龙网组编．地基与基础工程施工计算实例精选．北京：人民交通出版社，2007.
[21] 苑辉．地基基础设计计算与实例．北京：人民交通出版社，2008.
[22] 中华人民共和国住房和城乡建设部．建筑结构可靠性设计统一标准（GB 50068—2018）．北京：中国建筑工业出版社，2019.

第3章

扩展基础与联合基础设计

【学习指南】本章主要介绍扩展基础和联合基础的设计计算。通过本章学习，应了解两类基础的主要设计内容；掌握钢筋混凝土扩展基础的设计计算方法和构造要求；掌握无筋扩展基础台阶宽高比的概念及构造要求；熟悉联合基础的设计要点；能看懂并能简单绘制扩展基础施工图。

在确定了基础的类型、埋深、地基承载力、基础底面积之后，即可确定基础高度、进行基础内力及配筋计算，完成基础设计。本章将重点介绍扩展基础及联合基础的截面设计，主要包括确定基础高度和基础底板配筋。

3.1 无筋扩展基础设计

无筋扩展基础又称刚性基础，主要指刚性墙下条形基础和刚性柱下独立基础（图 2-3）。根据基础材料不同，无筋扩展基础可分为：毛石基础、砖基础、混凝土基础、三合土基础、灰土基础等。一般情况下，毛石基础和混凝土基础适用于 6 层及 6 层以下的民用建筑或墙体承重的单层、多层轻型厂房、仓库；三合土基础和浆砌毛石基础适用于 4 层及 4 层以下的民用建筑或墙体承重的单层、多层轻型厂房、仓库，有动荷载作用时不宜采用后者；灰土基础适用于 3 层以下建筑，不宜用于软弱地基；砖基础适用于砖墙承重且荷载较小的建筑。无筋扩展基础也可由两种材料叠合组成，如上层用砖砌体，下层用混凝土。

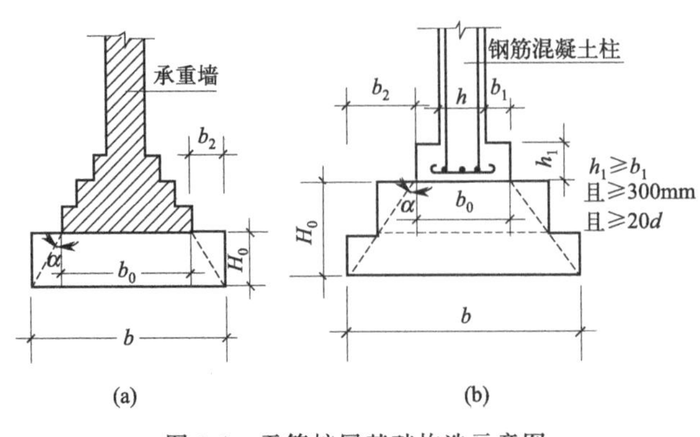

图 3-1 无筋扩展基础构造示意图

由于无筋扩展基础的抗压性能较好而抗拉、抗剪强度较低，因此，设计时必须保证基础内产生的拉应力和剪应力不超过材料强度的设计值。在实际工程中，可通过控制材料的质量和台阶的宽高比（台阶的宽度与其高度之比）来达到此设计要求，即基础每个台阶的宽高比都不得超过表 3-1 所列的允许值（否则基础外伸长度较大，会因基础材料抗弯强度不足而断裂），而无须再进行内力和截面强度计算。根据第 2 章的内容，已初步确定了基础底面的尺寸，则基础高度应符合下式要求（图 3-1）：

$$H_0 \geqslant \frac{b-b_0}{2\tan\alpha} \tag{3-1}$$

式中，b 为基础底面宽度；b_0 为基础顶面的墙体宽度或柱脚宽度；H_0 为基础高度；α 为基础的刚性角；$\tan\alpha$ 为基础台阶宽高比，$\tan\alpha = b_2 : H_0$，按表 3-1 选用，b_2 为基础台阶宽度。

为了节省材料，当基础高度较大时可做成阶梯形，并且每一台阶都应满足台阶的宽高比及相关的构造要求。

采用无筋扩展基础的钢筋混凝土柱［图 3-1(b)］，其柱脚高度 h_1 不得小于 b_1，并不应小于 300mm 且不小于 $20d$（d 为柱中的纵向受力钢筋的最大直径）。当柱纵向钢筋在柱脚内的竖向锚固长度不满足锚固要求时，可沿水平方向弯折，弯折后的水平锚固长度不应小于 $10d$ 也不应大于 $20d$。

表 3-1　无筋扩展基础台阶宽高比的允许值

基础材料	质量要求	台阶宽高比的允许值		
		$p_k \leqslant 100$kPa	100kPa$<p_k\leqslant$200kPa	200kPa$<p_k\leqslant$300kPa
混凝土基础	C15 混凝土	1∶1.00	1∶1.00	1∶1.25
毛石混凝土基础	C15 混凝土	1∶1.00	1∶1.25	1∶1.50
砖基础	砖等级不低于 MU10 砂浆等级不低于 M5	1∶1.50	1∶1.50	1∶1.50
毛石基础	砂浆等级不低于 M5	1∶1.25	1∶1.50	—
灰土基础	体积比为 3∶7 或 2∶8 的灰土，其最小干密度如下： 粉土　1.55t/m³ 粉质黏土　1.50 t/m³ 黏土　1.45 t/m³	1∶1.25	1∶1.50	—
三合土基础	石灰∶砂∶骨料的体积比 1∶2∶4～1∶3∶6，每层约虚铺 220mm，夯至 150mm	1∶1.50	1∶2.00	—

注：1. p_k 为荷载效应标准组合时基础底面处的平均压力值。
2. 阶梯形毛石基础的每阶伸出宽度，不宜大于 200mm。
3. 当基础由不同材料叠合组成时，应对接触部分做局部抗压验算。
4. 对 $p_k>300$kPa 的混凝土基础，尚应进行抗剪验算。

【例 3-1】 某砌体结构，底层内纵墙厚 370mm，上部结构传至基础顶面处的竖向力 $F_k=260$kN/m，已知基础埋深 $d=2.0$m，基础材料采用毛石，M5 砂浆砌筑。地基土为黏土，$\gamma=18$kN/m³。经深度修正后的地基承载力特征值 $f_a=200$kPa。试设计毛石基础，并绘出基础剖面图[1]。

【解】 (1) 基础宽度

$$b \geqslant \frac{F_k}{f_a-\gamma_G d} = \frac{260}{200-20\times 2.0} = 1.63(\text{m}) < 3.0(\text{m}) \quad \text{取 } b=1.70\text{m}$$

(2) 台阶宽高比允许值

基底反力：$$p_k = \frac{F_k+G}{A} = \frac{260\times 1+20\times 2\times 1.7\times 1.0}{1.7\times 1.0} = 192.9(\text{kPa})$$

由表 3-1 查得毛石基础台阶宽高比允许值为 1∶1.5。

(3) 毛石基础所需台阶数（要求每台阶宽≤200mm）

$$n=\frac{b-b_0}{2}\times\frac{1}{200}=\frac{1700-370}{2}\times\frac{1}{200}=3.3$$

需设 4 步台阶，基础剖面尺寸见图 3-2。

(4) 验算台阶宽高比

基础宽高比：
$$\frac{b_2}{H_0}=\frac{850-185}{400\times4}=\frac{1}{2.4}<\frac{1}{1.5}$$

每阶宽高比：
$$\frac{b_2}{H_0}=\frac{200}{400}=\frac{1}{2}<\frac{1}{1.5}$$

满足要求。

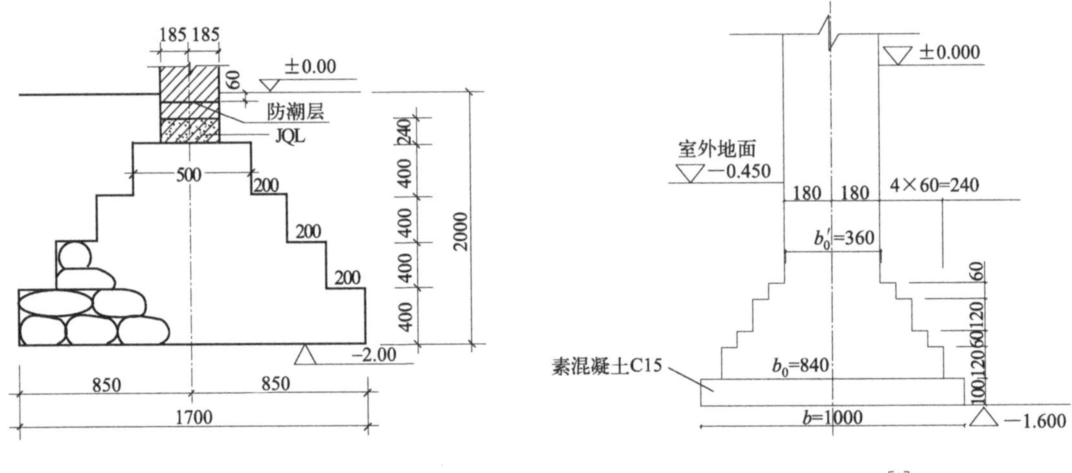

图 3-2 例 3-1 图[1]　　　图 3-3 例 3-2 图[1]

【例 3-2】 某住宅楼，采用墙下条形砖基础。地基为粉土，土质良好，修正后的地基承载力特征值 f_a=250kPa。上部结构传至基础顶面的荷载效应标准组合值为 F_k=220kN/m。基底高程为−1.60m，室内地坪±0.000 高于室外地面 0.45m，墙厚 360mm。确定基础底宽及砖基础（放大脚）的台阶数，并绘制剖面图[1]。

【解】 (1) 条形基础底面宽度

确定基础宽度时，基础埋深 d 应由室内外平均标高算起：

$$d=\frac{1.60+1.60-0.45}{2}=1.375(\mathrm{m})$$

则
$$b\geqslant\frac{F_k}{f_a-\gamma_G d}=\frac{220}{250-20\times1.375}=0.99(\mathrm{m})\quad 取\ b=1.00\mathrm{m}$$

$$p_k=\frac{F_k+G}{A}=\frac{220\times1+20\times1\times1\times1.375}{1\times1}=247.5(\mathrm{kPa})$$

(2) 基础材料及尺寸

基础底部用 C15 素混凝土作垫层，厚 100mm；其上用 MU10 砖，M5 砂浆；基础高度为 360mm，分 4 级台阶，高度分别为 60mm、120mm、60mm、120mm，即二、一间隔收（砖基础各部分的尺寸应符合砖的模数。砌筑方式有两皮一收或二、一间隔收两种。两皮一收是每砌两皮砖即 120mm，收进 1/4 砖长即 60mm；二、一间隔收是从底层开始，先砌两皮砖，收进 1/4 砖长，再砌一皮砖，收进 1/4 砖长，如此反复)，每级台阶宽度为 60mm。基础剖面尺寸见图 3-3。

(3) 宽高比验算

由表 3-1 查得砖基础的台阶宽高比允许值为 1∶1.5。

$$\frac{b_2}{H_0}=\frac{4\times60}{(120+60)\times2}=\frac{240}{360}=\frac{1}{1.5}\quad \text{满足要求}$$

已知上部砖墙厚为 $b_0'=360$mm，砖基础底部宽度取为

$$b_0=b_0'+2\times4\times60=360+480=840(\text{mm})$$

(4) 混凝土垫层验算

混凝土垫层宽高比允许值为 1∶1.25，设计 $b_0=840$mm，基底宽 $b=1000$mm，取 $H_0=100$mm。

垫层台阶宽高比：

$$\frac{b_2}{H_0}=\frac{(b-b_0)/2}{H_0}=\frac{(1000-840)/2}{100}=\frac{1}{1.25}$$

故混凝土垫层宽高比安全。

3.2 扩展基础设计

钢筋混凝土扩展基础常简称为扩展基础，是指墙下钢筋混凝土条形基础（图 2-4）和柱下钢筋混凝土独立基础（图 2-5）。与无筋扩展基础相比，扩展基础由于配置了钢筋而不受台阶宽高比的限制，基础可以做得较薄，这样既节省材料又可减少基础埋深。

3.2.1 扩展基础的构造要求

① 锥形基础的边缘高度，不宜小于 200mm，且两个方向的坡度不宜大于 1∶3；阶梯形基础的每阶高度，宜为 300～500mm；一般基础高度小于等于 250mm 时，可做成等厚度板。

② 扩展基础下部需要浇筑厚度不宜小于 70mm 的素混凝土垫层。垫层混凝土强度等级不宜低于 C10，每边伸出基础 50～100mm。

③ 扩展基础受力钢筋最小配筋率不应小于 15%，底板受力钢筋的最小直径不应小于 10mm；间距不应大于 200mm，也不应小于 100mm。墙下钢筋混凝土条形基础纵向分布钢筋的直径不应小于 8mm，间距不应大于 300mm，每延米分布钢筋的面积应不应小于受力钢筋面积的 15%。当有垫层时钢筋保护层的厚度不应小于 40mm；无垫层时不应小于 70mm。

④ 混凝土强度等级不应低于 C20。

⑤ 当柱下钢筋混凝土独立基础的边长和墙下钢筋混凝土条形基础的宽度大于或等于 2.5m 时，底板受力钢筋的长度可取边长或宽度的 0.9 倍，并宜交错布置［图 3-4(a)］。

⑥ 钢筋混凝土条形基础底板在 T 形及十字形交接处，底板横向受力钢筋仅沿一个主要受力方向通长布置，另一方向的横向受力钢筋可布置到主要受力方向底板宽度 1/4 处［图 3-4(b)］。在拐角处底板横向受力钢筋应沿两个方向布置［图 3-4(c)］。

3.2.2 墙下钢筋混凝土条形基础设计

墙下钢筋混凝土条形基础一般做成无肋的板［图 2-4(a)］。当地基软弱或不均匀时，可采用带肋的板［图 2-4(b)］来增加基础刚度，以调节不均匀沉降，肋梁的纵向钢筋和箍筋一般按经验确定。

墙下钢筋混凝土条形基础一般按平面应变问题处理，可沿墙长度方向取 1m 作为计算单元。基础底面的宽度 b 应根据地基承载力按式(2-20) 确定，在墙下条形基础相交处，不应

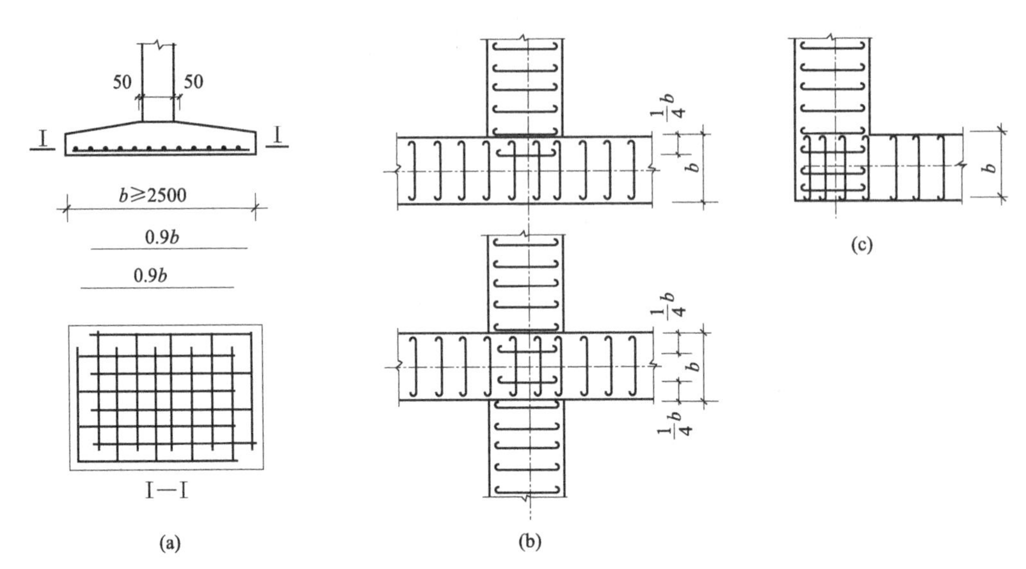

图 3-4 扩展基础底板受力钢筋布置图

重复计入基础面积。当基础埋深和底面尺寸确定之后，便可进行基础截面设计即确定基础高度和基础底板配筋。

基础在荷载作用下，如同倒置的悬臂板（图 3-5），当底板配筋不足时，会因弯矩过大而沿Ⅰ—Ⅰ截面开裂；当底板厚度不够时，会产生斜裂缝。由于基础内不配箍筋和弯起筋，故基础高度由混凝土的受剪切承载力确定；基础底板的受力配筋则由基础所验算截面的抗弯能力确定。由于基础和其上土的重力所产生的那部分地基反力将与重力相抵消，因此，在基础截面设计时，应采用地基净反力进行计算。地基净反力是指扣除基础自重及其上土重后相应于荷载效应基本组合时的地基土单位面积净反力，一般用 p_j 表示。

对于条形基础，p_j 的表达式为：

轴心荷载作用下
$$p_j=\frac{F}{A}=\frac{F}{1\times b} \tag{3-2a}$$

偏心荷载作用下
$$p_{\substack{jmax\\jmin}}=\frac{F}{1\times b}\pm\frac{6M}{b^2} \tag{3-2b}$$

或
$$p_{\substack{jmax\\jmin}}=\frac{F}{1\times b}\left(1\pm\frac{6e_0}{b}\right) \tag{3-2c}$$

式中，p_j 为相应于荷载效应基本组合时，基础底面处的平均地基净反力值；p_{jmax} 为相应于荷载效应基本组合时，基础底面边缘处的最大地基净反力值；p_{jmin} 为相应于荷载效应基本组合时，基础底面边缘处的最小地基净反力值；F 为相应于荷载效应基本组合时，上部结构传至基础顶面的竖向力值，kN/m；M 为相应于荷载效应基本组合时，上部结构传至基础顶面的弯矩值，kN·m/m；b 为基础底面宽度；e_0 为荷载的净偏心距，$e_0=M/F$。

3.2.2.1 基础高度

墙下钢筋混凝土条形基础的高度由混凝土的受剪切承载力确定，应符合下式要求：

$$V\leqslant 0.7\beta_{hs}f_t h_0 \tag{3-3a}$$

或
$$h_0\geqslant\frac{V}{0.7\beta_{hs}f_t} \tag{3-3b}$$

式中，β_{hs} 为受剪切承载力截面高度影响系数，$\beta_{hs}=(800/h_0)^{1/4}$，当 $h_0<800$mm 时，取 $h_0=800$mm，当 $h_0>2000$mm 时，取 $h_0=2000$mm；f_t 为混凝土轴心抗拉强度设计值；

h_0 为基础底板的有效高度；V 为相应于荷载效应基本组合时基底平均净反力产生的单位长度剪力设计值。

对于条形基础，V 的表达式为：

轴心荷载作用下（图 3-5）
$$V=p_j b_1 \tag{3-4a}$$

偏心荷载作用下（图 3-6）
$$V=\frac{b_1}{2b}[(2b-b_1)p_{jmax}+b_1 p_{jmin}] \tag{3-4b}$$

式中，b_1 为基础悬臂部分计算截面的挑出长度，当墙体为混凝土时，b_1 为基础边缘至墙角的距离，当为砖墙且放脚不大于 1/4 砖长时，b_1 为基础边缘至墙角的距离加上 0.06m。

基础截面设计时，一般先假定基础高度为 h（一般取 $h=b/8$），然后按式(3-3a) 验算，直至满足要求为止。

3.2.2.2　基础底板配筋

悬臂根部处的最大弯矩设计值如下：

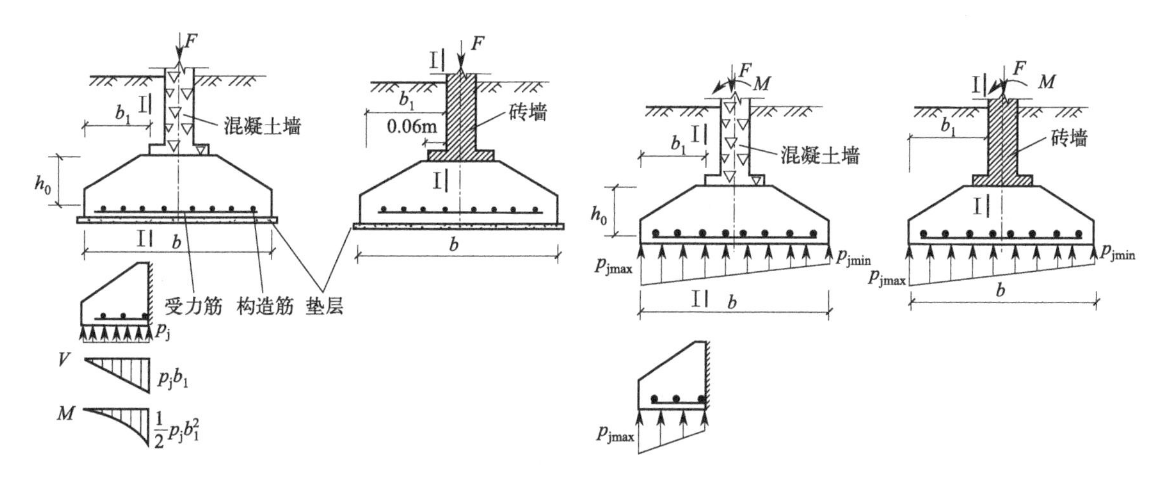

图 3-5　轴心荷载作用下墙下条形基础　　图 3-6　偏心荷载作用下墙下条形基础

轴心荷载作用下（图 3-5 Ⅰ—Ⅰ截面处）
$$M=\frac{p_j b_1^2}{2} \tag{3-5a}$$

偏心荷载作用下（图 3-6 Ⅰ—Ⅰ截面处）
$$M=\frac{b_1^2}{6b}[(3b-b_1)p_{jmax}+b_1 p_{jmin}] \tag{3-5b}$$

基础底板每米长的受力钢筋面积：

$$A_s=\frac{M}{0.9f_y h_0} \tag{3-6}$$

式中，f_y 为钢筋抗拉强度设计值。

墙下条形基础底板每延米宽度的配筋除满足计算和最小配筋率的要求外，还应符合相关的构造要求。

【例 3-3】 某砖墙厚 370mm，相应于荷载效应标准组合及基本组合时作用在基础顶面的轴心荷载分别为 175kN/m 和 235kN/m，基础埋深为 1.0m，深度修正后的地基承载力特征值 $f_a=110$kPa，试设计此基础。

【解】（1）确定基础材料

选用墙下钢筋混凝土条形基础。基础采用 C25 混凝土，$f_t=1.27$N/mm^2（MPa）；采用 HPB300 级钢筋，$f_y=270$N/mm^2；垫层采用 C15 素混凝土，厚 100mm，每边伸出基础 100mm。

(2) 确定基础宽度

$$b \geqslant \frac{F_k}{f_a - \gamma_G d} = \frac{175}{110 - 20 \times 1} = 1.94(\text{m})$$

取 $b=2\text{m}<3\text{m}$，不需要进行宽度修正。

(3) 计算地基净反力

$$p_j = \frac{F}{b} = \frac{235}{2} = 117.5(\text{kPa})$$

(4) 计算悬臂部分的内力设计值

基础边缘至砖墙计算截面的距离：$b_1 = \frac{1}{2} \times (2 - 0.37) = 0.815(\text{m})$

剪力设计值：$V = p_j b_1 = 117.5 \times 0.815 = 95.8(\text{kN/m})$

弯矩设计值：$M = \frac{p_j b_1^2}{2} = \frac{117.5 \times 0.815^2}{2} = 39.0(\text{kN} \cdot \text{m/m})$

(5) 初步确定板厚

根据经验有

$$h = \frac{b}{8} = \frac{2000}{8} = 250(\text{mm}) \quad 取\ h = 300\text{mm}$$

假定受力钢筋直径为 10mm，则

$$h_0 = 300 - 40 - \frac{10}{2} = 255(\text{mm})$$

(6) 受剪承载力验算

$$0.7\beta_{hs} f_t h_0 = 0.7 \times \left(\frac{800}{800}\right)^{1/4} \times 1.27 \times 255 = 226.7(\text{kN/m}) > V$$

(7) 基础底板配筋

$$A_s = \frac{M}{0.9 f_y h_0} = \frac{39 \times 10^6}{0.9 \times 270 \times 255} = 629(\text{mm}^2/\text{m})$$

$A_{smin} = \rho_{min} \times b' \times h = 0.15\% \times 300 \times 1000 = 450$ （mm^2）（b'沿长度方向取 1m）

配筋选用Φ10@120，$A_s = 654\text{mm}^2$，可以；分布钢筋选用Φ8@300（图 3-7）。

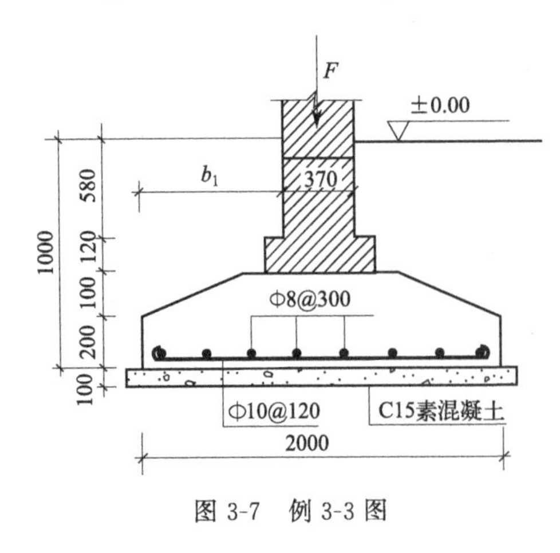

图 3-7 例 3-3 图

【例 3-4】 某住宅采用墙下钢筋混凝土条形基础。砖墙厚 240mm，相应于荷载效应基本组合时作用在基础顶面的轴心荷载为 300kN/m，弯矩为 28kN·m/m。已知条形基础宽 2.0m，试设计此基础的高度并进行底板配筋。

【解】(1) 确定基础材料

选用墙下钢筋混凝土条形基础。基础采用 C25 混凝土，$f_t = 1.27\text{N/mm}^2$；采用 HPB300 级钢筋，$f_y = 270\text{N/mm}^2$；垫层采用 C15 素混凝土，厚 100mm，每边伸出基础 100mm。

(2) 计算地基净反力

$$p_{\substack{jmax \\ jmin}} = \frac{F}{1 \times b} \pm \frac{6M}{b^2} = \frac{300}{1 \times 2} \pm \frac{6 \times 28}{2^2} = \frac{192.0}{108.0}(\text{kPa})$$

(3) 计算悬臂部分的内力

基础边缘至砖墙计算截面的距离：$b_1=\frac{1}{2}\times(2-0.24)=0.88(\text{m})$

剪力设计值：$V=\frac{0.88}{2\times2}\times[(2\times2-0.88)\times192.0+0.88\times108.0]=152.7(\text{kN/m})$

弯矩设计值：$M=\frac{0.88^2}{6\times2}\times[(3\times2-0.88)\times192.0+0.88\times108.0]=69.6(\text{kN}\cdot\text{m/m})$

(4) 初步确定板厚

根据经验有

$$h=\frac{b}{8}=\frac{2000}{8}=250(\text{mm})\quad 取\ h=300\text{mm}$$

假定受力钢筋直径为 10mm，则

$$h_0=300-40-\frac{10}{2}=255(\text{mm})$$

(5) 受剪承载力验算

$$0.7\beta_{hs}f_th_0=0.7\times\left(\frac{800}{800}\right)^{1/4}\times1.27\times255$$
$$=226.7(\text{kN/m})>V$$

(6) 基础底板配筋

$$A_s=\frac{M}{0.9f_yh_0}=\frac{69.6\times10^6}{0.9\times270\times255}=1123(\text{mm}^2/\text{m})$$

$$A_{smin}=\rho_{min}\times b'\times h=0.15\%\times1000\times300=450(\text{mm}^2)$$

配筋选用Φ12@100，$A_s=1131\text{mm}^2$，可以；分布钢筋选用Φ8@300（图 3-8）。

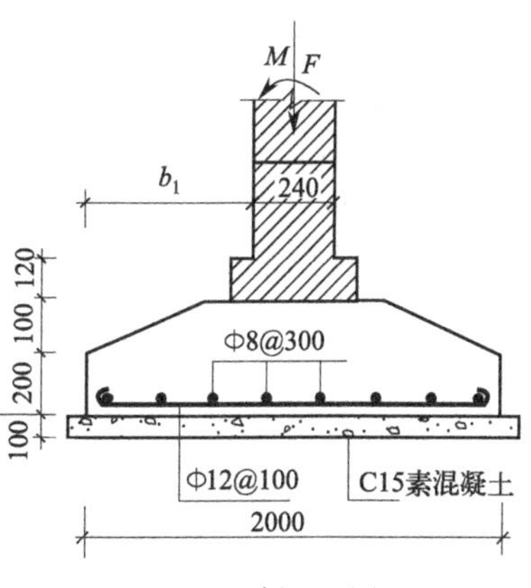

图 3-8　例 3-4 图

3.2.3　柱下钢筋混凝土独立基础设计

在柱荷载作用下，如果柱下钢筋混凝土独立基础的底板配筋不足，可能会产生弯曲破坏；如果基础高度（或阶梯高度）不足，将沿柱周边（或阶梯高度变化处）产生近 45°方向的斜拉裂缝即发生冲切破坏（图 3-9），形成冲切破坏锥体［图 3-9(b)］。因此，柱下钢筋混凝土独立基础应有足够的高度和底板配筋，同时应满足相关的构造要求。

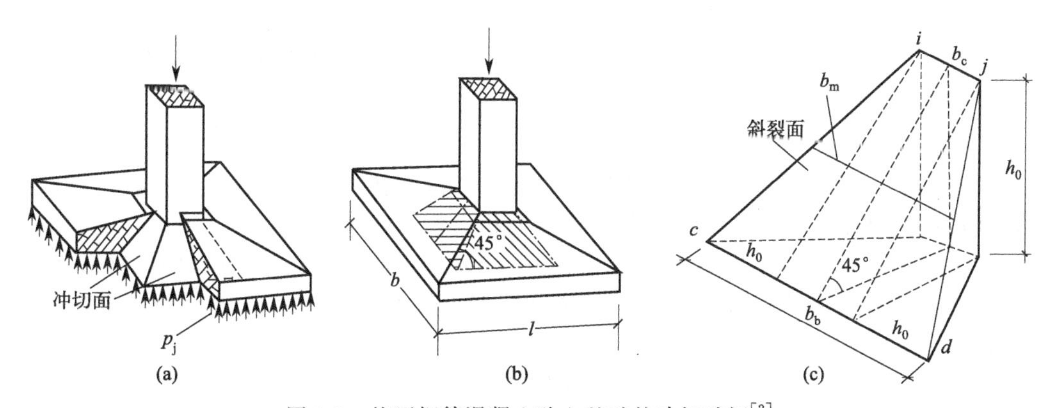

图 3-9　柱下钢筋混凝土独立基础的冲切破坏[2]

3.2.3.1　构造要求

柱下钢筋混凝土独立基础（图 2-5），除应满足 3.2.1 的构造要求外，还应满足如下一些要求。

① 当采用锥形基础时，其边缘高度 h_1 不宜小于 200mm，顶部每边应沿柱边放出

50mm（图 3-10）。

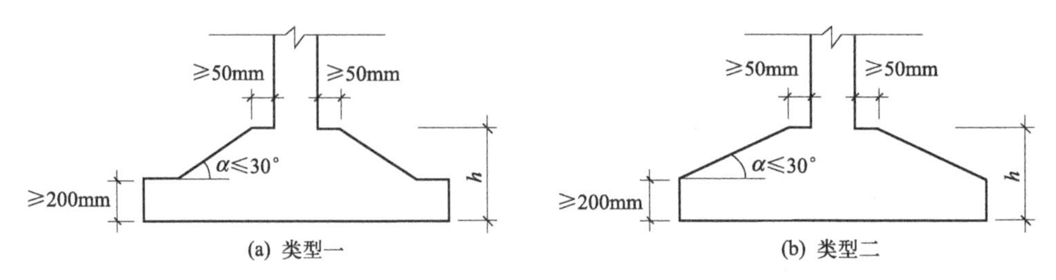

图 3-10　锥形基础构造示意图

② 当锥形基础的边坡角大于 35°时，宜采用阶梯形基础[3]。阶梯形基础的每阶高度宜为 300～500mm。当基础高度 h 满足 500mm<h≤900mm 时，分为两级；大于 900mm 时，分为三级（图 3-11）。

③ 现浇柱的纵向钢筋可通过插筋锚固入基础中。插筋的数量、直径以及钢筋种类应与柱内纵向钢筋相同。

插筋的锚固长度 l_a 或 l_{aE}（有抗震设防要求时）应根据钢筋在基础内的最小保护层厚度按现行《混凝土结构设计规范》(GB 50010—2010) 的有关规定确定。插筋与柱的纵向受力钢筋的连接方法，应符合现行《混凝土结构设计规范》(GB 50010—2010) 的规定。插筋的下端宜做成直钩放在基础底板钢筋网上。当符合下列条件之一时，可仅将四角的插筋伸至底板钢筋网上，其余插筋锚固在基础顶面下 l_a（或 l_{aE}）处（图 3-12）：柱为轴心受压或小偏心受压，基础高度大于等于 1200mm；柱为大偏心受压，基础高度大于等于 1400mm。

④ 杯口基础的构造详见现行《建筑地基基础设计规范》(GB 50007—2011)。

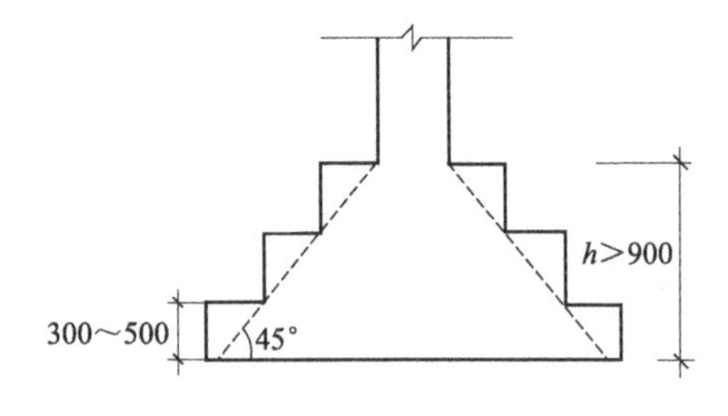

图 3-11　阶梯形基础构造示意图

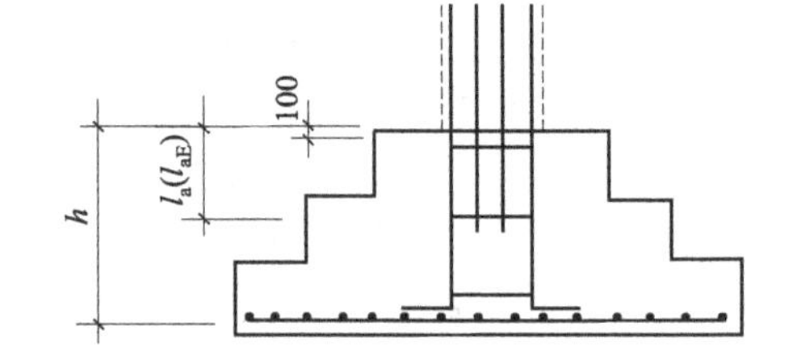

图 3-12　现浇柱的基础中插筋构造示意图

3.2.3.2　基础高度

(1) 受冲切承载力验算

试验结果和大量工程实践表明，当冲切破坏锥体落在基础底面以内时，基础的截面高度由受冲切承载力确定。其剪切所需的截面有效面积一般都能满足要求，无须进行受剪承载力验算。实践证明，矩形独立基础一般沿柱短边一侧先产生冲切破坏，所以只需要根据短边一侧的冲切破坏条件确定基础高度[4]。柱与基础交接处以及基础变阶处的受冲切承载力应按下式计算：

$$F_l \leqslant 0.7\beta_{hp} f_t b_m h_0 \tag{3-7}$$

$$b_m = (b_c + b_b)/2$$

式中，F_l 为相应于荷载效应基本组合时作用于基础的冲切力；β_{hp} 为受冲切承载力截面高度影响系数，当 h≤800mm 时，取 1.0，当 h≥2000mm 时，取 0.9，其间按线性内插法取用；h_0 为基础冲切破坏锥体的有效高度；b_m 为冲切破坏锥体最不利一侧计算长度［图 3-9(c)］；b_c 为冲切破坏锥体最不利一侧斜截面的上边长，当计算柱与基础交接处的受冲切承载力时，取柱宽，当计算基础变阶处的受冲切承载力时，取上阶宽；b_b 为冲切破坏锥体最不利一侧斜截面在基础底面积范围内的下边长，当冲切破坏锥体的底边落在基础底面以内，计算柱与基础交接处的受冲切承载力时，$b_b=b_c+2h_0$，当计算基础变阶处的受冲切承载力时，取上阶宽加两倍该处的基础有效高度，当冲切破坏锥体的底边落在基础底面以内[图 3-13(b)]，即满足 $b>b_c+2h_0$ 时，则有：

① 轴心荷载作用下

$$b_m=(b_c+b_b)/2=b_c+h_0 \tag{3-8}$$

$$b_m h_0=(b_c+h_0)h_0 \tag{3-9}$$

$$F_l=p_j A_l \tag{3-10}$$

$$p_j=\frac{F}{A}=\frac{F}{lb} \tag{3-11}$$

$$A_l=\left(\frac{l}{2}-\frac{l_c}{2}-h_0\right)b-\left(\frac{b}{2}-\frac{b_c}{2}-h_0\right)^2 \tag{3-12}$$

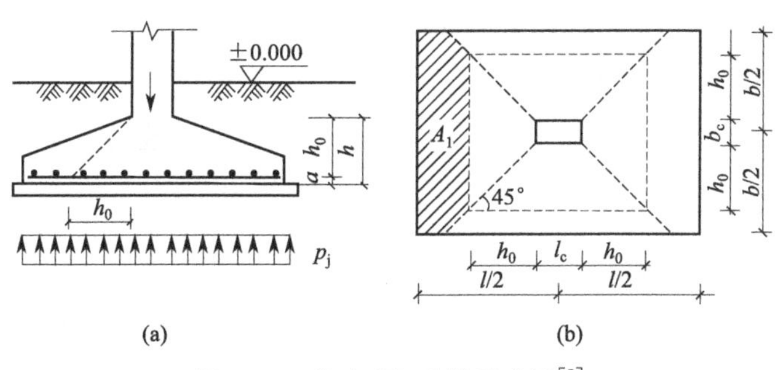

图 3-13　基础冲切验算示意图[5]

式中，p_j 为扣除基础自重及其上土重后，相应于荷载效应基本组合时的地基土单位面积净反力；l、b 为基础底面的边长（图 3-13）；A_l 为冲切验算时取用的部分基底面积［图 3-13(b) 中的阴影面积］；l_c、b_c 分别为柱截面面的长边和短边长。

将式(3-9)～式(3-12) 代入式(3-7)，得

$$p_j\left[\left(\frac{l}{2}-\frac{l_c}{2}-h_0\right)b-\left(\frac{b}{2}-\frac{b_c}{2}-h_0\right)^2\right]\leqslant 0.7\beta_{hp}f_t(b_c+h_0)h_0 \tag{3-13}$$

② 偏心荷载作用　当基础受偏心荷载作用时［假定只沿长边方向偏心，见图 3-14(a)］，用基础边缘处的最大地基土单位面积净反力 p_{jmax} 代替 p_j，仍用式(3-13) 进行验算。其中：

$$p_{\substack{jmax\\jmin}}=\frac{F}{lb}\pm\frac{6M}{bl^2} \tag{3-14}$$

或

$$p_{\substack{jmax\\jmin}}=\frac{F}{lb}\left(1\pm\frac{6e_0}{l}\right) \tag{3-15}$$

式中，l 为矩形基础偏心方向的边长。

对于阶梯形基础，除了应对柱边进行冲切验算外，还应对上一阶底边变阶处进行下阶的冲切验算［图 3-14(b)］。验算方法与柱边冲切验算相同，只是用上阶的长边 l_1 和短边 b_1 分别代替式(3-13) 中的 l_c 和 b_c；用下阶的有效高度 h_{01} 代替 h_0 即可。当基础底面全部落在 45°冲切破坏锥体底边以内时，基础视为刚性，无须进行冲切验算。

(2) 受剪承载力验算

当基础底面短边尺寸小于或等于柱宽加两倍基础有效高度，即 $b\leqslant b_c+2h_0$ 时，基础底面全部落在冲切破坏锥体之内，成为刚性基础，基础的受力状态接近于单向受力，柱与基础

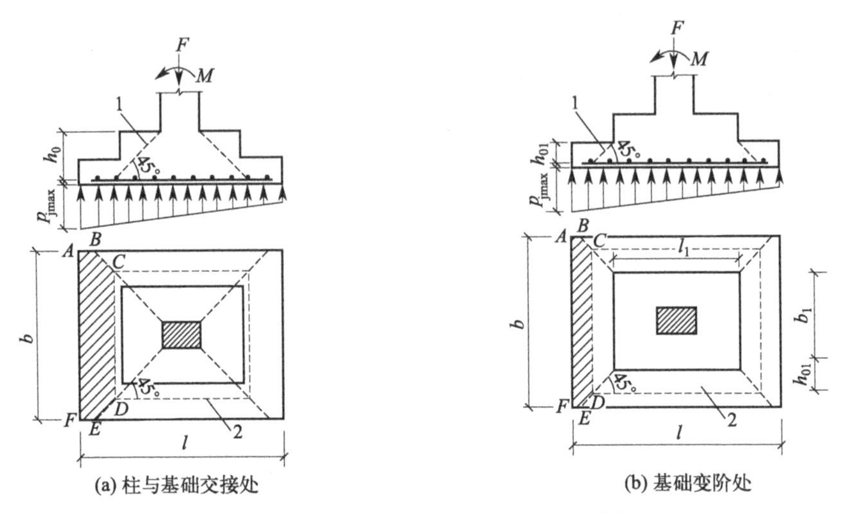

图 3-14　阶梯形基础冲切验算示意图[6]

1—冲切破坏锥体最不利一侧的斜截面；2—冲切破坏锥体的底面线

交接处无须进行冲切验算，但需要验算柱与基础交接处截面的受剪承载力。即

$$V_s \leqslant 0.7\beta_{hs} f_t A_0 \tag{3-16}$$

$$\beta_{hs} = (800/h_0)^{1/4} \tag{3-17}$$

式中，V_s 为相应于荷载效应基本组合时，柱与基础交接处的剪力设计值；β_{hs} 为受剪切承载力截面高度影响系数，当 h_0＜800mm 时，取 h_0＝800mm；当 h_0＞2000mm 时，取 h_0＝2000mm；A_0 为验算截面处基础的有效面积，见图 3-15。

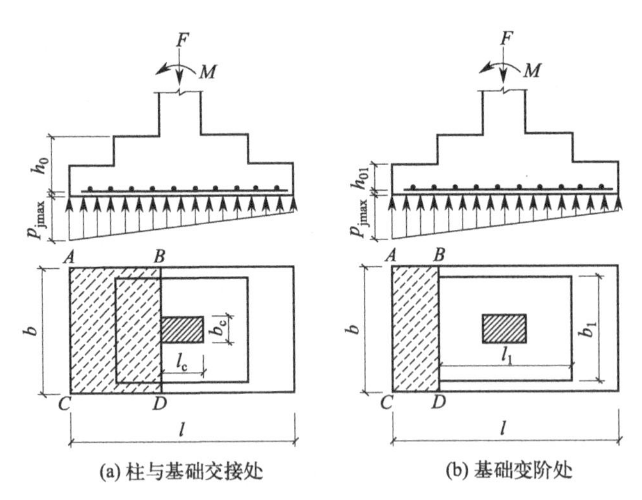

图 3-15　阶梯形基础剪切验算示意图

对于阶梯形基础，除应对柱边进行受剪承载力验算外，还应对变阶处进行受剪承载力验算。

设计时，一般先根据构造要求假定基础高度 h，然后判断冲切破坏锥体的底边是落在基础底面以内还是以外，再代入式(3-13) 进行验算。如不满足要求，应调整基础高度，直至满足要求为止。

当基础的混凝土强度等级小于柱的混凝土强度等级时，应验算柱下基础顶面的局部受压承载力。

3.2.3.3　基础底板配筋

在地基净反力作用下，基础底板将沿柱的周边向上弯曲，故两个方向均需要配筋。实践证明，当发生弯曲破坏时，裂缝将沿柱角至基础角将底板分成四块梯形板。因此，基础底板可视为四块固定在柱边的梯形悬臂板。配筋计算时，沿基础长宽方向的弯矩等于梯形面积上地基净反力对计算截面产生的弯矩，计算截面一般取在柱边和变阶处（图 3-16）。

对于矩形基础，当台阶的宽高比小于或等于 2.5 和偏心距小于或等于 1/6 基础宽度时，任意截面的弯矩可按下列公式计算。

（1）轴心荷载作用下

如图 3-16 所示，在轴心荷载作用下，柱边截面Ⅰ—Ⅰ、Ⅱ—Ⅱ以及变阶处的截面Ⅲ—Ⅲ和Ⅳ—Ⅳ都是抗弯的危险截面，应配有足够的钢筋。

① Ⅰ—Ⅰ截面　地基净反力对柱边Ⅰ—Ⅰ截面产生的弯矩为

$$M_{\mathrm{I}}=\frac{1}{24}p_{\mathrm{j}}(2b+b_{\mathrm{c}})(l-l_{\mathrm{c}})^{2} \tag{3-18a}$$

式中，M_{I} 为柱边截面Ⅰ—Ⅰ处相应于荷载效应基本组合时的弯矩设计值，即图 3-16 中梯形 1234 面积的地基净反力对Ⅰ—Ⅰ截面产生的弯矩。

垂直于Ⅰ—Ⅰ截面（平行于 l 方向）的底板受力钢筋的面积可按下式计算：

$$A_{\mathrm{sI}}=\frac{M_{\mathrm{I}}}{0.9f_{\mathrm{y}}h_{0}} \tag{3-18b}$$

② Ⅱ—Ⅱ截面　地基净反力对柱边Ⅱ—Ⅱ截面产生的弯矩及配筋分别按下式计算：

$$M_{\mathrm{II}}=\frac{1}{24}p_{\mathrm{j}}(2l+l_{\mathrm{c}})(b-b_{\mathrm{c}})^{2} \tag{3-19a}$$

$$A_{\mathrm{sII}}=\frac{M_{\mathrm{II}}}{0.9f_{\mathrm{y}}(h_{0}-d)} \tag{3-19b}$$

式中，M_{II} 为柱边截面Ⅱ—Ⅱ处相应于荷载效应基本组合时的弯矩设计值，即图 3-16 中梯形 1265 面积的地基净反力对Ⅱ—Ⅱ截面产生的弯矩；A_{sII} 为垂直于Ⅱ—Ⅱ截面（平行于 b 方向）的底板受力钢筋的面积；d 为下层钢筋的直径（平行于 l 方向钢筋）。

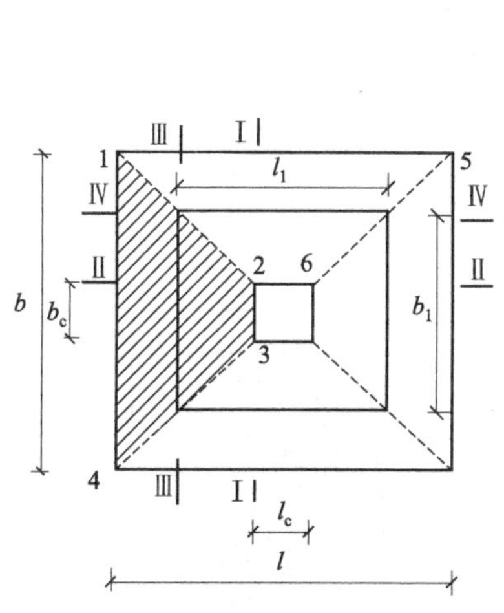

图 3-16　轴心荷载作用下矩形基础底板计算示意图

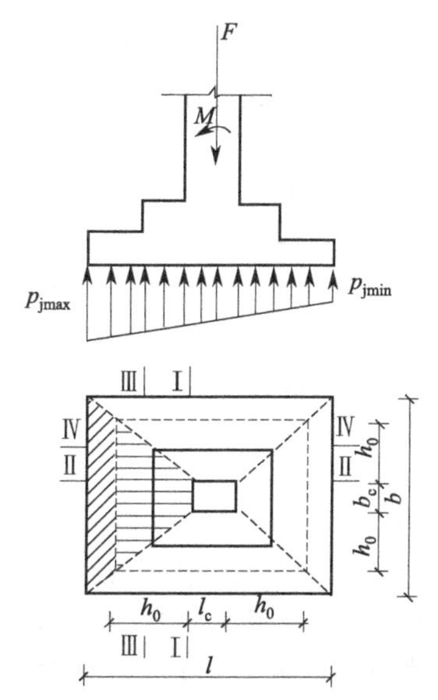

图 3-17　偏心荷载作用下矩形基础底板计算示意图

③ Ⅲ—Ⅲ截面　采用式(3-18a) 和式(3-18b) 进行变阶处Ⅲ—Ⅲ截面的弯矩和配筋计算。计算时，需要把式中的 l_c 和 b_c 分别用上阶的 l_1 和 b_1 代替，把 h_0 换成下阶的有效高度 h_{01}。即

$$M_{Ⅲ}=\frac{1}{24}p_j(2b+b_1)(l-l_1)^2 \tag{3-20a}$$

$$A_{sⅢ}=\frac{M_{Ⅲ}}{0.9f_y h_{01}} \tag{3-20b}$$

④ Ⅳ—Ⅳ截面　采用式(3-19a) 和式(3-19b) 进行变阶处Ⅳ—Ⅳ截面的弯矩和配筋计算。计算方法同上时，即

$$M_{Ⅳ}=\frac{1}{24}p_j(b-b_1)^2(2l+l_1) \tag{3-21a}$$

$$A_{sⅣ}=\frac{M_{Ⅳ}}{0.9f_y(h_{01}-d)} \tag{3-21b}$$

按 $A_{sⅠ}$ 和 $A_{sⅢ}$ 中大值配置平行于 l 边方向的钢筋，放置在下层；按 $A_{sⅡ}$ 和 $A_{sⅣ}$ 中大值配置平行于 b 边方向的钢筋，放置在上排[4]。

(2) 偏心荷载作用下

在沿 l 方向单向偏心荷载作用下，底板的弯矩可按下列简化方法计算（图 3-17）：

Ⅰ—Ⅰ截面处　$$M_{Ⅰ}=\frac{1}{48}[(p_{jmax}+p_{jⅠ})(2b+b_c)+(p_{jmax}-p_{jⅠ})b](l-l_c)^2 \tag{3-22a}$$

Ⅱ—Ⅱ截面处　$$M_{Ⅱ}=\frac{1}{24}p_j(2l+l_c)(b-b_c)^2 \tag{3-22b}$$

Ⅲ—Ⅲ截面处　$$M_{Ⅲ}=\frac{1}{48}[(p_{jmax}+p_{jⅢ})(2b+b_1)+(p_{jmax}-p_{jⅢ})b](l-l_1)^2 \tag{3-22c}$$

Ⅳ—Ⅳ截面处　$$M_{Ⅳ}=\frac{1}{24}p_j(b-b_1)^2(2l+l_1) \tag{3-22d}$$

钢筋面积计算同上。

式中，$p_{jⅠ}$ 为相应于荷载效应基本组合时在截面Ⅰ—Ⅰ处的基础底面地基净反力值；$p_{jⅢ}$ 为相应于荷载效应基本组合时在截面Ⅲ—Ⅲ处的基础底面地基净反力值。

当柱下独立基础底面长短边之比 ω 在大于或等于 2、小于或等于 3 的范围时，基础底板短向钢筋应按下述方法布置：将短向全部钢筋面积乘以 $(1-\omega/6)$ 后求得的钢筋，均匀分布在与柱中心线重合的宽度等于基础短边的中间带宽范围内，其余的短向钢筋则均匀分布在中间带宽的两侧。长向配筋应均匀分布在基础全宽范围内。

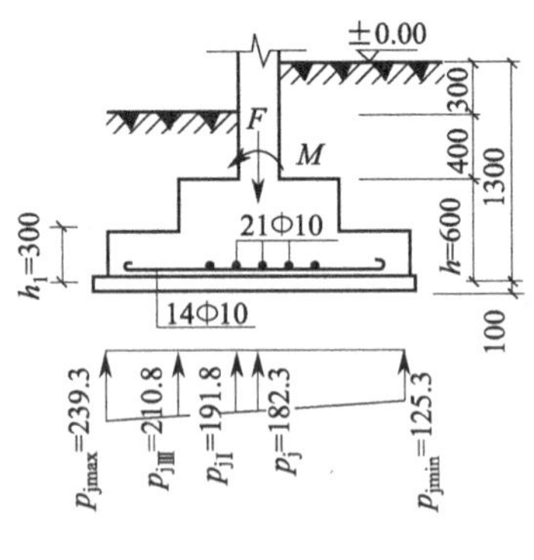

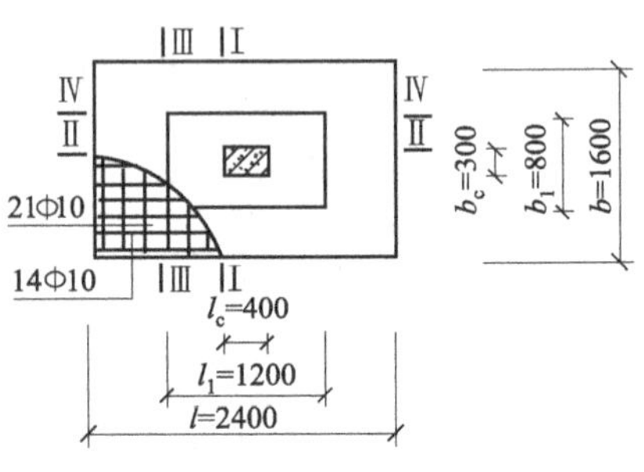

图 3-18　例 3-5 图

【例 3-5】 某柱下独立基础（图 3-18），已知相应于荷载效应基本组合的柱荷载为 $F=700\text{kN}$，$M=87.8\text{kN}\cdot\text{m}$，柱截面尺寸为 300mm×400mm，基础底面尺寸为 1.6m×2.4m。试确定基础高度及基础配筋[4]。

【解】 (1) 确定基础材料

基础采用 C25 混凝土，$f_t=1.27\text{N/mm}^2$；采用 HPB300 级钢筋，$f_y=270\text{N/mm}^2$；垫层采用 C15 素混凝土，厚 100mm，每边伸出基础 100mm。

(2) 计算地基净反力

$$p_j=\frac{F}{lb}=\frac{700}{2.4\times1.6}=182.3(\text{kPa})$$

净偏心距：

$$e=M/F=87.8/700=0.125(\text{m})$$

$$p_{\substack{\text{jmax}\\ \text{jmin}}}=\frac{F}{lb}\left(1\pm\frac{6e}{l}\right)=\frac{700}{2.4\times1.6}\times\left(1\pm\frac{6\times0.125}{2.4}\right)$$

$$=\frac{239.3}{125.3}(\text{kPa})$$

(3) 基础高度

初步取基础高度：　$h=600\text{mm}, h_0=600-45=555(\text{mm})$

基础分二阶，下阶：　$h_1=300\text{mm}, h_{01}=300-45=255(\text{mm})$

取上阶平面尺寸：　$l_1=1.2\text{m}, b_1=0.8\text{m}$

(4) 受冲切承载力验算

① 柱对基础的冲切验算。因为

$$b_c+2h_0=0.3+2\times0.555=1.41(\text{m})<b=1.6(\text{m})$$

则冲切破坏锥体的底边落在基础底面之内，根据式(3-13) 并用 p_{jmax} 代替 p_j 得

$$p_{\text{jmax}}\left[\left(\frac{l}{2}-\frac{l_c}{2}-h_0\right)b-\left(\frac{b}{2}-\frac{b_c}{2}-h_0\right)^2\right]$$

$$=239.3\times\left[\left(\frac{2.4}{2}-\frac{0.4}{2}-0.555\right)\times1.6-\left(\frac{1.6}{2}-\frac{0.3}{2}-0.555\right)^2\right]=168.2(\text{kN})$$

$$0.7\beta_{hp}f_t(b_c+h_0)h_0=0.7\times1.0\times1270\times(0.3+0.555)\times0.555$$

$$=421.9(\text{kN})>168.2(\text{kN})\quad \text{满足要求}$$

② 上阶对基础的冲切验算。

$$b_1+2h_{01}=0.8+2\times0.255=1.31(\text{m})<b=1.6(\text{m})$$

$$p_{\text{jmax}}\left[\left(\frac{l}{2}-\frac{l_1}{2}-h_{01}\right)b-\left(\frac{b}{2}-\frac{b_1}{2}-h_{01}\right)^2\right]$$

$$=239.3\times\left[\left(\frac{2.4}{2}-\frac{1.2}{2}-0.255\right)\times1.6-\left(\frac{1.6}{2}-\frac{0.8}{2}-0.255\right)^2\right]=127.1(\text{kN})$$

$$0.7\beta_{hp}f_t(b_1+h_{01})h_{01}=0.7\times1.0\times1270\times(0.8+0.255)\times0.255$$

$$=239.2(\text{kN})>127.1(\text{kN})\quad \text{满足要求}$$

(5) 基础配筋

计算基础长边方向的弯矩设计值。Ⅰ—Ⅰ截面处：

$$M_{\text{I}}=\frac{1}{48}[(p_{\text{jmax}}+p_{\text{jI}})(2b+b_c)+(p_{\text{jmax}}-p_{\text{jI}})b](l-l_c)^2$$

$$=\frac{1}{48}[(239.3+191.8)\times(2\times1.6+0.3)+(239.3-191.8)\times1.6]\times(2.4-0.4)^2$$

$$=132.1(\text{kN}\cdot\text{m})$$

$$A_{s\text{I}}=\frac{M_{\text{I}}}{0.9f_yh_0}=\frac{132.1\times10^6}{0.9\times270\times555}=979(\text{mm}^2)$$

其最小配筋面积为：

$$A_{s\text{I}\min}=\rho_{\min}\times A_{\text{I}}=0.15\%\times(300\times1600+300\times800)=1080(\text{mm}^2)$$

Ⅲ—Ⅲ截面处：

$$M_{Ⅲ}=\frac{1}{48}[(p_{jmax}+p_{jⅢ})(2b+b_1)+(p_{jmax}-p_{jⅢ})b](l-l_1)^2$$

$$=\frac{1}{48}[(239.3+210.8)\times(2\times1.6+0.8)+(239.3-210.8)\times1.6]\times(2.4-1.2)^2$$

$$=55.4(kN\cdot m)$$

$$A_{sⅢ}=\frac{M_{Ⅲ}}{0.9f_yh_{01}}=\frac{55.4\times10^6}{0.9\times270\times255}=894(mm^2)$$

比较 $A_{sⅠ}$ 和 $A_{sⅢ}$ 及 $A_{sⅠmin}$，按照最大值 $A_{sⅠmin}$ 配置与长边平行的钢筋 14Φ10，$A_s=1099mm^2$（相当于Φ10@115，满足钢筋构造要求）。

Ⅱ—Ⅱ截面处：

$$M_{Ⅱ}=\frac{1}{24}p_j(2l+l_c)(b-b_c)^2=\frac{1}{24}\times182.3\times(2\times2.4+0.4)\times(1.6-0.3)^2=66.8(kN\cdot m)$$

$$A_{sⅡ}=\frac{M_{Ⅱ}}{0.9f_y(h_0-d)}=\frac{66.8\times10^6}{0.9\times270\times(555-10)}=504.4(mm^2)$$

其最小配筋面积为：

$$A_{sⅡmin}=\rho_{min}\times A_{Ⅱ}=0.15\%\times(300\times2400+300\times1200)=1620(mm^2)$$

Ⅳ—Ⅳ截面处：

$$M_{Ⅳ}=\frac{1}{24}p_j(b-b_1)^2(2l+l_1)=\frac{1}{24}\times182.3\times(1.6-0.8)^2\times(2\times2.4+1.2)=29.2(kN\cdot m)$$

$$A_{sⅣ}=\frac{M_{Ⅳ}}{0.9f_y(h_{01}-d)}=\frac{29.2\times10^6}{0.9\times270\times(255-10)}=490.5(mm^2)$$

比较 $A_{sⅡ}$ 和 $A_{sⅣ}$ 及 $A_{sⅡmin}$，按照最大值 $A_{sⅡmin}$ 配置与短边平行的钢筋 21Φ10，$A_s=1649mm^2$（相当于Φ10@115，满足钢筋构造要求）。基础配筋见图 3-18。

3.3 联合基础设计

当柱下独立基础不能满足承载力要求或受到场地限制做成不对称形状而使偏心过大时，可考虑将该柱和相邻柱的基础连在一起而形成联合基础。常见的双柱联合基础有矩形、梯形和连梁式等几种形式(图 3-19)。

一般情况下，如果两柱间距较小、荷载合力作用点比较靠近基础底面形心，即形心点与较大荷载柱外侧的距离 x 满足 $x\geqslant l'/2$ [l'为两柱外侧之间的距离，见图 3-19(a)] 时，可采用矩形联合基础；当两柱荷载悬殊较大，或受场地条件限制基础底面形心不可能与荷载合力作用点靠近，但满足 $l'/2>x>l'/3$ 时，可考虑采用梯形联合基础 [图 3-19(b)]；如果两柱间距较大，为了阻止两独立基础相对转动、调整两基础间的不均匀沉降，可在两个基础之间架设不着地的刚性连系梁而形成连梁式联合基础 [图 3-19(c)]。

联合基础的设计通常做如下的假定[4]：

① 基础是刚性的（一般认为，当基础高度不小于柱距的 1/6 时，可视为刚性）；

② 基底压力为线性（平面）分布；

③ 地基主要受力范围内土质均匀；

④ 不考虑上部结构刚度的影响。

下面主要介绍矩形联合基础的设计，步骤如下：

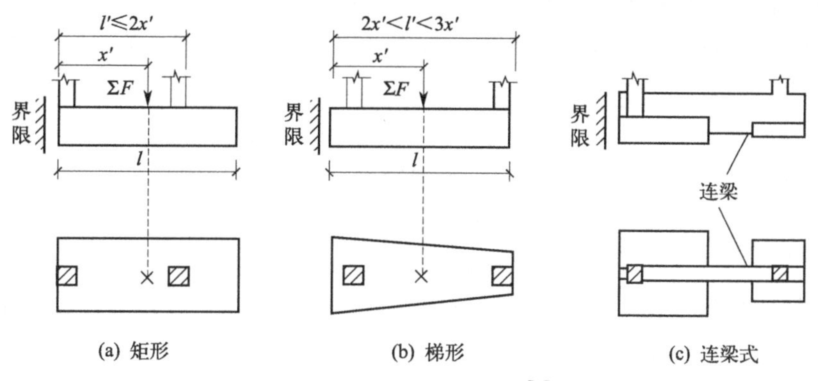

图 3-19　联合基础的形式[4]

① 通过计算确定柱荷载合力作用点的位置；

② 根据尽量使基础底面形心与柱荷载的合力作用点重合的原则，确定基础的长度；

③ 根据地基承载力确定基础底面的宽度；

④ 采用静定分析法计算基础内力，画出弯矩图和剪力图；

⑤ 根据受冲切和受剪承载力确定基础高度，一般先假设基础高度，再进行验算。

a. 受冲切承载力验算公式：

$$F_l \leqslant 0.7\beta_{hp} f_t u_m h_0 \tag{3-23}$$

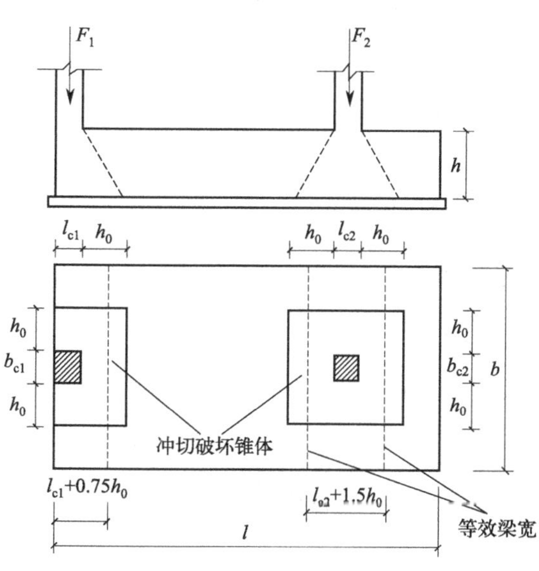

图 3-20　矩形联合基础计算示意图

式中，F_l 为相应于荷载效应基本组合时的冲切力设计值，取柱轴心荷载设计值减去冲切破坏锥体范围内的地基净反力（图 3-20）；u_m 为临界截面的周长，取距离柱周边 $h_0/2$ 处板垂直截面的最不利周长；其余符号同式(3-7)。

b. 受剪承载力验算公式：

$$V \leqslant 0.7\beta_{hs} f_t b h_0 \tag{3-24}$$

式中，V 为验算截面处相应于荷载效应基本组合时的剪力设计值；b 为基础底面宽度；其余符号意义同式(3-3a)。

⑥ 按弯矩图中最大正负弯矩进行纵向配筋。

⑦ 按等效梁概念进行横向配筋计算。

对于矩形联合基础，在靠近柱位的区段，基础的横向刚度很大。因此，J. E. Bowles 建议可在柱边以外各取 $0.75h_0$ 的宽度（图 3-20）与柱宽度合计作为“等效梁”宽度。基础的横向受力钢筋按横向等效梁的柱边截面弯矩计算并配置于该截面内，等效梁以外区段按构造要求配置。各横向等效梁底面的地基净反力以相应等效梁上的柱荷载计算[4]。

【例 3-6】 设计图 3-21 所示的二柱矩形联合基础。已知柱荷载为相应于荷载效应基本组合时的设计值，近似取荷载效应标准组合为基本组合值的 0.74 倍。基础材料采用 C25 混凝土，$f_t=1.27\text{N/mm}^2$。柱 1、柱 2 截面尺寸均为 300mm×300mm，要求基础左端与柱 1 侧面对齐。基础埋深为 1.2m，修正后的地基承载力特征值 $f_a=140\text{kPa}$。柱距为 3m。

【解】(1) 计算柱荷载的合力作用点位置（基础底面形心）

设合力 F_1+F_2 到柱 1 轴心的距离为 x_0 [图 3-21(b)]，则对柱 1 的轴心取矩，由 $\sum M_1=0$，得

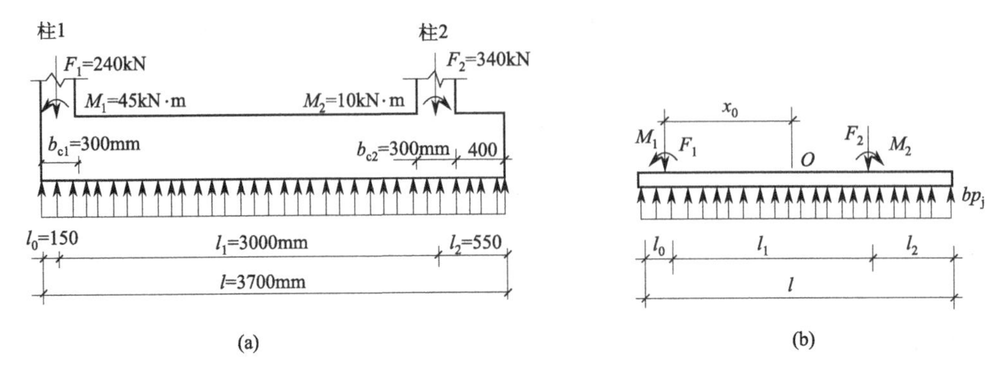

图 3-21 例 3-6 图

$$x_0=\frac{F_2l_1+M_2-M_1}{F_1+F_2}=\frac{340\times3.0+10-45}{340+240}=1.70(\text{m})$$

(2) 确定基础长度

设计成对基础底面为轴心受压，即

$$l=2(l_0+x_0)=2\times(0.15+1.70)=3.7(\text{m})=3700(\text{mm})$$

(3) 计算基础宽度

$$b=\frac{F_{k1}+F_{k2}}{l(f_a-\gamma_G d)}=\frac{(240+340)\times0.74}{3.7\times(140-20\times1.2)}=1.0(\text{m})$$

(4) 采用静定分析法计算基础内力

$$p_j=\frac{F_1+F_2}{lb}=\frac{240+340}{3.7\times1}=156.8(\text{kPa})$$

$$bp_j=156.8(\text{kN/m})$$

由计算结果绘出弯矩图和剪力图，如图 3-22(a) 所示。

(5) 确定基础高度

取：
$$h=l_1/6=3000/6=500(\text{mm})$$
$$h_0=500-50=450(\text{mm})$$

因：
$$b_c+2h_0=300+2\times450=1200(\text{mm})>b=1000(\text{mm})$$

故，应验算柱与基础交接处截面受剪承载力，取柱 2 与基础交接处左截面为计算截面，该截面的剪力设计值为

$$V=253.76-156.8\times0.15=230.24(\text{kN})$$

$$0.7\beta_{hs}f_tbh_0=0.7\times1.0\times1270\times1\times0.450=400.1(\text{kN})>V \quad \text{满足要求}$$

(6) 配筋计算

① 纵向配筋。采用 HRB335 级钢筋，$f_y=300\text{N/mm}^2$。

柱间最大负弯矩为

$$M_{max}=192.6\text{kN}\cdot\text{m}$$

所需钢筋的面积为

$$A_s=\frac{M_{max}}{0.9f_yh_0}=\frac{192.6\times10^6}{0.9\times300\times450}=1585.2(\text{mm}^2)$$

最大正弯矩为

$$M_{max}=23.72\text{kN}\cdot\text{m}$$

所需钢筋的面积为

$$A_s=\frac{M_{max}}{0.9f_yh_0}=\frac{23.72\times10^6}{0.9\times300\times450}=195.2(\text{mm}^2)$$

其最小配筋面积为

$$A_{smin}=\rho_{min}\times A=0.15\%\times500\times1000=750(\text{mm}^2)$$

基础顶面柱间纵向受力钢筋配8⌀16（$A_s=1608\text{mm}^2$）钢筋，全部通长布置；基础底面7⌀12（$A_s=791\text{mm}^2$）钢筋，其中1/2（4根）通长布置［图3-22(b)］。

② 横向配筋。采用HPB300级钢筋，$f_y=270\text{N/mm}^2$。

柱1处等效梁宽为

$$l'=l_{c1}+0.75h_0=0.3+0.75\times0.45=0.64(\text{m})$$

$$M=p_j\left(\frac{b-b_{c1}}{2}\right)l'\left(\frac{b-b_{c1}}{4}\right)=\frac{1}{2}\times\frac{F_1}{l'b}\left(\frac{b-b_{c1}}{2}\right)^2l'=14.7(\text{kN}\cdot\text{m})$$

$$A_s=\frac{M}{0.9f_y(h_0-d)}=\frac{14.7\times10^6}{0.9\times270\times(450-12)}=138(\text{mm}^2)$$

则每米板宽内的配筋面积为

$$138/0.64=215.6(\text{mm}^2/\text{m})$$

柱2处等效梁宽为

$$l'=l_{c2}+2\times0.75h_0=0.3+1.5\times0.45=0.98(\text{m})$$

$$M=p_j\left(\frac{b-b_{c2}}{2}\right)l'\left(\frac{b-b_{c2}}{4}\right)=\frac{1}{2}\times\frac{F_2}{l'b}\left(\frac{b-b_{c2}}{2}\right)^2l'=20.8(\text{kN}\cdot\text{m})$$

$$A_s=\frac{M}{0.9f_y(h_0-d)}=\frac{20.8\times10^6}{0.9\times270\times(450-12)}=195.4(\text{mm}^2)$$

则每米板宽内的配筋面积为

$$195.4/0.98=199.4(\text{mm}^2/\text{m})$$

由于等效梁的计算配筋面积均很小，均小于最小配筋率要求，现沿基础全长均按构造要求配置底面横向钢筋Φ10@100（$A_s=785\text{mm}^2$），基础顶面横向构造钢筋为Φ8@250［图3-22(b)］。

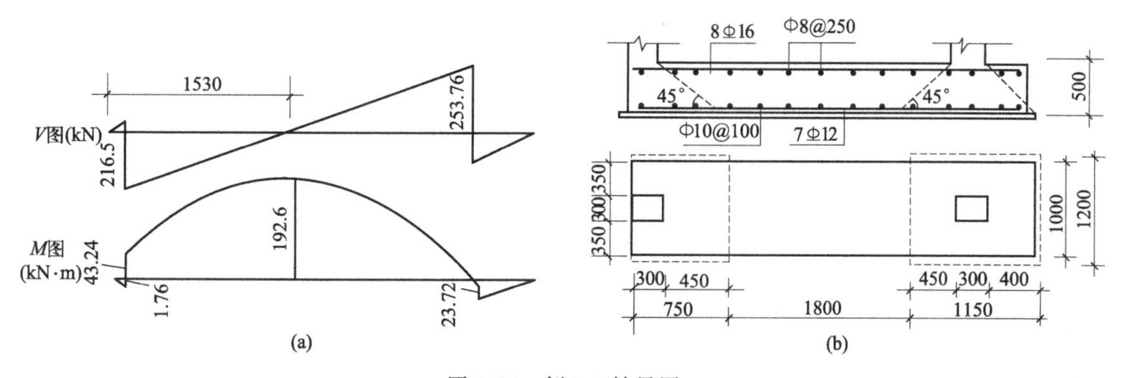

图3-22　例3-6结果图

习　题

3-1　某承重墙厚240mm，拟采用刚性基础。上部结构传至基础顶面的荷载效应标准组合值为$F_k=190\text{kN/m}$，

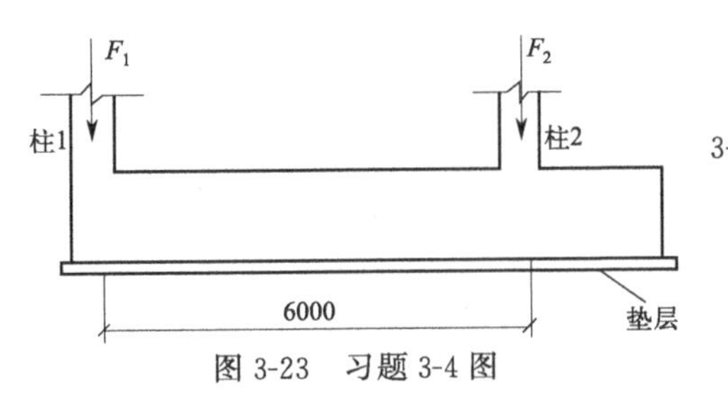

图 3-23 习题 3-4 图

基础埋深为 1.5m。地基土为粉质黏土，$\gamma=17.5\text{kN/m}^3$，$e_0=0.86$，$f_{ak}=130\text{kPa}$。试设计此基础。

3-2 某墙下钢筋混凝土条形基础，已知砖墙厚 240mm，相应于荷载效应基本组合时作用于基础顶面的轴心荷载为 350kN/m，弯矩为 32kN·m/m，标准组合值分别为 291kN/m 和 27kN·m/m。基础埋深为 1.2m，深度修正后的地基承载力特征值 $f_a=125\text{kPa}$。试设计此基础。

3-3 某柱下钢筋混凝土独立基础，已知相应于荷载效应基本组合时的柱荷载为 850kN，弯矩为 95kN·m（已知基本组合值为标准组合值的 1.35 倍），柱截面尺寸为 300mm×450mm。基础埋深为 1.3m，地基土为黏性土，$\gamma=18.5\text{kN/m}^3$，$I_L=0.9$，$f_{ak}=150\text{kPa}$。试设计此基础。

3-4 设计某二柱矩形联合基础（图 3-23），双柱间距 6.0m。相应于荷载效应基本组合时，柱上作用有外荷载 $F_1=600\text{kN}$，$F_2=1200\text{kN}$，并且荷载效应基本组合为标准组合的 1.35 倍。基础材料采用 C20 混凝土。基础埋深 $d=1.5\text{m}$。地基承载力特征值 $f_{ak}=110\text{kPa}$。柱 1、柱 2 截面尺寸均为 400mm×400mm，要求基础左端与柱 1 侧面对齐。

参 考 文 献

[1] 施岚青．2010 年注册结构工程师专业考试应试指南．北京：中国建筑工业出版社，2010.

[2] 刘昌辉，时红莲．基础工程学．武汉：中国地质大学出版社，2005.

[3] 陈远椿．建筑结构设计资料集：地基基础分册．北京：中国建筑工业出版社，2006.

[4] 华南理工大学，浙江大学，湖南大学．基础工程．北京：中国建筑工业出版社，2005.

[5] 罗晓辉．基础工程设计原理．武汉：华中科技大学出版社，2007.

[6] 金喜平，等．基础工程．北京：机械工业出版社，2007.

[7] 中华人民共和国建设部．建筑地基基础设计规范（GB 50007—2011）．北京：中国建筑工业出版社，2012.

第4章

柱下条形基础设计

【学习指南】 本章主要介绍地基计算模型、柱下钢筋混凝土条形基础和交叉条形基础的设计计算方法。通过本章学习，应了解文克勒地基模型及弹性地基梁法；熟悉条形基础的构造要求；学会应用静定分析法及倒梁法计算条形基础的内力；能进行交叉条形基础结点荷载分配；能看懂并能简单绘制条形基础施工图。

柱下条形基础是框架或排架结构常用的一种基础类型，它可以单向设置，也可以交叉设置。单向条形基础一般沿建筑物纵轴线布置。当单向条形基础不能满足地基承载力或变形要求时，可采用交叉条形基础。由于条形基础的受力和变形与基础刚度、荷载分布、地基土的性质以及上部结构的刚度等因素有关，因此，在基础设计中，常根据不同的情况和需要，对某些因素做适当简化，以利于分析计算。归纳起来，条形基础的内力计算方法大致可分为三类：考虑地基、基础与上部结构共同作用的计算方法；忽略上部结构影响，仅考虑地基与基础相互作用的弹性地基梁法；不考虑共同作用，以静力平衡为基本条件的简化计算法[1~2]。以上分析方法是与建立更完善的地基计算模型、改进分析共同作用问题等相配套发展的[2]。本章将重点介绍地基计算模型、条形基础的构造要求及弹性地基梁法和简化计算法等。

4.1 弹性地基梁法计算理论

计算弹性地基梁内力的方法主要有基床系数法和半无限弹性体法等。

基床系数法是以文克勒地基模型为基础，假定地基是由许多互不联系的独立弹簧组成的。通过考虑变形协调条件，求解弹性地基梁的挠曲微分方程，进而求出基础梁的内力。

半无限弹性体法假定地基为半无限弹性体，柱下条形基础为放置在半无限弹性体表面上的梁。在荷载作用下，基础梁满足一般的挠曲微分方程。考虑基础与半无限弹性体变形协调及基础的边界条件，应用弹性理论求解挠曲微分方程，得到基础的位移和基底压力，进而求得基础梁的内力。由于该方法非常复杂，一般需要采用有限元等数值方法求解，所以工程设计中最常用的还是基床系数法。

4.1.1 地基计算模型

进行地基上梁和板的分析时，必须解决基底压力分布和地基沉降计算问题，这些问题都涉及土的应力-应变关系，表达这种关系的模式称为地基计算模型[3]。目前已提出了多种计算模型，依据其对地基土变形特性的描述可分为：线性弹性地基模型、非线性弹性地基模型和弹塑性地基模型三类[2]。由于土的应力-应变关系十分复杂，所以要找到一个能十分准确地模拟地基与基础相互作用时所表现的主要力学性状，又便于工程应用的模型，几乎是不可能的。事实上，无论哪一种模型都难以完全反映地基的实际工作性状，都具有一定的局限性，也都有各自较为苛刻的适用条件。下面介绍两个最简单的线性弹性地基计算模型。

4.1.1.1 文克勒地基模型

文克勒地基模型是捷克工程师 E. Winkler（文克勒）在 1867 年提出的，其假定地基上任一点所受的压力强度 p 只与该点的沉降量 s 成正比，即

$$p=ks \tag{4-1}$$

式中，k 为基床系数（或基床反力系数），表示产生单位沉降量所需要的压力强度，kN/m^3。

由文克勒地基模型假定可知，地基表面某点的沉降与其他点的压力无关，彼此相互独立。因此，可把连续的地基土划分成若干无侧面摩擦的相互独立的竖直土柱［图 4-1(a)］，每条土柱用一根独立的弹簧来代替［图 4-1(b)］。施加荷载时，每根弹簧所受的压力与该弹簧的变形成正比，与其他弹簧无关。这种模型的基底反力分布图与基底沉降形状相似。当基础刚度非常大时，受荷后不发生挠曲变形，基础底面仍保持为平面，则基底反力按直线分布［图 4-1(c)］，这就是工程设计中常采用的基底反力简化算法所依据的计算图式[3]。

由于文克勒地基模型没有考虑相邻土柱之间的摩阻力，即忽略了地基中的剪应力，只考虑正应力，因此，基底压力在地基中不产生应力扩散，地基变形只限于基础底面范围之内，基底以外的地表不发生沉降。

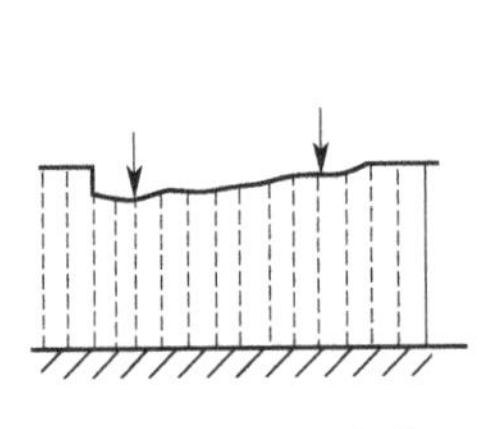
(a) 彼此独立的土柱体系

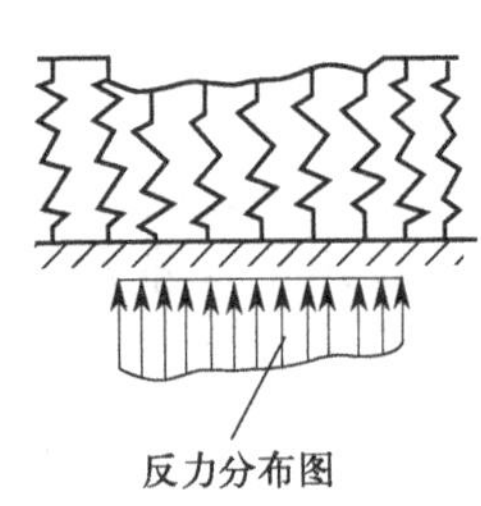

(b) 柔性基础下的弹簧模型

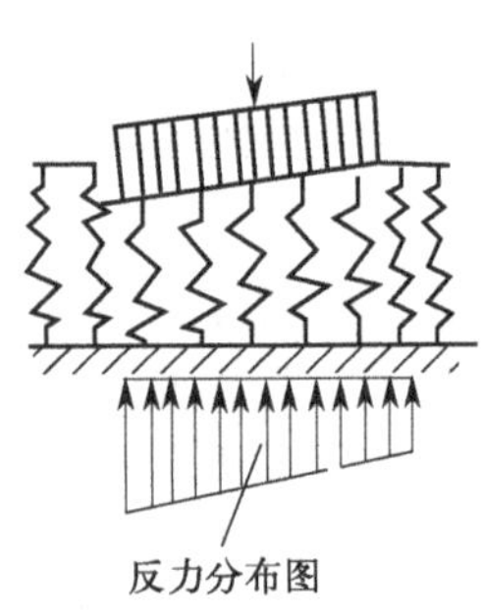

(c) 刚性基础下的弹簧模型

图 4-1 文克勒地基模型

事实上，一般情况下，受荷载作用时地基中是存在剪应力的，因此，基底压力将在地基中产生应力扩散，基底附近一定范围内的地表也会发生沉降，可见文克勒地基模型有它的局限性。尽管如此，该模型由于参数少、描述简单、便于应用，目前仍是浅基础设计中最常用的地基模型之一。

由于文克勒地基模型假定地基中不存在剪应力，这与水的性质相类似，所以一般认为，力学性质与水接近的地基土，采用文克勒模型比较合适。例如下列几种情况：

① 接近流态的软弱土体（如淤泥、软黏土等），由于这类土的抗剪强度很低，能够承受的剪应力很小，并且地基土越软弱，采用该模型就越接近实际情况。

② 在荷载作用下，基底下出现的塑性区相对较大时，采用文克勒地基模型也比较合适。

③ 厚度不超过基础底面宽度之半的薄压缩层地基也适于采用这类模型，因为这时地基中产生附加应力集中现象，剪应力很小。

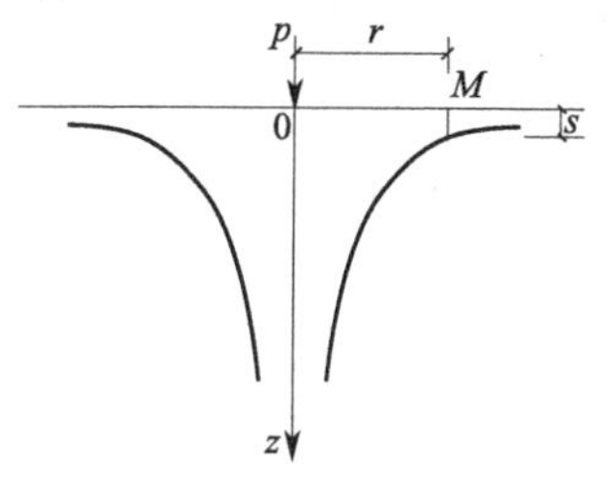

图 4-2　集中荷载作用下地表的沉降

4.1.1.2　弹性半空间地基模型

该模型假定地基是一个连续、均质、各向同性的半无限空间弹性体。当弹性半空间表面上作用一个竖向集中力 p 时，半空间表面上离竖向集中力作用点距离为 r 的 $M(x,y)$ 点处的沉降量 s（图 4-2）的布辛奈斯克（Boussinesq）解为

$$s=\frac{p(1-\mu^2)}{\pi E_0 r} \tag{4-2}$$

式中，E_0 为地基土的变形模量；μ 为地基土的泊松比；r 为地基表面任意点到竖向集中力作用点的距离，$r=\sqrt{x^2+y^2}$。

这就是弹性半空间模型的理论依据。采用该地基计算模型时，地基上任意点的沉降与整个基底反力以及邻近荷载的分布有关。对于任意分布的荷载，可通过叠加原理求得。如图 4-3 所示，假定荷载作用面积 A 范围内任意点 $N(\xi,\eta)$ 处的分布荷载为 $p(\xi,\eta)$，把该点处微面积 $\mathrm{d}\xi\mathrm{d}\eta$ 上的分布荷载用集中力 $p(\xi,\eta)\ \mathrm{d}\xi\mathrm{d}\eta$ 代替，则与 $N(\xi,\eta)$ 点相距为 $r=\sqrt{(x-\xi)^2+(y-\eta)^2}$ 的点 $M(x,y)$ 的沉降量可由式(4-2) 积分求得[4]，即

$$s(x,y)=\frac{1-\mu^2}{\pi E_0}\iint_A \frac{p(\xi,\eta)\mathrm{d}\xi\mathrm{d}\eta}{\sqrt{(x-\xi)^2+(y-\eta)^2}} \tag{4-3}$$

事实上，上述积分并不容易求得，只对某些特殊情况可以有解析解，例如均布矩形荷载 p_0 作用下矩形面积中心点的沉降量，可以通过对上式直接积分求得，即

$$s=\frac{2(1-\mu^2)}{\pi E_0}\left(l\ln\frac{b+\sqrt{l^2+b^2}}{l}+b\ln\frac{l+\sqrt{l^2+b^2}}{b}\right)p_0 \tag{4-4}$$

式中，l、b 分别为矩形荷载面的长度和宽度。

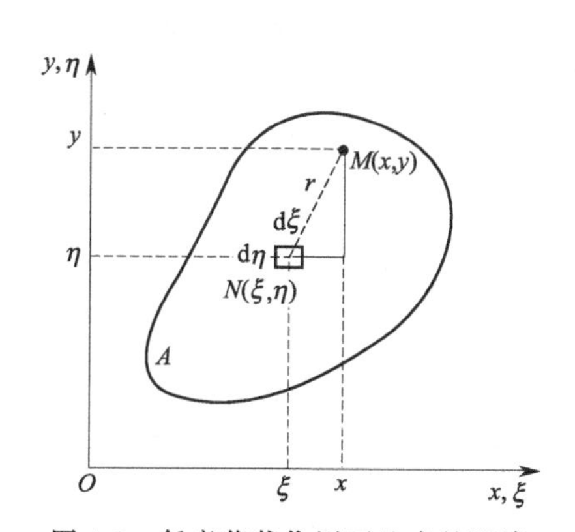

图 4-3　任意荷载作用下地表的沉降

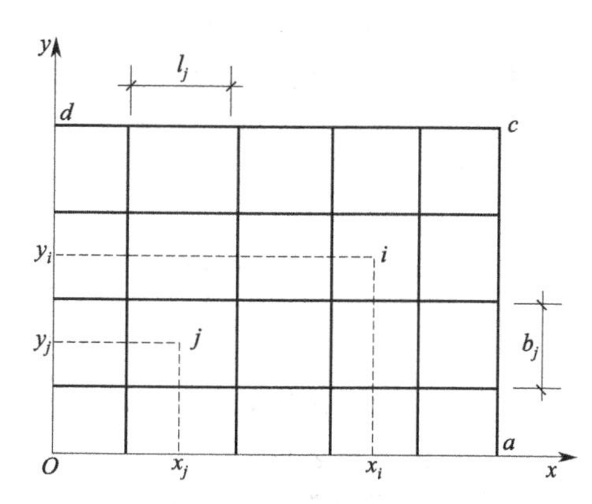

图 4-4　基底网格的划分

一般情况下，该积分只能通过数值方法求得近似解。具体表述如下：设地基表面 $Oacd$ 范围内作用着任意分布的荷载。把基底平面划成 n 个矩形网格（图 4-4），作用于各网格面积（$f_1,f_2,\cdots,f_n$）上的基底压力（$p_1,p_2,\cdots,p_n$）可以近似地认为是均布的。作用于网格 j 上的均布荷载用网格中点的集中力 $R_j=p_jf_j$ 代替（称为集中基底压力），则由式(4-2) 可知，网格 j 上的荷载在网格 i 的中点所产生沉降 s_{ij} 为

$$s_{ij}=\frac{(1-\mu^2)}{\pi E_0}\times\frac{R_j}{\sqrt{(x_i-x_j)^2+(y_i-y_j)^2}}=\delta_{ij}R_j \tag{4-5}$$

式中，δ_{ij} 为沉降系数，即单位集中基底压力 $R_j=1$ 所引起的沉降量。

根据叠加原理，网格 i 中点的沉降应为所有 n 个网格上的基底压力分别引起的沉降之和，即

$$s_i=\delta_{i1}R_1+\delta_{i2}R_2+\cdots+\delta_{in}R_n=\sum_{j=1}^{n}\delta_{ij}R_j \quad (i=1,2,\cdots,n) \tag{4-6}$$

对于整个地基表面，可用矩阵形式表示为

$$\begin{Bmatrix} s_1 \\ s_2 \\ \vdots \\ s_n \end{Bmatrix}=\begin{bmatrix} \delta_{11} & \delta_{12} & \cdots & \delta_{1n} \\ \delta_{21} & \delta_{22} & \cdots & \delta_{2n} \\ \vdots & \vdots & \vdots & \vdots \\ \delta_{n1} & \delta_{n2} & \cdots & \delta_{nn} \end{bmatrix}\begin{Bmatrix} R_1 \\ R_2 \\ \vdots \\ R_n \end{Bmatrix} \tag{4-7}$$

或简写为

$$\{s\}=[\delta]\{R\} \tag{4-8}$$

式中，$[\delta]$ 为地基柔度矩阵。

为了简化计算，对于沉降系数 δ_{ij}：当 $i\neq j$ 时，可近似地按作用于 j 点上的单位集中基底压力 $R_j=1$ 以式(4-2) 计算；当 $i=j$ 时，按作用于网格 j 上的均布荷载 $p_j=1/f_j$ 以式(4-4) 计算，即

$$\delta_{ij}=\frac{1-\mu^2}{\pi E_0}\begin{cases} 2\left(\dfrac{1}{b_j}\ln\dfrac{b_j+\sqrt{l_j^2+b_j^2}}{l_j}+\dfrac{1}{l_j}\ln\dfrac{l_j+\sqrt{l_j^2+b_j^2}}{b_j}\right) & (i=j) \\ \dfrac{1}{\sqrt{(x_i-x_j)^2+(y_i-y_j)^2}} & (i\neq j) \end{cases} \tag{4-9}$$

与文克勒地基模型相比，弹性半空间地基模型考虑了邻近荷载的影响、反映了地基中的应力扩散，更接近于实际情况，但是它的扩散能力又显得太强，往往超过地基的实际情况，所以求得的沉降量和地表的沉降范围偏大。同时该模型未能考虑实际地基的成层性、非均质性以及土体应力-应变关系的非线性等重要因素，因此对很厚的均质地基较为适合[5~6]。

4.1.2 弹性地基梁法的基本条件和分析方法

采用弹性地基梁法计算条形基础的内力时，地基计算模型的选用是关键。应根据所分析问题的实际情况选择合适的地基模型，并且都必须满足以下两个基本条件。

(1) 静力平衡条件

基础在外荷载和基底反力作用下必须满足静力平衡条件，即

$$\begin{cases} \sum F=0 \\ \sum M=0 \end{cases} \tag{4-10}$$

式中，$\sum F$ 为作用在基础上的竖向外荷载和基底反力之和；$\sum M$ 为外荷载和基底反力对基础任一点的力矩之和。

(2) 变形协调条件

在荷载作用下，地基与基础共同协调变形，计算前与地基接触的基础底面，始终保持接触状态，不得出现脱开现象，即基础底面任一点的挠度 w_i 应等于该点的地基沉降量 s_i：

$$w_i=s_i \tag{4-11}$$

基于以上两个基本条件，结合所选用的地基计算模型，便可列出解答问题所需的微分方程，然后根据边界条件求得微分方程的解。事实上，只有在简单的情况下才能获得微分方程的解析解，一般情况下，只能求得近似的数值解。

4.1.3 基床系数法

4.1.3.1 微分方程

如图 4-5(a) 所示，将条形基础视为放置在文克勒地基上的基础梁。基础梁宽为 b，受

基底反力 p 和分布荷载 q 的作用。由材料力学可知，梁的挠曲微分方程式为

$$EI\frac{\mathrm{d}^2 w}{\mathrm{d}x^2}=-M \tag{4-12}$$

式中，w 为梁的挠度；E 为梁材料的弹性模量；I 为梁的截面惯性矩；M 为弯矩。

根据梁的微单元［图 4-5(b)］的静力平衡条件 $\sum V=0$ 可得

$$\frac{\mathrm{d}V}{\mathrm{d}x}=bp-q \tag{4-13}$$

再由静力平衡条件 $\sum M=0$，并略去二阶微量得

$$\frac{\mathrm{d}M}{\mathrm{d}x}=V \tag{4-14}$$

式(4-12) 两边对 x 两次求导，式(4-14) 两边对 x 求导，并联立式(4-13) 得

$$EI\frac{\mathrm{d}^4 w}{\mathrm{d}x^4}=-\frac{\mathrm{d}^2 M}{\mathrm{d}x^2}=-\frac{\mathrm{d}V}{\mathrm{d}x}=-bp+q \tag{4-15}$$

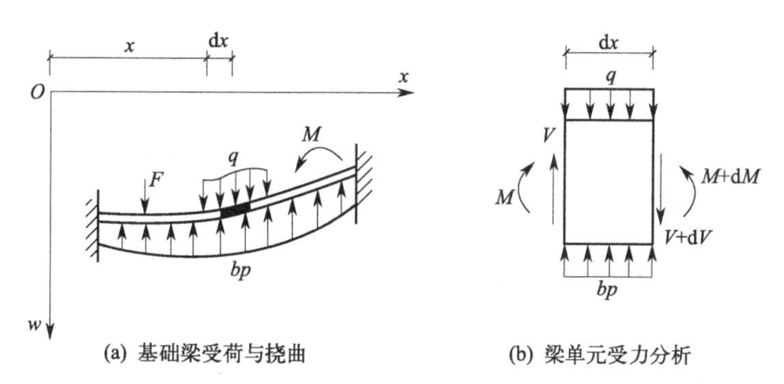

(a) 基础梁受荷与挠曲　　(b) 梁单元受力分析

图 4-5　文克勒地基上梁的计算示意图

根据文克勒地基模型将式(4-1) 即 $p=ks$ 以及变形协调条件（地基沉降等于梁的挠度）式(4-11) 即 $s=w$，代入式(4-15) 得

$$EI\frac{\mathrm{d}^4 w}{\mathrm{d}x^4}=-bkw+q \tag{4-16}$$

式(4-16) 即为文克勒地基上梁的挠曲微分方程。

对于分布荷载 $q=0$ 的梁段，上式可写为

$$\frac{\mathrm{d}^4 w}{\mathrm{d}x^4}+\frac{kb}{EI}w=0 \tag{4-17}$$

若令 $\lambda=\sqrt[4]{\frac{kb}{4EI}}$，将其代入式(4-17) 得

$$\frac{\mathrm{d}^4 w}{\mathrm{d}x^4}+4\lambda^4 w=0 \tag{4-18}$$

式中，λ 为弹性地基梁的柔度特征值（或柔度指标），m^{-1}，它反映了基础梁对地基相对刚度的大小。

λ 值越小，基础梁对地基的相对刚度越大，$1/\lambda$ 称为特征长度。

式(4-18) 是四阶常系数线性常微分方程，其通解为

$$w=\mathrm{e}^{\lambda x}(c_1\cos\lambda x+c_2\sin\lambda x)+\mathrm{e}^{-\lambda x}(c_3\cos\lambda x+c_4\sin\lambda x) \tag{4-19}$$

式中，c_1、c_2、c_3、c_4 为待定积分常数，可根据荷载及边界条件确定；e 为自然对数的底。

λl（l 为基础长度）称为柔度指数，无量纲，它反映了文克勒地基上梁的相对刚柔程度。当 $\lambda l \to 0$ 时，梁的刚度为无限大，可视为刚性梁；当 $\lambda l \to \infty$ 时，梁相对较柔软，可视为柔性梁[3]。因为刚度不同，在相同荷载作用下梁的挠曲变形和基底反力分布也不相同，所以在进行分析计算时，首先应区分梁的性质。一般根据 λl 的大小，将弹性地基梁划分为三类：短梁（刚性梁），$\lambda l \leqslant \pi/4$；长梁（柔性梁），$\lambda l \geqslant \pi$；有限长梁（有限刚性梁），$\pi/4 < \lambda l < \pi$。

4.1.3.2 文克勒地基上无限长梁的解

(1) 竖向集中力作用下的解

图 4-6(a) 表示在无限长梁上作用一个竖向集中力 F_0，取 F_0 的作用点为坐标原点 O。因为沿长梁长度方向上各点距离加荷点越远其挠度越小，所以当 $x \to \infty$ 时，$w \to 0$。将其代入式(4-19) 可得 $c_1 = c_2 = 0$，则式(4-19) 可写为

$$w = e^{-\lambda x}(c_3 \cos\lambda x + c_4 \sin\lambda x) \tag{4-20}$$

由图 4-6 可知，在竖向集中力作用下，梁的挠曲曲线和弯矩关于原点对称分布。所以当 $x=0$ 时，挠曲曲线斜率为零，即 $\left.\frac{dw}{dx}\right|_{x=0} = 0$，将其代入式(4-20) 可得 $c_3 - c_4 = 0$。

令 $c_3 = c_4 = c$，则式(4-20) 可改写成为

$$w = e^{-\lambda x} c(\cos\lambda x + \sin\lambda x) \tag{4-21}$$

在 O 点处取微小单元（即紧靠 F_0 作用点的左右两侧把梁切开）进行受力分析，可得微单元左右两侧截面上的剪力均等于 $F_0/2$，且指向上方，即 $V_{右} = -F_0/2$，$V_{左} = -F_0/2$，由材料力学公式可得

$$V_{右} = \frac{dM}{dx} = -EI \left.\frac{d^3 w}{dx^3}\right|_{x=0} = -\frac{F_0}{2} \tag{4-22}$$

联立式(4-21) 和式(4-22) 得 $c = F_0 \lambda/(2kb)$，将其代入式(4-21) 即可得到竖向集中力作用下无限长梁的挠曲计算公式：

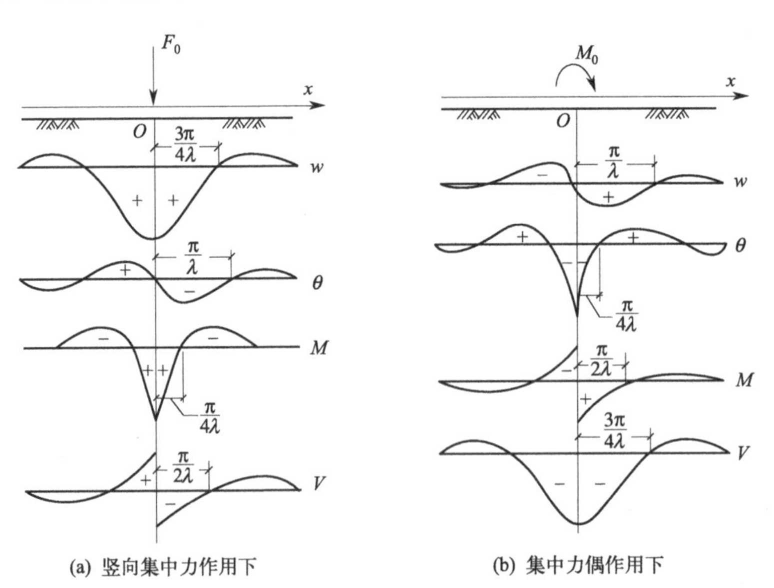

图 4-6 无限长梁的挠度、转角、弯矩、剪力分布图[7]

$$w = \frac{F_0 \lambda}{2kb} e^{-\lambda x}(\cos\lambda x + \sin\lambda x) \tag{4-23}$$

将上式分别对 x 求一阶、二阶和三阶导数，就可以得到不同梁截面的转角 $\theta = dw/dx$、

弯矩 $M=-EI(\mathrm{d}^2w/\mathrm{d}x^2)$ 和剪力 $V=-EI(\mathrm{d}^3w/\mathrm{d}x^3)$ [图 4-6(a)]。将所得公式归纳如下：

$$\begin{cases} w=\dfrac{F_0\lambda}{2kb}A_x \\ \theta=-\dfrac{F_0\lambda^2}{kb}B_x \\ M=\dfrac{F_0}{4\lambda}C_x \\ V=-\dfrac{F_0}{2}D_x \end{cases} \tag{4-24}$$

$$A_x=\mathrm{e}^{-\lambda x}(\cos\lambda x+\sin\lambda x)$$

$$B_x=\mathrm{e}^{-\lambda x}\sin\lambda x$$

$$C_x=\mathrm{e}^{-\lambda x}(\cos\lambda x-\sin\lambda x)$$

$$D_x=\mathrm{e}^{-\lambda x}\cos\lambda x$$

以上四个系数都是 λx 的函数，其值也可由表 4-1 查得。由于式(4-24) 是针对梁的右半部 ($x>0$) 得出的，对于梁的左半部 ($x<0$) 可利用对称关系求得，其中，w 和 M 关于原点对称所以正负号不变，θ 和 V 反对称应取相反的符号。基底反力按 $p=kw$ 计算。

(2) 集中力偶作用下的解

如图 4-6(b) 所示，无限长梁上作用一个顺时针方向的集中力偶 M_0，同上取 M_0 作用点为坐标原点。当 $x\to\infty$ 时，$w\to0$，由式(4-19) 可得 $c_1=c_2=0$。由于在集中力偶作用下，θ 和 V 关于原点 O 对称而 w 和 M 反对称，所以当 $x=0$ 时 $w=0$，从而得到 $c_3=0$。同上在点 O 处取微小单元进行受力分析，得 $M_{右}=M_0/2$，即

$$M=-EI\left.\frac{\mathrm{d}^2w}{\mathrm{d}x^2}\right|_{x=0}=\frac{M_0}{2} \tag{4-25}$$

由此可得 $c_4=M_0\lambda^2/(kb)$，从而得到集中力偶作用下无限长梁的挠曲计算公式：

$$w=\frac{M_0\lambda^2}{kb}\mathrm{e}^{-\lambda x}\sin\lambda x \tag{4-26}$$

将式(4-26) 分别对 x 求一阶、二阶和三阶导数，得到

$$\begin{cases} w=\dfrac{M_0\lambda^2}{kb}B_x \\ \theta=\dfrac{M_0\lambda^3}{kb}C_x \\ M=\dfrac{M_0}{2}D_x \\ V=-\dfrac{M_0\lambda}{2}A_x \end{cases} \tag{4-27}$$

式中，系数 A_x、B_x、C_x 和 D_x 与式(4-24) 相同。

上式是针对梁的右半部 ($x>0$) 得出的，对于梁的左半部 ($x<0$) 同样可利用对称关系求得，其中 θ 和 V 的符号不变，w 和 M 符号相反。w、θ、M、V 的分布图见 4-6(b)。

若无限长梁受若干个集中荷载作用，可分别以各荷载的作用点为原点，按式(4-24) 或式(4-27) 计算出各荷载单独作用时在计算截面处产生的 w、θ、M 和 V，然后叠加得到共同

作用下的总效应。例如图 4-7 所示的无限长梁上 A、B、C 三点的四个荷载 F_a、M_a、F_b、M_c 在截面 D 引起的弯矩 M_d 和剪力 V_d 分别为

$$\begin{cases}M_d=\dfrac{F_a}{4\lambda}C_a+\dfrac{M_a}{2}D_a+\dfrac{F_b}{4\lambda}C_b-\dfrac{M_c}{2}D_c\\ V_d=-\dfrac{F_a}{2}D_a-\dfrac{M_a\lambda}{2}A_a+\dfrac{F_b}{2}D_b-\dfrac{M_c\lambda}{2}A_c\end{cases}\tag{4-28}$$

式中，系数 A_a、C_b、D_c 等的脚标表示其所对应的 λx 值分别为 λa、λb、λc[3]。

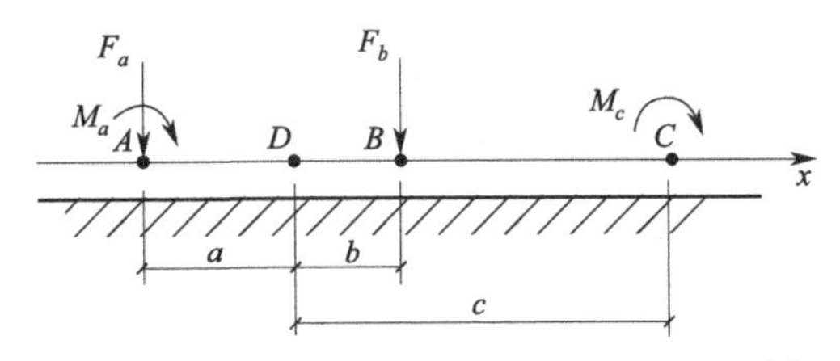

图 4-7　若干个集中荷载作用下的无限长梁[3]

4.1.3.3　文克勒地基上半无限长梁的解

半无限长梁是指基础梁一端为有限梁端，另一端无限长，或集中荷载作用点距离梁的一端较近（$x<\pi\lambda$），而距离另一端很远（$x\geqslant\pi\lambda$），如边柱荷载作用下的条形基础即属于此类[8]。

对于半无限长梁，可将坐标原点取在受力端（图 4-8），此时的边界条件为：$x\rightarrow\infty$时，$w\rightarrow 0$；$x=0$ 时，$M=M_0$ 或 $V=-F_0$。从而可推求出

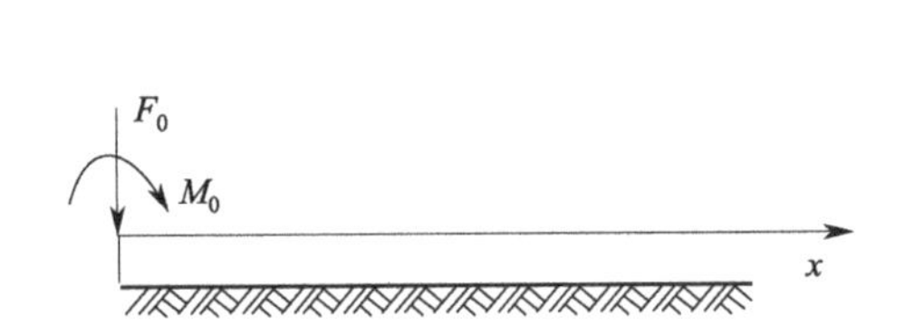

图 4-8　集中荷载作用下的半无限长梁

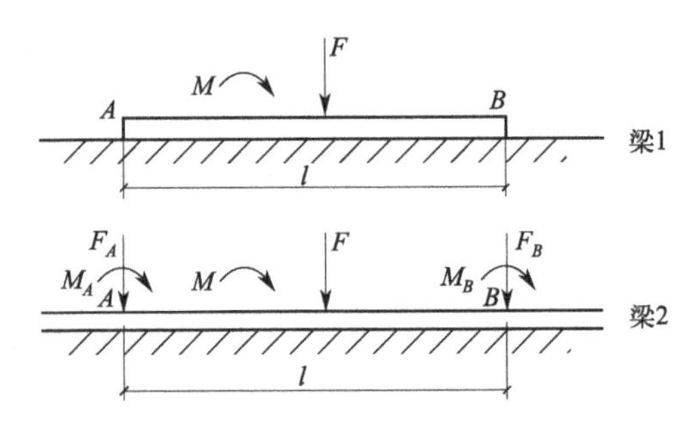

图 4-9　文克勒地基上有限长梁的计算图

$$\begin{cases}c_1=c_2=0\\ c_3=\dfrac{2\lambda}{kb}F_0-\dfrac{2\lambda^2}{kb}M_0\\ c_4=\dfrac{2\lambda^2}{kb}M_0\end{cases}\tag{4-29}$$

由此得到

$$\begin{cases}w=\dfrac{\lambda}{kb}(2F_0D_x-M_0\lambda C_x)\\ \theta=-\dfrac{2\lambda^2}{kb}(F_0A_x-2M_0\lambda D_x)\\ M=-\dfrac{1}{\lambda}(F_0B_x-M_0\lambda A_x)\\ V=-(F_0C_x+2M_0\lambda B_x)\end{cases}\tag{4-30}$$

4.1.3.4 文克勒地基上有限长梁的解

在实际工程中，真正的无限长梁或半无限长梁是没有的。对于有限长梁，可根据无限长梁的计算公式，利用叠加原理求得满足有限长梁两自由端边界条件的解。

将图 4-9 中的有限长梁（梁 1）用无限长梁（梁 2）来代替，则梁 2 在 A、B 两截面处有弯矩和剪力。为满足梁 1 两端是自由端不存在弯矩和剪力的边界条件，现在梁 2 紧靠 A、B 两截面的外侧各施加一对集中荷载 F_A、M_A 和 F_B、M_B，并要求梁 2 在两对附加荷载和已知荷载的共同作用下，A、B 两截面处的弯矩和剪力为零。

若外荷载 M、F 在梁 2 的 A、B 两截面产生的内力分别为 M_a、V_a 及 M_b、V_b，则附加荷载 F_A、M_A 和 F_B、M_B 在 A、B 两截面产生的弯矩和剪力应分别为 $-M_a$、$-V_a$ 及 $-M_b$、$-V_b$，这样就可以满足有限长梁的边界条件，就可以用无限长梁 2 代替有限长梁 1。下面的关键是如何求出 F_A、M_A 和 F_B、M_B。由式(4-24) 和式(4-27) 可得出方程组：

$$\begin{cases}\dfrac{F_A}{4\lambda}+\dfrac{F_B}{4\lambda}C_1+\dfrac{M_A}{2}-\dfrac{M_B}{2}D_1=-M_a\\ -\dfrac{F_A}{2}+\dfrac{F_B}{2}D_1-\dfrac{M_A\lambda}{2}-\dfrac{M_B\lambda}{2}A_1=-V_a\\ \dfrac{F_A}{4\lambda}C_1+\dfrac{F_B}{4\lambda}+\dfrac{M_A}{2}D_1-\dfrac{M_B}{2}=-M_b\\ -\dfrac{F_A}{2}D_1+\dfrac{F_B}{2}-\dfrac{M_A\lambda}{2}A_1-\dfrac{M_B\lambda}{2}=-V_b\end{cases} \tag{4-31}$$

解上述方程组可得

$$\begin{cases}F_A=(E_1+F_1D_1)V_a+\lambda(E_1-F_1A_1)M_a-(F_1+E_1D_1)V_b+\lambda(F_1-E_1A_1)M_b\\ M_A=-(E_1+F_1C_1)\dfrac{V_a}{2\lambda}-(E_1-F_1D_1)M_a+(F_1+E_1C_1)\dfrac{V_b}{2\lambda}-(F_1-E_1D_1)M_b\\ F_B=(F_1+E_1D_1)V_a+\lambda(F_1-E_1A_1)M_a-(E_1+F_1D_1)V_b+\lambda(E_1-F_1A_1)M_b\\ M_B=(F_1+E_1C_1)\dfrac{V_a}{2\lambda}+(F_1-E_1D_1)M_a-(E_1+F_1C_1)\dfrac{V_b}{2\lambda}+(E_1-F_1D_1)M_b\end{cases} \tag{4-32}$$

$$E_1=\frac{2e^{\lambda l}\operatorname{sh}\lambda l}{\operatorname{sh}^2\lambda l-\sin^2\lambda l}\quad F_1=\frac{2e^{\lambda l}\sin\lambda l}{\sin^2\lambda l-\operatorname{sh}^2\lambda l}\quad \text{（sh 为双曲线正弦函数）}$$

式中，A_1、C_1、D_1 分别为梁长为 l 时的 A_x、C_x、D_x 值，可按 λl 值由表 4-1 查得。

总之，对文克勒地基上的长梁、有限长梁，可利用无限长梁或半无限长梁的解计算；对于柔度较大的地基梁，有时也可以直接按无限长梁进行简化计算；对短梁，可采用基底反力呈直线变化的简化方法计算。另外，在选择计算方法时，除了按 λl 值划分弹性地基梁的类型外，还需考虑外荷载的大小和作用点位置等因素[3]。

表 4-1 A_x、B_x、C_x、D_x、E_x、F_x 函数表

λx	A_x	B_x	C_x	D_x	E_x	F_x
0	1	0	1	1	∞	−∞
0.02	0.99961	0.01960	0.96040	0.98000	382156	−382105
0.04	0.99844	0.03842	0.92160	0.96002	48802.6	−48776.6
0.06	0.99654	0.05647	0.88360	0.94007	14851.3	−14738.0
0.08	0.99393	0.07377	0.84639	0.92016	6354.30	−6340.76
0.10	0.99065	0.09033	0.80998	0.90032	3321.06	−3310.01
0.12	0.98672	0.10618	0.77437	0.88054	1962.18	−1952.78
0.14	0.98217	0.12131	0.73954	0.86085	1261.70	−1253.48

续表

λx	A_x	B_x	C_x	D_x	E_x	F_x
0.16	0.97702	0.13576	0.70550	0.84126	863.174	−855.840
0.18	0.97131	0.14954	0.67224	0.82178	619.176	−612.524
0.20	0.96507	0.16266	0.63975	0.80241	461.078	−454.971
0.22	0.95831	0.17513	0.60804	0.78318	353.904	−348.240
0.24	0.95106	0.18698	0.57710	0.76408	278.526	−273.229
0.26	0.94336	0.19822	0.54691	0.74514	223.862	−218.874
0.28	0.93522	0.20887	0.51748	0.72635	183.183	−178.457
0.30	0.92666	0.21893	0.48880	0.70773	152.233	−147.733
0.35	0.90360	0.24164	0.42033	0.66196	101.318	−97.2646
0.40	0.87844	0.26103	0.35637	0.61740	71.7915	−68.0628
0.45	0.85150	0.27735	0.29680	0.57415	53.3711	−49.8871
0.50	0.82307	0.29079	0.24149	0.53228	41.2142	−37.9185
0.55	0.79343	0.30156	0.19030	0.49186	32.8243	−29.6754
0.60	0.76284	0.30988	0.14307	0.45295	26.8201	−23.7865
0.65	0.73153	0.31594	0.09966	0.41559	22.3922	−19.4496
0.70	0.69972	0.31991	0.05990	0.37981	19.0435	−16.1724
0.75	0.66761	0.32198	0.02364	0.34563	16.4562	−13.6409
$\pi/4$	0.64479	0.32240	0	0.32240	14.9672	−12.1834
0.80	0.63538	0.32233	−0.00928	0.31305	14.4202	−11.6477
0.85	0.60320	0.32111	−0.03902	0.28209	12.7924	−10.0518
0.90	0.57120	0.31848	−0.06574	0.25273	11.4729	−8.75491
0.95	0.53954	0.31458	−0.08962	0.22496	10.3905	−7.68705
1.00	0.50833	0.30956	−0.11079	0.19877	9.49305	−6.79724
1.05	0.47766	0.30354	−0.12943	0.17412	8.74207	−6.04780
1.10	0.44765	0.29666	−0.14567	0.15099	8.10850	−5.41038
1.15	0.41836	0.28901	−0.15967	0.12934	7.57013	−4.86335
1.20	0.38986	0.28072	−0.17158	0.10914	7.10976	−4.39002
1.25	0.36223	0.27189	−0.18155	0.09034	6.71390	−3.97735
1.30	0.33550	0.26260	−0.18970	0.07290	6.37186	−3.61500
1.35	0.30972	0.25295	−0.19617	0.05678	6.07508	−3.29477
1.40	0.28492	0.24301	−0.20110	0.04191	5.81664	−3.01003
1.45	0.26113	0.23286	−0.20459	0.02827	5.59088	−2.75541
1.50	0.23835	0.22257	−0.20679	0.01578	5.39317	−2.52652
1.55	0.21662	0.21220	−0.20779	0.00441	5.21965	−2.31974
$\pi/2$	0.20788	0.20788	−0.20788	0	5.15382	−2.23953
1.60	0.19592	0.20181	−0.20771	−0.00590	5.06711	−2.13210
1.65	0.17625	0.19144	−0.20664	−0.01520	4.93283	−1.96109
1.70	0.15762	0.18116	−0.20470	−0.02354	4.81454	−1.80464
1.75	0.14002	0.17099	−0.20197	−0.03097	4.71026	−1.66098
1.80	0.12342	0.16098	−0.19853	−0.03765	4.61834	−1.52865
1.85	0.10782	0.15115	−0.19448	−0.04333	4.53732	−1.40638
1.90	0.09318	0.14154	−0.18989	−0.04835	4.46596	−1.29312
1.95	0.07950	0.13217	−0.18483	−0.05267	4.40314	−1.18795
2.00	0.06674	0.12306	−0.17938	−0.05632	4.34792	−1.09008
2.05	0.05488	0.11423	−0.17359	−0.05936	4.29946	−0.99885
2.10	0.04388	0.10571	−0.16753	−0.06182	4.25700	−0.91368
2.15	0.03373	0.09749	−0.16124	−0.06376	4.21988	−0.83407
2.20	0.02438	0.08958	−0.15479	−0.06521	4.18751	−0.75959
2.25	0.01580	0.08200	−0.14821	−0.06621	4.05936	−0.68987
2.30	0.00796	0.07476	−0.14156	−0.06680	4.13495	−0.62457

续表

λx	A_x	B_x	C_x	D_x	E_x	F_x
2.35	−0.00084	0.06785	−0.13487	−0.06702	4.11387	−0.56340
3π/4	−0	0.06702	−0.13404	−0.06702	4.11147	−0.55610
2.40	−0.00562	0.06128	−0.12817	−0.06689	4.09573	−0.50611
2.45	−0.01143	0.05503	−0.12150	−0.06647	4.08019	−0.45248
2.50	−0.01663	0.04913	−0.11489	−0.06576	4.06692	−0.40229
2.55	−0.02127	0.04354	−0.10836	−0.06481	4.05568	−0.35537
2.60	−0.02536	0.03829	−0.10193	−0.06364	4.04618	−0.31156
2.65	−0.02894	0.03335	−0.09563	−0.06228	4.03821	−0.27070
2.70	−0.03204	0.02872	−0.08948	−0.06076	4.03157	0.23264
2.75	−0.03469	0.02440	−0.08348	−0.05909	4.02608	−0.19727
2.80	−0.03693	0.02037	−0.07767	−0.05730	4.02157	−0.16445
2.85	−0.03877	0.01663	−0.07203	−0.05540	4.01790	−0.13408
2.90	−0.04026	0.01316	−0.06659	−0.05343	4.01495	−0.10603
2.95	−0.04142	0.00997	−0.06134	−0.05138	4.01259	−0.08020
3.00	−0.04226	0.00703	−0.05631	−0.04929	4.01074	−0.05650
3.10	−0.04314	0.00187	−0.04688	−0.04501	4.00819	−0.01505
π	−0.04321	0	−0.04321	−0.04321	4.00748	0
3.20	−0.04307	−0.00238	−0.03831	−0.04069	4.00675	0.01910
3.40	−0.04079	−0.00853	−0.02374	−0.03227	4.00563	0.06840
3.60	−0.03659	−0.01209	−0.01241	−0.02450	4.00533	0.09693
3.80	−0.03138	−0.01369	−0.00400	−0.01769	4.00501	0.10969
4.00	−0.02583	−0.01386	−0.00189	−0.01197	4.00442	0.11105
4.20	−0.02042	−0.01307	0.00572	−0.00735	4.00364	0.10468
4.40	−0.01546	−0.01168	0.00791	−0.00377	4.00279	0.09354
4.60	−0.01112	−0.00999	0.00886	−0.00113	4.00200	0.07996
3π/2	−0.00898	−0.00898	0.00898	0	4.00161	0.07190
4.80	−0.00748	−0.00820	0.00892	0.00072	4.00134	0.06561
5.00	−0.00455	−0.00646	0.00837	0.00191	4.00085	0.05170
5.50	0.00001	−0.00288	0.00578	0.00290	4.00020	0.02307
6.00	0.00169	−0.00069	0.00307	0.00238	4.00003	0.00554
2π	0.00187	0	0.00187	0.00187	4.00001	0
6.50	0.00179	0.00032	0.00114	0.00147	4.00001	−0.00295
7.00	0.00129	0.00060	0.00009	0.00069	4.00001	−0.00479
9π/4	0.00120	0.00060	0	0.00060	4.00001	−0.00482
7.50	0.00071	0.00052	−0.00033	0.00019	4.00001	−0.00415
5π/2	0.00039	0.00039	−0.00039	0	4.00000	−0.00311
8.00	0.00028	0.00033	−0.00038	−0.00005	4.00000	−0.00266

4.1.3.5　基床系数的确定

基床系数 k 的取值十分复杂，受诸多因素的影响，如基底压力的大小及分布、土的压缩性、土层厚度、邻近荷载等。目前主要通过载荷试验或理论与经验公式方法确定。

(1) 理论与经验公式法[3,5,9]

对于某个特定的地基和基础条件，如已探明土层情况并测得土的压缩性指标，可根据地基沉降量按式(4-33) 估算基床系数：

$$k=\frac{p_0}{s_m} \tag{4-33}$$

式中，p_0 为基底平均附加压力；s_m 为基础的平均沉降量，可按分层总和法算得基底若干点的沉降后求平均值得到。

对于厚度为 h 的薄压缩层地基（$h \leqslant b/2$，b 基础底面宽度），可按下式计算基底平均沉降量：

$$s_m = \sigma_z h/E_s \approx p_0 h/E_s \tag{4-34}$$

式中，E_s 为土层的平均压缩模量。

将式(4-34) 代入式(4-33)，得到

$$k = \frac{E_s}{h} \tag{4-35}$$

如果薄压缩层地基由若干分层组成，则上式可写成

$$k = \frac{1}{\sum \frac{h_i}{E_{si}}} \tag{4-36}$$

式中，h_i、E_{si} 分别为第 i 层土的厚度和压缩模量。

(2) 按载荷试验确定

若地基压缩层范围内的土质均匀，可利用载荷试验成果来估算基床系数，即在 p-s 曲线上取对应与基底平均反力 p 的刚性载荷板沉降值 s 来计算。《岩土工程勘察规范》(GB 50021—2001) 规定，基准基床系数可根据承压板边长为 30cm 的平板载荷试验，按下式计算：

$$k_v = \frac{p}{s} \tag{4-37}$$

由于上式没有考虑基础尺寸、形状和埋深等因素的影响，一般不能用于实际计算，应做修正。国外常按 Terzaghi（1955，采用 305mm×305mm 的方形载荷板进行试验）建议的方法进行如下修正：

砂土
$$k = k_v \left(\frac{b+0.3}{2b}\right)^2 \frac{B}{b} \tag{4-38}$$

黏土
$$k = k_v \frac{B}{b} \tag{4-39}$$

式中，B 为载荷板的宽度；b 为基础的宽度。

对黏性土，若考虑基础形状的影响，设基础长宽比 $l/b = m$，则按下式计算：

$$k = k_v \frac{m+0.5}{1.5m} \times \frac{B}{b} \tag{4-40}$$

【例 4-1】 试推导图 4-10 中外伸半无限梁（梁 1）在集中力 F_0 作用下 O 点的挠度计算公式[3]。

【解】 外伸半无限长梁 O 点的挠度可以按梁 2 所示的无限长梁以叠加法求得，条件是在梁端附加力 F_A、M_A 和荷载 F_0 的共同作用下，梁 2 A 点的弯矩和剪力为零。根据这一条件，由式(4-24) 和式(4-27) 得

$$\begin{cases} \frac{F_A S}{4} + \frac{M_A}{2} + \frac{F_0 S}{2} C_x = 0 \\ -\frac{F_A}{2} - \frac{M_A}{2S} + \frac{F_0}{2} D_x = 0 \end{cases}$$

$$S = \frac{1}{\lambda} = \sqrt[4]{\frac{4EI}{kb}}$$

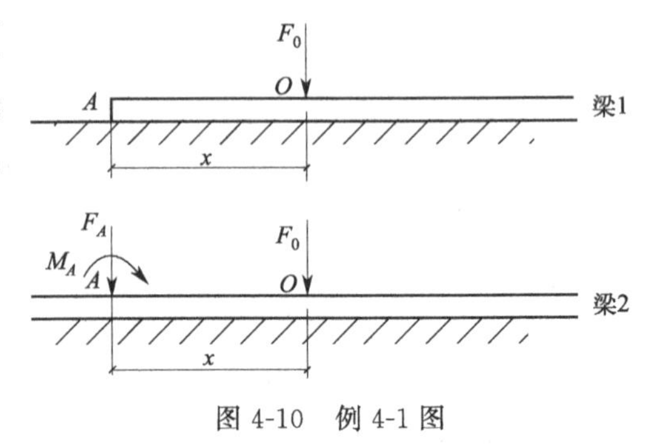

图 4-10　例 4-1 图

解上述方程组，得

$$F_A=F_0(C_x+2D_x)$$
$$M_A=-F_0S(C_x+D_x)$$

从而得到 O 点的挠度为

$$\begin{aligned}w_0&=\frac{F_0}{2kbS}+\frac{F_A}{2kbS}A_x+\frac{M_A}{kbS^2}B_x\\&=\frac{F_0}{2kbS}[1+(C_x+2D_x)A_x-2(C_x+D_x)B_x]\\&=\frac{F_0}{2kbS}[1+e^{-2\lambda x}(1+2\cos^2\lambda x-2\cos\lambda x\sin\lambda x)]\end{aligned}$$

令

$$Z_x=1+e^{-2\lambda x}(1+2\cos^2\lambda x-2\cos\lambda x\sin\lambda x)$$

即得

$$w_0=\frac{F_0}{2kbS}Z_x$$

另外，对于 Z_x，当 $x=0$ 时（半无限长梁），$Z_x=4$；当 $x\to\infty$ 时（无限长梁），$Z_x=1$。上述 Z_x、w_0 的表达式在推导交叉条形基础柱荷载分配公式时将被采用。

4.2　柱下条形基础设计基本方法

柱下条形基础是沿单向柱列放置的钢筋混凝土连续基础，截面形状一般为倒 T 形，中间的矩形梁为肋梁（基础梁），两侧伸出的部分为翼板（图 4-11）。

柱下条形基础不仅有较大的基础底面积，还具有纵向抗弯刚度大、调整不均匀沉降能力强等优点，但是造价较扩展基础高，因此，在一般情况下，柱下应优先考虑设置扩展基础，如遇下述情况时可以考虑采用柱下条形基础[3,10]：

① 上部结构荷载较大，地基承载能力较低或地基土不均匀（如地基中有局部软弱夹层、土洞等）；

② 荷载分布不均匀，有可能导致较大的不均匀沉降；

③ 采用扩展基础不能满足地基承载力或变形要求，加大、加深基础受到限制；

④ 上部结构对基础沉降比较敏感，有可能产生较大的次应力或影响使用功能。

柱下条形基础的设计主要包括确定基础底面宽度、基础长度、基础高度和配筋计算等内容，并应满足一定的构造要求。

4.2.1　构造要求

柱下条形基础除了应满足钢筋混凝土扩展基础的构造要求外，翼板厚度不应小于 200mm。当翼板厚度为 200～250mm 时，宜用等厚度翼板；当翼板厚度大于 250mm 时，宜采用变厚度翼板，其坡度宜小于或等于 1∶3［参见图 2-7 中Ⅰ—Ⅰ剖面、Ⅱ—Ⅱ剖面、图 4-11(b)］。

为了具有较大的抗弯刚度以调整不均匀沉降，基础梁的截面高度不宜太小，应根据基底反力、柱荷载的大小、地基及上部结构对基础刚度的要求等因素综合确定，一般宜取为柱距的 1/8～1/4，并应经受剪承载力计算确定。当柱荷载较大时，可在柱两侧局部增高（加腋）［图 2-7(b)］。基础梁沿纵向一般取等截面，梁每侧比柱至少宽 50mm［图 4-11(c)］。当柱垂直于基础梁轴线方向的截面边长大于 400mm 或大于等于梁宽时，可仅在柱位处将基础梁局部加宽［图 4-11(d)］。

为了改善梁端地基的承载条件，同时调整基础底面形心的位置，使基底反力分布更为均

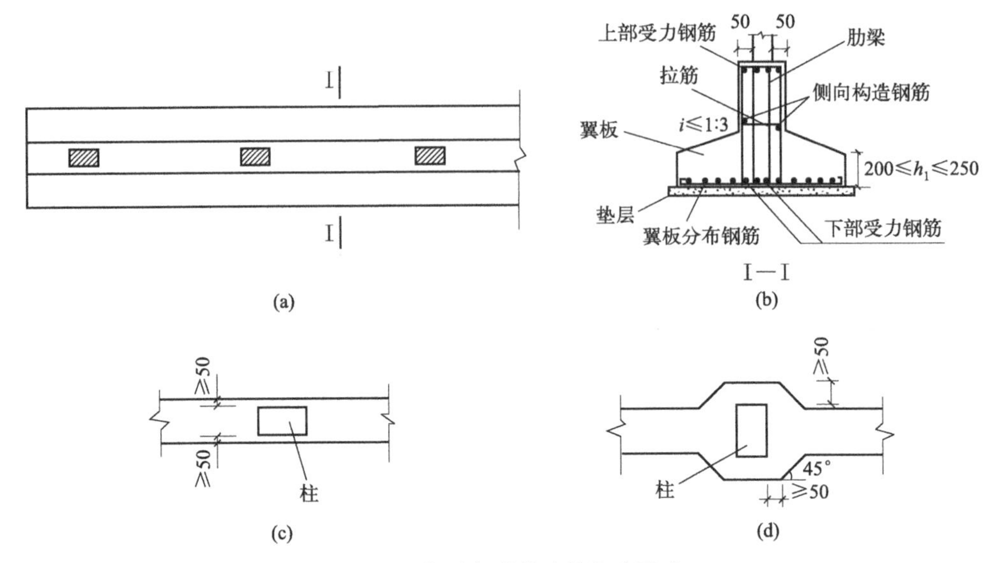

图 4-11 柱下条形基础的构造要求

匀合理，并使各柱下弯矩与跨中弯矩趋于均衡以利配筋，一般情况下，条形基础端部应从两端边柱向外伸出，但也不宜伸出太长，以免基础梁在柱位处正弯矩太大，外伸长度宜为边跨距的 0.25 倍。当荷载不对称时，两端伸出长度可不相等，以保证基底形心与荷载合力作用点重合。

基础梁的纵向受力钢筋、箍筋和弯起筋应按弯矩图和剪力图配置。支座（柱位）处的纵向受力钢筋布置在肋梁底部，跨中处受力钢筋布置在顶部。底部纵向钢筋需要搭接时，搭接位置宜在跨中，顶部纵向钢筋搭接位置宜在支座处，搭接长度 l_d 应满足相关要求。

基础梁顶部和底部纵向受力钢筋除应满足计算要求外，考虑到条形基础可能出现整体弯曲，且其内力计算往往存在误差，故顶部纵向受力钢筋应全部贯通，底部通长钢筋不应少于底部受力钢筋截面总面积的 1/3。

当基础梁的腹板有效高度 $h_0 \geqslant 450$mm 时，在梁的两个侧面应沿高度配置纵向构造钢筋，每侧纵向构造钢筋的面积不应小于腹板截面面积 bh_0 的 0.1%，且间距不宜大于 200mm。梁两侧的纵向构造钢筋，宜用拉筋连接，拉筋直径与箍筋相同，间距为 500～700mm，一般为两倍的箍筋间距。箍筋应采用封闭式，直径一般为 6～12mm；对截面高度大于 800mm 的梁，箍筋直径不宜小于 8mm；箍筋间距与普通梁相同，应按有关规定确定。当梁宽 $b \leqslant 350$mm 时，宜采用双肢箍；当梁宽 350mm$<b \leqslant 800$mm 时，宜采用四肢箍；当梁宽 $b>800$mm 时，宜采用六肢箍。

翼板的构造要求可参照钢筋混凝土扩展基础的有关规定。

柱下条形基础的混凝土强度等级不应低于 C20，同时应满足混凝土规范的耐久性要求。

4.2.2 内力计算

柱下条形基础在其纵横两个方向均产生弯曲变形，故在这两个方向的截面内均存在弯矩和剪力[9]。条形基础的横向弯矩和剪力一般由翼板承担，其内力计算与墙下钢筋混凝土条形基础相同。条形基础的纵向剪力和弯矩主要由基础梁承担，基础梁的内力计算方法主要有简化计算法和弹性地基梁法以及半无限弹性地基的链杆法等。

4.2.2.1 简化计算法

简化计算法亦称刚性基础法、直线分布法，该方法假定基底反力按直线（平面）分布。为了满足这一假定，要求基础梁具有很大的相对刚度。一般情况下，若柱距相差不大，当

$\lambda l \leqslant 1.75$（l 为柱距，λ 为文克勒地基上梁的柔度指数）时，可认为基础梁是刚性的。根据这一分析，现行《建筑地基基础设计规范》（GB 50007—2011）做了如下规定：在比较均匀的地基上，上部结构刚度较好，荷载分布较均匀，且条形基础梁的高度不小于 1/6 柱距时，地基反力可按直线分布，条形基础梁的内力可按连续梁计算；当不满足上述要求时，宜按弹性地基梁计算。因此，当基础梁高跨比不小于 1/6 时，对于一般柱距和中等压缩性地基都可按简化计算法计算条形基础梁的内力。

根据上部结构刚度的大小和变形情况，简化计算法又分为静定分析法（静定梁法或静力平衡法）和倒梁法两种。

（1）静定分析法

该方法计算时先按直线分布假定和整体静力平衡条件求出基底净反力（地基净反力），再将柱荷载和基底净反力一起作用在基础梁上，然后按静力平衡条件计算出任一截面 i 上的弯矩 M_i 和剪力 V_i（图 4-12）。

由于静定分析法没有考虑上部结构与地基基础之间的相互作用，即没有考虑上部结构刚度的有利影响，所以在荷载作用下基础梁将产生整体弯曲。与其他方法比较，该方法计算所得的基础梁不利截面上的弯矩绝对值一般偏大。静定分析法适用于上部结构刚度很小（即上部结构为柔性结构如单层排架结构）且基础本身刚度较大的柱下条形基础和联合基础。

（2）倒梁法

倒梁法假定上部结构为绝对刚性，各柱之间没有沉降差异。计算时把柱脚视为条形基础的固定铰支座，基础梁视为倒置的普通多跨连续梁，荷载包括直线分布的基底净反力以及除去柱的竖向集中力所余下的各种作用（包括传来的力矩）如图 4-13 所示，可采用弯矩分配法或弯矩系数法计算梁的内力。

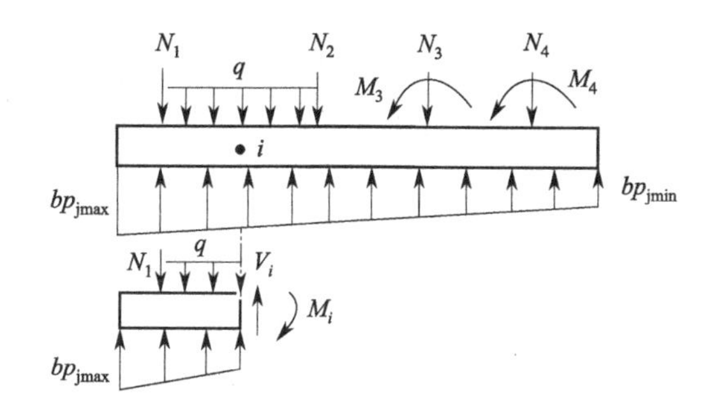

图 4-12　静定分析法计算简图

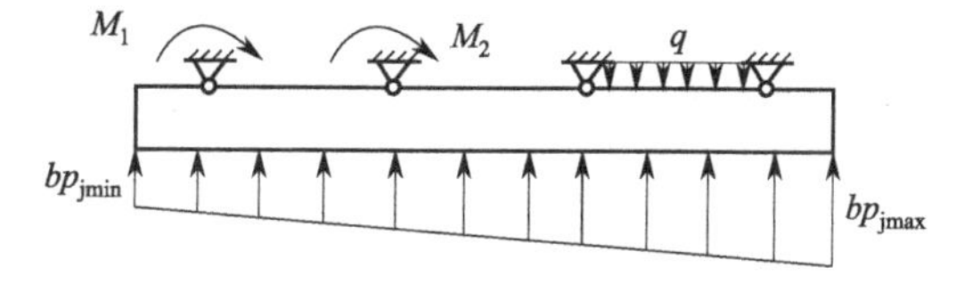

图 4-13　倒梁法计算简图

倒梁法只考虑出现于柱间的局部弯曲，忽略了沿基础全长发生的整体弯曲，因而计算所得的支座与柱间正负弯矩最大值较为均衡，基础不利截面上的弯矩绝对值一般偏小。该法适用于上部结构刚度很大、各柱之间差异很小的情况。

当条形基础的相对刚度较大时，由于基础的架越作用，其两端边跨的基底反力会有所增大，故两边跨跨中弯矩及第一内支座的弯矩值宜乘以 1.2 的增大系数。需要注意，当荷载较大、土的压缩性较高或基础埋深较浅时，随着端部基底下塑性区的开展，架越作用将减弱、消失，甚至出现基底反力从端部向内转移的现象[3,11]。

倒梁法的计算步骤如下：

① 初步确定基础底面尺寸　条形基础的长度 l 主要根据构造要求确定（主要是确定伸出边柱的长度），并尽量使荷载的合力作用点与基底底面形心重合。根据正常使用极限状态下荷载效应的标准组合计算基底宽度 b。

当轴心荷载作用时，基底宽度 b 为

$$b \geqslant \frac{\sum F_k + G_{wk}}{(f_a - \gamma_G d)l} \tag{4-41}$$

式中，$\sum F_k$ 为相应于荷载效应标准组合时，各柱传来的竖向力之和；G_{wk} 为作用在基础梁上墙的自重；f_a 为修正后的地基承载能力特征值；γ_G 为基础及回填土的平均重度，一般取 $20kN/m^3$，地下水位以下取 $10kN/m^3$；d 为基础埋深，须从设计地面或室内外平均设计地面算起。

当偏心荷载作用时，先按上式初定基础宽度并适当增大，然后按下式验算基础边缘压力：

$$p_{kmax} \leqslant 1.2 f_a \tag{4-42}$$

② 基础翼板（底板）计算　根据所确定的基础底面尺寸，改用承载能力极限状态下荷载效应的基本组合进行底板和基础梁的内力计算。柱下条形基础底板的计算方法与墙下钢筋混凝土条形基础相同。在计算基底净反力时，荷载沿纵向和横向的偏心都应考虑。当各跨的净反力相差较大时，可依次对各跨底板进行计算，净反力取本跨内的最大值[3]。

③ 基础梁内力计算

a. 计算基底净反力。按下式计算沿基础梁纵向分布的基底净反力最大、最小值：

$$b p_{\substack{jmax \\ jmin}} = \frac{\sum F}{l} \pm \frac{6 \sum M}{l^2} \tag{4-43}$$

式中，$\sum F$ 为相应于荷载效应基本组合时，各柱传来的竖向力之和；$\sum M$ 为相应于荷载效应基本组合时，各荷载对基础梁中点的力矩代数和。

b. 计算基础梁内力。用弯矩分配法或弯矩系数法计算基础梁的内力，并绘制相应的弯矩图和剪力图。

c. 调整支座不平衡力。采用倒梁法计算时，求得的支座反力一般不等于柱实际传来的轴力。这是因为将基底反力视为直线分布及柱脚视为固定铰支座一般与事实不符，因此，若支座反力与相应的柱轴力相差较大（一般相差 20%以上）时，应通过逐次调整来消除这种不平衡力。调整方法如下：将支座反力与柱轴力之差（正或负的）均匀分布在相应支座两侧各 1/3 跨度范围内（对边支座的悬臂跨取全部，见图 4-14)，作为调整荷载，再按调整荷载作用下的连续梁计算内力，最后与原算得的内力叠加。经调整后不平衡力将明显减小，一般调整 1～2 次即可。

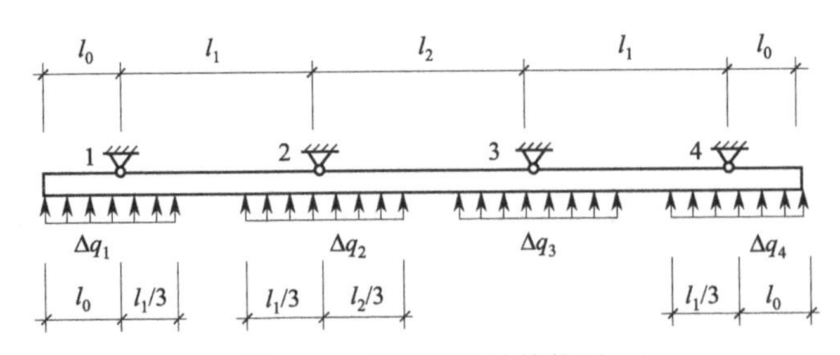

图 4-14　调整荷载计算简图

各柱脚的不平衡力为

$$\Delta P_i = R_i - N_i \tag{4-44}$$

式中，R_i 为第 i 支座的支座反力；N_i 为第 i 柱的轴力。

均匀分布的调整荷载：

对边跨支座
$$\Delta q_1=\frac{\Delta P_1}{l_0+\frac{1}{3}l'} \tag{4-45}$$

对中间 i 支座
$$\Delta q_i=\frac{\Delta P_i}{\frac{1}{3}l_{i-1}+\frac{1}{3}l_i} \tag{4-46}$$

式中，l_0 为边支座的悬臂跨长；l'为边跨的跨长；l_{i-1}、l_i 分别为第 i 支座左、右跨长度；ΔP_1 为边支座不平衡力；ΔP_i 为中间 i 支座不平衡力。

④ 基础梁配筋计算　与一般的钢筋混凝土 T 形截面梁类似，即对跨中按 T 形、对支座按矩形截面计算。另外，应验算柱边处基础梁的受剪承载力；当柱荷载对单向条形基础有扭矩作用时，应进行抗扭计算。

需要特别指出的是，静定分析法和倒梁法实际上代表了两种极端情况，且有诸多前提条件。因此，在对条形基础进行截面设计时，切不可拘泥于计算结果，而应结合实际情况和实践经验，在配筋时进行某些必要的调整。这一原则对下面将要讨论的其他梁板式基础也是适用的[3]。

【例 4-2】 图 4-15 所示的柱下条形基础，基础埋深为 2.0m，修正后的地基承载力特征值为 $f_a=145$kPa，图中的柱荷载均为标准组合值，基本组合值可近似取标准组合值的 1.35 倍。试确定基础底面尺寸，并分别用倒梁法和静定分析法计算基础梁的内力。

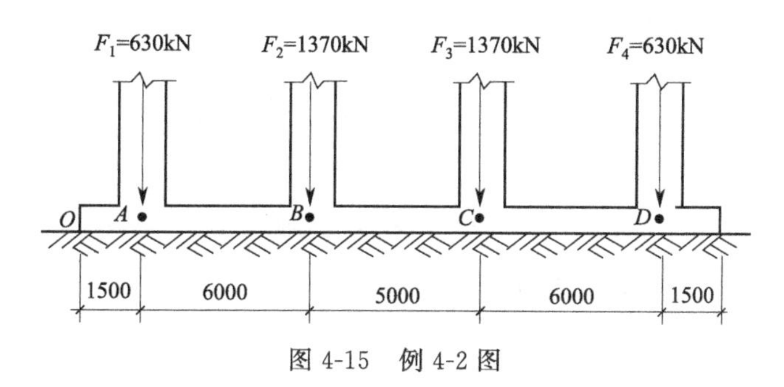

图 4-15　例 4-2 图

【解】 (1) 确定基础底面尺寸

设基础端部外伸长度为边跨跨距的 0.25 倍，即 6m×0.25=1.5m，则基础的总长度为

$$l=2\times(1.5+6)+5=20(\text{m})$$

基底的宽度为

$$b=\frac{\sum F}{l(f_a-\gamma_G d)}=\frac{2\times(630+1370)}{20\times(145-20\times2)}=1.905(\text{m})\quad 取\ b=2.0\text{m}$$

(2) 用倒梁法计算基础梁内力 [图 4-16(a)]

① 沿基础纵向的基底净反力：

$$bp_j=\frac{\sum F}{l}=\frac{2\times(630+1370)\times1.35}{20}=270(\text{kN/m})$$

② 用弯矩分配法计算基础梁的弯矩。边跨固端弯矩为

$$M_{BA}=\frac{1}{12}bp_j l_1^2=\frac{1}{12}\times270\times6^2=810(\text{kN}\cdot\text{m})$$

中跨固端弯矩为

$$M_{BC}=\frac{1}{12}bp_j l_2^2=\frac{1}{12}\times270\times5^2=562.5(\text{kN}\cdot\text{m})$$

A 截面（左边）伸出端弯矩为

$$M_A^{l}=\frac{1}{2}bp_j l_0^2=\frac{1}{2}\times 270\times 1.5^2=303.8(\text{kN}\cdot\text{m})$$

弯矩分配过程如下：

	A	1/2 →	B	1/2		C ← 1/2	D	
分配系数	0	1.0	0.455	0.545	0.545	0.455	1.0	0
固端弯矩	303.8	−810	810	−562.5	562.5	−810	810	−303.8
传递与分配		506.2	253.1			−253.1	−506.2	
			−227.77	−272.83	272.83	227.77		
				136.42	−136.42			
			−62.07	−74.35	74.35	62.07		
				37.18	−37.18			
			−16.92	−20.26	20.26	16.92		
				10.13	−10.13			
			−4.61	−5.52	5.52	4.61		
				2.76	−2.76			
			−1.26	−1.50	1.50	1.26		
$M/(\text{kN}\cdot\text{m})$	303.8	−303.8	750.47	−750.47	750.47	−750.47	303.8	−303.8

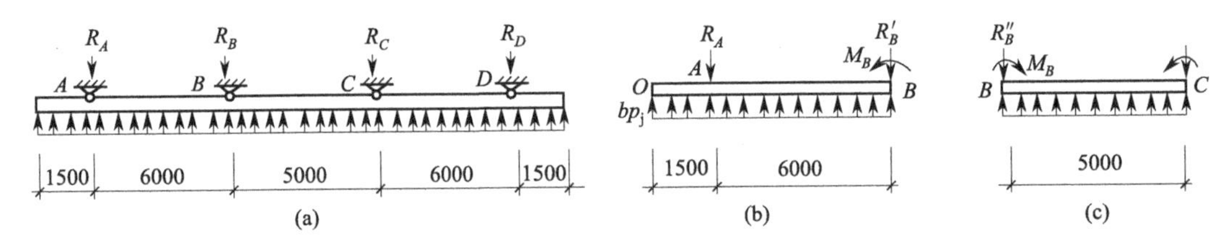

图 4-16 倒梁法计算简图

③ 基础梁剪力计算。A 截面左边的剪力为

$$V_A^{l}=bp_j l_0=270\times 1.5=405(\text{kN})$$

取 OB 段为脱离体，计算 A 截面的支座反力［图 4-16(b)］：

$$R_A=\frac{1}{l_1}\left[\frac{1}{2}bp_j(l_0+l_1)^2-M_B\right]=\frac{1}{6}\times\left(\frac{1}{2}\times 270\times 7.5^2-750.47\right)=1140.5(\text{kN})$$

A 截面右边的剪力为

$$V_A^{r}=bp_j l_0-R_A=270\times 1.5-1140.5=-735.5(\text{kN})$$

$$R'_B=bp_j(l_0+l_1)-R_A=270\times 7.5-1140.5=884.5(\text{kN})$$

取 BC 段为脱离体［图 4-16(c)］：

$$R''_B=\frac{1}{l_2}\left(\frac{1}{2}bp_j l_2^2+M_B-M_C\right)=\frac{1}{5}\times\left(\frac{1}{2}\times 270\times 5^2+750.47-750.47\right)=675(\text{kN})$$

$$R_B=R'_B+R''_B=884.5+675=1559.5(\text{kN})$$

$$V_B^{l}=R'_B=884.5\text{kN}$$

$$V_B^{r}=-R''_B=-675\text{kN}$$

④ 计算调整荷载作用下梁的内力。由于支座反力与原有柱荷载相差较大，需要进行调整，并将差值折算成分布荷载：

$$\Delta q_1=\frac{630\times 1.35-1140.5}{1.5+6/3}=-82.9(\text{kN/m})$$

$$\Delta q_2=\frac{1370\times1.35-1559.5}{6/3+5/3}=79.1(\text{kN/m})$$

调整荷载的计算简图见图4-17。

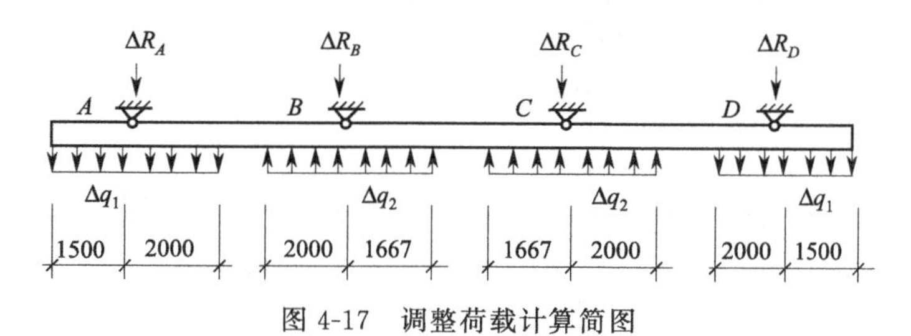

图4-17 调整荷载计算简图

计算方法同上，计算结果如下：

$$\Delta M_A=\Delta M_D=-93.4\text{kN}\cdot\text{m}\quad \Delta M_B=\Delta M_C=40.4\text{kN}\cdot\text{m}$$

$$\Delta V_A^{l}=-124.4\text{kN}\quad \Delta V_A^{r}=127.6\text{kN}\quad \Delta V_B^{l}=119.9\text{kN}\quad \Delta V_B^{r}=-132\text{kN}$$

$$\Delta R_A=-252.0\text{kN}\quad \Delta R_B=251.9\text{kN}$$

将两次计算结果叠加得

$R_A=1140.5-252=888.5(\text{kN})=R_D\quad R_B=1559.5+251.9=1811.4(\text{kN})=R_C$

这些结果与柱荷载已经非常接近，可停止迭代计算。

⑤ 计算基础梁的最终内力。

弯矩：

$$M_A=303.8-93.4=210.4(\text{kN}\cdot\text{m})=M_D$$

$$M_B=750.47+40.4=790.87(\text{kN}\cdot\text{m})=M_C$$

剪力：

$$V_A^{l}=405-124.4=280.6(\text{kN})\quad V_A^{r}=-735.5+127.6=-607.9(\text{kN})$$

$$V_B^{l}=884.5+119.9=1004.4(\text{kN})\quad V_B^{r}=-675-132=-807(\text{kN})$$

按跨中剪力为零的条件求跨中最大负弯矩。

OB 段：
$$bp_jx-R_A=270x-888.5=0$$

$$x=\frac{888.5}{270}=3.29(\text{m})$$

故 $M_1=\frac{1}{2}bp_jx^2-R_A(x-1.5)=\frac{1}{2}\times270\times3.29^2-888.5\times1.79=-129.2(\text{kN}\cdot\text{m})$

BC 为对称，最大负弯矩在中间截面：

$$M_2=-\frac{1}{8}bp_jl_2^2+M_B=-\frac{1}{8}\times270\times5^2+790.87=-52.88(\text{kN}\cdot\text{m})$$

由以上的计算结果可绘出条形基础的弯矩图和剪力图（图4-18）。

(3) 用静定分析法计算基础梁内力

支座处剪力：

$V_A^{l}=bp_jl_0=270\times1.5=405(\text{kN})\quad V_A^{r}=V_A^{l}-F_1=405-630\times1.35=-445.5(\text{kN})$

$$V_B^{l}=bp_j(l_0+l_1)-F_1=270\times7.5-630\times1.35=1174.5(\text{kN})$$

$$V_B^{r}=V_B^{l}-F_2=1174.5-1370\times1.35=-675(\text{kN})$$

截面弯矩：

$$M_A=\frac{1}{2}bp_jl_0^2=\frac{1}{2}\times270\times1.5^2=303.8(\text{kN}\cdot\text{m})$$

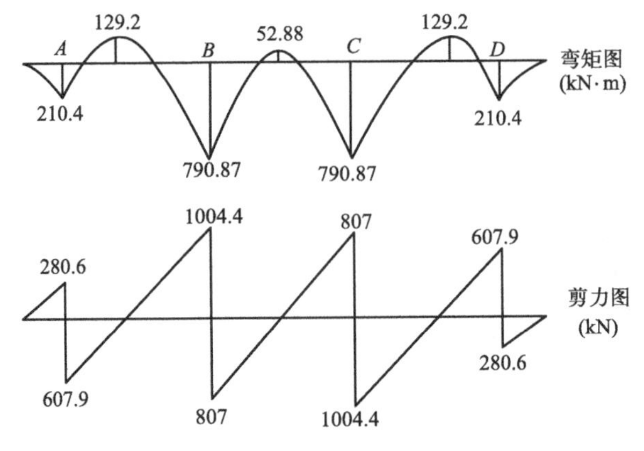

图 4-18 基础梁的弯矩图、剪力图

按剪力 $V=0$ 的条件，确定边跨跨中最大负弯矩的截面位置：

$$x=\frac{F_1}{bp_j}=\frac{630\times1.35}{270}=3.15(\text{m})\quad(x\text{ 为至条形基础左端点的距离})$$

从而得到

$$M_1=\frac{1}{2}bp_jx^2-F_1(x-l_0)=\frac{1}{2}\times270\times3.15^2-630\times1.35\times1.65=-63.8(\text{kN}\cdot\text{m})$$

$$M_B=\frac{1}{2}bp_j(l_0+l_1)^2-F_1l_1=\frac{1}{2}\times270\times(1.5+6)^2-630\times1.35\times6=2490.8(\text{kN}\cdot\text{m})$$

中跨最大负弯矩在跨中央：

$$\begin{aligned}M_2&=\frac{1}{2}bp_j\left(l_0+l_1+\frac{l_2}{2}\right)^2-F_1\left(l_1+\frac{l_2}{2}\right)-F_2\left(\frac{l_2}{2}\right)\\&=\frac{1}{2}\times270\times10^2-630\times1.35\times8.5-1370\times1.35\times2.5=1647(\text{kN}\cdot\text{m})\end{aligned}$$

由计算结果可绘制弯矩图和剪力图（略）。

4.2.2.2 弹性地基梁法

当不满足按简化计算法计算的条件时，宜按弹性地基梁法计算基础梁的内力。一般可以根据地基条件的复杂程度，分下列三种情况选择计算方法[3]：

① 对基础宽度不小于可压缩土层厚度 2 倍的薄压缩层地基，如地基的压缩性均匀，可按文克勒地基上梁的解析解计算（4.1.3 节），基床系数 k 可按式(4-35) 或式(4-36) 确定。

② 当基础宽度满足情况①的要求，但地基沿基础纵向的压缩性不均匀时，可沿纵向将地基划分成若干段（每段内的地基较为均匀），每段分布按式(4-36) 计算基床系数，然后按文克勒地基上梁的数值分析法计算。

③ 当基础宽度不满足情况①的要求，或应考虑邻近基础或地面堆载对所计算基础的沉降和内力的影响时，宜采用非文克勒地基上梁的数值分析法进行迭代计算。

4.3 柱下交叉条形基础设计

柱下交叉条形基础是由柱网下纵横两个方向的条形基础组成的一种空间结构，各柱位于两个方向基础梁的交叉节点处。与单向条形基础相比，交叉条形基础可以进一步扩大基础底面积以减小基底附加压力，同时该类基础的整体空间刚度增加，对调整地基不均匀沉降极为有利，因此，这类基础宜用于地基土质均匀性差、承载力低的框架结构，其构造要求与柱下条形基础相同。

一般在初步确定交叉条形基础的基底面积时，可假定基底反力为直线分布。如果荷载的合力作用点对基底形心的偏心很小，可认为基底反力是均匀分布的。由此可求出基础底面的总面积，然后具体确定纵横向各条形基础的长度和底面宽度。

交叉条形基础的内力计算十分复杂。当上部结构整体刚度很大时，可将交叉条形基础视为倒置的两组连续梁，基底净反力作为连续梁上的荷载。如果基础的相对刚度较大，可认为基底反力为直线分布。目前在设计中一般采用简化计算法，即把交叉节点处的柱荷载按一定原则分配到纵横两个方向的条形基础上，然后分别按单向条形基础进行内力计算和配筋。

4.3.1　节点荷载的分配

节点荷载在两个方向条形基础上的分配，必须满足两条基本原则：静力平衡条件，即各节点分配给两个方向条形基础的荷载之和等于该节点处的总荷载；变形协调条件，即分离后两个方向的条形基础在交叉节点处的位移相等。

为了简化计算，设交叉节点处纵横梁之间为铰接。当一个方向的基础梁有转角时，在另一个方向的基础梁内不产生扭矩；节点上两个方向的弯矩分别由同向的基础梁承担，一个方向的弯矩不引起另一个方向基础梁的变形。这样就忽略了纵横基础梁的扭转。为了防止这种简化计算使工程出现问题，构造上一般要求基础梁在柱位的前后左右都配置封闭的抗扭箍筋(用 $\phi10\sim12$)，并适当增加基础梁的纵向配筋量[3]。

对于任一节点上作用的竖向荷载 P_i（图 4-19），可分解为作用于 x、y 两个方向基础梁上的 P_{ix}、P_{iy}。由静力平衡条件可知：

$$P_i = P_{ix} + P_{iy} \tag{4-47}$$

对于变形协调条件，简化后，只要求 x、y 方向的基础在交叉节点处的竖向位移 w_{ix}、w_{iy} 相等，即

$$w_{ix} = w_{iy} \tag{4-48}$$

实际上，用上述方程进行节点荷载分配时计算十分复杂，因此，为了简化计算，一般采用文克勒地基模型来计算 w_{ix} 和 w_{iy}，这样可忽略相邻荷载的影响使得计算大为简化。交叉条形基础的交叉节点可分为角柱、边柱和内柱三类（图 4-20）。下面主要给出这三类节点荷载的分配计算公式。

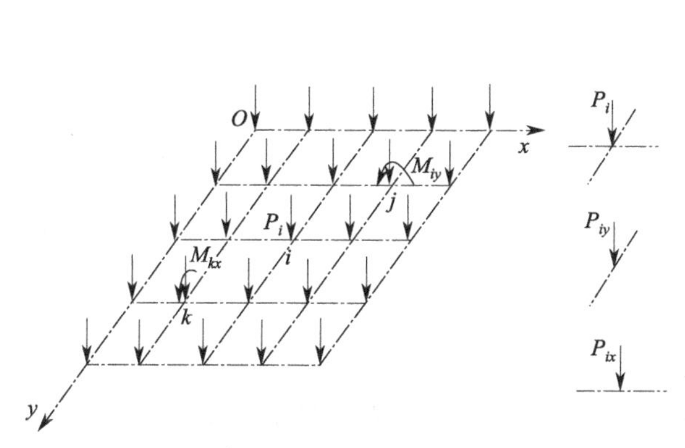

图 4-19　交叉条形基础节点荷载分布示意图

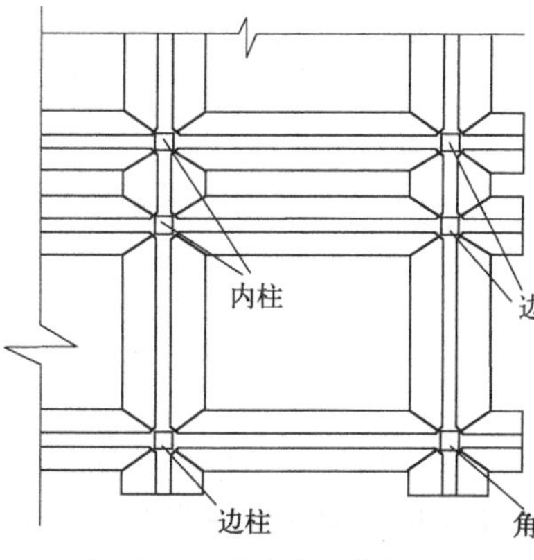

图 4-20　交叉节点分类

4.3.1.1　角柱节点

常见的角柱节点类型主要有图 4-21 所示的三类。对于图 4-21(a) 所示的角柱节点，x、

y 两个方向的基础梁均可视为外伸的半无限长梁，外伸长度分别为 l_x、l_y，故节点 i 的竖向位移为

$$w_{ix}=\frac{P_{ix}}{2kb_xS_x}Z_x \tag{4-49a}$$

$$w_{iy}=\frac{P_{iy}}{2kb_yS_y}Z_y \tag{4-49b}$$

式中，b_x、b_y 分别为 x、y 方向基础底面的宽度；S_x、S_y 分别为 x、y 方向基础梁的特征长度，$S_x=\frac{1}{\lambda_x}=\sqrt[4]{\frac{4EI_x}{kb_x}}$，$S_y=\frac{1}{\lambda_y}=\sqrt[4]{\frac{4EI_y}{kb_y}}$；$\lambda_x$、$\lambda_y$ 分别为 x、y 方向基础梁的柔度特征值；k 为地基的基床系数；E 为基础材料的弹性模量；I_x、I_y 分别为 x、y 方向基础梁的截面惯性矩；Z_x（或 Z_y）为 λ_xl_x（或 λ_yl_y）的函数，可按式 $Z_x=1+e^{-2\lambda_xl_x}(1+2\cos^2\lambda l_x-2\cos\lambda l_x\sin\lambda l_x)$ 计算或查表 4-2。

表 4-2 Z_x 函数表

λ_x	Z_x	λ_x	Z_x	λ_x	Z_x
0	4.000	0.24	2.501	0.70	1.292
0.01	3.921	0.26	2.410	0.75	1.239
0.02	3.843	0.28	2.323	0.80	1.196
0.03	3.767	0.30	2.241	0.85	1.161
0.04	3.693	0.32	2.163	0.90	1.132
0.05	3.620	0.34	2.089	0.95	1.109
0.06	3.548	0.36	2.018	1.00	1.091
0.07	3.478	0.38	1.952	1.10	1.067
0.08	3.410	0.40	1.889	1.20	1.053
0.09	3.343	0.42	1.830	1.40	1.044
0.10	3.277	0.44	1.774	1.60	1.043
0.12	3.150	0.46	1.721	1.80	1.042
0.14	3.029	0.48	1.672	2.00	1.039
0.16	2.913	0.50	1.625	2.50	1.022
0.18	2.803	0.55	1.520	3.00	1.008
0.20	2.697	0.60	1.431	3.50	1.002
0.22	2.596	0.65	1.355	≥4.00	1.000

根据变形协调条件 $w_{ix}=w_{iy}$，由式(4-49a) 和式(4-49b) 可得

$$\frac{Z_xP_{ix}}{b_xS_x}=\frac{Z_yP_{iy}}{b_yS_y} \tag{4-50}$$

联立式(4-50) 及静力平衡条件式(4-47)，可得

$$P_{ix}=\frac{Z_yb_xS_x}{Z_yb_xS_x+Z_xb_yS_y}P_i \tag{4-51a}$$

$$P_{iy}=\frac{Z_xb_yS_y}{Z_yb_xS_x+Z_xb_yS_y}P_i \tag{4-51b}$$

以上两式即为交叉角柱节点荷载的分配计算公式。

对于单向外伸的角柱节点［图 4-21(b)］，$y=0$，$Z_y=4$，分配计算公式为

$$P_{ix}=\frac{4b_xS_x}{4b_xS_x+Z_xb_yS_y}P_i \tag{4-52a}$$

$$P_{iy}=\frac{Z_xb_yS_y}{4b_xS_x+Z_xb_yS_y}P_i \tag{4-52b}$$

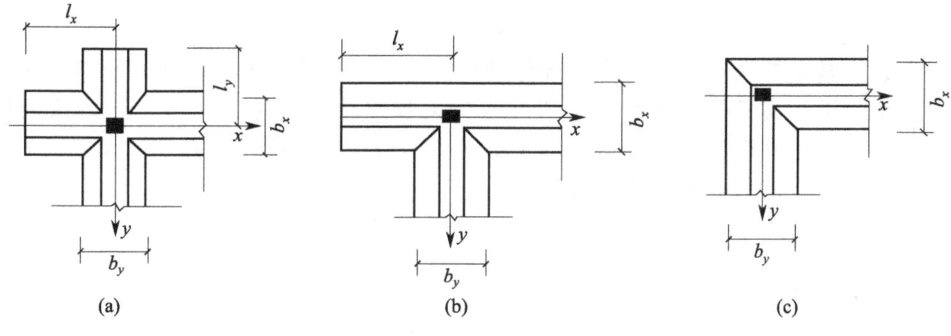

图 4-21　角柱节点

对于无外伸的角柱节点 [图 4-21(c)]，$Z_x=Z_y=4$，分配计算公式为

$$P_{ix}=\frac{b_xS_x}{b_xS_x+b_yS_y}P_i \tag{4-53a}$$

$$P_{iy}=\frac{b_yS_y}{b_xS_x+b_yS_y}P_i \tag{4-53b}$$

4.3.1.2　边柱节点

对于图 4-22 (a) 所示的边柱节点，x 方向视为无限长梁，即 $x=\infty$，$Z_x=1$，故得

$$P_{ix}=\frac{Z_yb_xS_x}{Z_yb_xS_x+b_yS_y}P_i \tag{4-54a}$$

$$P_{iy}=\frac{b_yS_y}{Z_yb_xS_x+b_yS_y}P_i \tag{4-54b}$$

对图 4-22 (b) 所示的边柱节点，$Z_x=1$，$Z_y=4$，从而有

$$P_{ix}=\frac{4b_xS_x}{4b_xS_x+b_yS_y}P_i \tag{4-55a}$$

$$P_{iy}=\frac{b_yS_y}{4b_xS_x+b_yS_y}P_i \tag{4-55b}$$

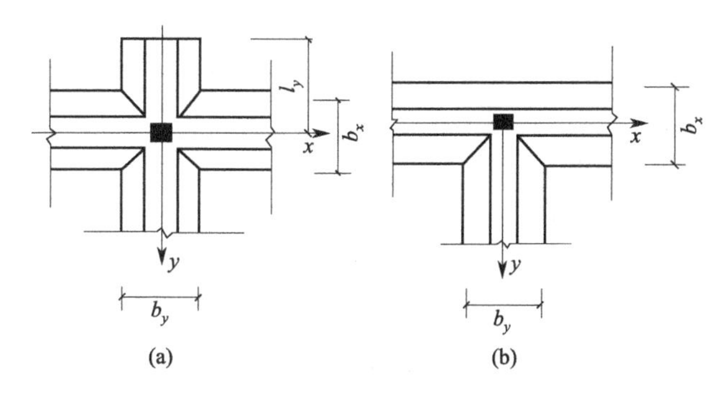

图 4-22　边柱节点

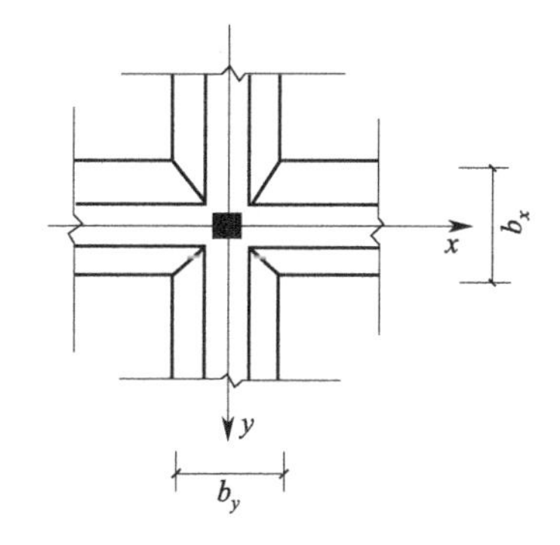

图 4-23　内柱节点

4.3.1.3　内柱节点

对于内柱节点（图 4-23），$Z_x=Z_y=1$，可得

$$P_{ix}=\frac{b_xS_x}{b_xS_x+b_yS_y}P_i \tag{4-56a}$$

$$P_{iy}=\frac{b_yS_y}{b_xS_x+b_yS_y}P_i \tag{4-56b}$$

当交叉条形基础按纵横两向条形基础分别计算时，节点下的基底面积因重叠而被使用了两次。一般情况下，交叉处重叠面积之和可达交叉基础总面积的20%～30%，从而使得基底平均反力减小，这样设计可能会造成偏于不安全的后果。对此，可通过加大节点荷载的方法加以平衡。调整后的节点竖向荷载为

$$P'_{ix}=P_{ix}+\Delta P_{ix}=P_{ix}+\frac{P_{ix}}{P_i}\Delta A_i\Delta p \tag{4-57a}$$

$$P'_{iy}=P_{iy}+\Delta P_{iy}=P_{iy}+\frac{P_{iy}}{P_i}\Delta A_i\Delta p \tag{4-57b}$$

式中，ΔP_{ix}、ΔP_{iy} 分别为节点 i 在 x、y 方向的荷载增量；Δp 为基底净反力增量，$\Delta p=\frac{\sum P_i}{A}-\frac{\sum P_i}{A+\sum\Delta A_i}=\frac{\sum\Delta A_i}{A}\times\frac{\sum P_i}{A+\sum\Delta A_i}$；$A$ 为交叉条形基础基底总面积；ΔA_i 为节点 i 下的重叠面积。

【例 4-3】 在图4-24所示的交叉条形基础简图中，已知节点竖向集中荷载 $P_1=1500\text{kN}$、$P_2=2100\text{kN}$、$P_3=2400\text{kN}$、$P_4=1700\text{kN}$，地基基床系数 $k=4000\text{kN/m}^3$，基础梁 L_1 和 L_2 的抗弯刚度分别为 $EI_1=7.54\times10^5\text{kN}\cdot\text{m}^2$、$EI_2=2.964\times10^5\text{kN}\cdot\text{m}^2$。试对各节点荷载进行分配。

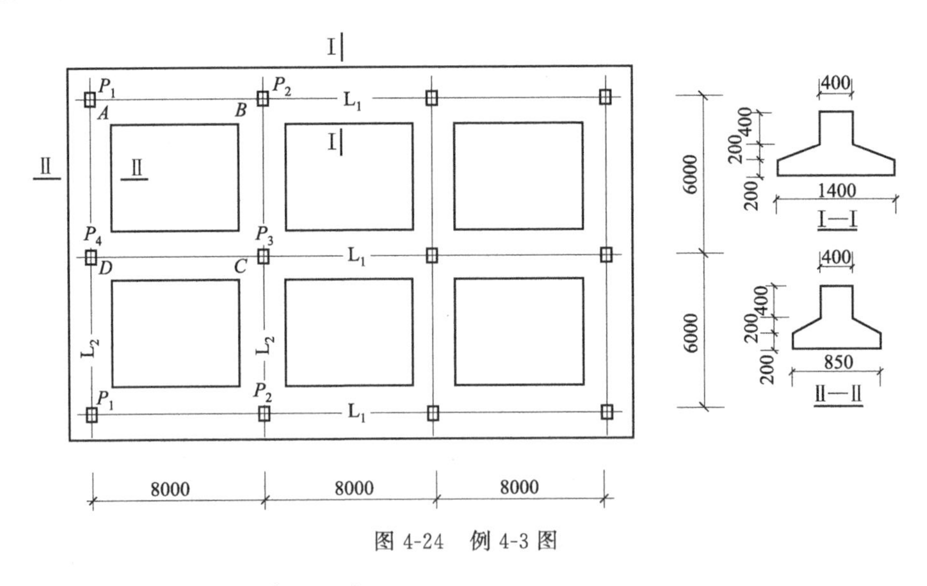

图 4-24 例 4-3 图

【解】 (1) 计算基础梁的特征长度

基础梁 L_1： $S_1=\frac{1}{\lambda_1}=\sqrt[4]{\frac{4EI_1}{kb_1}}=\sqrt[4]{\frac{4\times7.54\times10^5}{4\times10^3\times1.4}}=4.82(\text{m})$

基础梁 L_2： $S_1=\frac{1}{\lambda_2}=\sqrt[4]{\frac{4EI_2}{kb_2}}=\sqrt[4]{\frac{4\times2.964\times10^5}{4\times10^3\times0.85}}=4.32(\text{m})$

(2) 节点荷载分配

① 角柱节点 A，由式(4-53a) 和式(4-53b) 可得

$$P_{1x}=\frac{b_1S_1}{b_1S_1+b_2S_2}P_1=\frac{1.4\times4.82}{1.4\times4.82+0.85\times4.32}\times1500=971.4(\text{kN})$$

$$P_{1y}=\frac{b_2S_2}{b_1S_1+b_2S_2}P_1=P_1-P_{1x}=528.6(\text{kN})$$

② 边柱节点 B，由式(4-55a) 和式(4-55b) 可得

$$P_{2x}=\frac{4b_1S_1}{4b_1S_1+b_2S_2}P_2=\frac{4\times1.4\times4.82}{4\times1.4\times4.82+0.85\times4.32}\times2100=1848.5(\text{kN})$$

$$P_{2y}=P_2-P_{2x}=251.5(\text{kN})$$

同上，对于 D 节点：

$$P_{4x}=\frac{b_1S_1}{4b_2S_2+b_1S_1}P_4=\frac{1.4\times4.82}{4\times0.85\times4.32+1.4\times4.82}\times1700=535.2(\text{kN})$$

$$P_{4y}=P_4-P_{4x}=1164.8(\text{kN})$$

③ 内柱节点，由式(4-56a) 和式(4-56b) 可得

$$P_{3x}=\frac{b_1S_1}{b_1S_1+b_2S_2}P_3=\frac{1.4\times4.82}{1.4\times4.82+0.85\times4.32}\times2400=1554.2(\text{kN})$$

$$P_{3y}=P_3-P_{3x}=845.8(\text{kN})$$

4.3.2　设计计算

交叉基础各柱节点的荷载按上述方法分配到纵横两条形基础上后，便可按单向条形基础进行内力计算。例 4-3 是在已知基础底面尺寸的基础上进行的节点荷载分配，但是，在实际工程中，基础底面尺寸往往是未知的，这时可先按一个主方向（一般为长向）分配节点荷载的大部分，初步确定该方向的基础宽度，另外一向逐一分配剩余荷载，并求解其基础宽度，然后设定基础梁的高度为 1/8～1/4 柱距，从而初步确定基础的尺寸。根据初步确定的尺寸，再按上述方法对荷载进行分配，如果荷载分配较初设时差别很多，可反复调整几次，直至前后一致。事实上，这就是个基础优化设计的问题。

另外，柱下条形基础尚应验算柱边缘处基础梁的受剪承载力；当存在扭矩时，尚应作抗扭计算；当条形基础的混凝土强度等级小于柱的混凝土强度等级时，应验算柱下条形基础梁顶面的局部受压承载力。

4.3.3　柱下交叉条形基础设计实例

如图 4-25 所示为一钢筋混凝土框架结构的柱下交叉条形基础平面布置图，框架抗震等级四级。已知②轴线上作用的节点竖向集中荷载，其标准组合值均为 $P_{k1}=1236\text{kN}$、$P_{k2}=1501\text{kN}$，基本组合值近似取标准组合值的 1.35 倍，③～⑥轴线上节点荷载同②轴线。地基土类型为软塑的粉质黏土，地基基床系数取 $k=1.5\times10^4\text{kN/m}^3$，修正后的地基承载力特征值为 120kPa。基础埋深为 $d=1400\text{mm}$。试进行交叉基础设计。

设计时，首先结合规范构造要求，进行材料选择。基础采用 C30 混凝土，$f_c=14.3\text{N/mm}^2$，$f_t=1.43\text{N/mm}^2$；基础钢筋采用 HRB400 钢筋，$f_y=f_y'=360\text{N/mm}^2$，$f_{yv}=360\text{N/mm}^2$。

（1）基础截面确定

① 基础截面设计　基础梁高度为取柱距的 1/8～1/4，所以取 $h=1100\text{mm}$。基础梁宽度为 $b=400\text{mm}$；翼板边缘厚度为 $h_f=200\text{mm}$。

保护层厚度取 40mm（从垫层顶算起），基础下设有 100mm 厚 C15 素混凝土垫层，垫层每端各伸出基础边 100mm。

② 基础底面尺寸确定　基础埋深为 $d=1400\text{mm}$。

横向（y 向）条形基础梁端部各伸出柱外长度为边跨跨度的 0.25 倍：

$$0.25\times6600=1650(\text{mm})\quad 取\ 1.7\text{m}$$

纵向（x 向）条形基础梁端部伸出柱外长度为：

$$0.25\times7800=1950(\text{mm})\quad 取\ 2.0\text{m}$$

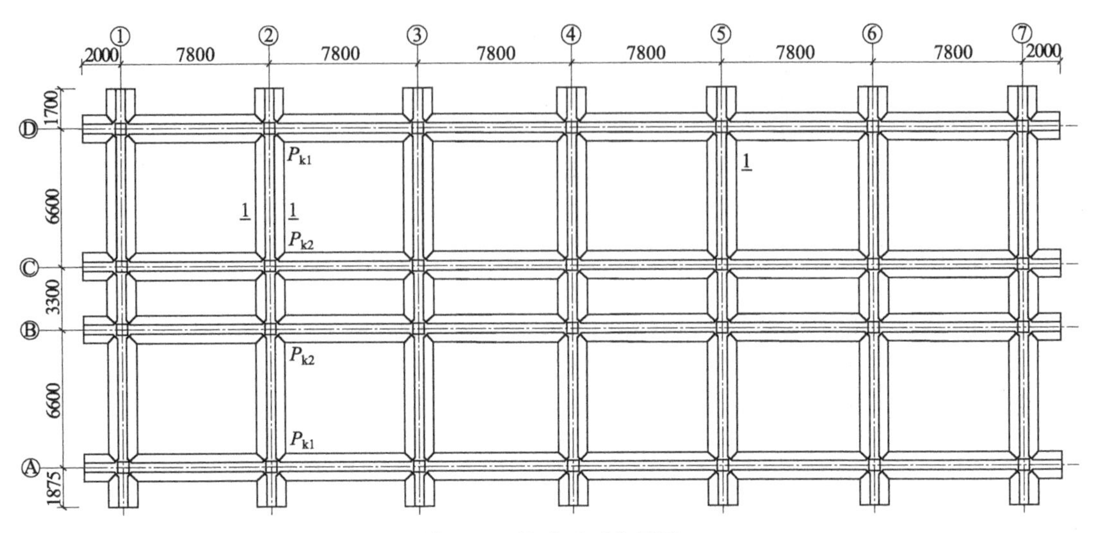

图 4-25　基础平面布置图

则横向条形基础总长度为：

$$L_y=2\times6.6+2\times1.7+3.3=19.9(\text{m})$$

纵向条形基础总长度为：

$$L_x=7.8\times6+2\times2=50.8(\text{m})$$

根据《建筑地基基础设计规范》3.0.5 条，按地基承载力确定基底面积时，上部结构传至基础的作用效应应采用荷载效应的标准组合。

则由题可知柱传来的竖向荷载为：边柱，$P_{k1}=1236\text{kN}$；中柱，$P_{k2}=1501\text{kN}$。

其需要的总面积为：

$$A\geqslant\frac{\sum P_k}{f_a-\gamma_G d}=\frac{(1501+1236)\times2}{120-20\times1.4}=59.5(\text{m}^2)$$

考虑到工程实际有弯矩的作用，可适度放大。取纵向基础为主方向，初步将其宽度定为 2.2m（为简化计算，取Ⓐ～Ⓓ轴线上基础宽度相同），横向基础宽度为 1.8m，计算得 $A_{实}=(2.2\times7.8)\times4+1.8\times19.9-2.2\times1.8\times4=88.62\text{m}^2\geqslant59.5\text{m}^2$，满足要求。基础截面尺寸如图 4-26 所示。

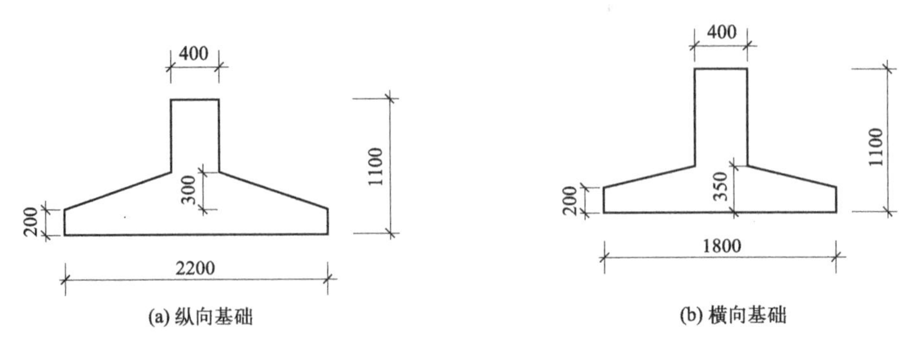

图 4-26　基础截面尺寸

（2）基础梁设计

根据分配荷载按纵横向的条形基础分别进行计算，以②轴线上横向条形基础梁为例，进行设计计算。

① 计算基础梁的特征长度　根据图 4-25 中的基础截面尺寸，求得基础纵横向截面惯性矩分别为：

$$I_x=0.0875\text{m}^4,\ I_y=0.0819\text{m}^4$$

基础采用 C30 等级混凝土，$E_c=3\times10^7\text{kN/m}^2$，则：

a. 纵向基础梁的弹性特征长度

$$S_x=\frac{1}{\lambda_x}=\sqrt[4]{\frac{4EI_x}{kb_x}}=\sqrt[4]{\frac{4\times3.0\times0.0875\times10^7}{1.5\times10^4\times2.2}}=4.22(\text{m})$$

b. 横向基础梁的弹性特征长度

$$S_y=\frac{1}{\lambda_y}=\sqrt[4]{\frac{4EI_y}{kb_y}}=\sqrt[4]{\frac{4\times3.0\times0.0819\times10^7}{1.5\times10^4\times1.8}}=4.37(\text{m})$$

② 节点荷载分配

a. 边柱节点 A

$$\lambda_y l_y=\frac{l_y}{S_y}=\frac{1.70}{4.37}=0.387$$

查表 4-2 得 $Z_y=1.93$。

由式(4-54a) 和式(4-54b) 可得

$$P_{k1x}=\frac{Z_y b_x S_x}{Z_y b_x S_x+b_y S_y}P_{k1}=\frac{1.93\times2.2\times4.22}{1.93\times2.2\times4.22+1.8\times4.37}\times1236=859(\text{kN})$$

$$P_{1x}=1.35P_{k1x}=1.35\times859=1159.7(\text{kN})$$

$$P_{k1y}=\frac{b_y S_y}{Z_y b_x S_x+b_y S_y}P_{k1}=\frac{1.8\times4.37}{1.93\times2.2\times4.22+1.8\times4.37}\times1236=377(\text{kN})$$

$$P_{1y}=1.35P_{k1x}=1.35\times377=509(\text{kN})$$

b. 中柱节点 B

$$P_{k2x}=\frac{b_x S_x}{b_x S_x+b_y S_y}P_{k1}=\frac{2.2\times4.22}{2.2\times4.22+1.8\times4.37}\times1500=813(\text{kN})$$

$$P_{2x}=1.35P_{k2x}=1.35\times813=1097.6(\text{kN})$$

$$P_{k1y}=\frac{b_y S_y}{b_x S_x+b_y S_y}P_{k1}=\frac{2.2\times4.22}{2.2\times4.22+1.8\times4.37}\times1501=688(\text{kN})$$

$$P_{1y}=1.35P_{k1x}=1.35\times688=929(\text{kN})$$

③ 基础梁柱荷载图　纵向基础梁的荷载计算简图如图 4-27 所示。

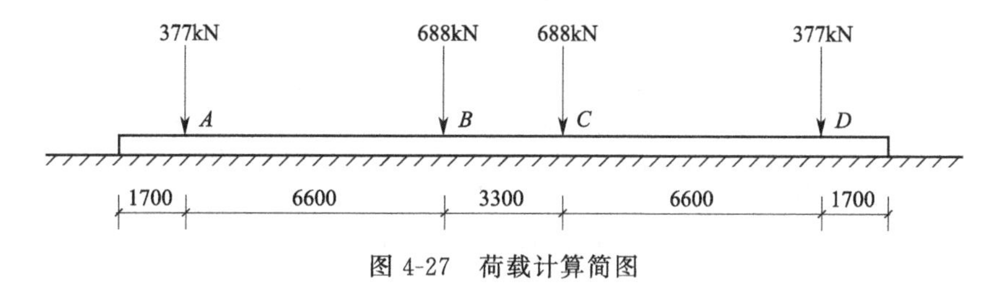

图 4-27　荷载计算简图

④ 基础梁底面尺寸验算

a. 横向基础梁

$$p_{ky}=\frac{P_{ky}}{A}+\gamma_G d=\frac{(377+688)\times2}{1.8\times19.9}+20\times1.4=87.5(\text{kPa})<f_a=120\text{kPa}\quad 满足要求$$

b. 纵向基础梁（为简化计算，长度截取中间节点处梁跨度中到中距离 7.8m）

$$p_{kx}=\frac{P_{kx}}{A}+\gamma_G d=\frac{859}{2.2\times 7.8}+20\times 1.4=78.1(\text{kPa})<f_a=120\text{kPa}\quad 满足要求$$

注意：此处的 A，没有考虑纵横两个方向基础重叠部分面积，故实际反力比计算所得基底反力要大。

⑤ 基础梁内力计算　以横向基础梁为例，其采用倒梁法计算。

a. 计算基底净反力　在对称荷载下，基底反力为均匀分布，作用在地基梁底板上单位长度的净反力为（基本组合值取标准组合值的 1.35 倍）：

$$p_j=\frac{\sum P}{L}=\frac{(377+688)\times 2\times 1.35}{19.9}=144.5(\text{kN/m})$$

b. 弯矩分配法计算基础梁的弯矩　首先计算边跨固端、中跨固端和悬臂端弯矩，然后进行弯矩分配。

边跨固端弯矩：

$$M_{AB}=M_{BA}=M_{CD}=M_{DC}=\frac{1}{12}p_j l^2=\frac{1}{12}\times 144.5\times 6.6^2=524.5(\text{kN}\cdot\text{m})$$

中跨固端弯矩：

$$M_{BC}=M_{CB}=\frac{1}{12}p_j l^2=\frac{1}{12}\times 144.5\times 3.3^2=131.1(\text{kN}\cdot\text{m})$$

悬臂端弯矩：

$$M_A^l=M_D^r=\frac{1}{2}p_j l^2=\frac{1}{2}\times 144.5\times 1.7^2=208.8(\text{kN}\cdot\text{m})$$

则弯矩系数按梁线刚度分配，其具体分配过程略。

计算得弯矩图如图 4-28 所示。

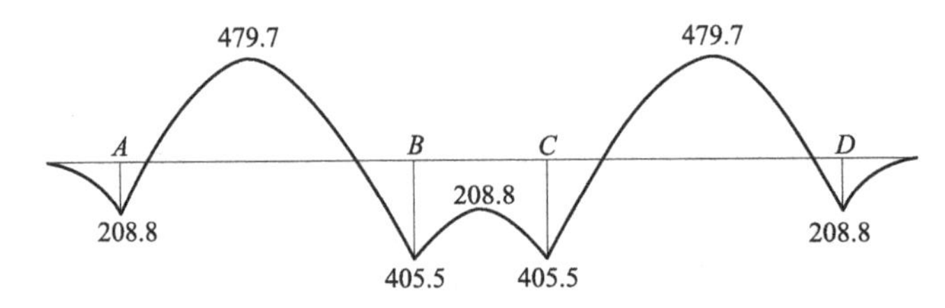

图 4-28　弯矩图 M（单位：kN・m）

根据弯矩以及荷载分布情况求出剪力，得到剪力图如图 4-29 所示。

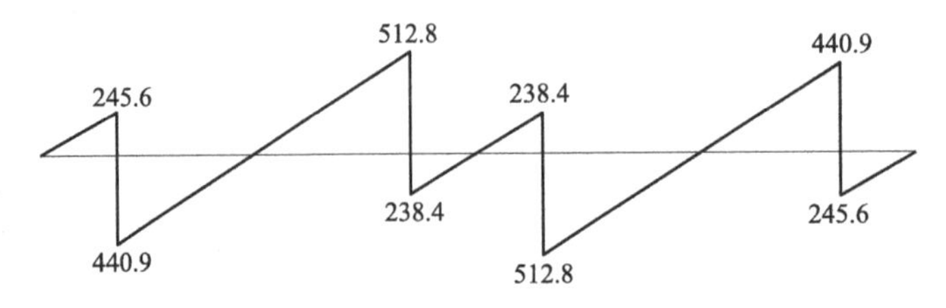

图 4-29　基础梁剪力图（单位：kN）

c. 基础梁弯矩的调整　根据《建筑地基基础设计规范》8.3.2 条规定，基础梁边跨跨中弯矩以及第一内支座的弯矩值乘以 1.2 的系数。

边跨的跨中弯矩：

$$479.7\times 1.2=575.6(\text{kN}\cdot\text{m})$$

第一内支座弯矩：

$$405.5\times1.2=486.6(\text{kN}\cdot\text{m})$$

所得弯矩图如图 4-30 所示。

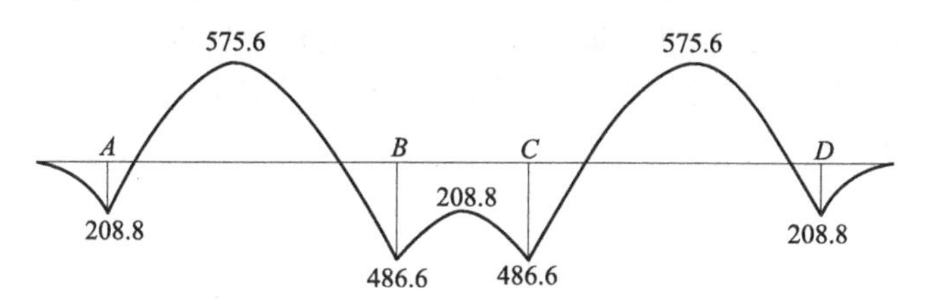

图 4-30 调整之后的弯矩图（单位：kN·m）

(3) 基础梁配筋设计

考虑到翼板的作用，基础梁跨中按 T 形截面计算纵筋面积，支座按矩形截面计算纵筋面积。基础梁受力钢筋采用 HRB400，箍筋采用 HRB400。

① 基础梁正截面受弯承载力　基础梁截面为 $b\times h=400\text{mm}\times1100\text{mm}$，$h_0=1100-60=1040(\text{mm})$，对于基础梁正截面承载力的计算见表 4-3。

表 4-3 基础梁正截面配筋

截面	M /(kN·m)	b/b_f'	h_f' /mm	M_f /(kN·m)	截面类型	α_s	ξ	γ_s	A_s /mm²	选配钢筋	面积 /mm²	配筋率 /%	ρ_{min}/%
支座 *A* 支座 *D*	208.8	400			矩形截面	0.034	0.034	0.983	567	4Φ18	1018	0.370	0.25
AB 跨中 *CD* 跨中	575.6	1800	350	7793	第一类 T 形截面	0.021	0.021	0.990	1554	4Φ25	1964	0.714	0.20
支座 *B* 支座 *C*	486.6	400			矩形截面	0.079	0.082	0.959	1355	4Φ22	1520	0.553	0.25
BC 跨中	208.8	400			矩形截面	0.034	0.034	0.983	567	4Φ18	982	0.357	0.20

注：1. $M_f=\alpha_1 f_c b_f' h_f'\left(h_0-\frac{h_f'}{2}\right)$，当 $M\leqslant M_f$ 时为第一类倒 T 形梁，反之为第二类。

2. 矩形截面 $\alpha_s=\frac{M}{\alpha_1 f_c b h_0^2}$，倒 T 形截面 $\alpha_s=\frac{M}{\alpha_1 f_c b_f' h_0^2}$。

3. $\xi=1-\sqrt{1-2\alpha_s}$，$\gamma_s=\frac{1-\sqrt{1-2\alpha_s}}{2}$，$A_s=\frac{M}{\gamma_s f_y h_0}$。

4. 最小配筋率：支座取 0.25% 和 $55\frac{f_t}{f_y}$% 中的较大值，跨中取 0.2% 和 $45\frac{f_t}{f_y}$% 中的较大值。

② 基础梁斜截面受剪承载力　计算结果见表 4-4。

表 4-4 基础梁斜截面配筋

控制截面	V /kN	验算截面尺寸 $0.2\beta_c f_c b h_0$	$0.42 f_t b h_0$	是否构造	$\alpha=\frac{nA_{sv1}}{s}$	肢数 n	箍筋选用	计算间距 /mm	实际选用
A 左	245.6	1190	249.8	是		4	Φ8		Φ8 @200/100(2)
A 右	440.9	1190	249.8	否	0.065	4	Φ8	3077	加密区长度 1650mm
B 左	512.8	1190	249.8	否	0.257	4	Φ8	782	Φ8 @200/100(2)
B 右	238.4	1190	249.8	是		4	Φ8		加密区长度 1650mm
C 左	238.4	1190	249.8	是		4	Φ8		Φ8 @200/100(2)
C 右	512.8	1190	249.8	否	0.257	4	Φ8	782	加密区长度 1650mm
D 左	440.9	1190	249.8	否	0.065	4	Φ8	3077	Φ8 @200/100(2)
D 右	245.6	1190	249.8	是		4	Φ8		加密区长度 1650mm

(4) 基础翼缘板设计

翼板简化为均布荷载作用下端部固定的悬臂板，翼板厚度应满足斜截面受剪承载力要求，翼板配筋采用 HRB400 级钢筋。取 1.0m 宽度翼板作为计算单元。

① 内力计算　翼板内力计算包括翼板固定端剪力和弯矩计算。

翼缘板固定端剪力：

$$V=\frac{p_{\mathrm{j}}}{b_{\mathrm{f}}}\times\frac{b_{\mathrm{f}}-b}{2}=\frac{144.5}{1.8}\times\frac{1.8-0.4}{2}=56.2(\mathrm{kN})$$

翼缘板固定端弯矩：

$$M=\frac{1}{2}\times\frac{p_{\mathrm{j}}}{b_{\mathrm{f}}}\times\left(\frac{b_{\mathrm{f}}-b}{2}\right)^2=\frac{1}{2}\times\frac{144.5}{1.8}\times\left(\frac{1.8-0.4}{2}\right)^2=19.7(\mathrm{kN\cdot m})$$

② 翼板的受剪承载力验算和配筋计算　取 1.0m 宽度翼板进行受剪承载力验算和配筋计算。

翼板的有效高度：

$$h_0=350-60=290(\mathrm{mm})$$

翼板的受剪承载力：

$$0.7\beta_{\mathrm{hp}}f_{\mathrm{t}}A_0=0.7\times1\times1.43\times1000\times290=290(\mathrm{kN})>V=56.2\mathrm{kN}\quad 满足要求$$

$$\alpha_{\mathrm{s}}=\frac{M}{\alpha_1 f_{\mathrm{c}}bh_0^2}=\frac{19.7\times10^6}{1.0\times14.3\times1000\times290^2}=0.0164$$

$$\xi=1-\sqrt{1-2\alpha_{\mathrm{s}}}=1-\sqrt{1-2\times0.0164}=0.0165$$

$$A_{\mathrm{s}}=\frac{\alpha_1 f_{\mathrm{c}}bh_0\xi}{f_{\mathrm{y}}}=\frac{1.0\times14.3\times1000\times290\times0.0165}{360}=190(\mathrm{mm}^2)$$

根据构造要求需要满足最小配筋率 0.15%的要求，翼板受力钢筋选用Φ10@100，$A_{\mathrm{s}}=785\ \mathrm{mm}^2$，翼板纵向分布钢筋选用Φ8@200，$A_{\mathrm{s}}=393\ \mathrm{mm}^2$。如图 4-31 所示，为图 4-25 中断面 1—1 的配筋图。

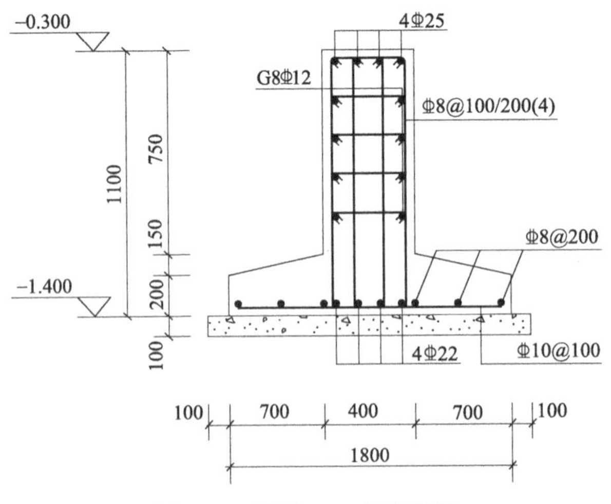

图 4-31　断面 1—1 的配筋图

习　　题

4-1　某柱下钢筋混凝土条形基础，所受柱荷载如图 4-32 所示。已知基础长 14m，基础底板宽 2.5m，基础的抗弯刚度 $EI=4\times10^{-6}\mathrm{kN\cdot m^2}$。地基土的压缩模量为 $E_{\mathrm{s}}=10\mathrm{MPa}$，压缩土层在基础底面以下 5m

范围内。试用弹性地基梁法计算 C 点处的挠度、弯矩和基底净反力。

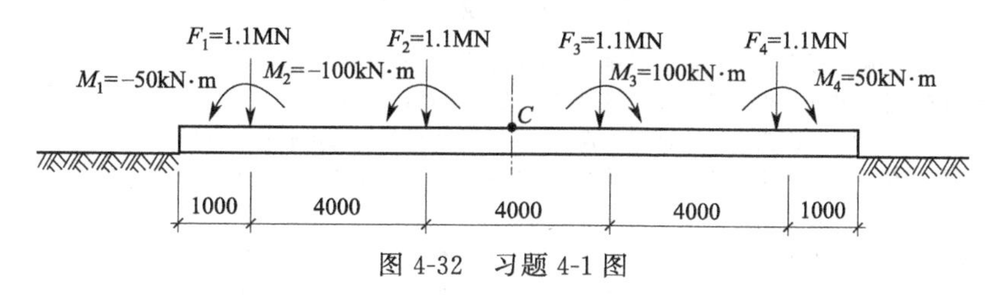

图 4-32　习题 4-1 图

4-2　某条形基础如图 4-33 所示，埋深 $d=1.5\text{m}$。地基为软塑黏土，修正后的承载力特征值 $f_a=130\text{kPa}$，图中柱荷载为荷载效应基本组合值，荷载效应标准组合值可近似取为基本组合值的 0.74 倍。试用静定分析法和倒梁法分别计算基础梁的内力。

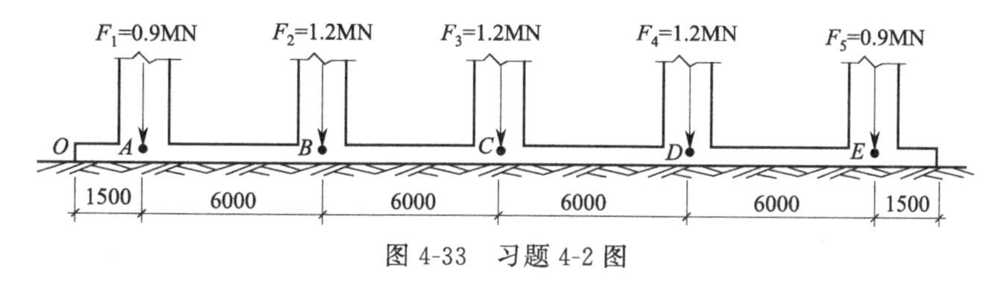

图 4-33　习题 4-2 图

4-3　某柱下钢筋混凝土条形基础如图 4-34 所示。已知基础埋深 $d=2.0\text{m}$，基础宽度 $d=2.5\text{m}$。试用倒梁法计算基础梁的内力。

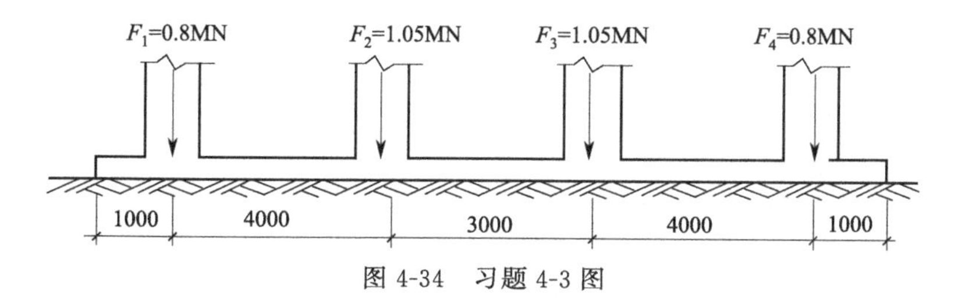

图 4-34　习题 4-3 图

4-4　在图 4-35 所示的交叉条形基础简图中，已知节点竖向集中荷载 $P_1=1400\text{kN}$、$P_2=2200\text{kN}$、$P_3=2500\text{kN}$、$P_4=1800\text{kN}$，地基基床系数为 $k=5000\text{kN/m}^3$，基础梁 L_1 和 L_2 的抗弯刚度分别为 $EI_1=7.45\times10^5\text{kN}\cdot\text{m}^2$、$EI_2=2.86\times10^5\text{kN}\cdot\text{m}^2$。试对各节点荷载进行分配。

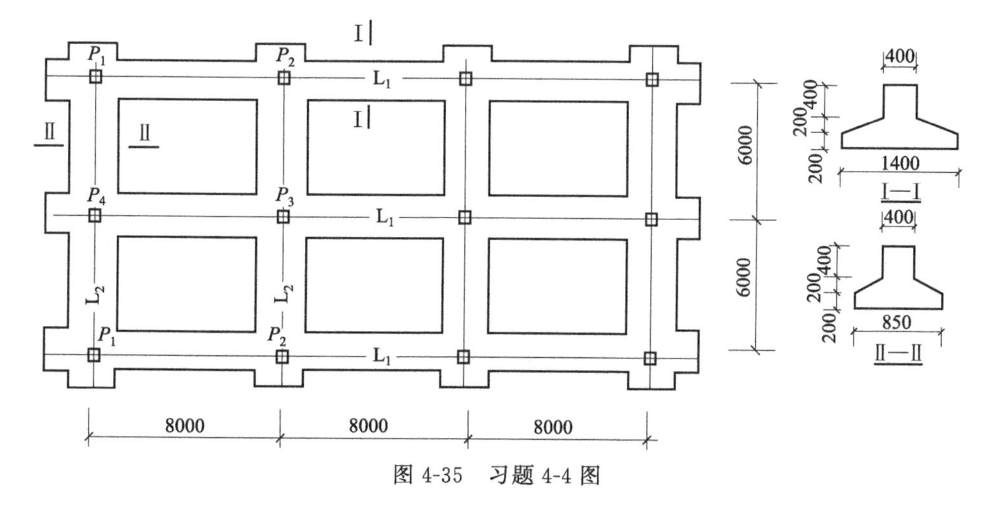

图 4-35　习题 4-4 图

参 考 文 献

[1] 陈仲颐，叶书麟．基础工程学．北京：中国建筑工业出版社，1990.
[2] 周景理，李广信，等．基础工程．2版．北京：清华大学出版社，2007.
[3] 华南理工大学，浙江大学，湖南大学．基础工程．北京：中国建筑工业出版社，2005.
[4] 东南大学，浙江大学，湖南大学，苏州科技学院．土力学．北京：中国建筑工业出版社，2006.
[5] 罗晓辉．基础工程设计原理．武汉：华中科技大学出版社，2007.
[6] 华南理工大学，东南大学，浙江大学，湖南大学．地基及基础．3版．北京：中国建筑工业出版社，1991.
[7] 董建国，沈锡英，钟才根，等．土力学与地基基础．上海：同济大学出版社，2005.
[8] 刘昌辉，时红莲．基础工程学．武汉：中国地质大学出版社，2005.
[9] 袁聚云，等．基础工程设计原理．上海：同济大学出版社，2001.
[10] 常士骠，等．工程地质手册．4版．北京：中国建筑工业出版社，2007.
[11] 中华人民共和国建设部．建筑地基基础设计规范（GB 50007—2011）．北京：中国建筑工业出版社，2012.

第5章

筏形与箱形基础设计

【学习指南】本章主要介绍筏形基础和箱形基础的设计计算方法。通过本章学习，应了解筏形与箱形基础的设计原则；掌握筏形与箱形基础的内力计算方法；熟悉筏形与箱形基础的工程构造要求；能看懂并能简单绘制筏形与箱形基础施工图。本章重点是两类基础的内力计算。

5.1 概述

当上部荷载较大、地基承载力较低、采用交叉条形基础不能满足地基承载力要求或采用人工地基不经济时，可采用筏形基础（筏板基础）。作为大面积的钢筋混凝土基础，筏形基础不仅能减小基底压力、提高地基承载力，还具有较大的整体刚度和调节不均匀沉降的能力，因而在多、高层建筑中得到广泛应用。

根据构造不同，筏形基础可分为平板式和梁板式两种类型；根据上部结构类型不同，筏形基础又分为墙下筏基（宜为无梁等厚的平板式）和柱下筏基。实际工程中，应根据地基土质、上部结构体系、柱距、荷载大小及施工条件等确定基础类型。

(1) 平板式筏基[1~3]

平板式筏基[图 5-1(a)]是一块等厚的钢筋混凝土平板。墙下浅埋筏基适用于承重墙较密、比较均匀的软弱地基上 6 层及 6 层以下整体刚度较好的民用建筑。柱下平板式筏基适用于柱荷载不大、柱距较小且较均匀的情况；当柱荷载较大、柱下区域有较大剪应力与弯曲应力集中的工程，可适当加大柱下的板厚[图 5-1(b)]。尽管平板式筏基的混凝土用量较多，但是由于施工时不需要支模板、施工方便、建造速度快，因此常被采用。

(2) 梁板式筏基

当柱网间距较大时，为了减小板厚，提高基础刚度，可加设肋梁（基础梁）而形成梁板式筏基[图 2-10(c)]。梁板式筏基又分为单向肋和双向肋两种形式。单向肋是将两根或两根以上的柱下条形基础中间用底板将其联结成一个整体，以扩大基础的底面积并加强基础的整体刚度（图 5-2）。双向肋是在纵横两个方向的柱下都布置肋梁，有时也可在柱网之间再布置次肋梁以减小底板的厚度[图 2-10(c)][1]。另外，肋梁可朝上[图 5-3(a)]或朝下[图 5-3(b)]布置。肋梁朝上便于施工，但要架设空地坪；肋梁朝下需设地模，但地坪可自然形成。

(a) 底板等厚　　(b) 底板局部加厚

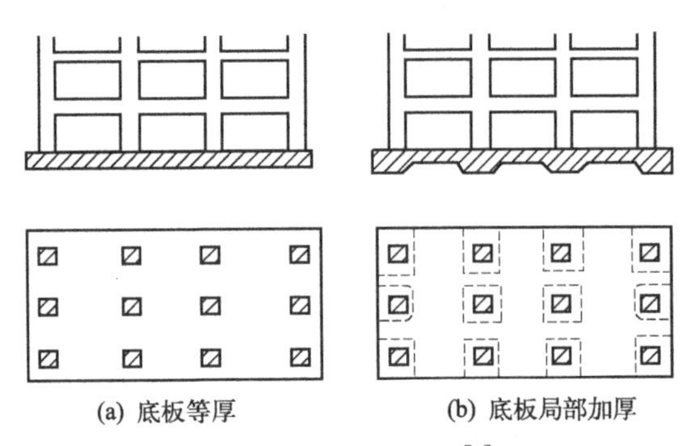

图 5-1　平板式筏基[3]

图 5-2　单行肋梁板式筏基[1]

(a) 肋梁朝上　　(b) 肋梁朝下

图 5-3　双向肋梁板式筏基[3]

箱形基础（图 2-11）是高层建筑常用的基础形式之一。与筏形基础相比，箱形基础的刚度更大、整体性更好、调节不均匀沉降的能力更强。由于箱形基础的埋置深度较大，使建筑物的重心下移并嵌固其中，从而增强了建筑物的整体稳定性和抗震能力。因此，当荷载较大、地基较软弱，或是在抗震设防区修建高层建筑时，箱形基础应是优先考虑的一种基础类型。特别是对于软土地基上 15 层以下的建筑物以及一般第四纪地层上 30 层以下的建筑物，有时直接采用箱形基础而不设置深基础。

筏形与箱形基础还可与桩基联合使用，构成桩筏或桩箱基础，以满足变形和承载力的要求。

5.2　筏形与箱形基础地基计算

5.2.1　基础埋置深度

在确定高层建筑的基础埋置深度时，应考虑建筑物的用途、有无地下室、设备基础和地下设施、基础的形式和构造、荷载的大小和性质、工程地质和水文地质条件、抗震要求、相邻建筑基础的埋深以及地基土的冻融影响等因素，并应满足地基承载力、变形和稳定性要求。在抗震设防区，天然土质地基上的筏形和箱形基础埋深不宜小于建筑物高度的 1/15。当桩与筏板或箱基底板连接的构造符合：桩顶嵌入箱基或筏基底板的长度一般不宜小于 50mm，对于大直径桩不宜小于 100mm；混凝土桩的桩顶主筋伸入箱基或筏基底板的锚固长度不宜小于主筋直径的 35 倍时，桩箱或桩筏基础的埋置深度（不计桩长）不宜小于建筑

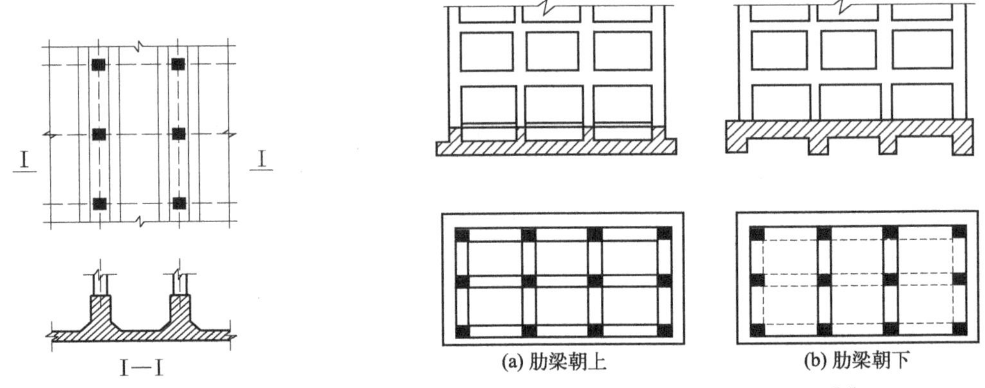

物高度的 1/18[4]。

5.2.2　确定基础底面尺寸

筏形和箱形基础的平面尺寸，应根据地基土的承载力、上部结构的布置及荷载分布等因素确定。设计时应尽量使柱荷载分布均匀，荷载合力点与基础形心重合。当仅为了满足地基承载力的要求而扩大基础底板面积时，扩大部位宜设在建筑物的宽度方向。对单幢建筑物，在地基土比较均匀的条件下，基底平面形心宜与结构竖向永久荷载重心重合；当不能重合时，在荷载效应准永久组合下，偏心距 e 宜符合下式要求：

$$e \leqslant \frac{0.1W}{A} \tag{5-1}$$

式中，W 为与偏心距方向一致的基础底面边缘抵抗矩；A 为基础底面积。

这是因为在地基较均匀的条件下，建筑物的倾斜与 e/B（B 为基础宽度）的大小有关。在地基土条件相同的情况下，e/B 越大则倾斜越大。对于高层建筑来讲，由于重心高、重量大，当因荷载作用点与基底平面形心不重合而开始产生倾斜后，建筑物重力会对平面形心产生新的倾覆力矩增量，其又会引起新的倾斜增量，这种相互影响可能随着时间而增长，直至地基变形失稳为止。因此，规范规定采用式(5-1) 来调整基底面积，减小基础偏心，避免其产生倾斜，保证建筑物的正常使用[5]。

5.2.3　地基承载力验算

筏形和箱形基础基底压力应满足以下要求：

当受轴心荷载作用时

$$p_k \leqslant f_a \tag{5-2a}$$

当受偏心荷载作用时

$$\begin{cases} p_k \leqslant f_a \\ p_{kmax} \leqslant 1.2 f_a \end{cases} \tag{5-2b}$$

式中，p_k 为相应于荷载效应标准组合时，基础底面处的平均压力值，按式(2-13) 计算；p_{kmax} 为相应于荷载效应标准组合时，基础底面边缘处的最大压力值，按式(2-15) 计算；f_a 为修正后的地基承载力特征值。

对于非抗震设防的高层建筑筏形和箱形基础，尚应符合下式要求：

$$p_{kmin} > 0 \tag{5-3}$$

式中，p_{kmin} 为相应于荷载效应标准组合时，基础底面边缘处的最小压力值，按式(2-15) 计算。

对于抗震设防的建筑，筏形和箱形基础的基底压力除应满足式(5-2a) 和式(5-2b) 的要求外，尚应按下列公式进行地基土的抗震承载力验算：

$$\begin{cases} p_k \leqslant f_{aE} \\ p_{kmax} \leqslant 1.2 f_{aE} \end{cases} \tag{5-4}$$

式中，f_{aE} 为调整后的地基抗震承载力，按式(2-21) 确定；p_k 为地震作用效应标准组合的基础底面平均压力值；p_{kmax} 为地震作用效应标准组合的基底边缘处的最大压力值。

当在地震作用效应组合下基础底面的边缘最小压力出现零应力时，零应力区的面积不应超过基础底面面积的 15%；对于高宽比大于 4 的高层建筑，在地震作用下基础底面不宜出现零应力区[6]。

如果存在软弱下卧层，尚应进行软弱下卧层的承载力验算，验算方法与天然地基上的浅基础相同。如果偏心较大，或不能满足承载力验算要求，为减少偏心距和扩大基底面积，可将基础底板外伸悬挑。

5.2.4　地基变形计算

高层建筑箱形与筏形基础的地基变形计算值不应大于建筑物的地基变形允许值，建筑物的地基变形允许值应按地区经验确定，当无经验时应符合现行《建筑地基基础设计规范》（GB 50007—2011）的相关规定。由于高层建筑筏形和箱形基础的埋深一般都较大，因此，计算地基最终沉降量时，应适当考虑由于基坑开挖所引起的回弹变形。

《高层建筑筏形与箱形基础技术规范》（JGJ 6—2011）推荐了两种计算方法即压缩模量法和变形模量法。

（1）压缩模量法

当采用土的压缩模量计算筏形和箱形基础的最终沉降量 s 时，可按下式计算：

$$s_1=\Psi_c\sum_{i=1}^{m}\frac{p_c}{E_{ci}}(z_i\bar{a}_i-z_{i-1}\bar{a}_{i-1}) \tag{5-5a}$$

$$s_2=\Psi_s\sum_{i=1}^{n}\frac{p_0}{E_{si}}(z_i\bar{a}_i-z_{i-1}\bar{a}_{i-1}) \tag{5-5b}$$

$$s=s_1+s_2 \tag{5-6}$$

式中，s 为地基最终沉降量；s_1 为基坑底面以下地基土回弹再压缩引起的沉降量；s_2 为基底附加应力引起的沉降量；Ψ_s 为沉降计算经验系数，按地区经验采用，当缺乏地区经验时，可按现行《建筑地基基础设计规范》（GB 50007—2011）的有关规定采用；m 为基础底面以下回弹影响深度范围内所划分的地基土层数；式中其余各符号的含义同式(2-27)、式(2-31)。

式(5-5a) 中的沉降计算深度应按地区经验确定，当无地区经验时可取基坑开挖深度；式(5-5b) 中的沉降计算深度按式(2-29)、式(2-30) 确定。

（2）变形模量法

当采用土的变形模量计算筏形和箱形基础的最终沉降量 s 时，可按下式计算：

$$s=p_k b\eta\sum_{i=1}^{n}\frac{\delta_i-\delta_{i-1}}{E_{0i}} \tag{5-7}$$

式中，p_k 为相应于荷载效应准永久组合时的基底压力平均值；b 为基础底面宽度；δ_i、δ_{i-1} 为与基础长宽比 l/b 及基础底面至第 i 层和第 $i-1$ 层土底面的距离 z 有关的无量纲系数，可按《高层建筑筏形和箱形基础技术规范》（JGJ 6—2011）附录 C 中的表 C 确定；E_{0i} 为基础底面下第 i 层土的变形模量，通过试验或按地区经验确定；η 为修正系数，可按表 5-1 采用。

表 5-1 修正系数

m	$1<m\leqslant0.5$	$0.5<m\leqslant1$	$1<m\leqslant2$	$2<m\leqslant3$	$3<m\leqslant5$	$5<m<\infty$
η	1.00	0.95	0.90	0.80	0.75	0.70

注：$m=2z_n/b$，z_n 为沉降计算深度。

在进行沉降计算时，沉降计算深度 z_n，应按下式确定：

$$z_n=(z_m+\xi b)\beta \tag{5-8}$$

式中，z_m 为与基础长宽比有关的经验值，按表 5-2 确定；ξ 为折减系数，按表 5-2 确定；β 为调整系数，可按表 5-3 确定。

表 5-2 z_m 值和折减系数 ξ

l/b	$\leqslant1$	2	3	4	$\geqslant5$
z_m	11.6	12.4	12.5	12.7	13.2
ξ	0.42	0.49	0.53	0.60	1.00

表 5-3　调整系数 β

土类	碎石	砂土	粉土	黏性土	软土
β	0.30	0.50	0.60	0.75	1.00

筏形和箱形基础的整体倾斜值，可根据荷载偏心、地基的不均匀性、相邻荷载的影响和地区经验进行计算。高层建筑箱形和筏形基础的地基应进行承载力和变形计算外，当基础埋深不符合 5.2.1 节的要求或地基土层不均匀时应进行基础的抗滑移和抗倾覆稳定性验算及地基的整体稳定性验算。

5.3　筏形基础设计

筏形基础的设计内容主要包括：确定筏形基础的埋深、筏板底面尺寸和厚度，地基承载力及变形验算，筏板及肋梁的内力和配筋计算，绘制施工图等。

5.3.1　筏形基础的构造要求

5.3.1.1　筏板厚度

梁板式筏基底板的厚度应符合受冲切和受剪切承载力的要求且不应小于 400mm，板厚与最大双向板格的短边净跨之比不应小于 1/14，梁板式筏基梁的高跨比不宜小于 1/6[4]。对于底板外挑的梁板式筏基（宜肋梁与底板同时挑出），外挑长度从基础梁外皮算起，横向不宜大于 1200mm，纵向不宜大于 800mm[3]。

高层建筑平板式筏基的最小厚度不应小于 500mm，一般在 0.5～2.5m 之间。当柱荷载较大，等厚度筏板的受冲切承载力不能满足要求时，可在柱下的筏板顶面增设柱墩或在柱下的筏板底面局部加板厚或采用抗冲切钢筋等措施[7]，其底板外挑长度从柱外皮算起不宜大于 2000mm[3]。

多层建筑墙下平板式筏基的厚度一般不宜小于 200mm，通常对于 5 层以下的民用建筑取其厚度不小于 250mm，6 层民用建筑取其厚度不小于 300mm。工程设计时，也可根据经验按每层 50mm 厚初步确定，但不得小于 250mm。筏板悬挑出墙外的长度，从轴线算起横向不宜大于 1500mm，纵向不宜大于 1000mm。如果采用不埋式筏形基础，四周必须设置连梁[3,8]。

筏基外挑部分的截面可做成变厚度，但其边缘的厚度不宜小于 200mm[3]。

5.3.1.2　材料要求

筏基的混凝土强度等级不应低于 C30。当采用防水混凝土，防水混凝土的抗渗等级应按表 5-4 选用。对于重要建筑，宜采用自防水并设架空排水层。

表 5-4　防水混凝土抗渗等级

埋置深度 d/m	设计抗渗等级	埋置深度 d/m	设计抗渗等级
$d<10$	P6	$20\leqslant d<30$	P10
$10\leqslant d<20$	P8	$30\leqslant d$	P12

考虑到整体弯曲的影响，梁板式筏基的底板和基础梁的配筋除满足计算要求外，纵横方向的底部支座钢筋尚应有 1/3 贯通全跨，基础梁和底板的顶部跨中钢筋应按实际配筋全部连通，底板上下贯通钢筋的配筋率均不应小于 0.15%。

考虑到整体弯曲的影响，平板式筏基柱下板带和跨中板带的底部钢筋应有 1/3 贯通全跨，顶部钢筋应按实际配筋全部连通，上下贯通钢筋的配筋率均不应小于 0.15%。

当筏板的厚度大于 2000mm 时，宜在板厚中间部位设置直径不小于 12mm，间距不大于 300mm 的双向钢筋网（配置在板的顶面和底面）。

筏形基础底板下宜设混凝土垫层，厚度一般为 100mm。当有垫层时，钢筋的保护层厚度不宜小于 35mm[3]。

筏板边缘的外伸部分应上下配置钢筋。对无外伸肋梁的双向外伸部分，应在板底布置放射状附加钢筋，附加钢筋直径与边跨主筋相同，间距不大于 200mm，一般为 5～7 根。

5.3.1.3 连接构造要求

地下室底层柱、剪力墙与梁板式筏基的基础梁连接的构造要求应符合下列规定。

① 当交叉基础梁的宽度小于柱截面的边长时，交叉基础梁连接处应设置八字角，柱角和八字角之间的净距不宜小于 50mm[图 5-4(a)]。

② 当单向基础梁与柱连接，柱截面的边长大 400mm 时，可按图 5-4(b)、图 5-4(c) 采用；柱截面的边长小于等于 400mm 时，可按图 5-4(d) 采用。

③ 当基础梁与剪力墙连接时，基础梁边至剪力墙边的距离不宜小于 50mm[图 5-4(e)]。

另外，采用筏形基础的地下室，地下室钢筋混凝土外墙厚度不应小于 250mm，内墙厚度不应小于 200mm。墙体内应设置双面钢筋，水平钢筋的直径不应小于 12mm，竖向钢筋的直径不应小于 10mm，间距不应大于 200mm[7]。

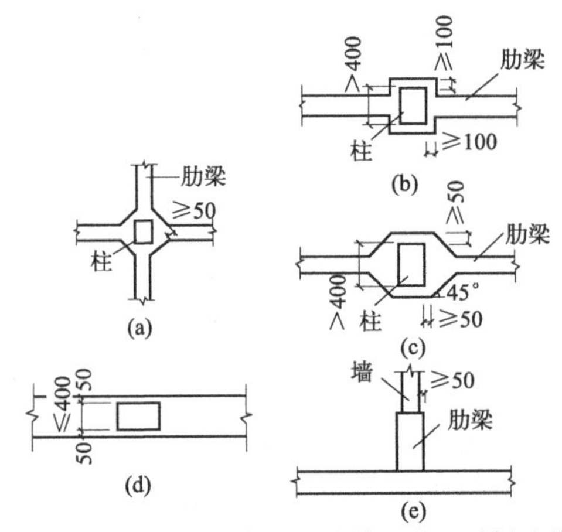

图 5-4 地下室底层柱、剪力墙与梁板式筏基的基础梁连接的构造要求

5.3.2 筏形基础底板厚度[7]

5.3.2.1 梁板式筏基底板厚度

梁板式筏基底板除计算正截面受弯承载力外，其厚度尚应满足受冲切承载力和受剪切承载力的要求。实际设计时，往往先初步设定一板厚，然后进行受冲切承载力和受剪切承载力验算。

底板受冲切承载力按下式计算：

$$F_l \leqslant 0.7\beta_{hp} f_t u_m h_0 \tag{5-9}$$

式中，F_l 为作用在图 5-5 中阴影部分面积上的地基土平均净反力设计值；f_t 为混凝土轴心抗拉强度设计值；h_0 为底板的有效高度；u_m 为距基础梁边 $h_0/2$ 处冲切临界截面的周长（图 5-5）。

当底板区格为矩形双向板时，底板受冲切所需的厚度 h_0 按下式计算：

$$h_0 = \frac{(l_{n1}+l_{n2}) - \sqrt{(l_{n1}+l_{n2})^2 - \dfrac{4pl_{n1}l_{n2}}{p+0.7\beta_{hp}f_t}}}{4} \tag{5-10}$$

式中，l_{n1}、l_{n2} 分别为计算板格的短边和长边的净长度；p 为相应于荷载效应基本组合的地基土平均净反力设计值；β_{hp} 为受冲切承载力截面高度影响系数，当厚度 h 不大于 800mm 时，取 1.0，当厚度 h 大于等于 2000mm 时，取 0.9，其间按线性内插法取用。

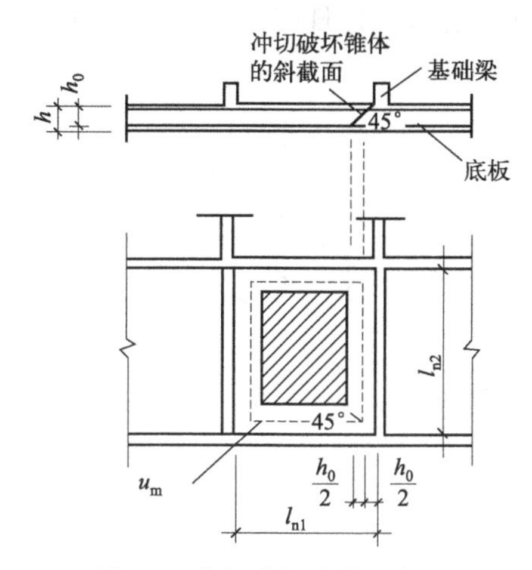

图 5-5　底板冲切计算示意图

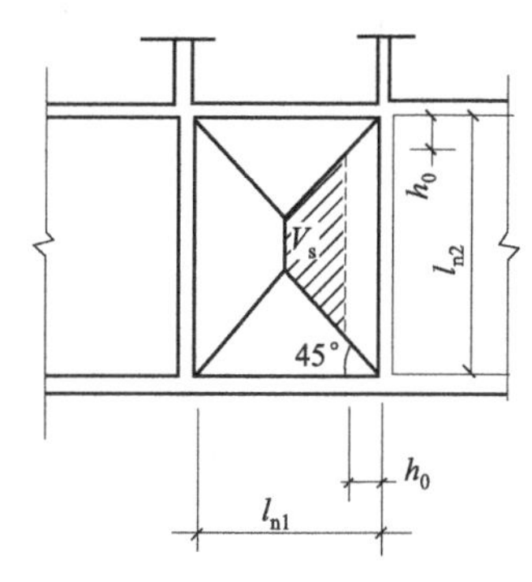

图 5-6　底板剪切计算示意图

梁板式筏基双向底板斜截面受剪承载力应符合下式要求：

$$V_s \leqslant 0.7\beta_{hs} f_t (l_{n2} - 2h_0) h_0 \tag{5-11}$$

式中，V_s 为相应于荷载效应基本组合时剪力设计值，即距梁边缘 h_0 处，作用在图 5-6 中阴影部分面积上的地基土平均净反力设计值；β_{hs} 为受剪切承载力截面高度影响系数，按 $\beta_{hs} = (800/h_0)^{1/4}$ 计算，当 $h_0 < 800$mm 时，取 $h_0 = 800$mm，当 $h_0 > 2000$mm 时，取 $h_0 = 2000$mm。

当底板板格为单向板时，其斜截面受剪承载力应按式(3-16) 验算，其底板厚度不应小于 400mm。

5.3.2.2　平板式筏基底板厚度

平板式筏基的板厚应满足受冲切承载力和受剪切承载力的要求。计算时应考虑作用在冲切临界面重心上的不平衡弯矩产生的附加剪力。对基础边柱和角柱冲切验算时，其冲切力应分别乘以 1.1 和 1.2 的增大系数。距柱边 $h_0/2$ 处冲切临界截面的最大剪应力 τ_{max} 应按以下公式计算（图 5-7）[7]：

$$\tau_{max} = F_l/(u_m h_0) + \alpha_s M_{unb} c_{AB}/I_s \tag{5-12a}$$

$$\tau_{max} \leqslant 0.7(0.4 + 1.2/\beta_s)\beta_{hp} f_t \tag{5-12b}$$

$$\alpha_s = 1 - \frac{1}{1 + \frac{2}{3}\sqrt{c_1/c_2}} \tag{5-12c}$$

式中，F_l 为相应于荷载效应基本组合时的集中力设计值，对内柱取轴力设计值减去筏板冲切破坏锥体内的地基反力设计值，对边柱和角柱，取轴力设计值减去筏板冲切临界截面范围内的地基反力设计值，地基反力值应扣除底板自重；u_m 为距柱边 $h_0/2$ 处冲切临界截面的周长，按《建筑地基基础设计规范》（GB 50007—2011）附录 P 计算；M_{unb} 为作用在冲切临界截面重心上的不平衡弯矩设计值；c_{AB} 为沿弯矩作用方向，冲切临界截面重心至冲切临界截面最大剪应力点的距离，按《建筑地基基础设计规范》（GB 50007—2011）附录 P 计算；I_s 为冲切临界截面对其重心的极惯性矩，按《建筑地基基础设计规范》（GB 50007—2011）附录 P 计算；β_s 为柱截面长边与短边的比值，当 $\beta_s < 2$ 时，取 2，当 $\beta_s > 4$ 时，取 4；

α_s 为不平衡弯矩通过冲切临界截面上的偏心剪力传递的分配系数；c_1 为与弯矩作用方向一致的冲切临界截面的边长，按《建筑地基基础设计规范》（GB 50007—2011）附录 P 计算；c_2 为垂直于 c_1 的冲切临界截面的边长，按《建筑地基基础设计规范》（GB 50007—2011）附录 P 计算。

平板式筏板除满足受冲切承载力外，尚应满足距内筒边缘或柱边缘 h_0 处筏板的受剪承载力。受剪承载力应按下式验算：

$$V_s \leqslant 0.7\beta_{hs} f_t b_w h_0 \tag{5-13}$$

式中，V_s 为荷载效应基本组合下，地基土净反力平均值产生的距内筒或柱边缘 h_0 处筏板单位宽度的剪力设计值；b_w 为筏板计算截面单位宽度；h_0 为距内筒或柱边缘 h_0 处筏板的截面有效高度。

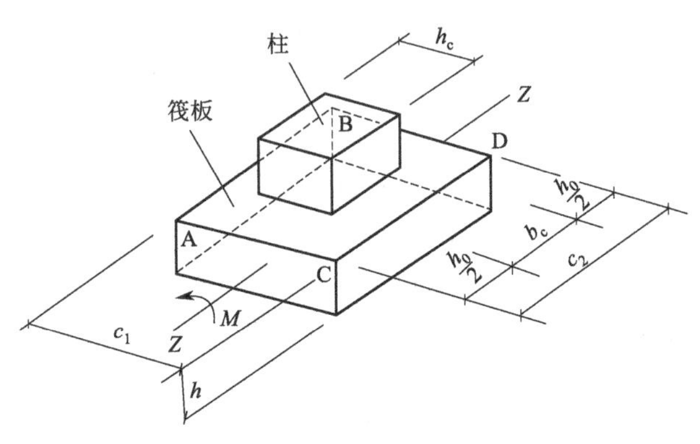

图 5-7 内柱冲切临界截面

当筏板变厚度时，尚应验算变厚度处筏板的受剪承载力。

5.3.3 筏形基础内力计算

与条形基础内力计算类似，筏形基础的内力计算也大致分为三类：考虑地基、基础与上部结构共同作用；仅考虑地基与基础相互作用（弹性地基梁板法）；不考虑共同作用（简化计算法）。

简化计算法亦称刚性法。它以静力平衡为基本条件，不考虑地基、基础与上部结构的共同作用。该方法假定基底反力呈直线分布，因此，要求基础具有足够的相对刚度。

当地基土比较均匀、地基压缩层范围内无软弱土层或可液化土层上部结构刚度较好，柱网和荷载较均匀、相邻柱荷载及柱间距的变化不超过 20%，且梁板式筏基梁的高跨比或平板式筏基板的厚跨比不小于 1/6 时筏形基础可仅考虑局部弯曲作用，按倒楼盖法进行计算。计算时基底反力按直线分布，并应扣除底板自重及其上填土的自重。

当地基比较复杂、上部结构刚度较差，或柱荷载及柱间距变化较大，即不符合简化计算法条件时，筏基内力应按弹性地基梁板法进行分析计算。此时，将筏基视为置于弹性地基上的梁板，并考虑地基与基础之间的相互作用，采用基床系数法或数值分析法等方法计算其内力。

筏形基础常用内力计算方法分类见表 5-5。

表 5-5 筏形基础常用内力计算方法分类[1,9]

计算方法	主要方法	适用条件	特点
简化计算法（刚性法）	倒楼盖法 刚性板条法	柱荷载相对均匀（相邻柱荷载变化不超过 20%），柱距相对比较一致（相邻柱距变化不超过 20%），柱距小于 $1.75/\lambda$，或者具有刚性上部结构	不考虑上部结构刚度作用；不考虑地基、基础之间的相互作用；假定地基反力呈直线分布
弹性地基梁板法	基床系数法 数值分析法	不满足简化计算法条件	不考虑上部结构刚度作用；仅考虑地基与基础（梁板）的相互作用

下面将主要介绍简化计算法。

当采用简化计算法计算筏基内力时，基础底面的地基净反力可按下式计算：

$$\left.\begin{matrix}p_{\text{jmax}}\\p_{\text{jmin}}\end{matrix}\right\}=\frac{\sum N}{A}\pm\frac{\sum Ne_y}{W_x}\pm\frac{\sum Ne_x}{W_y} \tag{5-14}$$

式中，p_{jmax}、p_{jmin} 分别为地基最大和最小净反力；$\sum N$ 为作用于筏形基础上的竖向荷载之和；e_x、e_y 分别为$\sum N$ 在 x 方向和 y 方向上对基础形心的偏心距；W_x、W_y 分别为筏形基础底面对 x 轴和 y 轴的截面抵抗矩；A 为筏基底面的面积。

在计算出地基净反力后，常采用倒楼盖法或刚性板条法（条带法）计算筏基的内力。

(1) 倒楼盖法

一般情况下，当上部结构刚度较大，筏板主要承受地基反力作用产生局部挠曲所引起的内力时，筏形基础可仅考虑局部弯曲作用，按倒楼盖法进行计算。

按倒楼盖法计算的梁板式筏基，其基础梁的内力可按连续梁分析，边跨跨中弯矩以及第一内支座的弯矩值宜乘以 1.2 的系数；底板按连续双向板（单向板）计算。梁板式筏基的基础梁除满足正截面受弯及斜截面受剪承载力要求以外，尚应按现行《混凝土结构设计规范》(GB 50010—2010) 的有关规定验算底层柱下基础梁顶面的局部受压承载力。

平板式筏基按无梁楼盖计算，即把底板沿纵横两个方向划分成若干柱下板带和跨中板带（图 5-8），然后按柱下板带和跨中板带分别进行内力分析。应注意：柱下板带中，柱宽及其两侧各 0.5 倍板厚且不大于 1/4 板跨的有效宽度范围内，其钢筋配置量不应小于柱下板带钢筋数量的一半，且应能承受部分不平衡弯矩 $\alpha_m M_{\text{unb}}$。M_{unb} 为作用在冲切临界截面重心上的不平衡弯矩，α_m 按下式计算：

$$\alpha_m=1-\alpha_s \tag{5-15}$$

式中，α_m 为不平衡弯矩通过弯曲来传递的分配系数；α_s 按式(5-12c) 计算。

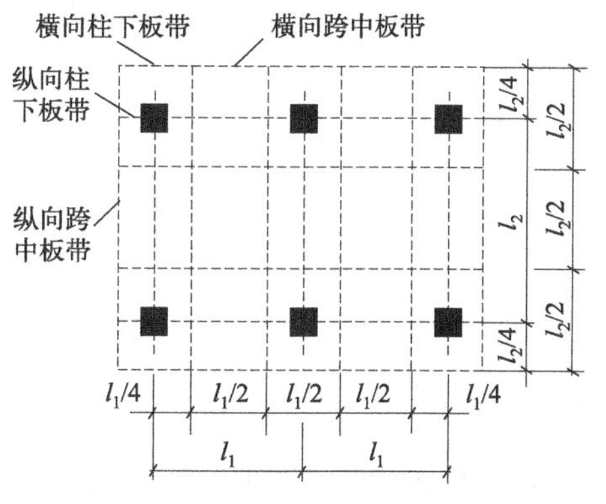

图 5-8　倒楼盖法筏基板带划分[11]

另外，平板式筏基的顶面应满足底层柱下局部受压承载力要求。对抗震设防烈度为 9 度的高层建筑，验算柱下基础梁、筏板局部受压承载力时，应计入竖向地震作用对柱轴力的影响。

(2) 板条法

一般情况下，当上部结构刚度较差、筏板较厚，相对于地基可视为刚性板时，由于地基沉降，筏板将产生整体弯曲所引起的内力。这种情况下进行内力分析时，应考虑筏板承担整体弯曲作用（整体弯曲是指上部结构与基础一起弯曲），可按板条法进行计算。

板条法是把筏基沿纵横两个方向划分成若干条带（板带），柱列中心线为各条带分界线，并忽略条带间剪力的静力不平衡情况，即假定各条带之间互不影响，这样每个条带可看作独立的柱下条形基础，然后按倒梁法或静定分析法计算其内力。其中，柱荷载在纵横条带之间的分配可参考交叉条形基础的荷载分配方法（第 4 章）。

由于板带下的净反力是按整个筏形基础计算得到的，因此其与板带上的柱荷载并不平衡，计算板带前需要将两者加以调整。步骤如下：先将筏形基础在 x、y 方向从跨中到跨中划分成若干条带（图 5-9），而后取出每一条带进行分析。设某条带的宽度为 b，长度为 L，条带内柱的总荷载为$\sum N$，条带内地地基净反力平均值为 $\overline{p}_j$，计算两者的平均值 $\overline{P}$ 为

$$\overline{P}=\frac{\sum N+\overline{p}_j bL}{2} \tag{5-16}$$

计算柱荷载的修正系数 α，并按修正系数调整柱荷载：

$$\alpha=\frac{\overline{P}}{\sum N} \tag{5-17}$$

调整基底平均净反力，调整值为

$$\overline{p_j'}=\frac{\overline{P}}{bL} \tag{5-18}$$

最后采用调整后的柱荷载及地基净反力，按独立的柱下条形基础计算基础内力。

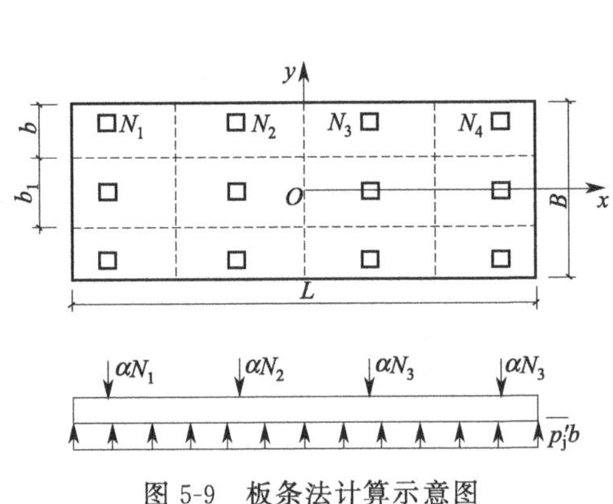

图 5-9 板条法计算示意图

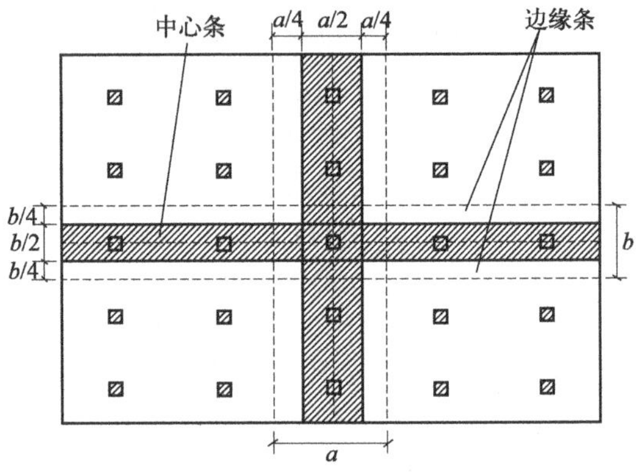

图 5-10 板条法弯矩分布图

当计算板带柱荷载 P_i 与相邻两柱荷载 P_{i-1}、P_{i+1} 变化超过 20%时，可用三者的加权平均值 P_{im} 来代替该柱列荷载：

$$P_{im}=(P_{i-1}+2P_i+P_{i+1})/4 \tag{5-19}$$

在计算各条带弯矩值时，应注意各条带横截面上的弯矩并非沿条带横截面均匀分配，而是比较集中于各条带的柱下中心区域，计算时可将条带横截面上总弯矩的 2/3 配给该条带的中心（$b/2$ 宽的柱下板带）上（图 5-10），而该条带两侧宽为 $b/4$ 的边缘条（跨中板带）则各承担 1/6 弯矩，为了保证板柱之间的弯矩传递，并使筏板在地震作用过程中能够处于弹性状态，保证柱根部能实现预期的塑性角，还应满足相应的构造要求[2,10]。

【例 5-1】 如一幢建造在抗震区的 9 层办公楼，层高为 3.0m，上部采用现浇框架结构，柱网布置如图 5-11 所示，地质勘察报告提供的地基情况见表 5-6，修正后的地基承载力特征值 f_a=130kPa(在 2m 深处)。室内外高差为 0.6m。采用平板式筏形基础，试初步确定筏形

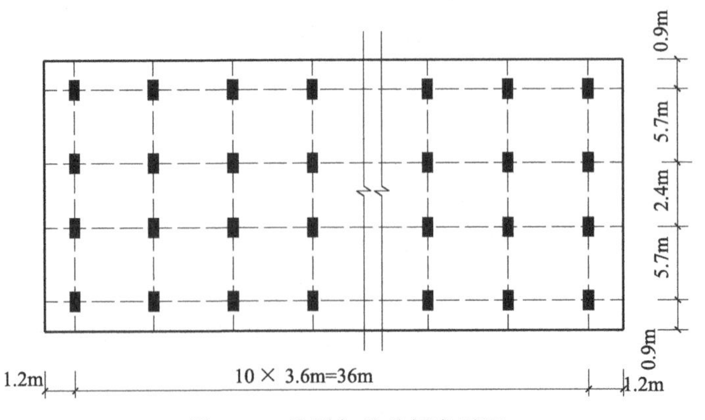

图 5-11 柱网与基础板底平面

基础的埋深、底面积和板厚。

表 5-6 地基情况

土层名称	土层厚度/m	E_s/MPa	土层名称	土层厚度/m	E_s/MPa
耕土	1.0	—	细砂	2.4	9.0
粉质黏土	0.8	5.5	中砂	2.5	10.0
粉质黏土	2.8	4.0	粗砂	3.0	18.0
粉土	4.0	7.0	黏土	—	9.0

【解】(1) 确定基础埋置深度

筏形基础的埋置深度，当采用天然地基时不宜小于建筑物高度的1/15。由此当室内外高差为0.6m时，筏形基础的埋置深度 H_1 可取

$$H_1=\frac{1}{15}(3\times9+0.6)=1.84(\text{m})\quad 取\ 2.0\text{m}$$

(2) 确定筏基底面积

筏基底面积的大小与上部结构的荷载和地基承载能力有关。上部框架结构的荷载值可根据表5-7提供的经验数值估算得到，约为12kPa。则有

表 5-7 结构单位面积重力荷载估算表

结构类型	填充墙类型	重力荷载(包括活荷载)/(kN/m²)
框架	轻质填充墙	10～12
	机制砖填充墙	12～14
框架-剪力墙	轻质填充墙	12～14
	机制砖填充墙	14～16
剪力墙、筒体	混凝土墙体	15～18

中柱
$$F=12\times3.6\times\frac{2.4+5.7}{2}\times9=1574.64(\text{kN})$$

边柱
$$F=12\times3.6\times\frac{5.7}{2}\times9=1108.08(\text{kN})$$

上部结构传至基础顶部处的竖向力设计值为

$$\sum F=(1574.64+1108.08)\times2\times10=53654.4(\text{kN})$$

已知在2m深处粉质黏土层的地基承载力特征值 $f_a=130\text{kPa}$，则基础底面积 A 为

$$A\geqslant\frac{\sum F}{f_a-\gamma_G d}=\frac{53654.4}{130-20\times2}=596.16(\text{m}^2)$$

基础平面尺寸初选时考虑在纵向两端各外挑1.2m、横向两端各外挑0.9m。于是基础的平面尺寸为

纵向 $$L=3.6\times10+1.2\times2=38.4(\text{m})$$

横向 $$B=5.7\times2+2.4+0.9\times2=15.6(\text{m})$$

面积 $$A=LB=38.4\times15.6=599.04(\text{m}^2)>596.16(\text{m}^2)$$

(3) 确定筏板厚度

当选用平板式筏基并视其为刚性板时，筏板的厚跨比不小于1/6，即筏板的厚度 h 满足：

$$h\geqslant\frac{1}{6}\times3.6=0.6(\text{m})$$

当选用平板式筏基并视其为弹性薄板时，筏板厚度可按建筑物楼层层数，每层取50mm

来初步确定，且不小于构造要求。本例题建筑物为 9 层，故可初步选择筏板厚度 h 为

$$h=0.05\times9=0.45(\mathrm{m})$$

【例 5-2】 已知基础埋深为 1.4m，地基基床系数 $k=1500\mathrm{kN/m^3}$，地基承载力特征值 $f_a=130\mathrm{kPa}$，基础混凝土弹性模量为 $2.6\times10^7\mathrm{kN/m^2}$，柱网尺寸及荷载如图 5-12 所示。试运用刚性板条法计算框架结构下平板式筏板基础的内力[12]。

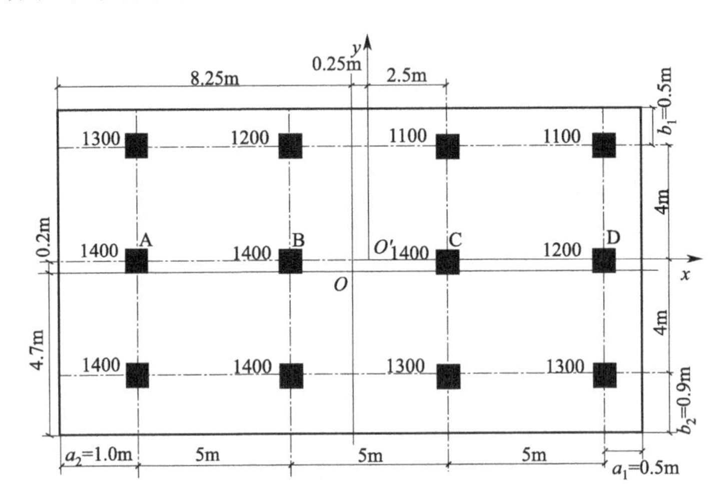

图 5-12 柱网尺寸及荷载（单位：kN）示意图

【解】（1）确定筏板尺寸

合力大小为

$$\sum P=1100\times2+1200\times2+1300\times3+1400\times5=15500(\mathrm{kN})$$

荷载合力对柱网中心 O' 的偏心距

$$e_x=\frac{1300\times7.5+1200\times2.5+1400\times7.5\times2+1400\times2.5\times2-1100\times(7.5+2.5)}{15500}+$$

$$\frac{-1400\times2.5-1200\times7.5-1300\times(7.5+2.5)}{15500}=0.274(\mathrm{m})$$

$$e_y=\frac{1400\times4\times2+1300\times4\times2-1100\times4\times2-1200\times4-1300\times4}{15500}=0.18(\mathrm{m})$$

先选定筏板外挑尺寸 $a_1=b_1=0.5\mathrm{m}$，再按合力作用点通过筏板形心，定出 $a_2=1\mathrm{m}$，$b_2=0.9\mathrm{m}$。筏基底面积为

$$A=(1+5\times3+0.5)\times(4\times2+0.5+0.9)=155(\mathrm{m^2})$$

$\sum P+G$ 对柱网中心 O' 的偏心距为

$$e'_x=\frac{15500\times0.274+20\times1.4\times155\times0.25}{15500+20\times1.4\times155}=0.269(\mathrm{m})$$

$$e'_y=\frac{15500\times0.18+20\times1.4\times155\times0.2}{15500+20\times1.4\times155}=0.184(\mathrm{m})$$

$\sum P+G$ 对基底形心 O 的偏心距为

$$e_{Ox}=0.269-0.25=0.019(\mathrm{m})$$

$$e_{Oy}=0.2-0.184=0.016(\mathrm{m})$$

则
$$p=\frac{\sum P+G}{A}=\frac{15500+20\times 1.4\times 155}{155}=128(\text{kPa})$$

$$\begin{aligned}\frac{p_{\min}}{p_{\max}}&=\frac{\sum P+G}{A}\pm\frac{(\sum P+G)e_{Ox}x}{I_y}\pm\frac{(\sum P+G)e_{Oy}y}{I_x}\\&=\frac{19840}{155}\pm\frac{19840\times 0.019\times 8.25\times 12}{9.4\times 16.5^3}\pm\frac{19840\times 0.016\times 4.7\times 12}{16.5\times 9.4^3}\\&=\frac{130.19}{125.81}(\text{kPa})\end{aligned}$$

$$p_{\max}=130.19\text{kPa}<1.2f_a$$
$$p_{\min}=125.81\text{kPa}>0$$
$$p=128\text{kPa}<f_a\quad 故满足要求$$

(2) 确定板带计算简图

按柱网中心划分板带（相邻柱荷载及相邻柱距之差小于20%），例如对沿 x 轴的中间板带，板带宽4m，厚0.4m，如图5-13所示。

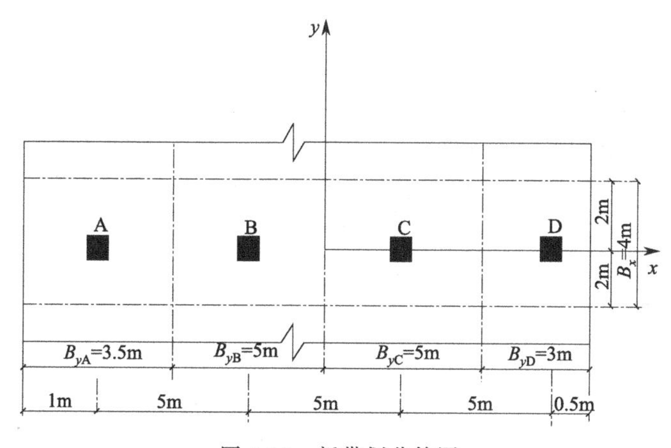

图5-13　板带划分简图

此板带的截面惯性矩为
$$I_x=\frac{1}{12}\times 4\times 0.4^3=0.0213(\text{m}^4)$$

沿 y 轴方向的板带：

板带A　$B_{yA}=3.5\text{m};I_{yA}=\frac{1}{12}\times 3.5\times 0.4^3=0.0187(\text{m}^4)$

板带B　$B_{yB}=5\text{m};I_{yB}=\frac{1}{12}\times 5\times 0.4^3=0.0267(\text{m}^4)$

板带C　$B_{yC}=B_{yB};I_{yC}=I_{yB}$

板带D　$B_{yD}=3\text{m};I_{yD}=\frac{1}{12}\times 3\times 0.4^3=0.016(\text{m}^4)$

计算各板带的弹性特征系数：
$$\lambda_x=\sqrt[4]{\frac{kB_x}{4E_cI_x}}=\sqrt[4]{\frac{1500\times 4}{4\times 2.6\times 10^7\times 0.0213}}=0.228$$
$$\lambda_{yA}=\sqrt[4]{\frac{kB_{yA}}{4E_cI_{yA}}}=\sqrt[4]{\frac{1500\times 3.5}{4\times 2.6\times 10^7\times 0.0187}}=0.228$$

$$\lambda_{yB}=\lambda_{yC}=\sqrt[4]{\frac{kB_{yB}}{4E_cI_{yB}}}=\sqrt[4]{\frac{1500\times5}{4\times2.6\times10^7\times0.0267}}=0.228$$

$$\lambda_{yD}=\sqrt[4]{\frac{kB_{yD}}{4E_cI_{yD}}}=\sqrt[4]{\frac{1500\times3}{4\times2.6\times10^7\times0.016}}=0.228$$

分配节点荷载：

节点 A

$$P_x=\frac{B_x\lambda_{yA}}{B_x\lambda_{yA}+4B_{yA}\lambda_x}P=\frac{4\times0.228}{4\times0.228+4\times3.5\times0.228}\times1400=311(\text{kN})$$

节点 B 和 C

$$P_x=\frac{B_x\lambda_{yB}}{B_x\lambda_{yB}+B_{yB}\lambda_x}P=\frac{4\times0.228}{4\times0.228+5\times0.228}\times1400=622(\text{kN})$$

节点 D

$$P_x=\frac{B_x\lambda_{yD}}{B_x\lambda_{yD}+4B_{yD}\lambda_x}P=\frac{4\times0.228}{4\times0.228+4\times3\times0.228}\times1200=300(\text{kN})$$

板带 A-B-C-D 计算简图如图 5-14 所示，板带内力计算与柱下条形基础相同。其他板带均可按此法确定计算简图并求出各板带内力（内力求解略）。

【例 5-3】 某高层框剪结构底层内柱，其截面尺寸为 600mm×1650mm，柱的混凝土强度等级为 C60，按荷载效应组合的柱轴力为 16000kN，弯矩为 200kN·m，柱网尺寸为 7m×9.45m，采用平板式筏形基础，荷载标准组合地基净反力为 242kPa，筏板混凝土强度等级为 C30。试确定筏基底板的厚度。内柱尺寸如图 5-15 所示[11]。

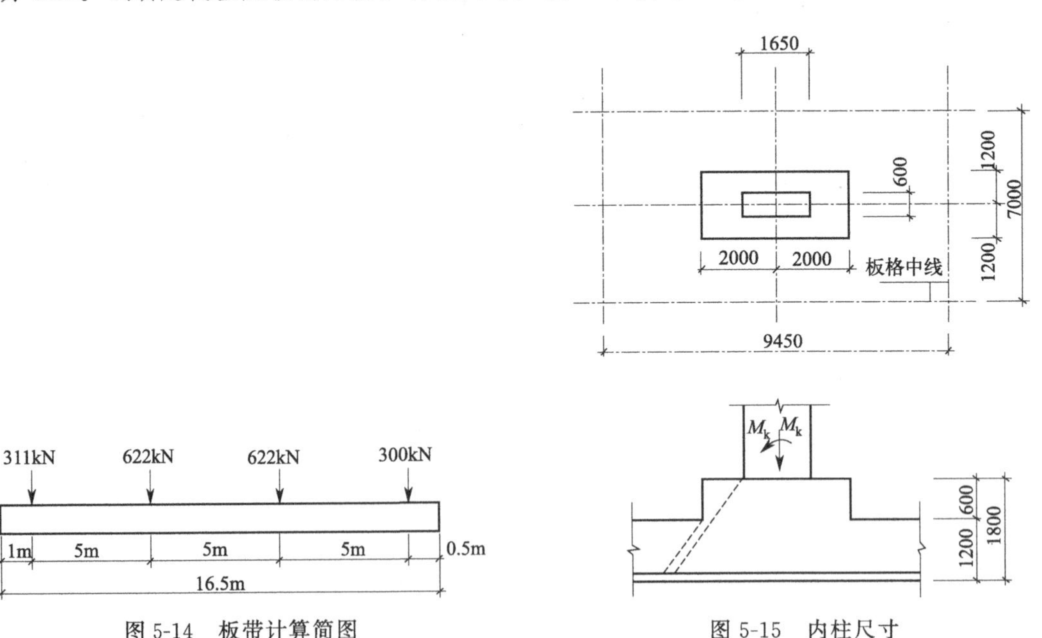

图 5-14 板带计算简图

图 5-15 内柱尺寸

【解】 设底板厚度为 1200mm，柱下局部板厚为 1800mm，底板变截面处台阶的边长分别为 2.4m 和 4.0m。

(1) 底板受柱冲切承载力验算

与弯矩作用方向一致的冲切临界截面的边长 c_1 为

$$c_1=h_c+h_0=1.65+1.75=3.4(\text{m})$$

垂直于 c_1 的冲切临界截面的边长 c_2 为

$$c_2=b_c+h_0=0.6+1.75=2.35(\mathrm{m})$$

冲切临界截面周长 u_m 为

$$u_m=2(c_1+c_2)=2\times(3.4+2.35)=11.5(\mathrm{m})$$

冲切临界截面的极惯性矩 I_s 为

$$\begin{aligned}I_s&=\frac{c_1h_0^3}{6}+\frac{c_1^3h_0}{6}+\frac{c_1^2c_2h_0}{2}\\&=\frac{3.4\times1.75^3}{6}+\frac{3.4^3\times1.75}{6}+\frac{2.35\times1.75\times3.4^2}{2}\\&=38.27(\mathrm{m}^4)\end{aligned}$$

沿弯矩作用方向，冲切临界截面重心至冲切临界截面最大剪应力点的距离 C_{AB} 为

$$c_{AB}=\frac{c_1}{2}=\frac{3.4}{2}=1.7(\mathrm{m})$$

相应于荷载效应基本组合时的集中力 F_l 为

$$\begin{aligned}F_l&=1.35[N_k-p_k(h_c+2h_0)(b_c+2h_0)]\\&=1.35\times[16000-242\times(1.65+2\times1.75)\times(0.6+2\times1.75)]\\&=14702(\mathrm{kN})\end{aligned}$$

作用在冲切临界截面重心上的不平衡弯矩设计值 M_{nub} 为

$$M_{unb}=1.35M_{ck}=1.35\times200=270(\mathrm{kN\cdot m})$$

不平衡弯矩通过弯曲来传递的分配系数 α_s 为

$$\alpha_s=1-\frac{1}{1+\frac{2}{3}\sqrt{\frac{c_1}{c_2}}}=1-\frac{1}{1+\frac{2}{3}\times\sqrt{\frac{3.4}{2.35}}}=0.445$$

冲切临界截面上最大剪应力 τ_{max} 为

$$\tau_{max}=\frac{F_l}{u_mh_0}+\frac{\alpha_sM_{unb}c_{AB}}{I_s}=\frac{14702}{11.5\times1.75}+\frac{0.445\times270\times1.7}{38.27}=735.9(\mathrm{kPa})$$

柱截面长边与短边的比值 β_s 为

$$\beta_s=\frac{h_c}{b_c}=\frac{1.65}{0.6}=2.75$$

受冲切承载力截面高度影响系数 β_{hp} 为

$$\beta_{hp}=0.9+\frac{2.0-1.8}{2.0-0.8}\times0.1=0.917$$

受冲切混凝土剪应力设计值 τ_c 为

$$\begin{aligned}\tau_c&=0.7\times\left(0.4+\frac{1.2}{\beta_s}\right)\beta_{hp}f_t=0.7\times\left(0.4+\frac{1.2}{2.75}\right)\times0.917\times1430\\&=767.7(\mathrm{kPa})>\tau_{max}=735.9(\mathrm{kPa})\quad 满足要求\end{aligned}$$

(2) 底板变截面处受冲切承载力验算

设底板变截面处台阶的边长分别为 2.4m 和 4.0m，下阶板厚度为 1.2m。

由于柱根弯矩值很小，当不计其影响时，则

$$h_0=1.2-0.05=1.15(\mathrm{m})\qquad b=4\mathrm{m}\quad l=2.4\mathrm{m}$$

$$u_m=2\times(b+h_0+l+h_0)=17.4(\mathrm{m})$$

$$F_l=1.35[N_k-p_k(l+2h_0)(b+2h_0)]$$

$$=1.35\times[16000-242\times(2.4+2\times1.15)\times(4.0+2\times1.15)]$$
$$=11926(\text{kN})$$

$$\tau_{max}=\frac{F_l}{u_m h_0}=\frac{11926}{17.4\times1.15}=596(\text{kPa})$$

$$\beta_s=\frac{4}{2.4}=1.666<2\quad 取\ \beta_s=2$$

$$\beta_{hp}=0.9+\frac{2.0-1.2}{2.0-0.8}\times0.1=0.967$$

$$0.7\times\left(0.4+\frac{1.2}{\beta_s}\right)\beta_{hp}f_t=0.7\times\left(0.4+\frac{1.2}{2}\right)\times0.967\times1430$$
$$=968(\text{kPa})>\tau_{max}=596(\text{kPa})\quad 满足要求$$

(3) 底板变截面处受剪承载力验算

地基土净反力平均值产生的单位宽度的剪力设计值 V_s 为

$$V_s=1.35\times242\times\left[(9.45-4)\times\frac{1}{2}-1.15\right]\times1=514.6(\text{kN/m})$$

$$\beta_{hs}=\left(\frac{800}{h_0}\right)^{0.25}=\left(\frac{800}{1150}\right)^{0.25}=0.913$$

$$0.7\beta_{hs}f_t b_w h_0=0.7\times0.913\times1430\times1.15\times1=1051(\text{kN/m})>V_s=514.6(\text{kN/m})$$

(4) 柱边缘处受剪承载力验算

地基土净反力平均值产生的单位宽度的剪力设计值 V_s 为

$$V_s=1.35\times242\times\left[(9.45-1.65)\times\frac{1}{2}-1.75\right]\times1=702.4(\text{kN/m})$$

$$\beta_{hs}=\left(\frac{800}{h_0}\right)^{0.25}=\left(\frac{800}{1150}\right)^{0.25}=0.913$$

$$0.7\beta_{hs}f_t b_w h_0=0.7\times0.913\times1430\times1.15\times1=1051(\text{kN/m})>V_s=702.4(\text{kN/m})$$

【例 5-4】 某 15 层高层建筑的梁板式筏基底板，如图 5-16 所示，采用 C35 混凝土，$f_t=1.57\text{N/mm}^2$，筏基底面处相应于荷载效应基本组合的地基土平均净反力设计值 $p_j=280\text{kPa}$，$\alpha_s=60\text{mm}$，试确定底板厚度[11]。

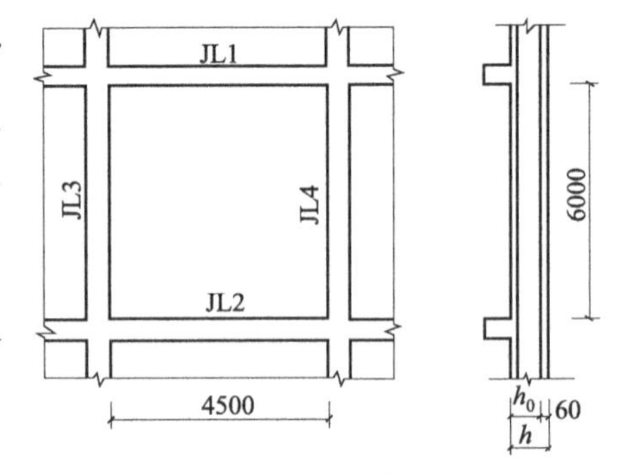

图 5-16 例 5-4 图

【解】 (1) 初步确定底板厚度

计算板格的短边净长度：$l_{n1}=4.5\text{m}$；计算板格的长边的净长度：$l_{n1}=6.0\text{m}$。

假定 $h\leqslant800\text{mm}$，取 $\beta_{hp}=1.0$，则

$$h_0=\frac{(l_{n1}+l_{n2})-\sqrt{(l_{n1}+l_{n2})^2-\dfrac{4pl_{n1}l_{n2}}{p+0.7\beta_{hp}f_t}}}{4}$$

$$=\frac{(4.5+6)-\sqrt{(4.5+6)^2-\dfrac{4\times280\times4.5\times6}{280+0.7\times1\times1.57\times10^3}}}{4}=0.276(\text{m})$$

$$h=h_0+\alpha_s=276+60=336(\text{mm})$$

根据《建筑地基基础设计规范》(GB 50007—2011) 规定：

$$h\geqslant\frac{1}{14}l_{n1}=\frac{4500}{14}=321(\text{mm})$$

且 $h\geqslant400\text{mm}$，则筏板厚度取为 450mm。

(2) 对底板进行冲切承载力验算

① 作用在底板上的冲切力 F_l 计算。

$$p_j=280\text{kPa},h_0=h-a_s=450-60=390(\text{mm})$$

$$A_l=(l_{n1}-2h_0)(l_{n2}-h_0)=(4.5-2\times0.39)\times(6.0-2\times0.39)=19.42(\text{m}^2)$$

冲切力设计值：

$$F_l=p_jA_l=280\times19.42=5437(\text{kN})$$

② 抗冲切承载力计算。

$$h=450\text{mm}\leqslant800\text{mm},\text{取 }\beta_{hp}=1.0$$

$$u_m=2(l_{n1}-h_0+l_{n2}-h_0)=2\times(4.5-0.39+6.0-0.39)=19.44(\text{mm})$$

$$0.7\beta_{hp}f_tu_mh_0=0.7\times1.0\times1.57\times19440\times390=8332.2(\text{kN})$$

$$0.7\beta_{hp}f_tu_mh_0=8332.2(\text{kN})>F_l=5437(\text{kN})\quad\text{满足要求}$$

(3) 对底板进行剪切承载力验算

① 平行于梁 JL4 的剪切面上（一侧）的最大剪力设计值 V_s 计算。

图 5-6 中阴影部分面积 A_l：

$$a=\frac{l_{n1}}{2}-h_0=\frac{4.5}{2}-0.39=1.86(\text{m})$$

$$b=\frac{l_{n2}}{2}-h_0=\frac{6}{2}-0.39=2.61(\text{m})$$

$$A_l=2ab-a^2=2\times1.86\times2.61-1.86^2=6.2496(\text{m}^2)$$

或

$$A_l=2\left(\frac{l_{n1}}{2}-h_0\right)\left(\frac{l_{n2}}{2}-h_0\right)\left(\frac{l_{n1}}{2}-h_0\right)^2$$

$$=2\times\left(\frac{4.5}{2}-0.39\right)\times\left(\frac{6}{2}-0.39\right)-\left(\frac{4.5}{2}-0.39\right)^2=6.2496(\text{m}^2)$$

剪力设计值：

$$V_s=p_jA_l=280\times6.2496=1749.9(\text{kN})$$

② 抗剪承载力计算。

$$h=390\text{mm}<800\text{mm},\text{取 }\beta_{hs}=1.0$$

$$0.7\beta_{hs}f_t(l_{n2}-2h_0)h_0=0.7\times1.0\times1.57\times(6-2\times0.39)\times0.39\times10^6=2237(\text{kN})$$

$$0.7\beta_{hs}f_t(l_{n2}-2h_0)h_0=2237(\text{kN})>V_s=1749.9\ (\text{kN})\quad\text{满足要求}$$

5.4 箱形基础设计

箱形基础的设计内容主要包括：确定箱形基础的埋深和平面布置，地基承载力及变形验算，顶板、底板、内墙、外墙以及洞口等构件的强度及配筋计算，绘制施工图等。

5.4.1 箱形基础的构造要求

（1）箱基的高度

箱基的高度是指基底底面到顶板顶面的外包尺寸。箱基的高度应满足结构承载力和刚度的要求，其值不宜小于箱基长度（不包括底板悬挑部分）的1/20，并不宜小于3m。

（2）箱基的顶、底板

当考虑上部结构嵌固在箱基的顶板上或地下一层结构顶部时，箱基或地下一层结构顶板除满足正截面受弯承载力和斜截面受剪承载力要求外，其厚度尚不应小于200mm。当箱基兼作人防地下室时，要考虑爆炸荷载及坍塌荷载的作用，所需厚度除应由计算确定外，且要大于30cm。为了保证箱基具有足够的刚度，楼梯部位应予以加强[1]。

箱基的底板厚度应根据实际受力情况、整体刚度及防水要求确定，底板厚度不应小于400mm且板厚与最大双向板格的短边净跨之比不应小于1/14。底板除计算正截面受弯承载力外，应满足斜截面受剪承载力、底板受冲切承载力的要求。设计时，可参照表5-8初步确定底板厚度。

表5-8　底板厚度参考值

基底平均压力/kPa	底板厚度/mm	基底平均压力/kPa	底板厚度/mm
150～200	$L/14 \sim L/10$	300～400	$L/8 \sim L/6$
200～300	$L/10 \sim L/8$	400～500	$L/7 \sim L/5$

注：L为箱基底板中较大区格的短向净跨度。

当顶、底板仅按局部弯曲计算时，顶、底板钢筋配置量除满足局部弯曲的计算要求外，跨中钢筋应按实际配筋全部连通，支座钢筋应有1/4贯通全跨，底板上下贯通钢筋的配筋率均不应小于0.15%。

当考虑局部弯曲及整体弯曲的作用时，应综合考虑承受整体弯曲的钢筋与局部弯曲的钢筋的配置部位，以充分发挥各截面钢筋的作用。

（3）箱基的内、外墙

箱基的墙体是保证箱基整体刚度和纵、横向抗剪强度的重要构件。箱基的内、外墙应沿上部结构柱网和剪力墙纵横均匀布置。当上部结构为框架或框剪结构时，墙体水平截面总面积（计算墙体水平截面积时，不扣除洞口部分）不宜小于箱基外墙外包尺寸的水平投影面积的1/12；对基础平面长宽比大于4的箱基，其纵墙水平截面面积不得小于箱基外墙外包尺寸水平投影面积的1/18。墙的间距不宜大于10m。

墙身厚度应根据实际受力情况及防水要求确定。外墙厚度不应小于250mm，内墙厚度不应小于200mm。

墙体内应设置双面钢筋，竖向和水平钢筋的直径不应小于10mm，间距不应大于200mm。除上部为剪力墙外，内、外墙的墙顶处宜配置两根直径不小于20mm的通长构造钢筋。

（4）箱基墙体开洞要求

箱基的墙体应尽量不开洞或少开洞，门洞宜设在柱间居中部位，洞边至上层柱中心的水平距离不宜小于1.2m，洞口上过梁的高度不宜小于层高的1/5，洞口面积不宜大于柱距与箱形基础全高乘积的1/6。

（5）箱基内、外墙与底层柱的连接

在底层柱与箱形基础交界处，墙边与柱边或柱脚与八字角之间的净距不宜小于50mm（图5-17），并应验算底层柱下墙体的局部受压承载力，当不能满足要求时，应增加墙体的承压面积或采取其他措施。

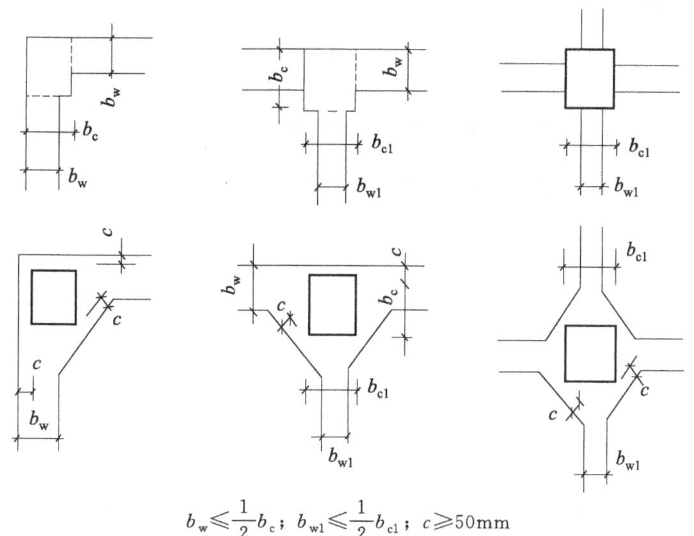

$b_w \leqslant \frac{1}{2} b_c$；$b_{w1} \leqslant \frac{1}{2} b_{c1}$；$c \geqslant 50\text{mm}$

图 5-17　箱基的内、外墙与底层柱的连接尺寸[3]

(6) 箱基与预制柱的连接

当上部结构采用预制柱时，箱形基础顶部应预留杯口（图 5-18)。对于两面或三面与顶板连接的杯口，其临空面的杯四壁顶部厚度应符合高杯口的要求，且不应小于 200mm；当四面与顶板连接时不应小 150mm。杯口深度取 $L/2+500\text{mm}$(L 为预制桩的长度)，且不得小于 35 倍柱主筋的直径，杯口配筋按计算确定，并应符合构造要求。

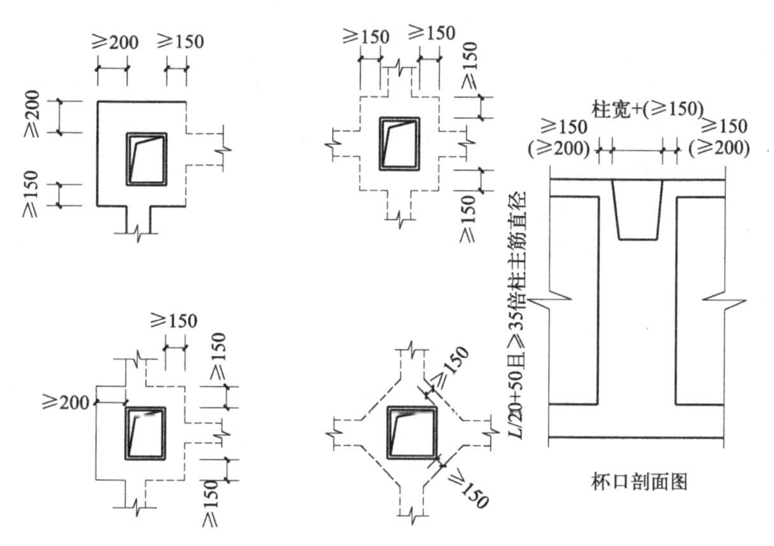

图 5-18　箱基与预制柱的连接处杯口尺寸

对于柱下三面或四面有箱形基础墙的内柱，除四角钢筋直通基底外，其余钢筋伸入顶板底面以下的长度不应小于其直径的 40 倍。外柱、与剪力墙相连的柱及其他内柱应直通到基础底板的底面。

箱形基础的混凝土强度等级不应低于 C20；当采用防水混凝土时，且其抗渗等级不应小于 0.6MPa（其余同筏基)。箱基底板应设置混凝土垫层，厚度不小于 100mm。

箱形基础在相距 40m 左右处应设置一道施工缝，并应设在柱距三等分的中间范围内，施工缝构造要求如图 5-19 所示。

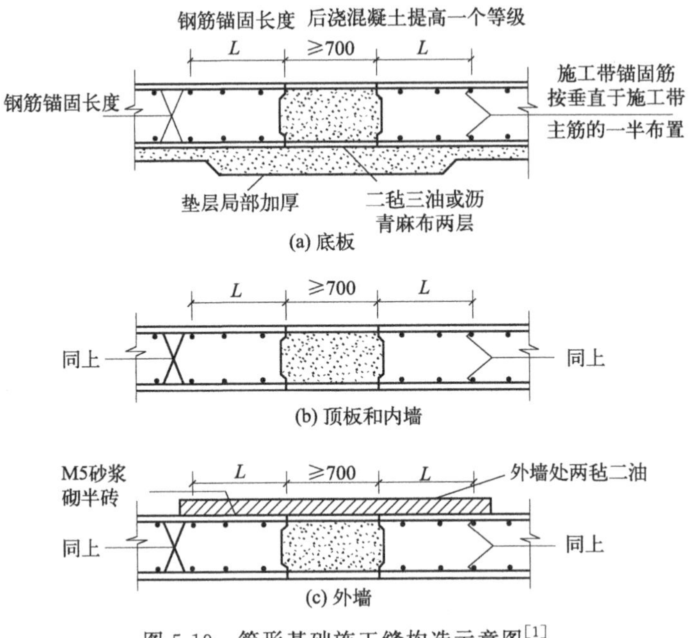

图 5-19 箱形基础施工缝构造示意图[1]

5.4.2 箱形基础设计计算

5.4.2.1 基底反力

众所周知，基底反力受众多因素的影响，如地基土的性质、上部结构和基础的刚度、荷载的大小与分布、基础的埋深、尺寸及形状等。箱形基础是一个非常复杂的空间受力体系，要准确地确定箱基的基底反力仍十分困难。在进行箱基地基计算时，除应按 5.2 节的规定执行外，根据《高层建筑筏形与箱形基础技术规范》(JGJ 6—2011) 规定：对于上部结构及其荷载比较均匀对称，基底底板悬挑不超过 0.8m，地基比较均匀，不受相邻建筑物的影响，并基本满足各项构造要求的单幢建筑物箱形基础，可按以下方法计算基底反力。

将基础底面划分成 40 个区格（纵向 8 格、横向 5 格，图 5-20），第 i 区格基底反力 p_i 按下式确定：

$$p_i = \frac{\sum P}{BL} a_i \tag{5-20}$$

式中，$\sum P$ 为相应于荷载效应基本组合时上部结构竖向荷载加箱基重量和挑出部分台阶上的土重；B、L 分别为箱形基础的宽度和长度；a_i 为相应于 i 区格的基底反力系数，由表 5-9 确定。

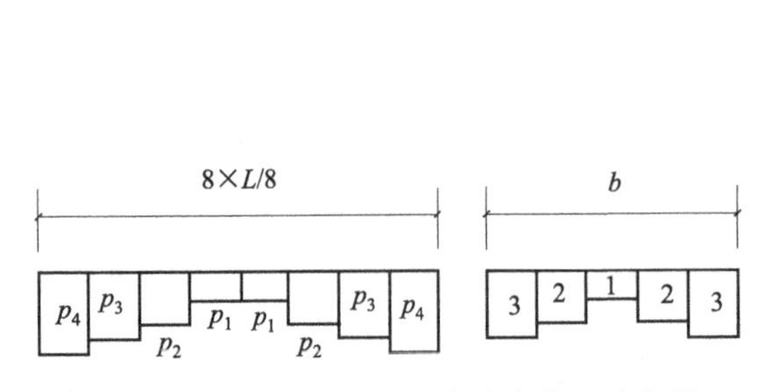

图 5-20 箱形基础基底反力分布分区示意图

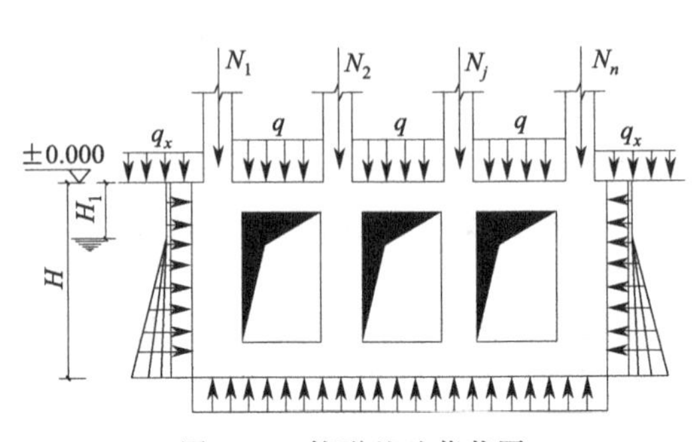

图 5-21 箱形基础荷载图

表 5-9　箱形基础基底反力系数 a_i[1]

适用范围	L/B	纵向横向	p_4	p_3	p_2	p_1	p_1	p_2	p_3	p_4
黏性土地基	1	4	1.381	1.179	1.128	1.108	1.108	1.128	1.179	1.381
		3	1.179	0.952	0.898	0.879	0.879	0.898	0.952	1.179
		2	1.128	0.898	0.841	0.821	0.821	0.841	0.898	1.128
		1	1.108	0.879	0.821	0.800	0.800	0.821	0.879	1.108
		1	1.108	0.879	0.821	0.800	0.800	0.821	0.879	1.108
		2	1.128	0.898	0.841	0.821	0.821	0.841	0.898	1.128
		3	1.179	0.952	0.898	0.879	0.879	0.898	0.952	1.179
		4	1.381	1.179	1.128	1.108	1.108	1.128	1.179	1.381
	2～3	3	1.265	1.115	1.075	1.061	1.061	1.075	1.115	1.265
		2	1.073	0.904	0.865	0.853	0.853	0.865	0.904	1.073
		1	1.046	0.875	0.835	0.822	0.822	0.835	0.875	1.046
		2	1.073	0.904	0.865	0.853	0.853	0.865	0.904	1.073
		3	1.265	1.115	1.075	1.061	1.061	1.075	1.115	1.265
	4～5	3	1.229	1.042	1.014	1.003	1.003	1.014	1.042	1.229
		2	1.096	0.929	0.904	0.895	0.895	0.904	0.929	1.096
		1	1.081	0.918	0.893	0.884	0.884	0.893	0.918	1.081
		2	1.096	0.929	0.904	0.895	0.895	0.904	0.929	1.096
		3	1.229	1.042	1.014	1.003	1.003	1.014	1.042	1.229
	6～8	3	1.214	1.053	1.013	1.008	1.008	1.013	1.053	1.214
		2	1.083	0.939	0.903	0.899	0.899	0.903	0.939	1.083
		1	1.070	0.927	0.892	0.888	0.888	0.892	0.927	1.070
		2	1.083	0.939	0.903	0.899	0.899	0.903	0.939	1.083
		3	1.214	1.053	1.013	1.008	1.008	1.013	1.053	1.214
软土地基		3	0.906	0.966	0.814	0.738	0.738	0.814	0.966	0.906
		2	1.124	1.197	1.009	0.914	0.914	1.009	1.197	1.124
		1	1.235	1.314	1.109	1.006	1.006	1.109	1.314	1.235
		2	1.124	1.197	1.009	0.914	0.914	1.009	1.197	1.124
		3	0.906	0.966	0.814	0.738	0.738	0.814	0.966	0.906

注：1. 表中 L、B 包括底板悬挑部分。

2. 若上部结构及其荷载略不对称时，应求出由于偏心产生纵横方向力矩所引起的不均匀反力，此反力按直线分布计算并与反力系数表计算的反力分布进行叠加。

5.4.2.2　荷载计算[1]

作用于箱基的荷载主要有以下几项（图 5-21）：

地面堆载 q_x 产生的侧压力为

$$\sigma_1 = q_x \tan^2(45° - \varphi/2) \tag{5-21}$$

地下水位以上土的侧压力为

$$\sigma_2 = \gamma H_1 \tan^2(45° - \varphi/2) \tag{5-22}$$

浸入地下水位中 $H - H_1$ 高度土的侧压力为

$$\sigma_3 = \gamma'(H - H_1)\tan^2(45° - \varphi/2) \tag{5-23}$$

地下水产生的侧压力为

$$\sigma_4 = \gamma_w (H - H_1) \tag{5-24}$$

地基净反力为

$$\sigma_5 = p_j + \gamma_w (H - H_1) \tag{5-25}$$

顶板荷载 q 以及上部结构传来的集中力等。

式中，γ、γ_w、γ'分别为土的重度、水的重度、土的浮重度；H_1、H 分别为地表到地下水面的深度和地表到箱形基础底面的高度。

5.4.2.3 内力计算

高层建筑箱形基础作为一个空间结构，在上部结构荷载、不均匀基底反力及箱基四周侧压力（土压力、水压力）共同作用下，产生整体弯曲。顶板、底板在荷载作用下会产生局部弯曲。因此，箱形基础内力分析时，应根据上部结构刚度强弱采用不同的计算方法。

（1）局部弯曲引起的内力计算

当地基压缩层深度范围内的土层在竖向和水平方向较均匀，且上部结构为平立面布置较规则的剪力墙、框架、框架-剪力墙体系时，由于上部结构的刚度相当大，以至于箱基的整体弯曲小到可以忽略的程度，箱形基础的顶、底板可仅按局部弯曲计算。即顶板以实际荷载（包括板自重）按普通楼盖计算；底板以直线分布的地基净反力（计入箱基自重后扣除底板自重所余的反力）按倒楼盖计算，底板与外墙的连接可根据墙对板的实际约束情况确定，与内墙的连接可视为刚接。同时，顶、底板应满足5.4.1节的构造要求。

（2）整体弯曲引起的内力计算

对不符合上述要求的箱形基础，应同时考虑局部弯曲及整体弯曲的作用。地基反力可按式(5-20)确定。计算底板的局部弯矩时，考虑到底板周边与墙体连接产生的推力作用，以及实测结果表明基底反力有由纵横墙所分出的板格中部向四周墙下转移的现象[2]，所以底板局部弯曲产生的弯矩应乘以0.8折减系数。

计算整体弯曲时应考虑上部结构与箱形基础的共同作用。对框架结构，箱形基础的自重应按均布荷载处理。计算时，一般将箱基视为一块空心厚板（图5-22），沿纵横方向分别进行单向受弯计算，即先将箱基沿纵向作为梁，用静定分析法计算出任一横截面的总弯矩和剪力，并假定它们沿截面均匀分布，再沿横向将箱基视为梁计算其弯矩和剪力。顶、底板在两个方向均处于受压或受拉状态，剪力分别由纵横墙承受[2]。

显然，按照上述方法计算，荷载及基底反力均重复使用一次，从而使得计算出来的整体弯曲应力偏大，同时按静定分析法计算内力也未考虑上部结构刚度的影响。对于后一种因素，可采用迈耶霍夫提出的“等代刚度梁法”将两个方向计算的总弯矩进行折减[2]，即箱形基础承受的整体弯矩可按下面的公式计算：

$$M_{\mathrm{F}}=\frac{E_{\mathrm{F}}I_{\mathrm{F}}}{E_{\mathrm{F}}I_{\mathrm{F}}+E_{\mathrm{B}}I_{\mathrm{B}}}M \tag{5-26}$$

$$E_{\mathrm{B}}I_{\mathrm{B}}=\sum_{i=1}^{N}\left[E_{\mathrm{b}}I_{\mathrm{b}i}\left(1+\frac{K_{\mathrm{u}i}+K_{\mathrm{l}i}}{2K_{\mathrm{b}i}+K_{\mathrm{u}i}+K_{\mathrm{l}i}}m^{2}\right)\right]+E_{\mathrm{w}}I_{\mathrm{w}} \tag{5-27}$$

$$I_{\mathrm{w}}=\frac{b_{\mathrm{w}}h_{\mathrm{w}}^{3}}{12}$$

$$K_{\mathrm{u}i}=\frac{I_{\mathrm{u}i}}{h_{\mathrm{u}i}};K_{\mathrm{l}i}=\frac{I_{\mathrm{l}i}}{h_{\mathrm{l}i}};K_{\mathrm{b}i}=\frac{I_{\mathrm{b}i}}{l}$$

式中，M_{F}为箱基承担的整体弯矩；M为由整体弯曲产生的弯矩，可按静定梁分析或采用其他有效方法计算；$E_{\mathrm{F}}I_{\mathrm{F}}$为箱基的抗弯刚度；$E_{\mathrm{F}}$为箱基混凝土的弹性模量；$I_{\mathrm{F}}$为按工字形截面计算的箱基截面惯性矩，工字形截面的上、下翼缘宽度分别为箱基顶、底板的全宽，腹板厚度为箱基在弯曲方向的墙体厚度的总和；$E_{\mathrm{B}}I_{\mathrm{B}}$为上部结构的总折算刚度，按式(5-27)计算（图5-23）；E_{b}为梁、柱的混凝土弹性模量；N为建筑物层数，不大于8层时取实际层数，大于8层时取$N=8$；m为建筑物弯曲方向的节间数；E_{w}、I_{w}分别为在弯曲方向与箱基相连的连续钢筋混凝土墙的弹性模量和惯性矩；b_{w}、h_{w}分别为墙体的总厚度和高度；$K_{\mathrm{u}i}$、$K_{\mathrm{l}i}$、$K_{\mathrm{b}i}$分别为第i层上柱、下柱和梁的线刚度；$I_{\mathrm{u}i}$、$I_{\mathrm{l}i}$、$I_{\mathrm{b}i}$分别为第i层上柱、下柱和梁的截面惯性矩；h_{ui}、h_{li} 分别为上柱、下柱的高度；l 为上部结构弯曲方向的柱距。

式(5-27) 适用于等柱距的框架结构。对柱距相差不超过 20%的框架结构也可适用，此时，l 取柱距的平均值。

将整体和局部弯曲两种计算结果叠加，使得顶底板成为压弯或拉弯构件，最后据此进行配筋计算。

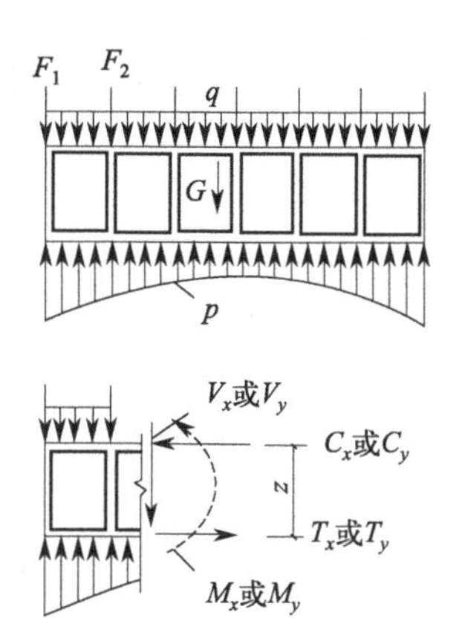

图 5-22　箱基整体弯曲计算示意图[2]

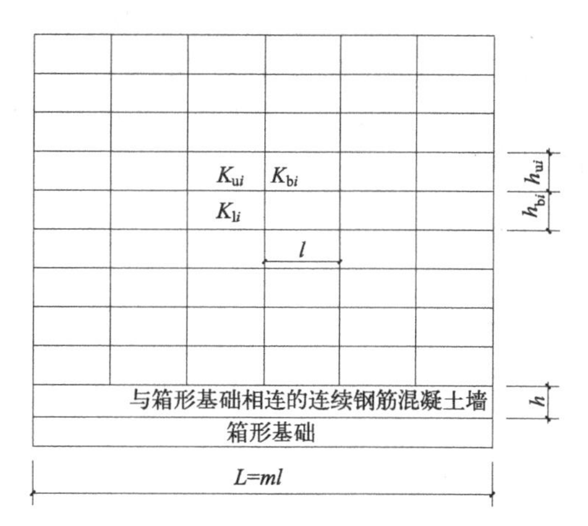

图 5-23　式(5-27) 中符号示意图

5.4.2.4　箱基构件强度计算

(1) 顶板与底板计算

箱形基础的顶板和底板，除应根据荷载与跨度大小计算正截面受弯承载力外，尚应进行斜截面受剪切、底板受冲切承载力验算[3]。顶板、底板为矩形双向板时可按式(5-11) 进行斜截面受剪切承载力验算，当为单向板时，其斜截面受剪切承载力应符合下式要求：

$$V_s \leqslant 0.7\beta_{hs} f_t b_w h_0 \tag{5-28}$$

式中，V_s 为支座边缘处由基底平均净反力产生的剪力设计值；b_w 为底板计算截面单位宽度。

箱形基础底板的受冲切承载力可按式(5-9) 计算。当底板区格为矩形双向板时，底板的截面有效高度应符合下式要求：

$$h_0 \geqslant \frac{(l_{n1}+l_{n2})-\sqrt{(l_{n1}+l_{n2})^2-\dfrac{4p_n l_{n1} l_{n2}}{p_n+0.7\beta_{hp} f_t}}}{4} \tag{5-29}$$

式中，p_n 为扣除底板自重后的基底平均净反力设计值，基底反力系数按《高层建筑筏形与箱形基础技术规范》(JGJ 6—2011) 附录 E 选用。其余符号含义同式(5-10)。

(2) 内墙与外墙

箱形基础的内、外墙，除与上部剪力墙连接者外，各片墙的墙身的竖向受剪截面应按式(5-30) 要求：

$$V \leqslant 0.2 f_c b h_0 \tag{5-30}$$

式中，V 为各片墙的竖向剪力设计值；b 为墙体的厚度；h_0 为墙体的竖向有效高度；f_c 为混凝土轴心抗压强度设计值。

计算各片墙竖向剪力设计值时，可按地基反力系数表确定的地基反力按基础底板等角分线与板中分线所围区域传给对应的纵横基础墙（见图 5-24），并假设底层柱为支点，按连续梁计算基础墙上各点竖向剪力。

对于承受水平荷载的内、外墙，尚需进行受弯计算，此时将墙身视为顶、底部固定的多跨连续板，作用于外墙上的水平荷载包括土压力、水压力和由于地面荷载引起的侧压力，土压力一般按静止土压力计算[1]。

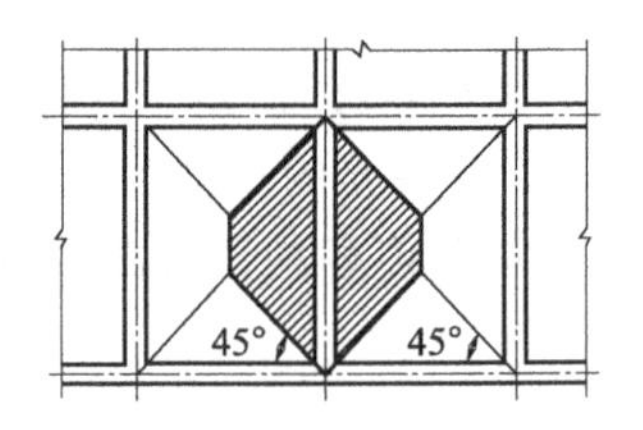

图 5-24 计算墙竖向剪力时地基反力分配图

(3) 洞口

① 洞口过梁正截面抗弯承载力计算 墙身开洞时，计算洞口处上、下过梁的纵向钢筋，应同时考虑整体弯曲和局部弯曲的作用，过梁截面的上、下钢筋，应分别按下列公式求得的弯矩设计值配置：

上梁弯矩
$$M_1=\mu V_b\frac{l}{2}+\frac{q_1l^2}{12} \tag{5-31}$$

下梁弯矩
$$M_2=(1-\mu)V_b\frac{l}{2}+\frac{q_2l^2}{12} \tag{5-32}$$

$$\mu=\frac{1}{2}\left(\frac{b_1h_1}{b_1h_1+b_2h_2}+\frac{b_1h_1^3}{b_1h_1^3+b_2h_2^3}\right)$$

式中，V_b 为洞口中点处的剪力设计值；q_1、q_2 分别为作用在上、下过梁上的均布荷载设计值；l 为洞口的净宽；μ 为剪力分配系数；h_1、h_2 分别为上、下过梁截面高度。

② 洞口过梁截面受剪承载力验算 洞口上、下过梁的截面，应分别符合以下公式要求：

当 $h_i/b\leqslant 4$ 时，$i=1$，为上过梁，$i=2$，为下过梁。
$$V_i\leqslant 0.25f_cA_i \tag{5-33}$$

当 $h_i/b\geqslant 6$ 时，$i=1$，为上过梁，$i=2$，为下过梁。
$$V_i\leqslant 0.20f_cA_i \tag{5-34}$$

当 $4<h_i/b<6$ 时，按线性内插法确定。

$$V_1=\mu V_b+\frac{q_1l}{12} \tag{5-35}$$

$$V_2=(1-\mu)V_b+\frac{q_2l}{12} \tag{5-36}$$

式中，A_1、A_2 分别为洞口上、下过梁的有效截面积，可按图 5-25(a) 和图 5-25(b) 中的阴影部分面积计算，取其中较大值；V_1、V_2 分别为洞口上、下过梁的剪力。

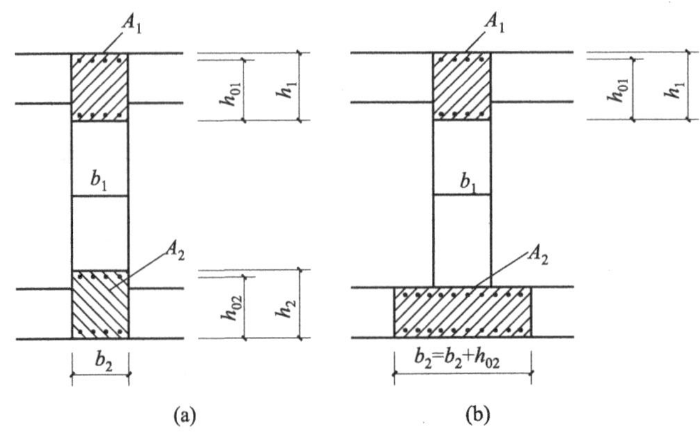

图 5-25 洞口上、下过梁计算截面

③ 洞口加强筋　箱形基础墙体洞口周围应设置加强筋，钢筋面积可按以下近似公式验算：

$$M_1 \leqslant f_y h_1 (A_{s1} + 1.4A_{s2}) \tag{5-37}$$

$$M_2 \leqslant f_y h_2 (A_{s1} + 1.4A_{s2}) \tag{5-38}$$

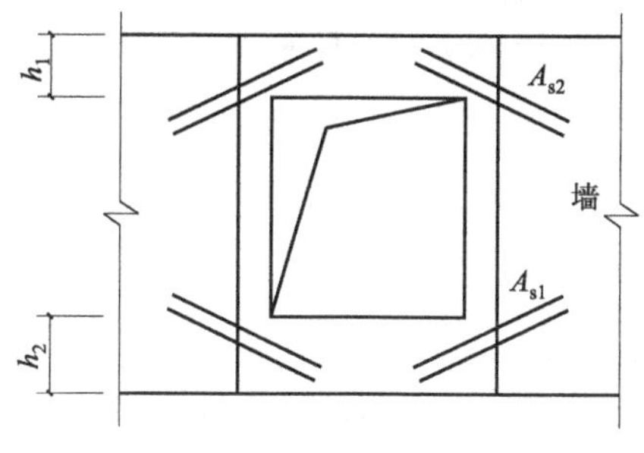

图 5-26　洞口加强钢筋布置图

式中，M_1、M_2 分别为洞口过梁上梁、下梁的弯矩；A_{s1} 为洞口每侧附加竖向钢筋总面积；A_{s2} 为洞角附加斜钢筋面积；f_y 为钢筋抗拉强度设计值。

洞口加强钢筋除应满足上述公式要求外，每侧附加钢筋面积应小于洞口宽度内被切断钢筋面积的一半，且不小于 2Φ14，此钢筋应从洞口边缘处向外延长 40 倍的附加钢筋的直径。洞口四角落各加不小于 2Φ12 斜筋，长度不宜小于 1.0m（图 5-26）[3]。

5.4.3　箱形基础设计实例[13]

二维码 5-1

习　　题

5-1　什么是筏形基础？其主要特点和应用范围是什么？

5-2　简述筏形基础刚性板条法的计算步骤。

5-3　箱形基础的受力特点和适用范围是什么？

5-4　箱形基础的内力如何分析？

5-5　箱形基础地基变形计算方法有几种？各有什么特点？

5-6　筏形基础平面尺寸为 21.5m×16.5m，厚 0.8m，柱距和柱荷载如图 5-27 所示，试计算基础内力。

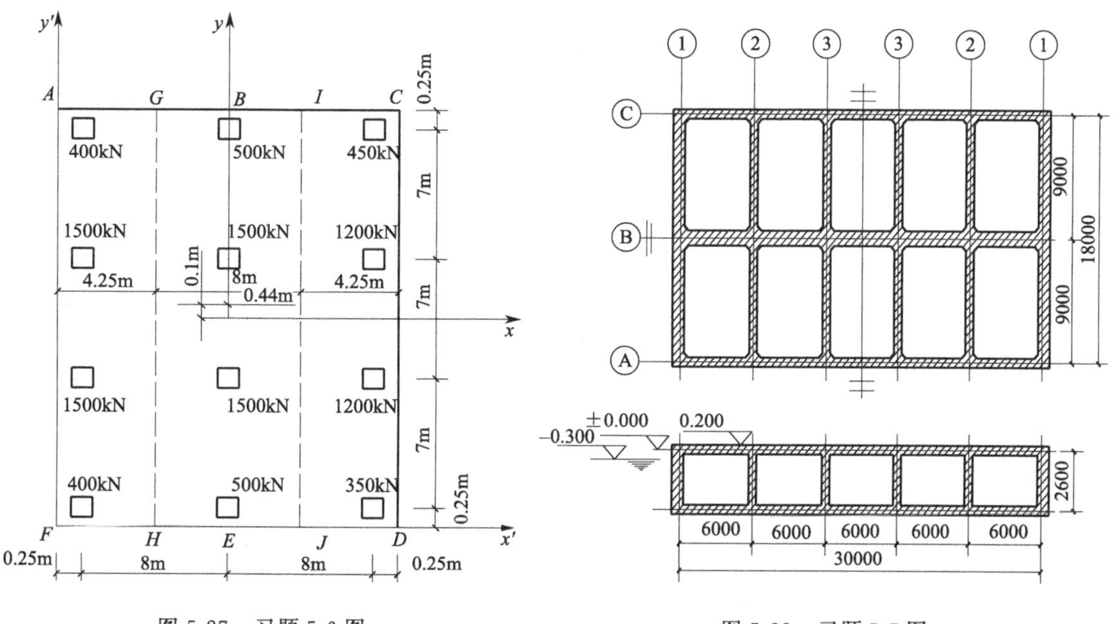

图 5-27　习题 5-6 图　　图 5-28　习题 5-7 图

5-7 有一箱形基础，如图 5-28 所示，已知上部结构传来的活荷载为 37kN/m^2（不包括顶板活荷载），上部结构传来的恒荷载为 42kN/m^2（不包括顶板及内外墙体自重）。顶板活荷载为 20kN/m^2，地面堆载为 20kN/m^2。顶板厚度为 30cm，底板厚度为 50cm。地下水在－0.3m 处，土的重度 $\gamma=18$kN/m^3。试按局部弯曲计算顶板、底板和内外墙的内力。

参 考 文 献

[1] 金喜平，等．基础工程．北京：机械工业出版社，2007.
[2] 华南理工大学，浙江大学，湖南大学．基础工程．北京：中国建筑工业出版社，2005.
[3] 陈远椿．建筑结构设计资料集：地基基础分册．北京：中国建筑工业出版社，2006.
[4] 中华人民共和国建设部．高层建筑筏形与箱形基础技术规范（JGJ 6—2011）北京：中国建筑工业出版社，2011.
[5] 中国土木工程协会．2007 注册岩土工程师专业考试复习教程．4 版．北京：中国建筑工业出版社，2007.
[6] 中华人民共和国住房和城乡建设部．建筑抗震设计规范（GB 50011—2010）．北京：中国建筑工业出版社，2010.
[7] 中华人民共和国建设部．建筑地基基础设计规范（GB 50007—2011）．北京：中国建筑工业出版社，2012.
[8] 王文栋．混凝土结构构造手册．3 版．北京：中国建筑工业出版社，2008.
[9] 周景理，李广信，等．基础工程．2 版．北京：清华大学出版社，2007.
[10] 刘昌辉，时红莲．基础工程学．武汉：中国地质大学出版社，2005.
[11] 施岚青．2010 年注册结构工程师专业考试应试指南．北京：中国建筑工业出版社，2010.
[12] 罗晓辉．基础工程设计原理．武汉：华中科技大学出版社，2007.
[13] 徐占发．土建专业实训指导与示例．北京：中国建筑工业出版社，2006.

第6章

桩基础设计

【学习指南】本章主要介绍桩基础的设计计算方法。通过本章学习，应了解桩的分类、桩基设计的基本规定和设计内容；掌握桩基承载力的确定方法、沉降计算和结构设计；熟悉桩基础的构造要求；能看懂并能简单绘制桩基施工图。

6.1 概述

桩是将建（构）筑物的荷载全部或部分传递给土层（或岩层）的设置于土中的竖直或倾斜的具有一定刚度和抗弯能力的柱形基础构件。由桩和连接于桩顶端的承台共同组成的基础称为桩基础（图6-1），简称桩基。由不止一根桩所组成的桩基称为群桩基础，群桩基础中的每一根桩称为基桩。由基桩和承台底地基土共同承担荷载的桩基础称为复合桩基，单桩及其对应面积的承台下地基土组成的复合承载桩称为复合基桩（或包含承台底土阻力的基桩）。

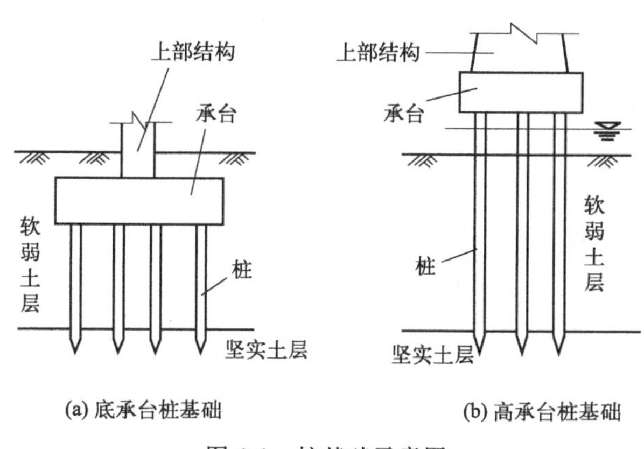

图6-1　桩基础示意图

桩基础是一种既古老又常见的基础形式，早在几千年前人类就有使用木桩的例子。目前，桩基础已被广泛应用于建筑、桥梁、港口、道路等土木工程的各个领域。根据不完全统计，我国每年用桩量超过100万根以上。特别是近十几年，随着经济和科技水平的发展，桩基础不论是从桩的类型、施工设备、施工工艺还是设计方法和理论研究等方面都取得了长足的发展。目前，我国桩基最大入土深度已达120m（苏通长江大桥），直径可达5m以上。

与浅基础相比，桩基础具有承载力高、变形量小、稳定性好、适用范围广等优点，但造价较高、施工也比较复杂。一般来说，下述情况可考虑采用桩基：软弱地基或某些特殊性土地基上的各类永久性建筑物，采用地基处理仍不能满足要求或不经济时；高层建筑或其他重要建筑物不允许地基有过大沉降和不均匀沉降时；重型工业厂房、高层建筑物、仓库、料仓等，由于基底压力大，采用浅基础地基承载力不能满足要求时；对于桥梁或电视塔、烟囱、输电塔等高耸结构，需要采用桩基承担较大的上拔力和水平力时；对沉降和沉降速率有严格要求的精密设备基础，需要减小振动对其影响，或以桩基作为地震区结构抗震措施时；需要穿越水体和软弱土层的港湾和海洋构筑物基础，如码头、海洋采油平台、输气或输油管线支架等[1~4]。

6.1.1 桩基础设计的主要内容和基本要求

桩基础设计的主要内容包括以下几个方面：

① 选择桩的类型、初步确定承台底面标高和桩的几何尺寸（长度、截面尺寸）；

② 确定单桩竖向和水平向承载力；

③ 确定桩的数量、间距和平面布置方式；

④ 桩基承载力、沉降或稳定性验算；

⑤ 桩身结构设计；

⑥ 承台设计计算；

⑦ 绘制桩基施工图。

另外，在桩基设计之前应具备的资料包括：岩土工程勘察资料（如地基土的物理力学参数、不良地质作用情况、地下水情况等）、与建筑场地及环境条件有关的资料（如场地交通设施和地下管线情况、相邻建筑的情况、周围环境对噪声的要求等）、与上部结构有关的资料（如上部结构的类型、荷载分布等）、与施工条件有关的资料（如施工设备、水电供应等）以及供设计比较用的各种桩型及其实施的可能性的资料等。

桩基设计除应符合安全、经济、合理等要求外，还应满足下列基本要求：桩基承受的竖向或水平向荷载不超过其竖向或水平向承载力特征值；桩基的沉降变形量不超过相应的允许值；应满足上部结构对桩基强度、刚度和耐久性方面的要求。

6.1.2 桩基设计的基本规定[5]

6.1.2.1 两类极限状态

《建筑桩基技术规范》（JGJ 94—2008）（以后简称《桩基规范》）规定，桩基应按下列两类极限状态进行设计：承载能力极限状态即桩基达到最大承载能力、整体失稳或发生不适于继续承载的变形状态；正常使用极限状态即桩基达到建筑物正常使用所规定的变形限值或达到耐久性要求的某项限值的状态。

6.1.2.2 桩基设计等级

《桩基规范》根据建筑物规模、功能特征对差异变形的适应性、场地地基和建筑物的复杂性以及由于桩基问题可能造成建筑破坏或影响正常使用的程度，将桩基设计分为三个设计等级。桩基设计时可根据表 6-1 确定设计等级。

表 6-1 建筑桩基设计等级

设计等级	建筑和地基类型
甲级	(1)重要的建筑； (2)30 层以上或高度超过 100m 的高层建筑； (3)体型复杂、层数相差超过 10 层的高低层(含纯地下室)连体建筑物； (4)20 层以上框架-核心筒结构及其他对差异沉降有特殊要求的建筑； (5)场地和地基条件复杂的 7 层以上一般建筑及坡地、岸边建筑； (6)对相邻既有工程影响较大的建筑
乙级	除甲级、丙级以外的建筑
丙级	场地和地基条件简单、荷载分布均匀的 7 层及 7 层以下的一般建筑

6.1.2.3 两类极限状态设计计算

① 所有桩基应根据具体条件分别进行承载力计算和稳定性验算（承载能力极限状

态设计）。

a. 根据桩基的使用功能和受力特征分别进行桩基的竖向承载力计算和水平向承载力计算。

b. 对桩身和承台结构承载力进行计算；对于桩侧土不排水抗剪强度小于 10kPa 且长径比大于 50 的桩，应进行桩身压曲验算；对于混凝土预制桩，应按吊装、运输和锤击作用进行桩基承载力验算；对于钢管桩，应进行局部压曲验算。

c. 当桩端平面以下存在软弱下卧层时，应进行软弱下卧层承载力验算。

d. 对位于坡地、岸边的桩基，应进行整体稳定性验算。

e. 对于抗浮、抗拔桩基，应进行基桩和群桩的抗拔承载力计算。

f. 对于抗震设防区的桩基，应进行抗震承载力验算。

② 下列建筑桩基应进行沉降计算。

a. 设计等级为甲级的非嵌岩桩和非深厚坚硬持力层的建筑桩基。

b. 设计等级为乙级的体型复杂、荷载分布显著不均匀或桩端平面存在软弱土层的建筑桩基。

c. 软土地基多层建筑减沉复合疏桩基础。

③ 对受水平荷载较大，或对水平位移有严格限制的建筑桩基，应计算其水平位移。

④ 应根据桩基所处的环境类别和相应的裂缝控制等级，验算桩身和承台正截面的抗裂和裂缝宽度。桩身裂缝控制等级[参看现行《混凝土结构设计规范》(GB 50010—2010)]及最大裂缝宽度限值见表 6-2。

表 6-2　桩身的裂缝控制等级及最大裂缝宽度限值

环境类别		钢筋混凝土桩		预应力混凝土桩	
		裂缝控制等级	w_{lim}/mm	裂缝控制等级	w_{lim}/mm
二	a	三	0.2(0.3)	二	0
	b	三	0.2	二	0
三		三	0.2	一	0

注：1. 水、土为强、中腐蚀性时，抗拔桩裂缝控制等级应提高一级。
2. 表中 a 类环境中，位于稳定地下水位以下的基桩，其最大裂缝宽度限值可采用括号中的数值。
3. 环境类别参看现行《混凝土结构设计规范》(GB 50010—2010)。

6.1.2.4　荷载效应取值

桩基设计时，所采用的荷载效应组合与相应的抗力应符合下列规定。

① 确定桩数和布桩时，应采用传至承台底面的荷载效应标准组合；相应的抗力采用基桩或复合基桩承载力特征值。

② 计算荷载作用下的桩基沉降和水平位移时，应采用荷载效应准永久组合；计算水平地震作用、风荷载作用下的桩基水平位移时，应采用水平地震作用、风荷载效应标准组合。

③ 验算坡地、岸边建筑桩基的整体稳定性时，应采用荷载效应标准组合；抗震设防区，应采用地震作用效应和荷载效应的标准组合。

④ 计算桩基结构承载力、确定尺寸和配筋时，应采用传至承台顶面的荷载效应基本组合。当进行承台和桩身裂缝控制验算时，应分别采用荷载效应标准组合和荷载效应准永久组合。

⑤ 桩基结构作为结构体系的一部分，其结构安全等级、结构设计使用年限、结构重要性系数 γ_0 应按现行有关建筑结构规范的规定采用，除临时性建筑外，结构重要性系数 γ_0 不应小于 1.0。

⑥ 对桩基结构进行抗震验算时，其承载力调整系数 γ_{RE} 应按现行《建筑抗震设计规范》(GB 50011—2010) 的规定采用。

6.1.2.5　桩基础的耐久性

桩基是结构工程的重要组成部分，与上部结构相比，混凝土桩所处的环境条件更为复杂，施工质量也不易保证，所以更容易出现耐久性问题。同时，桩基属于隐蔽工程，混凝土桩出现耐久性问题不易发现、很难修复，并且桩基的耐久性会影响整个建筑的耐久性，因此，《桩基规范》对混凝土桩的耐久性做了具体规定。规定如下：桩基结构的耐久性应根据设计年限、现行《混凝土结构设计规范》(GB 50010—2010）的环境类别以及水、土对钢、混凝土腐蚀性的评价进行设计；二类和三类环境中，设计使用年限为50年的桩基结构混凝土耐久性应符合表6-3的规定；四类、五类环境桩基结构耐久性设计可按现行《港口工程混凝土结构设计规范》(JTJ 267—1998）和《工业建筑防腐蚀设计标准》(GB/T 50046—2018）等执行。

表 6-3　二类和三类环境桩基结构混凝土耐久性的基本要求

环境类别		最大水灰比	最小水泥用量/(kg/m³)	混凝土最低强度等级	最大氯离子含量/%	最大碱含量/(kg/m³)
二	a	0.60	250	C25	0.3	3.0
	b	0.55	275	C30	0.2	3.0
三		0.50	300	C30	0.1	3.0

注:1. 氯离子含量是指其与水泥用量的百分比。

2. 预应力构件混凝土中最大氯离子含量为0.06%,最小水泥用量为300kg/m³;混凝土最低强度等级应按表中规定提高两个等级。

3. 当混凝土中加入活性掺和料或能提高耐久性的外加剂时,可适当降低最小水泥用量。

4. 当使用非碱活性骨料时,对混凝土中碱含量不做限制。

5. 当有可靠工程经验时,表中混凝土最低强度等级可降低一个等级。

另外，对于软土地基上的多层建筑，在天然地基承载力基本满足要求的情况下，为了减小沉降量可采用疏布摩擦型桩的复合桩基即减沉复合疏桩基础。在应用减沉复合疏桩基础时应注意以下几个方面：桩端持力层不应是坚硬岩层、密实砂和卵石层，以保证基桩受荷时产生刺入变形，承台下地基土能分担较大的荷载；桩间距应在(5～6)d(d 为桩的直径)以上，使桩间土受桩变形牵连较小，承载力得以较充分发挥；由于基桩数量少而疏，因此成桩质量应严格控制。

6.2　桩基础及桩的分类与选型

工程中，桩基础及桩的类型众多，对其进行分类的目的是明确各自的特点，以便更合理地选型和设计。桩基础和桩可按不同的方法进行分类，下面主要介绍几种常见的分类方法。

6.2.1　桩基础的分类

按桩的数量，桩基可分为单桩基础（一柱一桩）和群桩基础；按承台底地基土是否承担荷载分为复合桩基（承担）和非复合桩基（不承担）；按承台高低可分为底承台桩基（承台底面位于地面或冲刷线以下）和高承台桩基（主要用于桥梁、港口等工程），如图6-1所示。

6.2.2　桩的分类

6.2.2.1　按使用功能分类

按桩的使用功能可分为竖向抗压桩、竖向抗拔桩、水平受荷桩、复合受荷桩四类。

(1) 竖向抗压桩

竖向抗压桩简称抗压桩，主要承担上部结构传下来的竖向荷载。由于各类建（构）筑物的桩基绝大多数是以承受竖向压力为主，所以这是目前使用最广泛的一类桩。它的主要功能是提高地基承载力、减少地基沉降量。

（2）竖向抗拔桩

竖向抗拔桩简称抗拔桩，主要承受竖向上拔荷载。输电塔、发射塔、海洋石油平台、高耸的烟囱等结构物的桩基，水下建筑抗浮桩基（如水上栈桥桩基）等均属此类。

（3）水平受荷桩

水平受荷桩主要承担水平荷载。常见的有抗滑桩、基坑支护桩等。这类桩桩身主要承受横向弯矩、剪力等作用。

（4）复合受荷桩

承受竖向和水平向荷载均较大的桩。如高桩码头、地震区建（构）筑物基础的基桩等都同时承受较大的竖向和水平向荷载，属于复合受荷桩。

6.2.2.2　按桩身材料分类

（1）木桩

木桩常用松木、杉木等做成，是较古老的一种桩型。由于资源限制、处理不好易腐蚀等缺陷，除个别临时工程或应急工程，目前已很少使用。

（2）混凝土桩

混凝土桩一般由素混凝土、钢筋混凝土或预应力钢筋混凝土制成，是目前应用最广泛的一类桩。按照施工工艺又分为预制桩和灌注桩两类。

（3）钢桩

目前常用的钢桩有钢管桩、H 型桩及其他异型钢材桩等。钢桩的分段长度宜为 12～15m。钢桩具有强度高、自重轻、抗冲击疲劳和贯入能力强，施工质量易于保证，便于割接、运输和接桩等优点。但是钢桩耗钢量大、造价高、耐蚀性较差，一般只用于少数重要或特殊工程中。

（4）组合材料桩

由两种或两种以上材料组成，一般是根据工程条件，为发挥不同材料的特性而组合成的桩。如用于基坑支护结构的劲性水泥土搅拌桩（SMW 工法），即在深层搅拌法制作的水泥土（未结硬前）中插入 H 型钢或钢管。这类组合材料桩把水泥土的止水性能和芯材（一般为 H 型钢，也可为混凝土等其他劲性材料）的高强度特性有效地组合在一起而形成一种抗渗性好、强度高、经济环保的围护结构，具有很大的经济潜力[6]。

6.2.2.3　按施工方法分类

根据施工方法不同，可分为预制桩和灌注桩。

（1）预制桩[1～4]

预制桩是指在施工前预先制作成型，再利用各种机械设备把它沉入地基至设计标高的桩。预制桩按桩身材料不同分为混凝土预制桩、钢桩、木桩。混凝土预制桩按制作地点不同又分为工厂预制和现场预制两种；按是否施加预应力还可分为非预应力预制桩和预应力预制桩。

钢筋混凝土预制桩的横截面可为方形、圆形等形状，桩身可制成实心或空心，最常用的为实心方桩。普通实心方桩的截面边长一般为 300～500mm，不应小于 200mm。现场预制桩的长度一般为 25～30m；受运输条件的限制，工厂预制桩的分节长度一般不超过 12m，沉桩时，可根据需要在现场连接。接桩方法有焊接（焊接两节桩接头部位已预埋的钢板及角钢，焊好后宜涂沥青以防锈）、法兰连接（用螺栓连接两节桩接头部位的法兰盘）和硫黄胶泥锚连接（将 140～145℃的硫黄胶泥灌满两节桩节点平面及下节桩的锚筋孔内，再将上节桩底的锚筋插入锚孔内，并停歇一定时间即可）。

预应力钢筋混凝土预制桩是预先对桩身的部分或全部主筋施加预拉应力，以提高桩身起吊、运输、吊立和沉桩等各阶段的承载能力，减小钢筋用量，改善抗裂性。预应力钢筋混凝土空心桩可分为管桩（离心成型法制作）和空心方桩（普通立模浇制）两类；按混凝土强度等级可分为预应力高强混凝土管桩（PHC，混凝土强度等级大于或等于 C80）和空心方桩（PHS）、预应力混凝土管桩（PC，混凝土强度等级 C60～C80）和空心方桩（PS）。

（2）灌注桩

灌注桩是指在施工现场通过机械或人工手段在设计桩位处直接成孔，并在孔内放置钢筋笼（也有省去钢筋笼的），再灌注混凝土而成的桩。灌注桩的横截面形状为圆形，可做成大直径或扩底桩。与钢筋混凝土预制桩相比，无须考虑桩身起吊、运输、吊立和沉桩等过程可能出现的内力，因此耗钢量较少，造价较低。

6.2.2.4 按成桩方式分类

（1）预制桩的沉桩方式[1,7～8]

按预制桩的沉桩方式主要分为锤击式、静压式和振动式三种类型。

锤击式沉桩是用桩锤把桩击入地基中的一种沉桩方式。主要设备包括桩架、桩锤、动力设备和起吊设备等。常用的桩锤有落锤、柴油锤、液压锤等。这种沉桩方式会产生较大的噪声、振动，容易对周围环境造成影响、桩头易损坏。适用于松软地基土和较空旷的地区，在居民居住区不宜使用，当持力层有坚硬夹层时也不宜使用。

静压式沉桩是采用静力压桩机将预制桩压入地基中。这种沉桩方式具有无噪声、无振动、无冲击力、桩顶不易损坏等优点。适宜于软弱土地基，当存在厚度大于 2m 的中密以上砂夹层时不宜使用。

振动式沉桩是在桩顶装振动器，使预制桩随着振动下沉至设计标高的沉桩方式。主要设备为振动器，其内装有成对的同步反向旋转的偏心块，当偏心块旋转时产生竖向振动力，使桩沉入土中。该方法施工时也存在振动、噪声及对周围环境的影响等问题。适用于砂土地基和可塑状的黏土地基，特别是自重不大的钢桩和地下水位以下的砂土地基沉桩效果更好。

（2）灌注桩的成孔方法

按照灌注桩成孔方法的不同可分为沉管灌注桩、钻（冲）孔灌注桩和挖孔灌注桩等。

沉管灌注桩是采用锤击或振动方法将带有预制桩尖或活瓣管尖的钢管沉入土中成孔，然后灌注混凝土、边锤击或振动边拔管并放置钢筋笼，最后灌注混凝土形成灌注桩。施工过程包括沉管、灌注、放笼、灌注、拔管等几部分（图 6-2）。沉管灌注桩在软土地区仅限于多层住宅单排桩条基使用。沉管灌注桩按照沉管方式可分为锤击沉管灌注桩和振动、振动冲击管灌注桩。沉管灌注桩造价较低、施工方便、成桩速度快，但易产生缩颈、断桩、强度不足等质量问题。

内夯沉管灌注桩是在锤击沉管灌注桩的机械设备与施工方法的基础上，增加一根内夯管，按照一定的施工工艺，将桩端现浇混凝土夯扩成扩大头的一种桩（图 6-3）。通过扩大桩端截面积和挤密地基土，使桩端土的承载力有较大幅度的提高，同时桩身混凝土在夯锤和内夯管的压力作用下成型，避免了缩颈现象，使桩身质量得以保证。

钻（冲）孔灌注桩是通过机械方法在桩位处成孔，清除孔中土体，安放钢筋笼，然后浇筑混凝土成桩。施工过程如图 6-4 所示。根据不同的地质条件可分别采用泥浆护壁钻孔灌注桩（潜水钻成孔灌注桩、冲击成孔灌注桩、反循环钻成孔灌注桩、正循环钻成孔灌注桩、钻孔扩底灌注桩、长螺旋钻孔压灌桩等）和干作业钻孔灌注桩（长螺旋钻孔压灌桩、短螺旋钻孔压灌桩、钻孔扩底灌注桩等）。不同桩型适用于不同土质条件（表 6-4）。钻（冲）孔灌注桩钻进速度快、噪声小、穿透力强、能进入岩层、承载力高、桩身变形小、对周围环境影响较小。缺点是泥浆沉淀不易清除，会影响端部承载力的充分发挥，并造成较大沉降。

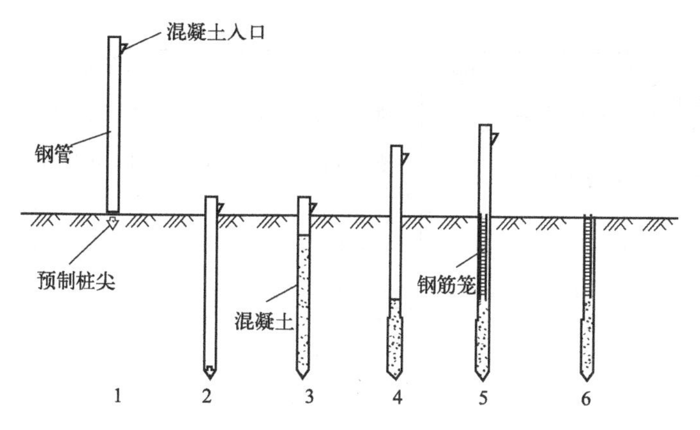

图 6-2　沉管灌注桩的施工过程

1—打桩机就位；2—沉管；3—浇筑混凝土；4—边拔管边振边；5—安放钢筋笼并继续浇筑混凝土；6—成桩

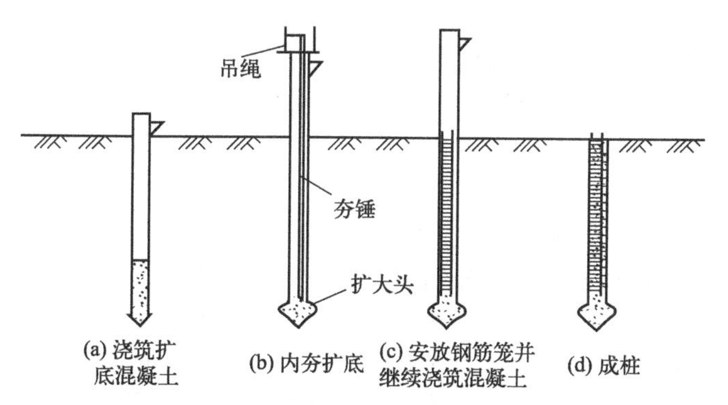

图 6-3　内夯沉管灌注桩的施工过程

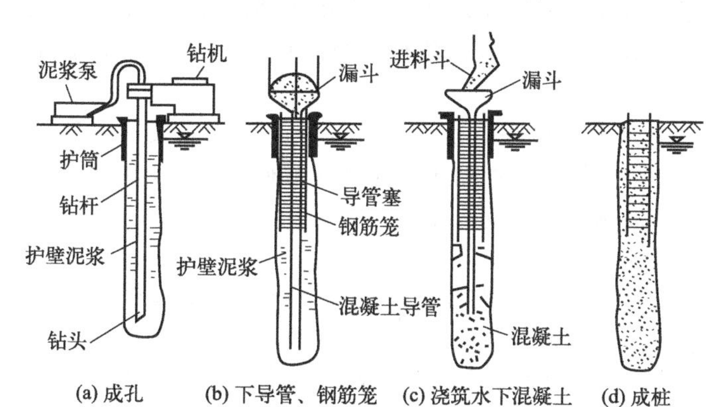

图 6-4　钻孔灌注桩的施工过程

表 6-4　各类灌注桩的适用范围

成孔方法		桩径/mm	最大桩长/m	适用范围
泥浆护壁钻孔灌注桩	旋挖成孔	600～1200	50	黏性土、粉土、砂土、填土、碎石土及风化岩层
	循环钻成孔(回转钻)		80	
	冲击成孔	600～1200	50	黏性土、粉土、砂土、填土、碎石土及风化岩层，能穿透旧基础、建筑垃圾或大孤石等障碍物，但在岩溶发育地区应慎重使用
	长螺旋钻孔	300～800	25	黏性土、粉土、砂土、填土、非密实的碎石类土、强风化岩
	潜水钻成孔	500～800	50	黏性土、淤泥、淤泥质土、粉土

续表

成孔方法		桩径/mm	最大桩长/m	适用范围
干作业钻孔灌注桩	长螺旋钻孔	300～800	28	地下水位以上黏性土、粉土、砂土、填土
	短螺旋钻孔		20	
	人工挖孔	800～2000	30	地下水位以上的黏性土、粉土、填土、中等密实以上的砂土、风化岩层
	机动洛阳铲成孔	300～500	20	地下水位以上的黏性土、粉土、黄土、填土
	钻孔扩底	300～600	30	地下水位以上黏性土、粉土、填土
沉管灌注桩	锤击沉管	300～800	30	硬塑的黏性土、粉土和砂土
	振动沉管	400～500	20	可塑黏性土、中细砂
内夯沉管灌注桩		325,377	25	桩端持力层埋深不超过20m的中、低压缩性黏性土、粉土、砂土和碎石类土

挖孔灌注桩是用人工或机械挖掘成桩孔，在向下推进的同时，进行混凝土护壁，在清理完孔底后，安放钢筋笼并浇灌混凝土成桩。挖孔桩可直接观察地层情况、孔底易清除干净、设备简单、噪声小、场地各桩可同时施工、桩径大、适应性强、比较经济。缺点是可能出现塌孔、流砂、缺氧、有害气体等问题，因此，在成孔过程中必须能确保人身安全，否则不宜采用。

6.2.2.5 按承载性状分类

(1) 摩擦型桩

在竖向极限荷载作用下，桩所发挥的承载力全部或主要以桩侧阻力为主时称为摩擦型桩。摩擦型桩又可进一步分为摩擦桩和端承摩擦桩两类。

① 摩擦桩 在承载力极限状态下，桩顶竖向荷载由桩侧阻力承受，桩端阻力小到可忽略不计。一般处于下列情况下的桩可视为摩擦桩：长径比很大的桩，桩顶荷载只通过桩侧阻力传递给桩周土，即使桩端置于坚实土层上，其分担的荷载也很小；桩端下无坚实持力层且为不扩底的桩；尽管桩端有坚实的持力层，但是由于残渣较厚使得持力层承载力难以发挥的灌注桩；由于施工顺序不合理等原因，使得先打入的桩被抬起，甚至桩端出现脱空的打入桩等[2～4]。

② 端承摩擦桩 在承载力极限状态下，桩顶竖向荷载主要由桩侧阻力承受。对于长径比不是很大，桩端持力层为较坚实的粉土、黏性土或砂类土时，桩顶荷载将由桩侧阻力和桩端阻力共同承担，且以桩侧阻力承担为主。

(2) 端承型桩

在竖向极限荷载作用下，桩所发挥的承载力全部或主要以桩端阻力为主时称为端承型桩。端承型桩又可进一步分为端承桩和摩擦端承桩两类。

① 端承桩 在承载力极限状态下，桩顶竖向荷载由桩端阻力承受，桩侧阻力小到可忽略不计。对于长径比较小，且桩端置于坚硬黏土层、碎石类土、密实砂类土或基岩顶面时，由于这类桩的端阻力承担绝大部分荷载，侧阻力可忽略不计，属于端承桩。

② 摩擦端承桩 在承载力极限状态下，桩顶竖向荷载主要由桩端阻力承受。当桩端置于碎石类土、中密以上砂类土或基岩顶面时，桩顶荷载将由桩侧阻力和桩端阻力共同承担，且桩端阻力承担部分荷载，桩侧阻力不可忽略，属于摩擦端承桩。

6.2.2.6 按成桩对土层的影响分类

桩在成型过程中会对桩周土产生扰动和挤土作用，不同的成桩方式对桩周土的挤土作用也不同。挤土作用将会直接引起桩周土的天然结构、应力状态和性质发生变化，进而影响桩的承载力、成桩质量及周围环境。根据成桩方法对桩周土的影响，把桩分为挤土桩、非挤土桩和部分挤土桩三类。

(1) 挤土桩

挤土桩是指成桩过程中将桩孔中的土全部挤压到桩的四周，使桩周围土体受到严重扰动的桩。常见的有木桩、实心混凝土预制桩、下端封闭的钢管桩或预应力钢筋混凝土管桩、沉管灌注桩、沉管夯扩灌注桩等。由于这类桩在成桩过程中大量排土，对桩周土的工程性质影响很大。对于饱和黏性土可能会引起灌注桩断桩、缩颈等质量问题；当沉入的挤土预制桩较多较密时可能会导致已入土的桩上浮、承载力降低、沉降量增大、周边房屋及市政工程受损等；对于松散的砂土和非饱和的填土则由于振动挤密而使承载力提高。

(2) 非挤土桩

成桩过程中对桩周土无挤土作用的桩称为非挤土桩。主要有干作业钻（挖）孔灌注桩、泥浆护壁钻（挖）孔灌注桩、套管护壁法钻（挖）孔灌注桩等。由于成桩过程对周围土没有挤土作用，又具有穿越各种硬夹层、嵌岩和进入各类硬持力层的能力，桩的几何尺寸和单桩承载力可调空间大，因此钻（挖）孔灌注桩的适用范围大，尤其以高层建筑更为合适。但是，非挤土桩可能因为桩周土向孔内移动而产生应力松弛现象，因此，这类桩的桩侧摩阻力常有减小。

(3) 部分挤土桩

成桩过程中对周围土稍有排挤作用的桩称为部分挤土桩。主要包括冲孔灌注桩、钻孔挤扩灌注桩、搅拌劲芯桩、预钻孔打入（静压）预制桩、开口预应力钢筋混凝土空心桩、H型钢桩、钢板桩、打入（静压）开口钢管桩等。由于成桩过程对桩周土稍有挤土作用，桩周土的工程性质变化不大。一般可用原状土测得的物理力学性质指标估算部分挤土桩的承载力和沉降量。

6.2.2.7　按桩径大小分类

按桩体设计直径 d 的大小可分为：小直径桩（$d\leqslant$250mm）、中等直径桩（250mm$<d<$800mm）、大直径桩（$d\geqslant$800mm）。

6.2.3　桩型选用

预制桩、灌注桩及钢桩三大类桩各有其优缺点和适用条件。应根据建筑结构类型、荷载性质、桩的使用功能、穿越土层、桩端持力层土类、地下水位、施工设备、施工环境、施工经验、制桩材料供应条件等，按照经济合理、安全适用的原则选择桩型与成桩工艺。

表6-5对目前常用桩类进行了比较。灌注桩的选型可参考表6-4。

表6-5　常用桩类比较[8~10]

桩类	优点	缺点	施工条件
预制桩	制作方便，可根据需要制成不同尺寸和截面形状；承载力高(单方混凝土)；不受地下水位的限制；施工速度快、效率高；桩身质量易于检查；耐蚀性能强	用钢量大、造价高；施工噪声大；挤土效应对周围环境影响较大；不宜穿透较厚的坚硬地层；施工中宜出现桩顶偏位过大、桩身倾斜、桩顶碎裂、桩身断裂、沉桩达不到设计标高等质量问题	场地空旷，周围环境对噪声、振动和侧向挤压没有限制的场地
灌注桩	用钢量少、造价低；桩长、桩径可根据需要灵活调整	对成桩质量不易控制，泥浆护壁灌注桩宜出现塌孔、桩孔倾斜、缩孔、断桩等问题；沉管灌注桩宜出现缩颈、断桩、桩身混凝土坍塌、桩身夹泥、套管内进入泥浆及水等问题；干作业成孔灌注桩宜出现孔底虚土过厚、塌孔、桩身混凝土质量差等问题	有一定的场地，施工时能解决出土堆放问题，地下无障碍物
钢桩	材料强度高，抗冲击能力强；穿透能力强；可根据需要灵活调整桩长；施工、运输方便；与上部结构连接简单	耗钢量大，造价高；耐蚀性能差；钢管桩宜出现挤土、振动、桩被打坏、沉桩困难等问题；H型钢桩宜出现桩在土中失稳贯入度突然增大、桩断面发生扭转等问题	少数重要工程中使用

6.3 竖向承压桩的承载力

6.3.1 单桩竖向荷载的传递

6.3.1.1 荷载传递机理

要确定承压单桩的竖向承载力，首先必须了解桩-土之间的荷载传递关系。关于这方面的理论分析方法主要有荷载传递法、弹性理论法、剪切位移法和有限单元法等。其中，荷载传递法是常用的方法之一，下面主要介绍荷载传递法。

当单桩桩顶受到逐步施加的竖向荷载时，桩身因为轴向压力作用产生压缩，相对于桩周土而言产生了向下的位移，同时桩侧表面受到土向上的摩阻力作用，桩顶荷载即通过桩侧摩阻力传递到桩周土层中。在荷载作用下，桩顶轴力最大，产生的压缩量和相对位移也最大，随深度增加桩身内力和桩身压缩变形递减，在桩土相对位移等于零处，桩侧摩阻力尚未开始发挥作用而等于零。随着荷载逐渐增大，桩身压缩量和位移量也逐渐增大，深部的桩侧摩阻力随之逐步发挥作用，当荷载增大到一定程度，桩底持力层也因受压产生桩端阻力，桩端土层的压缩进一步加大了桩身各截面的位移，从而使桩侧摩阻力进一步发挥出来。当桩侧摩阻力全部发挥出来后，若继续增加荷载，则荷载增量将全部由桩端阻力承担，直至桩端阻力达到极限，若此时再增加荷载，桩端持力层将因承载力不足而出现剪切破坏，此时桩顶所承受的荷载就是桩的极限承载力，即承压单桩的竖向极限承载力由桩侧总极限摩阻力和桩端总极限阻力组成。因此，单桩竖向荷载的传递过程实质上是桩侧摩阻力和桩端阻力的发挥过程，一般桩侧摩阻力先于桩端阻力发挥作用；桩身截面位移（桩截面与桩周土的相对位移）$\delta(z)$ 和桩身轴力 $N(z)$ 随深度逐步减小，且在桩顶处最大；桩侧摩阻力 $\tau(z)$ 自上而下逐步发挥，也是在桩顶附近较大。桩身轴力、桩身位移和桩侧摩阻力三者之间的关系可由图6-5进一步说明。

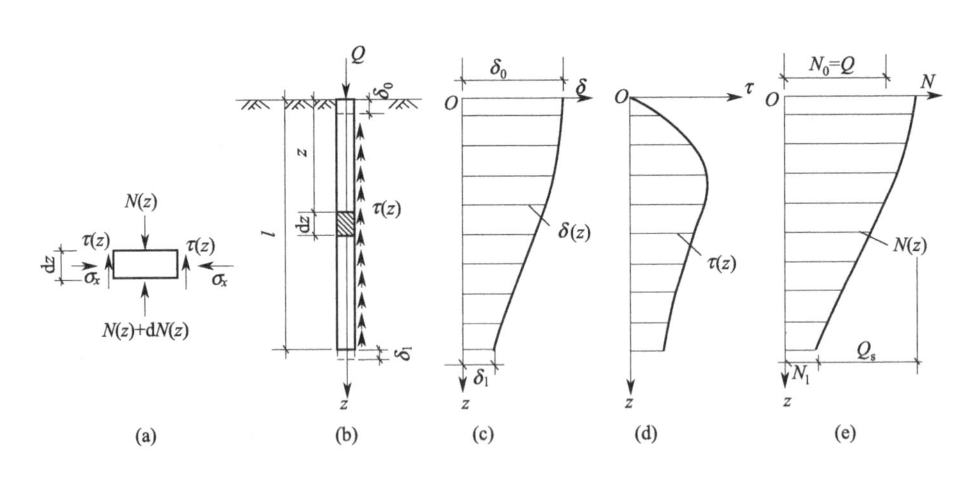

图6-5 单桩竖向荷载传递示意图

在桩身任意深度为 z 处取厚度为 dz 的微小桩段进行分析，根据微小桩段的竖向受力平衡可得（忽略桩身自重）

$$N(z)-\tau(z)\pi d\,dz-[N(z)+dN(z)]=0 \tag{6-1}$$

$$\tau(z)=-\frac{1}{\pi d}\times\frac{\mathrm{d}N(z)}{\mathrm{d}z} \tag{6-2}$$

式中，d 为桩身直径。

设桩的横截面积为 A，桩身材料的弹性模量为 E，则 $\mathrm{d}z$ 桩段的轴向压缩量 $\mathrm{d}\delta(z)$ 与桩轴力 $N(z)$ 之间的关系为

$$\mathrm{d}\delta(z)=-N(z)\frac{\mathrm{d}z}{AE} \tag{6-3}$$

从而得到

$$N(z)=-AE\,\frac{\mathrm{d}\delta(z)}{\mathrm{d}z} \tag{6-4}$$

将式(6-4) 代入式(6-2) 得到

$$\tau(z)=\frac{AE}{\pi d}\times\frac{\mathrm{d}^2\delta(z)}{\mathrm{d}z^2} \tag{6-5}$$

式(6-5) 即为桩荷载传递的微分方程。它表明桩侧摩阻力是桩土间相对位移的函数，桩土间相对位移的大小影响桩侧摩阻力的发挥程度。

桩顶位移 δ_0 为桩身截面位移 $\delta(z)$ 与 z 深度范围内的桩身压缩量之和，所以

$$\delta(z)=\delta_0-\frac{1}{AE}\int_0^z N(z)\mathrm{d}z \tag{6-6}$$

如果沿桩身设置多个量测应力和位移的元件（传感器），则可测出桩顶荷载 Q(桩顶轴力 $N_0=Q$) 和桩顶位移 δ_0 的大小以及桩身轴力 $N(z)$ 的分布曲线[图 6-5(e)]，进而可根据式(6-2) 和式(6-6) 绘出桩侧摩阻力[图 6-5(d)]和桩身位移的分布曲线[图 6-5(c)]。设桩长为 l，则有如下关系式。

桩端轴力：　$N_l=Q-\int_0^l \pi d\tau(z)\mathrm{d}z=Q-Q_s$　（Q_s 为桩的总侧阻）

桩端位移：　$\delta_l=\delta_0-\frac{1}{AE}\int_0^l N(z)\mathrm{d}z$

6.3.1.2　荷载传递的影响因素

桩顶荷载通过桩侧摩阻力和桩端阻力向地基土中传递，桩土之间的荷载传递关系十分复杂，受许多因素制约，其中，桩的截面形状、长度和桩身材料的性质，桩周土及桩身的相对刚度，桩周土与桩端土的性质等都会影响桩侧摩阻力与桩身截面位移的关系以及侧阻的分布。下面将简要介绍几种影响单桩荷载传递的主要因素。

(1) 桩端土与桩周土的刚度比 E_b/E_s 对荷载传递的影响

E_b/E_s 越大，由桩端传递给土层的荷载就越多。当 $E_b/E_s=100$ 时，中长桩（桩长与桩径之比：长桩 $l/d>40$，短桩 $l/d<10$ ，中长桩 $40>l/d>10$，超长桩 $l/d\geqslant100$ ）的桩端阻可分担约 60%以上的总荷载，属于端承型桩；若 E_b/E_s 再增大，对端阻分担荷载比的影响不大；当 $E_b/E_s=1$ 时，中长桩桩端阻仅分担总荷载的 5%左右，属于摩擦型桩；当 $E_b/E_s=0$ 时，荷载将全部由桩侧摩阻力承担。

(2) 桩身刚度与桩周土刚度之比 E_p/E_s 对荷载传递的影响

E_p/E_s 越大，桩端阻所分担的荷载也越大。当 $E_p/E_s>1000$ 时，端阻分担的荷载很大，端阻分担的荷载比随 E_p/E_s 的变化不再明显；对于 $E_p/E_s<10$ 的中长桩，桩端阻分担的荷载近乎为零。

(3) 桩端扩大直径与桩身直径之比对桩端阻的影响

桩端扩大直径与桩身直径之比 D/d 越大，桩端阻分担的荷载比例也越大。

(4) 桩的长径比 l/d 对荷载传递的影响

在均匀土层中的钢筋混凝土桩，其荷载传递性状主要受 l/d 的影响；随桩长径比的增大，传递到桩端的荷载减小；对于超长桩，荷载将全部由桩侧摩阻力承担，此时，桩身刚度、桩端土层和桩端直径对荷载传递不再产生影响，该桩属于摩擦型桩。因此，当 l/d 很大时，试图通过扩大桩端直径来提高承载力是无用的。

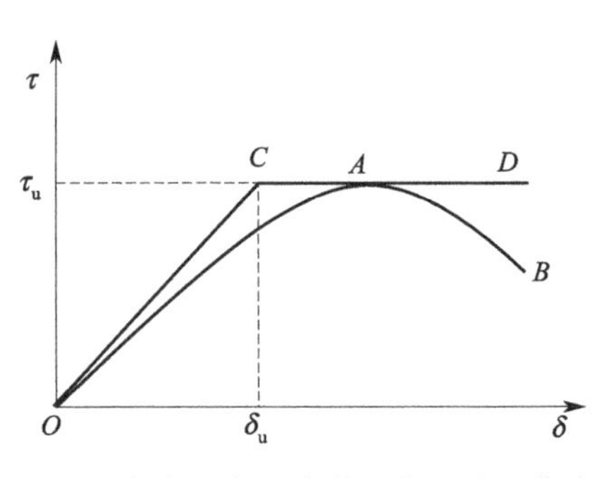

图 6-6 桩侧阻与桩身截面位移关系曲线

(5) 桩周条件对桩侧摩阻力的影响[1]

由式(6-5) 可知，桩侧摩阻力 $\tau(z)$ 是桩土相对位移 $\delta(z)$ 的函数，函数关系（曲线 OAB）常简化为折线 OCD（图 6-6）。图 6-6 表明，桩侧摩阻力随桩土相对位移线性增大，但当桩土相对位移达到某一限值 δ_u 后，桩侧摩阻力将保持极限值 τ_u 不变而不再随 $\delta(z)$ 增加。极限摩阻力 τ_u 可用类似于土的抗剪强度的库仑公式表达，即

$$\tau_u = c_a + \sigma_{xz}\tan\varphi_a \tag{6-7}$$

式中，c_a 为桩侧表面与土之间的附着力；φ_a 为桩侧表面与土之间的内摩擦角；σ_{xz} 为深度 z 处桩侧面的法向压力，$\sigma_{xz} = K_s\sigma'_{vz}$；$K_s$ 为桩侧土的侧压力系数，对于挤土桩 K_s 介于静止土压力系数与被动土压力系数之间，对于非挤土桩 K_s 介于静止土压力系数与主动土压力系数之间；σ'_{vz} 为深度 z 处桩侧土的竖向有效应力，$\sigma'_{vz} = \gamma' z$；γ' 为桩侧土的有效重度。

由上式可知，桩侧极限摩阻力 τ_u 与桩土界面的粗糙程度、桩周土的性质、所在深度、施工工艺（如打入桩对桩周松散砂土的振密挤密作用会使侧阻较高）、成桩方法（如非挤土桩的松弛效应会使侧阻降低）、时间效应（成桩后桩的承载力随时间而变化的现象称为桩的承载力时间效应，如灵敏土受扰动侧阻降低，随时间推移强度逐渐恢复，侧阻增大）、加荷速率等因素有关。然而对砂土的模型试验表明，当桩入土深度达到某一临界深度以后，桩侧阻就不再随深度增加了，这一现象称为侧阻的深度效应。A. S. Vesic（1967 年）认为：它表明临近桩周的竖向有效应力未必等于覆盖应力，而是线性增加到临近深度时达到的一个限值，他将其归因于土的“拱作用”[1]。

(6) 桩端条件对桩端阻力的影响

大量试验资料表明，桩端条件不仅对桩端阻力而且对桩侧阻的发挥有着直接的影响。一般来讲，桩端持力层强度越高，端阻越大，桩端沉降越小，桩侧摩阻力越小[12]。极限端阻力 q_{pu} 可用类似于土的极限承载力的理论公式表达，即

$$q_{pu} = \xi_c c N_c^* + \xi_\gamma \gamma b N_\gamma^* + \xi_q \gamma_m h N_q^* \tag{6-8}$$

式中，c 为桩端土的黏聚力；b 为桩端宽度（直径）；h 为桩的入土深度；γ、γ_m 分别为桩端以下土的重度和桩端以上土的加权重度，地下水位以下取有效重度；ξ_c、ξ_γ、ξ_q 为桩端形状系数；N_c^*、N_γ^*、N_q^* 为承载力系数，与桩端土的内摩擦角有关。

由上式可知，极限桩端阻力 q_{pu} 不仅与桩端土的性质有关，还与施工工艺（如灌注桩孔底沉渣会使端阻减小）、成桩方法、桩体形状等因素有关。与侧阻的深度效应类似，当桩端入土深度小于某临界值时，极限端阻随深度线性增加，而大于该深度后则保持不变，这一深度称为端阻的临界深度[1]。另外，当持力层下存在软弱下卧层且桩端与软弱下卧层的距离小于某一厚度时，桩端阻力将受软弱下卧层的影响而降低，这一厚度称为桩端的临界厚度，它随持力层密度的提高、桩径的增大而增大[1]。

桩端阻力的发挥滞后于桩侧阻力，其到达极限时所需的桩底位移值比桩侧阻力到达极限

时所需的桩身截面位移值要大得多[1]。

6.3.2 单桩的破坏模式

承压单桩在竖向荷载作用下的破坏模式与桩周土及桩端土的性质、桩的类型、桩的形状和尺寸、成桩工艺和质量等因素有关。大致可分为以下几种。

(1) 桩身屈曲破坏

当桩端持力层强度较高，桩周土极软弱以致对桩身无约束或侧向抵抗力很小时，桩往往先于土发生挠曲破坏，此时桩的承载力取决于桩身材料的强度。一般如细长的嵌岩桩、超长摩擦桩、超长薄壁钢管桩及 H 型钢桩、桩身有缺陷的桩等多属于此种破坏。破坏特征如图 6-7(a) 所示，沉降曲线 Q-s 呈“急进破坏”的陡降型，具有明显的转折点，桩的沉降量较小。

(2) 桩端整体剪切破坏

当桩端穿过抗剪强度较低的土层进入较坚硬的持力层，但在荷载作用下，桩端压力超过了持力层的极限承载力，而上部较软土层又不能阻止其滑动时，持力层将形成连续的滑动面而出现整体剪切破坏，此时桩的承载力取决于桩端土的强度。破坏特征如图 6-7 (b) 所示，沉降曲线 Q-s 也呈陡降型，具有明显的转折点。一般打入式短桩、钻入式短桩均属于此类。

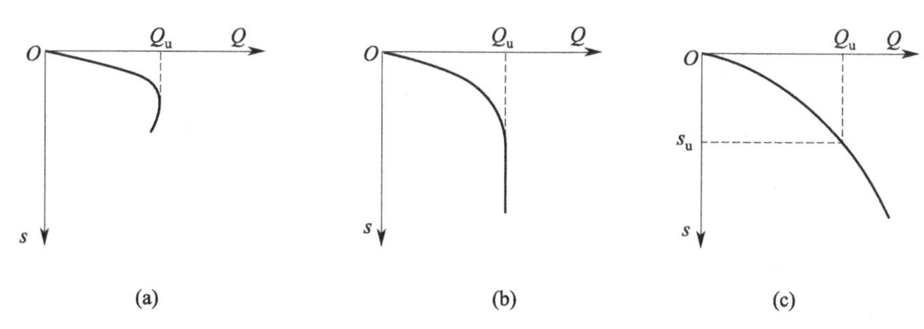

图 6-7 单桩的破坏模式

(3) 刺入破坏

当桩端土为非密实砂类土或粉土以及清孔不净残留虚土时，在荷载作用下，桩侧阻力较大，端阻很小，将出现刺入破坏。破坏特征如图 6-7(c) 所示，沉降曲线 Q-s 呈“渐进破坏”的缓变型，没有明显的转折点，极限荷载难以判断，桩的沉降量较大。因此，这类桩的承载力主要由上部结构所能承受的沉降变形确定。一般均质土中的摩擦桩、孔底沉渣较厚的灌注桩均属于此类。

另外，当持力层不坚硬、桩径不大时，随荷载的增加端阻力也很快进入极限状态，其 Q-s 曲线呈陡降型；对于支撑于黏性土、砂土、砾类土上的扩底桩，达到极限端阻所需的位移量很大，Q-s 曲线可能呈缓变型。

6.3.3 单桩竖向承载力特征值的确定

承压单桩竖向极限承载力是指单桩在竖向荷载作用下达到破坏状态或出现不适于继续承载的变形时所对应的最大荷载。由前面的分析可知，它的大小主要取决于桩身材料的强度和桩周土及桩端土的阻力，设计时应考虑两方面取小值。

单桩竖向承载力特征值 R_a 应按下式确定：

$$R_a=\frac{Q_{uk}}{K} \tag{6-9}$$

式中，Q_{uk} 为单桩竖向极限承载力标准值；K 为安全系数，取 $K=2$。

6.3.3.1 单桩竖向极限承载力标准值的确定

单桩竖向极限承载力标准值的确定方法主要有静载试验法、原位测试法和经验参数法。

前者是指通过现场单桩竖向抗压静载试验确定单桩竖向极限承载力标准值；后两者是指根据特定的地质条件、桩型与工艺、几何尺寸、极限端阻力和侧阻力标准值的原位测试值或统计经验值计算出单桩竖向极限承载力标准值。由于计算受土层参数、成桩工艺、计算模型等众多因素的影响，静载试验仍为确定单桩竖向极限承载力标准值的最可靠的方法。对于不同设计等级的桩基，《桩基规范》规定设计时采用的单桩竖向极限承载力标准值应符合下列规定。

① 设计等级为甲级的建筑桩基，应通过单桩静载试验确定。

② 设计等级为乙级的建筑桩基，当地质条件简单时，可参照地质条件相同的试桩资料，结合静力触探等原位测试和经验参数综合确定；其余均应通过单桩静载试验确定。

③ 设计等级为丙级的建筑桩基，可根据原位测试和经验参数确定。

单桩竖向抗压静载试验应按现行《建筑基桩检测技术规范》（JGJ 106—2014）执行；对于大直径端承型桩，也可通过深层平板载荷试验（平板直径应与孔径一致）确定极限端阻力；对于嵌岩桩，可通过直径为 0.3m 岩基平板载荷试验确定极限端阻力标准值，也可通过直径为 0.3m 嵌岩短墩载荷试验确定极限侧、端阻力标准值；桩的极限侧、端阻力标准值宜通过埋设桩身轴力测试元件由静载试验确定，并通过测试结果建立极限侧阻力标准值和极限端阻力标准值与土层物理指标、岩石饱和单轴抗压强度以及静力触探等土的原位测试指标之间的经验关系，以经验参数法确定单桩竖向极限承载力标准值。

(1) 单桩竖向抗压静载试验

单桩竖向抗压静载试验不仅可以确定单桩的竖向抗压承载力，还可通过埋设各类测试元件获得桩身应力、应变、桩侧阻力、桩端阻力、桩身截面位移、荷载-沉降关系等诸多资料。试验装置包括加载装置、加载反力装置与测量装置等几部分。试验加载一般由安装在桩顶的千斤顶（宜采用油压千斤顶）提供（图 6-8）。加载反力装置可根据现场条件选择锚桩横梁反力装置、压重平台反力装置、锚桩压重联合反力装置、地锚反力装置等。荷载大小可用放置在千斤顶上的荷重传感器直接测定，或采用并联于千斤顶油路的压力表或压力传感器测定油压，然后根据千斤顶率定曲线换算。桩顶沉降可采用位移传感器或大量程百分表测量[13]。

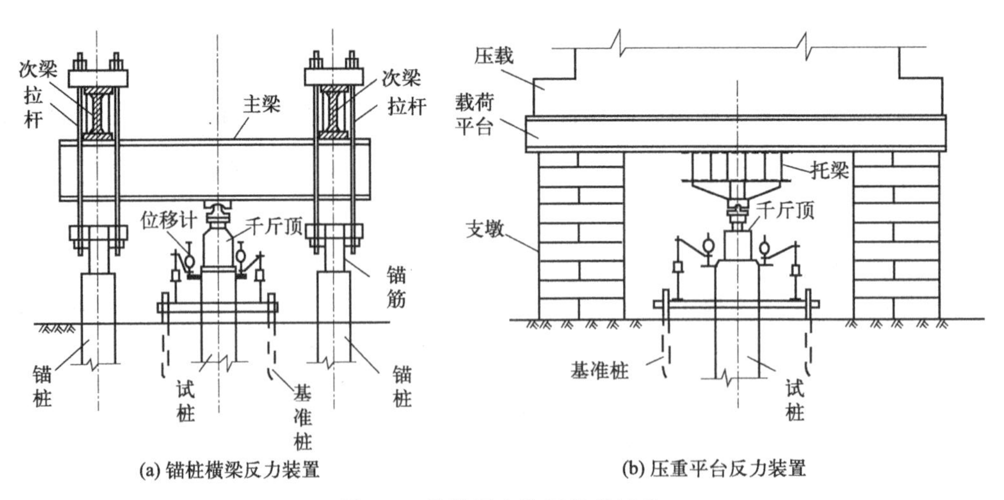

图 6-8 单桩竖向抗压静载试验

① 试验开始时间 因为桩在施工过程中不可避免地扰动桩周土，降低土体强度，引起桩的承载力下降，以高灵敏度饱和黏性土中的摩擦桩最明显。但是，随着时间的增加，土体重新固结，土体强度逐渐恢复提高，桩的承载力也逐渐增加。因此，为了准确地测定桩的承载力，开始试验的时间：预制桩在砂类土中入土 7 天后，粉土不应少于 10 天，非饱和黏性

土不应少于 15 天，饱和黏性土不应少于 25 天；灌注桩应在桩身混凝土达到设计强度之后才能进行[13]。

② 试桩数量　在同一条件下的试桩数量不宜少于总桩数的 1%，且不应少于 3 根；当总桩数在 50 根以内时，不应少于 2 根。

③ 加卸荷方式　竖向抗压静载试验的加卸荷应分级进行。加载时采用逐级等量加载，分级荷载宜为最大加载量或预估极限承载力的 1/10，其中第一级可取分级荷载的 2 倍。卸载时每级卸载量取加载时分级荷载的 2 倍，逐级等量卸载。加卸载时应使荷载传递均匀、连续、无冲击，每级荷载在维持过程中的变化幅度不得超过分级荷载的±10%。

加卸载方式应采用慢速维持荷载法，试验步骤应符合下列规定。

a. 每级荷载施加后按第 5min、15min、30min、45min、60min 测读桩顶沉降量，以后每隔 30min 测读一次。

b. 试桩沉降相对稳定标准：每 1h 内的桩顶沉降量不超过 0.1mm，并连续出现两次(从分级荷载施加后第 30min 开始，按 1.5h 连续三次每 30min 的沉降观测值计算)。

c. 当桩顶沉降速率达到相对稳定标准时，再施加下一级荷载。

d. 卸载时，每级荷载维持 1h，按第 15min、30min、60min 测读桩顶沉降量后，即可卸下一级荷载。卸载至零后，应测读桩顶残余沉降量，维持时间为 3h，测读时间为第 15min、30min，以后每隔 30min 测读一次。

④ 终止加载条件　当出现下列情况之一时，可终止加载。

a. 某级荷载作用下，桩顶沉降量大于前一级荷载作用下沉降量的 5 倍（当桩顶沉降能相对稳定且总沉降量小于 40mm 时，宜加载至桩顶总沉降量超过 40mm)。

b. 某级荷载作用下，桩顶沉降量大于前一级荷载作用下沉降量的 2 倍，且经 24h 尚未达到相对稳定标准。

c. 已达到设计要求的最大加载量。

d. 当工程桩作锚桩时，锚桩上拔量已达到允许值。

e. 当荷载-沉降曲线呈缓变型时，可加载至桩顶总沉降量 60～80mm；在特殊情况下，可根据具体要求加载至桩顶累计沉降量超过 80mm。

⑤ 根据试验结果确定单桩竖向极限承载力标准值　根据试验记录，可绘制荷载-沉降(Q-s)、沉降-时间对数（s-lg$t$）曲线或其他辅助分析所需曲线，并根据这些曲线确定单桩竖向极限承载力标准值 Q_{uk}。确定方法如下。

a. 对于陡降型 Q-s 曲线，取其发生明显陡降的起始点所对应的荷载值作为单桩竖向极限承载力标准值。

b. 对于缓变型 Q-s 曲线可根据沉降量确定，宜取桩顶总沉降量 $s=40$mm 对应的荷载值；当桩长大于 40m 时，宜考虑桩身弹性压缩量；对直径大于或等于 800mm 的桩，可取 $s=0.05D$(D 为桩端直径）对应的荷载值作为单桩竖向极限承载力标准值。

c. 当根据沉降随时间变化的特征确定时，取 s-lg$t$ 曲线尾部出现明显向下弯曲的前一级荷载值。

d. 当在某级荷载作用下，桩顶沉降量大于前一级荷载作用下沉降量的 2 倍，且经 24h 尚未达到相对稳定标准的情况时，取前一级荷载值作为单桩竖向极限承载力标准值。

参加统计的试桩结果，当满足其极差不超过平均值的 30%时，取其平均值为单桩竖向抗压极限承载力。当极差超过平均值的 30%时，应分析极差过大的原因，结合工程具体情况综合确定，必要时可增加试桩数量。对桩数为 3 根或 3 根以下的柱下承台，或工程桩抽检数量少于 3 根时，应取低值。

将单桩竖向极限承载力标准值除以安全系数 2，即为承压单桩竖向承载力特征值 R_a。

(2) 原位测试法

原位测试法是指利用静载试验与原位测试（如静力触探试验、标准贯入试验等）参数间的经验关系，确定桩的侧阻和端阻，进而确定单桩竖向极限承载力标准值的方法。

① 当根据单桥探头静力触探资料确定混凝土预制桩单桩竖向极限承载力标准值时，如无当地经验，可按下式计算：

$$Q_{uk}=Q_{pk}+Q_{sk}=\alpha p_{sk}A_p+u\sum q_{sik}l_i \tag{6-10}$$

式中，Q_{uk} 为单桩竖向极限承载力标准值；Q_{pk}、Q_{sk} 分别为总极限端阻力标准值和总极限侧阻力标准值；u 为桩身周长；l_i 为桩周第 i 层土的厚度；A_p 为桩端面积；α 为桩端阻力修正系数，按表 6-6 取值；q_{sik} 为用静力触探比贯入阻力值估算的桩周第 i 层土的极限侧阻力，应结合土工试验资料，依据土的类别、埋藏深度、排列顺序按图 6-9 所示折线取值；p_{sk} 为桩端附近的静力触探比贯入阻力标准值（平均值），当 $p_{sk1}\leqslant p_{sk2}$ 时，$p_{sk}=(p_{sk1}+\beta p_{sk2})/2$，当 $p_{sk1}>p_{sk2}$ 时，$p_{sk}=p_{sk2}$；p_{sk1} 为桩端全截面以上 8 倍桩径范围内的比贯入阻力平均值；p_{sk2} 为桩端全截面以下 4 倍桩径范围内的比贯入阻力平均值，如桩端持力层为密实的砂土层，其比贯入阻力平均值超过 20MPa 时，需要乘以系数 C(表 6-7) 予以折减，再计算 p_{sk}；β 为折减系数，按表 6-8 选用。

q_{sk}-p_{sk} 曲线如图 6-9 所示。图中直线 A(线段 gh) 适用于地表下 6m 范围内的土层；折线 B(线段 $0abc$) 适用于粉土及砂土土层以上（或无粉土及砂土土层地区）的黏性土；折线 C(线段 $0def$) 适用于粉土及砂土土层以下的黏性土；折线 D(线段 $0ef$) 适用于粉土、粉砂、细砂及中砂。p_{sk} 为桩端穿过的中密或密实砂土、粉土的比贯入阻力平均值。采用的单桥探头，圆锥底面积为 15cm^2，底部带 7cm 高滑套，锥角 60°。当桩端穿过粉土、粉砂、细砂及中砂层底面时，折线 D 估算的 q_{sik} 值需乘以表 6-9 中的系数 η_s 值。

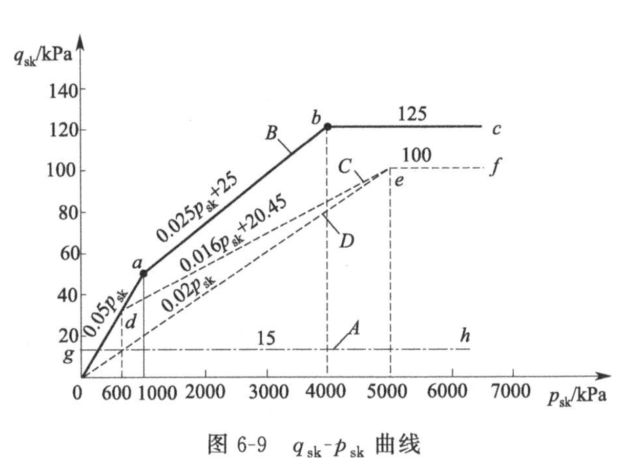

图 6-9　q_{sk}-p_{sk} 曲线

表 6-6　桩端阻力修正系数 α

桩长 l/m	$l<15$	$15\leqslant l\leqslant 30$	$30<l\leqslant 60$
α	0.75	0.75～0.90	0.90

注：桩长 15m≤l≤30m 时，α 按值 l 值直线内插；l 为桩长（不包括桩尖高度）。

表 6-7　系数 C

p_{sk}/MPa	20～30	35	>40
系数 C	5/6	2/3	1/2

表 6-8　折减系数 β

p_{sk2}/p_{sk1}	≤5	7.5	12.5	≥15
β	1	5/6	2/3	1/2

表 6-9　系数 η_s

p_{sk}/p_{sl}	≤5	7.5	≥10
η_s	1.00	0.50	0.33

注：p_{sl} 为砂土、粉土的下卧软土层的比贯入阻力平均值。

② 当根据双桥探头静力触探资料确定混凝土预制桩单桩竖向极限承载力标准值时，对于黏性土、粉土和砂土，如无当地经验时可按下式计算：

$$Q_{uk}=Q_{pk}+Q_{sk}=\alpha q_c A_p+u\sum\beta_i l_i f_{si} \tag{6-11}$$

式中，f_{si} 为第 i 层土的探头平均侧阻力；α 为桩端阻力修正系数，对于黏性土、粉土取 2/3，饱和砂土取 1/2；q_c 为桩端平面上、下探头阻力，取桩端平面以上 $4d$（d 为桩的直径或边长）范围内土层厚度的探头阻力加权平均值，然后再和桩端平面以下 d 范围内的探头阻力进行平均；β_i 为第 i 层土桩侧阻力综合修正系数，黏性土、粉土 $\beta_i=10.04(f_{si})^{-0.55}$，砂土 $\beta_i=5.05(f_{si})^{-0.45}$。

(3) 经验参数法

经验参数法是指根据土的物理指标与承载力参数之间的经验关系确定单桩竖向极限承载力标准值的方法。这种方法的核心问题是经验参数的收集、统计和分析，力求涵盖不同桩型、地区、土质，具有一定的可靠性和较大适用性。

① 当按经验参数法确定单桩竖向极限承载力标准值时，宜按下式计算：

$$Q_{uk}=Q_{pk}+Q_{sk}=q_{pk}A_p+u\sum q_{sik}l_i \tag{6-12}$$

式中，q_{sik} 为桩侧第 i 层土的极限侧阻力标准值，如无当地经验，可按《桩基规范》相关表取值；q_{pk} 为极限端阻力标准值，如无当地经验，可按《桩基规范》相关表取值。

② 当按经验参数法确定大直径桩单桩竖向极限承载力标准值时，可按下式计算：

$$Q_{uk}=Q_{pk}+Q_{sk}=\Psi_p q_{pk}A_p+u\sum\Psi_{si}q_{sik}l_i \tag{6-13}$$

式中，q_{sik} 为桩侧第 i 层土的极限侧阻力标准值，如无当地经验，可按《桩基规范》相关表取值，对于扩底桩变截面以上 $2d$ 长度范围不计侧阻力；q_{pk} 为桩径 800mm 的极限端阻力标准值，对于干作业挖孔（清底干净）可采用深层载荷板试验确定，当不能进行深层载荷板试验，可按《桩基规范》相关表取值；Ψ_{si}、Ψ_p 分别为大直径桩侧阻力、端阻力尺寸效应系数，按表 6-10 取值；u 为桩身周长，当人工挖孔桩桩周护壁为振捣密实的混凝土时，桩身周长可按护壁外直径计算。

表 6-10　尺寸效应系数 Ψ_{si}、Ψ_p

土类型	黏性土、粉土	砂土、碎石类土
Ψ_{si}	$(0.8/d)^{1/5}$	$(0.8/d)^{1/3}$
Ψ_p	$(0.8/D)^{1/4}$	$(0.8/D)^{1/3}$

注：d 为桩身设计直径，D 为桩端扩底设计直径，当为等直径桩时 $D=d$。

(4) 嵌岩桩单桩竖向极限承载力标准值

桩端嵌入岩体中的桩称为嵌岩桩。不论岩体的风化程度如何只要桩端嵌入岩体中均可称为嵌岩桩。嵌入不同特性岩体中的嵌岩桩，其特性的差异是由岩体特性的差异所引起的。桩端置于完整、较完整基岩的嵌岩桩单桩竖向极限承载力，由桩周土总极限侧阻力和嵌岩段总极限阻力组成。当根据岩石单轴抗压强度确定单桩竖向极限承载力标准值时，可按下列公式计算：

$$Q_{uk}=Q_{sk}+Q_{rk} \tag{6-14}$$

$$Q_{sk}=u\sum q_{sik}l_i \tag{6-15}$$

$$Q_{rk}=\xi_r f_{rk}A_p \tag{6-16}$$

式中，Q_{sk}、Q_{rk} 分别为土的总极限侧阻力标准值、嵌岩段总极限阻力标准值；q_{sik} 为桩周第 i 土层的极限侧阻力，无当地经验时，可根据成桩工艺按《桩基规范》相关表取值；f_{rk} 为岩石饱和单轴抗压强度标准值，黏土岩取天然湿度单轴抗压强度标准值；ξ_r 为桩嵌岩段侧阻和端阻综合系数，与嵌岩深径比 h_r/d、岩石软硬程度和成桩工艺有关，可按表 6-11 采用。

表 6-11 桩嵌岩段侧阻和端阻综合系数

嵌岩深径比 h_r/d	0	0.5	1.0	2.0	3.0	4.0	5.0	6.0	7.0	8.0
极软岩、软岩	0.60	0.80	0.95	1.18	1.35	1.48	1.57	1.63	1.66	1.70
较硬岩、坚硬岩	0.45	0.65	0.81	0.90	1.00	1.04	—	—	—	—

注：1. 表中数值适用于泥浆护壁成桩，对于干作业成桩（清底干净）和泥浆护壁成桩后注浆，ξ_r 应取表中数值的 1.2 倍。

2. h_r 为嵌岩深度，当岩面倾斜时，以坡下方嵌岩深度为准，当 h_r/d 为非表中值时，ξ_r 可内插取值。

3. 极软岩、软岩 $f_{rk}\leqslant$15MPa，较硬岩、坚硬岩 $f_{rk}\geqslant$30MPa，介于二者之间可内插取值。

（5）桩周有液化土层时的单桩竖向极限承载力标准值

对于桩身周围有液化土层的低承台桩基，当承台底面上下分别有厚度不小于 1.5m、1.0m 的非液化土或非软弱土层时，可将液化土层极限侧阻力乘以土层液化影响折减系数计算单桩极限承载力标准值。土层液化影响折减系数 Ψ_l 按表 6-12 确定。当承台底面上下非液化土厚度小于以上规定时，土层液化影响折减系数 Ψ_l 取 0。

表 6-12 土层液化影响折减系数 Ψ_l

$\lambda_N=N/N_{cr}$	自地面算起的液化土层深度 d_L/m	Ψ_l
$\lambda_N\leqslant 0.6$	$d_L\leqslant 10$ $10<d_L\leqslant 20$	0 1/3
$0.6<\lambda_N\leqslant 0.8$	$d_L\leqslant 10$ $10<d_L\leqslant 20$	1/3 2/3
$0.8<\lambda_N\leqslant 1.0$	$d_L\leqslant 10$ $10<d_L\leqslant 20$	2/3 1.0

注：1. N 为饱和土标准贯入锤击数实测值；N_{cr} 为液化判别标准贯入锤击数临界值。

2. 对于挤土桩，当桩间距不大于 $4d$，且桩的排数不少于 5 排、总桩数不少于 25 根时，土层液化影响折减系数可按表中数值提高一级取值；桩间土标准贯入锤击数达到 N_{cr} 时，取 $\Psi_l=1$。

6.3.3.2 单桩竖向承载力特征值的估算方法

现行《建筑地基基础设计规范》(GB 50007—2011）规定，初步设计时，单桩竖向承载力特征值可按下式估算：

$$R_a=q_{pa}A_p+u\sum q_{sia}l_i \tag{6-17}$$

式中，q_{pa}、q_{sia} 分别为桩端阻力、桩周第 i 土层的桩侧阻力特征值，由当地静载试验结果统计分析算得；A_p 为桩底端横截面积；u 为桩身周长；l_i 为第 i 层岩土的厚度。

当桩端嵌入完整及较完整的硬质岩中时，可按下式估算单桩竖向承载力特征值：

$$R_a=q_{pa}A_p \tag{6-18}$$

式中，q_{pa} 为桩端岩石承载力特征值，当桩端无沉渣时，应按岩基载荷试验[参看《建筑地基基础设计规范》(GB 50007—2011)]确定或根据岩石饱和单轴抗压强度标准值按式 $q_{pa}=\Psi_r f_{rk}$ 确定；f_{rk} 为岩石饱和单轴抗压强度标准值，可按《建筑地基基础设计规范》（GB 50007—2011）附录 J 确定；Ψ_r 为折减系数，根据岩体完整程度以及结构面的间距、宽度、产状和组合，由地区经验确定，无经验时，对完整岩体可取 0.5，对较完整岩体可取 0.2～0.5，对较破碎岩体可取 0.1～0.2。

上述折减系数值未考虑施工因素及建筑物使用后风化作用的继续，对于黏土质岩，在确保施工期及使用期不致遭水浸泡时，也可采用天然湿度的试样，不进行饱和处理。对破碎、极破碎的岩石承载力特征值，可根据地区经验取值，无地区经验时，可根据平板载荷试验确定。

对于桩端嵌入破碎岩或软质岩石中的桩，单桩竖向承载力特征值按式(6-17）估算。

为保证嵌岩桩的设计可靠性，必须确定桩底一定深度内岩体的性状。此外，嵌岩灌注桩桩端以下 3 倍桩径范围内应无软弱夹层、断裂破碎带和洞穴分布，并应在桩底应力扩散范围内无岩体临空面。

6.3.4 单桩的负摩阻力

桩土之间相对位移的方向，对荷载传递的影响很大。在桩顶竖向荷载作用下，当桩相对于桩周土体向下位移时，桩周土将对桩产生向上的摩阻力，该摩擦力成为桩体承载力的一部分，称为正摩阻力。反之，如果由于某些原因导致桩周土相对于桩体向下位移时，桩周土将对桩产生向下的摩阻力，称为负摩阻力，该摩擦力相当于作用在桩体上的竖向下拉荷载，减少了桩体的承载力。

6.3.4.1 负摩阻力产生的条件

当桩周土层产生的沉降超过基桩的沉降时才会产生负摩阻力，一般情况下，符合下列条件之一时应考虑桩侧负摩阻力的影响：

① 桩穿越较厚松散填土、自重湿陷性黄土、欠固结土、液化土层进入相对较硬土层时；

② 桩周存在软弱土层，邻近桩侧地面承受局部较大的长期荷载，或地面大面积堆载（包括填土）时；

③ 由于降低地下水位，使桩周土有效应力增大，并产生显著压缩沉降时。

负摩阻力问题和正摩阻力一样，首先需要知道土与桩之间的相对位移以及负摩阻力与相对位移之间的关系，才可以了解负摩阻力的荷载传递情况。

6.3.4.2 桩侧负摩阻力的分布

图 6-10(a) 表示在竖向荷载 Q 作用下桩体穿过正在固结中的土层达到坚实土层。图 6-10(b) 中曲线 1 表示桩体的截面位移，曲线 2 表示桩周土层的竖向位移，曲线 1 与曲线 2 的位移差（画横线的部分）为桩土之间的相对位移，两曲线的交点 M 处表示桩土之间的相对位移为零，M 点称为中性点。图 6-10(c) 所示为桩侧摩阻力的分布曲线，在中性点以上，桩周土的位移大于桩体截面位移，产生向下的负摩阻力 q_{sz}^{n}；中性点以下，桩周土的位移小于桩体截面位移，产生向上的正摩阻力 q_{sz}。图 6-10(d) 所示为桩身轴力分布曲线，在中性点以上，轴力沿深度增大；中性点以下，轴力沿深度减小；在中性点处轴力最大为 $Q+Q^{n}$，Q^{n} 为中性点以上作用于桩侧的负摩阻力之和，称为下拉荷载。桩端轴力为 $Q+(Q^{n}-Q^{s})$，Q^{s} 为中性点以下桩侧正摩阻力之和。可见，桩的负摩阻力相当于是施加于桩上的外荷载，这必然会导致桩的承载力相对降低、桩基沉降量相对增大[1,9,14]。

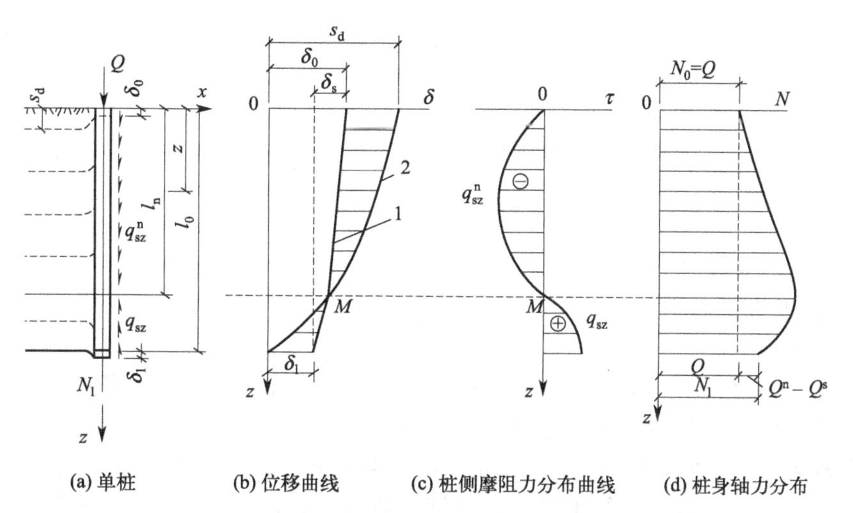

图 6-10 单桩产生负摩阻力时的荷载传递示意图

6.3.4.3 下拉荷载的计算

要进行下拉荷载的计算，首先必须确定中性点的位置和不同深度处负摩阻力的大小。中性点的位置取决于桩土间的相对位移，原则上应按桩周土沉降与桩体沉降相等的条件计算确定。但是中性点的深度 l_n 受桩周土的压缩性、变形条件、土层分布及桩体刚度等众多因素的影响，实际上很难准确确定，因此也可参照《桩基规范》给出的中性点的深度 l_n 与桩长 l_0 的比值来确定，见表 6-13。

表 6-13 中性点深度 l_n

持力层性质	黏性土、粉土	中密以上砂	砾石、卵石	基岩
中性点深度比 l_n/l_0	0.5～0.6	0.7～0.8	0.9	1.0

注：1. l_n、l_0 分别为自桩顶算起的中性点深度和桩周软弱土层下限深度。
2. 当桩周土层与桩基固结沉降同时完成时，取 $l_n=0$。
3. 桩穿过自重湿陷性黄土层时，l_n 可按表中数值增大 10%取值（持力层为基岩除外）。
4. 当桩周土层计算沉降量小于 20mm 时，l_n 应按表中数值乘以 0.4～0.8 折减。

影响桩侧负摩阻力大小的因素较多，当无实测资料时，《桩基规范》规定可根据土层平均竖向有效应力来计算单桩的负摩阻力标准值。中性点以上单桩桩周第 i 层土负摩阻力标准值为

$$q_{si}^{n}=\zeta_{ni}\sigma_i' \tag{6-19}$$

式中，q_{si}^{n} 为第 i 层土负摩阻力标准值，当按上式计算值大于正摩阻力标准值时，取正摩阻力标准值进行设计；ζ_{ni} 为桩周第 i 层土负摩阻力系数，可按表 6-14 取值；σ_i' 为桩周第 i 层土的平均竖向有效应力，当填土、自重湿陷性黄土湿陷、欠固结土层产生固结和地下水位降低时 $\sigma_i'=\sigma_{\gamma i}'$，当地面分布大面积荷载时 $\sigma_i'=p+\sigma_{\gamma i}'$；$p$ 为地面均布荷载；$\sigma_{\gamma i}'$ 为由土自重引起的桩周第 i 层土的平均竖向有效应力 $\sigma_{\gamma i}'=\sum_{e=1}^{i-1}\gamma_e\Delta z_e+\frac{1}{2}\gamma_i\Delta z_i$，桩群外围桩自地面算起，桩群内部桩自承台底算起；$\gamma_i$、$\gamma_e$ 分别为第 i 计算土层和其上第 e 层土的重度，地下水位以下取浮重度；Δz_i、Δz_e 分别为第 i 层土和第 e 层土的厚度。

表 6-14 负摩阻力系数

土类	ζ_n	土类	ζ_n
饱和软土	0.15～0.25	砂土	0.35～0.50
黏性土、粉土	0.25～0.40	自重湿陷性黄土	0.20～0.35

注：1. 在同一类土中，对于挤土桩，取表中较大值；对于非挤土桩，取表中较小值。
2. 填土按其组成取表中同类土的较大值。

下拉荷载为中性点深度范围内负摩擦阻力的累积值，按下式计算：

$$Q^{n}=u\sum_{i=1}^{n}l_i q_{si}^{n} \tag{6-20}$$

式中，n 为中性点以上土层数；l_i 为中性点以上第 i 层土的厚度。

6.3.5 基桩的竖向承载力

6.3.5.1 群桩效应

桩基往往是由多根桩（大于或等于 2 根）组成的群桩基础。在竖向荷载作用下，由于承台、桩和土之间的相互作用，群桩基础的工作性状趋于复杂，使得基桩与相同条件下单桩的工作性状有较大差别，这种现象称为群桩效应。群桩效应往往会使基桩的承载力降低或提高，从而使得群桩的承载力往往不等于各单桩承载力之和。常用群桩效应系数来衡量群桩基础中各基桩的平均承载力比独立单桩增强或削弱的幅度。群桩效应系数是指群桩基础竖向承

载力与群桩中各单桩竖向承载力总和之比：

$$\eta=\frac{群桩基础的承载力}{n\times 单桩承载力}=\frac{Q_g}{\sum Q_i} \tag{6-21}$$

显然，η 越小，表示群桩效应越强，群桩基础承载力越低，沉降量越大。

群桩效应主要表现在群桩中基桩的侧阻及端阻、承台底土的反力、群桩桩顶荷载的分布、群桩的沉降、群桩的破坏模式等方面与单桩不同。影响群桩效应的因素很多，主要有：桩周土与桩端土的性质、桩间距（一般当桩间距大于 $6d$ 时，以上各项影响趋于消失）、桩数、桩的长细比、桩长与承台宽度之比、承台刚度（刚性承台下桩顶荷载的分布一般角桩最大、边桩次之、中桩最小；随承台刚度减小，桩顶荷载分配逐渐与承台上部荷载分布一致）及成桩方法等。

(1) 端承型群桩基础[1,2]

对于端承型桩组成的群桩基础，由于桩端持力层刚硬，各桩桩顶荷载主要由桩身通过桩端传递给持力层，并近似地按某一压力扩散角向下扩散，虽然在距桩底深度 $h=(s_a-d)/(2\tan\alpha)$ 之下产生应力重叠（图 6-11），但并不足以引起持力层明显的竖向附加变形，因此，端承型群桩基础中承台底地基土负担的荷载作用很小可忽略不计，各基桩的工作性状接近于单桩，群桩基础的承载力等于各单桩承载力之和，即群桩效率系数可近似取为 1，群桩的沉降量也与单桩基本相同。

(2) 摩擦型群桩基础

由摩擦型桩组成的群桩基础，桩顶竖向荷载主要通过桩侧摩阻力传递到桩周土层中。一般假定侧阻在桩周土中引起的附加应力按一定角度沿桩长向下扩散分布[图 6-12(a)]。当桩间距较小时，桩端处平面上的应力将因相互重叠而增大[图 6-12(b)]，所以摩擦型群桩基础中基桩的工作性状往往与单桩不同。群桩效应系数可能大于 1，也可能小于 1。

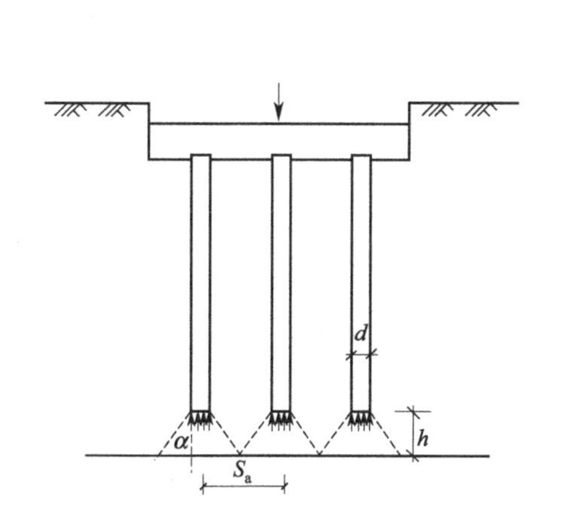

图 6-11　端承型群桩基础

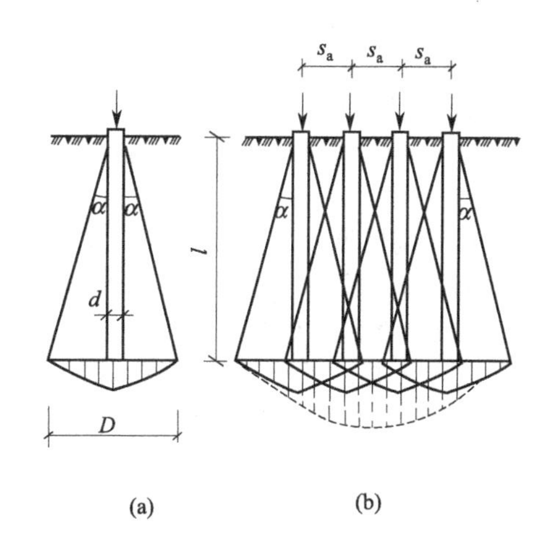

图 6-12　摩擦型群桩基础

对于低承台摩擦型群桩，在竖向荷载作用下，由于桩土的相对位移，地基土对承台产生一定的抗力，成为桩基竖向承载力的一部分而分担荷载，此种效应称为承台效应。承台底地基土承载力特征值的发挥率称为承台效应系数。

① 复合桩基　由于在复合桩基中承台底面与地基土保持接触，桩和承台底地基土共同承担竖向荷载，因此，在确定复合基桩承载力时应考虑承台效应。

承台效应和承台效应系数受桩间距大小、地基土性质、承台宽度与桩长之比、桩的排列方式、桩顶荷载大小等因素的影响。一般来说，桩顶荷载水平高、桩端持力层可压缩、承台底土质好、桩身细而短、布桩少而疏等情况有利于承台底地基土抗力的发挥。

由于承台底地基土分担荷载是以桩基础的整体下沉为前提的，因此，一般情况下，只有在桩基础沉降不会危及建筑物的安全和正常使用时，才可以按复合桩基设计。

② 非复合桩基　承台底面与地基土脱离，承台下土体不产生反力，这类群桩基础称为非复合桩基。判断桩基础是否为复合桩基的关键取决于承台底与地基土是接触还是脱离。

根据实际观测，在下列条件下，将会出现承台底与地基土脱离的情况，应属于非复合桩基[12]：

a. 经常受动力作用的桩基础；

b. 承台下桩间土为湿陷性黄土、欠固结土、新填土、高灵敏度软土或可液化土等土层；

c. 在饱和软土中沉入密集群桩，引起超静孔隙水压力和土体隆起，或基础周围地面有大量堆载，随时间推移，桩间土固结下沉而与承台脱离；

d. 地下水位下降，导致地基土下沉而与承台脱离。

总之，群桩基础中基桩承载力的确定极为复杂，它与桩距、承台刚度、地基土性质、桩的类型、桩的个数等诸多因素有关。

6.3.5.2　基桩的竖向承载力特征值

在桩基设计中，需要知道群桩中基桩的竖向承载力特征值 R，由于群桩效应影响，基桩的竖向承载力特征值往往与单桩的不同，《桩基规范》规定：对于端承型桩基、桩数少于 4 根的摩擦型柱下独立桩基或由于地层土性、使用条件等因素不宜考虑承台效应时，基桩竖向承载力特征值应取单桩竖向承载力特征值，即

$$R=R_a \tag{6-22}$$

对于符合下列条件之一的摩擦型桩基，宜考虑承台效应确定复合基桩的竖向承载力特征值。

① 上部结构整体刚度较好、体型简单的建（构）筑物，由于其可适应较大的变形，承台分担的荷载份额往往也较大。

② 对差异沉降适应性较强的排架结构和柔性结构，该类结构桩基考虑承台效应不至于降低安全度。

③ 按变刚度调平原则设计的桩基刚度相对弱化区，按变刚度调平原则设计的核心筒外围框架柱桩基，适当增加沉降、降低基桩支撑刚度，可达到减小差异沉降、降低承台外围基桩反力、减小承台整体弯矩的目的。

④ 软土地基的减沉复合疏桩基础，考虑承台效应按复合桩基设计是该方法的核心。

考虑承台效应的复合基桩竖向承载力特征值可按下列公式确定：

不考虑地震作用
$$R=R_a+\eta_c f_{ak} A_c \tag{6-23}$$

考虑地震作用
$$R=R_a+\frac{\xi_a}{1.25}\eta_c f_{ak} A_c \tag{6-24}$$

$$A_c=(A-nA_{ps})/n \tag{6-25}$$

式中，η_c 为承台效应系数，可按表 6-15 取值，当承台底为可液化土、湿陷性土、高灵敏度软土、欠固结土、新填土，沉桩引起超孔隙水压力和土体隆起时，不考虑承台效应，取 $\eta_c=0$；f_{ak} 为承台下 1/2 承台宽且不超过 5m 深度范围内各层土的地基承载力特征值按厚度加权的平均值；A_c 为计算基桩所对应的承台底净面积；A_{ps} 为桩身截面积；A 为承台计算域面积，对于柱下独立桩基 A 为承台总面积，对于桩筏基础 A 为柱、墙筏板的 1/2 跨距和悬臂边 2.5 倍筏板厚度所围成的面积，桩集中布置于单片墙下的桩筏基础取墙两边各 1/2 跨距围成的面积，按条形承台计算 η_c；ξ_a 为地基抗震承载力调整系数，按现行《建筑抗震设

计规范》(GB 50011—2010) 采用。

表 6-15　承台效应系数

<table>
<tr><td rowspan="2">B_c/l</td><td colspan="5">s_a/d</td></tr>
<tr><td>3</td><td>4</td><td>5</td><td>6</td><td>>6</td></tr>
<tr><td>≤0.4</td><td>0.06～0.08</td><td>0.14～0.17</td><td>0.22～0.26</td><td>0.32～0.38</td><td rowspan="4">0.50～0.80</td></tr>
<tr><td>0.4～0.8</td><td>0.08～0.10</td><td>0.17～0.20</td><td>0.26～0.30</td><td>0.38～0.44</td></tr>
<tr><td>>0.8</td><td>0.10～0.12</td><td>0.20～0.22</td><td>0.30～0.34</td><td>0.44～0.50</td></tr>
<tr><td>单排桩条形承台</td><td>0.15～0.18</td><td>0.25～0.30</td><td>0.38～0.45</td><td>0.50～0.60</td></tr>
</table>

注:1. s_a/d 为桩中心距与桩直径之比;B_c/l 为承台宽度与桩长之比。当计算基桩为非正方形布桩时,$s_a=\sqrt{A/n}$,A 为承台计算域面积,n 为总桩数。

2. 对于桩布置于墙下的箱、筏承台,η_c 可按单排桩条形承台取值;对于单排桩条形承台,当承台宽度小于 1.5d 时,η_c 按非条形承台取值;对于采用后注浆灌注桩的承台,η_c 宜取低值;对于饱和黏土中的挤土桩基、软土地基上的桩基承台,η_c 宜取低值的 0.8 倍。

6.3.5.3　考虑群桩效应的基桩下拉荷载

考虑群桩效应的基桩下拉荷载可按下式计算:

$$Q_g^n=\eta_n u\sum_{i=1}^{n} l_i q_{si}^n \tag{6-26}$$

$$\eta_n=s_{ax}s_{ay}\Bigg/\left[\pi d\left(\frac{q_s^n}{\gamma_m}+\frac{d}{4}\right)\right] \tag{6-27}$$

式中,n 为中性点以上土层数;u 为桩身周长;l_i 为中性点以上第 i 土层的厚度;η_n 为负摩阻力群桩效应系数,对于单桩基础或按式(6-27)计算的群桩效应系数大于 1 时取 1;s_{ax}、s_{ay} 分别为纵、横向桩的中心距;q_s^n 为中性点以上桩周土层厚度加权平均负摩阻力标准值;γ_m 为中性点以上桩周土层厚度加权平均重度(地下水位以下取浮重度)。

6.4　桩的水平承载力

对于一般建筑物来讲,大多数桩基以承受竖向荷载为主,但是对于高层建筑、高耸结构、桥梁工程、抗震工程等往往会承受较大的水平荷载,此时,需要确定桩基的水平承载力。作用于桩基的水平荷载主要包括:长期作用的水平荷载(如地下结构外墙的土压力、水压力及拱的推力等)、反复作用的水平荷载(如风荷载、波浪荷载、吊车或车辆的制动等)以及水平地震荷载等。承受水平荷载的桩基采用斜桩较为有利,但是考虑到施工条件的限制,实际工程中还是以直桩为主[1,14]。

6.4.1　水平荷载作用下单桩的破坏模式

桩在水平荷载作用下将产生横向位移,并挤压桩侧土体,同时桩侧土体对桩产生水平抗力,在荷载较小时,桩土之间共同工作、协调变形。一般情况下,随着水平荷载的增大,对于低配筋率的灌注桩,通常桩身先出现裂缝,然后断裂破坏;对于抗弯性能强的桩如高配筋混凝土预制桩和钢桩等,桩身虽未断裂,但由于桩侧土体已出现塑性屈服或桩的水平位移超过建筑物的允许值,也认为桩的水平承载力达到极限状态。显然,对于前者单桩的水平承载力由桩身强度控制,而后者单桩的水平承载力由桩侧土的强度或水平位移控制。

为了确定桩的水平承载力,依据桩、土之间的相对刚度,将承受水平荷载的桩分为刚性桩、半刚性桩和柔性桩。

(1) 刚性桩的破坏

当桩很短或桩周土很软弱时,桩、土的相对刚度很大,属于刚性桩[1]。刚性桩在水

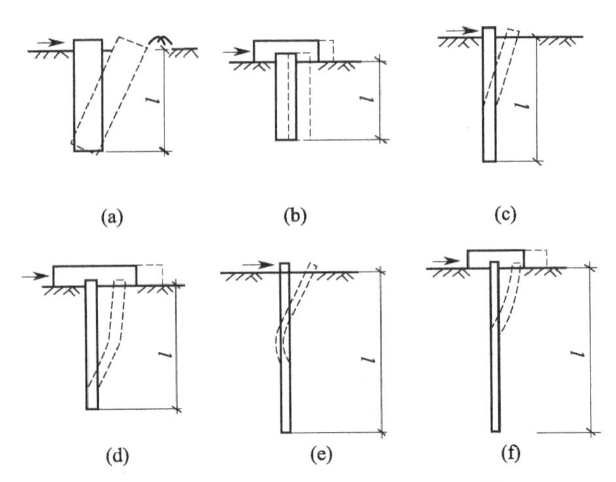

图 6-13　水平荷载作用下单桩的破坏模式

平荷载作用下桩身不产生挠曲变形，若桩顶自由，则全桩会绕靠近桩端的一点做刚体转动[图 6-13(a)]；若桩顶受承台或桩帽约束不能转动，则桩与承台将一起产生刚体平移[图 6-13(b)]。显然，这种情况下，桩身不发生破坏，桩的水平承载力将由桩周土的强度决定。

(2) 半刚性桩和柔性桩的破坏

对于半刚性桩和柔性桩，由于桩较长，桩、土的相对刚度较小，在水平荷载作用下桩身将会产生挠曲变形，并且桩周土不会同时出现屈服，而是随水平荷载的增大，沿桩身向下逐步发展，即桩身下段可视为嵌固于土中而不发生转动。当荷载增大到一定程度，可能由于桩身某截面处的弯矩超过其抵抗矩或桩周土屈服失稳而发生破坏，也可能由于桩的侧向位移超过容许变形值而达到极限状态。半刚性桩和柔性桩的区别是一般半刚性桩桩身位移曲线只出现一个位移零点[图 6-13(c)、(d)]，而柔性桩出现两个以上[图 6-13(e)、(f)]。

综上所述，水平荷载作用下桩的工作性状非常复杂，影响单桩水平承载力的因素主要包括桩身抗弯刚度、材料强度、桩侧土质条件、桩的入土深度、桩顶水平位移允许值和桩顶的约束条件等。一般情况下，土质越好，桩入土越深，土的抗力越大，桩的水平承载力也越大。

6.4.2　单桩水平承载力特征值的确定

确定单桩水平承载力特征值的方法主要有水平静载试验法、计算分析法和公式估算法。其中，水平静载试验是确定单桩水平承载力特征值最可靠的方法。《桩基规范》关于单桩水平承载力特征值确定的相关规定如下。

① 对于受水平荷载较大的设计等级为甲级、乙级的建筑桩基，单桩水平承载力特征值应通过单桩水平静载试验确定，试验方法按现行《建筑基桩检测技术规范》(JGJ 106—2014) 执行。

② 对于钢筋混凝土预制桩、钢桩、桩身配筋率不小于 0.65%的灌注桩，可根据水平静载试验结果取地面处水平位移为 10mm（对于水平位移敏感的建筑物取水平位移 6mm）所对应的荷载的 75%为单桩水平承载力特征值。

③ 对于桩身配筋率小于 0.65%的灌注柱，可取单桩水平静载试验的临界荷载的 75%为单桩水平承载力特征值。

④ 当缺少单桩水平静载试验资料时，可按下列公式估算桩身配筋率小于 0.65%的灌注桩的单桩水平承载力特征值：

$$R_{ha}=\frac{0.75\alpha\gamma_m f_t W_0}{v_M}(1.25+22\rho_g)\left(1\pm\frac{\xi_N N_k}{\gamma_m f_t A_n}\right) \tag{6-28}$$

式中，R_{ha} 为单桩水平承载力特征值，压力为正，拉力为负；f_t 为桩身混凝土抗拉强度设计值；γ_m 为桩截面模量塑性系数，圆形截面取 2，矩形截面取 1.75；ρ_g 为桩身配筋率；ξ_N 为桩顶竖向力影响系数，竖向压力取 0.5，竖向拉力取 1.0；N_k 为在荷载效应标准组合下桩顶的竖向力；α 为桩的水平变形系数，$\alpha=\sqrt[5]{\frac{mb_0}{EI}}$；$m$ 为桩侧土水平抗力系数的比例系数，按表 6-16 取值；b_0 为桩身的计算宽度，对于圆形桩，当直径 $d\leqslant 1\text{m}$ 时，$b_0=0.9(1.5d+0.5)$，当直径 $d>1\text{m}$ 时，$b_0=0.9(d+1)$，对于方形桩，当边长 $b\leqslant 1\text{m}$ 时，$b_0=1.5b+0.5$，当边长 $b>1\text{m}$ 时，$b_0=b+1$；EI 为桩身抗弯刚度，对于钢筋混凝土桩，$EI=0.85E_cI_0$；E_c 为混凝土弹性模量；I_0 为桩身换算截面惯性矩，圆形截面 $I_0=W_0d_0/2$，矩形截面 $I_0=W_0b_0/2$；d_0 为扣除保护层厚度的桩直径；b_0 为扣除保护层厚度的桩截面宽度；W_0 为桩身换算截面受拉边缘的截面模量，圆形截面 $W_0=\frac{\pi d}{32}[d^2+2(\alpha_E-1)\rho_g d_0^2]$，方形截面 $W_0=\frac{b}{6}[b^2+2(\alpha_E-1)\rho_g b_0^2]$；$\alpha_E$ 为钢筋弹性模量与混凝土弹性模量的比值；A_n 为桩身换算面积，圆形截面 $A_n=\frac{\pi d^2}{4}[1+(\alpha_E-1)\rho_g]$，方形截面 $A_n=b^2[1+(\alpha_E-1)\rho_g]$；$v_M$ 为桩身最大弯矩系数，按表 6-17 取值，当单桩基础和单排桩基纵向轴线与水平力方向垂直时，按桩顶铰接考虑。

⑤ 对于混凝土护壁的挖孔桩，计算单桩水平承载力时，其设计桩径取护壁内直径。

⑥ 当桩的水平承载力由水平位移控制，且缺少单桩水平静载试验资料时，可按下式估算预制桩、钢桩、桩身配筋率不小于 0.65%的灌注桩单桩水平承载力特征值：

$$R_{ha}=0.75\frac{\alpha^3 EI}{v_x}\chi_{0a} \tag{6-29}$$

式中，χ_{0a} 为桩顶允许水平位移；v_x 为桩顶水平位移系数，按表 6-17 取值，取值方法同 v_M。

表 6-16　地基土水平抗力系数的比例系数 m 值

序号	地基土类别	预制桩、钢桩		灌注桩	
		m /(MN/m^4)	相应单桩在地面处的水平位移/mm	m /(MN/m^4)	相应单桩在地面处的水平位移/mm
1	淤泥；淤泥质土；饱和湿陷性黄土	2～4.5	10	2.5～6	6～12
2	流塑($I_L>1$)、软塑状黏土($0.75<I_L\leqslant 1$)；$e>0.9$ 粉土；松散粉细砂；松散、稍密填土	4.5～6.0	10	6～14	4～8
3	可塑状黏土($0.25<I_L\leqslant 0.75$)、湿陷性黄土；$e=0.75\sim 0.9$ 粉土；中密填土；稍密细砂	6.0～10	10	14～35	3～6
4	硬塑($0<I_L\leqslant 0.75$)、坚硬状黏土($I_L\leqslant 0$)、湿陷性黄土；$e<0.75$ 粉土；中密的中粗砂；密实老填土	10～22	10	35～100	2～5
5	中密、密实的砾砂、碎石类土	—	—	100～300	1.5～3

注：1. 当桩顶水平位移大于表中数值或灌注桩配筋率较高(≥0.65%)时，m 值应适当降低；当预制桩的水平位移小于 10mm 时，m 值可适当提高。

2. 当水平荷载为长期或经常出现的荷载时，应将表列数值乘以 0.4 降低采用。

3. 当地基为可液化土层时，应将表列数值乘以表 6-12 中相应的系数 Ψ_1。

表 6-17 桩顶（身）最大弯矩系数 v_M 和桩顶水平位移系数 v_x

桩顶约束情况	桩的换算埋深(αh)	v_M	v_x	桩顶约束情况	桩的换算埋深(αh)	v_M	v_x
铰接、自由	4.0	0.768	2.441	固结	4.0	0.926	0.940
	3.5	0.750	2.502		3.5	0.934	0.970
	3.0	0.703	2.727		3.0	0.967	1.028
	2.8	0.675	2.905		2.8	0.990	1.055
	2.6	0.639	3.163		2.6	1.018	1.079
	2.4	0.601	3.526		2.4	1.045	1.095

注：1. 铰接（自由）的 v_M 是桩身的最大弯矩系数，固接的 v_M 是桩顶的最大弯矩系数。

2. 当 $\alpha h>4$ 时，取 $\alpha h=4.0$，h 为桩的入土长度。

验证永久荷载控制的桩基的水平承载力时，应将上述②～⑤确定的单桩水平承载力特征值乘以调整系数 0.8。

6.4.2.1 单桩水平静载试验

(1) 试验装置

单桩水平静载试验适用于确定单桩的水平承载力、推定地基土抗力系数的比例系数。试验装置主要包括加载装置和测量装置两部分（图 6-14）。试验时可在现场制作两根相同的试桩，一般采用同时对两根试桩对顶加载的方式。水平推力加载装置宜采用水平放置的千斤顶，加载能力不得小于最大试验荷载的 1.2 倍。水平力作用点宜与实际工程的桩基承台底面标高一致，千斤顶与试桩接触处应安装球形支座，以保证千斤顶作用力始终水平并通过桩身轴线，不随桩的倾斜或扭转而改变。

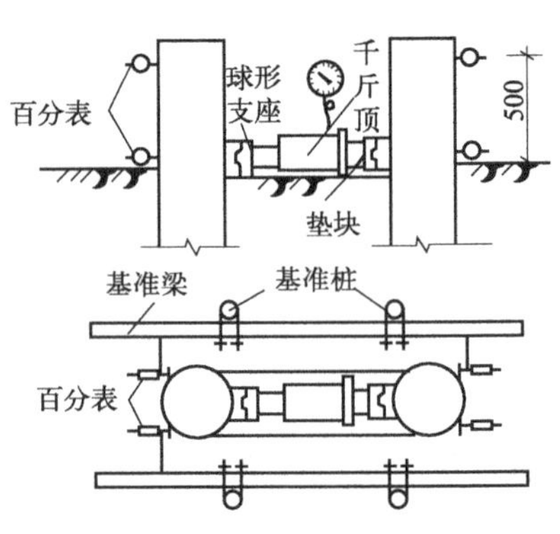

图 6-14 水平静载试验装置示意图

测量装置采用位移传感器或大量程百分表测量。如图 6-14 所示，在水平力作用平面的受检桩两侧应对称安装两个位移计或百分表；当需要测量桩顶转角时，还应在水平力作用平面以上 50cm 的受检桩两侧再对称安装两个位移计或百分表。固定测量仪器的基准点应设置在与作用力方向垂直且与位移方向相反的试桩侧面，基准点与试桩净距不应小于 1 倍桩径。当需要测量桩身应力和应变时，还应在桩身内埋设量测元件。

(2) 加载方法

加载方法宜根据工程桩实际受力特性选用单向多循环加载法或慢速维持荷载法。对于承受反复水平荷载作用的桩基宜采用前者，对于受长期水平荷载的桩基宜采用后者。需要测量桩身应力或应变的试桩宜采用维持荷载法。

单向多循环加载法的分级荷载应小于预估水平极限承载力或最大试验荷载的 1/10。每级荷载施加后，恒载 4min 后可测读水平位移，然后卸载至零，停 2min 测读残余水平位移，至此完成一个加卸载循环。如此循环 5 次，完成一级荷载的位移观测。试验不得中间停顿。

慢速维持荷载法的加卸载分级、试验方法及稳定标准与单桩竖向抗压静载试验相同。

(3) 终止加荷条件

当出现下列情况之一时，可终止加载。

① 桩身折断。

② 水平位移超过 30～40mm（软土取 40mm）。

③ 水平位移达到设计要求的水平位移允许值。

(4) 试验结果

采用单向多循环加载法时可绘制水平力-时间-作用点位移（H_0-t-x_0）关系曲线[图 6-15

(a)]和水平力-位移梯度（H_0-$\Delta x_0/\Delta H_0$）关系曲线[图6-15(b)]；采用慢速维持荷载法时应绘制水平力-力作用点位移（H_0-x_0）关系曲线、水平力-位移梯度（H_0-$\Delta x_0/\Delta H_0$）、力作用点位移-时间对数（x_0-lg$t$）关系曲线和水平力-力作用点位移双对数（lgH_0-lgx_0）关系曲线。对埋设有应力或应变测量传感器的试验，可绘制水平力-最大弯矩截面钢筋拉应力（H_0-σ_g）曲线[图6-15(c)]。

（5）单桩的水平临界荷载 H_{cr}

① 取单向多循环加载法时的 H_0-t-x_0 曲线或慢速维持荷载法时的 H_0-x_0 曲线出现拐点的前一级水平荷载值。

② 取 H_0-$\Delta x_0/\Delta H_0$ 曲线或 lgH_0-lgx_0 曲线上第一拐点对应的水平荷载值。

③ 取 H_0-σ_g 曲线第一拐点对应的水平荷载值。

（6）单桩的水平极限承载力 H_u

① 取单向多循环加载法时的 H_0-t-x_0 曲线产生明显陡降的前一级或慢速维持荷载法时的 H_0-x_0 曲线发生明显陡降的起始点对应的水平荷载值。

② 取慢速维持荷载法时的 x_0-lg$t$ 曲线尾部出现明显弯曲的前一级水平荷载值。

③ 取 H_0-$\Delta x_0/\Delta H_0$ 曲线或 lgH_0-lgx_0 曲线上第二拐点对应的水平荷载值。

④ 取桩身折断或受拉钢筋屈服时的前一级水平荷载值。

单桩水平极限承载力和水平临界荷载参加统计的试桩结果与单桩竖向抗压静载试验相同。

（7）单桩水平承载力特征值

单位工程同一条件下的单桩水平承载力特征值的确定应符合下列规定[13]：当水平承载力按桩身强度控制时，取水平临界荷载统计值为单桩水平承载力特征值；当桩受长期水平荷载作用且桩不允许开裂时，取水平临界荷载统计值的0.8倍作为单桩水平承载力特征值。除以上两条规定外，当水平承载力按设计要求的水平允许位移控制时，可取设计要求的水平允许位移对应的水平荷载作为单桩水平承载力特征值，但应满足有关规范抗裂设计的要求，并应满足《桩基规范》的相关规定。

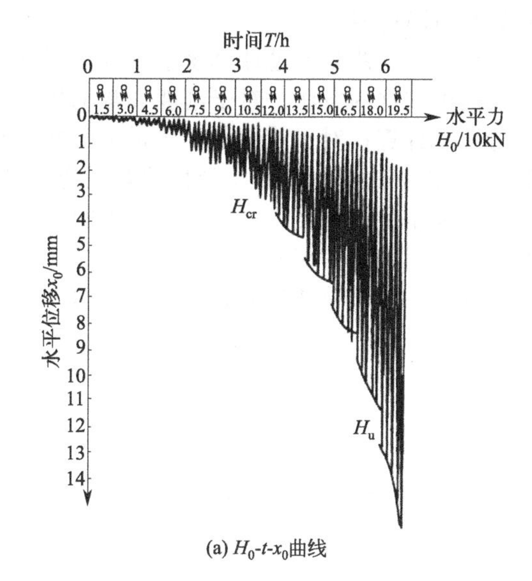

(a) H_0-t-x_0曲线

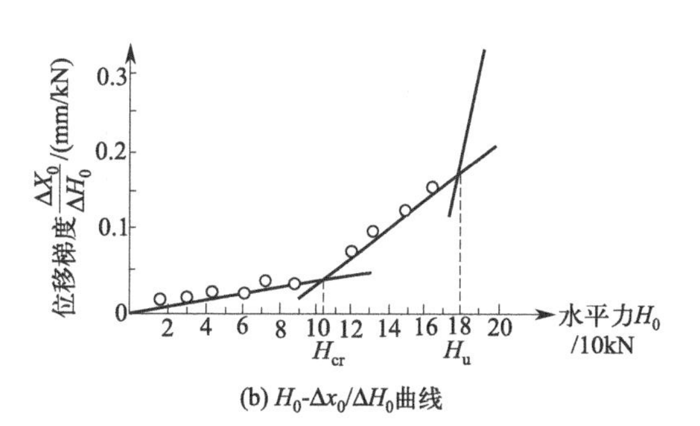

(b) H_0-$\Delta x_0/\Delta H_0$曲线

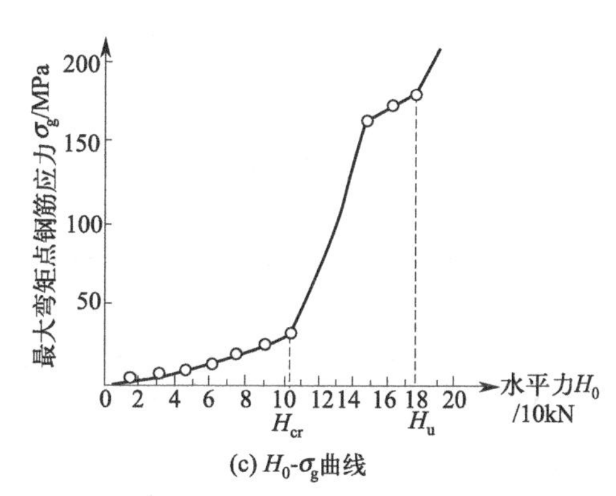

(c) H_0-σ_g曲线

图6-15　水平静载试验曲线

6.4.2.2 计算分析法

计算分析方法是通过计算水平荷载作用下桩的内力和位移来为桩的水平承载力确定及桩身设计提供依据的方法。对于刚性桩常采用 B. B. Broms（1964 年）的极限平衡法（极限地基反力法）计算；对于弹性桩（包括半刚性桩和柔性桩）常采用弹性地基反力法（弹性地基梁法）、有限元法等。其中，弹性地基反力法是工程设计中常用的方法。

弹性地基反力法是把承受水平荷载的桩视为 Winkler 地基中的竖直梁，通过考虑桩、土相互作用，求解梁的挠曲微分方程来计算桩身的弯矩、剪力、位移和桩的水平承载力。

根据 Winkler 地基模型假定，任意深度 z 处桩侧土的水平抗力 σ_x 与该点的位移 x 成正比，即

$$\sigma_x = k_x x \tag{6-30}$$

式中，k_x 为地基土水平抗力系数或水平基床系数。

大量试验资料表明，地基土水平抗力系数 k_x 不仅与土的类别及性质有关，还随深度而变化，并且 k_x 的大小和分布会对挠曲微分方程的求解结果产生直接影响。以下为 4 种常用的 k_x 分布图及与之相应的计算方法（图 6-16）：

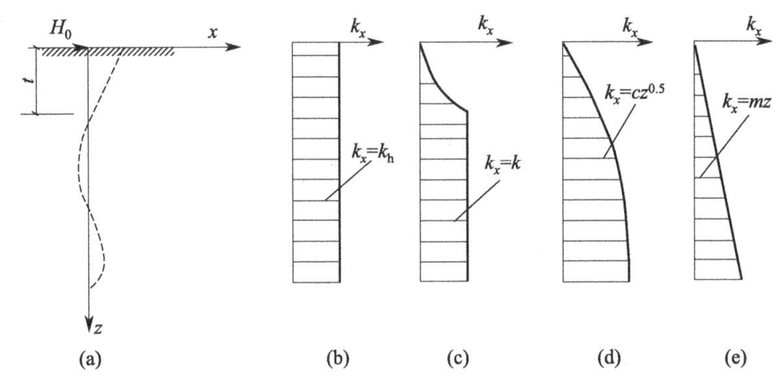

图 6-16 地基土水平抗力系数 k_x 分布图

① 常数法 假定地基土水平抗力系数 k_x 沿深度为常数[图 6-16(b)]。

② k 法 假定在桩身第一个挠曲零点（深度 t 处）以上按抛物线分布以下为常数[图 6-16(c)]。

③ c 法 假定 k_x 沿深度呈抛物线分布，即 $k_x = cz^{0.5}$，其中 c 为比例系数[图 6-16(d)]。

④ m 法 假定 k_x 沿深度线性分布，即 $k_x = mz$，其中 m 为比例系数[图 6-16(e)]。

实践证明，m 法适用于桩的水平位移较大的情况，当桩的水平位移较小时，c 法比较接近实际。下面仅介绍 m 法。

假定单桩在 H_0、M_0 及地基水平抗力 σ_x 作用下产生挠曲变形（图 6-17）。将式(6-30)代入材料力学中梁的挠曲微分方程得到（推导过程同第 4 章基床系数法中微分方程的建立）

$$\frac{\mathrm{d}^4 x}{\mathrm{d}z^4} + \alpha^5 z x = 0 \tag{6-31}$$

式中，α 为桩的水平变形系数，$\alpha = \sqrt[5]{\dfrac{mb_0}{EI}}$；其余符号含义及取值同式(6-28)。

根据边界条件和梁的挠度、转角、剪力、弯矩的微分关系，可得到桩身深度 z 截面处的位移、转角、弯矩和剪力，表达式归纳如下：

$$\begin{cases} x_z = \dfrac{H_0}{\alpha^3 EI}A_x + \dfrac{M_0}{\alpha^2 EI}B_x \\ \varphi_z = \dfrac{H_0}{\alpha^2 EI}A_\varphi + \dfrac{M_0}{\alpha EI}B_\varphi \\ M_z = \dfrac{H_0}{\alpha}A_M + M_0 B_M \\ V_z = H_0 A_V + \alpha M_0 B_V \end{cases} \tag{6-32}$$

对于弹性长桩（$\alpha l \geqslant 4.0$，l 为桩长），上式中的系数 A_x、B_x、A_φ、B_φ、A_M、B_M、A_V、B_V 均可从表 6-18 中查出，单桩的位移 x、弯矩 M、剪力 V 和水平抗力 σ_x 的分布图见图 6-17。

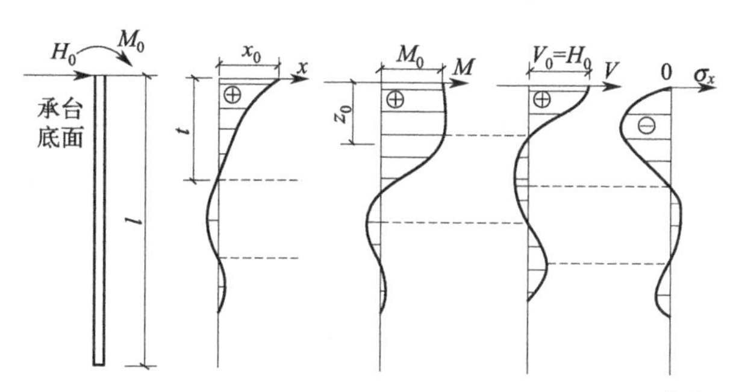

图 6-17　单桩位移、弯矩、剪力、水平抗力分布图[14]

为了计算截面配筋，设计时需要知道桩身最大弯矩值及位置，当配筋率较小时，桩身所能承受的最大弯矩决定了桩的水平承载力。具体方法有两种：一是根据弯矩图直接确定 M_{max} 的大小和位置；二是通过计算得到。

最大弯矩的深度：
$$z_{max} = \bar{h}/\alpha \tag{6-33a}$$
桩身最大弯矩：
$$M_{max} = C_M M_0 \tag{6-33b}$$

式中，$\bar{h}$ 为折算深度，对于弹性长桩，可先计算系数 $C_z = \alpha M_0/H_0$，然后由表 6-19 查出 $\bar{h}$ 的值。

桩顶的水平位移也是确定单桩水平承载力的主要因素之一。计算时，可先从表 6-18 中查出折算深度 $\alpha z=0$ 所对应的 A_x、B_x，再代入式(6-32) 即可求得弹性长桩的桩顶水平位移。对于弹性中长桩（$2.5<\alpha l<4.0$）、弹性短桩（$\alpha l \leqslant 2.5$）可查有关手册。

表 6-18　长桩的内力和变形计算系数

αz	A_x	B_x	A_φ	B_φ	A_M	B_M	A_V	B_V
0.0	2.4407	1.6210	−1.6210	−1.7506	0.0000	1.0000	1.0000	0.0000
0.1	2.2787	1.4509	−1.6160	−1.6507	0.0996	0.9997	0.9883	−0.0075
0.2	2.1178	1.2909	−1.6012	−1.5507	0.1970	0.9981	0.9555	−0.0280
0.3	1.9588	1.1408	−1.5768	−1.4511	0.2901	0.9938	0.9047	−0.0582
0.4	1.8027	1.0006	−1.5433	−1.3520	0.3774	0.9862	0.8390	−0.0955
0.5	1.6504	0.8704	−1.5015	−1.2539	0.4575	0.9746	0.7615	−0.1375
0.6	1.5027	0.7498	−1.4601	−1.1573	0.5294	0.9586	0.6749	−0.1819
0.7	1.3602	0.6389	−1.3959	−1.0624	0.5923	0.9382	0.5820	−0.2269
0.8	1.2237	0.5373	−1.3340	−0.9698	0.6456	0.9132	0.4852	−0.2709
0.9	1.0936	0.4448	−1.2671	−0.8799	0.6893	0.8841	0.3869	−0.3125

续表

αz	A_x	B_x	A_φ	B_φ	A_M	B_M	A_V	B_V
1.0	0.9704	0.3612	−1.1965	−0.7931	0.7231	0.8509	0.2890	−0.3506
1.1	0.8544	0.2861	−1.1228	−0.7098	0.7471	0.8141	0.1939	−0.3844
1.2	0.7459	0.2191	−1.0473	−0.6304	0.7618	0.7742	0.1015	−0.4134
1.3	0.6450	0.1599	−0.9708	−0.5551	0.7676	0.7316	0.0148	−0.4369
1.4	0.5518	0.1079	−0.8941	−0.4841	0.7650	0.6869	−0.0659	−0.4549
1.5	0.4661	0.0629	−0.8180	−0.4177	0.7547	0.6408	−0.1395	−0.4672
1.6	0.3881	0.0242	−0.7434	−0.3560	0.7373	0.5937	−0.2056	−0.4738
1.8	0.2593	−0.0357	−0.6008	−0.2467	0.6849	0.4989	−0.3135	−0.4710
2.0	0.1470	−0.0757	−0.4706	−0.1562	0.6141	0.4066	−0.3884	−0.4491
2.2	0.0646	−0.0994	−0.3559	−0.0837	0.5316	0.3203	−0.4317	−0.4118
2.6	−0.0399	−0.1114	−0.1785	−0.0142	0.3546	0.1755	−0.4365	−0.3073
3.0	−0.0874	−0.0947	−0.0699	−0.0630	0.1931	0.1760	−0.3607	−0.1905
3.5	−0.1050	−0.0570	−0.0121	−0.0829	0.0508	0.0135	−0.1998	−0.0167
4.0	−0.1079	−0.0149	−0.0034	−0.0851	0.0001	0.0001	0.0000	−0.0005

表 6-19 桩身最大弯矩截面系数 C_z 及最大弯矩系数 C_M

$\bar{h}=\alpha z$	C_z	C_M	$\bar{h}=\alpha z$	C_z	C_M	$\bar{h}=\alpha z$	C_z	C_M
0.0	∞	1.000	1.0	0.824	1.728	2.0	−0.865	−0.304
0.1	131.252	1.001	1.1	0.503	2.299	2.2	−1.048	−0.187
0.2	34.186	1.004	1.2	0.246	3.876	2.4	−1.230	−0.118
0.3	15.544	1.012	1.3	0.034	23.438	2.6	−1.420	−0.074
0.4	8.781	1.029	1.4	−0.145	−4.596	2.8	−1.635	−0.045
0.5	5.539	1.057	1.5	−0.299	−1.876	3.0	−1.893	−0.026
0.6	3.710	1.101	1.6	−0.434	−1.128	3.5	−2.994	−0.003
0.7	2.566	1.169	1.7	−0.555	−0.740	4.0	−0.045	−0.011
0.8	1.791	1.274	1.8	−0.655	−0.530			
0.9	1.238	1.441	1.9	−0.768	−0.396			

6.4.3 基桩的水平承载力特征值

群桩基础（不含水平力垂直于单排桩基纵向轴线和力矩较大的情况）的基桩水平承载力特征值应考虑由承台、桩群、土相互作用产生的群桩效应，可按下式确定：

$$R_h=\eta_h R_{ha} \tag{6-34}$$

考虑地震作用且 $s_a/d \leqslant 6$ 时：

$$\eta_h=\eta_i\eta_r+\eta_l$$

$$\eta_i=\frac{\left(\dfrac{s_a}{d}\right)^{0.015n_2+0.45}}{0.15n_1+0.10n_2+1.9}$$

$$\eta_l=\frac{m\chi_{0a}B_c'h_c^2}{2n_1n_2R_{ha}}$$

$$\chi_{0a}=\frac{R_{ha}v_x}{\alpha^3 EI}$$

其他情况：

$$\eta_h=\eta_i\eta_r+\eta_l+\eta_b$$

$$\eta_b=\frac{\mu P_c}{n_1n_2R_h}$$

$$B_c'=B_c+1$$

$$P_c = \eta_c f_{ak}(A - nA_{ps})$$

式中，η_h 为群桩效应综合系数；η_i 为桩的相互影响效应系数；η_r 为桩顶约束效应系数（桩顶嵌入承台长度为 50～100mm 时），按表 6-20 取值；η_l 为承台侧向土水平抗力效应系数（承台外围回填土为松散状态时取 1.0）；η_b 为承台底摩阻效应系数；s_a/d 为沿水平荷载方向的距径比；n_1、n_2 分别为沿水平荷载方向与垂直水平荷载方向每排桩中的桩数；m 为承台侧向土水平抗力系数的比例系数，当无试验资料时可按表 6-16 取值；χ_{0a} 为桩顶（承台）的水平位移允许值，当以位移控制时，可取 $\chi_{0a}=10\text{mm}$（对水平位移敏感的结构取 6mm），当以桩身强度控制（低配筋率灌注桩）时，可按 $\chi_{0a}=\dfrac{R_{ha}v_x}{\alpha^3 EI}$ 确定；B'_c 为承台受侧向土抗力一边的计算宽度；B_c 为承台宽度；h_c 为承台高度；μ 为承台底与地基土间的摩擦系数，按表 6-21 取值；P_c 为承台底地基土分担的竖向总荷载标准值；η_c 为承台效应系数，可按表 6-15 取值；A_{ps} 为桩身截面积；A 为承台总面积。

表 6-20　桩顶约束效应系数 η_r

换算深度(αh)	2.4	2.6	2.8	3.0	3.5	≥4.0
位移控制	2.58	2.34	2.2	2.13	2.07	2.05
强度控制	1.44	1.57	1.71	1.82	2.00	2.07

注：α 为桩的水平变形系数；h 为桩的入土长度。

表 6-21　承台底与地基土间的摩擦系数 μ

土的类别		摩擦系数 μ
黏性土	可塑	0.25～0.30
	硬塑	0.30～0.35
	坚塑	0.35～0.45
粉土	密实、中密(稍湿)	0.30～0.40
中砂、粗砂、砾砂		0.40～0.50
碎石土		0.40～0.60
软岩、软质岩		0.40～0.60
表面粗糙的较硬岩、坚硬岩		0.65～0.75

6.5 抗拔桩的承载力

对于承受较大上拔荷载或上浮荷载的桩基，如输电塔、发射塔、高耸的烟囱、海洋石油平台、地下油罐、地下室等结构物的桩基以及膨胀土或冻土地区建筑物的桩基，应进行抗拔承载力验算。

单桩的抗拔承载力主要取决于桩身材料强度和桩周土的抗拔阻力，它由桩侧阻力、桩身重量和上拔形成的桩端真空吸力等几部分组成。

在上拔荷载作用下，单桩的破坏模式主要包括桩身混凝土或钢筋被拉断破坏、单桩被拔出破坏（非整体破坏模式）和群桩整体被拔出破坏（整体破坏模式）。显然，对于前者单桩的抗拔承载力主要由桩身强度控制，而后两者则主要取决于桩周土的性质。

单桩的抗拔极限承载力标准值可通过单桩竖向抗拔静载试验法确定，也可由计算方法确定。目前，桩的抗拔极限承载力的计算分为两大类：一类是理论计算模式，即以土的抗剪强度及侧压力系数为参数，按不同抗拔破坏模式建立计算公式；另一类是以抗拔试验资料为依据，采用抗拔极限承载力计算模式乘以抗拔系数 λ 的经验性公式。前一类公式的影响因素较多，主要包括：桩的长径比、有无扩底、成桩工艺、地层土性等，计算较为复杂。《桩基规范》采用了后者。

《桩基规范》规定群桩基础及其基桩的抗拔极限承载力标准值应按下列要求确定。

① 对于设计等级为甲级和乙级建筑桩基，基桩的抗拔极限承载力标准值应通过现场单桩竖向抗拔静载试验确定。单桩竖向抗拔静载试验及抗拔极限承载力标准值取值可按现行《建筑基桩检测技术规范》（JGJ 106—2014）执行。

② 如无当地经验时，群桩基础及设计等级为丙级建筑桩基，基桩的抗拔极限承载力标准值可按下列规定计算。

a. 群桩呈非整体破坏时，基桩的抗拔极限承载力标准值可按下式计算：

$$T_{uk}=\sum q_{sik}l_i\lambda_i u_i \tag{6-35}$$

式中，T_{uk} 为基桩抗拔极限承载力标准值；u_i 为桩身周长，对于等直径桩取 $u_i=\pi d$，对于扩底桩按表 6-22 取值；q_{sik} 为桩侧表面第 i 层土的抗压极限侧阻力标准值，可按《桩基规范》相关表取值；λ_i 为抗拔系数，可按表 6-23 取值。

表 6-22 扩底桩破坏表面周长 u_i

自桩底起算的长度 l_i	$\leqslant(4\sim10)d$	$>(4\sim10)d$
u_i	πD	πd

注：l_i 对于软土取低值，对于卵石、砾石取高值；l_i 取值按内摩擦角增大而增加；D 为扩底直径。

表 6-23 抗拔系数 λ

土类	λ
砂土	0.50～0.70
黏性土、粉土	0.70～0.80

注：桩长与桩直径之比小于 20 时，λ 取小值。

b. 群桩呈整体破坏时，基桩的抗拔极限承载力标准值可按下式计算：

$$T_{gk}=\frac{u_1}{n}\sum q_{sik}l_i\lambda_i \tag{6-36}$$

式中，u_1 为桩群外围周长。

6.6 桩基沉降计算

与天然地基上的浅基础相比，桩基础的稳定性好，沉降量也大为减小并且相对均匀。但是，随着建筑规模和尺寸的逐渐增加以及对沉降变形要求的提高，桩基沉降的计算也备受关注，成为桩基设计的重要内容之一。《桩基规范》对需要进行沉降计算的桩基类型做了明确规定（见本书 6.1.2.3 节）。

6.6.1 单桩沉降的计算理论

对于一柱一桩的情况，单桩的沉降计算就是实际工程问题，除此以外，单桩的沉降计算也是某些群桩基础沉降计算的依据[12]。

在竖向荷载作用下，单桩的沉降量主要由以下几部分组成：桩身在轴力作用下的弹性压缩量 s_1；桩端阻力的反力压缩桩端土体所产生的桩端沉降量 s_2；桩侧阻力在桩周土中引起的附加应力按一定角度向下扩散传播，导致桩端土体压缩产生的桩端沉降量 s_3。

因此，单桩桩顶的总沉降量 s 可表示为

$$s=s_1+s_2+s_3 \tag{6-37}$$

对以上三部分沉降进行计算时，都必须知道在单桩荷载传递过程中桩侧阻和桩端阻各自所分担的荷载比例，以及桩侧阻力、桩身截面位移及轴力等沿桩身的分布情况，由前面的讲

述可知，它们与众多因素有关，十分复杂。

一般情况下，可把桩身材料视为弹性材料，应用弹性理论计算桩身的压缩量。但是，桩端土的沉降量不仅与土的压缩性有关，还与土的固结状态、荷载水平、荷载持续时间等因素有关，计算相对复杂。目前，已发展了多种单桩沉降计算方法，常见的有荷载传递法、弹性理论法、剪切位移法、简化法（路桥规范简化计算法）、分层总和法、数值计算法等。每种计算方法均有各自的特点、假定条件和计算原理，不同方法的比较见表 6-24。

表 6-24　单桩沉降计算方法的比较[12]

计算方法	桩	土	桩土相互作用	优缺点
弹性理论法	弹性	弹性	满足力的平衡、变形协调	优点：考虑了土的连续性、理论基础较完善 缺点：不能考虑土体非线性的实质
荷载传递法	弹性或弹塑性	非线性	满足力的平衡、变形协调	优点：较好地反映桩土间的非线性、地基土的成层性 缺点：没有考虑土的连续性、无法直接用于群桩分析
剪切位移法	弹性	沿桩径向的连续介质	满足力的平衡、变形协调	优点：可给出桩周土的位移变化场、可考虑群桩的共同作用 缺点：假定桩土之间、桩周土上下层之间没有相互作用与实际情况不符
简化法	弹性	只考虑桩端土压缩	满足力的平衡、变形协调	优点：计算简单 缺点：经验公式不具有普遍性
分层总和法	弹性，考虑桩身压缩	只考虑桩端土压缩	满足力的平衡、变形协调	优点：计算简单 缺点：采用弹性理论计算附加应力与实际差异较大
数值计算法	弹性或弹塑性	弹塑性连续介质	满足力的平衡、变形协调或允许滑移产生	优点：可以考虑桩土滑移 缺点：一般模型中的假定情况与实际不符合

总体来说，应根据工程的实际情况、荷载特点、土层条件、桩的类型等，选择合适的计算模型和参数进行单桩的沉降计算[1,12]。

6.6.2　群桩沉降计算

对于桩中心距小于或等于 6 倍桩径的群桩基础，在工作荷载下的桩基沉降计算方法，目前工程中常用的有两大类：一类是按实体深基础计算模型，采用弹性半空间表面荷载下 Boussinesq 应力解计算附加应力，用分层总和法计算沉降；另一类是以半无限弹性体内部集中力作用下的 Mindlin 解为基础计算沉降。后者又主要分为两种：第一种是 Poulos 提出的相互作用因子法；第二种是 Geddes 对 Mindlin 公式积分而导出集中力作用下弹性半空间内部的应力解，按叠加原理，求得群桩桩端平面下各单桩附加应力和，按分层总和法计算群桩沉降。

6.6.2.1　等效作用分层总和法

《桩基规范》规定：当桩中心距 $s_a \leqslant 6d$ 时，可将桩基看作实体深基础，其最终沉降量计算可采用等效作用分层总和法。等效作用面位于桩端平面，等效作用面积为桩承台投影面积，等效作用附加应力近似取承台底平均附加压力。等效作用面以下的应力分布采用各向同性均质直线变形体理论。计算模式见图 6-18，桩基任一点的最终沉降量可用角点法按下式计算：

$$s = \Psi \Psi_e s' = \Psi \Psi_e \sum_{j=1}^{m} p_{0j} \sum_{i=1}^{n} \frac{\left[z_{ij} \bar{\alpha}_{ij} - z_{(i-1)j} \bar{\alpha}_{(i-1)j} \right]}{E_{si}} \tag{6-38}$$

式中，s 为桩基最终沉降量；s' 为采用 Boussinesq 解，按实体深基础分层总和法计算出的桩基沉降量；Ψ 为桩基沉降计算经验系数，当无当地可靠经验时可按表 6-25 确定；m 为角点法计算点对应的矩形荷载分块数；n 为桩基沉降计算深度范围内所划分的土层数；p_{0j} 为第 j 块矩形底面在荷载效应准永久组合下的附加压力；E_{si} 为等效作用面以下第 i 层土的压缩模量，采用地基土在自重压力至自重力加附加压力作用时的压缩模量；z_{ij}，$z_{(i-1)j}$ 分别为桩端平面第 j 块荷载作用面至第 i 层土、第 $i-1$ 层土底面的距离；$\bar{\alpha}_{ij}$，$\bar{\alpha}_{(i-1)j}$ 分别为桩端平面第 j 块荷载计算点至第 i 层土、第 $i-1$ 层土底面深度范围内平均附加应力系数，按《桩基规范》附录 D 选用；Ψ_e 为桩基等效沉降系数。

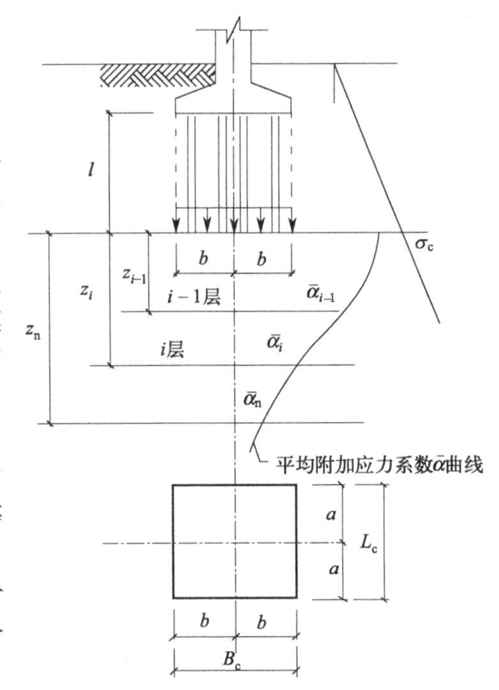

图 6-18 桩基沉降计算示意图

桩基沉降计算深度 z_n 按应力比法确定，即计算深度处的附加应力 σ_z 与土的自重应力 σ_c 应符合下式要求：

$$\sigma_z \leqslant 0.2\sigma_c \tag{6-39}$$

$$\sigma_z = \sum_{j=1}^{m} \alpha_j p_{0j} \tag{6-40}$$

式中，α_j 为附加应力系数，可根据角点法划分的矩形长宽比及深度比按《桩基规范》附录 D 选用。

桩基等效沉降系数 Ψ_e，可按下式简化计算：

$$\Psi_e = C_0 + \frac{n_b - 1}{C_1(n_b - 1) + C_2} \tag{6-41}$$

式中，n_b 为矩形布桩时的短边布桩数，当布桩不规则时可按 $n_b = \sqrt{nB_c/L_c}$ 近似计算，$n_b > 1$，当 $n_b < 1$ 时取 $n_b = 1$；n 为总桩数；C_0、C_1、C_2 分别为与群桩距径比 s_a/d、长径比 l/d 及基础长宽比 L_c/B_c 有关的系数，按《桩基规范》附录 E 确定；L_c、B_c 分别为矩形承台的长和宽。

当布桩不规则时，等效距径比可按下式近似计算：

圆形桩 $$s_a/d = \sqrt{A}/(\sqrt{n}d) \tag{6-42a}$$

方形桩 $$s_a/d = 0.886\sqrt{A}/(\sqrt{n}b) \tag{6-42b}$$

式中，A 为桩基承台总面积；b 为方形桩截面边长。

表 6-25 桩基沉降计算经验系数 Ψ

$\bar{E}_s$/MPa	≤10	15	20	35	≥50
Ψ	1.2	0.9	0.65	0.50	0.40

注：1. $\bar{E}_s$ 为沉降计算深度范围内压缩模量的当量值，$\bar{E}_s = \sum A_i / \sum \frac{A_i}{E_{si}}$，式中 A_i 为第 i 层土附加应力系数沿土层厚度的积分值，可近似按分块面积计算。

2. Ψ 可根据 $\bar{E}_s$ 内插取值。

对于采用后注浆施工工艺的灌注桩，桩基沉降计算经验系数应根据桩端持力土层类别，乘以 0.7(砂、砾、卵石)～0.8(黏性土、粉土)折减系数；饱和土中采用预制桩（不含复打、复压、引孔沉桩）时，应根据桩距、土质、沉桩速率和顺序等因素，乘以 1.3～1.8 挤土效应系数，土的渗透性低，桩距小，桩数多，沉降速率快时取大值。

计算桩基沉降时，应考虑相邻基础的影响，采用叠加原理计算；桩基等效沉降系数可按独立基础计算。

当桩基形状不规则时，可采用等效矩形面积计算桩基等效沉降系数，等效矩形的长宽比可根据承台实际尺寸和形状确定。

6.6.2.2　单桩、单排桩、疏桩基础沉降计算

《桩基规范》规定：对于单桩、单排桩、桩中心距大于 6 倍桩径的疏桩基础的沉降分以下两种情况进行计算。

(1) 非复合桩基

对于承台底地基土不分担荷载的桩基，桩端平面以下地基土中由基桩引起的附加应力，按考虑桩径影响的 Mindlin（明德林）解计算确定。将沉降计算点水平面影响范围内各基桩对应力计算点产生的附加应力叠加，采用单向压缩分层总和法计算土层的沉降，并计入桩身压缩 s_e。

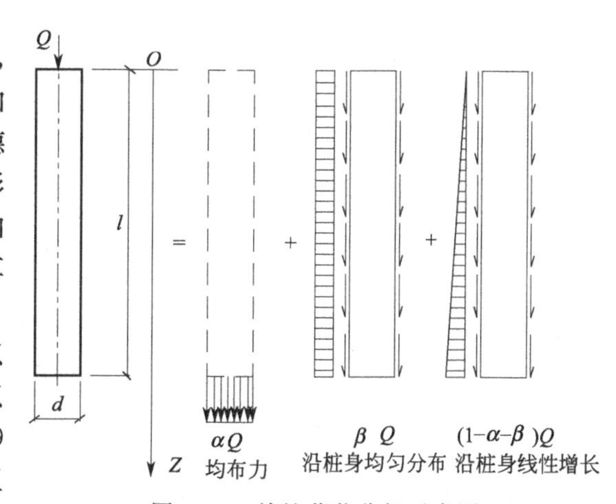

图 6-19　单桩荷载分担示意图

采用明德林应力公式计算地基中某点的竖向附加应力值时，可将各根桩在该点产生的附加应力逐根叠加计算。如图 6-19 所示，Q 为单桩在竖向荷载效应准永久组合作用下的附加荷载，由桩端阻力 Q_p 和桩侧摩阻力 Q_s 共同承担，且 $Q_p=\alpha Q$，α 是桩端阻力比。桩的端阻力假定为集中力，桩侧摩阻力可假定为由沿桩身均匀分布和沿桩身线性增长分布两种形式组成，其值分别为 βQ 和 $(1-\alpha-\beta)Q$。

第 k 根桩的端阻力在深度 z 处产生的附加应力：

$$\sigma_{zp,k}=\frac{\alpha Q}{l^2}I_{p,k} \tag{6-43a}$$

第 k 根桩的侧摩阻力在深度 z 处产生的附加应力由如下两部分组成。

均匀分布侧阻力产生的附加应力：

$$\sigma_{zs1,k}=\frac{\beta Q}{l^2}I_{s1,k} \tag{6-43b}$$

三角形分布侧阻力产生的附加应力：

$$\sigma_{zs2,k}=\frac{(1-\alpha-\beta)Q}{l^2}I_{s2,k} \tag{6-43c}$$

式中，β 为均匀分布侧阻力比；l 为桩长；$I_{p,k}$、$I_{s1,k}$、$I_{s2,k}$ 为考虑桩径影响的 Mindlin 解应力影响系数，按《桩基规范》附录 F 确定。

所有桩在深度 z 处产生的附加应力为

$$\begin{aligned}\sigma_z&=\sum_{k=1}^{m}(\sigma_{zp,k}+\sigma_{zs1,k}+\sigma_{zs2,k})\\&=\sum_{k=1}^{m}\frac{Q}{l^2}[\alpha_k I_{p,k}+\beta_k I_{s1,k}+(1-\alpha_k-\beta_k)I_{s2,k}]\end{aligned} \tag{6-44}$$

式中，m 为以沉降计算点为圆心、0.6 倍桩长为半径的水平面影响范围内的基桩数量。

对于一般摩擦型桩可假定桩侧摩阻力全部是沿桩身线性增长的（即 $\beta=0$），则式(6-44)可简化为

$$\sigma_z=\sum_{k=1}^{m}\frac{Q}{l^2}[\alpha_k I_{p,k}+(1-\alpha_k)I_{s2,k}] \tag{6-45}$$

桩身压缩量为

$$s_e=\xi_e\frac{Q_k l_k}{E_c A_{ps}} \tag{6-46}$$

式中，α_k 为第 k 根桩总桩端阻力与桩顶荷载之比，近似取极限总端阻力与单桩极限承载力之比；ξ_e 为桩身压缩系数，端成型桩取 1.0，摩擦型桩，$l/d\leqslant30$ 时取 2/3，$l/d\geqslant50$ 时取 1/2，介于两者之间可线性插值；E_c 为桩身混凝土的弹性模量；l_k 为第 k 根桩的桩长；A_{ps} 为桩身截面面积；Q_k 为第 k 根桩在竖向荷载效应准永久组合作用下（对于复合桩基应扣除承台底地基土分担荷载），桩顶的附加荷载，当地下室埋深超过 5m 时，取荷载效应准永久组合作用下的总荷载为考虑回弹再压缩的等价附加荷载。

桩基的最终沉降量为

$$s=\Psi\sum_{i=1}^{n}\frac{\Delta z_i\sigma_{zi}}{E_{si}}+s_e=\Psi\sum_{i=1}^{n}\sum_{k=1}^{m}\frac{\Delta z_i Q_k}{E_{si}l_k^2}[\alpha_k I_{p,ik}+(1-\alpha_k)I_{s2,ik}]+\xi_e\frac{Q_k l_k}{E_c A_{ps}} \tag{6-47}$$

式中，n 为沉降计算深度范围内土层的计算分层数，分层数应结合土层性质，分层厚度不应超过计算深度的 0.3 倍；σ_{zi} 为水平面影响范围内各基桩对应于计算点桩端平面以下第 i 计算土层 1/2 厚度处产生的附加竖向应力之和，应力计算点应取与沉降计算点最近的桩中心点；Δz_i 为第 i 计算土层厚度；Ψ 为沉降计算经验系数，无当地经验时，可取 1.0；$I_{p,ik}$、$I_{s2,ik}$ 分别为第 k 根桩的桩端阻力与桩侧阻力对计算轴线第 i 计算土层 1/2 厚度处的应力影响系数，可按《桩基规范》附录 F 确定。

(2) 复合桩基

对于承台底地基土分担荷载的桩基，将承台底土压力对地基中某点产生的附加应力按 Boussinesq 解计算，与基桩产生的附加应力叠加，采用与非复合桩基相同方法计算沉降，其最终沉降量计算公式为

$$s=\Psi\sum_{i=1}^{n}\frac{\sigma_{zi}+\sigma_{zci}}{E_{si}}\Delta z_i+s_e \tag{6-48a}$$

$$\sigma_{zci}=\sum_{k=1}^{u}a_{ki}\times p_{c,k} \tag{6-48b}$$

式中，σ_{zci} 为承台压力对应力计算点桩端平面以下第 i 计算土层 1/2 厚度处产生的应力，可将承台板划分为 u 个矩形块，按《桩基规范》附录 D 采用角点法计算；$p_{c,k}$ 为第 k 块承台底均布压力，可按 $p_{c,k}=\eta_{c,k}f_{ak}$ 取值；$\eta_{c,k}$ 为第 k 块承台底板的承台效应系数，按表 6-15 取值；f_{ak} 为承台底地基承载力特征值。a_{ki} 为第 k 块承台底角点处，桩端平面以下第 i 计算土层 1/2 厚度处的附加应力系数，可按《桩基规范》附录 D 确定。

对于单桩、单排桩、疏桩复合基础的最终沉降计算深度 z_n 按应力比法确定，即计算深度处的附加应力 σ_z、承台土压力引起的附加应力 σ_{zc} 与土的自重应力 σ_c 应符合下式要求：

$$\sigma_z+\sigma_{zc}\leqslant0.2\sigma_c \tag{6-49}$$

6.6.2.3　桩基沉降变形允许值

建筑桩基沉降变形计算值不应大于桩基沉降变形允许值。桩基沉降可用下列指标表示：

① 沉降量；

② 沉降差；

③ 整体倾斜，桩基倾斜方向两端点的沉降差与其距离的比值；

④ 局部倾斜，墙下条形承台沿纵向某一长度范围内桩基础两点的沉降差与其距离的比值。

计算桩基沉降变形时，桩基变形指标应按下列规定选用：

① 由于土层厚度与性质不均匀、荷载差异、体形复杂、相互影响等因素引起的地基沉降变形，对于砌体承重结构应由局部倾斜控制；

② 对于多层或高层建筑和高耸结构应由整体倾斜值控制；

③ 当其结构为框架、框架-剪力墙、框架-核心筒结构时，应控制柱（墙）之间的差异沉降。

建筑桩基沉降变形允许值，应按表 6-26 规定采用。对于表中未包含的情况，应根据上部结构对桩基沉降变形的适应能力和使用要求确定。

6.6.3　根据现行《建筑地基基础设计规范》进行桩基沉降计算

现行《建筑地基基础设计规范》（GB 50007—2011）规定对以下建筑物的桩基应进行沉降验算：地基基础设计等级（见 2.3.1 节）为甲级的建筑物桩基；体型复杂，荷载不均匀或桩端以下存在软弱土层的设计等级为乙级的建筑物桩基；摩擦型桩基。嵌岩桩、设计等级为丙级的建筑物桩基，对沉降无特殊要求的条形基础下不超过两排桩的桩基、吊车工作级别 A5 及 A5 以下的单层工业厂房桩基（桩端下为密实土层），可不进行沉降验算；当有可靠地区经验时，对地质条件不复杂，荷载均匀，对沉降无特殊要求的端承型桩基也可不进行沉降验算。

表 6-26　建筑桩基沉降变形允许值

变形特征	允许值	变形特征	允许值
砌体承重结构基础的局部倾斜	0.002	高耸结构桩基的整体倾斜	
各类建筑相邻柱(墙)基的沉降差		$H_g \leqslant 20$	0.008
(1) 框架、框架-剪力墙、框架-核心筒结构	$0.002l_0$	$20 < H_g \leqslant 50$	0.006
(2) 砌体墙填充的边排柱	$0.0007l_0$	$50 < H_g \leqslant 100$	0.005
(3) 当基础不均匀沉降时不产生附加应力的结构	$0.005l_0$	$100 < H_g \leqslant 150$	0.004
单层排架结构(柱距为 6m)桩基的沉降量/mm	120	$150 < H_g \leqslant 200$	0.003
桥式吊车轨面的倾斜(按不调整轨道考虑)		$200 < H_g \leqslant 250$	0.002
纵向	0.004	高耸结构基础的沉降量/mm	
横向	0.003	$H_g \leqslant 100$	350
多层和高层建筑的整体倾斜		$100 < H_g \leqslant 200$	250
$H_g \leqslant 24$	0.004	$200 < H_g \leqslant 250$	150
$24 < H_g \leqslant 60$	0.003	体型简单的剪力墙结构高层建筑桩基的最大沉降量/mm	200
$60 < H_g \leqslant 100$	0.0025		
$H_g > 100$	0.002		

注：l_0 为相邻柱(墙)两测点间距离；H_g 为自室外地面算起的建筑物高度，m。

桩基础的沉降不得超过建筑物的沉降允许值，并应符合表 2-16 的规定。计算桩基础沉降时，最终沉降量宜按单向压缩分层总和法计算：

$$s = \Psi_p \sum_{j=1}^{m} \sum_{i=1}^{n_j} \frac{\sigma_{j,i} \Delta h_{j,i}}{E_{sj,i}} \tag{6-50}$$

式中，s 为桩基最终计算沉降量；m 为桩端平面以下压缩层范围内土层总数；$E_{sj,i}$ 为桩端平面下第 j 层土第 i 个分层在自重应力至自重应力加附加应力作用段的压缩模量；n_j 为桩端平面下第 j 层土的计算分层数；$\Delta h_{j,i}$ 为桩端平面下第 j 层土的第 i 个分层厚度；$\sigma_{j,i}$ 为桩端平面下第 j 层土第 i 个分层的竖向附加应力；Ψ_p 为桩基沉降计算经验系数，各地区应根据当地的工程实测资料统计对比确定。

地基内的应力分布宜采用各向同性均质线性变形体理论，可按实体深基础（桩距不大于$6d$）或其他方法（包括明德林应力公式方法）计算。

(1) 实体深基础

对于桩中心距小于或等于6倍桩径的桩基，可将桩基看作实体深基础（图6-20）。实际计算时采用公式为

$$s=\Psi_p s'=\Psi_p \sum_{i=1}^{n} \Delta s'_i=\Psi_s \sum_{i=1}^{n}(z_i \bar{a}_i - z_{i-1}\bar{a}_{i-1})\frac{p_0}{E_{si}} \tag{6-51}$$

上式与式(2-27) 类似，计算时将沉降经验系数 Ψ_s 改为实体深基础桩基沉降计算经验系数 Ψ_p，Ψ_p 应根据地区桩基础沉降观测资料及经验统计确定，在不具备条件时，按表6-27选用。

表 6-27 实体深基础计算桩基沉降计算经验系数 Ψ_p[15]

$\overline{E}_s$/MPa	$\overline{E}_s<15$	$15\leqslant\overline{E}_s<30$	$30\leqslant\overline{E}_s<40$
Ψ_p	0.5	0.4	0.3

注：$\overline{E}_s$ 为沉降计算深度范围内压缩模量的当量值。

式(6-51) 中的附加压力 p_0 应为桩底平面处的附加压力，实体深基础的支承面积可按图6-20采用。

① 考虑扩散作用[1]

$$p_0=p-\sigma_c=\frac{N+G}{A}-\sigma_c \tag{6-52}$$

$$G\approx\gamma A(d+l)$$

$$A=\left(a_0+2l\tan\frac{\varphi}{4}\right)\left(b_0+2l\tan\frac{\varphi}{4}\right)$$

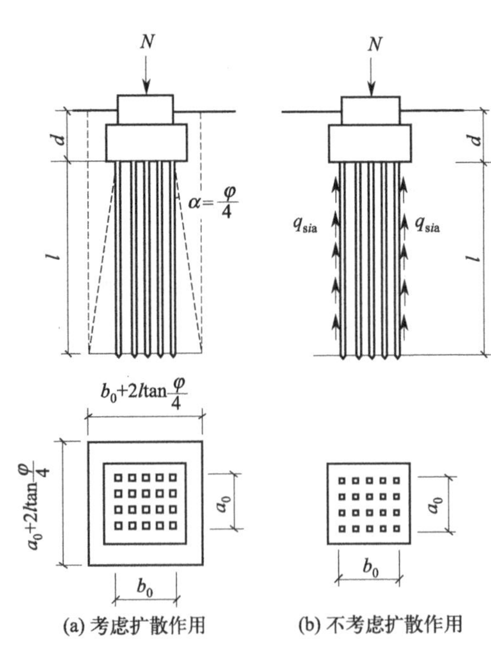

图 6-20 桩基沉降计算示意图

式中，p_0 为对应于荷载效应准永久组合时，实体深基础底面处的附加压力；p 为对应于荷载效应准永久组合时，实体深基础底面处的基底压力；σ_c 为实体深基础底面处原有的自重应力；N 为对应于荷载效应准永久组合时，作用于桩基承台顶面的竖向力；G 为实体深基础自重，包括承台自重、承台上土重及承台底面至实体深基础范围内的土重和桩重；γ 为承台、土和桩的平均重度，一般取 19kN/m^3，地下水位以下应扣去浮力；d、l 分别为承台埋深和自承台底面算起的桩长；A 为实体深基础基底面积；a_0、b_0 分别为桩群外围桩边包络线内矩形面积的长和宽。

② 不考虑扩散作用[1]

$$p_0=p-\sigma_c=\frac{N+G+G_f-2(a_0+b_0)\sum q_{sia}l_i}{a_0 b_0}-\gamma_m(d+l) \tag{6-53}$$

式中，G 为承台及承台上土的总重；G_f 为实体深基础桩及桩间土自重；γ_m 为实体深基础底面以上各土层的加权平均重度。

另外，桩基最终沉降计算深度可按式(2-28)～式(2-30)计算。

(2) 明德林应力公式方法

采用明德林应力公式方法的桩基最终沉降量计算公式为

$$s=\Psi_{\mathrm{p}}\frac{Q}{l^{2}}\sum_{j=1}^{m}\sum_{i=1}^{n_j}\frac{\Delta h_{j,i}}{E_{\mathrm{s}j,i}}\sum_{k=1}^{n}[\alpha I_{\mathrm{p},k}+(1-\alpha)I_{\mathrm{s}2,k}] \tag{6-54}$$

式中，$I_{\mathrm{p},k}$、$I_{\mathrm{s}2,k}$ 为应力影响系数，可按《建筑地基基础设计规范》(GB 50007—2011) 附录 R 确定。

采用明德林应力公式计算桩基础最终沉降量时，竖向荷载效应准永久组合作用下附加荷载的桩端阻力比 α 和桩基沉降计算经验系数 Ψ_{p} 应根据当地工程的实测资料统计确定。

6.7 桩基础设计

桩基础不仅要实现其预定功能，还应满足安全、经济、合理、技术先进等要求，这主要取决于桩基设计和施工质量。由于桩基设计需要考虑的因素众多，特别是对于一些重要工程，往往需要多方比较、反复修正，才能得出较为合理的设计方案。

6.7.1 桩基构造要求

桩基础除了应满足强度、刚度、耐久性及上部结构的相关要求以外，还需满足如下基本构造要求，以保证整体结构的安全和正常使用。

6.7.1.1 基桩构造

(1) 混凝土预制桩

混凝土预制桩的截面边长不应小于 200mm；预应力混凝土预制实心桩的截面边长不宜小于 350mm。预制桩的混凝土强度等级不宜低于 C30；预应力混凝土实心桩的混凝土强度等级不应低于 C40。预制桩纵向钢筋的混凝土保护层厚度不宜小于 30mm。

预制桩的桩身配筋应按吊运、打桩及桩在使用中的受力等条件计算确定。采用锤击法沉桩时，预制桩的最小配筋率不宜小于 0.8%；采用静压法沉桩时，最小配筋率不宜小于 0.6%，主筋直径不宜小于 14mm，打入桩柱顶以下 $(4\sim5)d$ 长度范围内箍筋应加密，并设置钢筋网片。

预制桩的分节长度应根据施工条件及运输条件确定；每根桩的接头数量不宜超过 3 个。

(2) 灌注桩

① 配筋率　当桩身直径为 300～2000mm 时，正截面配筋率可取 0.20%～0.65%（小直径桩取高值）；对受荷特别大的桩、抗拔桩和嵌岩端承桩应根据计算确定配筋率，并不应小于上述规定值。

② 配筋长度　端承型灌注桩和位于坡地、岸边的灌注基桩应沿桩身等截面或变截面通长配筋；抗拔灌注桩及因地震作用、冻胀或膨胀力作用而受拔力的桩，应等截面或变截面通长配筋；摩擦型灌注桩配筋长度不应小于 2/3 桩长，当受水平荷载时，配筋长度不宜小于 $4.0/\alpha$（α 为桩的水平变形系数）；受负摩阻力的灌注桩、因先成桩后开挖基坑而随地基土回弹的灌注桩，配筋长度应穿过软弱土层并进入稳定土层，进入的深度不应小于 $(2\sim3)d$；对于受地震作用的灌注桩，桩身配筋长度应穿过可液化土层和软弱土层，进入稳定土层的深度：对于碎石土、砾砂、粗砂、中砂、密实粉土、坚硬黏土不应小于 $(2\sim3)d$，对其他非岩石土尚不宜小于 $(4\sim5)d$。

③ 材料　灌注桩的混凝土强度等级不得低于 C25，混凝土预制桩尖强度等级不得低于 C30，主筋的混凝土保护层厚度不应小于 35mm，水下灌注桩主筋的混凝土保护层厚度不得

小于 50mm。

对于受水平荷载的桩，主筋不应小于 8Φ12；对于抗压桩和抗拔桩，主筋不应小于 6Φ10；纵向主筋应沿桩身周边均匀布置，其净距不应小于 60mm，并尽量减少钢筋接头。

箍筋应采用螺旋式，直径不应小于 ϕ6mm，间距宜为 200～300mm；受水平荷载较大的桩基、承受水平地震作用的桩基及考虑主筋作用计算桩身受压承载力时，桩顶以下 $5d$ 范围内箍筋应加密，间距不应大于 100mm；当桩身位于液化土层范围内时箍筋应加密；当考虑箍筋受力作用时，箍筋配置应符合现行《混凝土结构设计规范》（GB 50010—2010）的有关规定；当钢筋笼长度超过 4m 时，应每隔 2m 设一道直径不小于 12mm 的焊接加劲箍筋。

④ 扩底灌注桩扩底端尺寸　宜按下列规定确定（图 6-21）：对于持力层承载力较高、上覆土层较差的抗压桩和桩端以上有一定厚度较好土层的抗拔桩可采用扩底；扩底端直径与桩身直径比 D/d，应根据承载力要求及扩底端侧面和桩端持力层土性特征以及扩底施工方法确定；挖孔桩的 D/d 不应大于 3.0，钻孔桩的 D/d 不应大于 2.5。扩底端侧面的斜率应根据实际成孔及土体自立条件确定，a/h_c 取 1/4～1/2，砂土可取 1/4 左右，粉土、黏性土可取 1/3～1/2。抗压扩底端底面一般呈锅底形，矢高 h_b 取 $(0.15 \sim 0.20)D$。

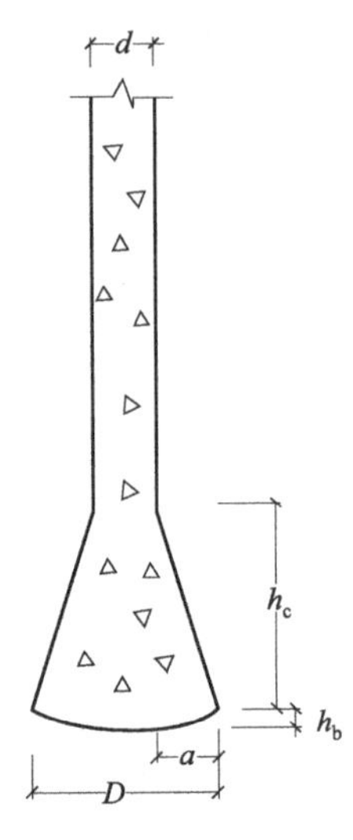

图 6-21　扩底桩构造

6.7.1.2　承台构造

桩基承台的构造，除应满足抗冲切、抗剪切、抗弯承载力和上部结构要求外，尚应符合下列构造要求。

（1）承台平台形式与基本尺寸

根据上部结构和布桩要求，承台平面可采用条形、矩形、三角形、多边形、圆形或环形等形状。

柱下独立承台的最小宽度不应小于 500mm，边桩中心至承台边缘的距离不应小于桩的直径或边长，且桩的外边缘至承台边缘的距离不应小于 150mm。对于墙下条形承台梁，桩的外边缘至承台梁边缘的距离不应小于 75mm。承台的最小厚度不应小于 300mm。

（2）承台材料

承台混凝土材料及其强度等级应符合结构混凝土耐久性的要求和抗渗要求。

承台底面钢筋的混凝土保护层厚度，当有混凝土垫层时不应小于 50mm，无垫层时不应小于 70mm，且不应小于桩头嵌入承台内的长度。

柱下独立桩基承台钢筋应通长配置；对于四桩及四桩以上承台宜按双向均匀布置[图 6-22(a)]；对于三桩的三角形承台应按三向板带均匀布置，且最里面的三根钢筋围成的三角形应在柱截面范围内[图 6-22(b)]。承台纵向受力钢筋直径不应小于 12mm，间距不应大于 200mm。柱下独立桩基承台的最小配筋率不应小于 0.15%。钢筋锚固长度自边桩内侧（当为圆桩时，应将其直径乘以 0.8 等效成方桩）算起，不应小于 $35d_g$（d_g 为钢筋直径）；当不满足时应将钢筋向上弯折，此时水平段的长度不应小于 $25d_g$，弯折长度不应小于 $10d_g$。

柱下独立两桩承台，应按照现行《混凝土结构设计规范》（GB 50010—2010）中的深受弯构件配置纵向受拉钢筋、水平及竖向分布钢筋。承台纵向受力钢筋端部的锚固长度及构造应与柱下多承台的规定相同。

条形承台梁的纵向主筋应符合现行《混凝土结构设计规范》（GB 50010—2010）关于最小配筋率的规定[图 6-22(c)]，主筋直径不应小于 12mm；架立筋直径不应小于 10mm；箍筋直径不应小于 6mm。承台梁端部纵向受力钢筋的锚固长度及构造应与柱下多桩承台的规

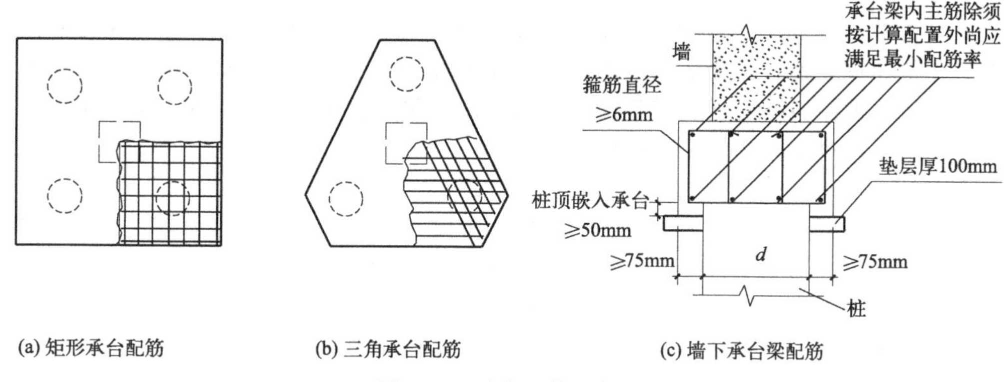

(a) 矩形承台配筋　　(b) 三角承台配筋　　(c) 墙下承台梁配筋

图 6-22　承台配筋示意图

定相同。

(3) 桩与承台的连接

桩顶嵌入承台的长度对于大直径桩，不宜小于 100mm；对于中等直径桩不宜小于 50mm。混凝土桩的桩顶纵向主筋应伸入承台内，其锚固长度不宜小于 30 倍纵向主筋直径。对于抗拔桩，桩顶纵向主筋的锚固长度应按现行《混凝土结构设计规范》(GB 50010—2010) 确定。对于大直径灌注桩，当采用一柱一桩时可设置承台或将桩与柱直接连接。

(4) 承台之间的连接

一柱一桩时，应在桩顶两个主轴方向上设置联系梁。当桩与柱的截面直径之比大于 2 时，可不设联系梁。

两桩桩基的承台，应在其短向设置联系梁。

有抗震要求的柱下桩基承台，宜沿两个主轴方向设置联系梁。

联系梁顶面宜与承台顶位于同一标高。联系梁宽度不宜小于 250mm，其高度可取承台中心距的 1/15～1/10，且不宜小于 400mm。

联系梁配筋应按计算确定，梁上下部配筋不宜小于 2 根直径 12mm 钢筋；位于同一轴线上的相邻跨联系梁纵筋应连通。

另外，承台和地下室外墙与基坑侧壁间隙应灌注素混凝土或搅拌流动水泥土，或采用灰土、级配砂石、压实性较好的素土分层夯实，其压实系数不宜小于 0.94。

6.7.2　桩基选型与布置

6.7.2.1　桩的选型与几何尺寸

桩的类型较多，不同的桩型有不同的特点，因前面已有介绍在此不再重复。选择合理的桩型是桩基设计的重要环节，应综合考虑多方面因素确定，其中，地基土条件、成桩工艺和适用范围是桩型选择应考虑的主要因素。选型时可参考《桩基规范》附录 A 进行。另外，应注意：对于框架-核心筒等荷载分布很不均匀的桩筏基础，宜选择基桩尺寸和承载力可调性较大的桩型和工艺；挤土沉管灌注桩用于淤泥和淤泥质土层时，应局限于多层住宅桩基；抗震设防烈度为 8 度及以上地区，不易采用预应力混凝土管桩和预应力混凝土空心方桩。

桩的截面尺寸主要根据成桩工艺、荷载大小、桩的类型等因素确定。例如，当荷载较小时，可采用截面不大的预制桩（如 400mm×400mm）或直径在 500mm 左右的灌注桩；荷载较大时，可选用直径为 800～1200mm 的灌注桩或边长大于 500mm 的预应力管桩等。

桩的设计长度主要取决于桩端持力层的选择和进入持力层深度的要求。一般应选择较硬土层作为桩端持力层。桩端全断面进入持力层的深度，对于黏性土、粉土不宜小于 $2d$，砂土不宜小于 $1.5d$，碎石类土不宜小于 d。当存在软弱下卧层时，桩端以下硬持力层厚度不

宜小于 $3d$。

对于嵌岩桩，嵌岩深度应综合荷载、上覆土层、基岩、桩径、桩长诸因素确定；对于嵌入倾斜的完整和较完整岩的全断面深度不宜小于 $0.4d$ 且不小于 0.5m，倾斜度大于 30%的中风化岩，宜根据倾斜度及岩石完整性适当加大嵌岩深度；对于嵌入平整、完整的坚硬岩和较硬岩的深度不宜小于 $0.2d$，且不应小于 0.2m。

6.7.2.2 初步确定承台底面标高[1,12,16]

承台的埋深应根据工程地质条件、上部结构的使用要求、荷载的性质以及桩的承载力等因素综合考虑确定。在满足桩基稳定的前提下承台宜浅埋，且埋深不宜小于 600mm，承台顶面低于室外地面不应小于 100mm。承台应尽可能埋在地下水位以上，当必须埋在地下水位以下时，除了在施工时应采取必要的降水措施外，还应考虑地下水对承台材料是否有侵蚀作用。在季节性冻土地区，承台埋深应考虑地基土冻胀性的影响，并应考虑是否采取防冻害措施。对于膨胀土地区，可根据土的膨胀性、胀缩等级等选择承台埋深及进行防膨胀处理。

6.7.2.3 确定基桩承载力及桩的根数

根据前面所述确定基桩（或单桩）的抗压、水平或抗拔承载力，并根据基桩承载力初步确定桩的根数。当桩基为轴心受压时，可按下式初步估算桩数 n：

$$n \geqslant \frac{F_k}{R} \tag{6-55}$$

式中，F_k 为荷载效应标准组合下，作用于承台顶面的竖向力；R 为基桩或复合基桩竖向承载力特征值。

对于偏心受压的桩基，若桩的布置能使群桩横截面中心与荷载合力作用点重合，则仍按轴心受压考虑，根据式(6-55) 估算桩数；否则，桩的根数应在式(6-55) 估算的基础上增加10%～20%。当桩基同时承受水平荷载作用时，桩数除满足上式要求外，还应满足水平承载力的要求。

6.7.2.4 基桩的平面布置

布桩时，宜使群桩承载力合力点与竖向永久荷载合力作用点重合，并使基桩受水平力和力矩较大方向有较大抗弯截面模量。常见的布桩方式有对称式、梅花式、行列式、环状排列等(图 6-23)。对于桩箱基础、剪力墙结构桩筏（含平板和梁板式承台）基础，宜将桩布置于墙下。

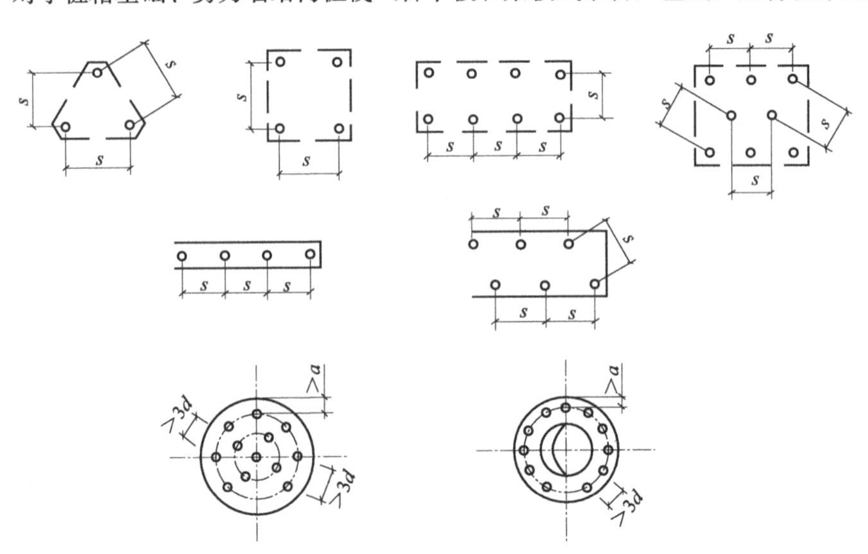

图 6-23 常用布桩形式

为了有效发挥桩的承载力、减小挤土负面效应，基桩的最小中心距应符合表 6-28 的规定；当施工中采取减小挤土效应的可靠措施时，可根据当地经验适当减小。

表 6-28　基桩的最小中心距

土类与成桩工艺		排数不少于 3 排且桩数不少于 9 根的摩擦型桩桩基	其他情况
非挤土灌注桩		$3.0d$	$3.0d$
部分挤土桩	非饱和土、饱和非黏性土	$3.5d$	$3.0d$
	饱和黏性土	$4.0d$	$3.5d$
挤土桩	非饱和土、饱和非黏性土	$4.0d$	$3.5d$
	饱和黏性土	$4.5d$	$4.0d$
钻、挖孔扩底桩		$2D$ 或 $D+2.0\mathrm{m}$(当 $D>2.0\mathrm{m}$)	$1.5D$ 或 $D+1.5\mathrm{m}$(当 $D>2\mathrm{m}$)
沉管夯扩、钻孔挤扩桩	非饱和土、饱和非黏性土	$2.2D$ 且 $4.0d$	$2.0D$ 且 $3.5d$
	饱和黏性土	$2.5D$ 且 $4.5d$	$2.2D$ 且 $4.0d$

注：1. d 为圆桩设计直径或方桩设计边长；D 为扩大端设计直径。

2. 当纵横向桩距不相等时，其最小中心距应满足“其他情况”一栏的规定。

3. 当为端承桩时，非挤土灌注桩的“其他情况”一栏可减小至 $2.5d$。

6.7.3　桩基承载力验算

6.7.3.1　桩顶作用效应计算

在荷载作用下，承台下群桩基础中各基桩所分担的荷载一般是不均匀的，受承台刚性等诸多因素的影响。在实际工程设计中，通常假定承台为刚性板、反力呈线性分布。对于一般建筑物和受水平力（包括力矩与水平剪力）较小的高层建筑群桩基础，可按下式计算群桩中复合基桩或基桩的桩顶作用效应（图 6-24）：

轴心竖向力作用下

$$N_{\mathrm{k}}=\frac{F_{\mathrm{k}}+G_{\mathrm{k}}}{n} \tag{6-56}$$

偏心竖向力作用下

$$N_{i\mathrm{k}}=\frac{F_{\mathrm{k}}+G_{\mathrm{k}}}{n}\pm\frac{M_{x\mathrm{k}}y_i}{\sum y_j^2}\pm\frac{M_{y\mathrm{k}}x_i}{\sum x_j^2} \tag{6-57}$$

水平力作用下

$$H_{i\mathrm{k}}=\frac{H_{\mathrm{k}}}{n} \tag{6-58}$$

式中，F_{k} 为荷载效应标准组合下，作用于承台顶面的竖向力；G_{k} 为桩基承台及承台上土自重标准值，对稳定的地下水位以下部分应扣除水的浮力；N_{k} 为荷载效应标准组合轴心竖向力作用下，基桩或复合基桩的平均竖向力；$N_{i\mathrm{k}}$ 为荷载效应标准组合偏心竖向力作用下，第 i 基桩或复合基桩的竖向力；$M_{x\mathrm{k}}$、$M_{y\mathrm{k}}$ 分别为荷载效应标准组合下，作用于承台底面，绕通过桩群形心的 x、y 主轴的力矩；x_i、x_j、y_i、y_j 分别为第 i、j 基桩或复合基桩至 y、x 轴的距离；H_{k} 为荷载效应标准组合下，作用于桩基承台底面的水平力；$H_{i\mathrm{k}}$ 为荷载效应标准组合下，作用于第 i 基桩或复合基桩的水平力；n 为桩基中的桩数。

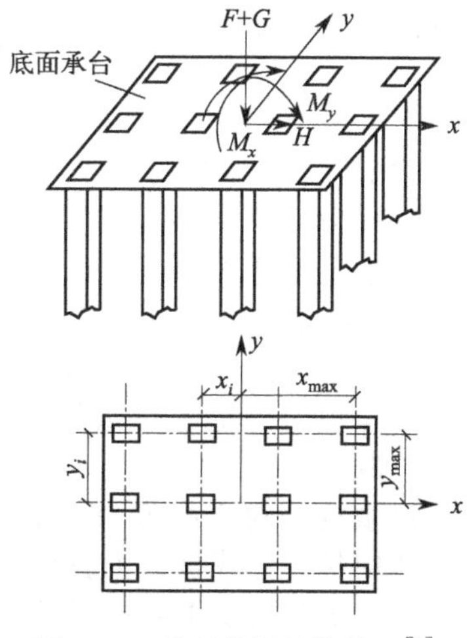

图 6-24　桩顶作用计算简图[1]

另外应注意，属于下列情况之一的桩基，计算各基桩的作用效应、桩身内力和位移时，宜考虑承台（包括地下墙体）与基桩共同工作和土的弹性抗力作用（参考《桩基规范》附录 C 进行）。

① 位于8度和8度以上抗震设防区和其他受较大水平力的高大建筑物，当其桩基承台刚度较大或由于上部结构与承台的协同作用能增强承台的刚度。

② 受较大水平力及8度和8度以上地震作用的高承台桩基，为使基桩桩顶竖向力、剪力、弯矩分配符合实际，应考虑承台与基桩的相互作用和土的弹性抗力作用，尤其是当桩径、桩长不等时更为重要。

6.7.3.2　桩基承载力验算

（1）抗压承载力验算

① 荷载效应标准组合　轴心竖向力作用下，基桩或复合基桩的平均竖向力应满足：

$$N_k \leqslant R \tag{6-59}$$

偏心竖向力作用下，除满足上式要求外，桩顶最大竖向力还应满足：

$$N_{kmax} \leqslant 1.2R \tag{6-60}$$

② 地震作用效应和荷载效应标准组合　轴心竖向力作用下：

$$N_{Ek} \leqslant 1.25R \tag{6-61}$$

偏心竖向力作用下，除满足上式要求外，尚应满足下式要求：

$$N_{Ekmax} \leqslant 1.5R \tag{6-62}$$

式中，N_k 为荷载效应标准组合轴心竖向力作用下，基桩或复合基桩的平均竖向力；N_{kmax} 为荷载效应标准组合偏心竖向力作用下，桩顶最大竖向力；N_{Ek} 为地震作用效应和荷载效应标准组合下，基桩或复合基桩的平均竖向力；N_{Ekmax} 为地震作用效应和荷载效应标准组合下，基桩或复合基桩的最大竖向力；R 为基桩或复合基桩竖向承载力特征值，按式(6-22)～式(6-24)确定。

（2）水平承载力验算

作用于第 i 基桩桩顶处的水平力应满足：

$$H_{ik} \leqslant R_h \tag{6-63}$$

式中，H_{ik} 为荷载效应标准组合下，作用于第 i 基桩柱顶处的水平力；R_h 为单桩基础或群桩基础中基桩的水平承载力特征值，按式(6-34)确定，对于单桩基础，可取单桩的水平承载力特征值 R_{ha}。

验算地震作用桩基的水平承载力时，应将按6.4.2节②～⑤方法确定的单桩水平承载力特征值乘以调整系数1.25。

（3）抗拔承载力验算

对于抗浮、抗拔的桩基，应按下列公式同时验算群桩基础呈整体破坏和呈非整体破坏时基桩的抗拔承载力：

$$N_k \leqslant T_{gk}/2 + G_{gp} \tag{6-64a}$$

$$N_k \leqslant T_{uk}/2 + G_p \tag{6-64b}$$

式中，N_k 为按荷载效应标准组合计算的基桩抗拔力；T_{uk} 为群桩呈非整体破坏时基桩的抗拔极限承载力标准值，按式(6-35)计算；T_{gk} 为群桩呈整体破坏时基桩的抗拔极限承载力标准值，按式(6-36)计算；G_{gp} 为群桩基础所包围体积的桩土总自重除以总桩数，地下水位以下取浮重度；G_p 为基桩自重，地下水位以下取浮重度，对于扩底桩应按表6-22确定桩、土柱体周长，计算桩、土自重。

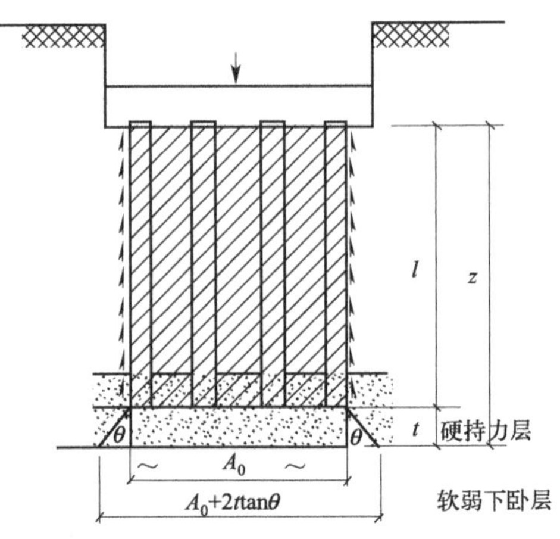

图6-25　软弱下卧层承载力验算

（4）桩基软弱下卧层承载力验算

当桩端平面以下受力层范围内存在软弱下

卧层时，若设计不当，可能会导致该层发生整体冲切破坏或基桩冲切破坏，故应验算软弱下卧层的承载力（图 6-25）。

一般情况下，对于桩距 $S_a \leqslant 6d$ 的群桩基础，当桩端平面以下软弱下卧层承载力与桩端持力层相差过大（低于持力层的 1/3）时，可能引起整体冲切破坏，此时可将桩与桩间土视为实体深基础，按下列公式验算软弱下卧层的承载力：

$$\sigma_z + \gamma_m z \leqslant f_{az} \tag{6-65}$$

$$\sigma_z = \frac{(F_k + G_k) - 3/2(A_0 + B_0)\sum q_{sik} l_i}{(A_0 + 2t\tan\theta)(B_0 + 2t\tan\theta)} \tag{6-66}$$

式中，σ_z 为作用于软弱下卧层顶面的附加应力；γ_m 为软弱下卧层顶面以上各土层重度（地下水位以下取浮重度）按厚度加权平均值；t 为硬持力层厚度；f_{az} 为软弱下卧层经深度 z 修正的地基承载力特征值；A_0、B_0 分别为桩群外缘矩形底面的长、短边边长；q_{sik} 为桩周第 i 层土的极限侧阻力标准值，无当地经验时，可根据成桩工艺按《桩基规范》相关表取值；θ 为桩端硬持力层压力扩散角，按表 6-29 取值。

表 6-29　桩端硬持力层压力扩散角 θ

E_{s1}/E_{s2}	$t=0.25B_0$	$t \geqslant 0.5B_0$	E_{s1}/E_{s2}	$t=0.25B_0$	$t \geqslant 0.5B_0$
1	4°	12°	5	10°	25°
3	6°	23°	10	20°	30°

注：1. E_{s1} 为持力层的压缩模量；E_{s2} 为软弱下卧层的压缩模量。

2. $t/B_0 < 0.25$ 时取 $\theta=0°$，必要时，宜由试验确定；$0.25B_0 < t < 0.5B_0$ 时，可内插取值。

（5）考虑负摩阻力影响的承载力验算

当桩周土沉降可能引起桩侧负摩阻力时，应根据工程具体情况考虑负摩阻力对桩基承载力和沉降的影响；当缺乏可参照的工程经验时，可按下列规定验算。

① 对于摩擦型基桩可取桩身计算中性点以上侧阻力为零，并可按下式验算基桩承载力：

$$N_k \leqslant R_a \tag{6-67}$$

② 对于端承型基桩除应满足上式要求外，尚应考虑负摩阻力引起基桩的下拉荷载 Q_g^n，并可按下式验算基桩承载力：

$$N_k + Q_g^n \leqslant R_a \tag{6-68}$$

式中，Q_g^n 为负摩阻力引起基桩的下拉荷载，按式(6-26) 计算；R_a 为基桩的竖向承载力特征值（在此只计中性点以下部分的侧阻力值及端阻力值）。

6.7.4　桩身设计计算

在荷载作用下，桩身可能首先出现断裂、屈曲等破坏，此时，桩的承载力将由桩身材料强度控制。因此，除应对桩基进行承载力验算外，还应对桩身进行承载力和裂缝控制计算。计算时应考虑桩身材料强度、成桩工艺、吊运与沉桩、约束条件、环境类别等因素的影响，并应符合《混凝土结构设计规范》（GB 50010—2010）、《建筑抗震设计规范》（GB 50011—2010）等相关规范的要求。

6.7.4.1　承压桩的桩身设计计算

钢筋混凝土轴心受压桩正截面受压承载力计算涉及纵向主筋的作用、箍筋的作用和成桩工艺系数三方面因素。《桩基规范》规定，轴心受压桩桩身强度应符合以下要求。

① 当桩顶以下 $5d$ 范围内的桩身螺旋式箍筋间距不大于 100mm，且符合灌注桩配筋构造要求时，应满足：

$$N \leqslant \Psi_c A_{ps} f_c + 0.9 f'_y A'_s \tag{6-69a}$$

② 当桩身配筋不符合上述规定时，应满足：

$$N \leqslant \Psi_c A_{ps} f_c \tag{6-69b}$$

式中，N 为荷载效应基本组合下的桩顶轴向压力设计值；f_c 为混凝土轴心抗压强度设计值；f'_y 为纵向主筋抗压强度设计值；A'_s 为纵向主筋截面面积；Ψ_c 为基桩成桩工艺系数，混凝土预制桩、预应力混凝土空心桩 $\Psi_c=0.85$，干作业非挤土灌注桩 $\Psi_c=0.90$，泥浆护壁和套管护壁非挤土灌注桩、部分挤土灌注桩、挤土灌注桩 $\Psi_c=0.7\sim0.8$，软土地区挤土灌注桩 $\Psi_c=0.6$。

计算轴心受压混凝土桩正截面受压承载力时，一般不考虑纵向压曲的影响，取稳定系数 $\varphi=1.0$。但是，对于高承台基桩、桩身穿越可液化土或不排水抗剪强度小于 10kPa 的软弱土层的基桩，应考虑压曲影响，可按式(6-69a)、式(6-69b) 计算所得桩身正截面受压承载力乘以 φ 折减。其稳定系数 φ 可根据桩身压曲计算长度 l_c 和桩身的设计直径 d（或矩形桩短边尺寸 b）确定。

桩身压曲计算长度可根据桩顶的约束情况、桩身露出地面的自由长度 l_0、桩的入土长度 h、桩侧和桩底的土质条件按表 6-30 确定。桩身稳定系数 φ 按表 6-31 确定。

表 6-30　桩身压曲计算长度

柱顶铰接			
桩底支于非岩石土中		桩底嵌于岩石内	
$h<\frac{4.0}{\alpha}$	$h\geqslant\frac{4.0}{\alpha}$	$h<\frac{4.0}{\alpha}$	$h\geqslant\frac{4.0}{\alpha}$
l_0, h		l_0, h	
$l_c=1.0(l_0+h)$	$l_c=0.7(l_0+4.0/\alpha)$	$l_c=0.7(l_0+h)$	$l_c=0.7(l_0+4.0/\alpha)$
柱顶固接			
桩底支于非岩石土中		桩底嵌于岩石内	
$h<\frac{4.0}{\alpha}$	$h\geqslant\frac{4.0}{\alpha}$	$h<\frac{4.0}{\alpha}$	$h\geqslant\frac{4.0}{\alpha}$
l_0, h		l_0, h	
$l_c=0.7(l_0+h)$	$l_c=0.5(l_0+4.0/\alpha)$	$l_c=0.5(l_0+h)$	$l_c=0.5(l_0+4.0/\alpha)$

注：1. 表中 $\alpha=\sqrt[5]{mb_0/(EI)}$。

2. l_0 为高承台基桩露出地面的长度，对于低承台桩基，$l_0=0$。

3. h 为桩的入土长度，当桩侧有厚度为 d_1 的液化土层时，桩露出地面长度 l_0 和桩的入土长度 h 分别调整为 $l'_0=l_0+\Psi_1 d_1$，$h'=h-\Psi_1 d_1$，Ψ_1 按表 6-12 取值。

表 6-31　桩身稳定系数 φ

l_c/d	≤7	8.5	10.5	12	14	15.5	17	19	21	22.5	24
l_c/b	≤8	10	12	14	16	18	20	22	24	26	28
φ	1.00	0.98	0.95	0.92	0.87	0.81	0.75	0.70	0.65	0.60	0.56
l_c/d	26	28	29.5	31	33	34.5	36.5	38	40	41.5	43
l_c/b	30	32	34	36	38	40	42	44	46	48	50
φ	0.52	0.48	0.44	0.40	0.36	0.32	0.29	0.26	0.23	0.21	0.19

注：表中 b 为矩形桩短边尺寸；d 为桩直径。

计算偏心受压混凝土桩正截面受压承载力时，可不考虑偏心距的增大影响，但对于高承台基桩、桩身穿越可液化土或不排水抗剪强度小于 10kPa 的软弱土层的基桩，应考虑桩身在弯矩作用平面内的挠曲对轴向力偏心距的影响，应将轴向力对截面重心的初始偏心距 e_i 乘以偏心距增大系数 η，偏心距增大系数 η 的具体计算方法可按现行《混凝土结构设计规范》（GB 50010—2010）执行。

6.7.4.2　受水平荷载作用的桩身设计计算

对于受水平荷载和地震作用的桩，其桩身受弯承载力和受剪承载力的验算应符合下列规定。

① 对于桩顶固端的桩，应验算桩顶正截面弯矩；对于桩顶自由或铰接的桩，应验算桩身最大弯矩截面处的正截面弯矩。

② 应验算桩顶斜截面的受剪承载力。

③ 桩身所承受最大弯矩和水平剪力的计算，可按《桩基规范》附录 C 计算。

④ 桩身正截面受弯承载力和斜截面受剪承载力，应按现行《混凝土结构设计规范》（GB 50010—2010）执行。

⑤ 当考虑地震作用验算桩身正截面受弯和斜截面受剪承载力时，应根据现行《建筑抗震设计规范》（GB 50011—2010）的规定，对作用于桩顶的地震作用效应进行调整。

6.7.4.3　预制桩吊运和锤击验算

预制桩吊运时单吊点和双吊点的设置，应按吊点（或支点）跨间正弯矩与吊点处的负弯矩相等的原则进行布置。考虑预制桩吊运时可能受到冲击和振动的影响，计算吊运弯矩和吊运拉力时，可将桩身重力乘以 1.5 的动力系数。

对于裂缝控制等级为一级、二级的混凝土预制桩、预应力混凝土管桩，可按下列规定验算桩身的锤击压应力和锤击拉应力。

① 最大锤击压应力 σ_p 可按下式计算：

$$\sigma_p=\frac{\alpha\sqrt{2eE\gamma_p H}}{\left(1+\dfrac{A_c}{A_H}\sqrt{\dfrac{E_c\gamma_c}{E_H\gamma_H}}\right)\left(1+\dfrac{A}{A_c}\sqrt{\dfrac{E\gamma_p}{E_c\gamma_c}}\right)} \tag{6-70}$$

式中，σ_p 为桩的最大锤击压应力；α 为锤型系数，自由落锤取 1.0，柴油锤取 1.4；e 为锤击效率系数，自由落锤取 0.6，柴油锤取 0.8；A_H、A_c、A 分别为锤、桩垫、桩的实际断面面积；E_H、E_c、E 分别为锤、桩垫、桩的纵向弹性模量；γ_H、γ_c、γ_p 分别为锤、桩垫、桩的重度；H 为锤落距。

② 当桩需穿越软土层或桩存在变截面时，可按表 6-32 确定桩身的最大锤击拉应力。

③ 最大锤击压应力和最大锤击拉应力分别不应超过混凝土的轴心抗压强度设计值和轴心抗拉强度设计值。

抗拔桩的截面受拉承载力和裂缝控制计算参看《桩基规范》。

表 6-32　最大锤击拉应力 σ_t 的建议值　　单位：kPa

应力类别	桩类	建议值	出现部位
桩轴向拉应力值	预应力混凝土管桩	$(0.33\sim0.5)\sigma_p$	(1)桩刚穿越软土层处时
	混凝土及预应力混凝土桩	$(0.25\sim0.33)\sigma_p$	(2)距桩尖 0.5～0.7 倍桩长处
桩截面环向拉应力或侧向拉应力	预应力混凝土管桩	$0.25\sigma_p$	最大锤击压应力相应的截面
	混凝土及预应力混凝土桩(侧向)	$(0.22\sim0.25)\sigma_p$	

6.7.5　桩基沉降与稳定性验算

对于应进行沉降验算的建筑物桩基，其沉降量计算值不得超过允许值。群桩沉降的计算按 6.6.2 节中的方法进行，建筑桩基沉降变形允许值按表 6-26 的规定采用。另外，当土层不均匀或建筑物对不均匀沉降较敏感时，还应将负摩阻力引起的下拉荷载计入附加荷载验算桩基沉降。

对位于坡地、岸边的桩基，应进行整体稳定性验算。

6.7.6 承台设计计算

承台的作用是将各桩连成一个整体，把上部结构传来的荷载转换、调整、分配于各桩[1]。桩基承台为现浇钢筋混凝土结构，承台的设计内容主要包括：确定承台的材料、埋深、几何形状和尺寸、承台配筋计算及强度验算等，同时应满足相应的构造要求。除承台配筋和强度验算外，上述各项均可根据前面介绍的有关内容初步拟定，如验算不能满足要求，须调整设计，直至满足为止。

6.7.6.1 受弯计算

大量实验资料表明，当承台配筋不足时将发生弯曲破坏，其破坏模式为梁式破坏（图 6-26）。梁式破坏是指挠曲裂缝在平行于柱边两个方向交替出现，承台在两个方向交替呈梁式承担荷载，最大弯矩产生在平行于柱边两个方向的屈服线处。柱下三桩三角形承台分等腰和等边两种形式，破坏模式有所不同，但也为梁式破坏。由于三桩承台的钢筋一般平行于承台边呈三角形配置，因而等边三桩承台具有代表性的破坏模式见图 6-26(b)。

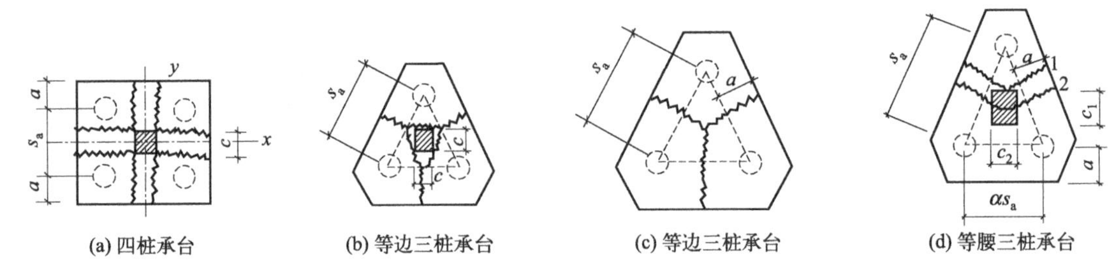

图 6-26 承台破坏模式

《桩基规范》规定，柱下独立桩基承台的正截面弯矩设计值可按如下规定计算。

(1) 两桩条形承台和多桩矩形承台

两桩条形承台和多桩矩形承台的弯矩计算截面取在柱边和承台变阶处［图 6-27(a)］，可按下式计算：

$$M_x=\sum N_i y_i \tag{6-71a}$$

$$M_y=\sum N_i x_i \tag{6-71b}$$

式中，M_x、M_y 分别为绕 x 轴和绕 y 轴方向计算截面处的弯矩设计值；N_i 为不计承台及其上土重，在荷载效应基本组合下的第 i 基桩或复合基桩竖向反力设计值；x_i、y_i 分别为垂直 y 轴和 x 轴方向自桩轴线到相应计算截面的距离。

根据计算所得的柱边截面和承台变阶截面处的弯矩，按现行《混凝土结构设计规范》(GB 50010—2010) 验算其正截面受弯承载力，分别计算出同一方向各截面（柱边、承台变阶处）的配筋量，取各方向的最大值按双向均布配置。

(2) 三桩三角形承台

① 等边三桩承台［图 6-27(b)］

$$M=\frac{N_{\max}}{3}\left(s_a-\frac{\sqrt{3}}{4}c\right) \tag{6-72}$$

式中，M 为通过承台形心至各边缘正交截面范围内板带的弯矩设计值［图 6-27(b)］；

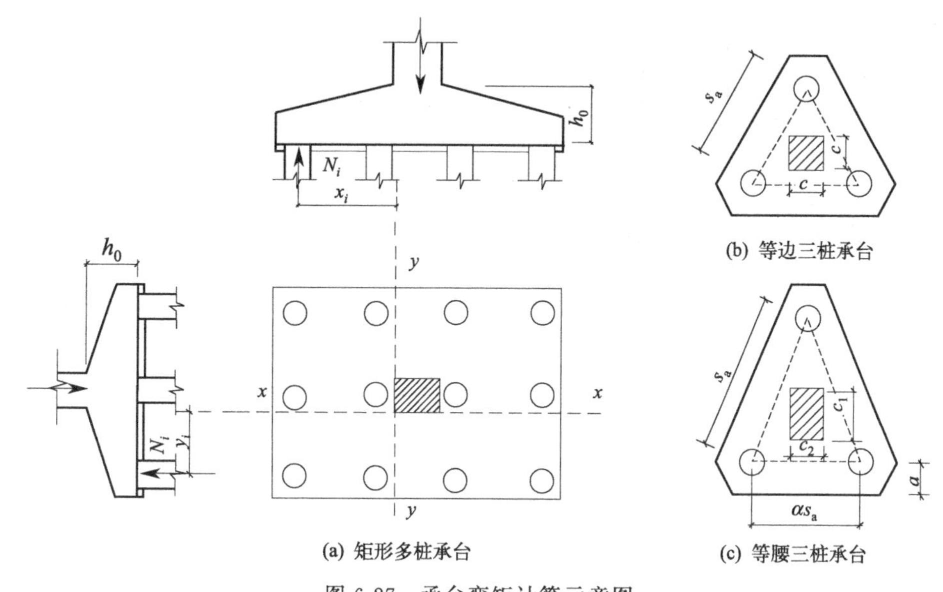

图 6-27　承台弯矩计算示意图

N_{max} 为不计承台及其上土重，在荷载效应基本组合下三桩中最大基桩或复合基桩竖向反力设计值；s_a 为桩中心矩；c 为方柱边长，圆柱时 $c=0.8d$（d 为圆柱直径）。

② 等腰三桩承台［图 6-27(c)］

$$M_1=\frac{N_{max}}{3}\left(s_a-\frac{0.75}{\sqrt{4-\alpha^2}}c_1\right) \tag{6-73a}$$

$$M_2=\frac{N_{max}}{3}\left(\alpha s_a-\frac{0.75}{\sqrt{4-\alpha^2}}c_2\right) \tag{6-73b}$$

式中，M_1、M_2 分别为通过承台形心到两腰边缘和底边边缘正交截面范围内板带的弯矩设计值；s_a 为长向桩中心矩；α 为短向桩中心矩与长向桩中心矩之比，当 $\alpha<0.5$ 时，应按变截面的二桩承台设计；c_1、c_2 分别为垂直于、平行于承台底边的柱截面边长。

6.7.6.2　强度计算

桩基承台的厚度应满足受冲切和受剪切承载力要求。一般先按构造要求及经验初步设计承台厚度，然后进行受冲切和受剪切强度验算。

(1) 受冲切计算

当桩基承台的有效高度不足时，承台将产生冲切破坏。承台的冲切破坏包括柱（墙）对承台的冲切破坏和基桩对承台的冲切破坏两种。

冲切破坏锥体应采用自柱（墙）边或承台变阶处至相应桩顶边缘连线所构成的锥体，锥体斜面与承台底面夹角大于或等于 45°。柱边冲切破坏锥体的顶面在柱边与承台交界处或承台变阶处，底面在桩顶平面处（图 6-28）；角桩冲切破坏锥体的顶面在角桩内边缘处，底面在承台上方（图 6-29）。

① 承台受柱（墙）冲切　轴心竖向力作用下桩基承台受柱（墙）的冲切，可按以下规定计算。

受柱（墙）冲切承载力可按下列公式计算：

$$F_l\leqslant\beta_0\beta_{hp}f_tu_mh_0 \tag{6-74}$$

$$F_l=F-\sum N_i \tag{6-75}$$

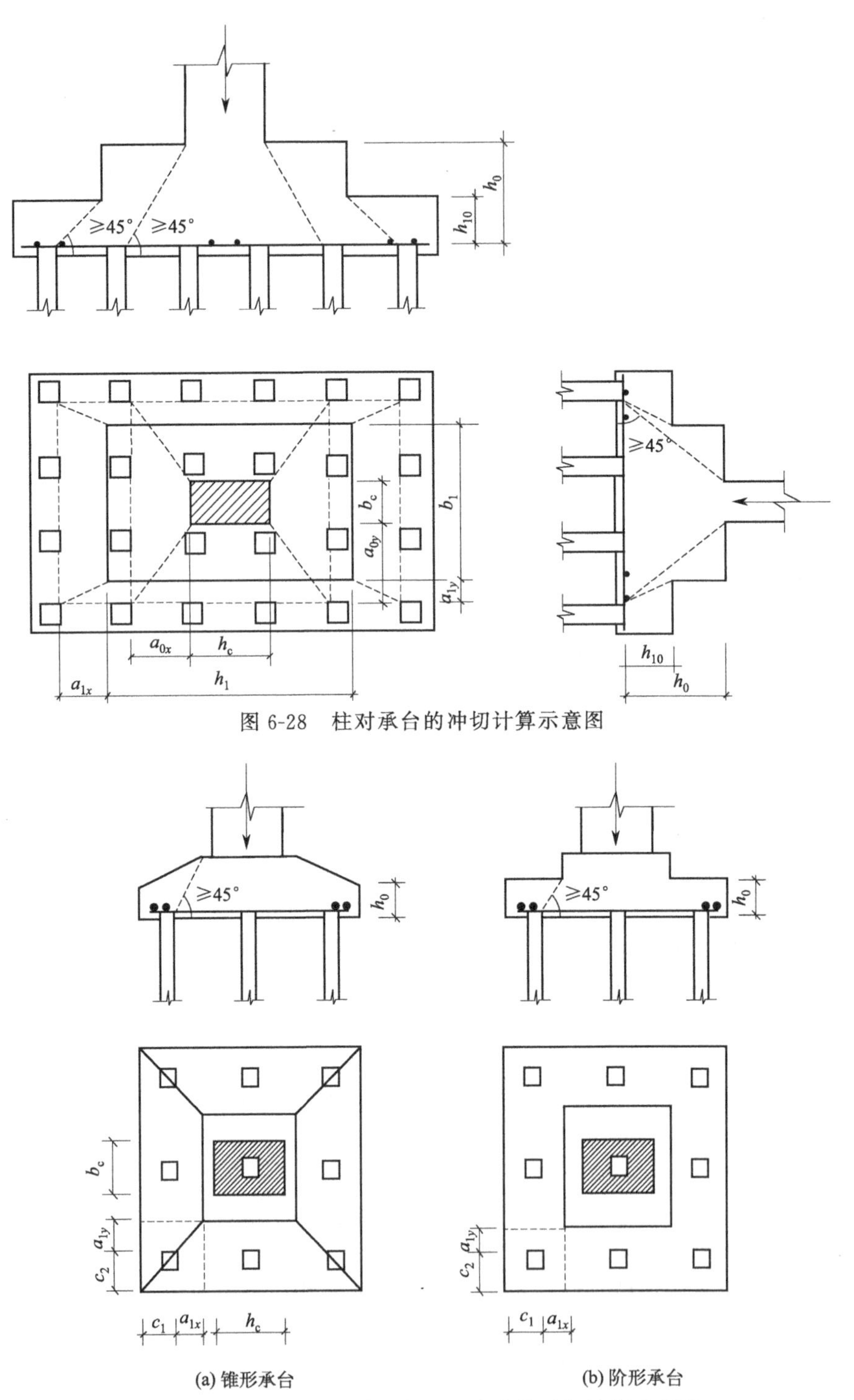

图 6-28 柱对承台的冲切计算示意图

图 6-29 四桩以上（含四桩）承台角桩冲切计算示意图

$$\beta_0=\frac{0.84}{\lambda+0.2} \tag{6-76}$$

$$\lambda=\frac{a_0}{h_0}$$

式中，F_1 为不计承台及其上土重，在荷载效应基本组合下作用于冲切破坏锥体上的冲切力设计值；β_{hp} 为承台受冲切承载力截面高度影响系数，当 $h \leqslant 800mm$ 时取1.0，当 $h \geqslant 2000mm$ 时取0.9，其间按线性内插法取值；h_0 为承台冲切破坏锥体的有效高度；u_m 为承台冲切破坏锥体1/2有效高度处的周长；f_t 为承台混凝土抗拉强度设计值；λ 为冲跨比，当 λ 小于0.25时取0.25，当 λ 大于1.0时取1.0；a_0 为柱（墙）边或承台变阶处到桩边水平距离；β_0 为柱（墙）冲切系数；F 为不计承台及其上土重，在荷载效应基本组合作用下柱（墙）底的竖向荷载设计值；$\sum N_i$ 为不计承台及其上土重，在荷载效应基本组合下下冲切破坏锥体内各基桩或复合基桩的反力设计值之和。

a. 承台受柱冲切。对于柱下矩形独立承台受柱冲切的承载力可按下式计算（图6-28）：

$$F_1 \leqslant 2[\beta_{0x}(b_c + a_{0y}) + \beta_{0y}(h_c + a_{0x})]\beta_{hp} f_t h_0 \tag{6-77}$$

$$\beta_{0x} = \frac{0.84}{\lambda_{0x} + 0.2} \quad \beta_{0y} = \frac{0.84}{\lambda_{0y} + 0.2}$$

$$\lambda_{0x} = \frac{a_{0x}}{h_0} \quad \lambda_{0y} = \frac{a_{0y}}{h_0}$$

式中，h_c、b_c 分别为 x、y 方向柱截面的边长；a_{0x}、a_{0y} 分别为 x、y 方向柱边至最近桩边的水平距离；β_{0x}、β_{0y} 为柱冲切系数；λ_{0x}、λ_{0y} 为冲跨比，其值均应满足0.25～1.0的要求。

b. 阶形承台受上阶冲切。对于柱下矩形独立承台受上阶冲切的承载力可按下式计算（图6-28）：

$$F_1 \leqslant 2[\beta_{1x}(b_1 + a_{1y}) + \beta_{1y}(h_1 + a_{1x})]\beta_{hp} f_t h_{10} \tag{6-78}$$

$$\beta_{1x} = \frac{0.84}{\lambda_{1x} + 0.2} \quad \beta_{1y} = \frac{0.84}{\lambda_{1y} + 0.2}$$

$$\lambda_{1x} = \frac{a_{1x}}{h_{10}} \quad \lambda_{1y} = \frac{a_{1y}}{h_{10}}$$

式中，h_1、b_1 分别为 x、y 方向承台上阶的边长；a_{1x}、a_{1y} 分别为 x、y 方向承台上阶边至最近桩边的水平距离；β_{1x}、β_{1y} 为承台上阶冲切系数；λ_{1x}、λ_{1y} 为冲跨比，其值均应满足0.25～1.0的要求；h_{10} 为承台下阶冲切破坏锥体的有效高度。

对于圆柱或圆桩，计算时应将其截面换算成方柱或方桩，换算柱截面边长 $b_c = 0.8d_c$（d_c 为圆柱的直径），换算桩截面边长 $b_p = 0.8d$（d 为圆桩的直径）。

对于柱下两承台桩，宜按深受弯构件（$l_0/h < 5.0$，$l_0 = 1.15l_n$，l_n 为两桩净距）计算受弯、受剪承载力，不需要进行受冲切承载力计算。

② 承台受角桩冲切　对位于柱（墙）冲切破坏锥体以外的基桩，可按下列规定计算承台受基桩冲切的承载力。

a. 多桩矩形承台受角桩冲切。对于四桩以上（含四桩）承台受角桩冲切（图6-29）的承载力可按下式计算：

$$N_1 \leqslant [\beta_{1x}(c_2 + a_{1y}/2) + \beta_{1y}(c_1 + a_{1x}/2)]\beta_{hp} f_t h_0 \tag{6-79}$$

$$\beta_{1x} = \frac{0.56}{\lambda_{1x} + 0.2} \quad \beta_{1y} = \frac{0.56}{\lambda_{1y} + 0.2}$$

$$\lambda_{1x} = \frac{a_{1x}}{h_0} \quad \lambda_{1y} = \frac{a_{1y}}{h_0}$$

式中，N_1 为不计承台及其上土重，在荷载效应基本组合下角桩（含复合基桩）反力设计值；a_{1x}、a_{1y} 为从承台底角桩顶内缘引45°冲切线与承台顶面相交点至角桩内边缘的水平距离，当柱边或承台变阶处位于该45°线以内时，取由柱（墙）边或承台变阶处与桩内边缘连线为冲切锥体的锥线（图6-29）；β_{1x}、β_{1y} 为角桩冲切系数；λ_{1x}、λ_{1y} 为角桩冲跨比，其值均应满足 0.25～1.0 的要求；h_0 为承台外边缘的有效高度。

b. 三桩三角形承台受角桩冲切（图 6-30）。其承载力可按下式计算。

底部角桩：

$$N_1 \leqslant \beta_{11}(2c_1+a_{11})\beta_{hp}\tan\frac{\theta_1}{2}f_t h_0 \tag{6-80}$$

$$\beta_{11}=\frac{0.56}{\lambda_{11}+0.2} \tag{6-81}$$

顶部角桩：

$$N_1 \leqslant \beta_{12}(2c_2+a_{12})\beta_{hp}\tan\frac{\theta_2}{2}f_t h_0 \tag{6-82}$$

$$\beta_{12}=\frac{0.56}{\lambda_{12}+0.2} \tag{6-83}$$

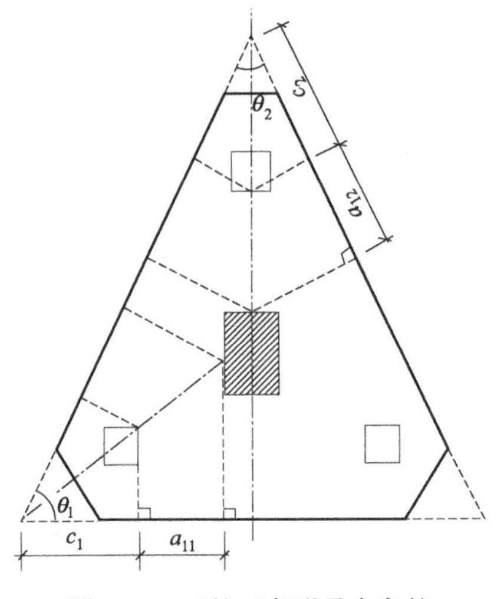

图 6-30 三桩三角形承台角桩冲切计算示意图

式中，a_{11}、a_{12} 为从承台底角桩顶内缘引 45°冲切线与承台顶面相交点至角桩内边缘的水平距离，当柱（墙）边或承台变阶处位于该 45°线以内时，取由柱（墙）边或承台变阶处与桩内边缘连线为冲切锥体的锥线；λ_{1x}、λ_{1y} 为角桩冲跨比，$\lambda_{11}=a_{11}/h_0$，$\lambda_{12}=a_{12}/h_0$，其值均应满足 0.25～1.0 的要求。

（2）受剪切计算

柱（墙）下桩基承台，应分别对柱（墙）边、变阶处和桩边连线形成的贯通承台的斜截面处进行受剪切承载力验算。当承台悬挑边有多排基桩形成多个斜截面时，应对每个斜截面的受剪承载力进行验算。柱下独立桩基承台斜截面受剪承载力应按下列规定计算。

① 承台斜截面受剪承载力计算　如图 6-31 所示，可按下式计算：

$$V \leqslant \beta_{hs}\alpha f_t b_0 h_0 \tag{6-84}$$

$$\alpha=\frac{1.75}{\lambda+1.0} \tag{6-85}$$

$$\beta_{hs}=\left(\frac{800}{h_0}\right)^{1/4} \tag{6-86}$$

$$\lambda_x=\frac{a_x}{h_0} \quad \lambda_y=\frac{a_y}{h_0}$$

式中，V 为不计承台及其上土自重，在荷载效应基本组合下斜截面的最大剪力设计值；h_0 为承台计算截面处的有效高度；b_0 为承台计算截面处的计算宽度；β_{hs} 为承台受剪切承载力截面高度影响系数，当承台高 $h_0<800$mm 时取 $h_0=800$mm，$h_0>2000$mm 时取 $h_0=2000$mm，其间按线性内插法取值；α 为承台剪切系数；λ 为计算截面的剪跨比，当剪跨比小于 0.25 时取 0.25，当剪跨比大于 3.0 时取 3.0；a_x、a_y 分别为柱（墙）边或承台变阶处至 y、x 方向计算一排桩的桩边的水平距离；f_t 为混凝土轴心抗拉强度设计值。

② 阶梯形承台斜截面受剪承载力计算　对于阶梯形承台应分别在变阶处（A_1—A_1、B_1—B_1）及柱边处（A_2—A_2、B_2—B_2）进行斜截面受剪承载力计算（图 6-32）。

计算变阶处截面（A_1—A_1、B_1—B_1）的斜截面受剪承载力时，其截面有效高度均为 h_{10}，截面计算宽度分别为 b_{y1} 和 b_{x1}。

计算柱边截面（A_2—A_2、B_1—B_2）的斜截面受剪承载力时，其截面有效高度均为 $h_{10}+h_{20}$，截面计算宽度分别为

对 A_2—A_2　$b_{y0}=\dfrac{b_{y1}h_{10}+b_{y2}h_{20}}{h_{10}+h_{20}}$　(6-87)

对 B_2—B_2　$b_{x0}=\dfrac{b_{x1}h_{10}+b_{x2}h_{20}}{h_{10}+h_{20}}$　(6-88)

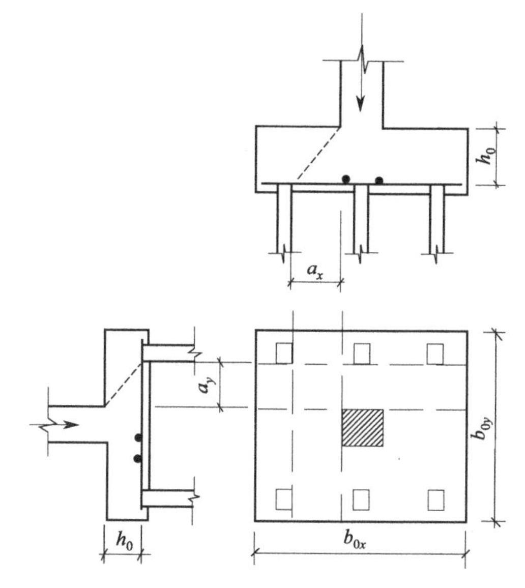

图 6-31　承台斜截面受剪计算示意图

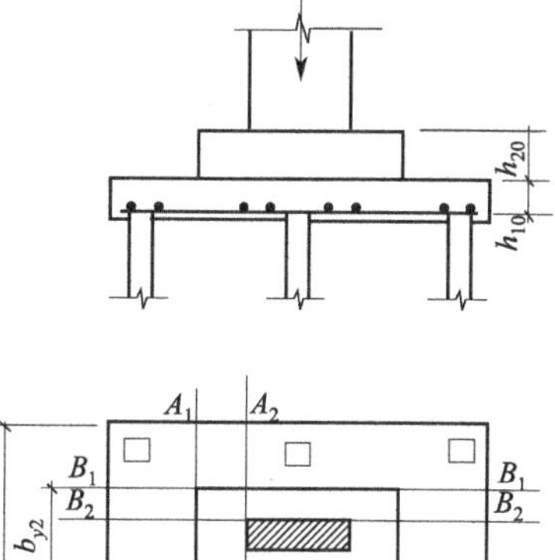

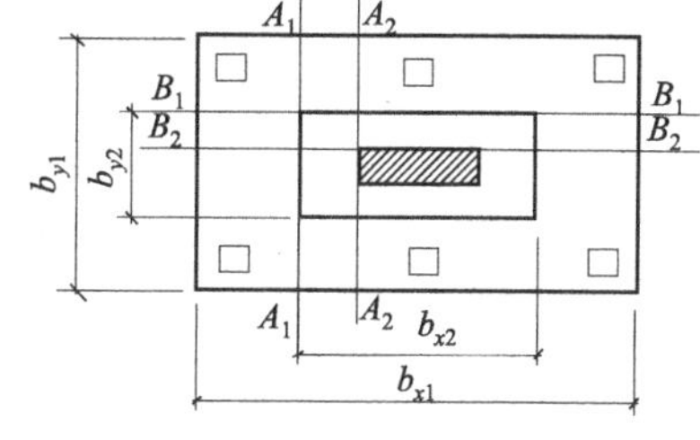

图 6-32　阶梯形承台斜截面受剪计算示意图

③ 锥形承台斜截面受剪承载力计算　对于锥形承台应分别对变阶处及柱边处两个截面进行斜截面受剪承载力计算，截面有效高度均取 h_0。如图 6-33 所示，A—A、B—B 两个截面的计算宽度分别为

对 A—A　$b_{y0}=\left[1-0.5\dfrac{h_{20}}{h_0}\left(1-\dfrac{b_{y2}}{b_{y1}}\right)\right]b_{y1}$　(6-89)

对 B—B　$b_{x0}=\left[1-0.5\dfrac{h_{20}}{h_0}\left(1-\dfrac{b_{x2}}{b_{x1}}\right)\right]b_{x1}$　(6-90)

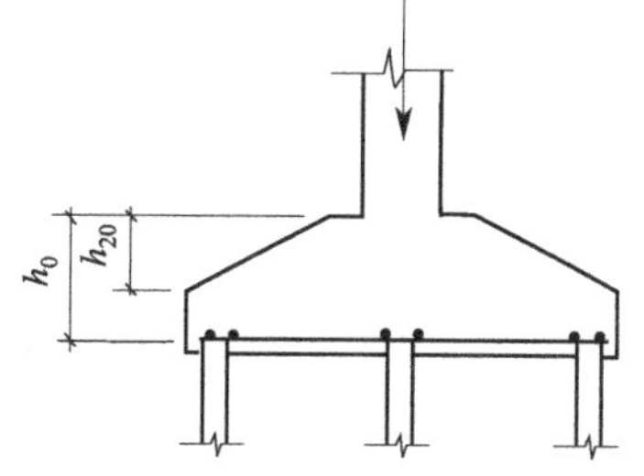

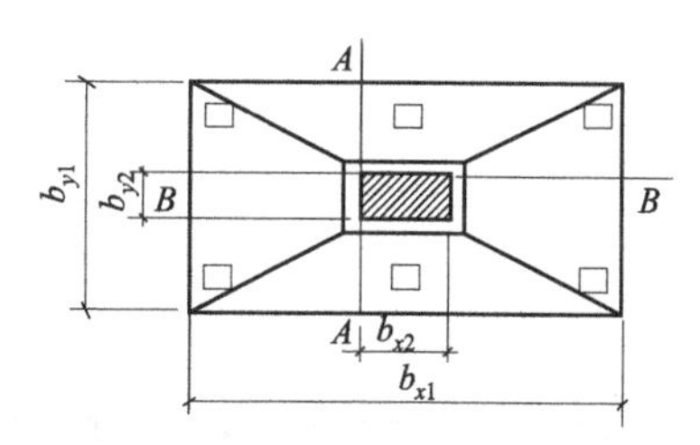

图 6-33　锥形承台斜截面受剪计算示意图

④ 承台梁斜截面受剪承载力计算

a. 砌体墙下条形承台梁配有箍筋，但未配弯起钢筋时，斜截面的受剪承载力可按下式计算：

$$V\leqslant 0.7f_t bh_0+1.25f_{yv}\frac{A_{sv}}{s}h_0 \tag{6-91}$$

式中，V 为不计承台及其上土自重，在荷载效应基本组合下，计算截面处的剪力设计值；A_{sv} 为配置在同一截面内箍筋各肢的全部截面面积；b 为承台梁计算截面处的计算宽度；s 为沿计算斜截面方向箍筋的间距；f_{yv} 为箍筋的抗拉强度设计值；h_0 为承台梁计算截面处的有效高度。

b. 砌体墙下条形承台梁有箍筋和弯起钢筋时，斜截面的受剪承载力可按下式计算：

$$V\leqslant 0.7f_t bh_0+1.25f_{yv}\frac{A_{sv}}{s}h_0+0.8f_y A_{sb}\sin\alpha_s \tag{6-92}$$

式中，A_{sb} 为同一截面弯起钢筋的截面面积；α_s 为斜截面上弯起钢筋与承台底面的夹角；f_y 为弯起钢筋的抗拉强度设计值。

c. 柱下条形承台梁，当配有箍筋但未配弯起钢筋时，其斜截面的受剪承载力可按下式计算：

$$V \leqslant \frac{1.75}{\lambda+1} f_t b h_0 + f_y \frac{A_{sv}}{s} h_0 \tag{6-93}$$

$$\lambda = a/h_0$$

式中，λ 为计算截面的剪跨比，当 $\lambda<1.5$ 时取 1.5，当 $\lambda>3.0$ 时取 3.0；a 为柱边至桩边的水平距离。

另外，对于柱下桩基，当承台的混凝土强度等级低于柱或桩的混凝土强度等级时，应验算柱下或桩上承台的局部受压承载力［参见现行《混凝土结构设计规范》（GB 50010—2010）］。

当进行承台的抗震验算时，应根据现行《建筑抗震设计规范》（GB 50011—2010）的规定对承台顶面的地震作用效应和承台的受弯、受冲切、受剪承载力进行抗震调整。

综上所述，桩基础设计流程图如图 6-34 所示。

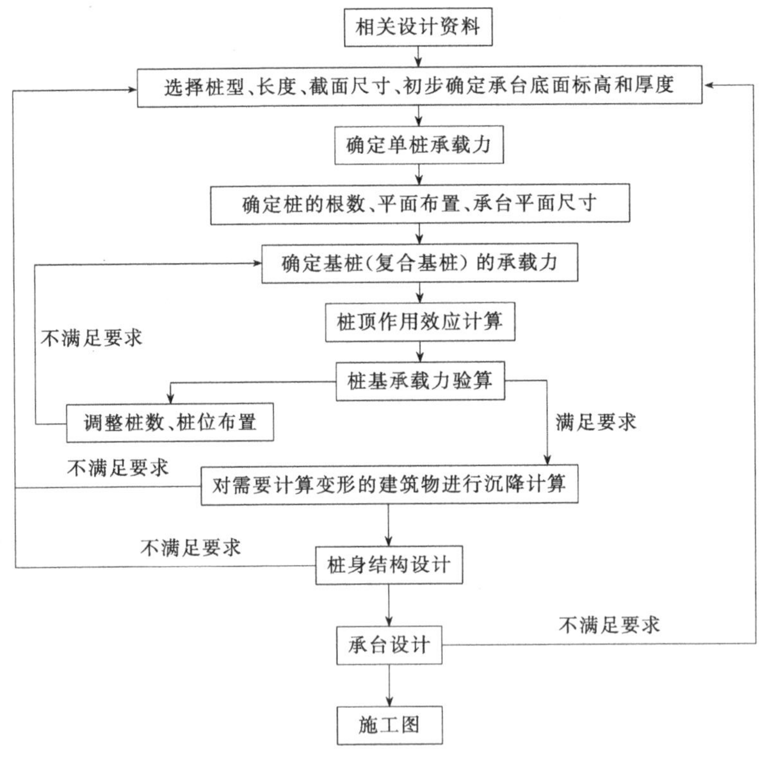

图 6-34 桩基设计流程图

6.8 桩基设计实例

某六层框架结构，柱网布置如图 6-35 所示。拟建建筑物位于非地震区、地势平坦，拟建场地地基土的分布情况及各层土的物理力学指标见表 6-33。地下水位距离地表 1.3m，并对混凝土无腐蚀性。试以 A、B、C、D 柱为例进行桩基设计（A、B、C、D 柱柱底的荷载组合值见表 6-34）。

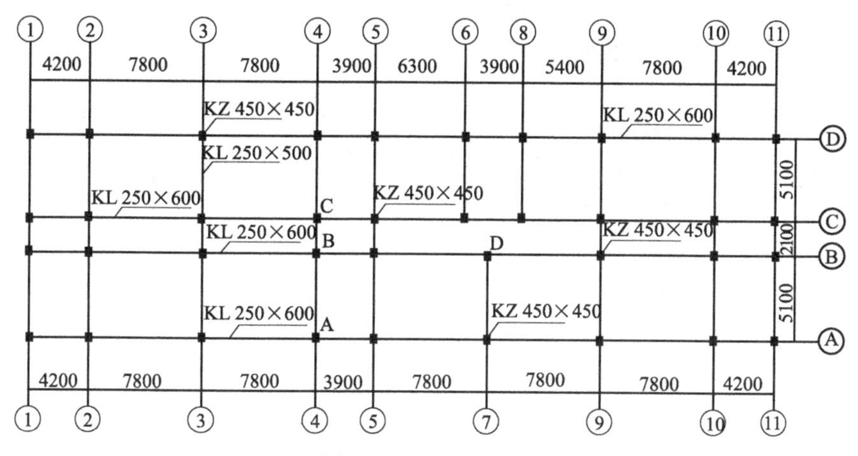

图 6-35　柱网布置图

(1) 桩的类型和几何尺寸的选定

已知柱的截面尺寸均为 450mm×450mm，采用 C30 混凝土。综合上部结构形式、荷载、地质条件、环境条件、施工条件、经济条件等，拟选用静压钢筋混凝土预制桩，桩身截面尺寸为 400mm×400mm，采用 C30 混凝土。

依据地基土的分布（表 6-33），粗砾砂层宜作为桩端持力层。桩端全断面进入持力层 1.3m（大于 1.5d），工程桩入土深度为 10.1m，承台埋深为 1.3m，桩基的有效长度即为 8.8m，考虑持力层的起伏以及桩需嵌入承台一定长度而留有的余地，取实际桩长比有效桩长 1.0m（图 6-36）。

表 6-33　地基土的土层分布及主要物理力学指标

土层编号	名称	土层厚度/m	天然重度/(kN/m³)	孔隙比	状态指数	压缩模量/MPa	承载力特征值/kPa	桩侧阻力标准值/kPa	桩端阻力标准值/kPa
①	素填土	4.3	17.5						
②	淤泥质粉质黏土	0.8	17.8	1.03	I_L=1.39	2.54	60	12	
③	粉土夹粉质黏土	1.8	18.6	0.90	I_L=0.73	7.0	90	25	
④	粉质黏土	1.9	19.1	0.72	I_L=0.60	4.68	160	55	
⑤	粗砾砂	7.5	19.7		中密	13.0	250	70	7200
⑥	强风化安山岩					40	800	220	8500

注：素填土回填时间较短，不计其侧摩阻力。

表 6-34　柱底荷载组合值

荷载柱号	标准组合值			基本组合值		
	轴力/kN	弯矩/(kN·m)	剪力/kN	轴力/kN	弯矩/(kN·m)	剪力/kN
A	1328.003	128.550	56.004	1465.568	150.420	68.948
B	1890.640	163.871	84.440	2115.656	243.484	130.849
C	1890.640	163.871	84.440	2115.656	243.484	130.849
D	1984.137	171.285	86.432	2220.028	254.984	133.936

(2) 估算单桩承载力特征值

按现行《建筑桩基技术规范》(JGJ 94—2008) 估算单桩竖向承载力特征值［式(6-12)］：

$$
\begin{aligned}
Q_{uk} &= Q_{pk}+Q_{sk}=q_{pk}A_p+u\sum q_{sik}l_i \\
&= 7200\times0.4\times0.4+(0.8\times12+1.8\times25+1.9\times55+1.3\times70)\times4\times0.4 \\
&= 1152+400.16=1552.16(\text{kN})
\end{aligned}
$$

$$R_a=Q_{uk}/2=776.08(\text{kN})$$

（3）初步确定桩数及承台底面尺寸

① A 柱

$$n=1.2\frac{F_k}{R_a}=1.2\times\frac{1328.003}{776.08}=2.053\quad 取 n=3 根$$

A 柱下设为等边三桩承台，桩位布置见图 6-37(a)，采用 C30 混凝土，承台厚 800mm，桩顶伸入承台 50mm，钢筋保护层取 70mm，承台有效高度为 730mm。

② B、C 柱　由于 B、C 两柱相隔较近，且轴力相对来说较大，故将其做成联合承台。

$$n=1.2\frac{2F_k}{R_a}=1.2\times\frac{2\times1890.64}{776.08}=5.847\quad 取 n=6 根$$

承台地面尺寸为 5.0m×2.2m，采用 C30 混凝土，承台厚 800mm，桩顶伸入承台 50mm，钢筋保护层取 70mm，承台有效高度为 730mm，桩位布置见图 6-37(b)[5,16]。

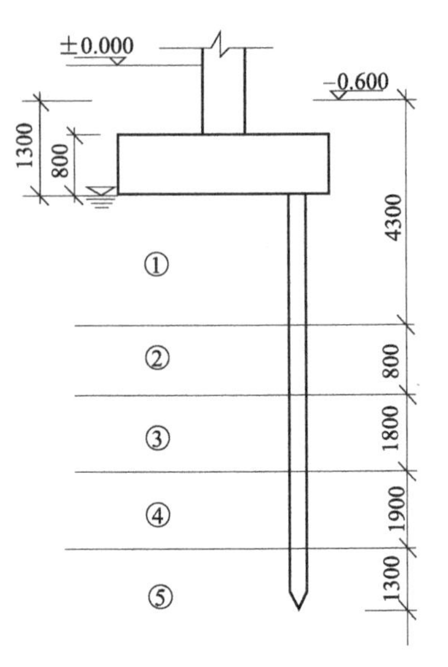

图 6-36　桩基及土层布置图

③ D 柱

$$n=1.2\frac{F_k}{R_a}=1.2\times\frac{1984.137}{776.08}=3.068\quad 取 n=4 根$$

承台底面尺寸为 2.2m×2.2m，采用 C30 混凝土，承台厚 800mm，桩顶伸入承台 50mm，钢筋保护层取 70mm，承台有效高度为 730mm，桩位布置见图 6-37(c)。

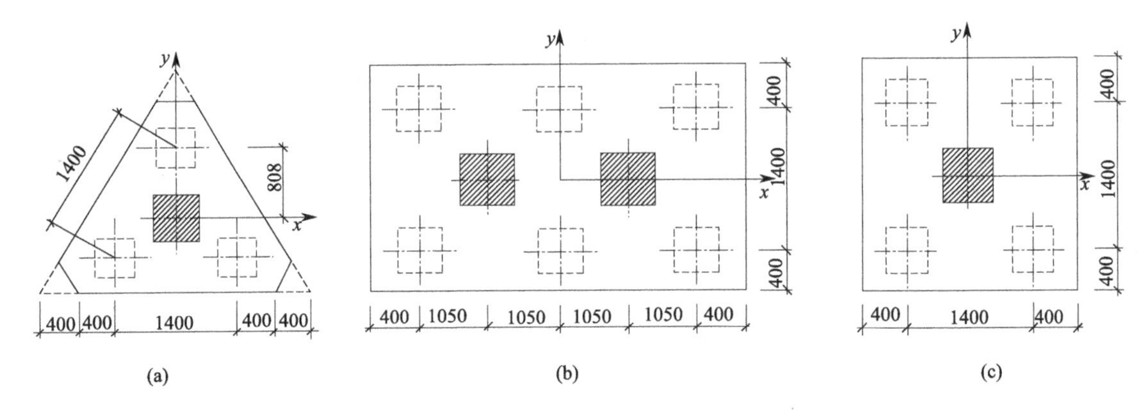

图 6-37　桩位布置图

（4）桩基承载力验算

由于承台底的地基土为素填土，尚未完成自重固结，可能会出现承台底与地基土脱离的情况，因此不考虑承台效应，即基桩的竖向承载力特征值取单桩的竖向承载力特征值，即

$$R=R_a=776.08\text{kN}$$

① 三桩三角承台　因为该柱为边柱，所以基础埋深为

$$d=(1.3+1.3+0.6)/2=1.6(\text{m})$$

三角承台的面积为

$$A=\frac{1}{2}\times3.0\times3.0\times\sin60^\circ-3\times\frac{1}{2}\times0.4\times0.4\times\sin60^\circ=3.689(\text{m}^2)$$

桩顶平均竖向力：

$$Q_k=\frac{F_k+G_k}{n}=\frac{1328.003+20\times3.689\times1.6}{3}=482.017(\text{kN})<R$$

顶桩：

$$Q_{\text{kmin}}^{\text{kmax}}=Q_k\pm\frac{(M_k+H_kh)y_{\max}}{\sum y_i^2}=482.017\pm\frac{(128.55+56.004\times0.8)\times0.808}{0.808^2+2\times0.404^2}$$

$$=\begin{cases}625.048(\text{kN})<1.2R\\338.986(\text{kN})>0\end{cases}\quad\text{满足要求}$$

② 联合承台　因为该柱为中柱，所以基础埋深为

$$d=1.3+0.6=1.9(\text{m})$$

$$Q_k=\frac{2F_k+G_k}{n}=\frac{2\times1890.64+20\times2.2\times5.0\times1.9}{6}=699.88(\text{kN})<R$$

$$Q_{\text{kmin}}^{\text{kmax}}=Q_k\pm\frac{2(M_k+H_kh)x_{\max}}{\sum x_i^2}=699.88\pm\frac{2\times(163.871+84.44\times0.8)\times2.1}{4\times2.1^2}$$

$$=699.88\pm55.1=\begin{cases}754.98(\text{kN})<1.2R\\644.78(\text{kN})>0\end{cases}\quad\text{满足要求}$$

③ 四桩承台　因为该柱为中柱，所以基础埋深为

$$d=1.3+0.6=1.9(\text{m})$$

$$Q_k=\frac{F_k+G_k}{n}=\frac{1984.137+20\times2.2\times2.2\times1.9}{4}=542.014(\text{kN})<R$$

$$Q_{\text{kmin}}^{\text{kmax}}=Q_k\pm\frac{(M_k+H_kh)x_{\max}}{\sum x_i^2}=542.014\pm\frac{(171.285+86.432\times0.8)\times0.7}{4\times0.7^2}$$

$$=542.014\pm85.868=\begin{cases}627.882(\text{kN})<1.2R\\456.146(\text{kN})>0\end{cases}\quad\text{满足要求}$$

(5) 桩身结构设计

桩身强度验算：

$$A_{ps}f_c\Psi_c=400^2\times14.3\times0.85=1944.8(\text{kN})>Q_{\max}=754.98(\text{kN})\quad\text{满足要求}$$

预制桩吊运验算(略)。

(6) 承台设计

① 三桩三角承台　扣除承台和其上填土自重后相应于荷载效应基本组合时的竖向力设计值：

$$N=\frac{1465.568}{3}=488.523(\text{kN})$$

$$N_{\min}^{\max}=N\pm\frac{(M+Hh)y_{\max}}{\sum y_i^2}=488.523\pm\frac{(150.42+68.948\times0.8)\times0.808}{0.808^2+2\times0.404^2}=\begin{cases}658.142(\text{kN})\\318.904(\text{kN})\end{cases}$$

a. 角桩对承台的冲切验算（符号含义见图 6-30）。

$$a_{11}=\frac{1400}{2}-\frac{400}{2}-\frac{450}{2}=275(\text{mm})\quad c_1=400+400+200=1000(\text{mm})$$

$$\lambda_{11}=\frac{a_{11}}{h_0}=\frac{275}{730}=0.377\quad\beta_{11}=\frac{0.56}{0.377+0.2}=0.971$$

$$c_2=\left(\frac{3000\times\sin60^\circ\times2}{3}-808+\frac{400}{2}\right)\times\cos30^\circ=973.457(\text{mm})$$

$$a_{12}=\left(\frac{3000\times\sin60^\circ\times2}{3}-\frac{450}{2}\right)\times\cos30^\circ-c_2=1305.144-973.457=331.687(\text{mm})$$

$$\lambda_{12}=\frac{a_{12}}{h_0}=\frac{331.687}{730}=0.454 \quad \beta_{12}=\frac{0.56}{0.454+0.2}=0.856$$

底部角桩：

$$\begin{aligned}&\beta_{11}(2c_1+a_{11})\tan\frac{\theta_1}{2}\beta_{hp}f_t h_0\\&=0.971\times(2\times1000+275)\times\tan30^\circ\times1.0\times1.43\times730\\&=1331.370(\mathrm{kN})>N_1=318.904(\mathrm{kN})\end{aligned}$$

顶部角桩：

$$\begin{aligned}&\beta_{12}(2c_2+a_{12})\tan\frac{\theta_2}{2}\beta_{hp}f_t h_0\\&=0.856\times(2\times973.457+331.687)\times\tan30^\circ\times1.0\times1.43\times730\\&=1175.548(\mathrm{kN})>N_1=658.142(\mathrm{kN})\quad 满足要求\end{aligned}$$

b. 受剪切承载力验算。因为 $h_0=730\mathrm{mm}<800\mathrm{mm}$，取 $h_0=800\mathrm{mm}$，则受剪切承载力截面高度影响系数 $\beta_{hs}=\left(\frac{800}{h_0}\right)^{\frac{1}{4}}=1$。

显然Ⅰ—Ⅰ截面为最危险截面（图 6-38），若该截面满足要求，则其他截面也满足要求。

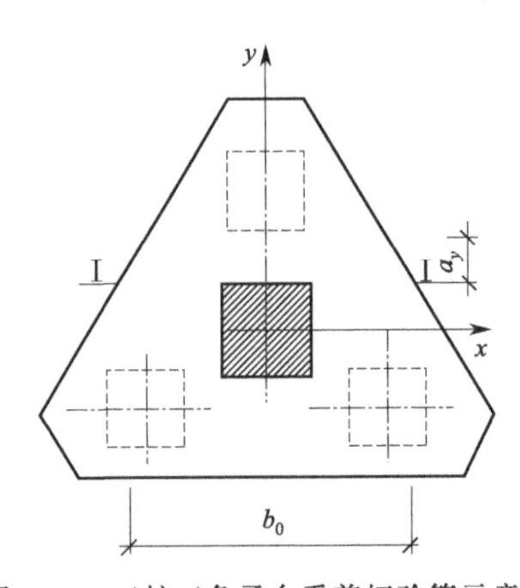

图 6-38　三桩三角承台受剪切验算示意图

对Ⅰ—Ⅰ截面：

$$a_y=808-\frac{400}{2}-\frac{450}{2}=383(\mathrm{mm}) \quad \lambda_y=\frac{a_y}{h_0}=\frac{383}{730}=0.525$$

承台剪切系数：

$$\alpha=\frac{1.75}{1+\lambda_y}=\frac{1.75}{1+0.525}=1.148$$

计算截面处的计算宽度：

$$b_0=2\times\frac{3000}{2}\times\frac{3000\times\sin60^\circ\times2/3-450/2}{3000\times\sin60^\circ}=1740.193(\mathrm{mm})$$

$$\begin{aligned}\beta_{hs}\alpha f_t h_0 b_0&=1.0\times1.148\times1.43\times1740.193\times730\\&=2085.442(\mathrm{kN})>V=658.142(\mathrm{kN})\quad 满足要求\end{aligned}$$

d. 受弯计算。

$$M=\frac{N_{\max}}{3}\left(s_{a}-\frac{\sqrt{3}}{4}c\right)=\frac{658.142}{3}\times\left(1.4-\frac{\sqrt{3}}{4}\times0.45\right)=264.385(\text{kN}\cdot\text{m})$$

$$A_{s}=\frac{M}{0.9f_{y}h_{0}}=\frac{264.385\times10^{6}}{0.9\times730\times300}=1341.374(\text{mm}^{2})$$

选配 4Φ22　$A_{s}=1519.76(\text{mm}^{2})>A_{s,\min}=641\times800\times0.15\%=769.2(\text{mm}^{2})$。

② 联合承台　扣除承台和其上填土自重后的柱底竖向力设计值：

$$N=\frac{2F}{n}=\frac{2\times2115.656}{6}=705.22(\text{kN})$$

$$N_{\min}^{\max}=N\pm\frac{2(M+Hh)x_{\max}}{\sum x_{i}^{2}}=705.22\pm\frac{2\times(243.484+130.849\times0.8)\times2.1}{4\times2.1^{2}}=\begin{cases}788.116(\text{kN})\\622.324(\text{kN})\end{cases}$$

a. 柱对承台的冲切验算(符号含义见图 6-28)。对每一个柱进行冲切验算，由于 B、C 两柱情况相同，因此只对 B 柱进行冲切验算(图 6-39)。

冲切力　　$F_{l}=F-\sum N_{i}=2115.656-0=2115.656(\text{kN})$

因为 $h=800\text{mm}$，所以承台受冲切承载力截面高度影响系数 $\beta_{hp}=1.0$。

冲跨比的计算：

$$a_{0x}=1050-400/2-450/2=625\ (\text{mm})\qquad \lambda_{0x}=\frac{a_{0x}}{h_{0}}=\frac{625}{730}=0.856$$

$$\beta_{0x}=\frac{0.84}{0.856+0.2}=0.795$$

$$a_{0y}=1400/2-400/2-450/2=275(\text{mm})\qquad \lambda_{0y}=\frac{a_{0y}}{h_{0}}=\frac{275}{730}=0.377$$

$$\beta_{0y}=\frac{0.84}{\lambda_{0y}+0.2}=\frac{0.84}{0.377+0.2}=1.456$$

$$\begin{aligned}&2[\beta_{0x}(b_{c}+a_{0y})+\beta_{0y}(h_{c}+a_{0x})]\beta_{hp}f_{t}h_{0}\\&=2\times[0.795\times(450+275)+1.456\times(450+625)]\times1.0\times1.43\times730\\&=4471.180\ (\text{kN})>F_{l}\quad 满足要求\end{aligned}$$

对于双柱联合承台，除了应考虑每个柱脚下的冲切破坏锥体外，还应按图 6-40 考虑在两个柱脚的公共周边下的冲切破坏情况。

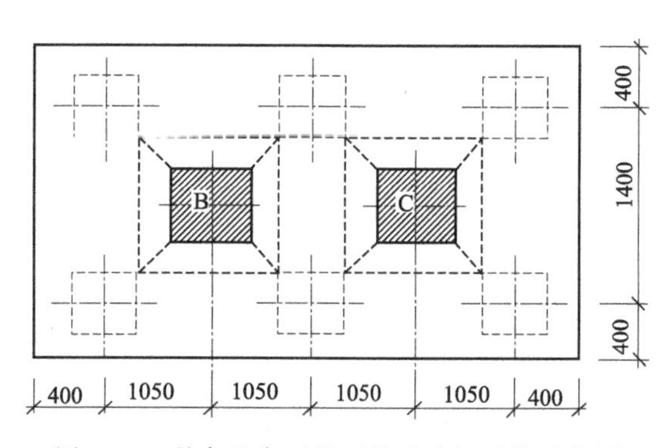

图 6-39　联合承台两柱下的受冲切验算示意图

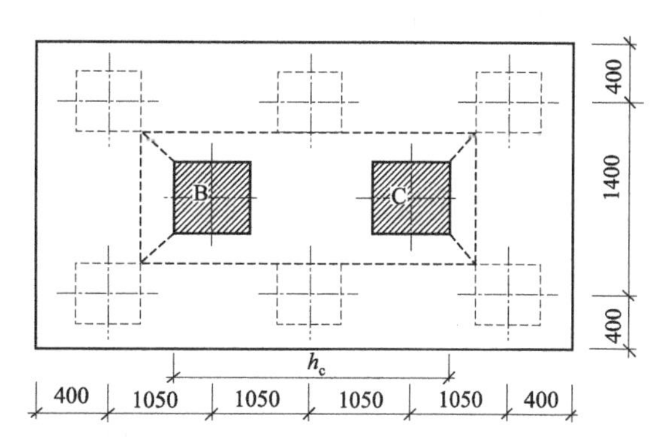

图 6-40　双柱下公共周边的受冲切验算示意图

冲切力　　$F_{l}=F_{C}+F_{B}-\sum N_{i}=2\times2115.656-0=4231.312(\text{kN})$

因为 $h=800\text{mm}$，所以承台受冲切承载力截面高度影响系数 $\beta_{hp}=1.0$。

$$h_{c}=1050+1050+225+225=2550(\text{mm})$$

冲跨比的计算：

$$a_{0x}=1050-400/2-450/2=625(\mathrm{mm})\quad \lambda_{0x}=\frac{a_{0x}}{h_0}=\frac{625}{730}=0.856$$

$$\beta_{0x}=\frac{0.84}{0.856+0.2}=0.795$$

$$a_{0y}=1400/2-400/2-450/2=275(\mathrm{mm})\quad \lambda_{0y}=\frac{a_{0y}}{h_0}=\frac{275}{730}=0.377$$

$$\beta_{0y}=\frac{0.84}{\lambda_{0y}+0.2}=\frac{0.84}{0.377+0.2}=1.456$$

$$2[\beta_{0x}(b_c+a_{0y})+\beta_{0y}(h_c+a_{0x})]\beta_{hp}f_t h_0$$
$$=2\times[0.795\times(450+275)+1.456\times(2550+625)]\times1.0\times1.43\times730$$
$$=10854.838\ (\mathrm{kN})>F_1\quad \text{满足要求}$$

b. 角桩对承台的冲切验算（符号含义见图 6-29）。

$$c_1=c_2=600\mathrm{mm}$$

$$a_{1x}=1050-400/2-450/2=625\ (\mathrm{mm})\quad a_{1y}=1400/2-400/2-450/2=275\ (\mathrm{mm})$$

$$\lambda_{1x}=\frac{a_{1x}}{h_0}=\frac{625}{730}=0.856\quad \lambda_{1y}=\frac{a_{1y}}{h_0}=\frac{275}{730}=0.377$$

$$\beta_{1x}=\frac{0.56}{0.856+0.2}=0.530\quad \beta_{1y}=\frac{0.56}{0.377+0.2}=0.971$$

$$[\beta_{1x}(c_2+a_{1y}/2)+\beta_{1y}(c_1+a_{1x}/2)]\beta_{hp}f_t h_0$$
$$=[0.530\times(600+275/2)+0.971\times(600+625/2)]\times1.0\times1.43\times730$$
$$=1332.969(\mathrm{kN})>N_1=788.116(\mathrm{kN})\quad \text{满足要求}$$

c. 受剪切承载力验算（符号含义见图 6-31）。联合承台的内力计算比较复杂，可根据上下部刚度情况选择不同的计算方法。在此将承台沿长向视为一静定梁，其上作用有柱荷载和桩净反力，近似计算出承台的弯矩和剪力（图 6-41）[17]。由图可知，桩边最不利截面为Ⅲ—Ⅲ截面，另一方向的不利截面为Ⅰ—Ⅰ截面。

因为 $h_0=730\mathrm{mm}<800\mathrm{mm}$，取 $h_0=800\mathrm{mm}$，则受剪切承载力截面高度影响系数 $\beta_{hs}=\left(\frac{800}{h_0}\right)^{\frac{1}{4}}=1$。

对Ⅰ—Ⅰ截面：

$$a_y=1400/2-400/2-450/2=275(\mathrm{mm})$$

$$\lambda_y=\frac{a_y}{h_0}=\frac{275}{730}=0.377$$

承台剪切系数：

$$\alpha=\frac{1.75}{1+0.377}=1.271$$

$$\beta_{hs}\alpha f_t h_0 b_0=1.0\times1.271\times1.43\times5000\times730$$
$$=6633.985\ (\mathrm{kN})>(N_{max}+N+N_{min})$$
$$=3N=705.22\times3=2115.65(\mathrm{kN})\quad \text{满足要求}$$

对Ⅲ—Ⅲ截面：

$$a_x=1050-400/2-450/2=625(\mathrm{mm})$$

$$\lambda_x=\frac{a_x}{h_0}=\frac{625}{730}=0.856$$

承台剪切系数：

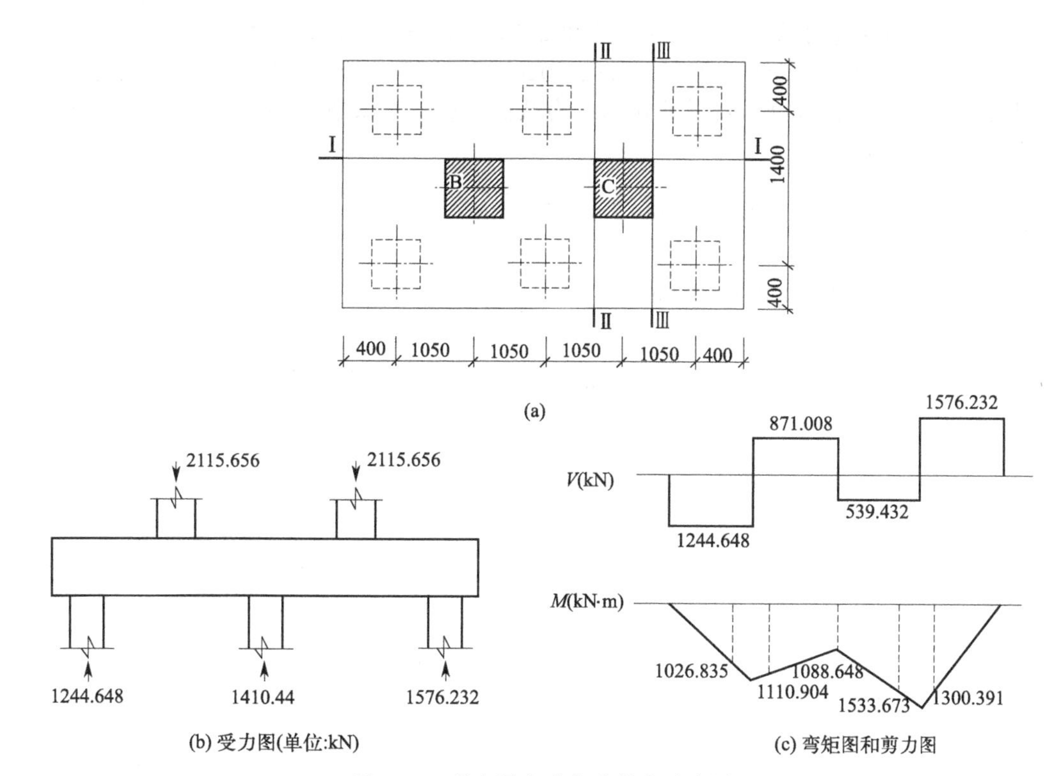

图 6-41　联合承台受弯承载力示意图

$$\alpha=\frac{1.75}{1+0.856}=0.943$$

$$\beta_{hs}\alpha f_t h_0 b_0=1.0\times0.943\times1.43\times2200\times730=2165.675(\text{kN})>2N_{max}$$
$$=2\times788.116=1576.232(\text{kN})\quad 满足要求$$

d. 受弯计算。对Ⅱ—Ⅱ截面：

$$M_y=1533.673\ (\text{kN}\cdot\text{m})$$

$$A_s=\frac{M_y}{0.9f_yh_0}=\frac{1533.673\times10^6}{0.9\times730\times300}=7781.192(\text{mm}^2)$$

选配 21Φ22，$A_s=7978.74(\text{mm}^2)>A_{s,min}=2200\times800\times0.15\%=2640(\text{mm}^2)$，平行于 x 轴方向均匀布置。

对Ⅰ—Ⅰ截面：

$$M_x=\sum N_i y_i=(N_{max}+N+N_{min})\times0.475=3N\times0.475$$
$$=3\times705.22\times0.475=1004.939(\text{kN}\cdot\text{m})$$

$$A_s=\frac{M_x}{0.9f_y(h_0-d)}=\frac{1004.939\times10^6}{0.9\times(730-22)\times300}=5257.057(\text{mm}^2)$$

选配 25Φ18，$A_s=6358.5(\text{mm}^2)>A_{s,min}=5000\times800\times0.15\%=6000(\text{mm}^2)$，平行于 y 轴方向均匀布置。

③ 四桩承台　扣除承台和其上填土自重后的柱底竖向力设计值：

$$N=\frac{F}{n}=\frac{2220.028}{4}=555.007(\text{kN})$$

$$N_{min}^{max}=N\pm\frac{(M+Hh)x_{max}}{\sum x_i^2}=555.007\pm\frac{(254.984+133.936\times0.8)\times0.7}{4\times0.7^2}=\frac{684.34}{425.674}(\text{kN})$$

a. 柱对承台的冲切验算(符号含义见图 6-28)。如图 6-42 所示,冲切力为

$$F_l = F - \sum N_i = 2220.028 - 0 = 2220.028(\text{kN})$$

因为 $h = 800\text{mm}$，所以承台受冲切承载力截面高度影响系数 $\beta_{hp} = 1.0$。

冲跨比的计算：

$$a_{0x} = 1400/2 - 400/2 - 450/2 = 275\ (\text{mm}) \qquad \lambda_{0x} = \frac{a_{0x}}{h_0} = \frac{275}{730} = 0.377$$

$$a_{0y} = 1400/2 - 400/2 - 450/2 = 275\ (\text{mm}) \qquad \lambda_{0y} = \frac{a_{0y}}{h_0} = \frac{275}{730} = 0.377$$

$$\beta_{0x} = \beta_{0y} = \frac{0.84}{\lambda_{0y} + 0.2} = \frac{0.84}{0.377 + 0.2} = 1.456$$

$$\begin{aligned} & 2[\beta_{0x}(b_c + a_{0y}) + \beta_{0y}(h_0 + a_{0x})]\beta_{hp} f_t h_0 \\ = & 2 \times [1.456 \times (450 + 275) + 1.456 \times (450 + 275)] \times 1.0 \times 1.43 \times 730 \\ = & 4407.763(\text{kN}) > F_l \quad \text{满足要求} \end{aligned}$$

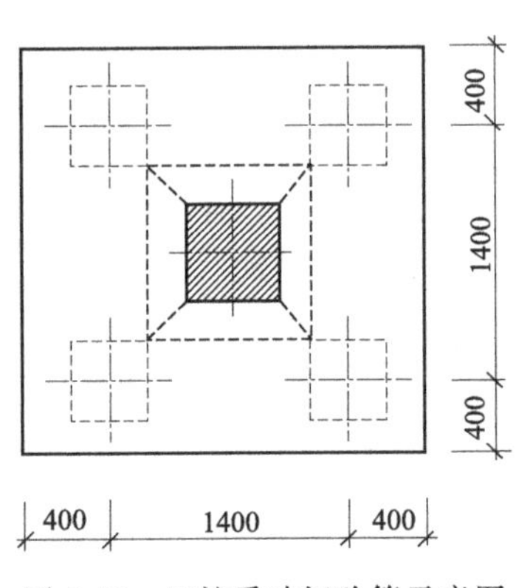

图 6-42 四桩受冲切验算示意图

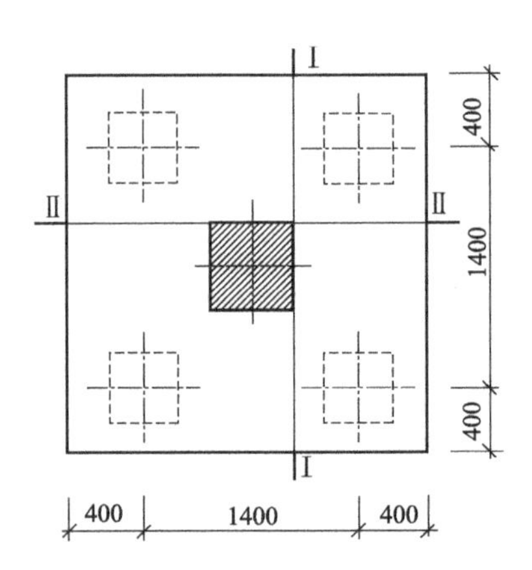

图 6-43 四桩受剪切验算示意图

b. 角桩对承台的冲切验算（符号含义见图 6-29）。

$$c_1 = c_2 = 600\text{mm}$$

$$a_{1x} = a_{1y} = 1400/2 - 400/2 - 450/2 = 275(\text{mm})$$

$$\lambda_{1x} = \lambda_{1y} = \frac{a_{1y}}{h_0} = \frac{275}{730} = 0.377$$

$$\beta_{1x} = \beta_{1y} = \frac{0.56}{0.377 + 0.2} = 0.971$$

$$\begin{aligned} & [\beta_{1x}(c_2 + a_{1y}/2) + \beta_{1y}(c_1 + a_{1x}/2)]\beta_{hp} f_t h_0 \\ = & 2 \times 0.971 \times (600 + 275/2) \times 1.0 \times 1.43 \times 730 \\ = & 1495.100(\text{kN}) > N_1 = 684.34(\text{kN}) \quad \text{满足要求} \end{aligned}$$

c. 受剪切承载力验算（符号含义见图 6-31）。因为 $h_0 = 730\text{mm} < 800\text{mm}$，取 $h_0 = 800\text{mm}$，则受剪切承载力截面高度影响系数 $\beta_{hs} = \left(\frac{800}{h_0}\right)^{\frac{1}{4}} = 1$。

如图 6-43 所示，Ⅰ—Ⅰ截面上的剪力最大：

$$a_x = 1400/2 - 400/2 - 450/2 = 275(\text{mm})$$

$$\lambda_x = \frac{a_x}{h_0} = \frac{275}{730} = 0.377$$

承台剪切系数：

$$\alpha=\frac{1.75}{1+0.377}=1.271$$

$$\begin{aligned}\beta_{hs}\alpha f_t h_0 b_0&=1.0\times1.271\times1.43\times2200\times730\\&=2918.953(\text{kN})>2N_{max}\\&=684.34\times2=1368.68(\text{kN})\quad 满足要求\end{aligned}$$

d. 受弯计算。对Ⅰ—Ⅰ截面：

$$M_y=\sum N_i x_i=2N_{max}\times0.475=2\times684.34\times0.475=650.123(\text{kN}\cdot\text{m})$$

$$A_s=\frac{M_y}{0.9f_y h_0}=\frac{650.123\times10^6}{0.9\times730\times300}=3298.44(\text{mm}^2)$$

选配 17Φ16，$A_s=3416.32(\text{mm}^2)>A_{s,min}=2200\times800\times0.15\%=2640(\text{mm}^2)$，平行于 x 轴方向均匀布置。

对Ⅱ—Ⅱ截面：

$$M_x=\sum N_i y_i=(N_{max}+N_{min})\times0.475=2\times555.007\times0.475=527.257(\text{kN}\cdot\text{m})$$

$$A_s=\frac{M_x}{0.9f_y h_0}=\frac{527.257\times10^6}{0.9\times(730-16)\times300}=2735.019(\text{mm}^2)$$

选配 14Φ16，$A_s=2813.44(\text{mm}^2)>A_{s,min}=2200\times800\times0.15\%=2640(\text{mm}^2)$，平行于 y 轴方向均匀布置。

习　题

6-1　什么是单桩的竖向承载力特征值？如何验算桩基的竖向承载力？

6-2　单桩的水平承载力与哪些因素有关？如何确定单桩的水平承载力特征值？

6-3　何种情况下应计入桩侧负摩阻力？如何计算基桩的下拉荷载？

6-4　对于桩身周围有液化土层的桩基，如何考虑其对单桩承载力的影响？

6-5　承台设计时应做哪些验算？

6-6　采用 400mm×400mm 的钢筋混凝土预制桩，桩穿越 8m 厚的饱和软土进入密实粉砂层，采用静压桩工艺将其压入土中，桩的平面布置如图 6-44 所示，试计算基桩的下拉荷载。

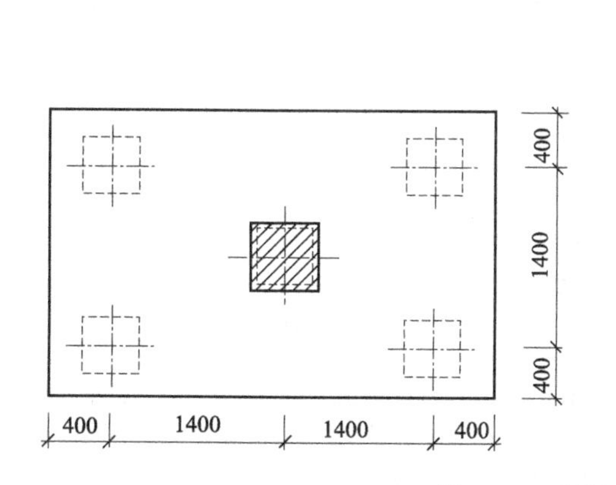

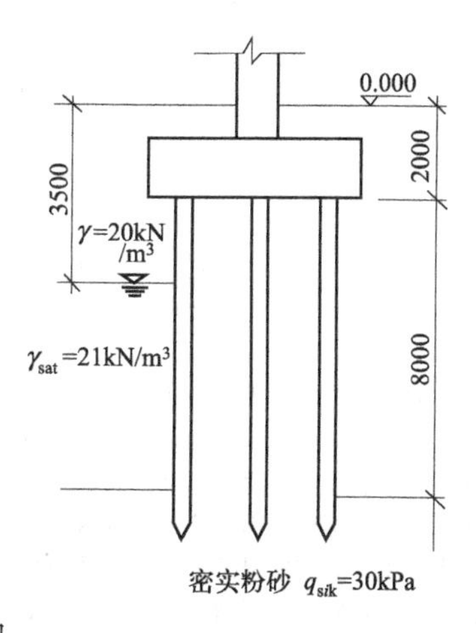

图 6-44　习题 6-6 图

6-7　已知群桩基础的平面、剖面如图 6-45 所示，地质情况见表 6-35，已知 $F_k+G_k=4500\text{kN}$。试验算软弱下卧层的承载力。

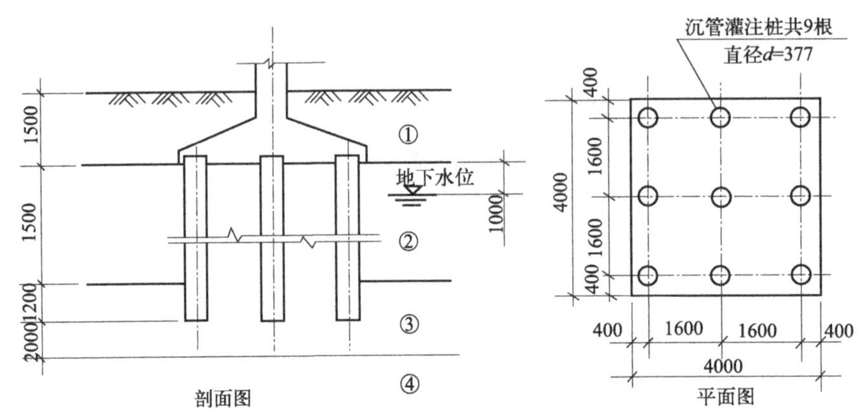

图 6-45 习题 6-7 图

表 6-35 地基土的土层分布及主要物理力学指标（习题 6-7）

土层编号	名称	天然重度/(kN/m^3)	压缩模量/MPa	承载力特征值/kPa	桩侧阻力标准值/kPa	桩端阻力标准值/kPa
①	杂填土	17.4				
②	淤泥质粉质黏土	17.8	2.54	60	20	
③	黏土	19.5	7.0	220	60	2800
④	淤泥质土	16.8	1.5	65	21	

6-8 已知某场地土层分布为：第一层杂填土（含生活垃圾），厚 1.2m；第二层淤泥，软塑状态，厚 6.0m；桩侧阻力标准值 16kPa；第三层粉土，中密，厚度较大，桩侧阻力标准值为 30kPa，桩端阻力标准值为 250kPa。现设计一框架内柱的预制桩基础。已知柱的截面尺寸为 300mm×450mm，柱底荷载效应标准组合值为：$F_k=1865kN$，$M_{xk}=127kN\cdot m$，$M_{yk}=85kN\cdot m$，$H_k=70kN$，荷载效应基本组合值为荷载效应标准组合值的 1.35 倍。试设计该桩基础。

参 考 文 献

[1] 华南理工大学，浙江大学，湖南大学．基础工程．北京：中国建筑工业出版社，2005.
[2] 刘昌辉，时红莲．基础工程学．武汉：中国地质大学出版社，2005.
[3] 董建国，沈锡英，钟才根，等．土力学与地基基础．上海：同济大学出版社，2005.
[4] 袁聚云，等．基础工程设计原理．上海：同济大学出版社，2001.
[5] 中华人民共和国住房和城乡建设部．建筑桩基技术规范（JGJ 94—2008)．北京：中国建筑工业出版社，2008.
[6] 顾士坦，施建勇，刘敬爱．SMW 工法的研究进展．探矿工程（岩土钻掘工程），2006，8.
[7] 陈希哲．土力学地基基础．北京：清华大学出版社，1996.
[8] 中国土木工程协会．2007 注册岩土工程师专业考试复习教程．4 版．北京：中国建筑工业出版社，2007.
[9] 周景理，李广信，等．基础工程．2 版．北京：清华大学出版社，2007.
[10] 徐长节．地基基础设计．北京：机械工业出版社，2007.
[11] 罗晓辉．基础工程设计原理．武汉：华中科技大学出版社，2007.
[12] 张雁，刘金波．桩基手册．北京：中国建筑工业出版社，2009.
[13] 中华人民共和国建设部．建筑基桩检测技术规范（JGJ 106—2014)．北京：中国建筑工业出版社，2003.
[14] 金喜平，等．基础工程．北京：机械工业出版社，2007.
[15] 中华人民共和国建设部．建筑地基基础设计规范（GB 50007—2011)．北京：中国建筑工业出版社，2012.
[16] 同济大学主编．钢筋混凝土承台设计规程（CECS 88：1997)．北京：中国工程建设标准化协会，1997.
[17] 徐占发．土建专业实训指导与示例．北京：中国建筑工业出版社，2006.

第7章

沉井基础设计

【学习指南】本章主要介绍沉井及沉井基础的基本概念，沉井基础的基本类型、构造形式、适用范围、设计计算方法等。通过本章学习，应了解常见的沉井基本类型；熟悉沉井基础的基本构造形式、施工工艺、沉井下沉过程中常见的工程问题及处理措施；掌握沉井基础的适用范围和设计计算方法。

7.1 概述

沉井（caisson）是指在地面上制作，通过挖除井内土体的方法使之下沉到地面以下某一深度的井体结构。通常采用钢筋混凝土或砖石、混凝土等材料，分数节制作。施工时，先在场地上整平地面铺设中砂垫层，设支承枕木，制作第一节沉井，然后在井筒内挖土，使沉井失去支承下沉，边挖边排土边下沉，再逐节接长井筒。当井筒下沉达到设计标高后，用素混凝土封底，最后浇筑钢筋混凝土底板，构成地下结构物，或在井筒内用素混凝土或砂砾石填充，使其成为结构物的基础。

沉井基础（caisson foundation）是上、下敞口并带刃脚的空心井筒状结构，依靠自重或配以助沉措施沉至设计标高处，经封底、封顶所形成的基础。沉井基础埋置深度大，整体性强，稳定性好，有较大的承载面积，能承受较大的垂直荷载和水平荷载。沉井施工时作为临时挡土、挡水围护结构，可在水下取土而无须井内加压，竣工时变为基础，避免基础过大沉降，施工工艺简单，在桥梁工程中广泛应用。沉井施工时对邻近建筑物影响较小，且内部空间可以利用，因而常用作工业建筑物，尤其是软土中地下建筑物的基础，还适用于污水泵站、矿山竖井、地下油库、盾构隧道、顶管的工作井和接收井等，深度越大沉井的优点越突出。沉井基础的缺点主要包括：施工周期较长；粉细砂类土在抽水时易发生流砂现象，支撑困难，沉井易倾斜；沉井下沉过程中如果遇到大孤石、坚硬土层或井底岩层表面倾斜过大，施工困难加大。

7.1.1 沉井适用范围

我国从20世纪50年代借鉴国外设计理论和经验，建成了从直径2m的集水井到69m×51m×58m的江阴长江大桥主索平衡墩等数千座沉井（图7-1），积累了丰富的工程经验。

江阴长江大桥北锚沉井是整个大桥工程中的重中之重，体积为$2.04\times10^5m^3$，相当于九

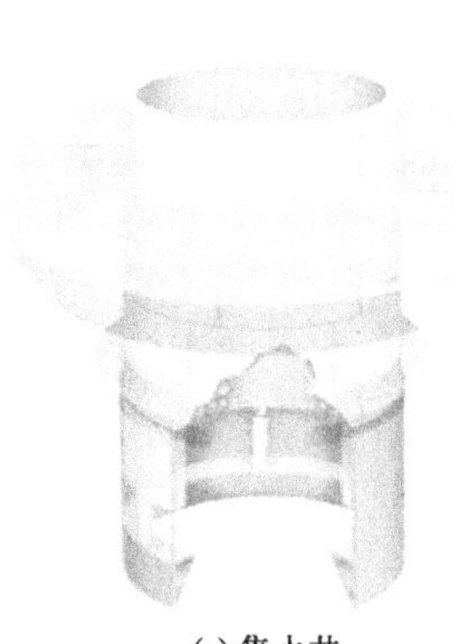

(a) 集水井

(b) 江阴长江大桥北锚沉井

图 7-1 沉井工程实例

个半篮球场那么大的 20 层高楼埋进地底下，比美国纽约 Verrazano 桥（1964 年）的锚碇沉井（$1.5\times10^5 m^3$）还要大，堪称世界最大沉井。此锚碇要承担大桥主缆 $6.4\times10^4 t$ 的拉力，如果锚碇向前位移 1cm，高达 192m 的塔墩就要偏移 6cm，重达 $1.8\times10^4 t$ 的桥面就要下降 12cm；如果发生左右位移，整个设计方案就会前功尽弃。

综合考虑工程的经济合理性和施工可能性，一般在下列情况下优先采用沉井基础：

① 上部结构荷载较大，而表层地基土承载力不足，做扩大基础开挖工作量大，支撑困难，但在较大深度处有较好的持力层，采用沉井基础与其他深基础相比较，经济上较为合理时；

② 建筑场地狭小，邻近有建筑物、居住区，不允许放坡开挖，或地下管线密布，其他深基础形式受到限制时；

③ 地下水位较高，水源丰富，地基土层渗透性大，排水施工将引起邻近建筑物下沉，或江心、岸边的井式构筑物排水施工困难，易出现流砂现象时；

④ 山区河流中，虽然土质较好，但冲刷大，或河流中有较大卵石不便于基础施工时。

7.1.2 沉井分类

7.1.2.1 按工程场地分类

(1) 陆地沉井

陆地沉井是指陆地上制作和下沉的沉井。这种沉井是在基础设计的位置上制作，然后挖土、靠沉井自重下沉。

(2) 筑岛沉井

筑岛沉井是指当基础位于水流中时，河水较浅，需要先在水中砂石筑岛，岛面标高在水位 500mm 以上，然后在岛上筑井下沉。

(3) 浮运沉井

浮运沉井是指河水较深筑岛困难或工程量大、不经济，或有碍于通航时，若河水流速不大，可在河岸上选场地制作沉井，浮运就位下沉的方法。大型浮运沉井可采用钢壳沉井，小型浮运沉井可采用钢筋混凝土沉井。

7.1.2.2 按沉井形状分类

(1) 按沉井平面形状分类

常用的有圆形、方形和矩形等，根据井孔的布置方式还可分为单孔、双孔及多孔沉井等（图 7-2）。

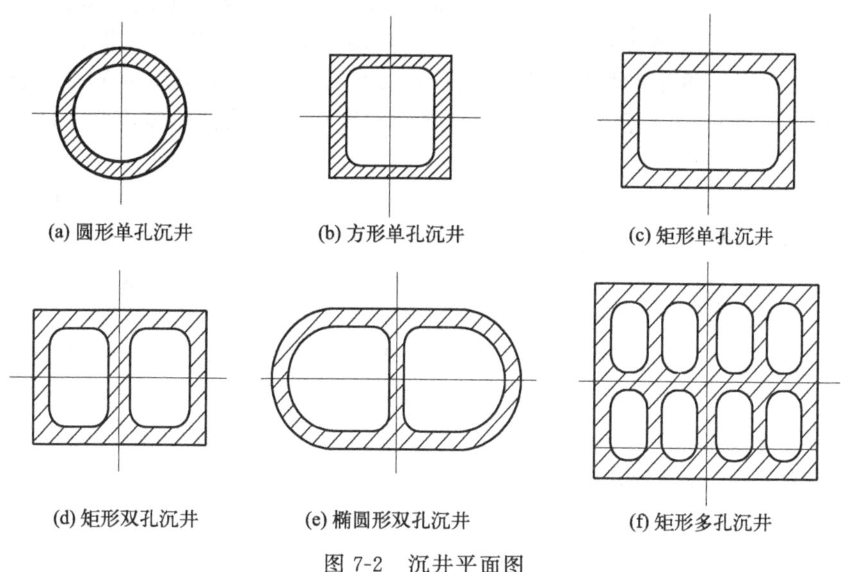

图 7-2　沉井平面图

① 圆形沉井　易于使用抓泥斗挖土，比其他类型沉井更能保证刃脚均匀支承在土层上，在下沉过程中容易控制方向，适用于下沉较深的沉井。圆形沉井承受水平侧压力（土压力、水压力等）的性能较好，井壁可比矩形沉井井壁薄一些，但它只适用于圆形或接近正方形截面的墩台。

② 矩形沉井　制作简单、易于布置，基础受力好，并且符合大多数墩台底部的平面形状。矩形沉井首节四角一般做成圆形，以减少角部应力集中、井壁阻力和取土清孔的困难。在水平侧压力作用下，矩形沉井井壁承受的弯矩较大，因此，对于平面尺寸较大的沉井，为了改善受力状态，可在沉井中设隔墙变为双孔或多孔沉井，以增加其整体刚度。另外，当流水中阻水系数较大时，冲刷较严重。

③ 圆端沉井　对于桥墩和河中心取水构筑物，可采用圆端沉井以减少阻水系数和对河床的冲刷。

(2) 按沉井剖面形状分类

沉井的剖面形状主要有柱形、阶梯形（台阶形）和锥形（倾斜形）等（图 7-3）。

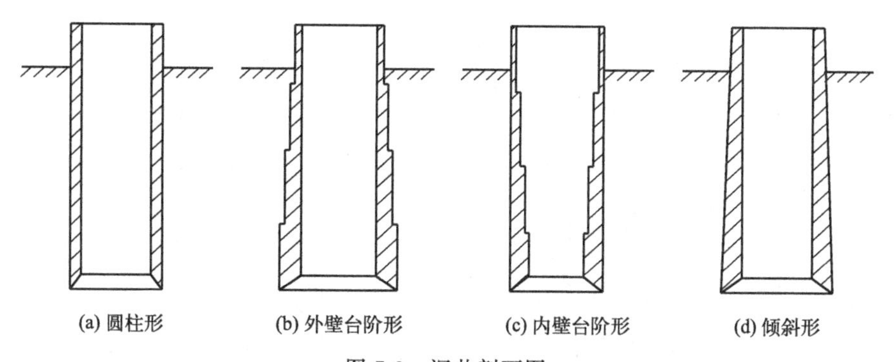

图 7-3　沉井剖面图

沉井剖面采用形式应根据沉井需要通过的土层性质和下沉深度确定。外墩圆柱形式的沉井［图 7-3(a)］在下沉过程中不易倾斜，井壁接长较简单，模板可重复使用。故当土质较松软、沉井下沉深度不大时，可以采用此类沉井。台阶形井壁［图 7-3(b)、图 7-3(c)］和倾斜形井壁［图 7-3(d)］可以减少土与井壁之间的摩阻力，但施工工艺较复杂，消耗模板较多，同时沉井下沉过程中容易发生倾斜，因此，常用于土质较密实、沉井下沉深度大，且要求在不太增加沉井本身重量的情况下沉至设计标高的情况。倾斜形沉井井壁斜面坡度（横/竖）一般为 1/20～1/50[1]，台阶形井壁（与斜面坡度相当）的台阶宽度为 100～200mm。

7.1.2.3 按沉井材料分类

按沉井材料可分为混凝土、钢筋混凝土、钢壳混凝土、钢、竹、砖石沉井等。混凝土的特点是抗压强度高，抗拉能力低，因此，混凝土沉井适宜于圆形、小直径、下沉深度不大的软土层中。钢筋混凝土沉井的抗拉及抗压能力均较好，下沉深度可以很大；当下沉深度不很大时，井壁上部用混凝土，下部用钢筋混凝土建造的沉井，适宜于各种类型、各种用途，特别是在桥梁工程中得到了较广泛的应用；当沉井平面尺寸较大时，可做成薄壁结构，沉井外壁隔墙可分段预制，工地拼接，做成装配式。钢沉井用钢板制作，横截面呈圆形，强度高自重小，采用压重和水冲沉至设计标高，易于拼接，适宜于作浮运沉井用，但用钢量大，成本略高。因为沉井在下沉过程中受力较大而需要配置钢筋，竣工后，它承受的拉力很小，因此，在我国南方产竹地区，可采用耐久性较差但抗拉能力好的竹筋代替部分钢筋，形成竹筋混凝土沉井，但在沉井分节接头处及刃脚处仍采用钢筋。用砖、条石或毛石砌筑而成的沉井，可就地取材，具有成本低、自重大的优点，但是整体性较差、强度低、易开裂，目前很少使用。

7.1.2.4 按沉井连续性分类

按沉井连续性可分为独立沉井和连续沉井。独立沉井为只有一节的沉井；连续沉井是有两节以上的沉井。两者的设计方法和施工工艺均有差别，适用于不同深度与不同直径的沉井基础。

7.2 沉井基础的构造

沉井一般由刃脚、井壁、内隔墙、井孔、凹槽、封底及顶盖等部分组成，如图 7-4 所示。

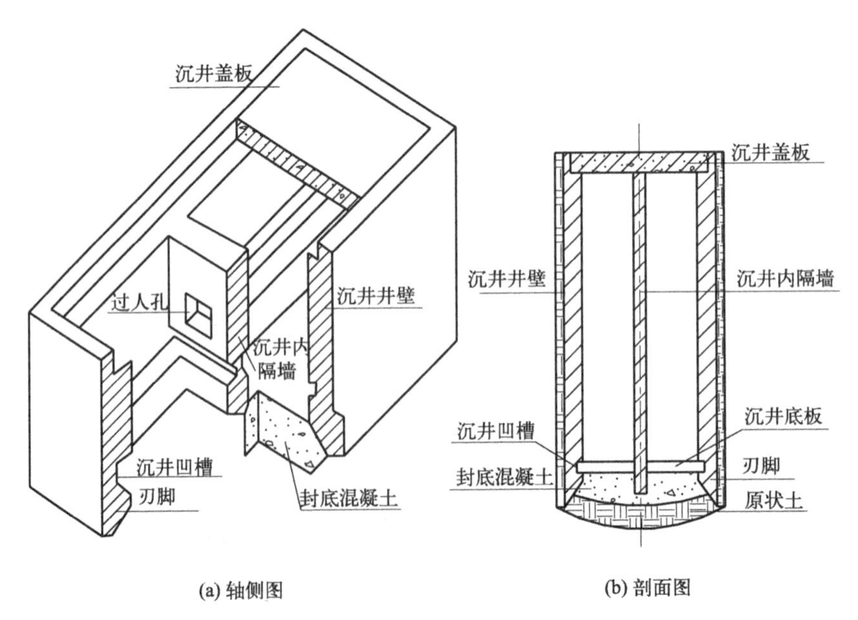

(a) 轴侧图　　(b) 剖面图

图 7-4 沉井构造

7.2.1 沉井尺寸

7.2.1.1 沉井高度

沉井顶面和底面两个标高之差即为沉井的高度，应根据上部结构、水文地质情况、施工方法及各土层的承载力等，定出上部结构标高、沉井基础底面和埋置深度后确定。沉井高度较高时，为了便于施工，可分节制作，每节高度依据沉井全部高度、地基土情况和施工条件而定，一般不宜超过5m。若在松软土质中下沉，为了防止沉井过高、过重给制模、筑岛及抽垫下沉带来困难，底节沉井不宜大于沉井宽度的0.8倍。如沉降高度在8m以下，地基土质情况和施工条件都许可时，沉井也可以一次浇筑成。

7.2.1.2 沉井平面尺寸

沉井基础的平面形状须与上部结构的形状相适应，同时还应满足使用要求。沉井基础的平面尺寸取决于上部结构的底面尺寸、地基的容许承载力及施工要求。同时，在水流冲刷大的河床上，应考虑阻水较小的截面形式。沉井顶面尺寸为上部建筑物底部尺寸加襟边宽度，襟边宽度不应小于0.2m，也不应小于沉井全高的1/50，浮运沉井不应小于0.4m。沉井棱角处宜做成圆角或钝角。若施工中沉井顶面尚需修筑围堰，设立模板，襟边宽度还需加大。沉井的井孔最小尺寸，应视取土机具而定，一般不宜小于2.5m。

7.2.2 沉井一般构造

7.2.2.1 沉井井壁

井壁是沉井的主要组成部分，必须有足够的强度抵抗侧压力，又要有足够自重克服井壁外侧与土体间的摩阻力和刃脚土的阻力，保证其顺利下沉。因此，井壁厚度不宜小于0.4m，一般取0.8～2.2m，但钢筋混凝土薄壁浮运沉井和钢模薄壁浮运沉井不受此限制。钢筋混凝土沉井井壁配筋形如图7-5所示。

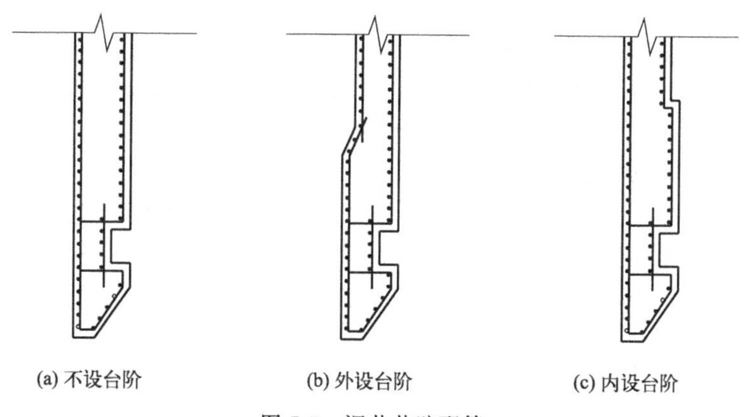

图7-5 沉井井壁配筋

7.2.2.2 沉井内隔墙

内隔墙将沉井分成多个井孔，加强了沉井的刚度。施工过程中井孔又可作为取土井，有利于掌握挖土位置以控制下沉速度和方向，防止或纠正沉井倾斜或偏移。内隔墙间距一般为5～6m，厚度多为0.8～2.2m。内隔墙底面要高出刃脚底面至少0.50m，以免增加沉井下沉阻力。较大型的沉井由于使用要求不能设置内隔墙时，可在沉井底部增设底梁，构成框架以增加沉井的整体刚度。

7.2.2.3 沉井刃脚

刃脚在井壁下端，形如刀刃，下沉时刃脚切入土中。刃脚是沉井受力最集中部分，必须有足够强度，避免产生挠曲或破坏（图7-6）。刃脚底平面又称踏面，其宽度根据接触部位土层软硬程度、井壁自重及厚度确定，一般采用10～20cm，刃脚向内倾角宜为45°～60°。

如需穿过坚硬土层或岩层时，踏面宜用钢板或者角钢保护。

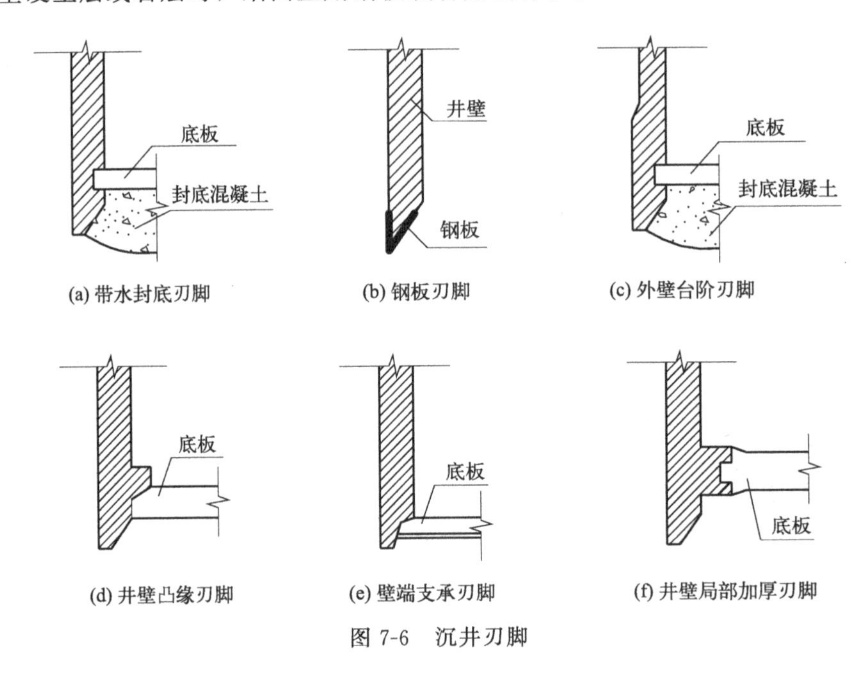

图 7-6 沉井刃脚

7.2.2.4 沉井凹槽

凹槽位于刃脚内侧上方，以利于沉井封底时井壁与封底混凝土能有效连接，更好地将封底反力传递给井壁。凹槽高度一般为 0.8～1.0m，深度为 0.15～0.30m。

7.2.2.5 沉井封底

沉井下沉到设计标高，地基经检验或处理符合设计要求后，应立即进行封底。常用的方法有：干封法、湿封法和压浆法等。尽量采用干封底，水文地质条件不允许时可采用湿封底。沉井干封底时，封底混凝土厚度是保证钢筋混凝土底板能顺利施工所需的混凝土最小厚度，由计算确定，但其顶面应高出刃脚根部（即刃脚斜面的顶点处）不小于 0.5m。另外，应采取有效排水或降水措施，使得井底基本无水，便于底板钢筋绑扎和混凝土凝结。封底混凝土强度等级，非岩石地基不应低于 C25，岩石地基不应低于 C20。

对于不透水黏土层厚度需满足条件：

$$A\gamma' h + cuh \geqslant A\gamma_w h_w \tag{7-1}$$

式中，γ'为土的有效重度；γ_w 为水的重度；h 为不透水黏土层厚度；c 为黏土的黏聚力；u 为沉井刃脚踏面内壁周长；h_w 为地下水位深度；A 为沉井底面积。

沉井水下封底混凝土厚度应根据混凝土强度和抗浮计算确定，采用简支支承双向板计算模型，封底混凝土的厚度为

$$h_t = \sqrt{\frac{3.5KM_{tm}}{bf_t}} + h_0 \tag{7-2}$$

式中，h_t 为封底混凝土计算厚度；M_{tm} 为最大均布荷载作用下封底混凝土最大弯矩；K 为安全系数，可取 2～4；f_t 为混凝土抗拉强度设计值；b 为计算宽度；h_0 为混凝土铺底厚度。

7.2.2.6 沉井顶盖

沉井下沉到设计标高封底后，井孔内可采用混凝土、片石混凝土或浆砌片石填充，也可根据需要不填充任何工程材料。但粗砂、砂砾填芯沉井和空心沉井的顶面均需设置钢筋混凝

土盖板，以支承上部结构物。沉井盖板应按《公路钢筋混凝土及预应力混凝土桥涵设计规范》(JTG 3362—2018）进行承载能力极限状态计算和正常使用极限状态计算；顶盖厚度一般较大，为1.5～2.5m。

7.3 沉井设计与计算

沉井属于深基础，设计时一般是根据上部结构的特点、荷载大小、当地的水文地质条件以及各地基土层的工程特性，并结合沉井的构造要求及施工方法，先拟定出沉井的平面尺寸及埋置深度，然后进行沉井基础的计算。沉井在施工完毕后，本身是结构物的基础，而在施工过程中，它又是挡土、挡水的围堰结构，即沉井在施工阶段和使用阶段所承受的外力及其作用状态不同。因此，沉井基础的计算一般包括两个方面：一是沉井作为整体基础的计算，二是沉井在施工过程中的结构强度计算。

7.3.1 沉井作为整体基础的计算

沉井作为整体基础的计算，根据其埋置深度和受力情况可采用不同的计算方法。

当沉井埋置深度在地面以下不超过5m时，可按浅基础设计的规定，验算地基承载力、沉井稳定性（抗滑动、抗倾覆稳定性验算等）及其沉降量。

当沉井埋置深度大于5m时，应作为深基础设计，对于建筑工程等以承受竖向荷载为主的建筑物，一般地基承载力应满足下式要求：

$$N+G\leqslant R_{\mathrm{j}}+R_{\mathrm{f}} \tag{7-3}$$

式中，N为沉井顶面所受竖向力；G为沉井自重（含井内填料和设备）；R_{j}为沉井底部地基土的承载能力；R_{f}为沉井侧壁的总侧阻力。

沉井底部地基土的承载能力R_{j}由下式计算：

$$R_{\mathrm{j}}=f_{\mathrm{a}}A \tag{7-4}$$

式中，f_{a}为刃脚标高处土的承载力特征值；A为支撑面积。

沉井侧壁的总侧阻力标准值R_{f}可假定沿深度呈梯形分布，距地面5m范围内按三角形分布，5m以下为常数（图7-7），总摩阻力为

$$R_{\mathrm{f}}=u(h-2.5)q \tag{7-5}$$

式中，u为沉井的周长；h为沉井的入土深度；q为土层与井壁间摩阻力标准值按厚度的加权平均值，$q=\sum(q_ih_i)/\sum h_i$；h_i为第i土层厚度；q_i为第i土层与井壁间的摩阻力标准值，根据实测资料或实践经验确定，当缺乏资料时，可根据土的性质、施工措施，查表7-1选用。

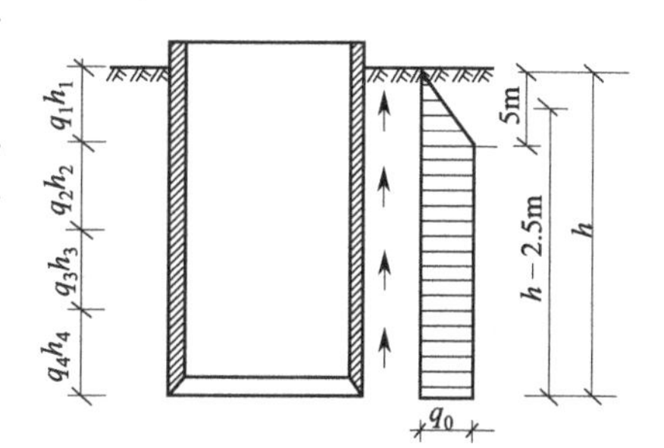

图7-7　井侧壁摩阻力分布

表7-1　土与井壁间的摩阻力标准值

名称	摩阻力/kPa	名称	摩阻力/kPa
卵石	15～30	黏性土	25～50
砾石	15～20	软土	10～12
砂土	12～25	泥浆套	3～5

注：泥浆套为灌注在井壁外侧的触变泥浆，是一种助沉材料。

对于桥梁墩台、水工结构物等承受水平力为主的构筑物，若基础埋置深度较深，验算地基承载力、变形及沉井稳定性时，需考虑井壁侧面土的弹性抗力约束作用、基底应力和基底

截面弯矩，并根据基础底面的地质条件分为非岩石地基与岩土地基两种情况，计算时常做如下基本假定：

① 地基土为弹性变形介质，水平向地基系数随深度成正比例增加（即 m 法）；

② 不考虑基础与土之间的黏着力和摩阻力；

③ 沉井刚度与土刚度之比视为无限大，横向力作用下只能发生转动而无挠曲变形。

基于以上假定，沉井基础在横向外力作用下只能发生转动而无挠曲变形，可视为刚性桩来计算基础内力和土抗力。

7.3.1.1 非岩石地基沉井基础

当沉井基础受到水平力 F_H 和偏心竖向力 $F_V=\sum F+G$ 共同作用［图 7-8(a)］时，可将其等效为距离基底作用高度为 λ 的水平力 F_H［图 7-8(b)］，即

$$\lambda=\frac{F_Ve+F_Hl}{F_H}=\frac{\sum M}{F_H} \tag{7-6}$$

式中，$\sum M$ 为对井底各力矩代数和。

在水平力作用下，沉井将围绕位于地面下 z_0 深度处的 A 点转动 ω 角（图 7-9），地面下深度 z 处沉井基础产生的水平位移 Δx 和土的侧面水平压应力 σ_{zx} 分别为

$$\Delta x=(z_0-z)\tan\omega \tag{7-7}$$

$$\sigma_{zx}=\Delta xC_z=C_z(z_0-z)\tan\omega \tag{7-8}$$

式中，z_0 为转动中心 A 离地面的距离；C_z 为深度 z 处水平的地基系数，$C_z=mz$，kN/m^4；m 为地基土的比例系数。

将 C_z 数值代入式(7-8) 得

$$\sigma_{zx}=mz(z_0-z)\tan\omega \tag{7-9}$$

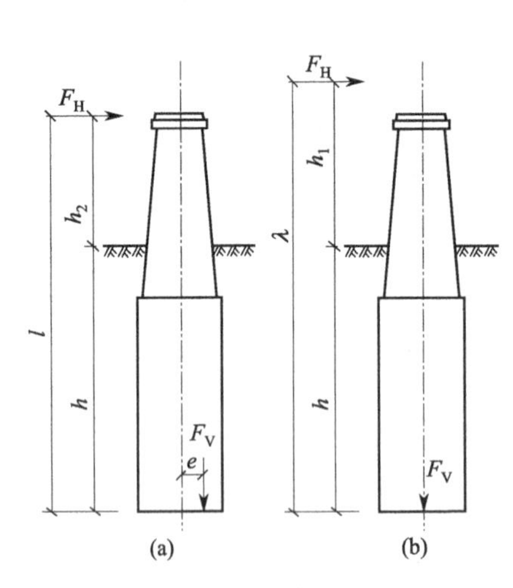

图 7-8 荷载作用情况

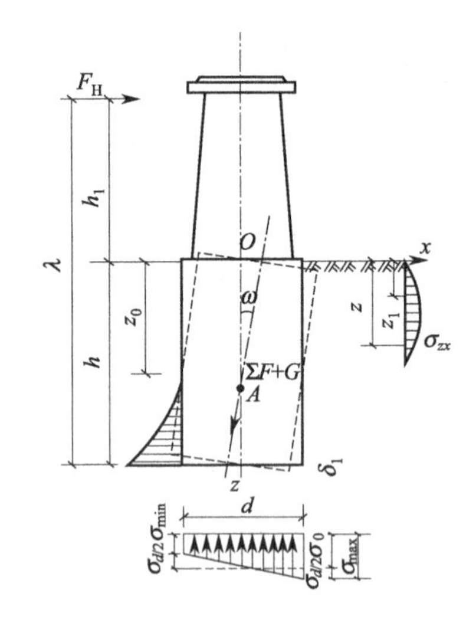

图 7-9 非岩石地基计算示意图

考虑基础侧面水平压应力沿深度呈二次抛物线变化，基础底面处的竖向地基系数 C_0 不变，则基底压应力图形与基础竖向位移图形相似，即

$$\sigma_{d/2}=C_0\delta_1=C_0\frac{d}{2}\times\tan\omega \tag{7-10}$$

$$C_0=m_0h \quad (C\geqslant 10m_0)$$

式中，m_0 为基底处地基土的比例系数；d 为基底宽度或直径。

z_0 和 ω 两个未知数，可根据图 7-9 建立两个平衡方程式，即

$$\sum x=0 \quad F_{\mathrm{H}}-\int_0^h \sigma_{zx} b_1 z \mathrm{d}z=F_{\mathrm{H}}-b_1 m \tan\omega \int_0^h z(z_0-z)\mathrm{d}z=0 \tag{7-11}$$

$$\sum M=0 \quad F_{\mathrm{H}} h_1+\int_0^h \sigma_{zx} b_1 z \mathrm{d}z-\sigma_{d/2} W_0=0 \tag{7-12}$$

式中，b_1 为基础计算宽度；W_0 为基础底面的边缘弹性抵抗矩。

由式(7-11)、式(7-12) 可得

$$z_0=\frac{\beta b_1 h^2(4\lambda-h)+6dW_0}{2\beta b_1 h(3\lambda-h)} \tag{7-13}$$

$$\tan\omega=\frac{6F_{\mathrm{H}}}{Amh} \tag{7-14}$$

$$A=\frac{\beta b_1 h^3+18W_0 d}{2\beta(3\lambda-h)}$$

式中，β 为深度 h 处沉井侧面的水平地基系数与沉井底面的竖向地基系数的比值，$\beta=\frac{C_{\mathrm{h}}}{C_0}=\frac{mh}{m_0 h}$。

基础侧面水平压应力为

$$\sigma_{zx}=\frac{6F_{\mathrm{H}}}{Ah}z(z_0-z) \tag{7-15}$$

基底边缘处竖向压应力为

$$\sigma_{\min}^{\max}=\frac{F_{\mathrm{V}}}{A_0}\pm\frac{3F_{\mathrm{H}}d}{A\beta} \tag{7-16}$$

式中，A_0 为基础底面积。

离地面或最大冲刷线以下 z 深度处基础截面上的弯矩（图 7-9）为

$$M_z=F_{\mathrm{H}}(\lambda-h+z)-\int_0^z \sigma_{zx} b_1(z-z_1)\mathrm{d}z=F_{\mathrm{H}}(\lambda-h+z)-\frac{F_{\mathrm{H}} b_1 z^3}{2hA}(2z_0-z) \tag{7-17}$$

7.3.1.2　岩石地基沉井基础

若基底嵌入基岩内，在水平力和竖直偏心荷载作用下，可假定基底不产生水平位移，基础的旋转中心 A 与基底中心重合，即 $z_0=h$（图 7-10）。而在基底嵌入处将存在水平阻力 P，该阻力对 A 点的力矩一般可忽略不计。取弯矩平衡方程可得转角表达式为

$$\tan\omega=\frac{F_{\mathrm{H}}}{mhD} \tag{7-18}$$

$$D=\frac{b_1\beta h^3+6W_0 d}{12\lambda\beta}$$

基础侧面水平压应力为

$$\sigma_{zx}=(h-z)z\frac{F_{\mathrm{H}}}{Dh} \tag{7-19}$$

基底边缘处竖向压应力为

$$\sigma_{\min}^{\max}=\frac{F_{\mathrm{H}}}{A_0}\pm\frac{F_{\mathrm{H}}d}{2\beta D} \tag{7-20}$$

由 $\sum x=0$ 可算得嵌入处未知水平阻力 F_{R} 为

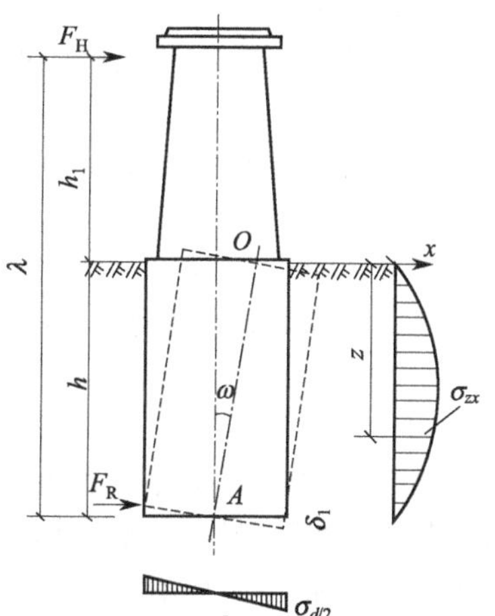

图 7-10　基底嵌入基岩内计算

$$F_R=\int_0^h b_1\sigma_{zx}\,dz-F_H=F_H\left(\frac{b_1h^2}{6D}-1\right) \tag{7-21}$$

地面以下 z 深度基础截面上的弯矩为

$$M_z=F_H(\lambda-h+z)-\frac{b_1F_Hz^3}{12Dh}(2h-z) \tag{7-22}$$

此外，当基础仅受偏心竖向力 F_V 作用时，$\lambda\to\infty$ 上述公式均不能应用。此时，应以 $M=F_Ve$ 代替式(7-12) 中的 F_Hh_1，同理可推得上述两种情况下相应的计算公式，详见现行《公路桥涵地基与基础设计规范》(JTG D63—2007)。

7.3.1.3 沉井基础验算

(1) 基底应力验算

要求满足计算所得的最大压应力 σ_{max}，不应超过沉井底面 h 深度处修正后的地基承载容许值 $[f_a]$，即

$$\sigma_{max}\leqslant[f_a] \tag{7-23}$$

(2) 基础侧面水平压应力验算

要求满足计算所得基础侧面水平压应力 σ_{zx} 值小于沉井周围土的极限抗力值 $[\sigma_{zx}]$。计算时认为基础在外力作用下产生位移时，深度 z 处基础一侧产生主动土压力 E_a，而被挤压一侧受到被动土压力 E_p 作用。因此，基础侧面水平压应力验算公式为

$$\sigma_{zx}\leqslant[\sigma_{zx}]=E_p-E_a \tag{7-24}$$

由朗肯主动土压力理论可推得

$$\sigma_{zx}\leqslant\frac{4}{\cos\varphi}(\gamma z\tan\varphi+c) \tag{7-25}$$

式中，γ 为土的重度；φ 为土的内摩擦角；c 为土的黏聚力。

工程经验表明，最大的横向抗力大致在 $z=h/3$ 和 $z=h$ 处，以此代入式(7-25)，得

$$\sigma_{hx/3}\leqslant\eta_1\eta_2\frac{4}{\cos\varphi}\left(\frac{\gamma h}{3}\tan\varphi+c\right) \tag{7-26}$$

$$\sigma_{hx}\leqslant\eta_1\eta_2\frac{4}{\cos\varphi}(\gamma h\tan\varphi+c) \tag{7-27}$$

式中，$\sigma_{hx/3}$、σ_{hx} 分别为 $z=h/3$ 和 $z=h$ 深度处土的水平压应力；η_1 为取决于上部结构形式的系数，一般取 $\eta_1=1$，当沉井用于超静定推力拱桥时，$\eta_1=0.7$；η_2 为考虑恒载产生的弯矩 M_g 对全部荷载产生的总弯矩 M 的影响系数，$\eta_2=1-0.8M_g/M$。

沉井基础侧面水平压应力，如不满足考虑土的弹性抗力条件时，其偏心和稳定的设计条件，可按刚性基础进行计算。

7.3.1.4 墩台顶面水平位移

基础在水平力和力矩作用下，墩台顶水平位移 δ 由地面处水平位移 $z_0\tan\omega$、地面至墩台顶 h_2 范围内水平位移 $h_2\tan\omega$ 及台身弹性挠曲变形在 h_2 范围内引起的墩台顶水平位移 δ_0 三部分所组成，即

$$\delta=(z_0+h_2)\tan\omega+\delta_0 \tag{7-28}$$

实际上基础的刚度并非无穷大，对墩台顶的水平位移必有影响，故通常采用系数 K_1 和 K_2 来反映实际刚度对地面处水平位移及转角的影响，其值可由表 7-2 查取。另外考虑到基础转角一般很小，可取 $\tan\omega\approx\omega$，因此

$$\delta=(z_0K_1+h_2K_2)\omega+\delta_0 \tag{7-29}$$

除应考虑基础沉降外，还需检验因地基变形和墩身弹性水平变形所引起的墩顶水平位移。现行规范规定墩顶水平位移 $\delta\leqslant0.5\sqrt{L}$ [L 为邻跨中最小跨的跨度，单位为米 (m)，

当 $L<25m$ 时，取 $L=25m$]。

表 7-2　墩台顶水平位移修正系数

αh	系数	λ/h				
		1	2	3	4	∞
1.6	K_1	1.0	1.0	1.0	1.0	1.0
	K_2	1.0	1.1	1.1	1.1	1.1
1.8	K_1	1.0	1.1	1.1	1.1	1.1
	K_2	1.1	1.2	1.2	1.2	1.2
2.0	K_1	1.1	1.1	1.1	1.1	1.1
	K_2	1.2	1.3	1.4	1.4	1.4
2.2	K_1	1.1	1.2	1.2	1.2	1.2
	K_2	1.2	1.5	1.6	1.6	1.7
2.4	K_1	1.1	1.2	1.3	1.3	1.3
	K_2	1.3	1.8	1.9	1.9	2.0
2.6	K_1	1.2	1.3	1.4	1.4	1.4
	K_2	1.4	1.9	2.1	2.2	2.3

注：如 $\alpha h<1.6$ 时，取 $K_1=K_2=1.0$，$\alpha=\sqrt{mb_1/(EI)}$。

7.3.2　沉井施工过程计算

沉井从制作、拆垫下沉，直到竣工开通运营各个阶段，各部位都受到不同外力的作用。因此沉井结构强度需满足各阶段最不利情况的要求。计算时，根据各部分在施工阶段的最不利受力情况，得到相应的计算图式，算出截面内力，合理配筋，以保证沉井结构在各施工阶段的强度和稳定。

7.3.2.1　沉降系数验算

沉井下沉时，要克服井壁与土层之间的摩阻力以及沉井底部的土阻力（图 7-11），应满足下式：

$$K=\frac{G-B}{T+R}\geqslant 1.15\sim 1.25 \tag{7-30}$$

式中，K 为沉井下沉系数；G 为沉井自重及附加荷载；B 为沉井下沉过程中地下水总浮力；R 为刃脚踏面及斜面下土的总反力；T 为土对井壁的总摩阻力。

若不能满足上述要求，可加大井壁厚度或调整取土井尺寸；增加荷载或射水助沉，或采取泥浆套、空气幕等辅助措施。

淤泥等软弱地层沉井下沉时，为了防止突沉的发生，尚需计算沉降稳定系数，即

$$K_1=\frac{G-B}{T+R+P_1}\leqslant 1.0 \tag{7-31}$$

式中，K_1 为沉井下沉稳定系数，取值在 0.8～0.9 之间；P_1 为内隔墙或底梁下的地基反力。

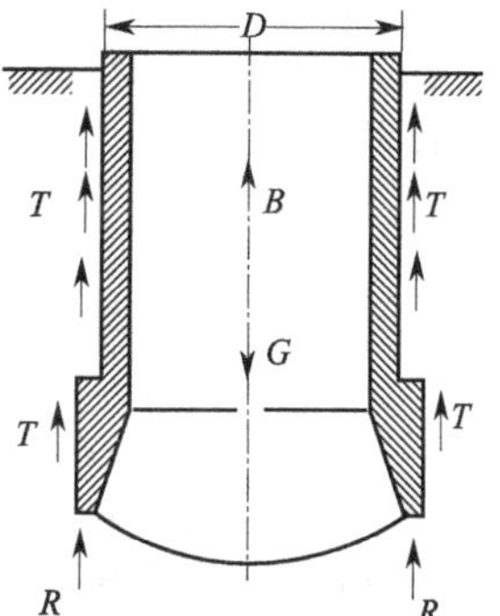

图 7-11　沉井下沉时受力分析

7.3.2.2　抗浮安全系数计算

当沉井沉至设计标高，并已完成封底及井内积水排出工作，而内部结构和设备尚未安装，应按可能出现的最高水位验算沉井的抗浮稳定性。

$$K'=\frac{G+T}{B'}\geqslant 1.05\sim 1.1 \tag{7-32}$$

式中，K'为抗浮安全系数；B'为按可能出现的最高水位计算封底后沉井所受总浮力。

7.3.2.3 沉井底节验算

由于施工方法不同，底节沉井在抽垫或排土下沉过程中刃脚支承大不相同，沉井自重将导致井壁产生较大竖向挠曲应力，因此，还应根据支承情况进行井壁的强度验算。若挠曲应力大于沉井材料纵向抗拉强度，应增加底节沉井高度或在井壁内放置水平钢筋，以防止沉井竖向开裂。

① 排水挖土下沉时，沉井长宽比大于1.5，支点应设在长边上，支点间距可取0.7倍沉井长度［图7-12(a)］，以使支承处产生的负弯矩与长边中点处产生的正弯矩绝对值大致相等。

② 不排水挖土下沉时，矩形或圆端形沉井，支点应设在长边中点上［图7-12(b)］；还可将支点选在四个角点上［图7-12(c)］。

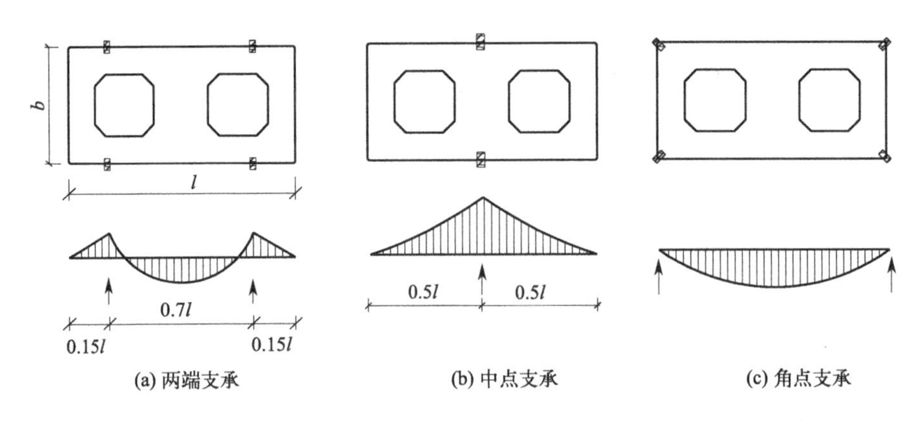

图7-12 沉井底节弯矩图

7.3.2.4 沉井刃脚验算

沉井在下沉过程中，刃脚受力较为复杂，一般按竖向和水平向分别计算。竖向分析时，近似地将刃脚看作固定于刃脚根部井壁处的悬臂梁（图7-13），由于刃脚内外侧作用力的不同可能发生向外或向内挠曲。在水平面上，则视刃脚为一封闭的框架（图7-14），在水、土压力作用下在水平面内发生弯曲变形。

根据悬臂梁及水平框架两者的变位关系及其相应的假定，刃脚悬臂分配系数 α 和水平框架分配系数 β 的表达式为

$$\alpha=\frac{0.1L_1^4}{h_k^4+0.05L_1^4}\leqslant 1.0 \tag{7-33}$$

$$\beta=\frac{h_k^4}{h_k+0.05L_2^4} \tag{7-34}$$

式中，L_1 为支撑于隔墙间井壁的最大计算跨度；h_k 为刃脚斜面部分高度；L_2 为支撑于隔墙间井壁的最小计算跨度。

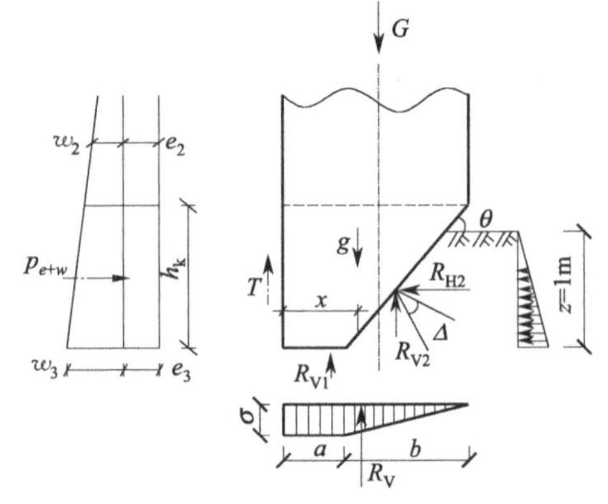

图7-13 刃脚向外挠曲受力图

当内隔墙底面高出刃脚底面大于0.5m时，全部水平力均由悬臂作用承担，即 $\alpha=1.0$；刃脚不起水平框架作用，但仍需要按构造要求设置水平钢筋，使其能承受一定的正负弯矩。

外力经上述分配后，就可将刃脚受力情况按竖向与水平向两个方向分别计算。

(1) 刃脚竖向受力分析

一般取单位宽度井壁，将刃脚视为固定在井壁上的悬臂梁，分别按刃脚向外和向内挠曲两种最不利情况分析。

① 刃脚向外挠曲计算　沉井下沉过程中刃脚内侧切入土中深约 1.0m，接筑完上节沉井，且沉井上部露出地面或水面约一节沉井高度时处于最不利位置。此时，沉井因自重将导致刃脚斜面土体抵抗刃脚而向外挠曲（图 7-13），须计算在刃脚高度范围内的作用力。

外侧的土、水压力合力 p_{e+w}：

$$p_{e+w}=\frac{p_{e_2+w_2}+p_{e_3+w_3}}{2}h_k \tag{7-35}$$

式中，$p_{e_2+w_2}$ 为作用在刃脚根部处的土、水压力强度之和，$p_{e_2+w_2}=e_2+w_2$；$p_{e_3+w_3}$ 为刃脚底面处土、水压力强度之和，$p_{e_3+w_3}=e_3+w_3$。p_{e+w} 作用点距离刃脚根部距离 $y=\dfrac{h_k(2p_{e_2+w_2}+p_{e_3+w_3})}{3(p_{e_2+w_2}+p_{e_3+w_3})}$。

地面下深度 h_y 处刃脚承受的土压力，按朗肯主动土压力公式计算。水压力计算应考虑施工情况和土质条件，为保证安全，一般要求由式(7-35) 计算所得刃脚外侧土、水压力合力不得大于静水压力的 70%，否则按静水压力的 70%计算。

为保证安全，使刃脚下土反力最大，刃脚外侧的摩阻力 T_{min}：

$$T_{min}=\min\{qh_k, 0.5E\} \tag{7-36}$$

式中，E 为刃脚外侧主动土压力合力，$E=(e_2+e_3)h_k/2$。

土的竖向反力 R_V：

$$R_V=G-T \tag{7-37}$$

式中，G 为沿井壁周长单位宽度上沉井的自重，水下部分应考虑水的浮力。

若将 R_V 分解为作用在踏面下土的竖向反力 R_{V1} 和刃脚斜面下土的竖向反力 R_{V2}，且假定 R_{V1} 为均匀分布强度 σ 的合力，R_{V2} 为三角形分布强度 σ 的合力，则水平反力 R_H 呈三角形分布（图 7-14）。

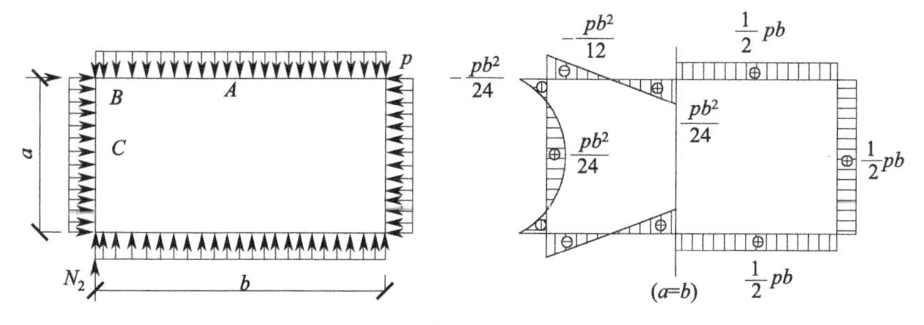

图 7-14　单孔框架受力图

根据力的平衡条件推得各反力为

$$R_{V1}=\frac{2a}{2a+b}R_V \tag{7-38}$$

$$R_{V2}=\frac{b}{2a+b}R_V \tag{7-39}$$

$$R_H=R_{V2}\tan(\theta-\delta) \tag{7-40}$$

式中，a 为刃脚踏面宽度；b 为切入土中部分刃脚斜面的水平投影长度；θ 为刃脚斜面的倾角；δ 为土与刃脚斜面间的外摩擦角，一般可取 $\delta=\varphi$。

刃脚单位宽度自重 g：

$$g=\frac{t+a}{2}h_{\mathrm{k}}\gamma_{\mathrm{k}} \tag{7-41}$$

式中，t 为井壁厚度；γ_{k} 为钢筋混凝土刃脚的重度，不排水施工时应扣除浮力。

求出以上各力的数值、方向及作用点后，根据图 7-13 可求得各力对刃脚根部中心轴的力臂，从而求得总弯矩 M_0、竖向力 N_0 和剪力 Q，即

$$M_0=M_{e+w}+M_T+M_{R_{\mathrm{V}}}+M_{R_{\mathrm{H}}}+M_g \tag{7-42}$$

$$N_0=R_{\mathrm{V}}+T+g \tag{7-43}$$

$$Q=p_{e+w}+R_{\mathrm{H}} \tag{7-44}$$

式中，M_{e+w} 为土水压力合力 P_{e+w} 对刃脚根部中心轴的弯矩；M_T 为刃脚底部外侧摩阻力 T 对刃脚根部中心轴的弯矩；$M_{R_{\mathrm{V}}}$ 为竖向反力 R_{V} 对刃脚根部中心轴的弯矩；$M_{R_{\mathrm{H}}}$ 为横向反力 R_{H} 对刃脚根部中心轴的弯矩，应按规定考虑分配系数；M_g 为刃脚自重 g 对刃脚根部中心轴的弯矩。

求得 M_0、N_0 及 Q 后即可验算刃脚根部应力，并计算出刃脚内侧所需竖向钢筋用量。一般刃脚钢筋截面积不宜少于刃脚根部截面积的 0.10%，且竖向钢筋应伸入根部 $0.5L_1$ 以上。

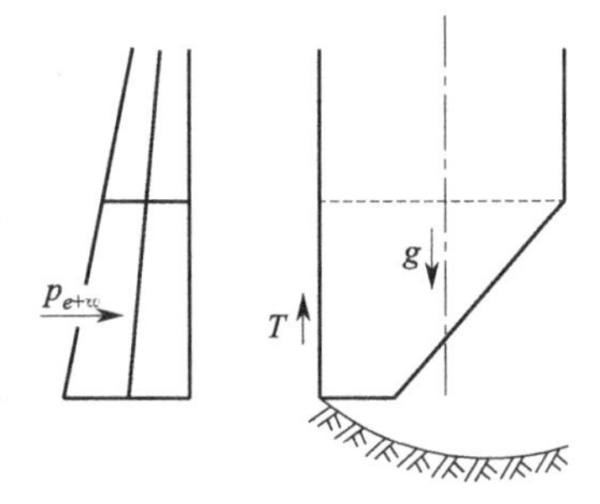

图 7-15 刃脚向内挠曲受力图

② 刃脚向内挠曲计算 其最不利位置是沉井已下沉至设计标高，刃脚下土体挖空而尚未浇筑封底混凝土（图 7-15），此时刃脚可视为根部固定在井壁上的悬臂梁，并以此计算最大弯矩。

作用在刃脚上的力包括：刃脚外侧的土压力、水压力、摩阻力以及刃脚本身的重力。各力的计算方法同前。但水压力计算应考虑实际施工情况，为保证安全，若不排水下沉时，井壁外侧水压力取静水压力的 100%计算，井内水压力一般取 50%，但也可按施工中可能出现的水头差计算；若排水下沉时，对于透水性不良的土取静水压力的 70%，透水土按 100%计算。计算所得各水平外力同样应考虑刃脚悬臂分配系数 α。

根据刃脚上的作用力可计算对刃脚根部中心轴的弯矩、竖向力及剪力，以此求得刃脚外壁钢筋用量。其配筋构造要求与向外挠曲情况相同。

（2）刃脚水平受力计算

当沉井下沉至设计标高，刃脚下土已挖空但未浇筑封底混凝土时，刃脚所受水平压力最大，处于最不利状态。此时可将刃脚视为水平框架（图 7-14），作用于刃脚上的外力与计算刃脚向内挠曲时一样，但所有水平力应乘以水平框架分配系数 β，以此求得水平框架的控制内力，再配置框架所需水平钢筋。

框架内力可按一般结构力学方法计算，具体计算可根据不同沉井平面形式查阅有关手册进行。

7.3.2.5 沉井井壁验算

（1）井壁竖向拉应力验算

沉井下沉过程中，刃脚下的土被挖空，若沉井上部被土体夹住，此时下部沉井处于悬挂状态，井壁可能在自重作用下被拉断，需要验算井壁的竖向拉应力。

拉应力大小与井壁摩阻力分布形式密切相关，一般近似假定沿沉井高度以倒三角形分布（图 7-16）。

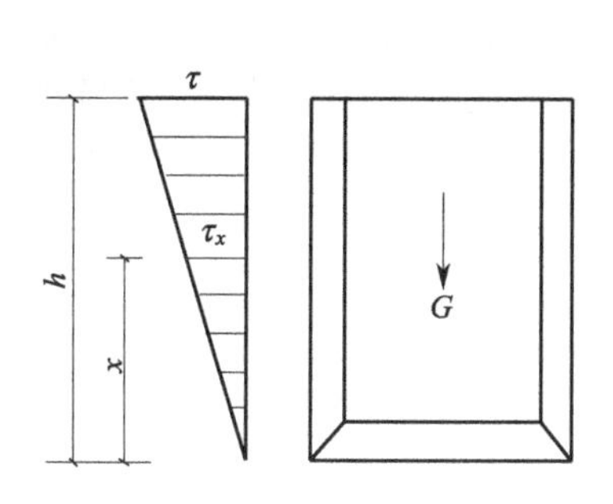

图 7-16　沉井悬吊时井壁摩阻力

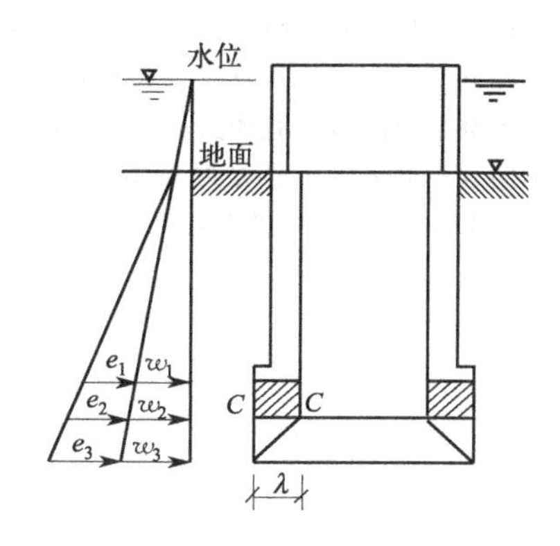

图 7-17　沉井井壁水平荷载

距离刃脚底部 x 处井壁拉力：

$$S_x = Gx/h - Gx^2/h^2 \tag{7-45}$$

拉应力取极大值时 $dS_x/dx=0$，即 $dS_x/dx=G/h-2Gx/h^2=0$，求得 $S_{max}=G/4$。

(2) 井壁横向受力计算

沉井沉至设计标高，刃脚下的土掏空尚未封底时，井壁承受最大的土压力和水压力，应按水平框架内力分析。断面 C—C 上截取高度为井壁厚度的井壁作为研究对象，水平荷载有井壁段土压力、水压力（无须乘分配系数 β）及刃脚悬臂作用形成的水平剪力（图 7-17）。采用泥浆润滑套的沉井，如果台阶以上泥浆压力大于土压力与水压力之和，井壁压力应按泥浆压力计算。

7.4 沉井施工

二维码 7-1

7.5 沉井工程实例

二维码 7-2

习　题

7-1　沉井基础主要由哪几部分构成？各部分具体起什么作用？

7-2　沉井剖面形状有哪几种形式？特点如何？

7-3 沉井作为整体深基础时，设计计算应考虑哪些主要内容？

7-4 沉井在施工过程中应进行哪些验算？

7-5 某水下圆形沉井基础直径为 6m，作用于基础上的竖向荷载为 20625kN（不含浮力为 4205kN），考虑附加组合荷载后的水平力为 512kN，弯矩为 7268kN·m。沉井埋深为 12m，土质为中密砂卵层，重度为 $22kN/m^3$，内摩擦角为 32°，黏聚力 $c=0$。若取 $\eta_1=\eta_2=1.0$，试验算沉井基础的地基承载力及横向土抗力。

参 考 文 献

[1] 中交公路规划设计院有限公司．公路桥涵地基与基础设计规范（JTG 3363—2019）．北京：人民交通出版社，2020.

[2] 赵明华，俞晓，王贻荪．土力学与基础工程．武汉：武汉理工大学出版社，2003.

[3] 中华人民共和国建设部，国家质量监督检验检疫总局．岩土工程勘察规范（GB 50021—2001）（2009 版）．北京：中国建筑工业出版社，2009.

第8章

岩石锚杆基础设计

【学习指南】本章主要介绍锚杆的构造及其承载机理、岩石锚杆基础的特点与基本分类、岩石锚杆基础的基本要求与设计方法、锚杆基础的施工工艺与锚固质量的无损检测及锚杆抗拔承载力的现场试验等。通过本章学习，应了解岩石锚杆基础的特点与基本分类；熟悉岩石锚杆基础的施工工艺、锚固质量无损检测的基本方法及锚杆抗拔承载力的现场试验；掌握岩石锚杆基础的基本要求与设计计算方法。

8.1 概述

8.1.1 锚杆构造

锚杆（anchor）是主要承受拉力的杆件的总称。岩土工程中所用的锚杆安设在岩土层深处，一端与工程构筑物相连，另一端锚固在岩土层中，承受土压力、风荷载或水压力，防止结构倾覆或发生大的变形，以维护构筑物的稳定。锚杆的构造一般包括锚头、拉杆和锚固体三个基本部分（图8-1）。

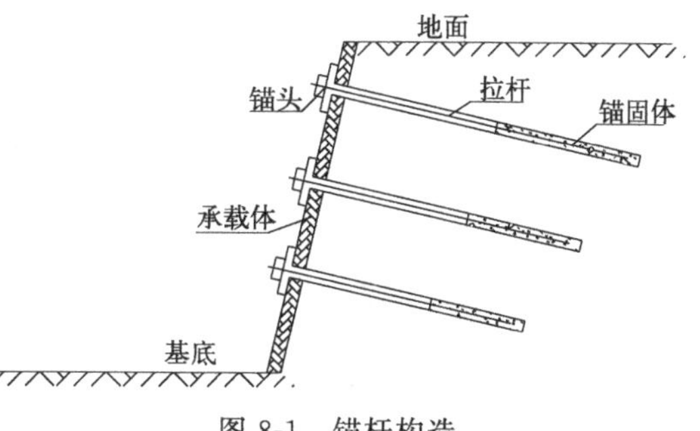

图8-1 锚杆构造

（1）锚头

锚杆外锚头是构筑物与拉杆的连接部分，其作用是把来自构筑物的力，有效地传递给拉杆。为了使拉杆的集中力分散传递，一般采用20～40mm厚的钢板作为承压板。

（2）拉杆

拉杆是锚杆中间的受拉部分，位于锚杆的中心线上，其作用是把来自锚头的拉力传递给锚固体。工程当中一般采用抗拉强度较高的钢材（如热轧螺纹钢筋、精轧高强螺纹钢材及钢绞线、钢丝束等）制作。

（3）锚固体

锚固体在锚杆的尾部，将来自拉杆的力，通过锚固体与岩土之间的相互作用，将力传递给岩土层。在岩土锚固工程中，锚固体的可靠性直接决定着整个锚固工程的可靠程度，是保证构筑物稳定的关键。

8.1.2 锚杆承载机理

当锚杆受力时，拉力首先通过拉杆四周的砂浆或细石混凝土之间的黏结力传递到锚固段中，再通过锚固段与钻孔孔壁的摩阻力传递到锚固岩土层中。

锚杆锚固段中，锚杆杆体与水泥浆体之间的黏结力包括如下三个方面。

（1）黏着力

由于锚杆杆体表面与浆体之间的物理黏结产生黏着力。当两种材料发生剪切作用时，黏着力就构成了最基本抗力；当锚固段发生位移时，此抗力即消失。

（2）机械咬合力

锚杆杆体表面螺纹、肋节和锈蚀凹坑的存在，在浆体与杆体接触面上发生机械咬合作用，产生机械咬合力。

（3）摩擦力

锚杆杆体与浆体之间存在摩擦力，其大小与接触面之间的粗糙度和二者间的压力、运动趋势为函数关系。锚杆试验和理论计算结果表明，随着锚杆轴向载荷的增加，沿着锚杆长度方向，杆体与浆体黏结应力峰值，以类似于摩擦桩的方式由锚孔端部向锚固段底部移动（图 8-2）。

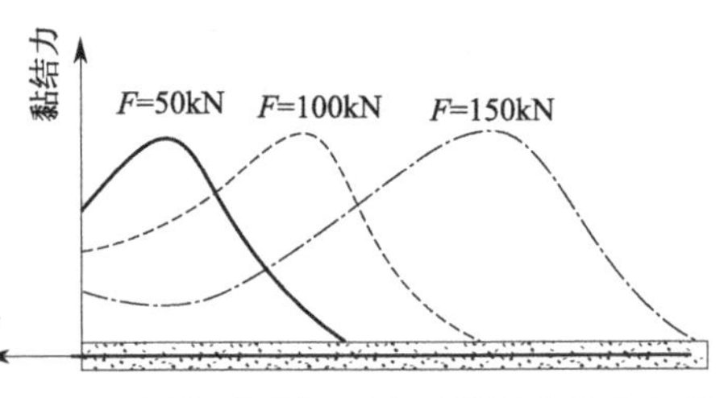

图 8-2 不同加载等级下岩石锚杆黏结力变化

锚杆主要承受拉拔力和剪应力，按受力性能可分为普通锚杆和预应力锚杆两大类；按照锚杆断面形状还可分为圆柱形锚杆、锥形锚杆和扩底锚杆等。

8.1.3 岩石锚杆基础

岩石锚杆基础（rock anchor foundation）是将锚杆（筋）和水泥砂浆或细石混凝土注入岩石人工成孔内，使锚杆与岩体胶结成整体承受上部结构传来外力的基础形式。岩石锚杆适用于直接建在基岩上的柱基，以及承受拉力或水平力较大的建筑物或构筑物的基础（图 8-3）。

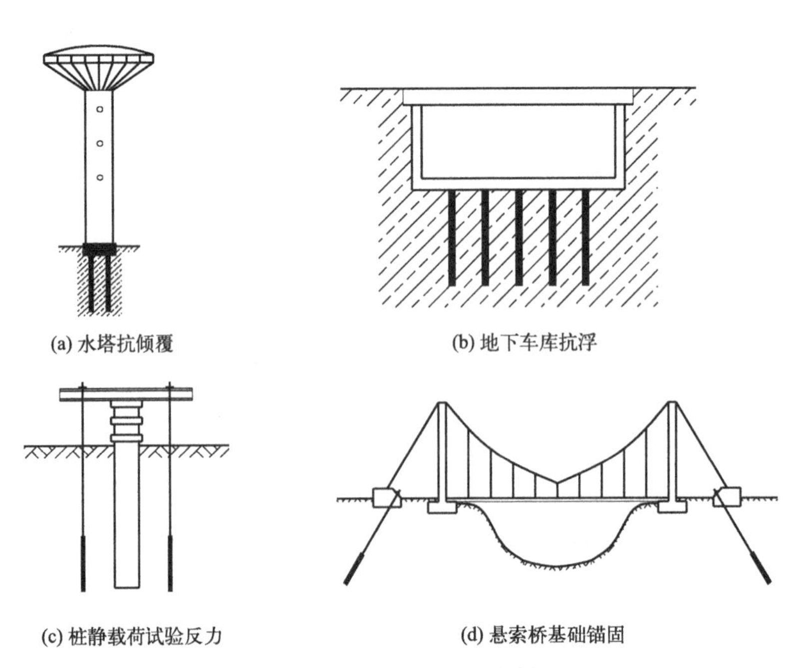

图 8-3 岩石锚杆基础实例

在工程实践中，岩石锚杆有着广泛应用，如 20 世纪 70 年代，英国在普莱姆斯核潜艇综合基地干船坞改建中，应用锚杆技术抵抗地下水的上浮力。日本一座临海高层建筑，为防止在地震或台风作用下倒塌，采用 252 根岩石锚杆抵抗建筑物倾覆力矩，在随后发生的台风和地震强作用下，该高层建筑安然无恙。中国首都机场地下车库施工过程中，为了抵抗地下水的上浮力，采用近千根岩石锚杆，既保证了基础稳定性，又有效地减小了地下室基础底板的厚度，大量节约了成本。

岩石锚杆基础具有因地制宜，节约建筑材料，减少岩层埋深较浅地区建筑物基槽或基坑开挖工程量，降低工程造价，抗拔力大，建筑物稳定性好、安全度高，施工面小，利于水土保持和环境保护等优点。选用岩石锚杆基础涉及工程地质勘查、结构设计、工程经济、建筑施工等方面。勘测设计单位确认采用岩石锚杆基础时，应充分考虑场地条件和施工工艺，切实发挥其社会、经济和环保效益优势。

岩石锚杆基础有两种基本形式：一是间接锚杆［图 8-4(a)］，一般是柱下做承台，基础下再设置锚杆，锚杆上的基础部分也称为承台；二是直接锚杆［图 8-4(b)］，去掉承台，柱脚的地脚螺栓直接锚固于岩石地基。

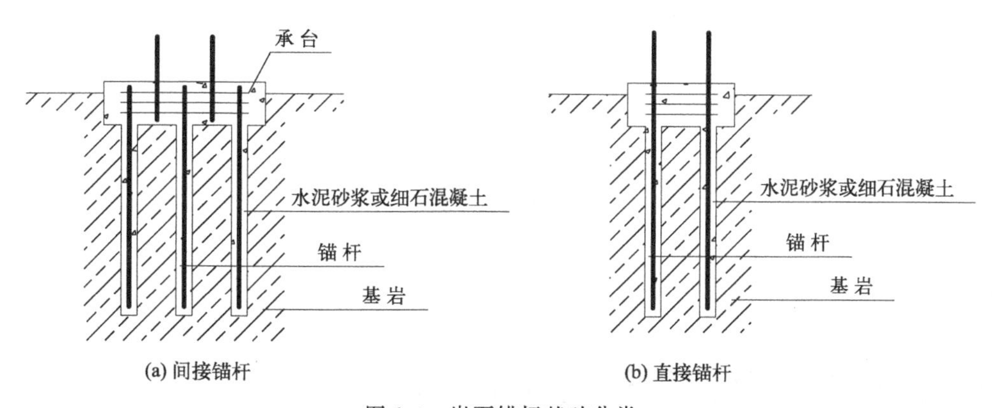

(a) 间接锚杆　(b) 直接锚杆

图 8-4　岩石锚杆基础分类

根据锚孔注浆压力的大小，岩石锚杆还可以分为以下几种形式。

① 重力注浆锚杆［图 8-5(a)］　浆体不加压直接或通过导管注入锚孔内，常用于未风化或微风化的岩体中。

② 低压注浆锚杆［图 8-5(b)］　安装时进行压力注浆（0.4～1.0MPa），一般注浆压力要超过地基的自重应力。浆液在压力作用下缓慢渗入孔壁的理想裂隙中，能有效增加锚固体的有效直径，在软弱、裂隙发育的岩体中最为常见。

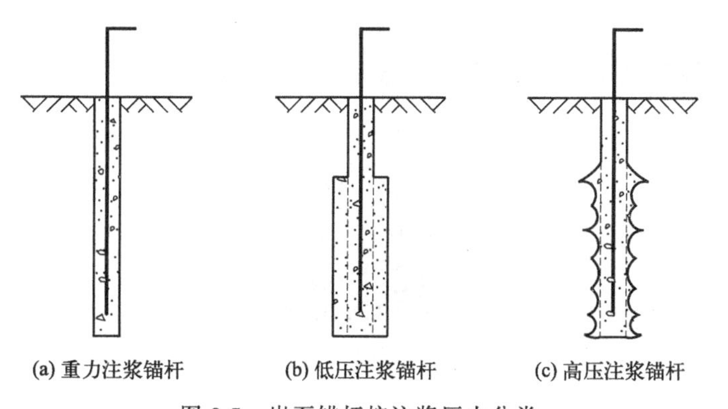
(a) 重力注浆锚杆　(b) 低压注浆锚杆　(c) 高压注浆锚杆

图 8-5　岩石锚杆按注浆压力分类

③ 高压注浆锚杆［图 8-5(c)］ 采用高压注浆（2.0～8.0MPa）的方式使孔壁裂隙向深部扩展，浆液随之渗入范围更大，显著提高锚固体的有效直径，提高岩石与浆体之间的黏结强度。

8.2 岩石锚杆基础的基本要求

二维码 8-1

8.3 岩石锚杆基础设计计算

二维码 8-2

8.4 锚杆施工及锚固质量无损检测

二维码 8-3

8.5 锚杆抗拔承载力特征值现场试验

二维码 8-4

8.6　岩石锚杆基础工程实例

二维码 8-5

习　　题

8-1　与其他基础类型相比，岩石锚杆基础有何优越性？

8-2　单根岩石锚杆抗拔承载力如何确定？

8-3　试述保证锚杆与岩体的整体性的主要措施。

8-4　如何进行岩石锚杆基础设计？

8-5　华北地区某 220kV 输电工程中，直线塔基础附近地质勘探表明，场地岩层主要为灰质板岩，板理发育（局部含石灰岩透镜体），岩层产状 SE105°∠36°，与岩体板理方向总体一致，单轴抗压强度 $R_c=85MPa$，属硬质岩，岩体基本质量等级为Ⅱ级。若设计采用岩石锚杆基础，锚杆钢筋直径 $d=32mm$，锚杆有效长度 $l=900mm$，采用 C30 细石混凝土灌浆，试确定单根锚杆抗拔承载力。

参 考 文 献

[1]　中华人民共和国建设部，国家质量监督检验检疫总局．岩土工程勘察规范（GB 50021—2001）（2009 版）．北京：中国建筑工业出版社，2009.

[2]　刘文白．抗拔基础的承载性能与计算．上海：上海交通大学出版社，2007.

[3]　中华人民共和国建设部，国家质量监督检验检疫总局．建筑地基基础设计规范（GB 50007—2011）．北京：中国建筑工业出版社，2012.

[4]　中华人民共和国建设部，国家质量监督检验检疫总局．混凝土结构设计规范（GB 50010—2010）．北京：中国建筑工业出版社，2011.

[5]　中国冶金建设协会．岩土锚杆与喷射混凝土支护工程技术规范（GB 50086—2015）．北京：中国计划出版社，2015.

[6]　中冶集团建筑研究总院，中国工程建设标准化协会．岩土锚杆（索）技术规程（CECS 22：2005）．北京：中国计划出版社，2005.

[7]　中华人民共和国国家能源局．水电水利工程锚杆无损检测规程（DL/T 5424—2009）．北京：中国电力出版社，2009.

[8]　程良奎，范景伦，韩军，等．岩土锚固．北京：中国建筑工业出版社，2002.

第9章

储罐基础设计

【学习指南】本章主要介绍储罐基础的设计计算方法。通过本章学习，应了解储罐基础的类型及适用范围；掌握储罐基础设计的基本原则、地基计算以及环墙的内力和配筋计算；熟悉储罐基础的构造要求。

储罐按其使用功能，分为储气罐和储液（油、水或其他液体）罐两大类。储气罐根据采用的压力不同分为低压、中压和高压气罐，其中，大型储气罐一般为低压储气罐；低压储气罐按照其工艺和结构特性，又划分为湿式储气罐（采用水进行密封）和干式储气罐。储油罐按其几何形状和结构形式可分为固定顶储罐（罐顶周边与罐壁顶端刚性连接，顶盖多采用拱形）和浮顶储罐（浮顶随液面变化而上下升降）；浮顶储罐又分为外浮顶储罐和内浮顶储罐（在拱形顶盖内设置一层活动顶盖）两类。

储罐基础具有面积大（储罐直径可达80～100m）、基底附加压力大、沉降量大、压缩层影响深、对不均匀沉降要求高等特点。因此，储罐基础必须满足以下基本要求：基底压力小于地基承载力特征值以防地基土发生强度破坏；地基变形值小于储罐地基变形允许值，以防影响储罐的正常使用和安全；储罐基础沉降基本稳定后，基础顶面应高出周围地面，以免积水。另外，当储罐基础坐落在静流水源地及储存不可降解介质，且储罐泄漏物有可能污染地下水及附近环境时，储罐基础应采取防渗漏措施。

由于储罐的种类很多，并且各类储罐的结构类型和使用功能差别很大，因此对储罐基础沉降量和沉降差的限值要求也有所不同。在进行储罐基础设计时，应该根据储罐的类型、容积、场地地质条件、地基处理方法、施工条件和经济合理性等各方面的要求，综合确定基础设计方案。

9.1 储罐基础的分类

储罐基础主要分护坡式基础、外环墙式基础、环墙式基础和桩基础几种类型。

9.1.1 护坡式基础

护坡式基础是由罐壁外的混凝土护坡或碎石护坡和护坡内的填料层、砂垫层、沥青砂绝缘层等共同组成的储罐基础（图9-1）。根据护坡材料的不同，这类基础又分为混凝土护坡、石砌护坡和碎石灌浆护坡等类型。

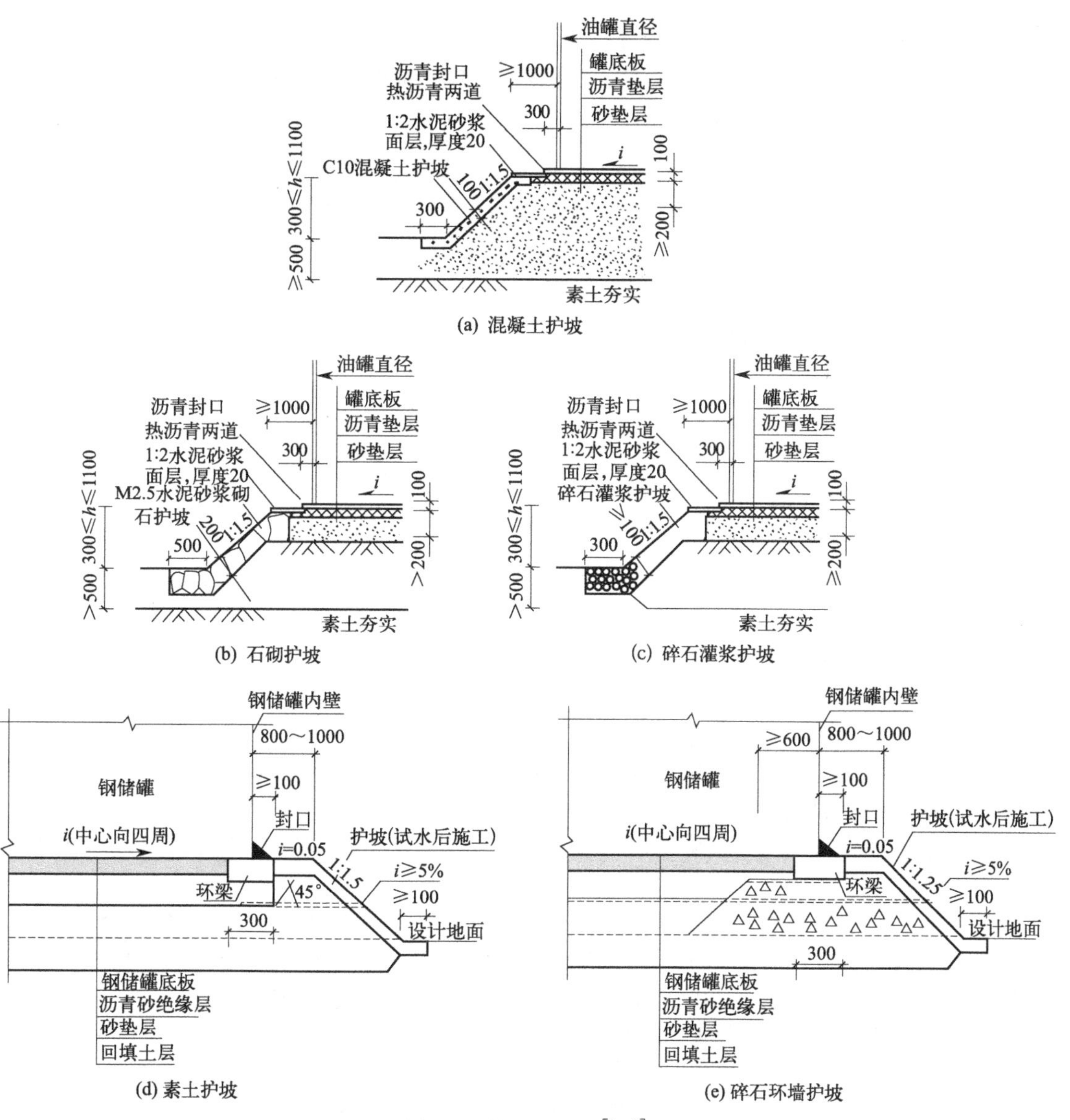

(a) 混凝土护坡

(b) 石砌护坡　　(c) 碎石灌浆护坡

(d) 素土护坡　　(e) 碎石环墙护坡

图 9-1　护坡式基础[1~2]

护坡式基础一般用于硬或中硬场地，多用于固定顶罐，以及容积较小的中型或小型储罐。该类基础具有节省材料（钢材、水泥）、造价较低等优点。但是由于基础的平面抗弯刚度差，不利于调整地基不均匀沉降，且占地面积较大，因此，当建造场地不受限，地基承载力和地基变形满足要求时，宜采用护坡式基础。

9.1.2　环墙式基础

环墙式基础是由罐壁下的钢筋混凝土环墙和环墙内的填料层、砂垫层、沥青砂绝缘层等共同组成的储罐基础，见图 9-2（b 为环墙厚度，h 为环墙高度）。根据环墙采用的材料，环墙式基础可分为钢筋混凝土环墙式、石砌环墙式、砖砌环墙式和碎石环墙式等类型。

环墙式基础的优点如下[2]：

① 可减小罐周的不均匀沉降。钢筋混凝土环墙平面抗弯刚度较大，能很好地调整地基

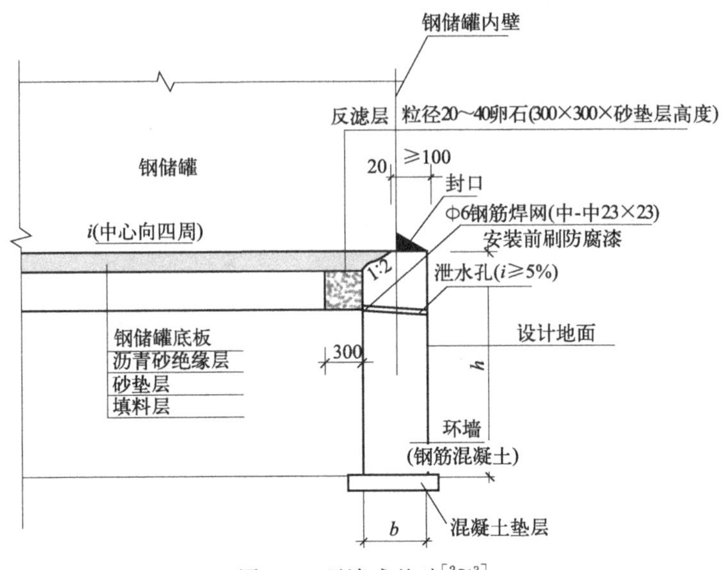

图 9-2 环墙式基础[2~3]

下沉过程中出现的不均匀沉降，从而减小罐壁的变形，避免浮顶罐与内浮顶罐发生浮顶不能上浮的现象。

② 罐体荷载传递给地基的压力分布较为均匀。

③ 增加基础的稳定性，抗震性能较好。防止由于冲刷、侵蚀、地震等造成环墙内各填料层的流失，保持罐底填料层基础的稳定。

④ 有利于罐壁的安装。环墙为罐壁底端提供了一个平整而坚实的表面，并为校平储罐基础面和保持外形轮廓提供了有利条件。

⑤ 有利于事故的处理。当罐体出现较大的倾斜时，可用环墙进行顶升调整，或采用半圆周挖沟纠偏法。

⑥ 起防潮作用。钢筋混凝土环墙顶面不积水，减少罐底的潮气和对罐底板的腐蚀。

⑦ 比护坡式基础占地面积小。缺点是由于环墙的竖向抗力刚度与环墙内填料层的相差较大，因此罐壁和罐底的受力状态较外环墙式基础差，钢筋和水泥耗量较多。

环墙式基础一般用于软和中软场地，多用于浮顶罐和内浮顶罐。一般来说，下述情况宜采用环墙式基础：当天然地基承载力特征值小于基底平均压力，但地基变形满足现行规范规定的允许值（表 9-1），且经过地基处理后或经充水预压后能满足承载力要求时（也可采用外环墙式或护坡式基础）；当天然地基承载力特征值小于基底平均压力、地基变形不满足现

表 9-1 储罐地基变形允许值

储罐地基变形特征	储罐形式	储罐底圈内直径/m	沉降差允许值
整体倾斜（任意直径方向）	浮顶罐与内浮顶罐	$D_t \leqslant 22$	$0.0070D_t$
		$22 < D_t \leqslant 30$	$0.0060D_t$
		$30 < D_t \leqslant 40$	$0.0050D_t$
		$40 < D_t \leqslant 60$	$0.0040D_t$
		$60 < D_t \leqslant 80$	$0.0035D_t$
		$80 < D_t$	$0.0030D_t$
	固定顶罐	$D_t \leqslant 22$	$0.015D_t$
		$22 < D_t \leqslant 30$	$0.010D_t$
		$30 < D_t \leqslant 40$	$0.009D_t$
		$40 < D_t \leqslant 60$	$0.008D_t$

续表

储罐地基变形特征	储罐形式	储罐底圈内直径/m	沉降差允许值
罐周边不均匀沉降	浮顶罐与内浮顶罐	—	$\Delta s/l \leqslant 0.0025$
	固定顶罐	—	$\Delta s/l \leqslant 0.0040$
储罐中心与储罐周边的沉降差	沉降稳定后≥0.008		

注：Δs 为储罐周边相邻测点的沉降差，mm；l 为储罐周边相邻测点的间距，mm。

行规范规定的允许值或地震作用时地基土有液化土层存在，但经过充水预压或地基处理后能满足地基承载力与变形要求或液化土层消除程度满足有关规定时；当场地受限制或储罐设备有特殊要求时。在地震区或软基上建储罐时，应采用钢筋混凝土环墙式基础。

环墙的截面形式可以是矩形、工字形或箱形等。设计时环墙的中心线应尽量与储罐直径一致。实践证明，由于储罐直接放置在环墙上，便于储罐的安装和维修，因此环墙式基础对于大型储罐，尤其是浮顶储罐更为适用。

9.1.3　外环墙式基础

外环墙式基础是由罐壁外的钢筋混凝土环墙和环墙内的填料层、砂垫层、沥青砂绝缘层等共同组成的储罐基础（图 9-3）。这类基础把储罐直接建在砂垫层上，使得基底竖向抗力刚度比较均匀，罐壁与罐底的受力状态比环墙式基础要好；外环墙可以挡护填砂；由于设置外环墙式具有一定的稳定性，因此其抗震性能也较好；与环墙式基础相比，节省了水泥和钢筋。但是，外环墙式基础的整体平面抗弯刚度较钢筋混凝土环墙式基础差，因此不利于不均匀沉降的调整。另外，当罐壁节点处的下沉降量低于外环墙顶时宜造成两者之间的凹陷。外环墙式基础一般多用于硬或中硬场地。

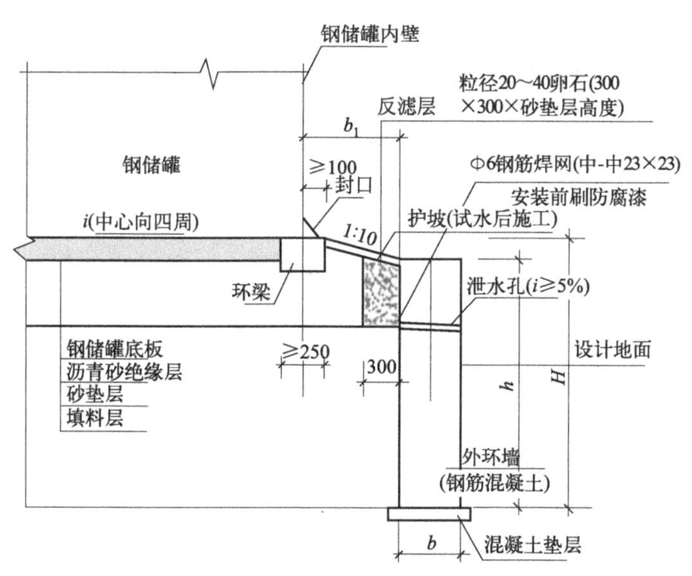

图 9-3　外环墙式基础[2~3]

总体来讲，钢筋混凝土环墙式基础调整不均匀沉降的作用较大，对土方压实技术要求一般，但耗费三材较多，造价较高。外环墙式基础和护坡式基础对土方压实技术要求较高，但造价相对较低。

9.1.4　桩基础

桩基础是由灌注桩或预制桩和连接于桩顶的钢筋混凝土桩承台及承台上的填料层、砂垫层、沥青砂绝缘层等共同组成的储罐基础（图 9-4）。当地基处理有困难或不作地基处理时，

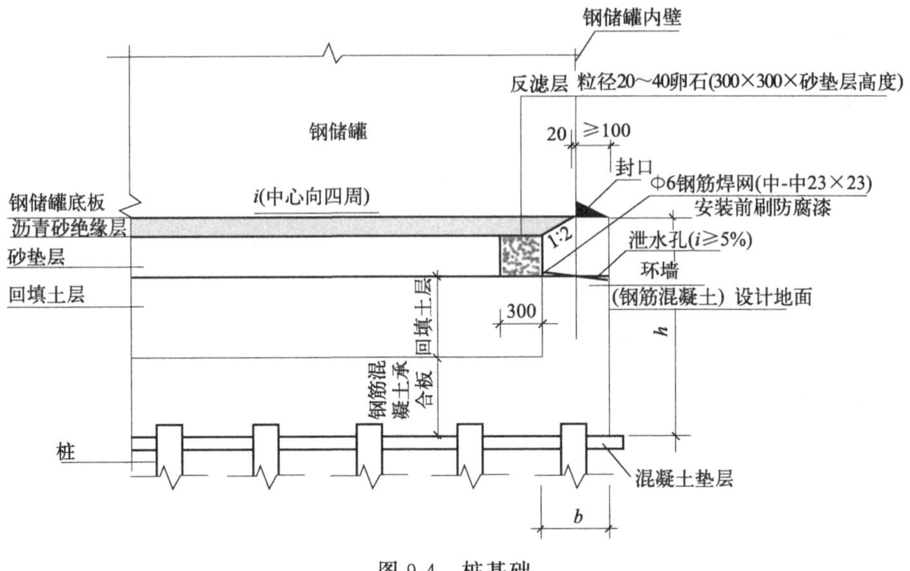

图 9-4 桩基础

宜采用桩基础。缺点是投资规模较大。

9.2 储罐基础设计的基本规定

9.2.1 一般规定

现行《钢制储罐地基基础设计规范》（GB 50473—2008）对储罐基础设计做了如下规定。

① 储罐地基基础工程在设计前，应对建筑场地进行岩土工程勘察。

② 储罐地基基础设计等级应符合现行《建筑地基基础设计规范》（GB 50007—2011）的有关规定。

③ 储罐基础不宜建在部分坚硬、部分松软的地基上，当无法避免时，应采取有效的地基处理措施。

④ 储罐基础下的耕土层、软弱土、暗塘、暗沟以及生活垃圾等均应清除，并应采用素土、级配砂石或灰土分层压（夯）实，压（夯）实后地基土的力学性质宜与同一基础下未经处理的土层相一致，当清除困难时，应采取有效的处理措施。

⑤ 当储罐不设置锚固螺栓时，可不计入风荷载作用，对于非桩基基础设计时可不计入地震作用，但应满足抗震措施要求。

⑥ 当场地土、地下水对混凝土有腐蚀作用时，应对储罐基础采取防腐蚀措施，并应符合现行《工业建筑防腐蚀设计标准》（GB/T 50046—2018）的有关规定。

9.2.2 荷载及荷载效应取值

9.2.2.1 荷载

储罐基础上的荷载分永久荷载和可变荷载两类。永久荷载包括储罐自重（包括保温及附件自重）、基础自重和基础上的土重等。可变荷载包括储罐中的储液重或储罐中充水试压的水重、风荷载等。

9.2.2.2 荷载效应取值

地基基础设计时，所采用的荷载效应最不利组合与相应的抗力限值应遵守下列规定。

① 验算地基承载力或按单桩承载力确定桩数时，传至基础或承台底面上的荷载效应应按正常使用极限状态下荷载效应的标准组合。相应的抗力应采用地基承载力特征值或基桩（或复合基桩）承载力特征值。正常使用极限状态下，荷载效应的标准组合值 S_k 应用下式表示：

$$S_k = S_{Gk} + S_{Q1k} + \sum_{i=2}^{n} \Psi_{ci} S_{Qik} \tag{9-1}$$

式中，S_{Gk} 为按永久荷载标准值 G_k 计算的荷载效应值；S_{Qik} 为按可变荷载标准值 Q_{ik} 计算的荷载效应值；S_{Q1k} 为诸可变荷载效应中起控制作用者；Ψ_{ci} 为可变荷载 Q_i 的标准值系数，按现行《建筑结构荷载规范》（GB 50009—2012）的规定取值。

② 计算地基变形时，传至基础底面上的荷载效应应按正常使用极限状态下荷载效应的准永久组合，不应计入风荷载和地震作用。相应的限值应为储罐地基变形允许值。荷载效应的准永久组合值 S 应用下式表示：

$$S = S_{Gk} + \sum_{i=1}^{n} \psi_{qi} S_{Qik} \tag{9-2}$$

式中，ψ_{qi} 为可变荷载 Q_i 的准永久值系数，储罐中的储液取 1.0，储罐充水试压时水重取 0.85。

③ 计算基础环墙环向力或承台内力、确定配筋和验算材料强度时，上部结构传至基础的荷载效应组合，应按承载能力极限状态下荷载效应的基本组合，并采用相应的分项系数。

由永久荷载效应控制的基本组合设计值 S 的表达式为

$$S = \gamma_G S_{Gk} + \sum_{i=1}^{n} \gamma_{Qi} \psi_{ci} S_{Qik} \tag{9-3a}$$

由可变荷载效应控制的基本组合设计值 S 的表达式为

$$S = \gamma_G S_{Gk} + \gamma_{Q1} S_{Q1k} + \sum_{i=2}^{n} \gamma_{Qi} \psi_{ci} S_{Qik} \tag{9-3b}$$

式中，γ_G 为永久荷载的分项系数，取 1.2；γ_{Qi} 为第 i 个可变荷载的分项系数，储罐中储液取 1.3，储罐充水试压时水重取 1.1，储罐风荷载应符合现行《建筑结构荷载规范》（GB 50009—2012）的有关规定；ψ_{ci} 为可变荷载 Q_i 的组合值系数，按现行《建筑结构荷载规范》的规定取值。

④ 地基稳定验算时，荷载效应应按承载能力极限状态下荷载效应的基本组合，但其分项系数均应为 1.0。

当需要验算基础裂缝宽度时，应按正常使用极限状态荷载效应的标准组合。

9.3 储罐基础地基计算

9.3.1 地基承载力验算

对于天然地基或处理后的地基上的储罐基础（桩基础见第 6 章），基础底面的压力应符合下式要求：

$$p_k \leqslant f_a \tag{9-4}$$

$$p_k = \frac{F_k + G_k}{A} \tag{9-5}$$

式中，f_a 为修正后的地基承载力特征值；p_k 为相应于荷载效应标准组合时，基础底面处的平均压力值；F_k 为相应于荷载效应标准组合时，上部结构传至基础顶面的竖向力；G_k

为基础自重及基础上的土重；A 为储罐基础底面面积，对于环墙式基础，计算直径应取环墙外直径，对于护坡式、外环墙式基础，计算直径应取储罐罐壁底圈内直径。

储罐桩基础包括桩体、承台和环墙三部分。桩体和承台可按现行《建筑地基基础设计规范》（GB 50007—2011）和《建筑桩基技术规范》（JGJ 94—2008）进行设计，环墙可按实际受力状态进行计算。另外，对于挤土桩，应采取有效措施减少挤土效应对储罐基础的不利影响。

9.3.2 稳定性验算

对于采用预压排水固结法加固的软土地基和位于斜坡、陡坎边坡、已填塞或掩埋的旧河道，以及深基坑边缘地带的地基，应对整体和局部地基进行抗滑稳定性验算。

地基抗滑稳定性可采用圆弧滑动面法验算。最危险的滑动面上各力对滑动中心所产生的抗滑力矩与滑动力矩应符合下式要求：

$$\frac{M_R}{M_S} \geqslant 1.2 \tag{9-6}$$

式中，M_R 为抗滑力矩；M_S 为滑动力矩。

9.3.3 地基变形计算

储罐地基设计不仅要满足承载力的要求，地基变形值还不应大于地基变形允许值，否则会影响储罐的正常使用，如差异沉降引起的罐壁与底板或罐壁与底板连接处破坏、罐壁扭曲导致的浮顶失灵等。储罐地基变形按其特征可分为四种：储罐基础沉降、储罐基础整体倾斜（平面倾斜）、储罐基础周边不均匀沉降（非平面倾斜）、储罐中心与储罐周边的沉降差（储罐基础锥面坡度），见图 9-5。当储罐基础处于下列情况之一时，应做变形量计算：

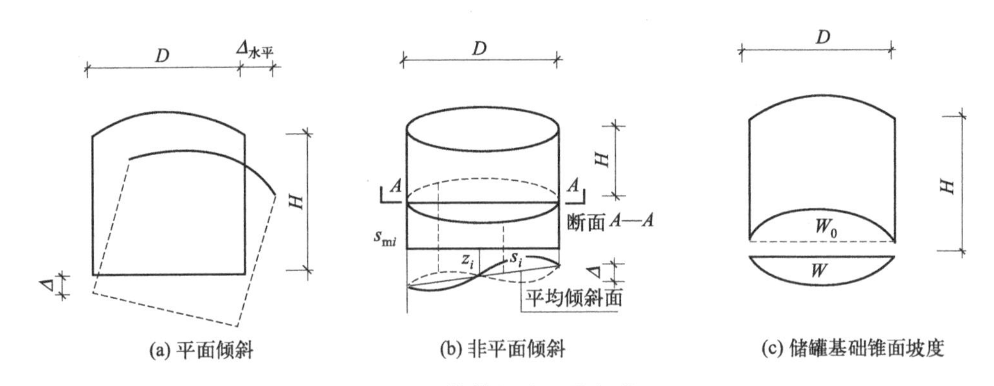

图 9-5 储罐基础地基变形

s_{mi}—在点 i 的总的实测沉降量，即自罐建成时起测出的该点高程变化；Δ—直径方向上点间沉降之差；z_i—点 i 由平面倾斜引起的沉降分量；s_i—点 i 由平面外扭曲倾斜引起的沉降分量；D—罐直径；H—罐高度；W_0—罐底原始中心与边缘高度差；W—罐底实际中心与边缘高度差

① 当储罐地基基础设计等级为甲级或乙级时。

② 当天然地基承载力不能满足要求或地基土有软弱土层时。

③ 当储罐基础有可能发生倾斜时。

④ 当储罐基础持力层有厚薄不均匀的地基土时。

9.3.3.1 变形计算

储罐基础最终沉降量的计算可采用分层总和法，计算公式如下：

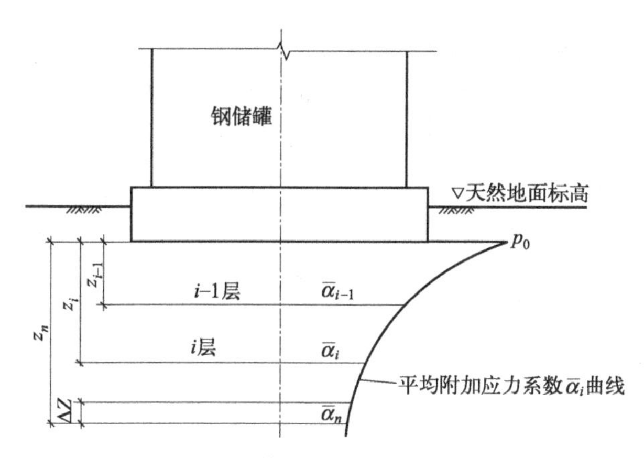

图 9-6　储罐基础沉降计算示意图

$$s=\psi_s s'=\psi_s \sum_{i=1}^{n}(z_i\overline{\alpha}_i-z_{i-1}\overline{\alpha}_{i-1})\frac{p_0}{E_{si}} \tag{9-7}$$

式中，s 为地基最终沉降量；s'为按分层总和法计算的地基沉降量；ψ_s 为沉降计算经验系数，按现行《建筑地基基础设计规范》（GB 50007—2011）的有关规定采用；n 为储罐基础沉降计算深度范围内所划分的层数（图 9-6）；z_i、z_{i-1} 分别为储罐基础底面至第 i 层土和第 $i-1$ 层土底面的距离；E_{si} 为储罐基础底面下第 i 层土的压缩模量，应取土的自重应力至自重应力与附加应力之和的压力段计算；p_0 为对应于荷载效用准永久组合时储罐基础计算底面处的附加压力；$\overline{\alpha}_i$，$\overline{\alpha}_{i-1}$ 分别为基础底面计算点至第 i 层土和第 $i-1$ 层土底面范围内的平均附加应力系数，可查表 9-2。地基变形计算深度 z_n 应满足下式要求：

$$\Delta s'_n \leqslant 0.025\sum_{i=1}^{n}\Delta s'_i \tag{9-8}$$

式中，$\Delta s'_i$ 为计算深度范围内第 i 层土的计算变形值；$\Delta s'_n$ 为由计算深度 z_n 处向上取厚度为 Δz 的土层的计算变形值，Δz 的取值见表 9-3（其中，D_t 为储罐罐壁底圈内直径）。地基变形计算深度 z_n，当为环墙式基础时，储罐周边和储罐中心处均自环墙底面算起，p_0 值为环墙底面处的附加压力，当环墙底至填料层之间的原土层较厚时，尚应计算该土层的附加变形值；当为护坡式、外环墙式储罐基础时，储罐周边和储罐中心处均自填料层底面算起，p_0 值为填料层底面处的附加压力。当确定沉降计算深度下有较软土层时，尚应向下继续计算。

桩基础的变形计算应按现行《建筑地基基础设计规范》（GB 50007—2011）的相关要求执行。

9.3.3.2　储罐地基变形允许值

储罐地基变形允许值按表 9-1 采用。在计算地基变形时，应符合下列规定：

① 由于地基不均匀、荷载等因素引起的地基变形，对于不同形式与容积的储罐应按不同允许变形值来控制。

② 储罐基础应根据在充水预（试）压期间和使用期间的地基变形值，确定储罐基础预抬高后的标高及与管线的连接形式和施工顺序。对于外环墙式基础，应验算地基变形稳定的储罐罐壁底端标高，储罐罐壁底端标高应高于外环墙顶标高，且走道向外坡度不应小于 0.1。

表 9-2 圆形面积上均布荷载作用下各点的平均附加应力系数

z/R	r/R																				
	0.0	0.1	0.2	0.3	0.4	0.5	0.6	0.7	0.8	0.9	1.0	1.1	1.2	1.3	1.4	1.5	1.6	1.7	1.8	1.9	2.0
0.0	1.00000	1.00000	1.00000	1.00000	1.00000	1.00000	1.00000	1.00000	1.00000	1.00000	0.50000	0.00000	0.00000	0.00000	0.00000	0.00000	0.00000	0.00000	0.00000	0.00000	0.00000
0.1	0.99975	0.99974	0.99971	0.99965	0.99965	0.99932	0.99884	0.99762	0.99334	0.96698	0.49186	0.02797	0.00486	0.00148	0.00060	0.00030	0.00016	0.00010	0.00006	0.00004	0.00003
0.2	0.99808	0.99801	0.99778	0.99732	0.99650	0.99496	0.99184	0.98461	0.96439	0.89180	0.48391	0.08870	0.02535	0.00398	0.00420	0.00215	0.00121	0.00074	0.00047	0.00032	0.00022
0.3	0.99381	0.99359	0.99291	0.99157	0.98920	0.98497	0.97697	0.96056	0.92302	0.82577	0.47580	0.13779	0.05306	0.02338	0.01156	0.00326	0.00368	0.00229	0.00150	0.00102	0.00072
0.4	0.98623	0.98578	0.98439	0.97173	0.97715	0.96933	0.95558	0.93014	0.88005	0.77323	0.46759	0.17284	0.07979	0.04009	0.02167	0.01250	0.00764	0.00489	0.03260	0.00225	0.00160
0.5	0.97508	0.97435	0.97208	0.96784	0.96075	0.94916	0.92999	0.89737	0.83959	0.73070	0.45927	0.19774	0.10279	0.05685	0.03306	0.02014	0.01279	0.00844	0.00575	0.00404	0.00291
0.6	0.96053	0.95979	0.95630	0.95044	0.94088	0.92585	0.90222	0.86451	0.80259	0.69518	0.45088	0.21558	0.12178	0.07233	0.04460	0.02846	0.01875	0.01272	0.00887	0.00633	0.00462
0.7	0.94302	0.94169	0.93762	0.93025	0.91852	0.90064	0.87367	0.83266	0.76894	0.66467	0.44242	0.22839	0.13717	0.08602	0.05560	0.03691	0.02511	0.01749	0.01246	0.00905	0.00670
0.8	0.92313	0.92154	0.91671	0.90805	0.89455	0.87450	0.84519	0.80226	0.73824	0.63786	0.43393	0.23752	0.14951	0.09785	0.06570	0.04508	0.03155	0.02251	0.01635	0.01207	0.00906
0.9	0.90149	0.89968	0.89422	0.88455	0.86969	0.84809	0.81729	0.77346	0.71009	0.61386	0.42542	0.24391	0.15934	0.10791	0.07475	0.05274	0.03784	0.02757	0.02039	0.01530	0.01163
1.0	0.87868	0.87670	0.87076	0.86033	0.84451	0.82189	0.79027	0.74626	0.68412	0.59207	0.41693	0.24819	0.16709	0.11637	0.08237	0.05978	0.04381	0.03253	0.02447	0.01863	0.01434
1.1	0.85520	0.85310	0.84682	0.83587	0.81942	0.79620	0.76427	0.72058	0.66004	0.57207	0.40849	0.25089	0.17313	0.12342	0.08969	0.06613	0.04937	0.03829	0.02847	0.02196	0.01712
1.2	0.83147	0.82929	0.82279	0.81151	0.79471	0.77124	0.73936	0.69634	0.63759	0.55353	0.40012	0.25221	0.17775	0.12924	0.09569	0.07180	0.05449	0.04177	0.03233	0.02525	0.01989
1.3	0.80782	0.80560	0.79897	0.78752	0.77058	0.74712	0.71570	0.67344	0.62659	0.53625	0.39184	0.25256	0.18121	0.13399	0.10081	0.07681	0.05913	0.04593	0.03599	0.02843	0.02263
1.4	0.78450	0.78225	0.77557	0.76409	0.74718	0.72392	0.69287	0.65180	0.59688	0.52004	0.38368	0.25211	0.18369	0.13781	0.10515	0.08119	0.06330	0.04976	0.03942	0.03156	0.02528
1.5	0.76168	0.75944	0.75277	0.74134	0.72459	0.70166	0.67125	0.63131	0.57832	0.50477	0.37565	0.25100	0.18536	0.14085	0.10879	0.08500	0.06702	0.05325	0.04261	0.03433	0.02782
1.6	0.73950	0.73728	0.73067	0.71936	0.70286	0.68036	0.65068	0.61191	0.56080	0.49035	0.36776	0.24938	0.18635	0.14319	0.11181	0.08828	0.07031	0.05641	0.04555	0.03701	0.03024
1.7	0.71804	0.71585	0.70933	0.69820	0.68200	0.66000	0.63109	0.59352	0.54424	0.47669	0.36004	0.24735	0.18677	0.14496	0.11428	0.09018	0.07319	0.05923	0.04823	0.03950	0.03251
1.8	0.69735	0.69519	0.68879	0.67788	0.66203	0.64056	0.61246	0.57607	0.52854	0.46372	0.35249	0.24499	0.18672	0.14621	0.11627	0.09344	0.07571	0.06176	0.05067	0.04179	0.03464
1.9	0.67745	0.67534	0.66907	0.65840	0.64292	0.62202	0.59450	0.55950	0.51366	0.45138	0.34512	0.24237	0.18628	0.14704	0.11784	0.09542	0.07789	0.06399	0.05287	0.04389	0.03661
2.0	0.65836	0.65629	0.65017	0.63975	0.62485	0.60433	0.57784	0.54375	0.49952	0.43952	0.33793	0.23956	0.18552	0.14749	0.11903	0.09706	0.07976	0.06595	0.05483	0.04581	0.03843
2.1	0.64006	0.63804	0.63207	0.62191	0.60722	0.58746	0.56176	0.52877	0.48607	0.42842	0.33093	0.23660	0.18448	0.14763	0.11990	0.09838	0.08134	0.06767	0.05659	0.04754	0.04011
2.2	0.62254	0.62058	0.61475	0.60486	0.59057	0.57137	0.54645	0.51451	0.47326	0.41772	0.32411	0.23352	0.18322	0.14749	0.12049	0.09943	0.08267	0.06916	0.05815	0.04911	0.04164
2.3	0.60578	0.60386	0.59819	0.58856	0.57467	0.55602	0.53185	0.50092	0.46106	0.40749	0.31749	0.23037	0.18178	0.14713	0.12084	0.10024	0.09378	0.07044	0.05952	0.05051	0.04303

续表

z/R	r/R																				
	0.0	0.1	0.2	0.3	0.4	0.5	0.6	0.7	0.8	0.9	1.0	1.1	1.2	1.3	1.4	1.5	1.6	1.7	1.8	1.9	2.0
2.4	0.58974	0.58788	0.58236	0.57299	0.55949	0.54138	0.51793	0.48797	0.44941	0.39770	0.31106	0.22716	0.18018	0.14656	0.12096	0.10083	0.08467	0.07152	0.06071	0.05175	0.04428
2.5	0.57441	0.57260	0.56723	0.55812	0.54499	0.52740	0.50465	0.47561	0.43830	0.38834	0.30482	0.22392	0.17847	0.14584	0.12091	0.10123	0.08538	0.07244	0.06175	0.05286	0.04541
2.6	0.55975	0.55798	0.55276	0.54390	0.53113	0.51404	0.49196	0.46381	0.42767	0.37935	0.29876	0.22067	0.17666	0.14497	0.12069	0.10146	0.08593	0.07320	0.06265	0.05383	0.04643
2.7	0.54572	0.54428	0.53892	0.53030	0.51789	0.50129	0.47985	0.45254	0.41751	0.37074	0.29288	0.21742	0.17477	0.14398	0.12033	0.10155	0.08633	0.07381	0.06341	0.05469	0.04733
2.8	0.53230	0.53063	0.52568	0.51730	0.50523	0.48909	0.46826	0.44176	0.40779	0.36248	0.28718	0.21419	0.17282	0.14290	0.11985	0.10151	0.08659	0.07430	0.06404	0.05543	0.04813
2.9	0.51946	0.51784	0.51302	0.50486	0.49312	0.47742	0.45718	0.43144	0.39848	0.35455	0.28166	0.21098	0.17084	0.14173	0.11927	0.10135	0.08674	0.07467	0.06457	0.05606	0.04884
3.0	0.50716	0.50558	0.50089	0.49295	0.48152	0.46626	0.44625	0.42156	0.38955	0.34693	0.27630	0.20781	0.16882	0.14050	0.11860	0.10109	0.08679	0.07493	0.06500	0.05660	0.04945
3.1	0.49539	0.49385	0.48928	0.48154	0.47042	0.45556	0.43642	0.41209	0.38099	0.33961	0.27111	0.20467	0.16678	0.13922	0.11786	0.10074	0.08674	0.07510	0.06533	0.05705	0.04999
3.2	0.48410	0.48620	0.478715	0.47061	0.45978	0.44531	0.42668	0.40302	0.327278	0.33257	0.26608	0.20158	0.16474	0.13789	0.11705	0.10032	0.08661	0.07519	0.06558	0.05742	0.05044
3.3	0.47327	0.47181	0.46747	0.46013	0.44957	0.43548	0.41734	0.39431	0.36489	0.32579	0.26120	0.19854	0.16269	0.13652	0.11618	0.09984	0.08641	0.07521	0.06576	0.05772	0.05083
3.4	0.46289	0.46146	0.45723	0.45007	0.43978	0.42605	0.40837	0.38594	0.35730	0.31926	0.25648	0.19555	0.16064	0.13513	0.11528	0.09929	0.08614	0.07515	0.06587	0.05795	0.05115
3.5	0.45292	0.45153	0.44740	0.44042	0.43039	0.41700	0.39977	0.37791	0.35001	0.31140	0.25190	0.19262	0.15860	0.13372	0.11433	0.09870	0.08582	0.07504	0.06591	0.05812	0.05142
3.6	0.44335	0.44199	0.43796	0.43115	0.42136	0.40830	0.39150	0.37019	0.34300	0.30692	0.24745	0.18974	0.15658	0.13230	0.11336	0.09806	0.08544	0.07487	0.06590	0.05823	0.05163
3.7	0.43415	0.43282	0.42889	0.42224	0.41268	0.39994	0.38354	0.36275	0.33624	0.30107	0.24315	0.18691	0.15458	0.13087	0.11236	0.09739	0.08503	0.07465	0.06584	0.05830	0.05179
3.8	0.42530	0.42400	0.42016	0.41367	0.40434	0.39189	0.37589	0.35560	0.32973	0.29543	0.23897	0.18415	0.15260	0.12944	0.11234	0.09669	0.08457	0.07439	0.06574	0.05832	0.05190
3.9	0.41678	0.41552	0.41177	0.40542	0.39631	0.38415	0.36852	0.34871	0.32346	0.28999	0.23492	0.18144	0.15064	0.12801	0.11030	0.09596	0.08409	0.07410	0.06560	0.05829	0.05197
4.0	0.40859	0.40735	0.40369	0.39748	0.38858	0.37670	0.36143	0.34208	0.31741	0.28743	0.23098	0.17880	0.14870	0.12658	0.10926	0.09521	0.08357	0.07377	0.06542	0.05823	0.05200
4.1	0.40070	0.39949	0.39590	0.38984	0.38113	0.36951	0.35459	0.33567	0.31158	0.27965	0.22717	0.17621	0.14679	0.12516	0.10820	0.09445	0.08303	0.07341	0.06520	0.05814	0.05200
4.2	0.39309	0.39191	0.38840	0.38247	0.37395	0.36259	0.34799	0.32950	0.30594	0.27474	0.22347	0.17367	0.14492	0.12375	0.10715	0.09367	0.08247	0.07303	0.06496	0.05801	0.05197
4.3	0.38575	0.38460	0.38116	0.37536	0.36702	0.35591	0.34163	0.32354	0.30050	0.26999	0.21987	0.17120	0.14307	0.12235	0.10609	0.09288	0.08189	0.07262	0.06469	0.05786	0.05191
4.4	0.37868	0.37754	0.37418	0.36850	0.36034	0.34946	0.33548	0.31778	0.29524	0.26539	0.21638	0.16878	0.14125	0.12097	0.10503	0.09208	0.08130	0.07219	0.06440	0.05768	0.05182
4.5	0.37184	0.37074	0.36744	0.36188	0.35389	0.34323	0.32955	0.31222	0.29015	0.26094	0.21299	0.16641	0.13946	0.11959	0.10398	0.09127	0.08070	0.07175	0.06409	0.05748	0.05171
4.6	0.36525	0.36416	0.36094	0.35548	0.34765	0.33722	0.32381	0.30684	0.28523	0.25663	0.20969	0.16410	0.13771	0.11824	0.10293	0.09046	0.08008	0.07129	0.06377	0.05725	0.05157
4.7	0.35887	0.35781	0.35465	0.34930	0.34163	0.33140	0.31827	0.30164	0.28047	0.25245	0.20649	0.16184	0.13598	0.11690	0.10188	0.08965	0.07946	0.07083	0.06342	0.05701	0.05142

续表

z/R	r/R																				
	0.0	0.1	0.2	0.3	0.4	0.5	0.6	0.7	0.8	0.9	1.0	1.1	1.2	1.3	1.4	1.5	1.6	1.7	1.8	1.9	2.0
4.8	0.35271	0.35166	0.34856	0.34332	0.33580	0.32578	0.31290	0.29660	0.27586	0.24840	0.20330	0.15964	0.13429	0.11557	0.10084	0.08884	0.07883	0.7034	0.06307	0.05676	0.05125
4.9	0.34674	0.34572	0.34268	0.33754	0.33017	0.32034	0.30771	0.29173	0.27139	0.24448	0.20035	0.15747	0.13263	0.11427	0.09981	0.08803	0.07819	0.06986	0.06270	0.05649	0.05106
5.0	0.34097	0.33997	0.33699	0.33195	0.32471	0.31507	0.30268	0.28701	0.26706	0.24067	0.19741	0.15537	0.13100	0.11298	0.09879	0.08722	0.07756	0.06936	0.06232	0.05621	0.05086
5.1	0.33539	0.33440	0.33148	0.32653	0.31943	0.30997	0.27781	0.28243	0.26287	0.23697	0.19454	0.15331	0.12940	0.11172	0.09778	0.08641	0.07692	0.06886	0.06193	0.05591	0.05065
5.2	0.32998	0.32901	0.32614	0.32128	0.31431	0.30502	0.29390	0.27800	0.25879	0.23338	0.19176	0.15130	0.12783	0.11047	0.09678	0.08561	0.07828	0.06835	0.06153	0.05561	0.05042
5.3	0.32473	0.32378	0.32096	0.31619	0.30935	0.30023	0.28852	0.27370	0.25484	0.22990	0.18904	0.14934	0.12626	0.10924	0.09580	0.08481	0.07564	0.06784	0.06113	0.05530	0.05019
5.4	0.31965	0.31872	0.31595	0.31126	0.30454	0.29558	0.28408	0.26952	0.25100	0.22651	0.18640	0.14742	0.12478	0.10803	0.09482	0.08402	0.07500	0.06733	0.06072	0.05498	0.04994
5.5	0.31472	0.31380	0.31108	0.30648	0.29987	0.29107	0.27977	0.26547	0.24728	0.22322	0.18383	0.14554	0.12330	0.10684	0.09385	0.08324	0.07436	0.06681	0.06031	0.05465	0.4969
5.6	0.30993	0.90903	0.30636	0.30183	0.29534	0.28669	0.24889	0.26153	0.24366	0.22002	0.18132	0.14371	0.12185	0.10567	0.06290	0.08246	0.07373	0.06630	0.05989	0.05432	0.04943
5.7	0.30529	0.30440	0.30177	0.29733	0.29094	0.28244	0.27152	0.25771	0.24014	0.21691	0.17888	0.14191	0.12043	0.10452	0.09196	0.08169	0.07309	0.06578	0.05947	0.05399	0.04919
5.8	0.30078	0.29991	0.29732	0.29295	0.28667	0.27831	0.26758	0.25400	0.23672	0.21389	0.17650	0.14016	0.11903	0.10339	0.09103	0.08093	0.07247	0.06526	0.05905	0.05365	0.04889
5.9	0.29640	0.29554	0.29300	0.28870	0.28252	0.27430	0.26374	0.25039	0.23340	0.21094	0.17418	0.13844	0.11767	0.10228	0.09012	0.08017	0.07184	0.06475	0.05863	0.05330	0.04862
6.0	0.29214	0.29130	0.28880	0.28456	0.27849	0.27040	0.26001	0.24687	0.23016	0.20807	0.17191	0.13677	0.11633	0.10118	0.08922	0.07943	0.07122	0.06424	0.05821	0.05296	0.04834
6.1	0.28800	0.28717	0.28471	0.28054	0.27457	0.26661	0.25639	0.24346	0.22701	0.20528	0.16970	0.13513	0.11501	0.10011	0.08833	0.07869	0.07061	0.06373	0.05779	0.05261	0.04805
6.2	0.28397	0.28316	0.28073	0.27663	0.27075	0.26292	0.25286	0.24013	0.22394	0.20255	0.16755	0.13357	0.11372	0.09905	0.08746	0.07796	0.07000	0.06322	0.05737	0.05226	0.04777
6.3	0.28006	0.27926	0.27687	0.27283	0.26704	0.25932	0.24942	0.23689	0.22096	0.19990	0.16545	0.13195	0.11246	0.09802	0.08659	0.07724	0.06940	0.06272	0.05694	0.05191	0.04748
6.4	0.27625	0.27546	0.27310	0.26913	0.26343	0.25583	0.24607	0.23374	0.21805	0.19732	0.16339	0.13042	0.11122	0.09700	0.08575	0.07653	0.06880	0.06221	0.05652	0.05156	0.04718
6.5	0.27253	0.27176	0.26944	0.26552	0.25991	0.25242	0.24282	0.23067	0.21521	0.19480	0.16139	0.12891	0.11001	0.09599	0.08491	0.07583	0.06821	0.06172	0.05610	0.0121	0.04689
6.6	0.26892	0.26815	0.26587	0.26201	0.25648	0.24911	0.23964	0.22767	0.21245	0.19234	0.15943	0.12744	0.10882	0.09501	0.08409	0.07513	0.06763	0.06122	0.05569	0.05085	0.04660
6.7	0.26540	0.26464	0.26239	0.25859	0.25314	0.24587	0.23655	0.22475	0.20976	0.18994	0.15752	0.12600	0.10765	0.09404	0.08327	0.07445	0.06705	0.06073	0.05527	0.05050	0.04630
6.8	0.26197	0.26122	0.25901	0.25526	0.24988	0.24272	0.23353	0.22191	0.20713	0.18760	0.15565	0.12459	0.10651	0.09309	0.08248	0.07378	0.06648	0.06025	0.05486	0.05015	0.04601
6.9	0.25862	0.25789	0.25570	0.25201	0.24671	0.23965	0.23059	0.21913	0.20456	0.18531	0.15382	0.12321	0.10538	0.09216	0.08169	0.07311	0.06591	0.05976	0.05445	0.04980	0.04571
7.0	0.25536	0.25464	0.25248	0.24884	0.24361	0.23666	0.22772	0.21642	0.20206	0.18229	0.15204	0.12186	0.10428	0.09124	0.08092	0.07245	0.06535	0.05929	0.05404	0.04926	0.04542

注：1. R 为圆形面积的半径，m。

2. z 为计算点离基础底面的垂直距离，m。

3. r 为计算点距圆形面积中心的水平距离，m。

表 9-3　计算厚度 Δz 值

D_t/m	$8<D_t\leqslant15$	$15<D_t\leqslant30$	$30<D_t\leqslant60$	$60<D_t\leqslant80$	$80<D_t\leqslant100$	$100<D_t$
Δz/m	0.92～1.11	1.11～1.32	1.32～1.53	1.53～1.62	1.62～1.68	1.68

9.4　储罐基础的构造与材料

（1）钢筋混凝土环梁

当选用护坡式、外环墙式基础时，宜在储罐底面位置设置一道钢筋混凝土环梁。环梁的主要作用有：为罐底环形板和罐壁板下端提供一个安装支座，保证安装精度；调整地基不均匀沉降，保证储罐的垂直度和水平圆度；对于浮顶储罐，保证浮顶升降功能正常。环梁可采用矩形或正方形截面，宽度可按计算确定，且不宜小于 250mm。环梁高可同环梁宽。钢筋混凝土环梁的配筋可按构造要求配置。

（2）沥青砂绝缘层

储罐基础顶面应设置沥青砂绝缘层，主要目的是隔断毛细水、防止潮气以及砂石填料层中有害化学物质及杂散电流等对储罐底板的腐蚀；增加其下砂垫层的稳定性，减少渗透性；保证基础顶面设计要求的平整度和坡度，便于储罐底板的铺设和安装。沥青砂绝缘层的厚度宜为 80～150mm，应采用中砂配置且含泥量不大于 5%，中砂与石油沥青的重量配合比宜为 93∶7，压实系数不应小于 0.95；基础表面的沥青砂绝缘层在任意方向上不应有凸起的棱角，从中心点向周边拉线测量基础表面凹凸度不应超过 25mm。

（3）砂垫层

沥青砂绝缘层下应铺设中粗砂垫层，其主要作用是承受上部储罐及罐液荷载和地震作用并将其传给地基，使压力分布均匀，调整和减少地基的不均匀沉降。当其厚度不小于 300mm 时，还可以防止毛细水的渗入；当底板泄漏时，也可作为漏油信号的通道。砂垫层宜采用中、粗砂，也可采用最大粒径不大于 20mm 的砂石混合料，不得含有草根等有机杂质，含泥量不得大于 5%，不得采用粉砂和冰结砂。砂垫层的厚度不宜小于 300mm，压实系数不应小于 0.96。在湿陷性黄土地基上建储罐时，可改用灰土垫层。

（4）填料层

填料层的回填土宜采用黏性土，不得采用淤泥、膨胀土、冻土以及有机杂质含量超过 5%的土料。回填土层的压实系数不应小于 0.96。

（5）封口

储罐底板外周边应封口，主要是为了防止雨水渗入腐蚀储罐底板。封口应具有防水性、耐候性、黏结性和可挠性，以适应罐底板变形，并且封口应在储罐充水试压完毕和罐体未保温前进行。

（6）护坡

护坡式基础的护坡坡度宜为 1∶1.5，当采用混凝土或碎石灌浆护坡时，护坡厚度不宜小于 100mm；当采用浆砌毛石护坡时，护坡厚度不应小于 200mm。因为储罐充水预压时会产生大量的沉降，为了避免护坡开裂，无论采用何种结构形式的护坡，均应在储罐充水试压后进行施工。

（7）泄漏孔

储罐基础应设泄漏孔，以防万一罐底漏油时，漏油将沿泄漏孔流出，安检人员能及时发现并采取相应措施。泄漏孔应沿储罐周均匀设置，间距宜为 10～15m，孔径宜为 50mm（可埋设 D50 钢管）。泄漏孔进口处宜与砂垫层底标高相同，并以不小于 5%的坡度坡向环墙外侧，进口处应设置由砾石和粒径为 20～40mm 的卵石组成的反滤层和钢筋滤网（图 9-2～图

9-4)，出口处应高于设计地面。

(8) 环墙式基础埋深

除基岩地基外，环墙式基础的埋深（以沉降基本稳定为准）不宜小于 600mm，在地震区，当地基土有液化可能时，埋深不宜小于 1000mm；在寒冷地区，储罐基础埋深宜满足冻土深度要求，否则需采取防冻胀措施。

(9) 钢筋混凝土环墙

钢筋混凝土环墙厚度不宜小于 250mm，环墙顶面应在罐内壁向中心 20mm 处做成 1：2 的坡度，储罐内壁至环墙外缘尺寸不宜小于 100mm（图 9-7）。

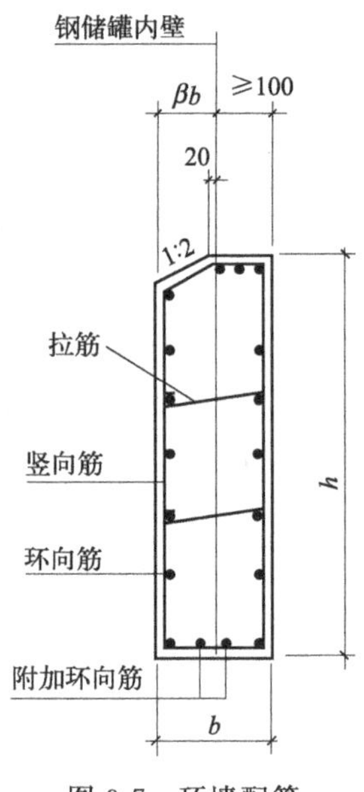

图 9-7　环墙配筋

钢筋混凝土环墙顶面上宜设置 20～30mm 厚的 1：2 水泥砂浆或 50mm 厚的 C30 细混凝土找平层；环墙顶面的水平度在表面任意 10m 弧长上不应超过±3.5mm，在整个圆周上，从平均的标高计算不应超过±6.5mm。

钢筋混凝土环墙不宜开缺口，当罐体安装要求必须留施工口时，环向钢筋应错开截断，待罐体安装结束后，应采用比环墙混凝土强度等级高一级的微膨胀混凝土立即将缺口堵实，钢筋应采用焊接。

储罐基础环墙的混凝土等级不应小于 C25，环向钢筋宜采用 HRB335 级或 HRB400 级钢筋，竖向钢筋宜采用 HPB235 级或 HRB335 级钢筋。

钢筋混凝土环墙的环向受力钢筋的混凝土保护层最小厚度不应小于 40mm。环向受力钢筋的截面最小总配筋率不应小于 0.4%，且应按环墙的全截面面积计算。对于公称容积不小于 $10000m^3$ 或建在软土、软硬不一地基上的储罐，环墙顶端和底端宜各增加两根附加环向钢筋，其直径应与环墙的环向受力筋相同。环墙每侧竖向钢筋的最小配筋率不应小于 0.15%，钢筋直径宜为 12～18mm，间距宜为 150～200mm，竖向钢筋宜为封闭式(图 9-7)。

9.5　环墙基础设计

环墙基础（包括外环墙基础）设计的主要内容包括确定环墙的高度、宽度以及环墙的配筋。下面主要介绍现行国家行标（或国标）规范中环墙基础的计算方法。

9.5.1　环墙的高度

在确定环墙高度时，除了考虑输油工艺要求的最低标高以及考虑基础最终沉降量而采取的预抬高安装的高度以外，为了防止地面积水倒灌，在地基沉降稳定后，储罐基础顶面周边高出设计地面不宜小于 30cm（不包括考虑最终沉降量而预抬高的高度），另外，环墙的埋深还应满足规范规定的要求。

9.5.2　环墙的厚度

环墙的厚度与诸多因素有关，如储罐容积、储罐类型、地基土性质、环墙高度等。当储罐壁位于环墙顶面时，为了减少储罐基础的不均匀沉降，假定环墙底压强与环墙内侧同一深度地基土的压强相等（标准值），即 $p_1=p_2$（图 9-8），从而得到

$$\frac{\gamma_L h_L \beta b + g_k + \gamma_c h b}{b} = \gamma_L h_L + \gamma_m h \tag{9-9}$$

式中，b 为环墙厚度；g_k 为储罐底端传至环墙顶端的竖向线分布荷载标准值，kN/m，当为浮顶罐时，仅为罐壁的重量（当有保温层时，应包括保温层的荷载标准值），当为固定

顶罐（包括内浮顶罐）时，应为罐壁和罐顶的重量（当有保温层时，应包括保温层的荷载标准值）；β 为罐壁伸入环墙顶面宽度系数，可取 0.4～0.6；γ_c 为环墙的重度；γ_L 为储罐使用阶段储存介质的重度；γ_m 为环墙内各层材料的平均重度；h_L 为环墙顶面到罐内最高储液面的高度；h 为环墙高度。

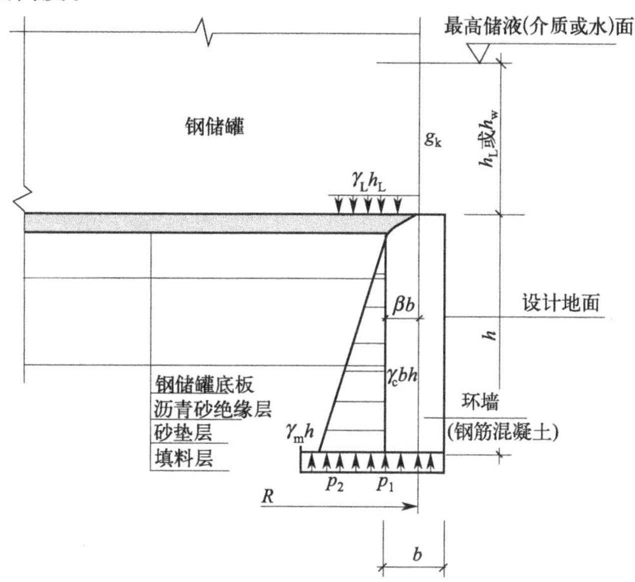

图 9-8　环墙设计示意图[2~3]

上式整理后可得到环墙式基础厚度的计算公式：

$$b=\frac{g_k}{(1-\beta)\gamma_L h_L-(\gamma_c-\gamma_m)h} \tag{9-10}$$

计算时，可先假定 β 值，按式(9-10) 求出 b 值，再根据 b 值适当调整 β 值；也可先假定 b 值求出 β 值。

9.5.3　环墙的内力计算

环墙除了承受罐壁等传来的竖向荷载作用外，还承受环墙内外侧侧压力以及环基内侧大面积储液产生的侧压力和环基底面基底反力的作用。目前环墙内力的计算公式很多，如根据朗肯主动土压力理论得到的计算公式、根据圆柱壳的有矩理论得到的计算公式、根据有限差分法计算等，不同计算公式得到的计算结果有较大差距。下面主要介绍目前工程设计中常用的计算公式，该公式是基于朗肯主动土压力理论建立的。

9.5.3.1　环墙式基础内力计算公式

如图 9-8 所示，环墙单位高度环向力设计值的计算如下。

① 充水试压时，计算表达式为

$$F_t=\left(\gamma_{Qw}\gamma_w h_w+\frac{1}{2}\gamma_{Qm}\gamma_m h\right)KR \tag{9-11}$$

式中，F_t 为环墙单位高度环向力设计值，kN/m；K 为侧压力系数，一般地基可取 0.33，软土地基可取 0.5；γ_{Qw}、γ_{Qm} 分别为水、环墙内各层材料自重分项系数，γ_{Qw} 可取 1.1，γ_{Qm} 可取 1.2；γ_w 为水的重度，kN/m^3；γ_m 为环墙内各层材料的平均重度，宜取 18kN/m^3；h_w 为环墙顶面至罐内最高储水面的高度，m；R 为环墙中心线半径，m。

② 正常使用时，计算表达式为

$$F_t=\left(\gamma_{QL}\gamma_L h_L+\frac{1}{2}\gamma_{Qm}\gamma_m h\right)KR \tag{9-12}$$

式中，γ_{QL} 为使用阶段储存介质分项系数，取 1.30；γ_L 为使用阶段储存介质的重度，kN/m^3；h_L 为环墙顶面至罐内最高储液面的高度，m。

9.5.3.2 外环墙式基础内力计算公式

当储罐壁位于环墙内侧一定距离（即外环墙式）时（图 9-9），外环墙单位高度环向力设计值的计算如下。

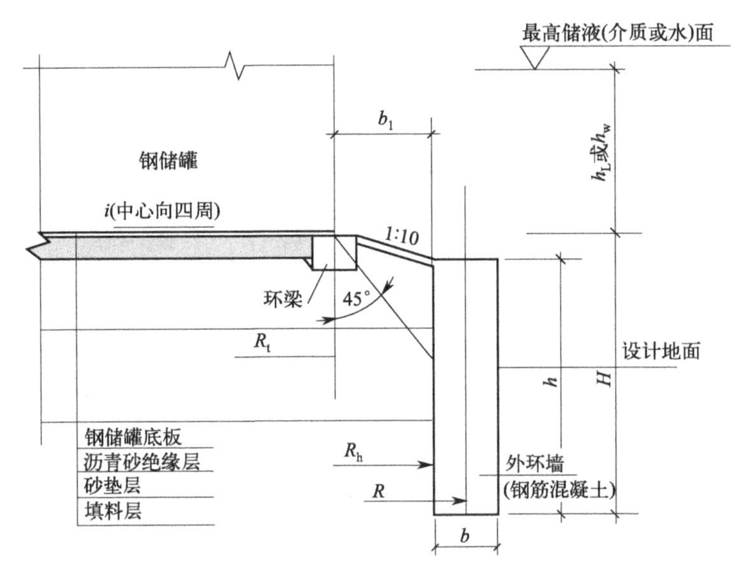

图 9-9 外环墙设计示意图[2~3]

(1) 当 $b_1 \leqslant H$ 时

① 在 45°扩散角以下的部分。

充水预压时：

$$F_{t0}=\left(\gamma_{Qw}\gamma_w h_w \frac{R_t^2}{R_h^2}+\frac{1}{2}\gamma_{Qm}\gamma_m H+\gamma \frac{g_k}{2b_1}\right)KR \tag{9-13a}$$

正常使用时：

$$F_{t0}=\left(\gamma_{QL}\gamma_L h_L \frac{R_t^2}{R_h^2}+\frac{1}{2}\gamma_{Qm}\gamma_m H+\gamma \frac{g_k}{2b_1}\right)KR \tag{9-13b}$$

② 在 45°扩散角以上的部分：

$$F_{t0}=\frac{1}{2}\gamma_{Qm}\gamma_m b_1 KR \tag{9-13c}$$

(2) 当 $b_1 > H$ 时

$$F_{t0}=\frac{1}{2}\gamma_{Qm}\gamma_m HKR \tag{9-13d}$$

式中，F_{t0} 为外环墙单位高度环向力设计值，kN/m；γ 为储罐自重分项系数，可取 1.2；b_1 为外环墙内侧至罐壁内侧距离，m；R_h 为外环墙内侧半径，m；R_t 为储罐底圈内半径，m；H 为罐底至外环墙底高度，m；R 为外环墙中心线半径，m。

9.5.4 环墙截面配筋计算

9.5.4.1 环墙式基础截面配筋计算

环墙单位高度环向钢筋的截面面积，可按下式计算：

$$A_s=\frac{\gamma_0 F_t}{f_y} \tag{9-14}$$

式中，F_t 为环墙单位高度环向力设计值，kN/m，取式(9-11) 和式(9-12) 的较大值；γ_0 为重要性系数，可取 1.0；A_s 为环墙单位高度环向钢筋的截面面积；f_y 为钢筋的抗拉强度设计值。

9.5.4.2　外环墙式基础截面配筋计算

外环墙单位高度环向钢筋的截面面积，可按下式计算：

$$A_{s0}=\frac{\gamma_0 F_{t0}}{f_y} \tag{9-15}$$

式中，F_{t0} 为外环墙单位高度环向力设计值，kN/m，当 $b_1 \leqslant H$ 时，在 45°扩散角以下的部分取式(9-13a) 和式(9-13b) 的较大值；A_{s0} 为外环墙单位高度环向钢筋的截面面积。

【例 9-1】 已知 30000m^3 浮顶储油罐，直径 $D=46$m，储罐内储存介质的高度 $h_L=15$m，取 $\beta=0.5$，设计环墙的高度 $h=2.5$m，储罐底端传至环墙顶端的竖向线分布荷载标准值（包括保温层）$g_k=14.0$kN/m，储罐使用阶段储存介质的重度 $\gamma_L=7.5$kN/m^3，环墙的重度 $\gamma_c=25$kN/m^3，环墙内各层材料的平均重度 $\gamma_m=18$kN/m^3。试确定环墙的厚度、正常使用时的环向力设计值。

【解】(1) 环墙的厚度

$$b=\frac{g_k}{(1-\beta)\gamma_L h_L-(\gamma_c-\gamma_m)h}$$

$$=\frac{14.0}{(1-0.5)\times 7.5\times 15-(25-18)\times 2.5}=\frac{14.0}{56.25-17.5}=0.361\ (\text{m})$$

取 $b=0.4$m。

(2) 正常使用时的环向力设计值

取 $K=0.33$，$R=23$m，则

$$F_t=\left(\gamma_{QL}\gamma_L h_L+\frac{1}{2}\gamma_{Qm}\gamma_m h\right)KR$$

$$=(1.3\times 7.5\times 15+\frac{1}{2}\times 1.2\times 18\times 2.5)\times 0.33\times 23=1314.97\ (\text{kN/m})$$

习　题

9-1　储罐基础有哪几种类型？各有何优缺点？

9-2　何种情况下储罐基础应做变形计算？如何计算？

9-3　如何确定环墙的厚度？

9-4　如何计算环墙的内力？

参 考 文 献

[1]　贾庆山．储罐基础工程手册．北京：中国石化出版社，2002.

[2]　徐至钧．大型储罐基础地基处理与工程实例．北京：中国标准出版社，2009.

[3]　中华人民共和国住房和城乡建设部．钢制储罐地基基础设计规范（GB 50473—2008）．北京：中国计划出版社，2009.

第 10 章

挡土墙设计

【学习指南】本章主要介绍挡土墙的类型及重力式、悬臂式和扶壁式挡土墙的设计原理。通过本章学习，应了解挡土墙的类型及适用条件，掌握不同类型挡土墙的计算方法及构造要求，主要包括挡土墙的抗滑移稳定性验算、抗倾覆稳定性验算、地基承载力验算和墙身强度验算等。

10.1 概述

挡土墙（或支挡结构）是用来支撑天然或人工填土边坡以保证土体稳定性的一种人工支挡结构物。目前，挡土墙已被广泛应用于土木工程的各个领域如建筑、公路、铁路、桥梁、水利、港湾等工程中。修建挡土墙的目的是为防止土体变形失稳，特别是随着大型土木工程及在地形复杂地区土木工程的大量兴建，挡土墙的设计越显重要，它直接影响工程的安全和造价。

挡土墙的设计内容主要包括：确定挡土墙的类型、材料、平面位置、长度、断面形式及尺寸（挡土墙的高度和宽度），挡土墙的稳定性验算（包括抗倾覆稳定性验算、抗滑移稳定性验算、整体滑动稳定性验算、地基承载力验算、墙身材料强度验算等），同时应满足相关的构造和措施要求。本章将着重介绍重力式、悬臂式和扶壁式挡土墙设计中的相关问题。

挡土墙各部分的名称如图 10-1(a) 所示。靠填土（或山体）一侧为墙背，外露一侧为墙

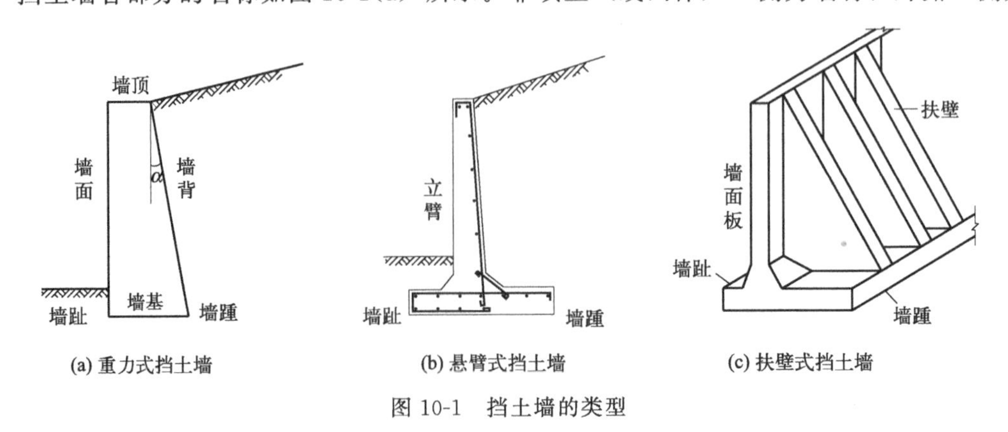

(a) 重力式挡土墙　(b) 悬臂式挡土墙　(c) 扶壁式挡土墙

图 10-1　挡土墙的类型

面（也称墙胸），墙面与墙底的交线为墙趾，墙背与墙底的交线为墙踵，墙背与铅垂线的交角为墙背倾角 α。

10.2　挡土墙的类型

支挡结构类型的划分方法较多，可按结构形式、建筑材料、施工方法及所处的环境条件等进行分类[1]。如按建筑材料可分为砖、石、钢、水泥土、混凝土、钢筋混凝土挡墙等；按所处环境条件可分为一般地区挡土墙、浸水地区挡土墙与地震地区挡土墙等；按断面的几何形状及其受力特点可分为重力式、半重力式、悬臂式、扶壁式、板桩式锚杆式、锚定板式、加筋土挡土墙和地下连续墙等；按墙体刚度和位移方式可分为刚性挡土墙（墙体在侧向土压力作用下仅发生整体平移或转动，墙身挠曲变形很小可忽略）、柔性挡土墙（墙身受土压力作用时发生挠曲变形，如板桩式挡墙）和临时支撑三类。重力式、悬臂式和扶壁式挡土墙（图 10-1）属于刚性挡墙。

10.2.1　重力式挡土墙

重力式挡土墙靠自身重量维持其在土压力作用下的稳定，是我国目前常用的一种挡土墙类型。重力式挡土墙一般用砖或片（块）石砌筑，在石料缺乏的地区也可用混凝土修建，并且一般不配钢筋或只在局部范围内配以少量的钢筋。该类挡墙常做成简单的梯形断面（图 10-2）。尽管重力式挡土墙的圬工量较大，但其形式简单，可就地取材，施工方便，经济效果好，适应性较强，故在我国土木工程各领域中得到广泛应用。

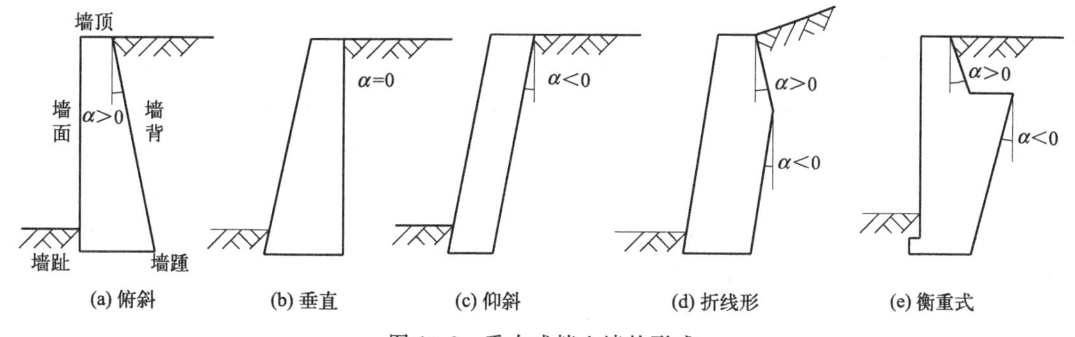

图 10-2　重力式挡土墙的形式

由于重力式挡土墙靠自重维持平衡稳定，且墙体本身的抗弯能力较差，因此，这类挡土墙的断面、体积和重量都偏大，在软弱地基上修建往往受到承载力的限制。另外，如果挡土墙太高，耗费材料多，也不经济。因此，重力式挡土墙一般适用于高度小于 8m、地层稳定、开挖土石方时不会危及相邻建筑物的地段[2]，对变形要求严格的边坡和开挖土石方危及边坡稳定的边坡不宜采用，开挖土石方危及相邻建筑物安全的边坡不应采用。当地基较好，挡土墙高度不大，本地又有可用石料时，应首选重力式挡土墙。

重力式挡土墙按墙背的坡度可分为俯斜[图 10-2(a)]、垂直[图 10-2(b)]和仰斜[图 10-2(c)]三种形式。墙背向外侧倾斜时，为俯斜墙背（$\alpha>0°$）；墙背铅垂时，为垂直墙背（$\alpha=0°$）；墙背向填土一侧倾斜时，为仰斜墙背（$\alpha<0°$）。如果墙背具有单一坡度，称为直线形墙背；若多于一个坡度，则称为折线形墙背[图 10-2(d)]。从受力角度考虑，仰斜式墙背承受的主动压力最小，墙身断面较为经济，设计时应优先采用。但当墙高 $H=8\sim12$m 时，宜用衡重式[图 10-2(e)]。衡重式挡土墙的主要稳定条件仍凭借墙身自重，但是衡重台上的填

土使得全墙重心后移，从而增加了墙身的稳定性，并且这种形式的挡墙墙面胸坡很陡，下墙的墙背仰斜，所以能在一定程度上减小墙体高度和开挖工作量，避免过分牵动山体的稳定，有时还可利用台后净空拦截落石，不过由于基底面积较小，对地基承载力要求较高，因此，衡重式挡土墙应设置在坚实的地基上。

10.2.2 悬臂式挡土墙

悬臂式挡土墙采用钢筋混凝土建造，由立臂、墙趾悬臂和墙踵悬臂[图 10-1(b)]三个悬臂板组成。这类挡土墙的稳定主要靠墙踵底板上的土重维持，墙体内的拉应力主要由钢筋承担。与重力式挡土墙相比，悬臂式挡土墙具有较好的抗弯和抗剪性能，能够承担较大的土压力，墙身断面可以做得较薄。因此，这类挡墙适用于墙高 6m 左右（一般不宜大于 6m）[3]，地基承载力较低或缺乏当地材料的地区以及比较重要的工程。另外，在市政工程以及厂矿储库中也广泛应用这类挡土墙。

10.2.3 扶壁式挡土墙

当墙身较高时，若采用悬臂式挡土墙，则立臂产生的挠度和下部承受的弯矩都较大，用钢量也增加，因此，为了增强悬臂式挡土墙中立臂的抗弯性能，常沿墙的纵向每隔一定距离（0.3～0.6）H 设一道扶壁[图 10-1(c)]，故称为扶壁式挡土墙。这类挡土墙的稳定主要靠扶壁间填土的土重维持，适用于石料缺乏地区或土质填方边坡，高度不宜超过 10m[3]，当墙高大于 6m 时，较悬臂式挡土墙经济。

总体来说，悬臂式和扶壁式挡土墙自重轻，圬工省，适用于墙高较大的情况，但需使用一定数量的钢材，经济效果相对较好。

10.2.4 板桩式挡土墙

板桩式挡土墙通过在桩间设置挡土板等结构来稳定土体，主要由桩、墙面板（挡土板）等部分组成。根据其结构形式，板桩式挡土墙可分为悬臂式、锚定式和内支撑式三类（图 10-3）。悬臂式板桩挡土墙的桩顶为自由端，它的稳定是靠桩底端有一定入土深度后的被动土压力。锚定式板桩挡土墙在桩顶附近加一道锚定拉杆，根据工程所处条件的不同，可以是锚杆，也可以是带有锚定板的拉杆，它的稳定一是靠桩底端有一定入土深度后的被动土压力，二是靠板桩顶附近使板桩保持垂直的锚定拉杆。板桩式挡土墙按板桩材料可分为钢板桩、钢筋混凝土板桩和木板桩，工程中一般采用钢板桩或钢筋混凝土板桩。板桩式挡土墙可用于永久性支挡也可作为临时性支撑，且适宜于承载力较低的软基。在具备施工机械的条件下，可以加快施工速度，降低工程造价。因此，此类挡墙在国内大型开挖工程如地下铁道明挖工程、高层建筑基础施工、岸壁码头、船坞防冲刷工程中得到广泛应用。

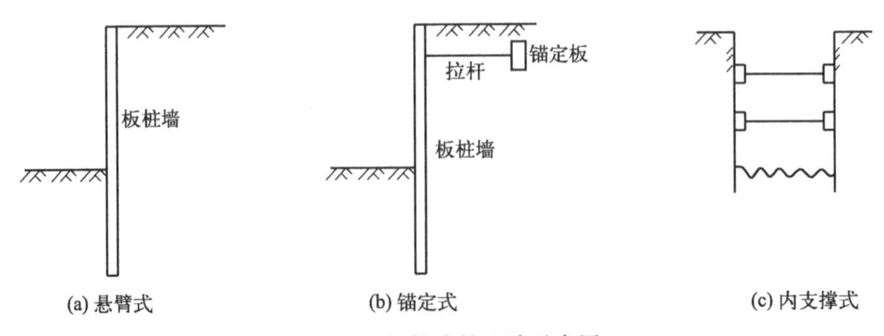

图 10-3 板桩式挡土墙示意图

一般悬臂式板桩挡土墙（板桩上部无支撑），适用于墙高较低的情况；而锚定式板桩挡土墙（板桩上部有支撑）应用比较广泛；内支撑板桩挡土墙多用于较小的开挖工程；木板桩多用于临时开挖的低墙；钢、钢筋混凝土板桩则应用于永久性工程。

10.2.5　锚定式挡土墙

锚定式挡土墙通常包括锚杆式和锚定板式两种。

锚杆式挡土墙主要由钢筋混凝土墙面（肋柱和面板）和水平或倾斜的锚杆组成，是一种适用于原状岩土层的轻型支挡结构，如图 10-4(a) 所示。锚杆的一端与肋柱连接，另一端被锚固在稳定的岩土层中。墙后侧压力由面板传给肋柱，再由肋柱传给锚杆使之受拉，如果锚杆的强度及锚杆与岩土层之间的锚固力（即锚杆的抗拔力）足够大，便可维持岩土层稳定。它适用于墙高较大、石料缺乏或挖基困难地区，具有锚固条件的路基挡土墙，一般多用于岩质路堑地段。锚杆式挡土墙的结构形式有肋柱式、板肋式、无肋柱式或格构式等[4]，可根据具体的地质条件和工程情况选用。

锚定板式挡土墙由墙面系（预制的钢筋混凝土肋柱和挡土板拼装或直接用钢筋混凝土板拼装）、钢拉杆、锚定板和填料共同组成，是一种适用于填土的轻型挡土结构，如图 10-4 (b) 所示。它主要依靠埋置在填料中的锚定板所提供的抗拔力维持墙体的稳定。锚定式挡土墙可采用肋柱式和无肋柱式结构，它主要适用于石料缺乏地区，一般地区路肩地段或路堤地段，不适用于路堑挡土墙。

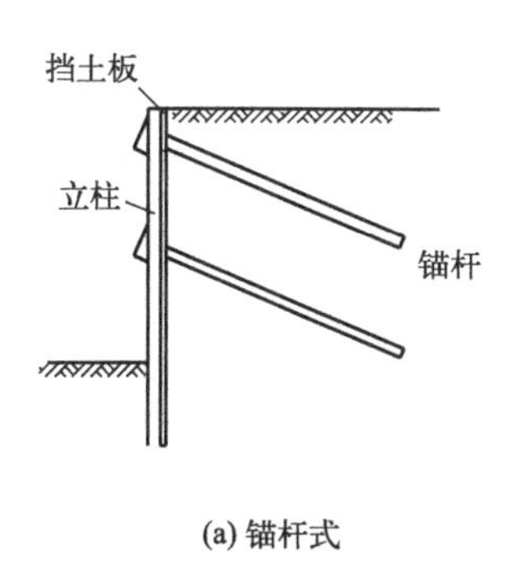

(a) 锚杆式

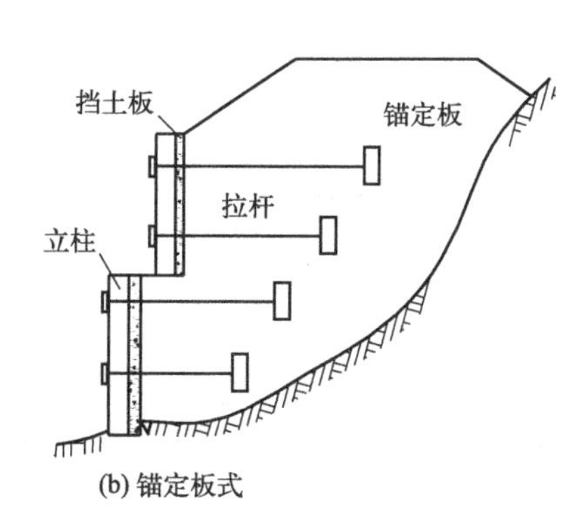

(b) 锚定板式

图 10-4　锚定式挡土墙

锚定式挡土墙的特点主要有构件断面小，工程量省，不受地基承载力的限制，构件可预制，有利于实现结构轻型化和施工机械化。

10.2.6　加筋土挡土墙

加筋土挡土墙由填土、拉筋及墙面板三部分组成（图 10-5）。在垂直于墙面的方向，按一定间隔和高度水平放置拉筋材料，然后填土压实，通过填土与拉筋之间的摩擦作用稳定土体。拉筋材料通常为镀锌薄钢带、钢筋混凝土带、聚丙烯土工带等。墙面板一般用混凝土预制，也可采用半圆形铝板。

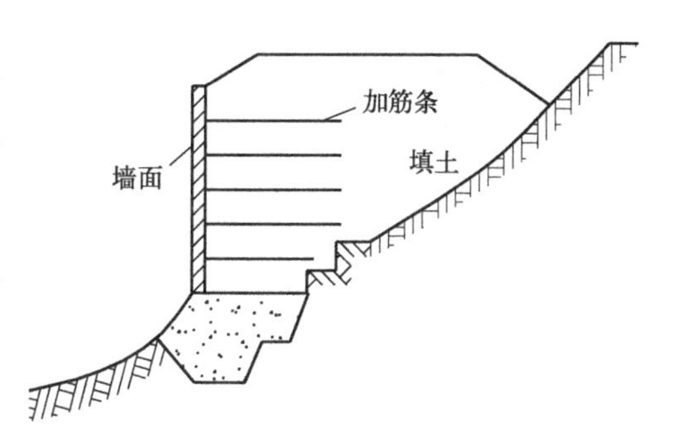

图 10-5　加筋土挡土墙

加筋土挡土墙属柔性结构，对地基变形适应性大，可以做得较高。它对地基承载力要求低，可在软弱地基上建造。另外，这类挡土墙结构简单，施工方便，占地面积小，造价较低，与其他类型的挡土墙相比，可节省投资 30%～70%，经济效益显著。

加筋土挡土墙一般适用于支挡填土工程，在公路、铁路、码头、煤矿等工程中应用较多，对于Ⅰ、Ⅱ级铁路可用于一般地区、地震区的路肩、路堤地段。在 8 度以上地区和具有强烈腐蚀的环境中不宜使用。

10.3 重力式挡土墙

10.3.1 重力式挡土墙的选型

一般的重力式挡土墙按墙背倾斜方向可分为仰斜、垂直和俯斜三种形式(图 10-2)。对这三种形式的挡土墙，采用相同的计算方法和指标进行分析，其主动土压力以仰斜墙最小，垂直墙居中，俯斜墙最大。因此，就墙背所受的土压力而言，仰斜式较为合理，设计时应优先考虑，其次是垂直式。

对于挖方而言，因为仰斜墙背可以和开挖的临时边坡紧密贴合，而俯斜式则必须在墙背回填土，因此仰斜比俯斜合理。对于填方而言，仰斜墙背填土的夯实较俯斜式困难，此时俯斜墙背与垂直墙背较为合理。

墙前地势较为平坦时，采用仰斜墙较为合理[图 10-6(a)]。墙前地势较陡时，采用垂直墙背较为合理[图 10-6(b)]。如采用仰斜墙背，墙面坡较缓，会使墙身加高，砌筑工程量增加[图 10-6(c)]，而采用俯斜墙背则会使墙背承受的土压力增大。

总之，选择墙背形式应根据使用要求、受力情况、地形地貌和施工条件综合考虑确定。

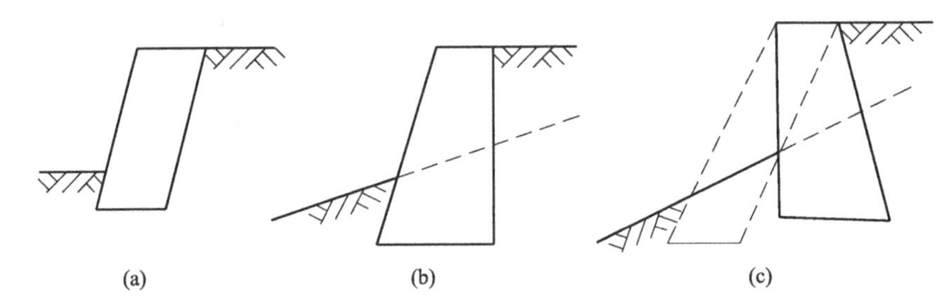

图 10-6 墙前地势对选型的影响

10.3.2 重力式挡土墙的构造

挡土墙的构造必须满足强度和稳定性的要求，同时应考虑就地取材、结构合理、断面经济、施工养护方便与安全等。

常用的重力式挡土墙一般由墙身、基础、排水设施和伸缩缝等部分组成。

10.3.2.1 墙身构造

(1) 挡土墙的高度

通常挡土墙的高度是由墙后被支挡的岩体呈水平时墙顶的高程要求确定的。有时对长度很大的挡土墙，也可使墙顶低于土体顶面并用斜坡连接，以节省工程量。另外，重力式挡土墙的高度一般小于 8m（对于高度大于 8m 的挡土墙，采用桩锚体系挡土结构，其稳定性、安全性和土地利用率等方面，较重力式挡土墙好，且造价较低）[2]；另外，《建筑边坡工程技术规范》(GB 50330—2013) 规定：采用重力式挡墙时，土质边坡高度不宜大于 10m，岩质边坡高度不宜大于 12m。

(2) 墙背坡度

重力式挡土墙墙背坡度应根据地质地形条件、墙体稳定性及施工条件确定。仰斜式挡土墙墙背坡度一般不宜缓于 1∶0.25（高宽比)，为了方便施工，墙面宜尽量与墙背平行[图 10-7(a)]。

在地面横坡陡峻时，俯斜式挡土墙可采用陡直墙面，以减小墙高。墙背也可做成台阶形，以增加墙背与填料间的摩擦力。

衡重式挡土墙在上下墙之间设衡重台，并采用陡直墙面[图 10-7(b)]。上墙俯斜墙背的坡度多采用 1∶0.25～1∶0.45，下墙仰斜墙背的坡度在 1∶0.25 左右，上下墙的墙高比一般采用 2∶3。

(3) 墙面坡度

墙面坡度应根据墙前地面坡度确定。对于墙前地面坡度较陡时，墙面坡度取 1∶0.05～1∶0.2[图 10-7(c)]；矮墙可采用陡直墙面；当墙前地面坡度平缓时，墙面坡度取 1∶0.2～1∶0.35 较为经济；垂直式挡土墙墙面坡度不宜缓于 1∶0.4，以减少墙体材料。

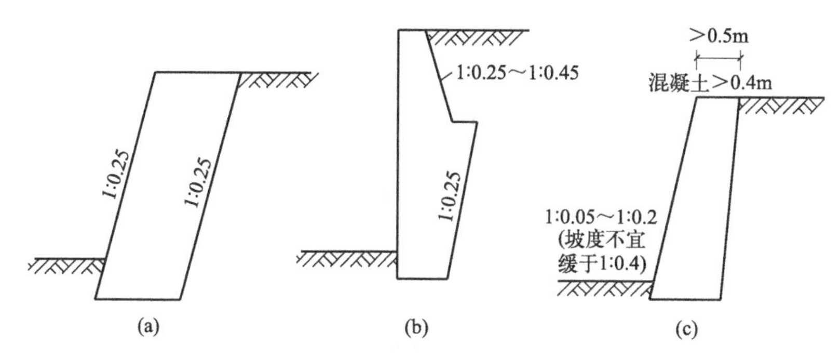

图 10-7　重力式挡土墙墙身构造尺寸

(4) 墙顶、墙底最小宽度

重力式挡土墙自身尺寸较大，块石或条石挡墙的墙顶宽度不宜小于 400mm，毛石混凝土、素混凝土挡土墙墙顶宽度不宜小于 200mm[2～3]。另外，《公路路基设计规范》(JTG D30—2015) 规定：对于浆砌片石挡墙的墙顶宽度不应小于 500mm，干砌片石挡土墙不应小于 600m，当墙身为混凝土浇筑时，不应小于 400mm[4]。

重力式挡土墙底宽由地基承载力和整体稳定性确定。初定挡土墙底宽为 (1/3～1/2) H，挡土墙底面为卵石、碎石时取最小值，墙底为黏性土时取高值。在选定了墙高、墙背及坡度、墙顶宽度，初定墙底宽度后，最终墙底宽度应根据计算确定。

(5) 墙身材料

块石、条石应经过挑选，在力学性质、颗粒大小和新鲜程度等方面要求一致，强度等级应不低于 MU30，不应有过分破碎、风化外壳或严重的裂缝。混凝土的强度等级应不低于 C15。

挡土墙应采用水泥砂浆，只有在特殊条件下才采用水泥石灰砂浆、水泥黏土砂浆和石灰砂浆等。在选择砂浆强度等级时，除应满足墙身强度所需的砂浆强度等级外，砂浆强度等级不应低于 M5.0，在 9 度地震区，砂浆强度等级应比计算结果提高一级。

(6) 护栏

为保证交通及挡土墙附属建筑物环境的安全，在地形险峻地段或高度、长度较大的路肩墙的墙顶应设置护栏。对于护栏内侧边缘距路面边缘的最小宽度，二级、三级公路不小于 0.75m，四级公路不小于 0.5m。

10.3.2.2　基础

(1) 基础类型

绝大多数挡土墙都直接修筑在天然地基上。当地基承载力不足、地形平坦而墙身较高时，为了减小基底压力、增加抗倾覆稳定性，常采用扩大基础（即用加设墙趾台阶的方法来解决）以加大承压面积[图 10-8(a)]。加宽宽度视基底压力需要减小的程度和加宽后合力偏心距的大小而定，一般不小于 200mm。台阶高度按加宽部分的抗剪、抗弯和基础材料刚性

角 β（浆砌片石 $\beta\leqslant35°$，混凝土 $\beta\leqslant45°$）确定。此外，基底合力的偏心距，对于土质地基不应大于 $b/6$（b 为基底宽度，倾斜基底为其斜宽）；对于岩质地基不应大于 $b/4$。

当基底压力超过地基承载力过多时，需要的加宽值较大，为避免加宽部分的台阶过高可采用钢筋混凝土底板[图 10-8(b)]，其厚度由剪力和主拉应力控制。

地基为软弱土层（如淤泥、软黏土等）时，可采用砂砾、碎石、矿渣或灰土等材料换填，以扩散基底压力，使之均匀地传递到下卧土层中[图 10-8(c)]。一般换填深度 h_2 与基础埋置深度 h_1 之和不宜超过 5m。

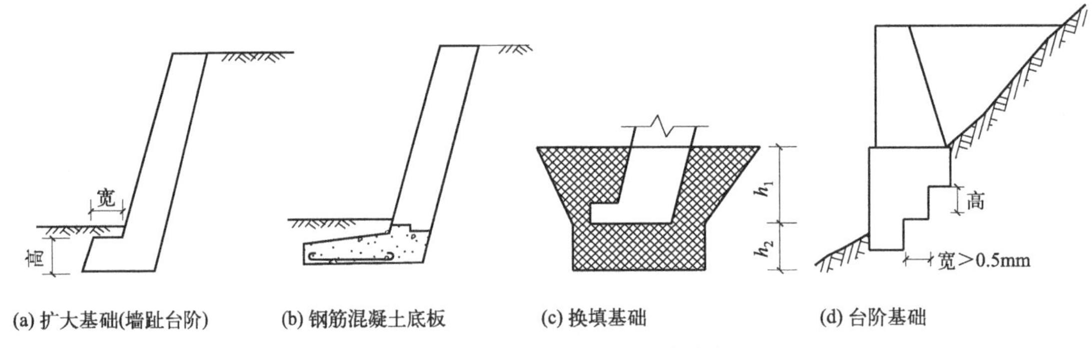

图 10-8　重力式挡土墙的基础形式

当挡土墙修筑在陡坡上，而且地基为完整、稳固、对基础不产生侧压力的坚硬岩石时，可设置台阶基础[图 10-8(d)]，以减少基坑开挖和节省圬工。分台高一般在 1m 左右，台宽视地形和地质情况而定，不宜小于 0.5m，高宽比不宜大于 2∶1。最下一个台阶的底宽应满足偏心距的有关规定，不宜小于 1.5～2.0m。

如地基有短段缺口（如深沟等）或挖基困难（如需水下施工等），可采用拱形基础、桩基础或沉井基础。

(2) 基底逆坡

在墙体稳定验算中，倾覆稳定较易满足，而抗滑移稳定较难满足。为了增加墙身的抗滑移稳定性，重力式挡土墙可在基底设置逆坡（图 10-9）。对于土质地基，基底逆坡坡度不宜大于 1∶10；对于岩质地基，基底逆坡坡度不宜大于 1∶5。由于基底倾斜，会使基底承载力减少，因此需将地基承载力特征值折减。当基底逆坡为 1∶10 时，折减系数为 0.9；当基底逆坡为 1∶5 时，折减系数为 0.8。

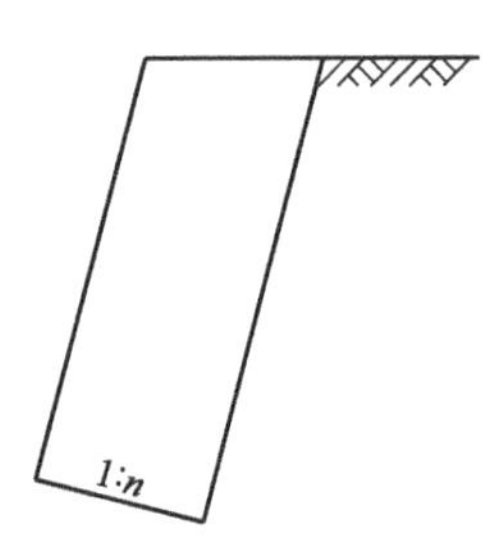

图 10-9　墙底逆坡坡度

(3) 基础埋置深度[2～5]

重力式挡土墙的基础埋置深度，应根据持力层和软弱下卧层的地基承载力、地基稳定性、冻结深度、水流冲刷情况和岩石风化程度等因素确定。在特强冻胀、强冻胀地区应考虑冻胀的影响。在土质地基中，基础最小埋深不宜小于 0.5m，在岩质地基中，基础最小埋深不宜小于 0.3m；基础埋置深度应从坡脚排水沟底算起；受水流冲刷时，埋深应从预计冲刷底面算起[2～3]。另外，公路、铁路相关规范规定[4～5]：基础埋深一般情况下不应小于 1m；当受水流冲刷时，基底应置于局部冲刷线以下不小于 1m；当地基受冻胀影响时，基底应在冻结线以下不小于 0.25m，且最小埋置深度不小于 1m，但当冻深超过 1m 时，不应小于 1.25m，还应将基底至冻结线下 0.25m 深度范围内的地基土换填为非冻胀土或采取其他措施；路堑挡土墙基底在路肩以下不应小于 1m，并低于边沟砌体底面不小于 0.2m。

基础位于稳定斜坡地面上时，前趾埋入深度和距地表的水平距离应满足表 10-1 或表 10-

2 的要求。当基底纵向大于 5%时，基底应做成台阶形[4~5]。

表 10-1　斜坡地面墙趾最小埋深和距斜坡地面的最小水平距离

岩基层种类	最小埋入深度 h/m	距斜坡地面的最小水平距离 L/m	嵌入岩坡示意图
硬质岩石	0.6	0.6～1.5	
软质岩石	1.0	1.5～3.0	
土质	≥1.0	3.0	

注：本表依据的是《建筑边坡工程技术规范》(GB 50330—2013) 的规定。

表 10-2　斜坡地面墙趾埋深和距地面的水平距离

岩基层种类	墙趾最小埋入深度/m	距地面的水平距离/m
硬质岩石	0.6	≥1.5
软质岩石	1.0	≥2.0
土层	≥1.0	≥2.5

注：本表依据的是《公路路基设计规范》(JTG D30—2015) 和《铁路路基支挡结构设计规范》(TB 10025—2019) 的规定。

10.3.2.3　沉降缝与伸缩缝

由于墙后土压力及地基压缩性的差异，为防止因地基不均匀沉降而导致墙身开裂，应根据地基、墙高、墙身断面的变化情况设置沉降缝。为了防止圬工砌体因收缩硬化和温度变化产生过大拉应力而使墙体拉裂，应设置伸缩缝。设计时，一般将沉降缝与伸缩缝合并设置。

重力式挡土墙的伸缩缝间距，对条石、块石挡土墙沿路线方向每隔 20～25m 设置一道 (图 10-10)，对素混凝土挡土墙每隔 10～15m 设置一道。在地基性状和挡土墙高度变化处应设沉降缝，缝宽应采用 20～30mm，缝内一般用胶泥填塞，但在渗水量较大而填料又易流失或冻害严重的地区，缝内沿墙的前、后、顶三边宜填塞沥青麻筋或其他有弹性的防水材料，塞入深度不小于 150mm[3]。在挡土墙拐角处，应适当加强构造措施。

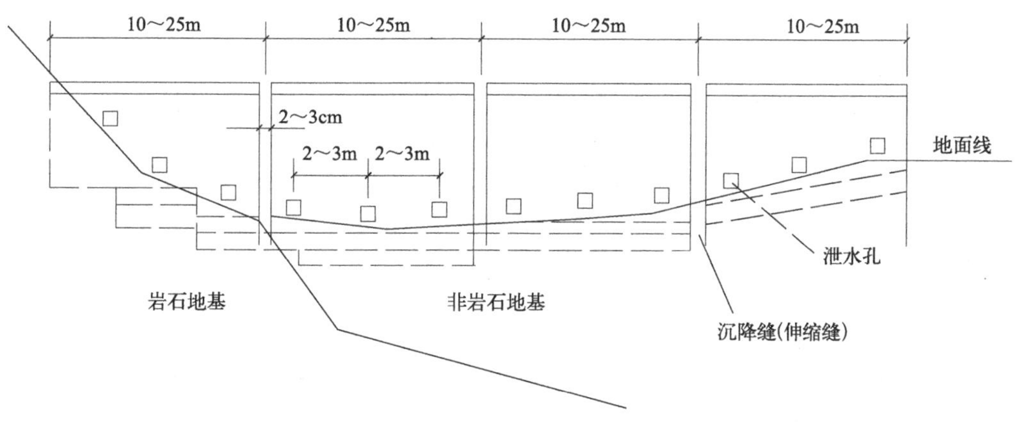

图 10-10　挡土墙正面示意图

10.3.2.4　排水设施

重力式挡土墙建成使用期间，如有大量流水渗入墙后土体中，不仅使土体的含水量增加、抗剪强度降低，还会导致墙体承受的侧压力增大，影响挡土墙的稳定性，甚至造成挡墙倒塌，因此，设计挡土墙时必须考虑排水问题，采取一定的排水措施以便及时疏干墙后土体、防止由于墙后积水而使墙身承受额外的静水压力。排水设施主要有如下几种。

（1）截水沟

凡墙后有较大的面积或山坡，则应在填土顶面、离挡土墙适当的距离设截水沟，截住地表水。截水沟的剖面尺寸应根据暴雨集水面积计算确定，并应采用混凝土衬砌。截水沟纵向设适当坡度，出口应远离挡土墙[图 10-11(a)]。

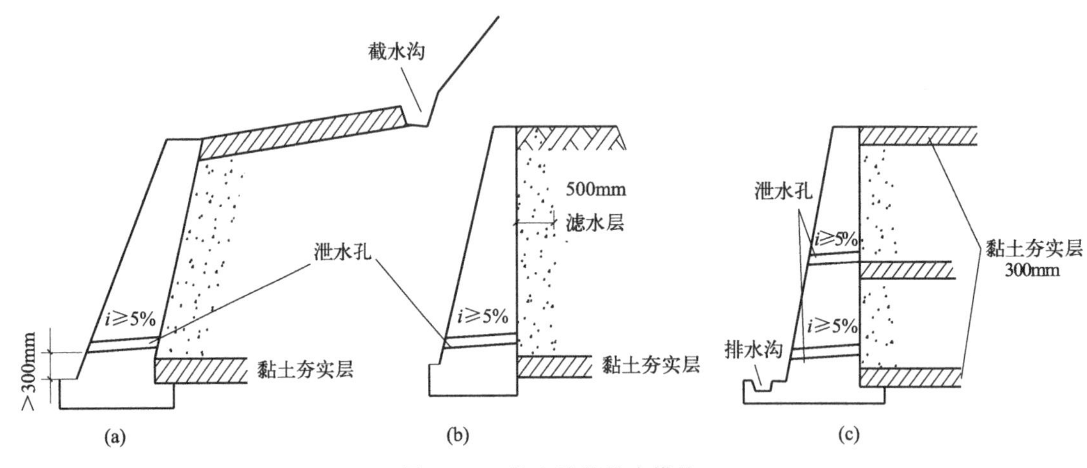

图 10-11　挡土墙的排水措施

（2）泄水孔

对于可以向坡外排水的挡土墙，通常在墙体上布置适当数量的泄水孔（图 10-11）。沿墙高和长度方向按上下、左右每隔 2～3m 交错设置，泄水孔一般用 50mm×100mm、100mm×100mm、150mm×200mm 的矩形孔或直径为 50～100mm 的圆孔。孔眼上下错开布置，最下一排出水口应高于地面或排水沟设计水位顶面 0.2m[3]，在浸水地区挡土墙的最下一排泄水孔在常水位以上 0.3m，以免倒灌。泄水孔向外倾斜坡度不宜小于 5%[3]。

（3）黏土夯实隔水层

在墙后地面、墙前地面、泄水孔进水口的底部都应铺设 300mm 厚的黏土夯实隔水层（图 10-11），防止积水下渗不利于墙体稳定。

（4）反滤层、散水和排水沟

泄水孔的进水一侧应设反滤层（滤水层），以免泥砂淤塞。反滤层材料应优先采用土工合成材料、无砂混凝土块或其他新型材料，也可用易渗水的粗粒材料（卵石、碎石、块石等）覆盖[图 10-11(b)]。墙前亦应做散水、排水沟，避免墙前水渗入地基[图 10-11(c)]。对不能向坡外排水的边坡应在墙背填土体中设置足够的排水暗沟。为防止地下水浸入，在填土层下修建盲沟及集水管，以收集和排出地下水。

10.3.2.5　防水层

一般情况下挡土墙背可不设防水层，但片石砌筑挡土墙需用比砌墙身高一级但不小于 M5 的水泥砂浆拘平缝。为防止水渗入墙身形成冻害及水对墙身的腐蚀，在严寒地区或有浸蚀水作用时，常在临水面涂以防水层：

① 石砌挡土墙，先抹一层 M5 水泥砂浆（2cm 厚），再涂以热沥青（2～3mm）；

② 混凝土挡土墙，涂抹两层热沥青（厚 2～3mm）；

③ 钢筋混凝土挡土墙，常用石棉沥青及沥青浸制麻布各两层防护，或加厚混凝土保护层。

10.3.2.6　墙后填土的选择

根据重力式挡土墙稳定验算及提高稳定性措施的分析，希望作用在墙上的土压力数值越小越好，因为土压力小不仅有利于挡土墙的稳定性，还可以减小墙体断面尺寸、节省工程量并降低造价。主动土压力的大小主要与墙后填土的性质有关，因此，应合理选择墙后的填土。

① 回填土应尽量选择透水性较大的砂土、砂砾、砾石、碎石等，因为这类土的抗剪强度稳定，易于排水。在季节性冻土地区，应选择炉渣、碎石、粗砂等非冻胀性填料。

② 当采用黏土、粉质黏土作填料时，其含水量应接近最优含水量，并宜掺入适量的碎石，以利于夯实和提高其抗剪强度。对于重要的、高度较大的挡土墙，不宜采用黏性填土。

③ 不能采用软黏土、成块的硬黏土、膨胀土、耕植土和淤泥土作为回填土。因为这类土在地下水交替作用下抗剪强度不稳定，且干缩湿胀，这种交错变化往往使挡土墙产生比理论计算大许多倍的侧压力，对墙体的稳定产生不利影响，可能导致挡土墙外移，甚至发生事故。

填土的压实质量是重力式挡土墙施工中的关键问题，填土时应注意分层夯实。

10.3.2.7 挡土墙的砌筑方法与质量

条石挡土墙多采用一顺一丁的砌筑方法，上下错缝，也有少数采用全顺全顶相互交替的做法。毛石挡土墙，应尽量采用石块自然形状，保证各轮顶顺交替、上下错缝地砌筑。砌料应紧靠基坑侧壁，并与岩层结成整体，待砌浆强度达到 70%以上时，方可进行墙后填土。在松散坡基层地段修筑挡土墙，不宜整段开挖，以免在墙完工前，土体滑下；宜采用跳槽间隔分段开挖方式，施工前应先做好地面排水。

应重视墙体砌筑质量，严格保证砂浆水灰比符合要求、填缝紧密、灰浆饱满，确保每一块石料安稳砌正，墙体稳固，挡土墙基础若置于岩层上，应将岩层表面风化部分清除。

10.3.3 重力式挡土墙的计算

重力式挡土墙计算时按平面应变问题考虑，一般沿墙延伸方向截取单位长度进行计算。计算内容主要包括：侧向岩土压力计算（岩土压力、水压力）、抗滑移稳定性验算、抗倾覆稳定性验算、整体滑动稳定性验算、地基承载力验算以及墙身强度验算。其中，侧向岩土压力分为静止岩土压力、主动岩土压力和被动岩土压力。侧向岩土压力的计算参看文献 [3]；作用在墙背上的侧向土压力，可按库仑理论计算；挡墙背垂直、光滑、土体表面水平时，也可按朗肯理论计算；当挡土墙后破裂面以内有较陡的稳定岩石坡面时，应视有限范围填土情况计算主动土压力；当地下水形成渗流时，尚应计算动水压力作用[3]。另外，当墙背俯斜度较大、土体中出现第二破裂面时，应按第二破裂面法计算土压力（参见 10.4.2.2）[5]。

10.3.3.1 挡土墙抗滑移稳定性验算

在土压力的作用下，挡土墙可能沿基础底面发生滑动。图 10-12 所示为一基底倾斜的挡土墙，在挡土墙上作用有自重 G 和主动土压力合力 E_a，现将其分别分解为平行及垂直于基底的分力 G_τ、G_n、$E_{a\tau}$ 和 E_{an}。要保证挡土墙在土压力作用下不发生滑动，且有足够的安全储备，抗滑安全系数 K_s（抗滑力与滑动力之比）应满足下式要求：

$$K_s=\frac{(G_n+E_{an})\mu}{E_{a\tau}-G_\tau}\geqslant 1.3 \tag{10-1}$$

$$G_n=G\cos\alpha_0$$

$$G_\tau=G\sin\alpha_0$$

$$E_{an}=E_a\cos(\alpha-\alpha_0-\delta)$$

$$E_{a\tau}=E_a\sin(\alpha-\alpha_0-\delta)$$

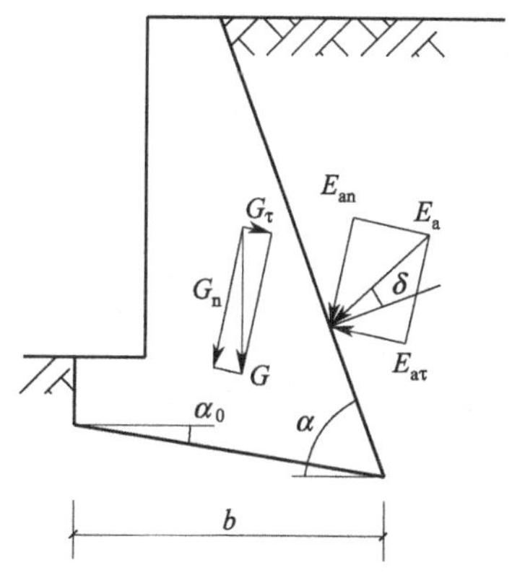

图 10-12 挡土墙抗滑移稳定验算

式中，G 为挡土墙每延米自重；α_0 为挡土墙基底与水平面的夹角；α 为挡土墙墙背与水平面的夹角；δ 为土对挡土墙墙背的摩擦角，可按表 10-3 选用；μ 为土对挡土墙基底的摩擦系数，宜由试验确定，也可按表 10-4 选用；E_a 为挡土墙每延米主动土压力。

表 10-3　土对挡土墙墙背的摩擦角 δ

挡土墙情况	摩擦角 δ/(°)	挡土墙情况	摩擦角 δ/(°)
墙背平滑，排水不良	$(0\sim0.33)\varphi$	墙背很粗糙，排水良好	$(0.50\sim0.67)\varphi$
墙背粗糙，排水良好	$(0.33\sim0.50)\varphi$	墙背与填土间不可能滑动	$(0.67\sim1.00)\varphi$

注：1. 本表依据的是《建筑边坡工程技术规范》（GB 50330—2013）的规定。

2. φ 为墙背填土的内摩擦角。

表 10-4　岩土与挡土墙底面的摩擦系数 μ

岩土的类别		摩擦系数 μ	土的类别	摩擦系数 μ
黏性土	可塑	0.20～0.25	中砂、粗砂、砾砂	0.35～0.40
	硬塑	0.25～0.30	碎石土	0.40～0.50
	坚硬	0.30～0.40	极软岩、软岩、较软岩	0.40～0.60
粉土		0.25～0.35	表面粗糙的坚硬、较硬岩	0.65～0.75

注：本表依据的是《建筑边坡工程技术规范》（GB 50330—2013）的规定。

当挡土墙抗滑稳定性不满足要求时，可采取以下措施处理。

① 增大挡土墙断面尺寸，以加大 G 值，但工程量也会相应增大。

② 墙基底面换成砂、石垫层，以提高 μ 值。

③ 墙底做成逆坡[图 10-13(a)]，以便利用滑动面上部分反力来抗滑，这是比较经济而有效的措施。

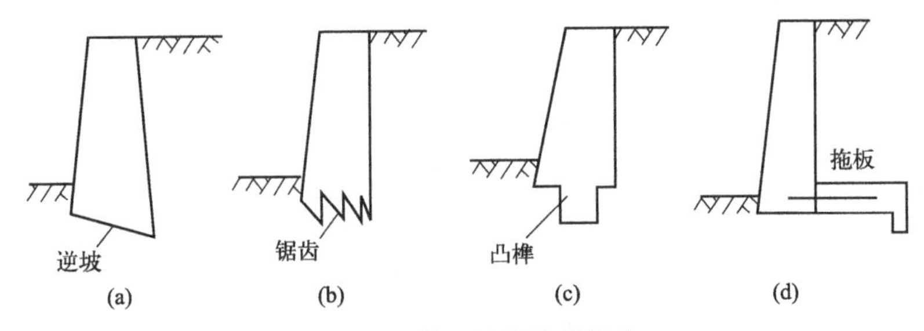

图 10-13　挡土墙抗滑移措施

④ 将基础底面做成锯齿状[图 10-13(b)]或在墙底做凸榫[图 10-13(c)]，以增加抗滑移能力。

⑤在软土地基上，其他方法无效或不经济时，可在墙踵后加拖板[图 10-13(d)]，利用拖板上的土重来抗滑。拖板与挡土墙之间应用钢筋连接，但钢筋易生锈，必须做好防锈处理。

10.3.3.2　挡土墙抗倾覆稳定性验算

从挡土墙破坏的宏观调查来看，其破坏大部分是倾覆。图 10-14 为一基底倾斜的挡土墙受力图，设在挡土墙自重 G 和主动土压力合力 E_a 作用下，可能绕墙趾倾覆，抗倾覆力矩与倾覆力矩之比为抗倾覆安全系数 K_t，K_t 应符合下式要求：

$$K_t=\frac{Gx_0+E_{az}x_f}{E_{ax}z_f}\geqslant1.6 \tag{10-2}$$

$$E_{ax}=E_a\sin(\alpha-\delta)$$

$$E_{az}=E_a\cos(\alpha-\delta)$$

$$z_f = z - b\tan\alpha_0$$
$$x_f = b - z\cot\alpha$$

式中，E_{ax}、E_{az} 分别为主动土压力 E_a 的水平和垂直分量。G 为挡土墙每延米自重；x_0 为挡土墙重心离墙趾的水平距离；x_f 为主动土压力合力的竖向分力 E_{az} 距墙趾的水平距离；z_f 为主动土压力合力作用点距墙趾的高度；α_0 为挡土墙底面与水平面的夹角；α 为挡土墙的墙背与水平面的夹角；δ 为主动土压力合力与墙背法线的夹角；b 为基底的水平投影宽度；z 为土压力作用点离墙踵的高度。

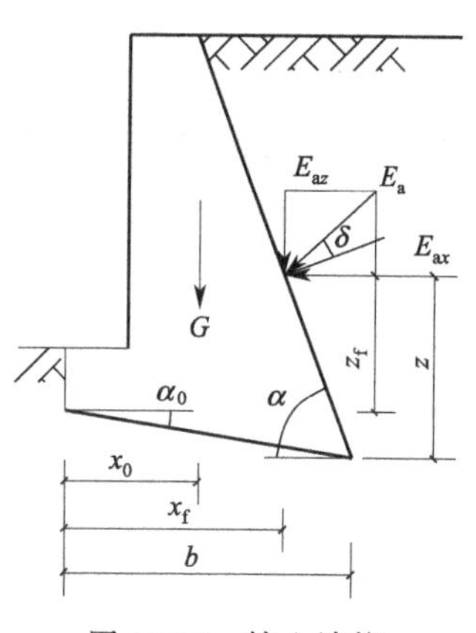

图 10-14　挡土墙抗倾覆验算示意图

对于建在软弱地基上的挡土墙，在倾覆力矩作用下墙趾底面地基可能产生局部冲切破坏，地基反力合力作用点内移，导致抗倾覆安全系数降低，有时甚至会沿圆弧滑动而发生整体破坏，因此验算时应注意土的压缩性。

若验算结果不能满足式(10-2) 要求时，可采取下列措施加以解决。

① 增大挡土墙断面尺寸和减小墙面坡度，这样增大 G 及力臂，抗倾覆力矩增大，但工程量也相应增大，且墙面坡度受地形条件限制。

② 加长加高墙趾，x_0 增大，抗倾覆力矩增大，但墙趾过长，会导致墙趾端部弯矩、剪力较大，易产生拉裂、拉断或剪切破坏，需要配置钢筋。

③ 将墙背做成仰斜式，以减少侧向土压力。仰斜式一般用于挖方护坡，若为填方护坡，采用仰斜式会给施工带来不便。

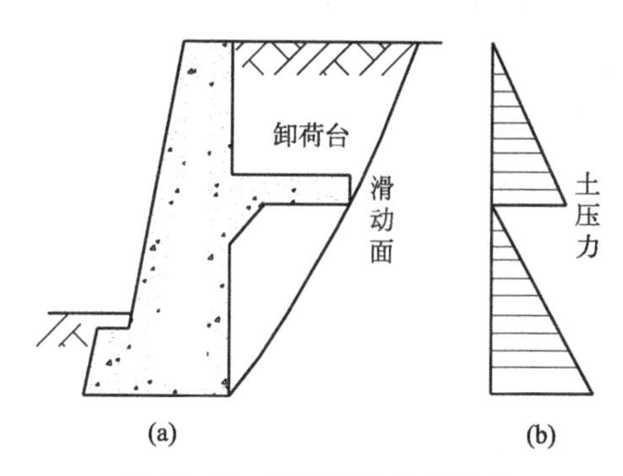

图 10-15　有卸荷台的挡土墙

④ 改变墙背做法，如在直立墙背上做卸荷台[图 10-15(a)]。由于卸荷台以上土体的作用增加了挡土墙的自重，使得抗倾覆力矩增大，同时还减小了侧向土压力使倾覆力矩降低[图 10-15(b)]，所以，设置卸荷台可增加墙体的抗倾覆稳定性。卸荷台适用于钢筋混凝土挡土墙，不宜于浆砌石挡土墙。

10.3.3.3　挡土墙地基承载力验算

重力式挡土墙的地基承载力验算与浅基础的地基承载力验算基本相同，除应满足 2.5.3 节（持力层、软弱下卧层及地震区地基承载力验算）中的要求外，基底的合力偏心距不应大于 0.25 倍的基础宽度[2]。

如图 10-16(a) 所示，垂直作用于基底的合力为

$$E_n = E\cos(\alpha - \alpha_0 - \theta - \delta)$$
$$E = \sqrt{G^2 + E_a^2 + 2GE_a\cos(\alpha - \delta)}$$
$$\tan\theta = \frac{G\sin(\alpha - \delta)}{E_a + G\cos(\alpha - \delta)\delta} \tag{10-3a}$$

式中，E 为挡土墙重力 G 与土压力 E_a 的合力；θ 为 E_a 与 E 之间的夹角；其他符号意义同式(10-2)。

由合力力矩与各分力力矩之和相等可知，垂直基底合力对墙趾 O 的力臂 c 为

$$c=\frac{Gx_0+E_{az}x_f-E_{ax}z_f}{E_n} \tag{10-3b}$$

则作用于基底的合力偏心距 e[图 10-16(b)]为

$$e=\frac{b'}{2}-c \tag{10-3c}$$

$$b'=\frac{b}{\cos\alpha_0} \tag{10-3d}$$

基底压力分布如图 10-16(b) 所示：当 $e\leqslant b'/6$ 时为梯形或三角形分布；当 $e>b'/6$ 时为三角形分布，此时 $p_{kmax}=\frac{2E_n}{3c}$。当地基承载力不满足要求时，可通过设置墙趾台阶等方法增大基底面积以满足要求。

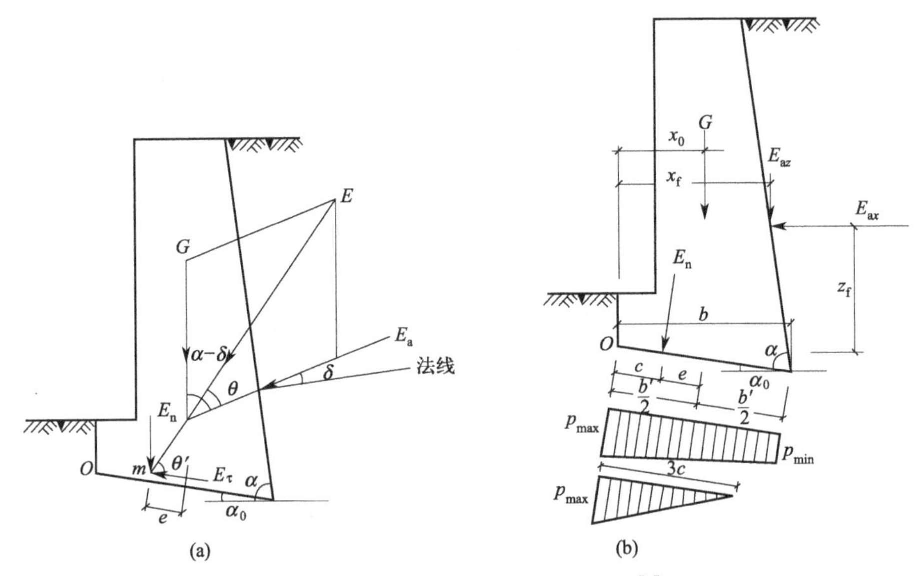

图 10-16　挡土墙的地基承载力验算[6]

10.3.3.4　整体稳定验算

通常在下列情况下可能会发生挡土墙连同地基一起滑动的整体失稳破坏：挡土墙承受的侧压力（土压力、水压力等）或倾覆力矩很大；位于斜坡或坡顶上的挡土墙，由于荷载作用或环境因素影响，造成整个或部分边坡失稳；地基中存在软弱夹层、土层下面有倾斜的岩层面、隐伏的破碎或断裂带等[8]。整体稳定验算可根据岩土条件采用圆弧滑动法（土质地基）或平面滑动法（岩质地基）。挡土墙的整体稳定问题主要有图 10-17 所示的几种情况。

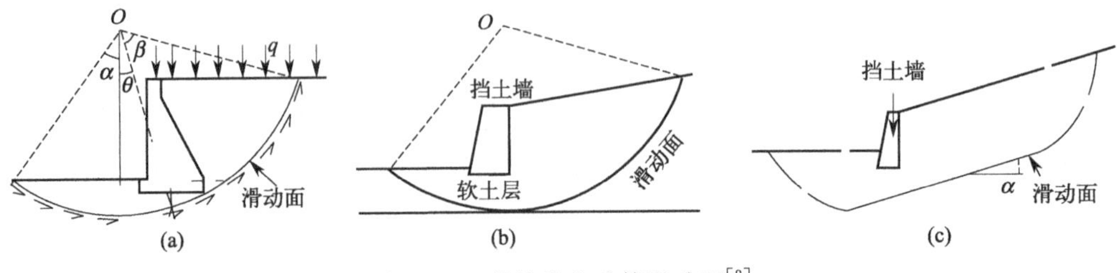

图 10-17　整体稳定验算滑动面[8]

① 挡土墙连同地基一起滑动[图 10-17(a)]，此时可按圆弧滑动法验算，应满足：

$$K_s=\frac{M_R}{M_S}\geqslant 1.2 \tag{10-4}$$

式中，K_s 为稳定安全系数；M_R 为抗滑力矩；M_S 为滑动力矩。

② 当挡土墙周围土体及地基都比较软弱时，滑动可能发生在地基持力层之中或贯入软土层深处[图 10-17(b)]，此时可按圆弧滑动法验算，并满足式(10-4) 的要求。

③ 当挡土墙位于超固结坚硬黏土层或岩质地基上时，滑动破坏可能会沿着近乎水平面的软弱结构面发生[图 10-17(c)]，此时可按平面滑动法验算，应满足：

$$K_s=\frac{\gamma V\cos\alpha\tan\varphi+Ac}{\gamma V\sin\alpha}\geqslant 1.3 \tag{10-5}$$

式中，γ 为岩土体的重度；c 为结构面的黏聚力；φ 为结构面的内摩擦角；A 为结构面的面积；V 为岩体的体积；α 为结构面的倾角。

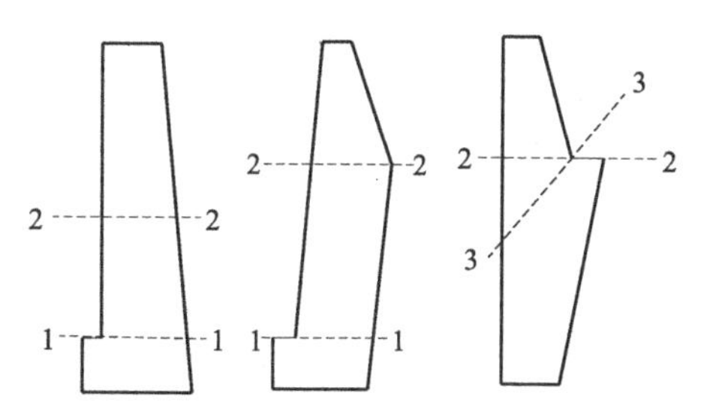

图 10-18　验算断面的选择

10.3.3.5　墙身强度验算

为了保证墙身强度，应取墙身薄弱面进行验算(如截面转折处、急剧变化处等)。对于一般地区的挡土墙，可选取基底、基础顶面、1/2 墙高处、上下墙（凸形及衡重式墙）交界处等一两个截面（图 10-18）进行验算，并应满足以下要求。

(1) 抗压验算

墙身受压承载力按下式计算：

$$N\leqslant\varphi fA \tag{10-6}$$

式中，N 为荷载设计值产生的轴向力；A 为墙体单位长度的水平截面面积；f 为砌体抗压强度设计值；φ 为高厚比 β 和轴向力的偏心距 e 对受压构件承载力的影响系数，可按现行《砌体结构设计规范》(GB 50003—2011) 附录 D 采用或按下列公式计算。

当 $\beta\leqslant 3$ 时：

$$\varphi=\frac{1}{1+12\left(\frac{e}{h}\right)^2} \tag{10-7a}$$

当 $\beta>3$ 时：

$$\varphi=\frac{1}{1+12\left[\frac{e}{h}+\sqrt{\frac{1}{12}\left(\frac{1}{\varphi_0}-1\right)}\right]^2} \tag{10-7b}$$

$$\varphi_0=\frac{1}{1+\alpha\beta^2} \tag{10-7c}$$

式中，φ_0 为轴心受压稳定系数；h 为矩形截面的轴向力偏心方向的边长；e 为按荷载标准值计算的轴向力偏心距，$e\leqslant 0.6y$；y 为截面重心到轴向力所在方向截面边缘的距离；α 为与砂浆强度等级有关的系数，当砂浆强度等级大于或等于 M5 时取 0.0015，当砂浆强度等级等于 M2.5 时取 0.002，当砂浆强度等级等于 0 时取 0.009；β 为构件的高厚比，对于矩形截面 $\beta=\gamma_\beta H_0/h$；H_0 为受压构件的计算高度；γ_β 为不同砌体材料的高后比修正系数，如烧结普通砖取 1.0，混凝土取 1.1，料石或毛石取 1.5。

当 $0.7y\leqslant e\leqslant 0.95y$ 时，除按上述进行验算外，还应按正常使用极限状态验算：

$$N_{k}\leqslant\frac{f_{tk}A}{\frac{Ae}{W}-1} \tag{10-8}$$

式中，N_k 为轴向力标准值；f_{tk} 为砌体抗拉强度标准值；W 为截面抵抗矩。

当 $e\geqslant 0.95y$ 时，按下式验算：

$$N\leqslant\frac{f_{t}A}{\frac{Ae}{W}-1} \tag{10-9}$$

式中，f_t 为砌体抗拉强度设计值。

(2) 抗剪验算

沿通缝或沿阶梯形截面破坏时受剪构件的承载力，应按下列公式计算：

$$V\leqslant(f_{V}+\alpha\mu\sigma_{0})A \tag{10-10}$$

当 $\gamma_G=1.2$ 时 $\mu=0.26-0.082\sigma_0/f$

当 $\gamma_G=1.35$ 时 $\mu=0.23-0.065\sigma_0/f$

式中，V 为剪力设计值；A 为水平截面面积；f_V 为砌体抗剪强度设计值，对灌孔的混凝土砌块砌体取 f_{vg}；α 为修正系数，当 $\gamma_G=1.2$ 时，砖（含多孔砖）砌体取 0.60，混凝土砌块砌体取 0.64，当 $\gamma_G=1.35$ 时，砖（含多孔砖）砌体取 0.64，混凝土砌块砌体取 0.66；μ 为剪压复合受力影响系数；f 为砌体的抗压强度设计值；σ_0 为永久荷载设计值产生的水平截面平均压应力，其值不应大于 $0.8f$。

【例 10-1】 设计一浆砌块石挡土墙。如图 10-19 所示，墙高 $H=5\text{m}$；墙背仰斜，$\alpha=70°$；与填土摩擦角 $\delta=20°$；填土面倾斜，$\beta=10°$；填土为中砂，重度 $\gamma=18.5\text{kN/m}^3$；内摩擦角 $\varphi=30°$，黏聚力 $c=0$。基底摩擦系数 $\mu=0.6$，地基承载力特征值 $f_a=200\text{kPa}$。采用 MU20 毛石、混合砂浆 M2.5，毛石砌体的抗压强度设计值 $f=0.47\text{MPa}$，浆砌块石挡土墙重度 $\gamma_s=22\text{kN/m}^3$。试设计挡土墙的尺寸。

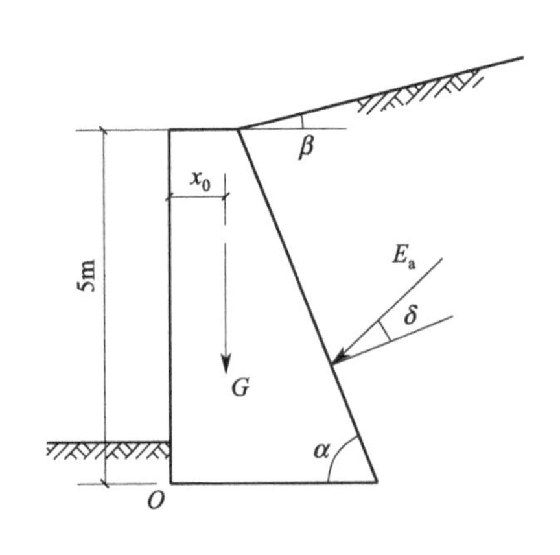

图 10-19 浆砌块石挡土墙

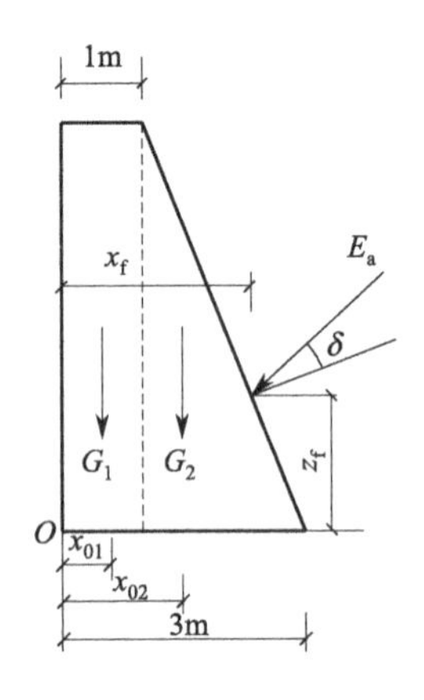

图 10-20 挡土墙横截面图

【解】 (1) 挡土墙断面尺寸的选择

顶宽不应小于 0.5m，且 $b_0=\frac{H}{10}=\frac{5}{10}=0.5(\text{m})$，取 $b_0=1\text{m}$。

底宽 $b=b_0+H\cot\alpha=1+5\times\cot70°=2.82(\text{m})$，取 $b=3\text{m}$，如图 10-20 所示。

(2) 按库仑理论计算作用在墙上的主动土压力

已知 $\varphi=30°$，$\delta=20°$，$\beta=10°$，$\alpha=70°$，由公式计算或查表得主动土压力系数 $K_a=0.568$，则主动土压力为

$$E_a=\frac{1}{2}\gamma H^2 K_a=\frac{1}{2}\times 18.5\times 5^2\times 0.568=131.35(\text{kN/m})$$

土压力作用点距墙趾的距离：

$$z_f=z=\frac{H}{3}=\frac{5}{3}=1.67(\text{m})$$

$$x_f=b-z\cot\alpha=3-1.67\times\cot 70°=2.39(\text{m})$$

(3) 求每延米墙体自重及重心位置

挡土墙的断面分成一个矩形和一个三角形，它们的重量分别是

$$G_1=1\times 5\times 22=110(\text{kN/m}) \qquad G_2=\frac{1}{2}\times 2\times 5\times 22=110(\text{kN/m})$$

G_1 和 G_2 作用点距墙趾 O 点的水平距离：

$$x_{01}=\frac{1}{2}\times 1=0.5(\text{m}) \qquad x_{02}=1+\frac{1}{3}\times 2=1.67(\text{m})$$

(4) 抗倾覆稳定验算

$$K_t=\frac{G_1x_{01}+G_2x_{02}+E_{az}x_f}{E_{ax}z_f}$$

$$=\frac{110\times 0.5+110\times 1.67+131.35\times\cos(70°-20°)\times 2.39}{131.35\times\sin(70°-20°)\times 1.67}=2.62>1.6 \quad \text{满足要求}$$

(5) 抗滑稳定验算

$$K_s=\frac{(G_1+G_2+E_{an})\mu}{E_{a\tau}}$$

$$=\frac{[110+110+131.35\times\cos(70°-0°-20°)]\times 0.6}{131.35\times\sin(70°-0°-20°)}=1.82>1.3 \quad \text{满足要求}$$

(6) 挡土墙的地基承载力验算

合力作用点距墙趾 O 点的水平距离：

$$x_0=\frac{G_1x_{01}+G_2x_{02}+E_{az}x_f-E_{ax}z_f}{G_1+G_2+E_{az}}$$

$$=\frac{110\times 0.5+110\times 1.67+131.35\times\cos(70°-20°)\times 2.39-131.35\times\sin(70°-20°)\times 1.67}{110+110+131.35\times\cos(70°-20°)}$$

$$=0.895(\text{m})$$

偏心距：

$$e=\frac{b}{2}-x_0=\frac{3}{2}-0.895=0.605(\text{m})>\frac{b}{6}=0.5(\text{m})$$

$$p_{max}=\frac{2E_n}{3c}=\frac{2(G_1+G_2+E_{az})}{3x_0}$$

$$=\frac{2\times[110+110+131.35\times\cos(70°-20°)]}{3\times 0.895}$$

$$=226.764(\text{kPa})<1.2f_a=1.2\times 200=240(\text{kPa}) \quad \text{满足要求}$$

(7) 墙身强度验算

经验算亦满足要求，验算过程略。

10.4 悬臂式挡土墙

10.4.1 悬臂式挡土墙的构造

10.4.1.1 立臂

悬臂式挡土墙是由立臂、墙趾板和墙踵板三部分组成的[图 10-1(b)]。为便于施工，立臂内侧（即墙背）宜做成竖直面，外侧（即墙面）可做成 1∶0.02～1∶0.05 的斜坡，具体坡度值将根据立臂的强度和刚度要求确定。当挡土墙墙高不大时，立臂可做成等厚度。墙顶宽度和底板厚度不应小于 200mm；当墙较高时，宜在立臂下部将截面加宽。

10.4.1.2 墙趾板和墙踵板

墙趾板和墙踵板一般水平设置。通常做成变厚度，底面水平，顶面则自与立臂连接处向两侧倾斜。当墙身受抗滑稳定控制时，多采用凸榫基础。

墙踵板长度由墙身抗滑稳定验算确定，并具有一定的刚度。靠近立臂处厚度一般取为墙高的 1/12～1/10，且不应小于 300mm。

墙趾板的长度应根据全墙的倾覆稳定、基底应力（即地基承载力）和偏心距等条件来确定，其厚度与墙踵板相同。通常底板的宽度由墙的整体稳定性决定，一般可取墙高的 0.6～0.8 倍。当墙后地下水位较高且地基为承载力很小的软弱地基时，底板宽度可能会增大到 1 倍墙高或者更大。

10.4.1.3 凸榫

为提高挡土墙抗滑稳定的能力，底板可设置凸榫[图 10-13(c)]。凸榫的高度，应根据凸榫前土体的被动土压力能够满足全墙的抗滑稳定要求而定。凸榫的厚度除了满足混凝土的抗剪和抗弯要求以外，为了便于施工，还不应小于 30cm。

另外，伸缩缝的间距宜采用 10～15m。沉降缝、泄水孔的设置应符合重力式挡土墙的相关要求。墙身混凝土强度等级不宜低于 C25，受力钢筋直径不应小于 12mm，间距不宜大于 250mm。墙后填土应在墙身混凝土强度达到设计强度的 70%时方可进行。填料应分层夯实，反滤层应在填筑过程中及时施工。

10.4.2 悬臂式挡土墙设计

悬臂式挡土墙的设计计算主要包括：侧压力计算、确定墙身断面尺寸、钢筋混凝土结构设计、裂缝宽度验算及稳定性验算等。

一般通过试算法确定墙身的断面尺寸，即先拟定截面的试算尺寸，计算作用其上的侧压力，通过全部稳定验算来最终确定墙踵板和墙趾板的长度。

钢筋混凝土结构设计主要是对已初步拟定的墙身断面尺寸进行内力和配筋计算。在配筋设计时，可能会调整断面尺寸，特别是墙身的厚度。一般情况下这种墙身厚度的调整对整体稳定影响不大，可不再进行全墙的稳定验算。

稳定性验算主要包括抗滑、抗倾覆、地基稳定性验算等内容。裂缝最大宽度验算应满足相关规范的要求。另外，悬臂式挡土墙按平面应变问题考虑，即沿墙长度方向取一延米进行设计计算。

10.4.2.1 墙身截面尺寸的拟定

根据上节的构造要求，也可以参考以往成功的设计，初步拟定试算的墙身截面尺寸，墙高 H 是根据工程需要确定的，墙顶宽可初步选用 200mm。墙背取竖直面，墙面取 1∶0.02～1∶0.05 斜度的倾斜面，从而定出立臂的截面尺寸。

底板在与立臂相接处厚度为 $(1/12～1/10)H$，而墙趾板与墙踵板端部厚度不小于 200～

300mm；其宽度 B 可近似取（0.6～0.8）H，当遇到地下水位高或软弱地基时，B 值应增大。墙踵板及墙趾板的具体长度将由全墙的稳定条件试算确定。

（1）墙踵板长度

墙踵板长度可按下式确定：

$$K_s=\frac{\mu\sum G}{E_{ax}}\geqslant 1.3 \tag{10-11}$$

设有凸榫时：

$$K_s=\frac{\mu\sum G}{E_{ax}}\geqslant 1.0 \tag{10-12}$$

式中，K_s 为滑动稳定安全系数；μ 为基底（墙底）摩擦系数；$\sum G$ 为墙身自重、墙踵板以上第二破裂面与墙背之间的土体自重力和土压力的竖向分量之和，一般情况下忽略墙趾板上的土体重力；E_{ax} 为主动土压力水平分力。

（2）墙趾板长度

墙趾板的长度，根据全墙抗倾覆稳定系数公式，基底合力偏心距 e 限制和基底地基承载力等要求来确定。

10.4.2.2　土压力计算

悬臂式挡土墙的侧向土压力按库仑理论计算时，宜按第二破裂面法进行计算。当第二破裂面不能形成时，可用墙踵下缘与墙顶内缘的连线或通过墙踵的竖直面作为假想墙背进行计算，取其中最不利状态的侧向压力作为设计控制值[5]。计算挡土墙实际墙背和墙踵板的土压力时，可不计填料与墙板之间的摩擦力。如图 10-21 所示，用墙踵下缘与立板上边缘连线 AB 作为假想墙背，按库仑理论计算[图 10-21(a)]，此时，δ 值应取土的内摩擦角 φ，ρ 应为假想墙背的倾角，计算 $\sum G$ 时，要求计入墙背与假想墙背之间的土体自重。用过墙踵的竖直面 BB' 作为假想墙背，按朗肯理论计算[图 10-21(b)]，并计入墙体与假想墙背之间的土体自重。当墙踵下边缘与立板上边缘连线的倾角大于临界角 ρ_{cr} 时，在墙后填土中将会出现第二破裂面，应按第二破裂面理论计算[图 10-21(c)，图中 $\theta_i=45°-\varphi/2$]。稳定计算时应计入第二破裂面与墙背之间的土体作用。

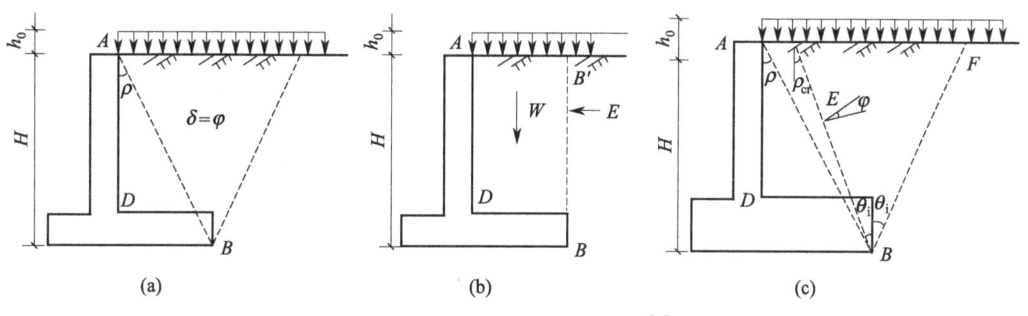

图 10-21　土压力计算示意图[7]

10.4.2.3　墙身内力计算

悬臂式挡土墙各部分均应按悬臂梁计算。

（1）立臂的内力

立臂作为固定在墙底板上的悬臂梁，主要承受墙后的主动土压力与地下水压力，可不考虑挡土墙前土的作用。立臂较薄自重小而略去不计，立臂按受弯构件计算。各截面的剪力、弯矩按下列公式计算（图 10-22）：

$$Q_{1z}=\gamma z(2h_0+z)K_a/2 \tag{10-13}$$

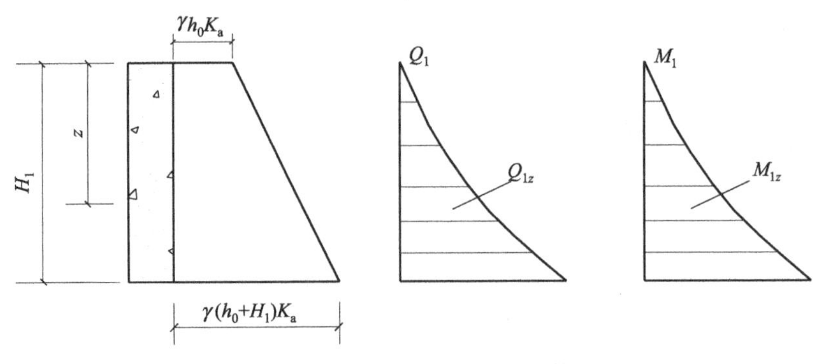

图 10-22 立臂受力及内力计算

$$M_{1z}=\gamma z^2(3h_0+z)K_a/6 \tag{10-14}$$

式中，Q_{1z} 为距墙顶 z 处立臂的剪力；M_{1z} 为距墙顶 z 处立臂的弯矩；z 为计算截面到墙顶的距离；γ 为填土的重度；h_0 为列车、汽车等活载的等代换算土柱高；K_a 为主动土压力系数。

（2）墙踵板的内力

墙踵板受力见图 10-23。墙踵板按以立臂底端为固定端的悬臂梁计算。墙踵板上作用有假想墙背与墙背之间的土体（含其上的列车、汽车等活载）的重量、墙踵板自重、主动土压力的竖向分力、地基反力、地下水浮托力、板上水重和静水压力等荷载作用。无地下水时，可用下式计算：

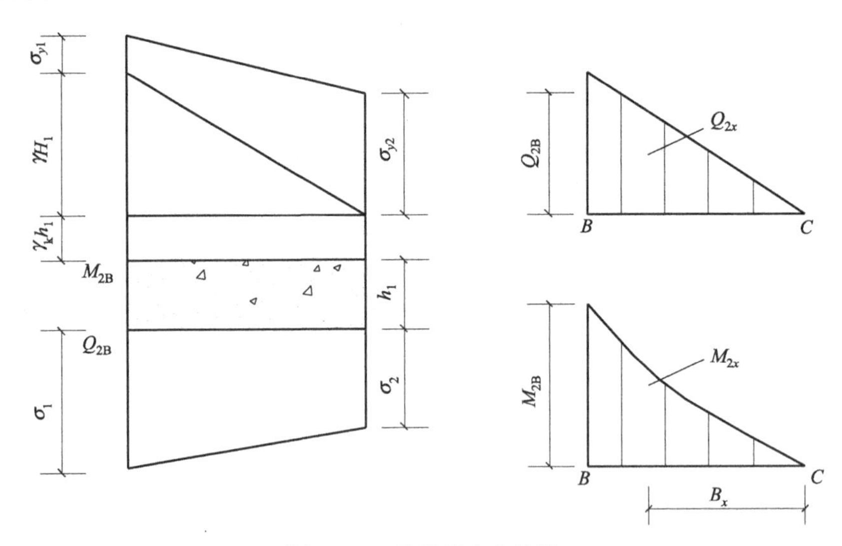

图 10-23 墙踵板内力计算

$$Q_{2x}=B_x\left[\sigma_{y2}+h_1\gamma_k-\sigma_2+\frac{(\gamma H_1-\sigma_{y2}+\sigma_{y1})B_x}{2B_3}-\frac{(\sigma_1-\sigma_2)B_x}{2B}\right] \tag{10-15}$$

$$M_{2x}=\frac{B_x^2}{6}\left[3(\sigma_{y2}+h_1\gamma_k-\sigma_2)+\frac{(\gamma H_1-\sigma_{y2}+\sigma_{y1})B_x}{B_3}-\frac{(\sigma_1-\sigma_2)B_x}{B}\right] \tag{10-16}$$

式中，Q_{2x} 为距墙踵端部为 B_x 截面的剪力；M_{2x} 为距墙踵端部为 B_x 截面的弯矩；B_x 为计算截面到墙踵的距离；h_1 为墙踵板的厚度；γ_k 为钢筋混凝土的重度；σ_{y1}、σ_{y2} 分别为在墙顶、墙踵处的竖直土压力；σ_1、σ_2 分别为在墙趾、墙踵处地基压力；B_3 为墙踵板长度；B 为墙底板长度。

(3) 墙趾板内力计算

墙趾板也是按立臂底端为固定端的悬臂梁计算。墙趾板受力如图 10-24 所示。各截面的剪力和弯矩为

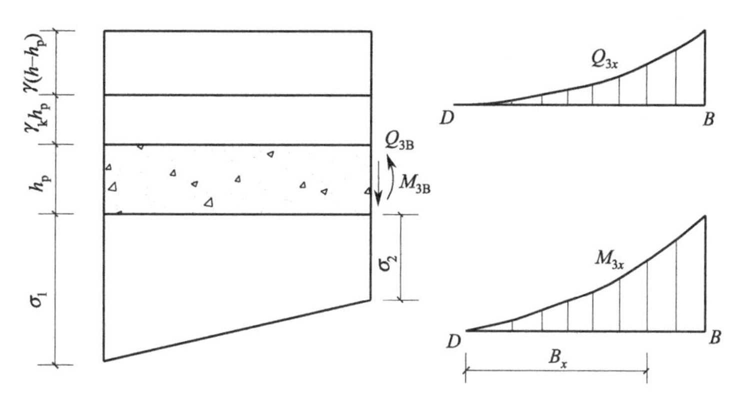

图 10-24　墙趾板内力计算

$$Q_{3x}=B_x\left[\sigma_1-\gamma_k h_p-\gamma(h-h_p)-\frac{(\sigma_1-\sigma_2)B_x}{2B}\right] \tag{10-17}$$

$$M_{3x}=\frac{B_x^2}{6}\left\{3\left[\sigma_1-\gamma_k h_p-\gamma(h-h_p)\right]-\frac{(\sigma_1-\sigma_2)B_x}{B}\right\} \tag{10-18}$$

式中，Q_{3x}、M_{3x} 分别为每延米墙趾板距墙趾为 B_x 截面的剪力和弯矩；B_x 为计算截面到墙趾端的距离；h_p 为墙趾板的平均厚度；h 为墙趾板的埋置深度。

【例 10-2】　设计一无石料地区挡土墙。墙背填土与墙前地面高差为 2.4m，填土表面水平，上有均布标准荷载 $p_k=10\text{kN/m}^2$，修正后的地基承载力特征值为 120kPa，填土的标准容重 $\gamma_t=171\text{kN/m}^3$，内摩擦力 $\varphi=30°$，底板与地基摩擦系数 $f=0.45$，由于采用钢筋混凝土挡土墙，墙背竖直且光滑，可假定墙背与填土之间的摩擦角 $\delta=0°$。试设计挡土墙[7]。

【解】 (1) 截面选择

由于缺石地区，选择钢筋混凝土挡墙。墙高低于 6m，选择悬臂式挡土墙。尺寸按悬臂式挡土墙规定初步拟定，如图 10-25 所示。

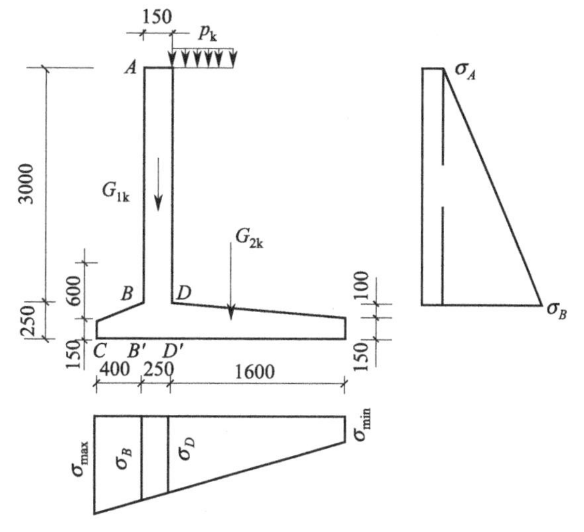

图 10-25　例 10-2 图

(2) 荷载计算

① 土压力计算。由于地面水平，墙背竖直且光滑，土压力选用朗肯理论公式计算：

$$K_a=\tan^2\left(45°-\frac{\varphi}{2}\right)=\frac{1}{3}$$

地面受活荷载 p_k 的作用，采用换算土柱高 $H_0=\dfrac{p_k}{\gamma_t}$，地面处水平压力：

$$\sigma_A=\gamma_t H_0 K_a=17\times\frac{10}{17}\times\frac{1}{3}=3.33(\text{kPa})$$

悬臂底 B 点水平压力：

$$\sigma_B=\gamma_t\left(\frac{p_k}{\gamma_t}+3\right)K_a=17\times\left(\frac{10}{17}+3\right)\times\frac{1}{3}=20.33(\text{kPa})$$

底板 C 点水平压力：

$$\sigma_C=\gamma_t\left(\frac{p_k}{\gamma_t}+3+0.25\right)K_a=17\times\left(\frac{10}{17}+3+0.25\right)\times\frac{1}{3}=21.75(\text{kPa})$$

土压力合力：

$$E_{x1}=\sigma_A\times3=10(\text{kN/m})$$

$$z_{f1}=\frac{3}{2}+0.25=1.75(\text{m})$$

$$E_{x2}=\frac{1}{2}(\sigma_C-\sigma_A)\times3=25.5(\text{kN/m})$$

$$z_{f2}=\frac{1}{3}\times3+0.25=1.25(\text{m})$$

② 竖向荷载计算。立臂自重力：钢筋混凝土标准容重 $\gamma_k=25\text{kN/m}^3$，其自重力为

$$G_{1k}=\frac{0.15+0.25}{2}\times3\times25=15(\text{kN/m})$$

$$x_1=0.4+\frac{\frac{0.1\times3}{2}\times\frac{2\times0.1}{3}+0.15\times3\times\left(0.1+\frac{0.15}{2}\right)}{\frac{0.1\times3}{2}+0.15\times3}=0.55(\text{m})$$

底板自重力：

$$G_{2k}=\left(\frac{0.15+0.25}{2}\times0.4+0.25\times0.25+\frac{0.15+0.25}{2}\times1.6\right)\times25=0.4625\times25$$
$$=11.56(\text{kN/m})$$

$$x_2=\left[\frac{0.15+0.25}{2}\times0.40\times\left(\frac{0.4}{3}\times\frac{3\times0.15+2\times0.1}{0.25+0.15}\right)+0.25\times0.25\times(0.40+0.125)\right.$$
$$\left.+\frac{0.15+0.25}{2}\times1.60\times\left(\frac{1.6}{3}\times\frac{3\times0.15+1\times0.1}{0.25+0.15}+0.65\right)\right]/0.4625=1.07(\text{m})$$

地面均布活载及填土的自重力：

$$G_{3k}=(p_k+\gamma_t\times3)\times1.60=(10+17\times3)\times1.60=97.60(\text{kN/m})$$

$$x_3=0.65+0.80=1.45(\text{m})$$

(3) 抗倾覆稳定验算

稳定力矩：

$$M_{zk}=G_{1k}x_1+G_{2k}x_2+G_{3k}x_3$$
$$=15\times0.55+11.56\times1.07+97.60\times1.45=162.14(\text{kN}\cdot\text{m/m})$$

倾覆力矩：

$$M_{qk}=E_{x1}z_{f1}+E_{x2}z_{f2}=10\times1.75+25.5\times1.25=49.38(\text{kN}\cdot\text{m/m})$$

$$K_0=\frac{M_{zk}}{M_{qk}}=\frac{162.14}{49.38}=3.28>1.6\quad\text{满足要求}$$

(4) 抗滑移稳定验算

竖向力之和：

$$G_k=G_{1k}+G_{2k}+G_{3k}=15+11.56+97.6=124.16(\text{kN/m})$$

抗滑力：

$$G_k f=124.16\times0.45=55.872(\text{kN})$$

滑移力：

$$E=E_{x1}+E_{x2}=10+25.5=35.50(\text{kN})$$

$$K_c=\frac{G_k f}{E}=\frac{55.87}{35.5}=1.57>1.3 \quad \text{满足要求}$$

(5) 地基承载力验算

地基承载力采用设计荷载，分项系数为：地面活荷载 $\gamma_1=1.30$；土荷载 $\gamma_2=1.20$；自重 $\gamma_3=1.20$。基础底面偏心距 e_0，先计算总竖向力到墙趾的距离：

$$e_0=\frac{M_V-M_H}{G_k}$$

M_V 为竖向荷载引起的弯矩：

$$\begin{aligned}M_V&=(G_{1k}x_1+G_{2k}x_2+\gamma_t\times3\times1.6\times x_3)\times1.2+p_k\times1.6\times x_3\times1.3\\&=(15\times0.55+11.56\times1.07+17\times3\times1.6\times1.45)\times1.2+10\times1.6\times1.45\times1.3\\&=196.89(\text{kN}\cdot\text{m/m})\end{aligned}$$

M_H 为水平力引起的弯矩：

$$M_H=1.3E_{x1}z_{f1}+1.2E_{x2}z_{f2}=1.3\times10\times1.75+1.2\times25.5\times1.25=61(\text{kN}\cdot\text{m/m})$$

总竖向力：

$$\begin{aligned}G_k&=1.2\times(G_{1k}+G_{2k}+\gamma_t\times3\times1.6)+1.3\times p_k\times1.6\\&=(15+11.56+17\times3\times1.6)\times1.2+10\times1.6\times1.3=150.59(\text{kN})\end{aligned}$$

偏心距：

$$e=\frac{196.89-61}{150.59}=0.9(\text{m})$$

$$e_0=\frac{B}{2}-e=\frac{2.25}{2}-0.9=0.225(\text{m})<\frac{B}{6}=\frac{2.25}{6}=0.375(\text{m})$$

地基压力：

$$\begin{aligned}\sigma_{max}&=\frac{G_k}{B}\left(1+\frac{6e_0}{B}\right)=\frac{150.59}{2.25}\left(1+\frac{6\times0.225}{2.25}\right)=107(\text{kPa})\\&<1.2f_a=1.2\times120=240(\text{kPa}) \quad \text{满足要求}\end{aligned}$$

(6) 结构设计

结构设计部分略。

10.5 扶壁式挡土墙

10.5.1 扶壁式挡土墙的构造

扶壁式挡土墙[图 10-1(c)]由墙面板、墙趾板、墙踵板和扶壁组成，通常还设置凸榫。墙趾板和凸榫的构造与悬臂式挡土墙相同。

扶壁式挡土墙墙高不宜超过 10m，分段长度不宜超过 20m。墙面板通常为等厚的竖直板，与扶壁和墙趾板固结相连。对于其厚度，低墙取决于板的最小厚度，高墙则根据配筋要求确定。墙面板的最小厚度与悬臂式挡土墙相同。

墙踵板与扶壁的连接为固结，与墙面板的连接铰接较为合适，其厚度的确定方式与悬臂式挡土墙相同。

扶壁的经济间距与混凝土、钢筋、模板和劳动力的相对价格有关，应根据试算确定，一般为墙高的 1/3～1/2，每段中宜设置三个或三个以上扶壁。其厚度取决于扶壁背面配筋的要求，宜取两扶壁间距的 1/8～1/6，且不宜小于 300mm[3]。采用随高度逐渐向后加厚的变截面，也可采用等厚式以利于施工。

扶壁两端墙面板悬出端的长度，根据悬臂端的固端弯矩与中间跨固端弯矩相等的原则确定，通常采用两扶壁间净距的 0.35 倍。其余构造要求参看悬臂式挡土墙。

10.5.2 扶壁式挡土墙的计算

整体扶壁式挡土墙是一个比较复杂的空间受力系统，在计算时常将其简化为平面问题。因此，很多情况下与悬臂式挡土墙相近，但它有自己的特点。其中，土压力计算、墙趾板内力计算同悬臂式挡土墙。

10.5.2.1 立臂的内力计算

计算立臂的内力时，作用于墙面板的侧向压力可按墙高呈梯形分布[图 10-26(a)，σ_H 为墙面板底端内填料引起的法向土压力]；墙面板竖向弯矩沿墙高分布如图 10-26(b) 所示。

进行立臂内力计算时，可根据边界约束条件按三边固定、一边自由的板或连续板进行计算。一般情况下计算时，可将立臂划分为上、下两部分，在离底板顶面 $1.5l_1$（l_1 为两扶壁之间的净距）高度以下的立臂，可视为三边固定、一边自由的双向板；而以上部分可视为以扶壁为支承的连续板[3]。

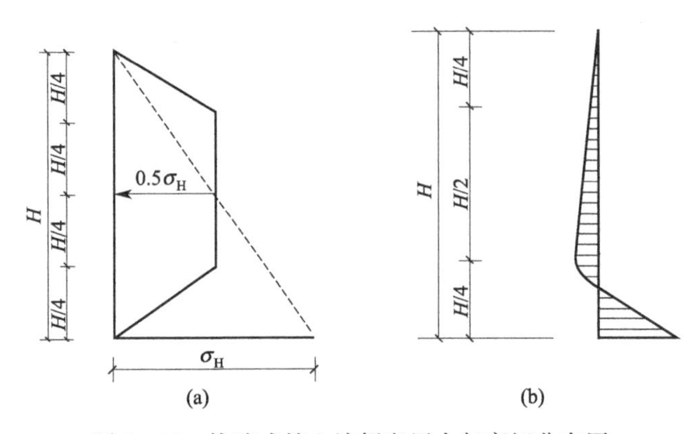

图 10-26 扶壁式挡土墙侧向压力与弯矩分布图

10.5.2.2 墙踵板内力计算

墙踵板内力计算方法同立臂。作用于墙踵板的荷载主要有板重、板上的土压力及基底反力。另外，尚应考虑由于墙趾板弯矩作用在墙踵板产生的等代荷载。若不计墙面板对底板的约束，墙踵板纵向可视为扶壁支承的连续梁，这种算法偏于安全。

10.5.2.3 扶壁内力计算

扶壁与立臂形成共同作用的整体结构，可简化为固结于墙踵板的 T 形变截面悬臂梁，其中，墙面板可视为梁的翼缘板，扶壁为梁的复板。计算荷载主要为作用在墙背上的土压力和水压力等，墙身自重及扶壁宽度上的土柱重力，常略去不计。另外，不考虑实际墙背与第二破裂面之间土柱的土压力，即将这部分的土柱作为墙身的一部分。T 形截面的高度和翼缘板厚度均可沿墙高变化，计算方法与悬臂式挡土墙的立臂相同。

习 题

10-1 什么是挡土墙？挡土墙有哪几种类型？分析各类挡土墙的结构特点及使用条件。

10-2 常用的重力式挡土墙一般由哪几部分组成？

10-3 重力式挡土墙的基础类型有哪些？对基础的埋置深度是如何要求的？

10-4　如何确定重力式挡土墙的断面尺寸？

10-5　重力式挡土墙的排水设施是如何规定的？

10-6　重力式挡土墙为什么要设沉降缝和伸缩缝？有哪些要求？

10-7　重力式挡土墙设计中需要进行哪些验算？各有什么要求？

10-8　常见的轻型挡土墙的类型有哪些？其构造和布置如何？

10-9　根据悬臂式挡土墙与重力式挡土墙的受力特点，比较这两种挡土墙的区别。

10-10　简述悬臂式挡土墙的立臂、墙踵板、墙趾板的内力计算方法。

10-11　某重力式挡土墙如图 10-27 所示，砌体重度 $\gamma_k=22\text{kN/m}^3$，基底摩擦系数 $\mu=0.5$，作用在墙背上的主动土压力为 $E_a=51.60\text{kN/m}$。试验算该挡土墙的抗滑和抗倾覆稳定性。

10-12　已知某地区修建一重力式挡土墙，如图 10-28 所示，高度 $H=5.0\text{m}$，墙顶宽 $b=1.5\text{m}$，墙底宽 $B=2.5\text{m}$。墙面竖直；墙背仰斜，倾角 $\alpha=80°$；填土表面倾斜，坡度 $\beta=12°$；墙背摩擦角 $\delta=20°$。墙后填土为中砂，重度 $\gamma=17.0\text{kN/m}^3$，内摩擦角 $\varphi=30°$。地基为砂土，墙底摩擦系数 $\mu=0.4$，墙体材料重度 $\gamma_G=22.0\text{kN/m}^3$。验算此挡土墙的抗滑移及抗倾覆稳定安全系数是否满足要求。

10-13　设计一墙高为 6m、采用 M5 水泥砂浆砌筑的毛石挡土墙，其重度 $\gamma=22\text{kN/m}^3$。墙后填土为砂性土，填土为水平面即 $\beta=0°$，土的重度 $\gamma=18\text{kN/m}^3$，内摩擦角 $\varphi=28°$，墙背摩擦角 $\delta=0°$，墙底摩擦系数 $\mu=0.45$，地下水位距墙顶 2.5m。

10-14　设计一无石料地区的挡土墙，墙背填土与墙前地面高差为 10m，填土表面水平，其上有均布荷载标准值 $q_k=12\text{kN/m}^2$，修正后的地基承载力特征值为 150kPa，填土的重度 $\gamma=18\text{kN/m}^3$，内摩擦角 $\varphi=32°$，墙底摩擦系数 $\mu=0.45$，采用钢筋混凝土挡土墙，墙背竖直且光滑，可假定墙背与填土之间的摩擦角为 $\delta=0°$，试分别设计为悬臂式挡土墙和扶壁式挡土墙。

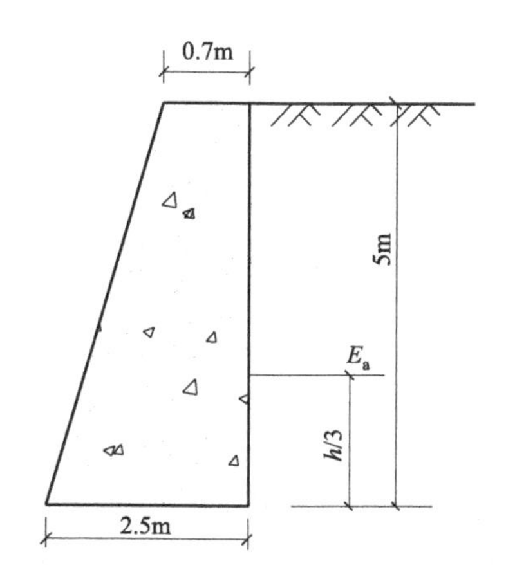

图 10-27　习题 10-11 图

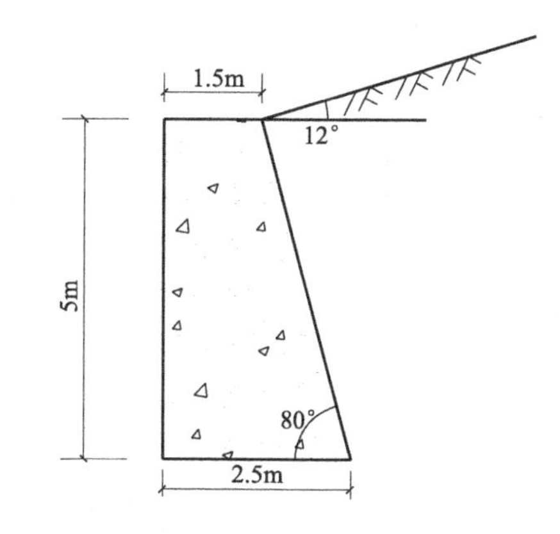

图 10-28　习题 10-12 图

参　考　文　献

[1]　尉希成，等．支挡结构设计手册．2 版．北京：中国建筑工业出版社，2004.

[2]　中华人民共和国住房和城乡建设部．建筑地基基础设计规范（GB 50007—2011）．北京：中国建筑工业出版社，2012.

[3]　重庆市城乡建设委员会．建筑边坡工程技术规范（GB 50330—2013）．北京：中国建筑工业出版社，2014.

[4]　中交第二公路勘察设计研究院有限公司．公路路基设计规范（JTG D30—2015）．北京：人民交通出版社，2015.

[5]　中铁二院工程集团有限责任公司．铁路路基支挡结构设计规范（TB 10025—2019）．北京：中国铁道出版社，2019.

[6]　华南理工大学，浙江大学，湖南大学．基础工程．北京：中国建筑工业出版社，2005.

[7]　李海光．新型支挡结构设计与工程实例．北京：人民交通出版社，2004.

[8]　东南大学，浙江大学，湖南大学，苏州科技大学．土力学．北京：中国建筑工业出版社，2006.

[9]　曾昭豪．房屋基础结构设计手册．北京：中国建材工业出版社，1997.

[10]　朱彦鹏，罗晓辉，周勇．支挡结构设计．北京：高等教育出版社，2008.

第11章

基坑支护工程

【学习指南】本章主要介绍基坑支护工程的概念、类型、设计内容、设计方法以及开挖、监测方法等。通过本章学习，应熟悉支护结构上的土压力计算；掌握基坑支护结构的特点、类型、适用条件、设计计算方法、稳定性验算方法，了解各种支护结构的构造措施等。

11.1 概述

基坑是指为进行建（构）筑物地下部分的施工由地面向下开挖的空间[1]。

基坑支护是指为保证地下主体结构施工及基坑周边环境的安全，对基坑采用的临时性支挡、加固、保护与地下水控制的措施[1]。

为保证基坑施工、主体地下结构的安全和周围环境不受损害而采取的支护结构、降水和土方开挖与回填，包括勘察、设计、施工和检测等工作，统称为基坑工程。

在基坑施工时，可根据具体情况确定设置支护（称为有支护基坑工程或基坑支护工程）或不设支护（称为无支护基坑工程）。一般情况下，当场地空旷、周围环境要求不高、基坑开挖深度较浅时，可采用放坡开挖而无须支护，但应注意边坡稳定、排水等问题。否则，应采用相应的基坑支护措施。

基坑支护工程通常建造在城市密集的建筑群中，场地狭窄，地质条件和周边环境条件复杂，施工技术难度大。基坑开挖除了要保证基坑自身的稳定外，还必须保证邻近建筑设施的安全，这就给支护设计带来很大困难。基坑支护工程的影响因素较多，与场地条件、工程地质、水文地质、施工管理、现场监测及周围环境相关，因此事故隐患多。同时基坑支护工程又是一个复杂的、与众多学科密切相关的学科，涉及土力学、水文地质、工程地质、结构力学、施工技术等知识；且它研究的问题较多，不仅包括土的强度、变形和稳定问题，还包括土与结构的相互作用，施工方法及施工过程对岩土体的影响等。因此，基坑支护工程是一个需要精心勘察、设计、施工和监测的动态控制的系统工程。特别是随着高层建筑的大量涌现，基坑支护工程的重要性也越显突出。同时也应看到，基坑支护工程一般是临时性工程，设计的安全储备相对较小，但是在设计施工中也存在很大的缩短工期、降低造价的空间。因此，基坑支护工程既存在一定的风险，也具有很大的灵活性。

11.1.1　基坑支护结构的设计原则

11.1.1.1　基坑侧壁安全等级及重要性系数

基坑支护结构应保证基坑周边建（构）筑物、地下管线、道路的安全和正常使用，保证主体地下结构的施工空间。故在基坑支护设计时，应综合考虑基坑周边环境和地质条件的复杂程度、基坑深度等因素，选用支护结构的安全等级。对同一基坑的不同部位，可采用不同的安全等级。《建筑基坑支护技术规程》（JGJ 120—2012）按基坑支护破坏后果的严重性划分了支护结构的安全等级。其结构重要性系数不应小于表 11-1 中数值。

11.1.1.2　两种极限状态设计[1]

支护结构设计时采用下列两种极限状态，即承载能力极限状态和正常使用极限状态进行设计。

（1）承载能力极限状态

支护结构构件或连接因超过材料强度而破坏，或因过度变形而不适于继续承受荷载，或出现压屈、局部失稳；支护结构及土体整体滑动；坑底土体隆起而丧失稳定；对支挡式结构，支挡构件因坑底土体丧失嵌固能力而推移或倾覆；对锚拉式支挡结构或土钉墙，锚杆或土钉因土体丧失锚固能力而拔动；对重力式水泥土墙，墙体倾覆或滑移；对重力式水泥土墙、支挡式结构，因其持力土层丧失承载能力而破坏；地下水渗流引起的土体渗透破坏。

（2）正常使用极限状态

造成基坑周边建（构）筑物、地下管线、道路等损坏或影响其正常使用的支护结构位移；因地下水位下降、地下水渗流或施工因素而造成基坑周边建（构）筑物、地下管线、道路等损坏或影响其正常使用的土体变形；影响主体地下结构正常施工的支护结构位移；影响主体地下结构正常施工的地下水渗流。

表 11-1　支护结构的安全等级及重要性系数

安全等级	破坏后果	γ_0
一级	支护结构失效、土体过大变形对基坑周边环境或主体结构施工安全的影响很严重	1.10
二级	支护结构失效、土体过大变形对基坑周边环境或主体结构施工安全的影响严重	1.00
三级	支护结构失效、土体过大变形对基坑周边环境或主体结构施工安全的影响不严重	0.90

11.1.2　基坑工程设计

11.1.2.1　基坑工程设计所需资料

基坑开挖与支护设计应具备下列资料：岩土工程勘察报告；建筑总平面图，地下管线图，地下结构平面图和剖面图；邻近建筑物和地下设施的类型、分布情况和结构质量的检测评价[3]。

基坑工程的岩土工程勘察可与拟建工程的详细勘察阶段同时进行。当详勘资料不能满足基坑工程设计需要时，应专门对岩土工程勘察进行补充。在进行基坑工程的岩土工程勘察前，应详细了解拟建建筑物的轮廓线、地面标高及周边现状的平面图，拟建工程结构类型、基坑深度、地基基础类型以及施工方法，当地常用的基坑支护方式以及施工降水的方法及其经验。

（1）工程地质勘察

勘探点范围应根据基坑开挖深度及场地的岩土工程条件确定。基坑外宜布置勘探点，其范围不宜小于基坑深度的 1 倍；当需要采用锚杆时，基坑外勘探点的范围不宜小于基坑深度的 2 倍；当基坑外无法布置勘探点时，应通过调查取得相关勘察资料并结合场地内的勘察资料进行综合分析。勘探点应沿基坑边布置，其间距宜取 15～25m，当场地存在软弱土层、暗沟或岩溶等复杂地质条件时，应加密勘探点并查明其分布和工程特性。基坑周边勘探孔的深度不宜小于基坑深度的2倍；当基坑面以下存在软弱土层或承压含水层时，应穿过软弱土层或承压含水层[1]。

工程地质勘察需查明基坑及周围的岩土分布及其物理力学性质；岩土是否具有膨胀性、湿陷性、崩解性、触变性、冻胀性以及地震液化性等不良性质；软弱结构面的分布及其产状、充填情况、粗糙度及组合关系；场地内是否有溶洞、土洞、人防以及其他地下洞穴的存在及其分布。

（2）水文地质勘察

水文地质勘察需查明开挖范围及邻近场地地下水含水层和隔水层的层位、埋深和分布情况，查明各含水层（包括上层滞水、潜水、承压水）的补给条件和水力联系，各层地下水的类型、水位、水压、水量，补给和动态变化；测量场地各含水层的渗透系数和渗透影响半径；分析施工过程中水位变化对支护结构和基坑周边环境的影响，提出应采取的措施。

（3）周边环境调查[1]

基坑支护设计前，应查明下列基坑周边环境条件：既有建筑物的结构类型、层数、位置、基础形式和尺寸、埋深、使用年限、用途等；各种既有地下管线、地下构筑物的类型、位置、尺寸、埋深、使用年限、用途等；对既有供水、污水、雨水等地下输水管线，尚应包括其使用状况及渗漏状况；道路的类型、位置、宽度、道路行驶情况、最大车辆荷载等；基坑开挖与支护结构使用期内施工材料、施工设备等临时荷载的要求；雨季时的场地周围地表水汇流和排泄条件。

在取得以上岩土工程勘察资料的基础上，针对基坑特点，通过分析场地的地层结构和岩土的物理力学性质，提出地下水的控制方法及计算参数的选取，施工中应进行的现场监测项目，基坑开挖过程中应注意的问题及其防治措施。

11.1.2.2 支护结构设计

基坑支护应保证岩土开挖，地下结构施工的安全，并使周围环境不受损害。可根据基坑周边环境、开挖深度、工程地质与水文地质、施工作业设备和施工季节等条件，提出几种可行的支护方案，通过比较，选出技术经济指标最佳的方案。也可结合当地的成功基坑支护实例选择支护结构的类型，然后进行支护结构的强度、稳定性和变形以及基坑内外土体的稳定性验算，并给出基坑支护施工图。

11.1.2.3 地下水控制设计

基坑开挖过程中，必须防止出现管涌、流砂、坑底隆起及与地下水有关的坑外地层变形等情况，以便为地下工程提供较好的作业条件，确保基坑边坡稳定、周围建筑物及地下设施等的安全。因此，做好地下水的控制是基坑支护设计必不可少的内容。地下水控制的设计和施工应满足支护结构设计要求，根据场地及周边工程地质条件、水文地质条件和环境条件并结合基坑支护和基础施工方案综合分析确定，可采用集水明排、降水、截水和回灌等形式单独或组合使用。

11.1.2.4 基坑开挖设计

基坑开挖应根据支护结构设计、降排水要求，确定开挖方案。基坑开挖方案的内容应包括：基坑开挖时间、分层开挖深度及开挖顺序、机械选择、施工进度和劳动组织安排、质量和安全措施、基坑开挖对周围建筑物需采取的保护措施以及应急预案等。

11.1.2.5 监测方案设计

基坑开挖前应制定出系统的开挖监测方案，其中应包括：监测目的、监测项目、监测预警值、监测方法及精度要求、监测点的布置、监测周期、工序管理和记录制度以及信息反馈系统等。

11.2　支护结构的类型及特点

11.2.1　支护结构分类

由于地质条件、周边环境以及施工条件的不同，目前基坑工程的支护方法较多，分类方法也多种多样。根据支护结构的受力特点大致可分为以下三类。

（1）主动受力支护结构

其特点为支护结构依靠自身的强度和刚度主动地承受基坑的土压力，限制土体的变形，确保基坑周围土体的稳定。如水泥土挡墙，依靠自身的重力平衡其所受的土压力，限制墙后土体的变形。常用的钢筋混凝土桩、带支撑的围护结构等均属此类。

（2）被动受力支护结构

其特点是在土体中设置受力构件，用以形成土体和受力构件共同受力的加固体，满足基坑的稳定和变形要求。如加筋土技术，通过在土层中设置拉筋以提高土体的抗剪强度，进而使土体的自稳能力得到提高。特别是 20 世纪 90 年代以来广泛应用的土钉支护技术，作为一种原位加固补强技术，在基坑工程中得到了广泛的应用。

（3）复合型支护结构

利用被动受力支护结构的原理对基坑周围的土体进行加固处理，同时利用主动支护技术维持基坑周围土体的稳定，达到控制变形的目的。如预应力锚杆（锚索）＋土钉复合型支护结构、水泥土搅拌桩＋土钉复合型支护等。

一般来说，被动受力支护结构属于柔性支护结构，支护结构所受土压力与支护结构的变形处于一种动态平衡状态，土压力增加将导致支护结构变形增大，变形增大又会降低相互之间的作用力，土压力相应降低，通常认为支护结构所受土压力达到极限平衡状态，即处于主动土压力状态或被动土压力状态。主动受力支护结构一般为刚性支护结构，支护体系变形小。目前对被动受力结构和复合型支护结构的研究远远落后于工程实践，大多按极限状态进行分析，对其变形还无可靠的计算方法。

11.2.2　支护类型简介

11.2.2.1　水泥土挡墙

水泥土挡墙是一种常用的重力式挡土结构，它是依靠其本身的自重来平衡基坑内外的侧压力差。墙身材料通常采用水泥土搅拌桩、旋喷桩等，由于墙体抗拉、抗剪强度较小，因此墙身需做成厚而重的刚性墙以确保其强度及稳定性。水泥土挡墙具有结构简单、施工方便、施工噪声低、振动小、速度快、止水效果好、造价低等优点，但水泥土挡墙的断面较厚，一般适宜于基坑较浅、对变形控制要求不高的基坑工程。

11.2.2.2　土钉支护

土钉支护（图 11-1）是先以一定倾角将钢筋置入边坡并在钻孔内注浆形成土钉体，随后在坡面挂钢筋网并与土钉连接，最后在坡面喷射混凝土。土钉体沿长度与周围土体紧密结合，依靠接触面上的摩擦力与周围土体形成加固体，通过改良土体的力学强度及土钉在变形时提供给土体的锚固力达到支护的目的。

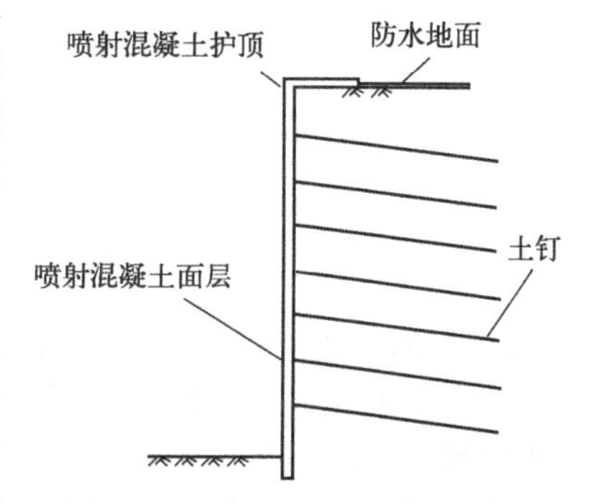

图 11-1　土钉支护构造示意图

土钉支护通过在土体内设置一定长度和密度的土钉，并使其与周围土体共同作用，形成土钉支护复合体，从而弥补了土体自身抗拉、抗剪强度的不足，提高了复合土体的整体刚度，使土体的自身结构强度得以充分发挥，减小了边坡变形，改变了边坡的破坏形态，提高了边坡的整体稳定性和承受边坡超载的能力。

土钉支护适用于地下水位以上或人工降水后的黏性土、粉土、杂填土及非松散砂土、卵石土等，不宜用于淤泥质土、饱和软土及未经降水处理的地下水位以下的土层，也不宜用于对基坑变形有严格要求的支护工程中，且支护深度不宜过大。

11.2.2.3 支挡式结构

支挡式结构是以挡土构件和锚杆或支撑为主要构件，或以挡土构件为主要构件的支护结构。

(1) 支挡式结构类型[1]

① 锚拉式支挡结构　以挡土构件和锚杆为主要构件的支挡式结构。挡土构件为设置在基坑侧壁并嵌入基坑底面的支护结构竖向构件。例如，支护桩、地下连续墙。锚杆是由杆体(钢绞线、普通钢筋、热处理钢筋或钢管)、注浆形成的固结体、锚具、套管、连接器所组成的一端与支护结构构件连接，另一端锚固在稳定岩土体内的受拉杆件。杆体采用钢绞线时，亦可称为锚索。

② 支撑式支挡结构　以挡土构件和支撑为主要构件的支挡式结构。支撑为置在基坑内的由钢筋混凝土或钢构件组成的用以支撑挡土构件的结构部件。该支挡结构中通过设置支撑来减小围护墙体的内力和变形，用于开挖很深的基坑，但设置的支撑给土方开挖及地下结构的施工带来较大不便。

③ 悬臂式支挡结构　以顶端自由的挡土构件为主要构件的支挡式结构，施工方便，但是由于其上端的水平位移是开挖深度的五次函数，故对开挖深度比较敏感，只适用于开挖深度较浅、土质较好的基坑工程中。

④ 双排桩支挡结构　沿基坑侧壁排列设置的由前、后两排支护桩和梁连接成的刚架及冠梁所组成的支挡式结构。

(2) 挡土构件的类型及特点[4,5]

① 钢板桩　其截面形式有 H 形、U 形及钢管等（图 11-2)。钢板桩具有材料质量可靠，防水性能较好，在软土中施工简单、速度快，可重复使用，占地少等优点。由于钢板桩属于柔性结构，当基坑较深时需要使用多道支撑，工程量较大、造价较高。另外，施工噪声及振动大，在接头部位容易渗水，打桩时会产生挤土效应，拔桩时容易引起土体移动，因此在建筑密集地区要慎用。

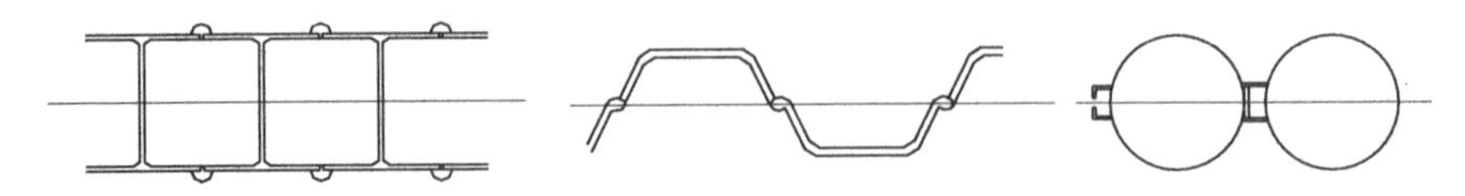

图 11-2　钢板桩截面形式示意图

② 钢筋混凝土板桩　其截面有矩形榫槽结合、工字形薄壁和方形薄壁三种形式(图 11-3)，其中矩形榫槽结合是常采用的截面形式之一。与钢板桩相比，钢筋混凝土板桩的工程造价相对较低，并可与主体结构结合使用。缺点是施工不便，工期长，施工噪声、振动及挤土大，接头防水性能较差，不宜在建筑密集的市区内使用，也不适用于在硬土层中施工。

③ 钻孔灌注桩　作为围护桩的平面布置形式如图 11-4 所示。当地下水位较低时，包括间隔排列在内都无须采取防水措施。当地下水位较高时，相切搭接排列往往因施工中桩的垂直度不能保证以及桩体缩颈等原因，达不到自防水效果，因此常采用间隔排列与防水措施相

结合的形式，一般可以采用深层搅拌桩或旋喷桩等作为截水帷幕。

钻孔灌注桩的优点是施工噪声小，施工工艺简单，质量易于控制，桩径可根据工程需要灵活调整。缺点是施工速度慢，需处理泥浆和结合其他防水措施，整体刚度较差。一般适用于开挖深度较深的软土地层，在砂砾层和卵石中慎用。

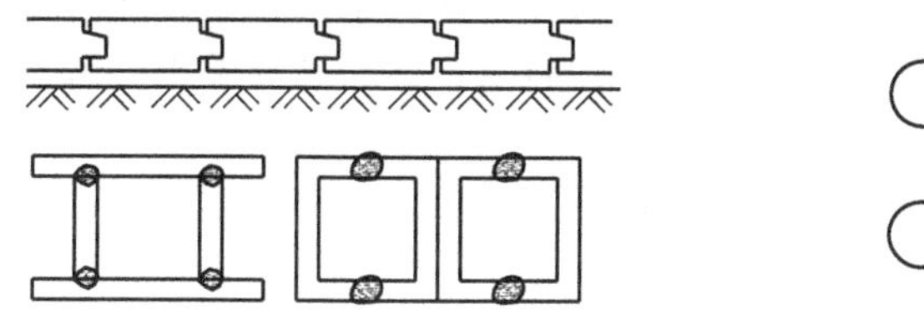

图 11-3　钢筋混凝土板桩

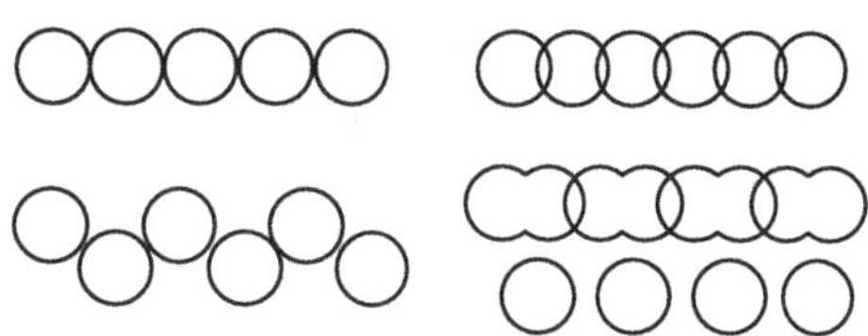

图 11-4　钻孔灌注桩的平面布置形式

④ SMW 工法　在水泥土搅拌桩内插入 H 型钢，再配以支持系统，从而达到既挡土又挡水的目的，日本称为 SMW（soil mixing wall）工法，即劲性水泥土搅拌桩。其截面按型钢的配置方式有图 11-5 所示的几种形式。SMW 工法的优点是施工噪声小，对环境影响小，止水效果好，墙身强度高。

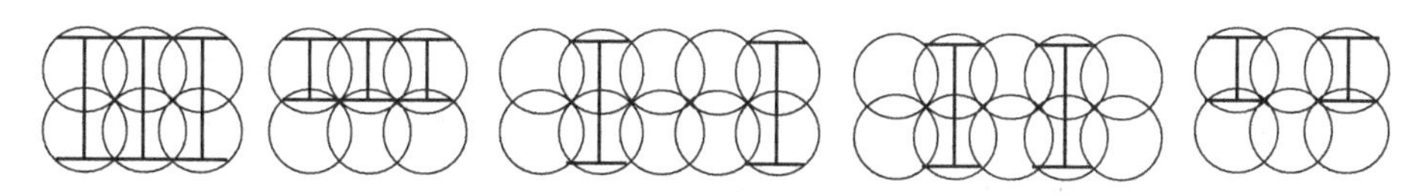

图 11-5　SMW 工法的截面形式

⑤ 地下连续墙　一般采用成槽机械在泥浆护壁的条件下开挖成槽，然后吊放钢筋笼浇筑混凝土槽段，通过接头将槽段连接成整片墙体。其平面布置形式有一字形、T 形和 π 形等。地下连续墙具有施工时振动小，噪声小，能自防渗，可紧邻相近建筑物与地下管线施工，占地面积小，且对周边环境的沉降和变形易于控制，墙体刚度大，整体性好等优点。但其施工工艺复杂，造价较高，需处理废浆。地下连续墙适用于多种地质条件和复杂地质的施工环境中，如砂卵石地层或要求进入风化岩层及钢板桩难以施工的情况，特别是软土地区和建筑密集的市区。由于造价高，常用于开挖深度 12m 以上的深基坑，还可同时作为主体结构的组成部分。

（3）内支撑结构的类型和特点

① 按材料分类

a. 钢支撑体系。通常为装配式，采用均匀布置、互相垂直的对撑或对撑桁架体系，其截面可以为单股（或双股）钢管，单根工字型（或槽型、H 型）钢，组合工字型（或槽型、H 型）钢等。该支撑系统构件拆除后可回收循环利用，减少了资源浪费，且自重小，施工安装速度快，拆卸方便，可施加预应力，在一定程度上减小基坑变形。但其对施工工艺要求高，构造及安装相对较复杂，节点质量不易保证，整体性较差。

b. 现浇钢筋混凝土支撑。由围檩（也称圈梁）、水平支撑及立柱等构件组成。其刚度相对较大、强度易于保证、施工方便、整体性好，平面布置形式灵活多变，适用于平面形状较复杂的基坑工程中。但此类支撑需现场浇筑及养护混凝土，待强度达到一定值后方可形成支撑系统，施工工期较长，导致围护结构的暴露时间长，另外，混凝土的收缩和徐变会对总体变形产生影响，且该支撑体系自重大，爆破拆除难度大，对周边环境影响较大。

此外，内支撑体系也可结合实际情况采用钢支撑和钢筋混凝土支撑相结合的形式。

② 按布置形式分类

a. 竖向斜支撑。一般为单层，优点是节省立柱及支撑材料。缺点是不易控制基坑稳定及变形，支撑两侧连接处结构难以处理。适用于支护结构高度低、开挖面积较大，所需支撑力较小的情况。

b. 水平支撑。根据开挖深度可采用单层或多层水平支撑，布置形式有如下几种。

井字形，该支撑结构采用纵横对撑形成井字形状，与集中式井字形、角撑加对撑及边桁架相比，稳定性及整体刚度较好，但土方开挖及主体结构施工、拆除比较困难，造价高。多用于环境要求很高、基坑范围较大的情况。

角撑加对撑，当基坑范围较大及坑角的钝角太大时不宜采用。

边桁架，适用于基坑范围较小的工程中。

圆形环梁，受力较合理，挖土及主体结构施工较方便，可节省钢筋混凝土用量，故比较经济，在坑周荷载不均匀和土质软硬差异大时慎用。

逆作法，是从基底上部依次向下开挖施工，施工速度快，节省了大量的支撑和脚手架材料，但对土方开挖及地下整个工程的施工精度要求较高，常用在施工场地受限制或地下结构上方为重要交通道路的工程中。

（4）锚杆（索）

拉锚式支护结构由横梁、托架及锚杆三部分组成（图 11-6）。横梁一般采用工字钢、槽钢或钢筋混凝土结构。托架材料为钢材或钢筋混凝土。锚杆由锚头、拉杆及锚固体三部分组成，锚杆的承载机理见 8.1.2。该类支护结构的优点是适用范围广，施工方便。另外，由于其施工作业空间小，可适用于基坑周围有较好土层的各种场地与地形，并且由锚杆代替内支撑，改善了施工条件，降低了工程造价。但其稳定性及变形，即锚杆技术的成功与否，依赖于锚固体所提供的锚固力。

11.2.2.4 逆作拱墙

逆作拱墙又称闭合拱圈，其平面布置形式为闭合的椭圆，也可为几条不连续的曲线。采用钢筋混凝土在施工现场浇筑，混凝土的强度等级不宜低于 C25，在水平方向应通长双面配筋，总配筋率不应小于 0.7%。

该支护结构的截面形式如图 11-7 所示。拱壁的上下端宜加肋梁，则拱墙截面一般为 Z 字形，若基坑较深时，可采用数道拱墙叠合组成，亦可沿拱墙高度设数道肋梁。而当施工场地狭窄时，可相应增加拱壁厚度。在工程实践中可根据基坑开挖深度和场地环境，选择适当的拱墙截面形式。

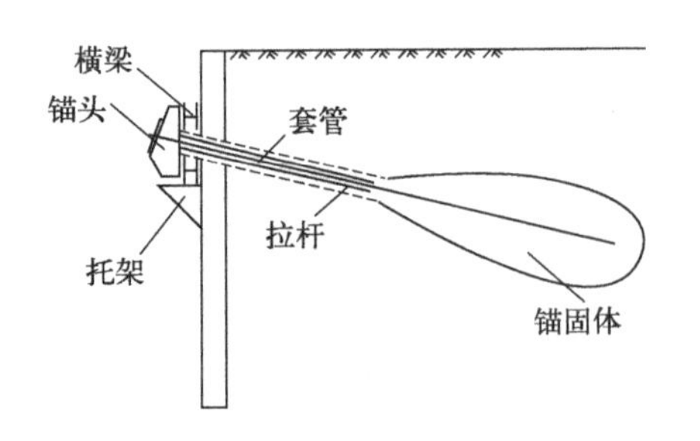

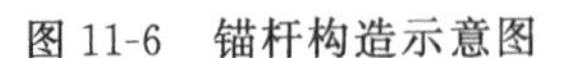
图 11-6 锚杆构造示意图

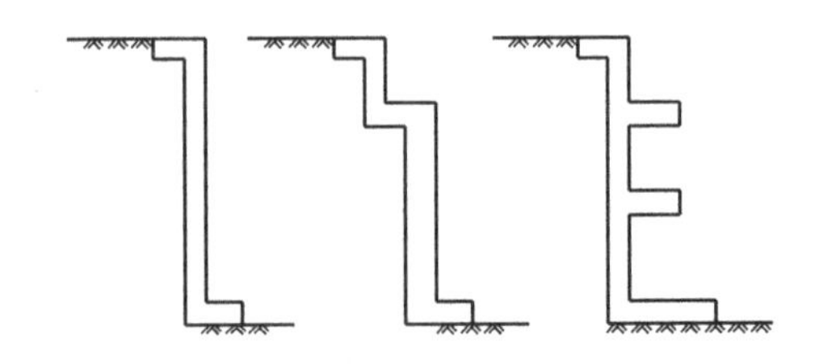
图 11-7 逆作拱墙的截面形式

11.2.3 支护结构选型

每种基坑支护类型都具有其适用性和局限性。基坑支护方案应综合考虑以下诸多因素[1]：基坑深度；土的性状及地下水条件；基坑周边环境对基坑变形的承受能力及支护结构一旦失效可能产生的后果；主体地下结构和其基础形式及其施工方法、基坑平面尺寸及形状；支护结构施工工艺的可行性；施工场地条件及施工季节；经济指标、环保性能和施工工期等。故在支护结构选型时应根据基地环境、结构的空间效应和受力特点，按表 11-2 选择安全、经济且利于支护结构材料受力性状的支护形式。

表 11-2　支护结构选型表

<table>
<tr><th colspan="2" rowspan="2">结构类型</th><th colspan="3">适用条件</th></tr>
<tr><th>安全等级</th><th colspan="2">基坑深度、环境条件、土类和地下水条件</th></tr>
<tr><td rowspan="5">支挡式结构</td><td>锚拉式结构</td><td rowspan="5">一级
二级
三级</td><td>适用于较深的基坑</td><td rowspan="5">1. 排桩适用于可采用降水或截水帷幕的基坑
2. 地下连续墙宜同时用作主体地下结构外墙，可同时用于截水
3. 锚杆不宜用在软土层和高水位的碎石土、砂土层
4. 当邻近基坑有建筑物地下室、地下构筑物等，锚杆的有效锚固长度不足时，不应采用锚杆
5. 当锚杆施工会造成基坑周边建(构)筑物的损害或违反城市地下空间规划等规定时，不应采用锚杆</td></tr>
<tr><td>支撑式结构</td><td>适用于较深的基坑</td></tr>
<tr><td>悬臂式结构</td><td>适用于较浅的基坑</td></tr>
<tr><td>双排桩</td><td>锚拉式、支撑式和悬臂式结构不适用时，可考虑采用双排桩</td></tr>
<tr><td>支护结构与主体结构结合的逆作法</td><td>适用于基坑周边环境条件很复杂的深基坑</td></tr>
<tr><td rowspan="4">土钉墙</td><td>单一土钉墙</td><td rowspan="4">二级、三级</td><td>适用于地下水位以上或经降水的非软土基坑，且基坑深度不宜大于 12m</td><td rowspan="4">当基坑潜在滑动面内有建筑物、重要地下管线时，不宜采用土钉墙</td></tr>
<tr><td>预应力锚杆复合土钉墙</td><td>适用于地下水位以上或经降水的非软土基坑，且基坑深度不宜大于 15m</td></tr>
<tr><td>水泥土桩垂直复合土钉墙</td><td>用于非软土基坑时，基坑深度不宜大于 12m；用于淤泥质土基坑时，基坑深度不宜大于 6m；不宜用在高水位的碎石土、砂土、粉土层中</td></tr>
<tr><td>微型桩垂直复合土钉墙</td><td>适用于地下水位以上或经降水的基坑，用于非软土基坑时，基坑深度不宜大于 12m；用于淤泥质土基坑时，基坑深度不宜大于 6m</td></tr>
<tr><td colspan="2">重力式水泥土墙</td><td>二级、三级</td><td colspan="2">适用于淤泥质土、淤泥基坑，且基坑深度不宜大于 7m</td></tr>
<tr><td colspan="2">放坡</td><td>三级</td><td colspan="2">1. 施工场地应满足放坡条件
2. 可与上述支护结构形式结合</td></tr>
</table>

注：1. 当基坑不同部位的周边环境条件、土层性状、基坑深度等不同时，可在不同部位分别采用不同的支护形式。
2. 支护结构可采用上、下部以不同结构类型组合的形式。

11.3　侧压力计算

计算作用在支护结构上的水平荷载时，应考虑基坑内外土的自重（包括地下水）；基坑周边既有和在建的建（构）筑物荷载；基坑周边施工材料和设备荷载；基坑周边道路车辆荷载；冻胀、温度变化等多种作用[1]。

11.3.1　土压力计算

支护结构的主动土压力、被动土压力可采用库仑或朗肯土压力理论计算；当对水平位移有严格限制时，应采用静止土压力计算[2]。水泥土挡墙的土压力通常按朗肯土压力理论进行计算，即假设墙面竖直、光滑，墙后填土面水平，土体处于极限平衡状态。实际工程中，地下水位以下的侧压力常用以下两种方法进行计算（图 11-8）：

① 地下水位以下的黏性土、黏质粉土等渗透性较差的土，可采用土压力、水压力合算法；

② 地下水位以下的砂质粉土、砂土和碎石土，应采用土压力、水压力分算法，也就是分别计算作用在挡墙上的土压力和水压力，然后将二者相加。该方法采用有效应力法计算土压力，概念明确。但当前工程地质勘察报告中极少提供有效抗剪强度指标，近似地可以采用

三轴固结不排水试验确定的抗剪强度指标来计算水土压力。在不能获得土的有效抗剪强度指标的情况下，可采用总应力法进行计算。

（1）对地下水位以上或水土合算的土层：

$$p_{ak}=\sigma_{ak}K_{a,i}-2c_i\sqrt{K_{a,i}} \tag{11-1a}$$

$$K_{a,i}=\tan^2\left(45°-\frac{\varphi_i}{2}\right) \tag{11-1b}$$

$$p_{pk}=\sigma_{pk}K_{p,i}+2c_i\sqrt{K_{p,i}} \tag{11-2a}$$

$$K_{p,i}=\tan^2\left(45°+\frac{\varphi_i}{2}\right) \tag{11-2b}$$

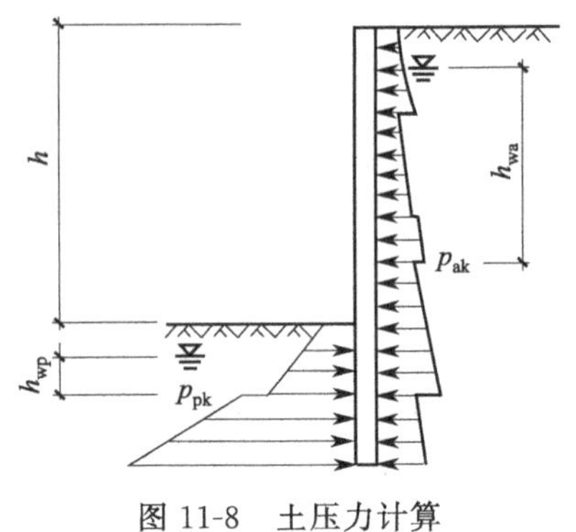

图 11-8 土压力计算

式中，p_{ak} 为支护结构外侧，第 i 层土中计算点的主动土压力强度标准值；当 $p_{ak}<0$ 时，取 0；σ_{ak}、σ_{pk} 分别为支护结构外侧、内侧计算点的土中竖向应力标准值；$K_{a,i}$、$K_{p,i}$ 分别为第 i 层土的主动土压力系数、被动土压力系数；c_i、φ_i 分别为第 i 层土的黏聚力、内摩擦角；p_{pk} 为支护结构内侧第 i 层土中计算点的被动土压力强度标准值。

（2）对于水土分算的土层：

$$p_{ak}=(\sigma_{ak}-u_a)K_{a,i}-2c_i\sqrt{K_{a,i}}+u_a \tag{11-3a}$$

$$p_{pk}=(\sigma_{pk}-u_p)K_{p,i}+2c_i\sqrt{K_{p,i}}+u_p \tag{11-3b}$$

式中，u_a、u_p 分别为支护结构外侧、内侧计算点的水压力。

水土分算得到的挡墙上作用力要比水土合算大，因此设计的墙体结构费用高，而有些土层一时难以确定其透水性时，则需从安全使用和投资费用两方面做出合理判断。

11.3.2 竖向应力标准值计算

土中竖向应力标准值应按下式计算：

$$\sigma_{ak}=\sigma_{ac}+\sum\Delta\sigma_{k,j} \tag{11-4a}$$

$$\sigma_{pk}=\sigma_{pc} \tag{11-4b}$$

式中，σ_{ac} 为支护结构外侧计算点，由土的自重产生的竖向总应力；σ_{pc} 为支护结构内侧计算点，由土的自重产生的竖向总应力；$\Delta\sigma_{k,j}$ 为支护结构外侧第 j 个附加荷载作用下计算点的土中附加竖向应力标准值，应根据附加荷载类型，按式(11-5)、式(11-6)、式(11-7)计算。

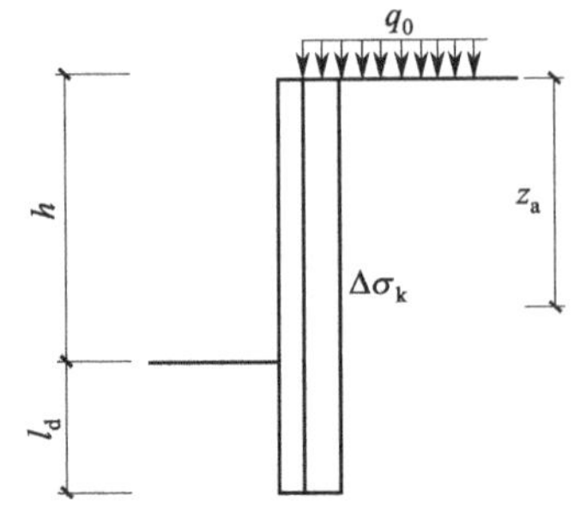

图 11-9 均布附加荷载作用下土中附加竖向应力计算

（1）均布附加荷载作用（图 11-9）

均布附加荷载作用下，土中附加竖向应力标准值为：

$$\Delta\sigma_{k,j}=q_0 \tag{11-5}$$

式中，q_0 为均布附加荷载标准值。

（2）局部附加荷载作用

① 条形基础下的附加荷载[图 11-10(a)]

当 $d+a/\tan\theta\leqslant z_a\leqslant d+(3a+b)/\tan\theta$ 时：

$$\Delta\sigma_{k,j}=\frac{p_0 b}{b+2a} \tag{11-6a}$$

式中，p_0 为基础底面附加压力标准值；d 为基础埋置深度；b 为基础宽度；a 为支护结构外边缘至基础的水平距离；θ 为附加荷载的扩散角，宜取 $\theta=45°$；z_a 为支护结构顶面至土中附加竖向应力计算点的竖向距离。

当 $z_a<d+a/\tan\theta$ 或 $z_a>d+(3a+b)/\tan\theta$ 时：

$$\Delta\sigma_{k,j}=0 \tag{11-6b}$$

② 矩形基础下的附加荷载[图 11-10(a)]

当 $d+a/\tan\theta\leqslant z_a\leqslant d+(3a+b)/\tan\theta$ 时：

$$\Delta\sigma_{k,j}=\frac{p_0bl}{(b+2a)(l+2a)} \tag{11-7a}$$

式中，b 为与基坑边垂直方向上的基础尺寸；l 为与基坑边平行方向上的基础尺寸。

当 $z_a<d+a/\tan\theta$ 或 $z_a>d+(3a+b)/\tan\theta$ 时：

$$\Delta\sigma_{k,j}=0 \tag{11-7b}$$

另外，作用在地面的条形、矩形附加荷载，按式(11-6)、式(11-7) 计算土中附加竖向应力标准值时，应取 $d=0$[图 11-10(b)]。

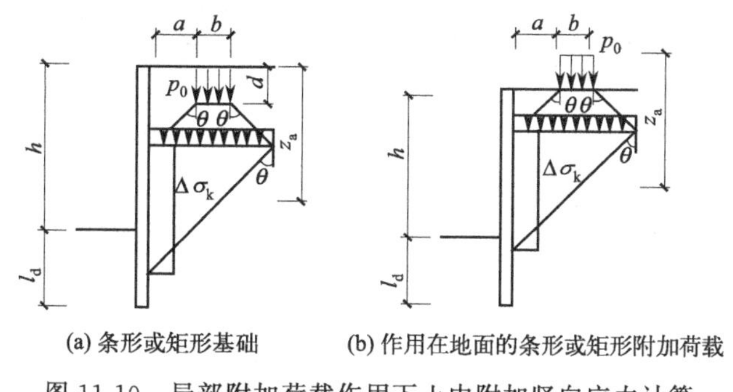

图 11-10　局部附加荷载作用下土中附加竖向应力计算

11.4　水泥土挡墙的设计计算

水泥土挡墙在基坑支护工程中运用较为广泛，其基本方法是采用深层搅拌机械或高压喷射机械在一定深度范围内使土体与水泥充分混合，待水泥固化后形成具有水稳定性和足够强度的水泥土连续墙体来抵抗水和土产生的侧压力。水泥土挡墙适用于淤泥、淤泥质土、黏土、粉质黏土、粉土、素填土等地基承载力不大于 150kPa 的土层，可作为基坑截水及较浅基坑的支护[2]。

水泥土挡墙与一般重力式挡土墙的设计类似，通常先根据场地条件初步确定墙体尺寸（高度、厚度、嵌固深度等），再进行侧压力计算（土压力、水压力）、整体稳定验算、抗滑移稳定验算、抗倾覆稳定验算和墙体结构强度验算。如不满足要求，则应更改原先的尺寸或采取其他相关措施。当坑底为饱和土时，应进行坑底抗隆起验算，有渗流时尚应进行抗渗流稳定的验算[4]。

11.4.1　墙体的厚度和嵌固深度

墙体厚度和嵌固深度的确定与基坑开挖深度、范围、地质条件、周围环境、地面荷载以及基坑等级等有关。初步设计时可按经验确定，一般墙厚可取开挖深度的 0.6～0.8 倍，嵌固深度可取开挖深度的 0.8～1.2 倍[3]。

另外，《建筑基坑支护技术规程》(JGJ 120—2012) 规定：水泥土墙嵌固深度设计值其嵌固深度应满足坑底隆起稳定性要求，当重力式水泥土墙底面以下有软弱下卧层时，墙底面土的抗隆起稳定性验算的部位尚应包括软弱下卧层。对淤泥质土，嵌固深度不宜小于 1.2h，宽度不宜小于 0.7h；对淤泥，嵌固深度不宜小于 1.3h，宽度不宜小于 0.8h，此处，h 为基坑深度。

11.4.2　水泥土挡墙的计算

水泥土挡墙的抗弯、抗拉强度较低，一般按重力式挡墙进行设计计算。计算内容包括抗倾覆稳定性、抗滑稳定性、整体稳定性以及墙体结构强度验算[6]

11.4.2.1　抗倾覆稳定性验算

水泥土挡墙绕墙趾的抗倾覆稳定性应符合下式规定（图 11-11）：

$$\frac{E_{pk}a_p+(G-u_mB)a_G}{E_{ak}a_a}\geqslant K_{ov} \tag{11-8}$$

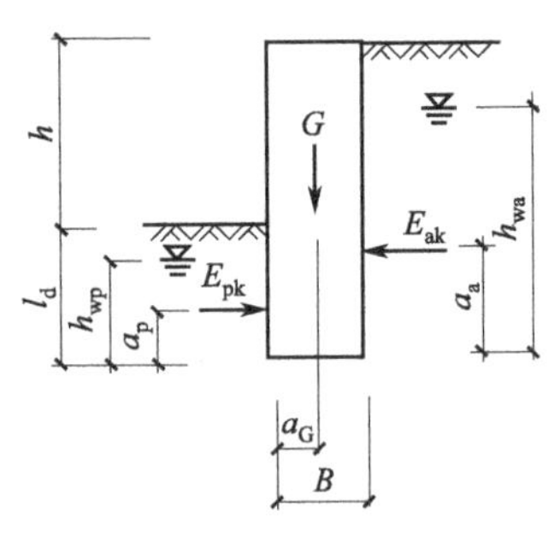

图 11-11　抗倾覆稳定性验算

式中，K_{ov} 为抗倾覆稳定安全系数，其值不应小于 1.3；a_a 为水泥土墙外侧主动土压力合力作用点至墙趾的竖向距离；a_p 为水泥土墙内侧被动土压力合力作用点至墙趾的竖向距离；a_G 为水泥土墙自重与墙底水压力合力作用点至墙趾的水平距离；u_m 为水泥土墙底面上的水压力，水泥土墙底面在地下水位以下时，取 $u_m=\gamma_w(h_{wa}+h_{wp})/2$，在地下水位以上时，取 $u_m=0$，此处，h_{wa} 为基坑外侧水泥土墙底处的水头高度，h_{wp} 为基坑内侧水泥土墙底处的水头高度。

11.4.2.2　抗滑移稳定性验算

水泥土挡墙的抗滑移稳定性应符合下式规定（图 11-12）：

$$\frac{E_{pk}+(G-u_mB)\tan\varphi+cB}{E_{ak}}\geqslant K_{sl} \tag{11-9}$$

式中，K_{sl} 为抗滑移稳定安全系数，其值不应小于 1.2；c、φ 分别为水泥土墙底面下土层的黏聚力、内摩擦角；B 为水泥土墙的底面宽度；G 为水泥土墙的自重；E_{ak}、E_{pk} 分别为作用在水泥土墙上的主动土压力、被动土压力标准值。

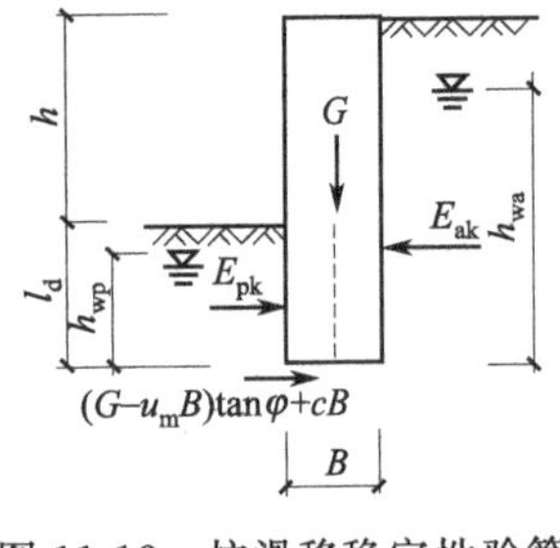

图 11-12　抗滑移稳定性验算

11.4.2.3　整体稳定性验算

水泥土挡墙常用于软土地基，整体稳定性验算是一项重要的验算内容。计算时可采用瑞典条分法，按圆弧滑动面考虑。采用圆弧滑动条分法时，其稳定性应符合下式规定（图 11-13）：

$$\min\{K_{s,1},K_{s,2}\cdots K_{s,i},\cdots\}\geqslant K_s \tag{11-10}$$

$$K_{s,i}=\frac{\sum c_jl_j+[(q_jb_j+\Delta G_j)\cos\theta_j-\mu_jl_j]\tan\varphi_j}{\sum(q_jl_j+\Delta G_j)\sin\theta_j} \tag{11-11}$$

式中，K_s 为圆弧滑动整体稳定安全系数，其值不应小于 1.3；$K_{s,i}$ 为第 i 个滑动圆弧的抗滑力矩与滑动力矩的比值；抗滑力矩与滑动力矩之比的最小值宜通过搜索不同圆心及半径的所有潜在滑动圆弧确定；c_j、φ_j 分别为第 j 土条滑弧面处土的黏聚力、内摩擦角；b_j 为第 j 土条的宽度；θ_j 为第 j 土条滑弧面中点处的法线与垂直面的夹角；l_j 为第 j 土条的滑弧长度，取 $l_j=b_j/\cos\theta_j$；q_j 为作用在第 j 土条上的附加分布荷载标准值；ΔG_j 为第 j 土条的自重，kN，按天然重度计算，分条时，水泥土墙可按土体考虑；u_j 为第 j 土条在滑弧面上的孔隙水压力，对地下水位以下的砂土、碎石土、砂质粉土，当地下水是静止的或渗流水力梯度可忽略不计时，在基坑外侧，可取 $u_j=\gamma_wh_{wa,j}$，在基坑内侧可取 $u_j=\gamma_wh_{wp,j}$，滑弧面在地下水位以上或对地下水位以下的黏性土时取 $u_j=0$；γ_w 为地下水重度；$h_{wa,j}$ 为基坑外侧第 j 土条滑弧面中点的压力水头；$h_{wp,j}$ 为基坑内侧第 j 土条滑弧面中点的压力水头。

当墙底以下存在软弱下卧土层时，稳定性验算的滑动面中尚应包括由圆弧与软弱土层层面组成的复合滑动面。

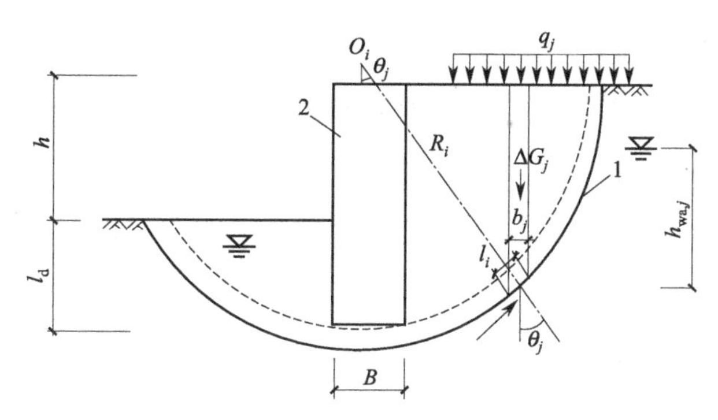

图 11-13　整体滑动稳定性验算

11.4.2.4　墙体结构强度验算

水泥土墙墙体的正截面应力应符合下列规定：

（1）拉应力

$$\frac{6M_i}{B^2}-\gamma_{cs}z\leqslant 0.15f_{cs} \tag{11-12}$$

（2）压应力

$$\gamma_0\gamma_F\gamma_{cs}z+\frac{6M_i}{B^2}\leqslant f_{cs} \tag{11-13}$$

（3）剪应力

$$\frac{E_{ak,i}-\mu G_i-E_{pk,i}}{B}\leqslant \frac{1}{6}f_{cs} \tag{11-14}$$

式中，M_i 为水泥土墙验算截面的弯矩设计值；B 为验算截面处水泥土墙的宽度；γ_{cs} 为水泥土墙的重度；z 为验算截面至水泥土墙顶的垂直距离；f_{cs} 为水泥土开挖龄期时的轴心抗压强度设计值，应根据现场试验或工程经验确定；γ_F 为荷载综合分项系数；$E_{ak,i}$、$E_{pk,i}$ 分别为验算截面以上的主动土压力标准值、被动土压力标准值，验算截面在基底以上时，取 $E_{pk,i}=0$；G_i 为验算截面以上的墙体自重；μ 为墙体材料的抗剪断系数，取 0.4～0.5。

重力式水泥土墙的正截面应力验算时，计算截面应包括以下部位：基坑面以下主动、被动土压力强度相等处；基坑底面处；水泥土墙的截面突变处。

【例 11-1】 某基坑采用水泥土挡墙进行支护，安全等级二级，水泥土搅拌桩抗压强度设计值 $f_{cs}=1\text{MPa}$，$\gamma_{cs}=19\text{kN/m}^3$。土层信息见图 11-14，试设计此挡墙，并验算其抗滑移、倾覆及桩身强度。

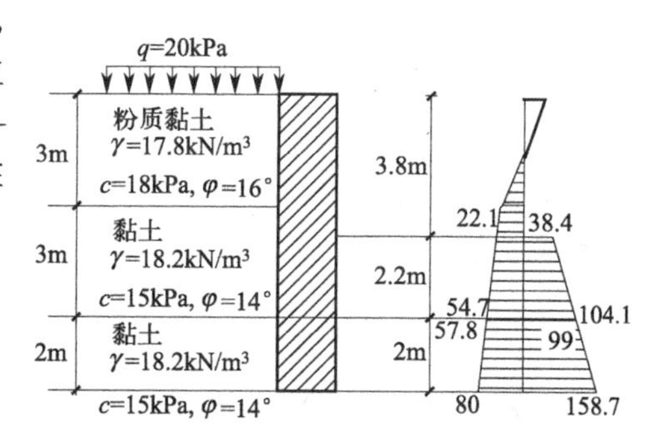

图 11-14　例 11-1 图

【解】（1）桩身参数选择

嵌固深度：

$d=(0.8\sim1.2)h$，$h=3.8\text{m}$，取 $d=4.2\text{m}$

挡墙宽度：

$B=(0.6\sim0.8)h$，取 $B=1.6\text{m}$

(2) 计算土压力（土压力强度分布见图 11-14）

主动土压力：

$$K_{a1}=\tan^2\left(45°-\frac{\varphi}{2}\right)=\tan^2\left(45°-\frac{16°}{2}\right)=0.568$$

$$Z_0=2c/\sqrt{K_{a1}}=2\times18/\sqrt{0.568}=1.56(\text{m})$$

$$K_{a2}=K_{a3}=\tan^2\left(45°-\frac{14°}{2}\right)=0.61$$

$$p_{a1}^{下}=(17.8\times3+20)\times0.61-2\times15/\sqrt{0.61}=22.1(\text{kPa})$$

$$p_{a2}^{上}=(17.8\times3+18.2\times3+20)\times0.61-2\times15/\sqrt{0.61}=54.7(\text{kPa})$$

$$p_{a2}^{下}=(17.8\times3+18.2\times3+20)\times0.61-2\times13/\sqrt{0.61}=57.8(\text{kPa})$$

$$p_{a3}^{上}=(17.8\times3+18.2\times3+18.2\times2+20)\times0.61-2\times13/\sqrt{0.61}=80(\text{kPa})$$

$$E_a=\frac{1}{2}\times(3-1.56)\times14.6+\frac{1}{2}\times3\times(22.1+54.7)+\frac{1}{2}\times2\times(57.8+80)=263.5(\text{kN})$$

$$h_a=\frac{10.5\times5.48+115.2\times3.29+137.8\times0.95}{263.5}=2.15(\text{m})$$

被动土压力：

$$K_p=\tan^2\left(45°+\frac{\varphi}{2}\right)=\tan^2\left(45°+\frac{14°}{2}\right)=1.638$$

$$p_{pa}=2\times15\times1.638=38.4(\text{kPa})$$

$$p_{p2}^{上}=(18.2\times2.2)\times1.638+2\times15/\sqrt{1.638}=104.1(\text{kPa})$$

$$p_{p2}^{下}=(18.2\times2.2)\times1.638+2\times15/\sqrt{1.638}=99(\text{kPa})$$

$$p_{p3}^{上}=(18.2\times2.2+18.2\times2)\times1.638+2\times13/\sqrt{1.638}=158.7(\text{kPa})$$

$$E_a=\frac{1}{2}\times2.2\times(38.4+104.1)+\frac{1}{2}\times2\times(99+158.7)=414.5(\text{kN})$$

$$h_p=\frac{156.8\times2.89+257.7\times0.92}{414.5}=1.67(\text{m})$$

$$E_a=\frac{1}{2}\times(3-1.56)\times14.6+\frac{1}{2}\times3\times(22.1+54.7)+\frac{1}{2}\times2\times(57.8+80)$$
$$=263.5(\text{kN})$$

(3) 抗滑移稳定性验算

$$\frac{E_{pk}+(G-u_mB)\tan\varphi+cB}{E_{ak}}=\frac{414.5+1.6\times8\times19\times\tan14°+13\times1.6}{263.5}=1.88>K_{sl}$$ 满足要求。

(4) 抗倾覆稳定性验算

$$\frac{E_{pk}a_p+(G-u_mB)a_G}{E_{ak}a_a}=\frac{414.5\times1.67+1.6\times8\times19\times0.8}{263.5\times2.15}=1.57\geqslant K_{ov}$$ 满足要求。

(5) 桩身强度验算

拉应力：

$$\frac{6M_i}{B^2}-\gamma_{cs}z\leqslant0.15f_{cs}$$

$$M=h_p\sum E_{pi}-h_a\sum E_{ai}=1.67\times414.5-2.15\times263.5=125.7(\text{kN}\cdot\text{m})$$

$$\frac{6M_i}{B^2}-\gamma_{cs}z=\frac{6\times125.7}{1.6^2}-19\times8=140.3(\text{kPa})\leqslant0.15f_{cs}=0.15\times1000=150(\text{kPa})$$ 满足要求。

压应力：

$$\gamma_0\gamma_F\gamma_{cs}z+\frac{6M_i}{B^2}\leqslant f_{cs}$$，其中：$\gamma_0=1.0$，荷载效应综合分项系数 $\gamma_F=1.25$

$$\gamma_0\gamma_F\gamma_{cs}z+\frac{6M_i}{B^2}=1.0\times1.25\times19\times8+\frac{6\times125.7}{1.6^2}=482.3(\mathrm{kPa})\leqslant f_{cs}=1000\mathrm{kPa}$$，满足要求。

剪应力：

$$\frac{E_{ak,i}-\mu G_i-E_{pk,i}}{B}\leqslant\frac{1}{6}f_{cs},G=1.6\times8\times19=243.2(\mathrm{kN})$$

墙体材料抗剪断系数：

$$\mu=0.4\sim0.5,取\ \mu=0.45$$

$$\frac{E_{ak,i}-\mu G_i-E_{pk,i}}{B}=\frac{263.5-0.45\times243.2-414.5}{1.6}=-162.8(\mathrm{kPa})\leqslant\frac{1}{6}f_{cs}=\frac{1}{6}\times1000=166.7$$

(kPa)　故满足要求。

11.4.3　构造要求

水泥土墙宜采用水泥土搅拌桩相互搭接形成的格栅状结构形式，也可采用水泥土搅拌桩相互搭接成实体的结构形式。搅拌桩的施工工艺宜采用喷浆搅拌法，搭接宽度不宜小于 150mm。

水泥土墙体 28d 无侧限抗压强度不宜小于 0.8MPa。当需要增强墙身的抗拉性能时，可在水泥土桩内插入杆筋，杆筋应锚入面板内。杆筋可采用钢筋、钢管或毛竹，插入深度宜大于基坑深度。

水泥土墙采用格栅布置时，格栅的面积置换率，对淤泥质土，不宜小于 0.7；对淤泥，不宜小于 0.8；对一般黏性土、砂土，不宜小于 0.6。格栅内侧的长宽比不宜大于 2。

水泥土墙顶面宜设置混凝土连接面板，面板厚度不宜小于 150mm，混凝土强度等级不宜低于 C15。

11.5　土钉支护的设计计算

土钉支护（土钉墙）是基于新奥法（NATM）原理发展起来的一种新型原位土体加固技术。该加固技术通过在土体内设置一定长度和密度的土钉，使土钉与土共同工作以提高原状土的强度和整体稳定性。目前，该技术被广泛应用于基坑开挖支护和边坡加固工程中。

土钉墙的优点主要有材料用量和工程量少，施工速度快，节约工时；施工设备轻便，操作方法相对简单；场地土层适用性强；结构轻巧，柔性大，延展性好；施工所需的场地较小，能贴近已有建筑物进行施工；安全可靠，分层开挖分层支护，信息化施工；经济，造价比锚杆节约 10%～30%，比灌注桩支护节约 1/3～2/3。

缺点也比较明显，基坑外侧需有土钉施工空间，浅层市政设施和地下构筑物容易影响土钉施工；地质条件较差时，特别是在地下水丰富的松散砂土、流塑及软塑黏性土的地区，需结合其他加固方法施工；基坑侧壁的变形控制差；作为永久性支护需考虑腐蚀问题；给临近基础施工带来不便等。

土钉支护结构的设计内容见图 11-15，可参考工程类比和工程经验进行结构尺寸与材料参数的选择。重要的工程计算分析时，宜结合有限元法对支护结构的内力与变形进行分析。

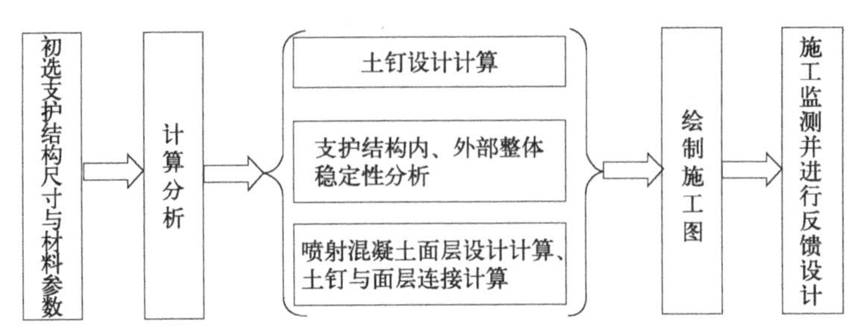

图 11-15 土钉支护结构的设计内容

11.5.1 土钉支护结构参数的确定

(1) 土钉的长度

土钉长度应按各层土钉受力均匀、各土钉拉力与相应土钉极限承载力的比值近于相等的原则确定[1]。土钉内力分布沿支护高度相差较大，一般中部大，顶部和底部较小[7]。顶部土钉对限制支护结构的水平位移非常重要，而底部土钉主要是抵抗基底滑动、倾覆或失稳，另外，当支护结构接近极限状态时，底部土钉的作用会明显加强。根据土钉各部分所起作用的不同，可将土钉取成等长或顶部土钉稍长，底部土钉稍短。

(2) 土钉的间距

土钉的间距大小直接影响到其整体作用效果，选择的原则是以每个土钉注浆体对周围土体的影响区域应与相邻土钉注浆体的影响区域相重叠为准。土钉水平间距和竖向间距宜为1～2m，当基坑较深、土的抗剪强度较低时，土钉间距应取小值[1]。土钉的竖向间距应与每步开挖深度相对应，沿面层布置的土钉密度不应低于 $6m^2$/根[3]。

(3) 土钉的倾角

土钉与水平线之间的夹角称为土钉倾角，一般宜为 5°～20°，其夹角应根据土性和施工条件确定[1]。研究表明，倾角越小，支护的变形越小，但注浆质量较难控制；倾角越大，支护的变形越大，但有利于土钉插入下部较好土层，注浆质量也易于保证[6]。

(4) 土钉的材料

土钉可采用钢筋、角钢和钢管等[6]。当采用钢筋时，钢筋直径应根据土钉抗拔承载力设计要求确定，宜取 16～32 mm，钢筋级别选择 HRB400、HRB335[1]；采用角钢时，一般为∟5×50×50 角钢；采用钢管时，钢管的外径不宜小于 48mm，壁厚不宜小于 3mm。

(5) 注浆材料

土钉孔注浆材料可采用水泥浆或水泥砂浆，其强度不宜低于 20MPa[6]。

(6) 喷射混凝土面层

喷射混凝土面层的混凝土强度等级不低于 C20，宜取 80～100mm。面层中应配置钢筋网和通长的加强钢筋，钢筋网宜采用 HPB300 级钢筋，直径 6～10mm，钢筋网间距宜取 150～250mm，钢筋网间的搭接长度应大于 300mm；加强钢筋的直径宜取 14～20mm，当充分利用土钉杆体的抗拉强度时，加强钢筋的截面面积不应小于土钉杆体截面面积的 1/2[1]。

土钉与加强钢筋宜采用焊接连接，其连接应满足承受土钉拉力的要求。当在土钉拉力作用下喷射混凝土面层的局部受冲切承载力不足时，应采用设置承压钢板等加强措施。

11.5.2 土钉的设计计算

11.5.2.1 土钉承载力计算

(1) 单根土钉的极限抗拔承载力

单根土钉的极限抗拔承载力应符合下式规定：

$$\frac{R_{k,j}}{N_{k,j}} \geqslant K_t \tag{11-15}$$

式中，K_t 为土钉抗拔安全系数；安全等级为二级、三级的土钉墙，分别不应小于 1.6、1.4；$N_{k,j}$ 为第 j 层土钉的轴向拉力标准值；$R_{k,j}$ 为第 j 层土钉的极限抗拔承载力标准值。

(2) 单根土钉极限抗拔承载力标准值

单根土钉极限抗拔承载力应通过抗拔试验确定。单根土钉极限抗拔承载力标准值也可以按下式估算：

$$R_{k,j} = \pi d_j \sum q_{sk,i} l_i \tag{11-16}$$

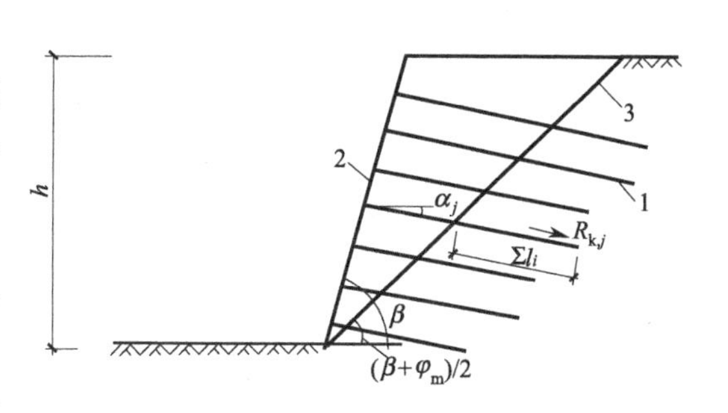

图 11-16　土钉抗拔承载力计算

1—土钉；2—喷射混凝土面层；3—滑动面

式中，$R_{k,j}$ 为第 j 层土钉的极限抗拔承载力标准值；d_j 为第 j 层土钉的锚固体直径，成孔注浆土钉取成孔直径，打入钢管土钉取钢管直径；$q_{sk,i}$ 为第 j 层土钉在第 i 层土的极限黏结强度标准值；l_i 为第 j 层土钉在滑动面以外的部分第 i 土层中的长度；计算单根土钉极限抗拔承载力时，取图 11-16 所示的直线滑动面，直线滑动面与水平面的夹角取$(\beta+\varphi_m)/2$。

(3) 单根土钉的轴向拉力标准值

$$N_{k,j} = \frac{1}{\cos\alpha_j} \zeta \eta_j p_{ak,j} s_{x,j} s_{z,j} \tag{11-17a}$$

$$\zeta = \tan\frac{\beta-\varphi_m}{2}\left(\frac{1}{\tan\dfrac{\beta+\varphi_m}{2}} - \frac{1}{\tan\beta}\right) \Big/ \tan^2\left(45^\circ - \frac{\varphi_m}{2}\right) \tag{11-17b}$$

$$\eta_j = \eta_a - (\eta_a - \eta_b)\frac{z_j}{h} \tag{11-17c}$$

$$\eta_a = \frac{\sum_{i=1}^{n}(h - \eta_b z_j)\Delta E_{aj}}{\sum_{i=1}^{n}(h - z_j)\Delta E_{aj}} \tag{11-17d}$$

式中，ζ 为墙面倾斜时的主动土压力折减系数；α_j 为第 j 层土钉的倾角；η_j 为第 j 层土钉轴向拉力调整系数；$p_{ak,j}$ 为第 j 层土钉处的主动土压力强度标准值；$s_{x,j}$、$s_{z,j}$ 分别为土钉的水平、垂直间距；β 为土钉墙坡面与水平面的夹角；φ_m 为基坑底面以上各土层按土层厚度加权的内摩擦角平均值；z_j 为第 j 层土钉至基坑顶面的垂直距离；h 为基坑深度；ΔE_{aj} 为作用在以 $s_{x,j}$、$s_{z,j}$ 为边长的面积内的主动土压力标准值；η_a 为计算系数；η_b 为经验系数，可取 0.6～1.0；n 为土钉层数。

(4) 土钉杆体的受拉承载力

土钉杆体的受拉承载力应满足下列规定：

$$N_j \leqslant f_y A_s \tag{11-18}$$

式中，N_j 为第 j 层土钉的轴向拉力设计值，$N_j = \gamma_0 \gamma_F N_k$，$N_k$ 为作用标准组合的轴向拉力值，γ_0 为支护结构重要性系数，按表 10-1 采用，γ_F 为作用基本组合的综合分项系数，不应小于 1.25；f_y 为土钉杆体的抗拉强度设计值；A_s 为土钉杆体的截面面积。

11.5.2.2　土钉稳定性验算

（1）整体滑动稳定性分析

整体滑动稳定性分析，可采用圆弧滑动条分法（图 11-17）。

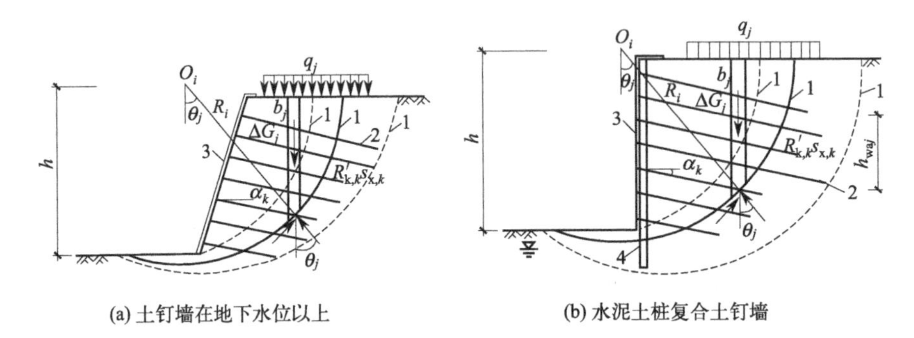

(a) 土钉墙在地下水位以上　　(b) 水泥土桩复合土钉墙

图 11-17　土钉墙整体稳定性验算

1—滑动面；2—土钉或锚杆；3—喷射混凝土面层；4—水泥土桩或微型桩

$$K_{s,i}=\frac{\sum\left[c_j l_j+(q_j b_j+\Delta G_j)\cos\theta_j\tan\varphi_j\right]+\sum R'_{k,k}\left[\cos(\theta_k+\alpha_k)+\psi_v\right]/s_{x,k}}{\sum(q_j l_j+\Delta G_j)\sin\theta_j}\tag{11-19}$$

$$\min\{K_{s,1},K_{s,2},\cdots,K_{s,i},\cdots\}\geqslant K_s\tag{11-20}$$

式中，K_s 为圆弧滑动整体稳定安全系数；安全等级为二级、三级的土钉墙，K_s 分别不应小于 1.3、1.25；$R'_{k,k}$ 为第 k 层锚杆对圆弧滑动体的极限抗拔承载力标准值与杆体受拉承载力标准值的较小值；α_k 为第 k 层土钉或锚杆的倾角；$s_{x,k}$ 为第 k 层土钉或锚杆的水平间距，m；ψ_v 为计算系数，可按 $\psi_v=0.5\sin(\theta_k+\alpha_k)\tan\varphi$ 取值，此处，φ 为第 k 层锚杆与滑弧交点处土的内摩擦角；其他符号同前。

当基坑面以下存在软弱下卧土层时，整体稳定性验算滑动面中尚应包括由圆弧与软弱土层层面组成的复合滑动面。

（2）土钉墙坑底隆起稳定性验算（图 11-18）

$$\frac{\gamma_{m2}DN_q+cN_c}{(q_1b_1+q_2b_2)/(b_1+b_2)}\geqslant K_b\tag{11-21}$$

$$N_q=\tan^2\left(45^\circ+\frac{\varphi}{2}\right)e^{\pi\tan\varphi}\tag{11-22}$$

$$N_c=(N_q-1)/\tan\varphi\tag{11-23}$$

$$q_1=0.5\gamma_{m1}h+\gamma_{m2}D\tag{11-24}$$

$$q_2=\gamma_{m1}h+\gamma_{m2}D+q_0\tag{11-25}$$

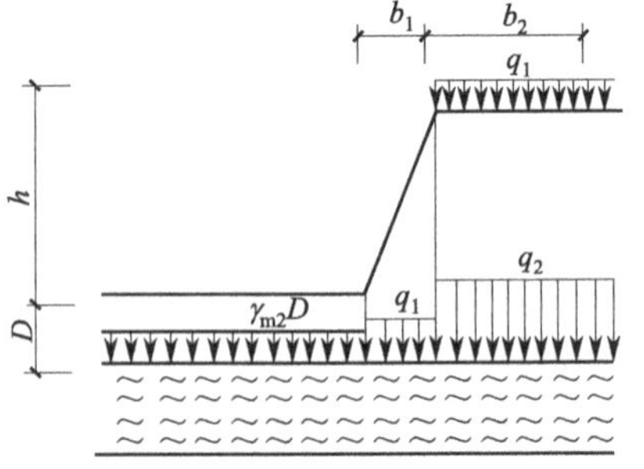

图 11-18　基坑底面下有软土层的土钉墙抗隆起稳定性验算

式中，K_b 为抗隆起安全系数，安全等级为二级、三级的土钉墙，分别不应小于 1.6、1.4；γ_{m1}、γ_{m2} 分别为基坑底面以上及基坑底面至抗隆起计算平面之间土的天然重度，对多层土取各层土按厚度加权的平均重度；D 为基坑底面至抗隆起计算平面之间土层的厚度，当抗隆起计算平面为基坑底平面时，取 D 等于 0；N_c、N_q 为承载力系数；c、φ 分别为抗隆起计算平面以下土的黏聚力、内摩擦角；b_1 为土钉墙坡面的宽度，当土钉墙坡面垂直时取 b_1 等于 0；b_2 为地面均布荷载的计算宽度，可取 b_2 等于 h。

11.5.3 复合土钉墙技术

新型复合土钉墙技术是将土钉墙与深层搅拌桩、旋喷桩、微型桩及预应力锚杆结合起来，通过多种组合，形成复合基坑支护技术，大大扩展了土钉墙支护的应用范围。

常见的复合土钉墙类型见图 11-19。

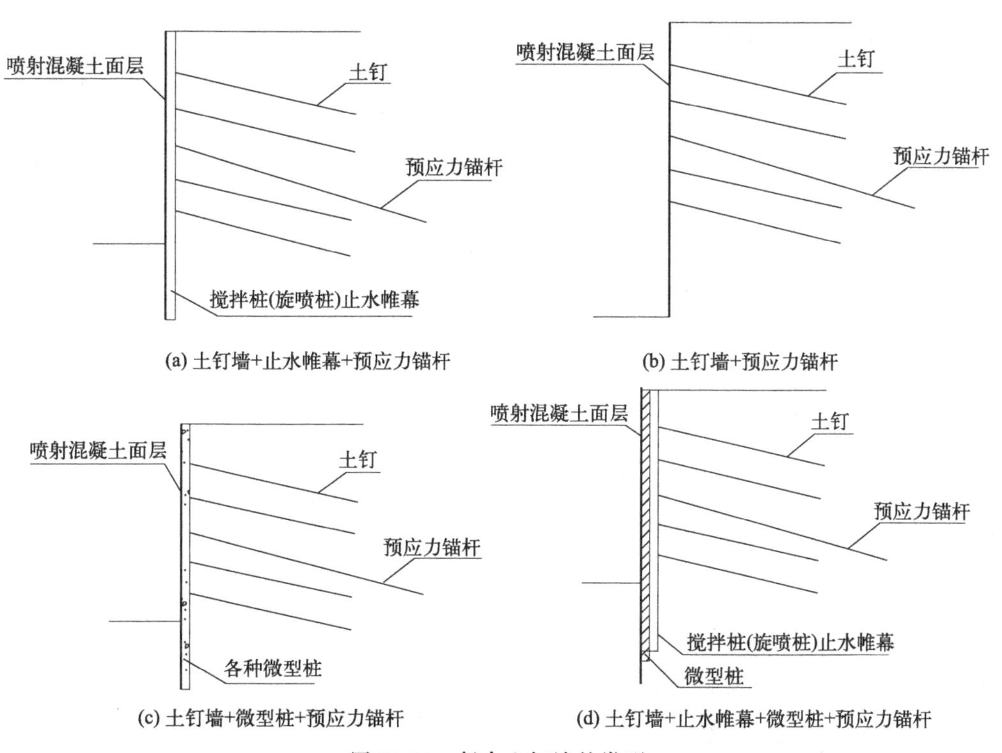

图 11-19 复合土钉墙的类型

(1) 土钉墙＋止水帷幕＋预应力锚杆

这是应用最广泛的一种形式，预应力锚杆可有效地控制基坑侧壁的水平位移，止水帷幕能够隔断坑内外的水力联系，该形式可以满足大多数实际工程的需要。

(2) 土钉墙＋预应力锚杆

当周边环境允许坑内外同时降水时，可不设置止水帷幕，只在适当位置增设预应力锚索控制基坑侧壁变形，满足周边环境的变形控制要求。

(3) 土钉墙＋微型桩＋预应力锚杆

当基坑开挖面距离建筑红线和周边建筑物很近时，无放坡条件同时对基坑侧壁变形要求较高，可以使用各类微型桩进行超前支护来保证开挖过程中土体的稳定性、限制侧壁位移。微型桩通常采用直径为 100～300mm 的钻孔灌注桩、钢管桩、型钢桩或木桩等。

(4) 土钉墙＋止水帷幕＋微型桩＋预应力锚杆

当基坑开挖深度较大、变形控制要求高、地质条件和周边环境条件复杂时，可采用该形式。

复合土钉墙支护是一项技术先进、施工简便、经济合理、综合性能突出的基坑支护技术，具有轻型、机动灵活、适用范围广、造价低、工期短、安全可靠等特点，因为其支护能力强，可作超前支护，并兼备支护、截水等效果。在实际工程中，组成复合土钉墙的各项技术可根据工程需要进行灵活的有机结合，形式多样。

相比于单一土钉墙，在复合土钉墙的设计计算中，要考虑到预应力锚索、微型桩以及止水帷幕对土压力分布以及基坑侧壁稳定性、坑底抗隆起稳定性、抗渗流稳定性等的影响，设计计算过程需严格按照《复合土钉墙基坑支护技术规范》（GB 50739—2011）的相关要求进行。

11.6 支护排桩的设计计算

排桩是指沿基坑侧壁排列设置的支护桩及冠梁所组成的支挡式结构部件或悬臂式支挡结构。排桩支护可采用钻孔灌注桩、人工挖孔桩、钢管桩、型钢桩、钢筋混凝土板桩或钢板桩。基坑开挖时，对于非淤泥质土地区，开挖深度在6～15m时可采用排桩支护。

按基坑开挖深度及支挡结构的受力情况，排桩支护可分为：

（1）无支撑（悬臂）支护结构

当基坑开挖深度不大，即可利用悬臂作用挡住墙后土体。悬臂式支护结构的特点是桩身内力较大，不利于桩顶水平位移的控制。

（2）单层支锚结构

当基坑开挖深度较大时，不能采用无支撑支护结构，可在支护结构顶部附近设置一道单支撑（或拉锚）。单支撑（或拉锚）靠近桩顶设置，可有效地控制桩顶水平位移；单支撑（或拉锚）靠近桩身中部及以下设置，可有效地改善桩身受力。

（3）多层支锚结构

当基坑开挖深度较深时，可设置多道支撑（或拉锚），以优化支护排桩的受力，减少挡墙的压力。首道支撑（或拉锚）靠近桩顶设置，以控制桩顶水平位移；最后一道支撑（或拉锚）靠近坑底设置，以改善桩身受力。

11.6.1 支护排桩的设计计算

支护排桩的设计计算步骤如下：

① 选择桩型，进行桩的平面设计与竖向设计；

② 根据基坑的稳定性验算确定桩的嵌固深度；

③ 按平面杆系结构弹性支点法进行桩身内力、支点力以及结构变形计算，得到桩身弯矩和剪力的计算值 M_k、V_k，并将计算值换算成设计值 M、V；

④ 根据设计值 M、V，按正截面受弯、斜截面受剪进行桩身受力筋计算及配置；

⑤ 根据构造要求，进行桩身分布筋和加强筋的设置，并进行冠梁设计。

11.6.1.1 桩的选型与成桩工艺

常见的基坑支护排桩有混凝土灌注桩、型钢桩、钢管桩、钢板桩、型钢水泥土搅拌桩等。

排桩的平面设计参数主要包括桩径、桩中心距、桩的平面布置以及桩与地下结构之间的净空间尺寸设计。

排桩的竖向设计参数主要包括桩顶设计标高、嵌固深度以及桩间土的保护设计。

（1）桩型及成桩工艺

① 应根据土层的性质、地下水条件及基坑周边环境要求等选择桩型；

② 当支护桩施工影响范围内存在对地基变形敏感、结构性能差的建筑物或地下管线时，不应采用挤土效应严重、易塌孔、易缩径或有较大振动的桩型和施工工艺；

③ 采用挖孔桩且成孔需要降水时，降水引起的地层变形应满足周边建筑物和地下管线的要求，否则应采取截水措施。

（2）桩径及桩间距

一般按照经验取值。《建筑基坑支护技术规程》（JGJ 120—2012）规定：采用混凝土灌注桩时，对悬臂式排桩，支护桩的桩径宜大于或等于 600mm；对锚拉式排桩或支撑式排桩，支护桩的桩径宜大于或等于 400mm；排桩的中心距不宜大于桩直径的 2.0 倍。有地下水时，桩中心距可取 1.2～1.5 倍桩径，砂土和软土取小值，黏性土取大值；无地下水、降水或者土质较好时，桩中心距可取 2 倍桩径。

（3）计算土压力

按照经验土压力或实测土压力或规范法计算土压力。

（4）嵌固深度核算

当土体分层多时，一般先假定一个经验入土嵌固深度，然后根据嵌固稳定性或抗隆起稳定性要求进行校验。

（5）最大弯矩计算

根据《建筑基坑支护技术规程》（JGJ 120—2012）规定的平面杆系弹性支点法计算支护桩的内力，手算可采用经典法。

（6）桩身配筋

按照桩身最大弯矩配筋，以设计值 M、V 按正截面受弯、斜截面受剪承载力验算要求计算所需受力钢筋并进行配置。

（7）冠梁配筋

冠梁高度一般为桩直径的 0.6～0.8 倍且≥0.4m，冠梁宽度不小于桩的直径。桩的主筋锚固于冠梁，锚固长度应符合《建筑基坑支护技术规程》（JGJ 120—2012）的相关规定。

冠梁上若无支撑或锚杆，配筋一般采用构造配筋，并符合最小配筋率要求，经验值为（0.5～0.8）A_s（A_s 为桩身主筋配筋总面积）。当冠梁兼作腰梁时，按照腰梁受力，以最大弯矩按照钢筋混凝土梁计算配筋。

（8）变形估算

可采用弹性地基梁法或者有限元法。一般只能用软件计算，实际工程中变形靠监测来控制。

11.6.1.2 支挡结构内力计算方法

对于支挡式结构内力计算的方法，随着力学理论、数值分析以及计算机技术的发展，经历了从经典法到弹性法、再到数值分析方法三个阶段。本节重点介绍支护结构设计计算最常用的经典法和弹性法。这两种方法计算基坑外侧的主动土压力（荷载标准值）都是采用朗肯理论，而基坑内侧水平抗力的计算则不相同。当采用经典法计算时，基坑内侧土压力按朗肯或库仑被动土压力公式计算，不考虑墙体或桩体的变形，也不考虑锚杆或支撑的变形；当采用弹性法计算时，基坑内被动土压力采用土抗力，土抗力等于该点的弹性抗力系数 k_H 与该点水平位移 y 的乘积。

（1）经典法

① 静力平衡法　静力平衡法可用于单层支锚浅埋结构内力计算。这类结构的力学计算简图如图 11-20 所示。它的未知数有两个：锚杆水平拉力 T_1 和支护结构的嵌固深度 h_d，可用静力平衡法求得，然后即可求得支护结构的内力分布。

从图 11-20 可知，为使支护结构保持平衡，在锚杆设置点 A 的力矩应为零，即 $\sum M_A=0$：

$$\sum E_{Pj}h_{Pj}-\sum E_{ai}h_{ai}=0 \tag{11-26}$$

式中，E_{ai}、h_{ai} 分别为第 i 层土的主动土压力的合力及合力作用点至锚杆设置点 A 的距离；E_{Pj}、h_{Pj} 分别为第 j 层土的被动土压力的合力及合力作用点至锚杆设置点 A 的距离。

由于式(11-26)是一个关于嵌固深度 h_d 的一元三次方程，解析解无法求得。一般用试算法求出 l_d 的值，再根据静力平衡条件求出 A 点的锚杆水平拉力 T_1：

$$T_1=\sum E_{ai}-\sum E_{Pj} \tag{11-27}$$

锚杆水平拉力 T_1 也可由 C 点的力矩平衡条件 $\sum M_C=0$ 求得。

求得嵌固深度 h_d 和锚杆水平拉力 T_1 后，即可得出支护结构的弯矩和剪力图。

弯矩最大点即是剪力为零点，因此弯矩最大点至锚杆设置点的距离 h_0 可由式(11-28)求得：

$$T_1-\sum E_{a0}=0 \tag{11-28}$$

最大弯矩计算值 M_{max} 可按式(11-29)计算：

$$M_{max}=T_1 h_0-\sum E_{a0}(h_0-h_{a0}) \tag{11-29}$$

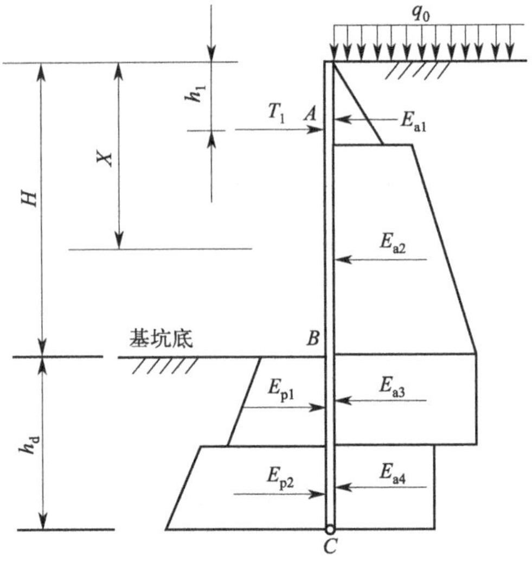

图 11-20 静力平衡法计算

式中，E_{a0}、h_{a0} 分别为剪力为零点以上地层的主动土压力的合力及合力作用点至锚杆设置点的距离；h_0 为剪力为零点（弯矩最大点）至锚杆设置点的距离。

锚杆水平拉力 T_{1j} 及结构内力的设计值可按式(11-30)计算：

锚杆水平拉力： $$T_{1j}=1.25\gamma_0 T_1 \tag{11-30a}$$

截面弯矩设计值： $$M_j=1.25\gamma_0 M_{max} \tag{11-30b}$$

截面剪力设计值： $$V_j=1.25\gamma_0 V \tag{11-30c}$$

式中，γ_0 为基坑侧壁安全等级重要性系数；V 为截面剪力设计值。

单锚浅埋结构嵌固深度除满足静力平衡要求外，还要满足嵌固稳定性及坑底抗隆起稳定性验算要求，及《建筑基坑支护技术规程》(JGJ 120—2012)规定的最小嵌固深度要求。

② 等值梁法　等值梁法也称假想铰法，主要用于多层支锚结构内力分析。先假定支挡结构上反弯点（假想铰）的位置，反弯点处弯矩为零，计算长度为桩顶至反弯点的距离，并在支撑设置处将桩分段，然后按结构力学中的连续梁求解弯矩、剪力及支撑轴力。

多层支护的施工是先施工挡土桩或挡土墙，然后开挖第一层土，挖到第一层支撑或锚杆点以下若干距离，进行第一层支撑或锚杆施工，然后再挖第二层土，挖到第二层支撑（锚杆）支点下若干距离，进行第二层支撑或锚杆施工。如此循序作业，直至挖到坑底为止。

一般来说，手算支护结构内力时，可以在考虑深基坑分阶段开挖分阶段支撑的实际工况前提下，对各危险工况采用等值梁法进行内力计算。

设计案例详见本章 11.8 节。

(2) 弹性法

平面杆系结构弹性支点法就是利用水平荷载作用下弹性桩的分析理论，把支挡结构作为弹性梁单元，用土弹簧模拟坑内被动土压力的竖向平面弹性地基梁法，是《建筑基坑支护技术规程》(JGJ 120—2012)提供的基坑支护支挡式结构的内力分析方法。计算模型如图 11-21 所示。

对于悬臂式支挡结构，其挠曲微分方程如下：

$$EI\frac{d^4 v}{dz}-p_{ak}b_a=0(0\leqslant z\leqslant h) \tag{11-31a}$$

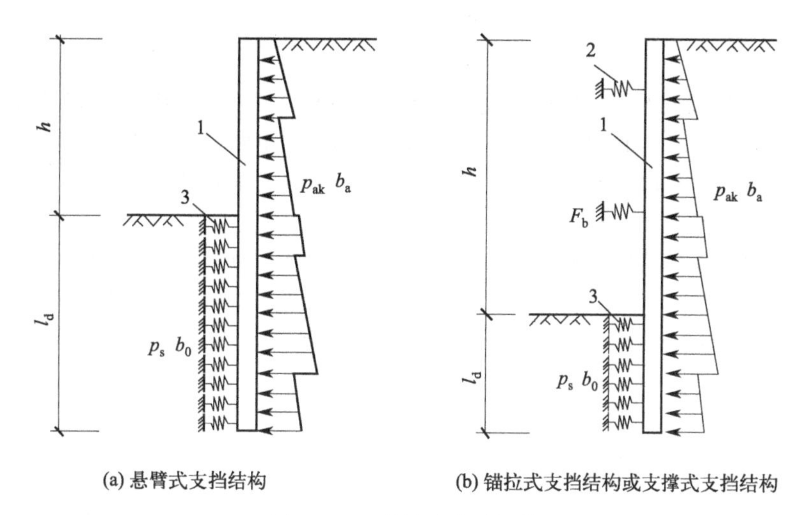

图 11-21　弹性支点法计算

1—挡土结构；2—由锚杆或支撑简化而成的弹性支座；3—计算土反力的弹性支座

$$EI\frac{d^4v}{dz}+p_sb_0-p_{ak}b_a=0(z\geqslant h) \tag{11-31b}$$

式中，EI 为支护结构计算宽度的抗弯刚度；v 为计算点水平变形，m；z 为计算点距地面的深度，m；b_0 为土反力计算宽度，m；b_a 为水平载荷计算宽度，m；p_s 为作用在挡土构件上的分布土反力，kPa；对于锚拉式支挡结构或支撑式支挡结构，锚杆和内支撑对挡土构件的约束按弹性支座考虑，其挠曲微分方程中应加入支点力 F_h，其挠曲微分方程如下：

$$EI\frac{d^4v}{dz}+F_h-p_{ak}b_a=0(0\leqslant z\leqslant h) \tag{11-32a}$$

$$EI\frac{d^4v}{dz}+p_sb_0-p_{ak}b_a=0(z\geqslant h) \tag{11-32b}$$

式中，F_h 为锚杆或内支撑对支挡结构计算宽度内的弹性支点水平反力。

弹性支点法优点是计算参数少、模型简单、能模拟分部开挖，且能反映被动区土压力与位移的关系，因此在一些商业软件中，平面竖向弹性地基梁有限单元法已经得到大量应用并取得较好的效果，但应特别注重参数的选用和计算结果的合理性。

11.6.1.3　稳定性验算

基坑的稳定性验算按承载能力极限状态要求进行，采用单一安全系数法：

$$\frac{R_k}{S_k}\geqslant K \tag{11-33}$$

式中，R_k 为抗滑力、抗滑力矩、抗倾覆力矩、锚杆和土钉的极限抗拔承载力等土的抗力标准值；S_k 为滑动力、滑动力矩、倾覆力矩、锚杆和土钉的拉力等作用标准值的效应；K 为安全系数。

（1）嵌固稳定性验算

嵌固稳定性验算主要是验算支挡结构的嵌固深度是否满足稳定性的要求。悬臂式支挡结构、单层锚杆和单层支撑的支挡式结构以及双排桩，均应进行嵌固稳定性验算。

悬臂式支挡结构嵌固稳定性验算，如图 11-22 所示，以挡土构件底部为转动点，计算基坑外侧土压力对转动点的转动力矩和坑内开挖深度以下土反力对转动点的抵抗力矩是否满足整体极限平衡，控制的是挡土构件的倾覆稳定性。

$$\frac{E_{pk}\alpha_{p1}}{E_{ak}\alpha_{a1}} \geqslant K_e \tag{11-34}$$

式中，K_e 为嵌固稳定安全系数，安全等级为一级、二级、三级的悬臂式支挡结构，K_e 分别不应小于 1.25、1.2、1.15；E_{ak}、E_{pk} 分别为基坑外侧主动土压力、基坑内侧被动土压力标准值，kN；a_{a1}、a_{p1} 分别为基坑外侧主动土压力、基坑内侧被动土压力合力作用点至挡土构件底端的距离，m。

单层锚杆和单层支撑的支挡式结构嵌固稳定性验算，如图 11-23 所示，以支点为转动点，计算基坑外侧土压力对支点的转动力矩和坑内开挖深度以下土反力对支点的抵抗力矩是否满足整体极限平衡，控制的是挡土结构嵌固段的踢脚稳定性。

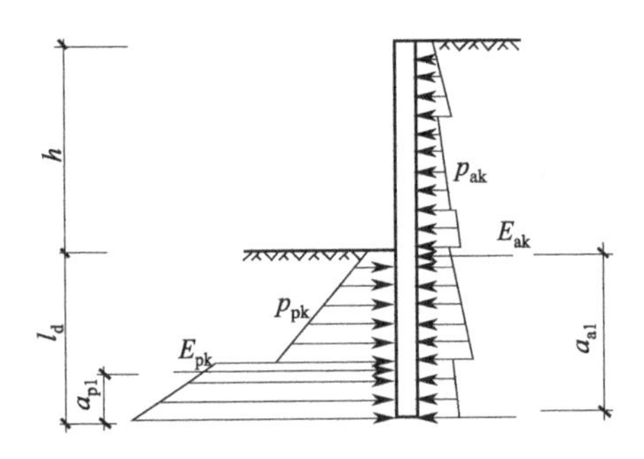

图 11-22 悬臂式支挡结构嵌固稳定性验算

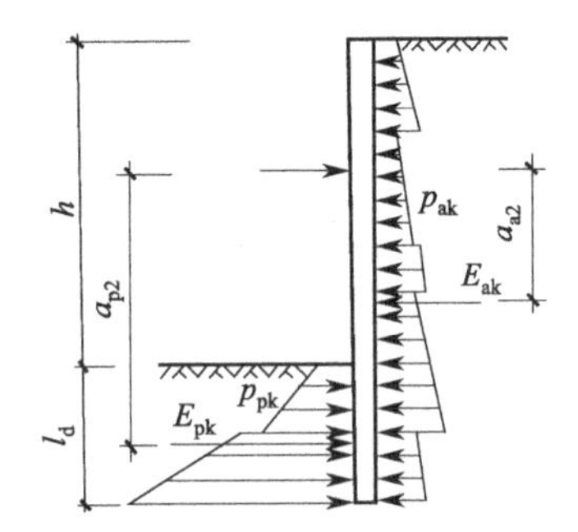

图 11-23 单支点锚拉式支挡结构和支撑式支挡结构的嵌固稳定性验算

$$\frac{E_{pk}\alpha_{p2}}{E_{ak}\alpha_{a2}} \geqslant K_e \tag{11-35}$$

式中，K_e 为嵌固稳定安全系数，安全等级为一级、二级、三级的锚拉式支挡结构和支撑式支挡结构，K_e 分别不应小于 1.25、1.2、1.15；a_{a2}、a_{p2} 分别为基坑外侧主动土压力、基坑内侧被动土压力合力作用点至支点的距离，m。

(2) 整体滑动稳定性验算

锚拉式、悬臂式支挡结构和双排桩均应进行整体稳定性验算。

整体稳定性验算按平面问题考虑，以瑞典圆弧滑动条分法为基础。以圆弧滑动土体为分析对象，并假定滑动面上土的剪力达到极限强度的同时，滑动面外锚杆拉力也达到极限拉力，并增加锚杆拉力对圆弧滑动体圆心的抗滑力矩。

当挡土构件底端以下存在软弱下卧土层时，整体稳定性验算滑动面中应包括由圆弧与软弱土层层面组成的复合滑动面。

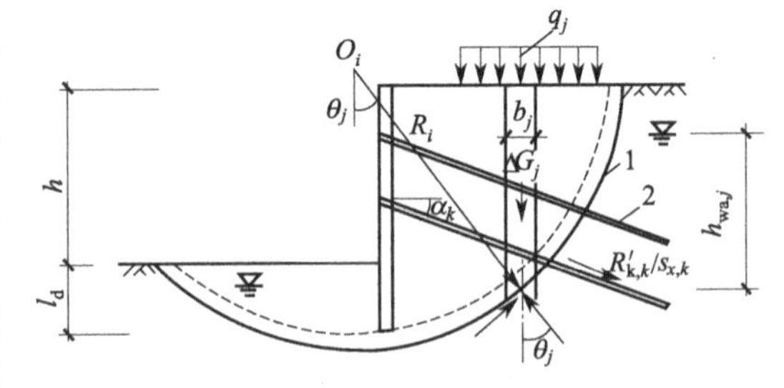

图 11-24 圆弧滑动条分法整体稳定性验算

1—任意圆弧滑动画；2—锚杆

圆弧滑动条分法整体稳定性验算如图 11-24 所示。整体圆弧滑动稳定安全系数按式 (11-36) 计算。

$$\min\{K_{s,1}, K_{s,2}, \cdots, K_{s,i}, \cdots\} \geqslant K_s \tag{11-36}$$

$$K_{s,i} = \frac{\sum\{c_j l_j + [(q_j b_j + \Delta G_j)\cos\theta_j - u_j l_j]\tan\varphi_j\} + \sum R'_{k,k}[\cos(\theta_k + \alpha_k) + \psi_v]/s_{x,k}}{\sum(q_j b_j + \Delta G_j)\sin\theta_j}$$

式中，K_s 为圆弧滑动稳定安全系数，安全等级为一级的基坑不应小于 1.35；$K_{s,i}$ 为第

i 个圆弧滑动体的抗滑力矩与滑动力矩之比；c_j 为第 j 土条滑弧面处的土的黏聚力，kPa；φ_j 为第 j 土条滑弧面处的土的内摩擦角，(°)；b_j 为第 j 土条的宽度，m；$R'_{k,k}$ 为第 k 层锚杆在滑动面以外的锚固段的极限抗拔承载力标准值与锚杆杆体受拉承载力标准值的较小值，kN；$s_{x,k}$ 为第 k 层锚杆的水平间距，m；公式中其他符号的含义，见《建筑基坑支护技术规程》第4.2.3条。

（3）抗隆起稳定性验算

基坑隆起是土体从挡土构件底端以下向基坑内隆起挤出的现象，是一种土体丧失竖向平衡状态的破坏模式，一般可通过增加挡土构件嵌固深度来提高抗隆起稳定性。

对锚拉式和支撑式支挡结构应进行抗隆起验算，以确定其嵌固深度满足抗隆起稳定性要求。悬臂式支挡结构可不进行抗隆起验算。

采用地基极限承载力的 Prandtl（普朗德尔）极限平衡理论公式，当坑底以下无软弱下卧层时计算模型如图11-25所示。

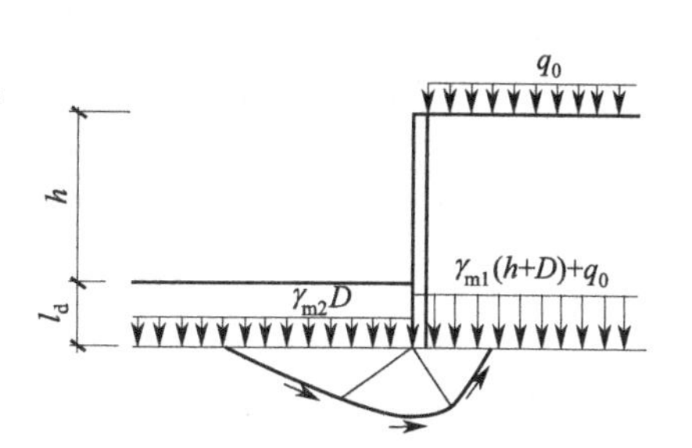

图11-25　挡土构件底端平面下土的隆起稳定性验算

按照式(11-37)计算：

$$\frac{\gamma_{m2}l_dN_q+cN_c}{\gamma_{m1}(h+l_d)+q_0}\geqslant K_b \tag{11-37}$$

$$N_q=\tan^2\left(45°+\frac{\varphi}{2}\right)e^{\pi\tan\varphi} \qquad N_c=\frac{N_q-1}{\tan\varphi}$$

式中，K_b 为抗隆起安全系数，安全等级为一级的支护结构不应小于1.8；l_d 为挡土构件的嵌固深度，m；N_q、N_c 为承载力系数；q_0 为地面均布荷载；γ_{m1}、γ_{m2} 分别为基坑外和基坑内挡坑外件地面以上土的天然重度；对于多层土，按厚度取加权重度。

当坑底以下为软土时，锚拉式和支撑式支挡结构的嵌固深度应符合以最下层支点为转动轴心的圆弧滑动稳定要求，如图11-26所示。

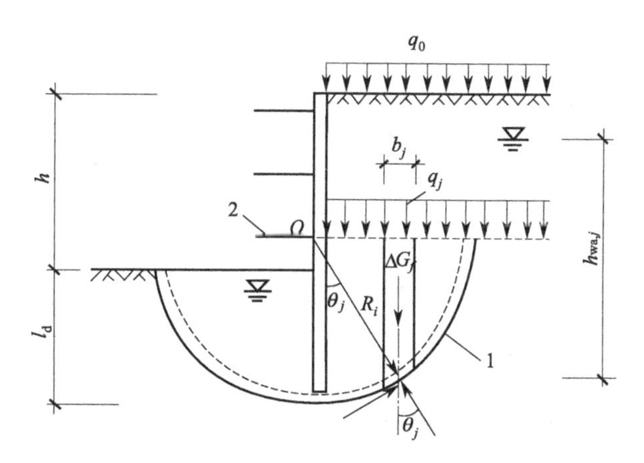

图11-26　以最下层支点为轴心的圆弧滑动稳定性验算
1—任意圆弧滑动画；2—最下层支点

按照式(11-38)计算：

$$\frac{\sum[c_jl_j+(q_jb_j+\Delta G_j)\cos\theta_j\tan\varphi_j]}{\sum(q_jb_j+\Delta G_j)\sin\theta_j}\geqslant K_r \tag{11-38}$$

式中，K_r 为以最下层支点为轴心的圆弧滑动稳定安全系数，安全等级为一级、二级、三级的支挡式结构，K_r 分别不应小于 2.2、1.9、1.7；c_j 为第 j 土条在滑弧面处土的黏聚力，kPa，按本规程第 3.1.14 条的规定取值；φ_j 为第 j 土条在滑弧面处土的内摩擦角，(°)，按本规程第 3.1.14 条的规定取值；l_j 为第 j 土条的滑弧长度，m，取 $l_j = b_j/\cos\theta_j$；q_j 为第 j 土条顶面上的竖向压力标准值，kPa；b_j 为第 j 土条的宽度，m；θ_j 为第 j 土条滑弧面中点处的法线与垂直面的夹角，(°)；ΔG_j 为第 j 土条的自重，kN，按天然重度计算。

(4) 支挡结构嵌固深度设计要求

在进行嵌固深度设计时，可先按经验嵌固深度进行结构设计和变形计算，若满足要求，再进行各类稳定性验算。此外，还应满足：对悬臂式结构，不宜小于 $0.8h$；对单支点支挡式结构，不宜小于 $0.3h$；对多支点支挡式结构，不宜小于 $0.2h$。h 为基坑开挖深度。

11.6.2 构造要求

11.6.2.1 混凝土灌注桩构造要求

采用混凝土灌注桩时，需满足以下构造要求：

① 桩身混凝土强度等级不宜低于 C25。

② 纵向受力钢筋宜选用 HRB400、HRB500 钢筋，单桩的纵向受力钢筋不宜少于 8 根，其净间距不应小于 60mm；支护桩顶部设置钢筋混凝土构造冠梁时，纵向钢筋伸入冠梁的长度宜取冠梁厚度。

③ 箍筋可采用螺旋式箍筋；箍筋直径不应小于纵向受力钢筋最大直径的 1/4，且不应小于 6mm；箍筋间距宜取 100～200mm，且不应大于 400mm 及桩的直径。

④ 沿桩身配置的加强箍筋应满足钢筋笼起吊安装要求，宜选用 HPB300、HPB400 钢筋，其间距宜取 1000～2000mm。

⑤ 纵向受力钢筋的保护层厚度不应小于 35mm；采用水下灌注混凝土工艺时，不应小于 50mm。

⑥ 当采用沿截面周边非均匀配置纵向钢筋时，受压区的纵向钢筋根数不应少于 5 根；当施工方法不能保证钢筋的方向时，不应采用沿截面周边非均匀配置纵向钢筋的形式。

11.6.2.2 冠梁设计要求

支护桩顶部应设置混凝土冠梁。冠梁的宽度不宜小于桩径，高度不宜小于桩径的 0.6 倍。

当冠梁上不设置锚杆或支撑时，冠梁可仅按构造要求设计。

当冠梁用作支撑或锚杆的传力构件或按空间结构设计时，应将冠梁视为简支梁或连续梁，按梁的内力进行截面设计。

在有主体建筑地下管线的部位，冠梁宜低于地下管线。

11.6.2.3 桩间防护措施

排桩桩间土应采取防护措施，宜采用内置钢筋网或钢丝网的喷射混凝土面层。

喷射混凝土面层的厚度不宜小于 50mm，混凝土强度等级不宜低于 C20，混凝土面层内配置的钢筋网的纵横向间距不宜大于 200mm。钢筋网或钢丝网宜采用横向拉筋与两侧桩体连接，拉筋直径不宜小于 12mm，拉筋锚固在桩内的长度不宜小于 100mm。

11.7 锚杆（索）的设计计算

岩土锚固技术是把一种受拉杆件埋入地层中，以提高岩土自身的强度和自稳能力的一门工程技术。基本原理是利用锚杆（索）周围地层岩土的抗剪强度来传递结构物的拉力以保持地层开挖面的自身稳定，能够大大减轻结构物的自重、节约工程材料并确保工程的安全和稳定。

在岩土锚固中通常将锚杆和锚索统称为锚杆。当内支撑体系妨碍施工时，特别是在基坑形状不规则，支撑体系布置复杂的情况下，可采用土层锚杆。

锚杆的主要作用有：可以提供作用于结构物上以承受外荷的抗力；可以使锚固地层产生压应力区并对加固地层起到加筋作用；可以增强地层的强度，改善地层的力学性能；可以使结构与地层连锁在一起，形成一种共同工作的复合体，使其能有效地承受拉力和剪力。

11.7.1 锚杆（索）支护体系

锚杆（索）支护体系由基坑围护挡土构件、腰梁（围檩）、锚杆（索）组成，如图 11-27 所示。

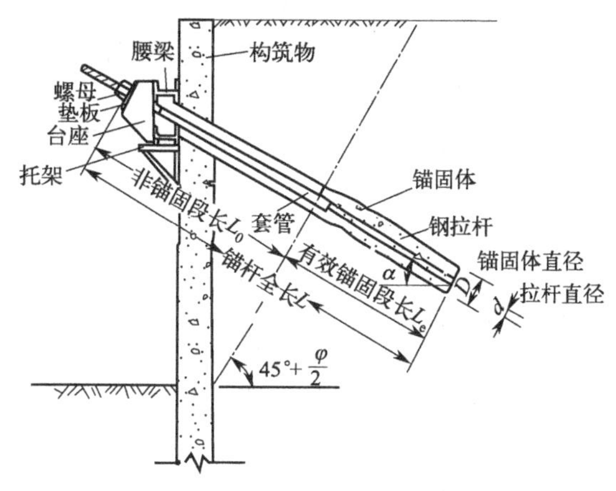

图 11-27 锚杆支护体系示意图

腰梁（围檩）可用型钢或钢筋混凝土梁，它可使挡土构件上的土压力较均匀地分配传递到相应的锚杆。

土层锚区一般根据朗肯主动滑裂面分为土体滑动区和有效锚固区，锚固力主要是由处在有效锚固区的灌浆锚固段与土体的摩阻力提供的。处在滑裂区的锚杆部分应外加套管或沥青涂层，避免灌浆时与土层黏结，这样不会影响滑动区土体的自由变形，同时又可防护锚杆锈蚀。

11.7.1.1 锚杆（索）的结构

锚杆（索）结构主要由锚头、锚固段、自由段等组成，如图 11-28、图 11-29 所示。

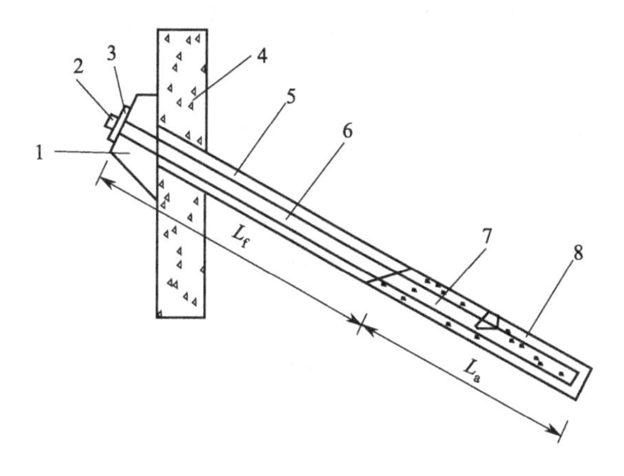

图 11-28 锚杆结构示意图

1—台座；2—锚具；3—承压板；4—支挡结构；5—钻孔；6—自由隔离层；7—钢筋；8—注浆体；L_f—自由段长度；L_a—锚固段长度

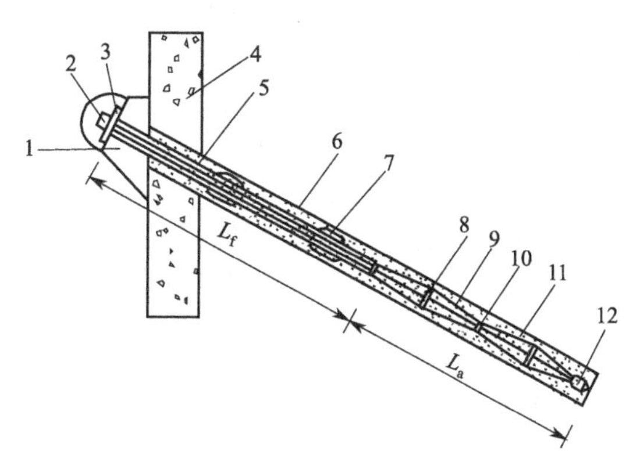

图 11-29 锚索结构示意图

1—台座；2—锚具；3—承压板；4—支挡结构；5—自由隔离层；6—钻孔；7—定位支架；8—隔离架；9—钢绞线；10—束线环；11—注浆体；12—导向帽；L_f—自由段；L_a—锚固段

① 锚头 锚杆外端用于锚固或锁定锚杆拉力的部件，由垫墩、垫板、锚具、保护帽和外端锚筋组成。

② 锚固段 锚杆远端将拉力传递给稳定地层的部分，由处在有效锚固区的灌浆锚固段与土体的摩阻力提供锚固力。锚固深度和长度应按照实际情况计算获取，要求能够承受最大设计拉力。

③ 自由段　将锚头拉力传至锚固段的中间区段，即处在滑裂区的锚杆部分，由锚拉筋、防腐构造和注浆体组成。此段拉筋应外加套管或沥青涂层，避免灌浆时与土层黏结，这样不会影响滑动区土体的自由变形，同时又可防护锚杆锈蚀。

④ 配件　为了保证锚杆受力合理、施工方便而设置的部件，如定位支架、导向帽、架线环、束线环、注浆塞等。

11.7.1.2　锚杆（索）分类

考虑不同的分类原则，锚杆有不同的分类方式。常见的锚杆分类如下。

（1）按是否预先施加应力

非预应力锚杆是指锚杆锚固后不施加外力，锚杆处于被动受力状态；预应力锚杆是指锚杆锚固后施加一定的外力，使锚杆处于主动受力状态。

（2）按锚固机理

分为黏结锚杆、摩擦型锚杆、端头锚固型锚杆和混合型锚杆。

（3）按锚固形态

分为圆柱型锚杆、端部扩大型锚杆（索）和连续球型锚杆（索）。

11.7.2　锚杆（索）设计计算具体方法

11.7.2.1　构造要求

锚杆之间的水平间距不宜小于1.5m，多层锚杆竖向间距不宜小于2m，以避免群锚效应；锚杆锚固段的上覆土层厚度不宜小于4m，使锚杆与周围土层有足够的接触应力。

对钢绞线、普通钢筋锚杆，锚杆成孔直径一般取100～150mm。

锚杆倾角一般取15°～25°，且不应大于45°，同时尽量使锚杆锚固段进入黏结强度较高的土层。

11.7.2.2　锚杆长度设计

采用平面杆系结构弹性支点法计算出来的弹性支点水平反力 F_h，进行锚杆长度、杆体及腰梁设计。

锚杆杆体长度包括自由段、锚固段及外露长度。

（1）自由段长度

一般认为，锚杆的自由段不应小于5.0m，且穿过潜在滑动面进入稳定土层的长度不应小于1.5m（图11-30）。潜在滑动面的确定采用极限平衡理论，锚杆的自由段长度可按式(11-39)计算。

$$l_f \geqslant \frac{(a_1+a_2-d\tan\alpha)\sin\left(45°-\frac{\varphi_m}{2}\right)}{\sin\left(45°+\frac{\varphi_m}{2}+\alpha\right)}+\frac{d}{\cos\alpha}+1.5 \tag{11-39}$$

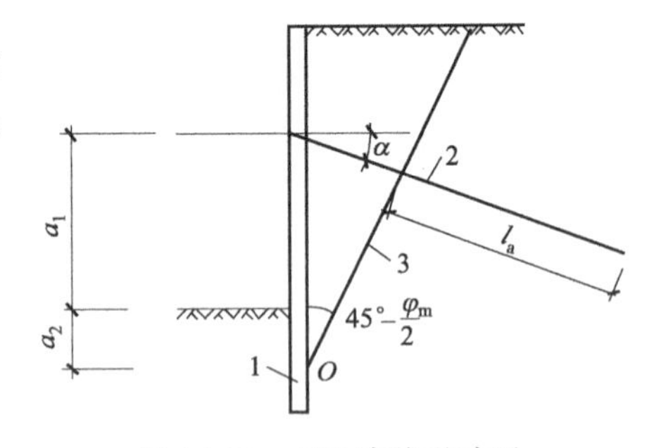

图11-30　理论直线滑动画

1—挡土构件；2—锚杆；3—理论直线滑动画

式中，l_f 为锚杆非锚固段长度，m；α 为锚杆倾角，(°)；d 为挡土构件的水平尺寸，m；a_1 为锚杆的锚头中点至基坑底面的距离，m；a_2 为基坑底面至基坑外侧主动土压力强度与基坑内侧被动土压力强度等值点的距离，m；φ_m 为等值点以上各土层厚度加权等效内摩擦角，(°)。

（2）锚固段长度

锚杆锚固段长度主要按极限抗拔承载力要求确定，且长度不宜小于6m。

锚杆的极限抗拔承载力应符合式(11-40)的要求：

$$\frac{R_k}{N_k} \geqslant K_t \tag{11-40}$$

式中，K_t 为锚杆抗拔安全系数，安全等级为一级、二级、三级的支护结构，K_t 分别不应小于 1.8、1.6、1.4；N_k 为锚杆轴向拉力标准值，kN；R_k 为锚杆极限抗拔承载力标准值，kN。

锚杆的轴向拉力标准值按式(11-41) 计算：

$$N_k = \frac{F_h s}{b_a \cos\alpha} \tag{11-41}$$

式中，F_h 为挡土构件计算宽度内的弹性支点水平反力，kN；s 为锚杆水平间距，m；α 为锚杆倾角，(°)；b_a 为排桩土反力计算宽度，m。

锚杆极限抗拔承载力标准值 R_k 应通过抗拔试验确定，也可通过式(11-42) 估算，但需通过抗拔试验进行验证。

$$R_k = \pi d \sum q_{sk,i} l_i \tag{11-42}$$

式中，d 为锚杆的锚固体直径，m；l_i 为锚杆的锚固段在第 i 土层中的长度，m；$q_{sk,i}$ 为锚固体与第 i 土层的极限黏结强度标准值，kPa。

(3) 外露长度

锚杆外露长度应满足腰梁、台座尺寸及张拉锁定作业的要求。

11.7.2.3　锚杆杆体设计

目前，基坑工程中主要采用拉力型钢绞线锚杆，当锚杆的设计承载力较低时，可以使用普通钢筋锚杆。钢筋锚杆的杆体宜选用预应力螺纹钢筋以及 HRB400、HRB500 级螺纹钢筋。

锚杆杆体的截面面积按式(11-43) 确定：

$$N \leqslant f_{py} A_p \tag{11-43}$$

式中，N 为锚杆轴向拉力设计值，kN；f_{py} 为预应力筋抗拉强度设计值，kPa，当锚杆杆体采用普通钢筋时，取普通钢筋的抗拉强度设计值；A_p 为预应力筋的截面面积，m^2。

11.7.2.4　腰梁设计

腰梁（围檩）可用型钢或钢筋混凝土梁，它可使挡土构件上的土压力较均匀地分配传递到相应的锚杆。

腰梁是锚杆与支挡结构之间的传力构件，可采用钢筋混凝土梁或型钢组合梁。锚杆腰梁应按受弯构件设计，并根据实际约束条件按连续梁或简支梁计算。

(1) 钢筋混凝土腰梁

钢筋混凝土腰梁一般是整体现浇，梁的长度较长，应按连续梁设计，其正截面受弯和斜截面受剪承载力计算，应符合现行《混凝土结构设计规范》的规定。混凝土强度等级不宜低于 C25，剖面形状应采用斜面与锚杆垂直的梯形截面。

(2) 型钢组合腰梁

型钢组合腰梁可选用双槽钢或双工字钢，槽钢之间或工字钢之间应用缀板焊接为整体构件，保证双型钢共同受力。双型钢之间的净间距应满足锚杆杆体平直穿过的要求。

组合型钢梁需在现场拼接，每一节一般按简支梁设计，焊接形成的腰梁较长时，可按连续梁设计。其正截面受弯和斜截面受剪承载力应符合现行《钢结构设计规范》的要求。

根据工程经验，槽钢规格常在 18～36 之间选用，工字钢规格常在 16～32 之间选用。

另外，对于张拉锁定和注浆要求，锚杆预应力锁定值 P_h 通常宜取锚杆轴向拉力标准值 N_k 的 0.75～0.9 倍；锚杆注浆采用水泥浆或水泥砂浆，注浆固结体强度不宜低于 20MPa。

11.8 放坡+桩锚支护设计案例

青岛市某基坑工程某单元剖面开挖深度 14.55m，地下水位位于地面以下 3m。基坑支护安全等级为一级，基坑外 2m 处有一条市政道路，周围无其他建（构）筑物。道路的均布附加荷载及施工堆载按 20kPa 设计，基坑周边 2m 以内禁止堆载。土层物理力学参数如表 11-3 所示。

表 11-3 剖面土层的物理力学参数及土压力系数

土层	厚度/m	重度 γ /(kN/m^3)	黏聚力 c /kPa	内摩擦角 φ /(°)	主动土压力系数	被动土压力系数
杂填土	8.43	19.0	—	20	0.49	2.04
强风化花岗岩	2.1	23	—	40	0.217	4.599
中风化花岗岩	14.0	25	—	50	0.132	7.549

该单元剖面拟采用上部放坡与下部钻孔灌注桩＋预应力锚索结合的支护方案，顶部 2m 采用放坡形式，坡度比为 1∶2，2m 以下采用钢筋混凝土灌注桩＋锚杆（索）。基坑顶部距边缘 2m 以外考虑附加荷载。单元剖面初步设计简图如图 11-31 所示。

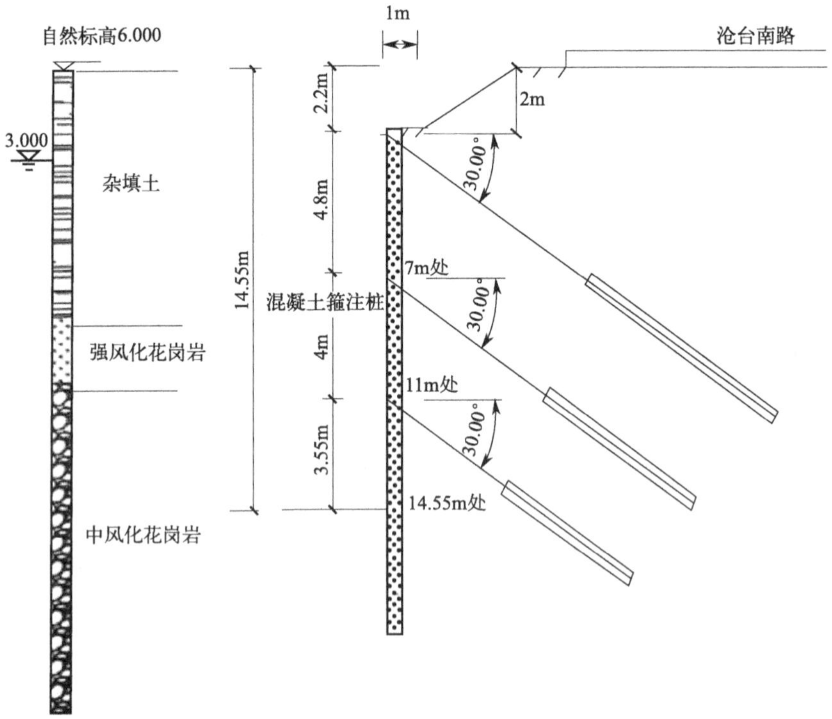

图 11-31 单元剖面示意简图

11.8.1 土压力计算

11.8.1.1 桩锚部分的主动土压力计算

（1）第 1 层：杂填土

2m 处：

$$p_{a2}=0(\text{kPa})$$

3m 处：

$$p_{a3}^{上}=\gamma_1 h_1 K_{a1}-2c_1\sqrt{K_{a1}}=19\times1\times0.49-0=9.31(\text{kPa})$$

3m 以下考虑放坡部分土体的竖向附加荷载：

$$E_{ak1}=\frac{1}{2}\gamma h^2 K_a=\frac{1}{2}\times19\times2^2\times0.49=18.62(\text{kPa})(c=0)$$

$$P=\frac{\gamma h}{b_1}(z_a-a)+\frac{E_{ak1}(a+b_1-z_a)}{K_a b_1^2}=\frac{19\times2}{4}(z_a-1)+\frac{18.62\times(5-z_a)}{0.49\times4^2}=7.125z_a+2.375$$

$$p_{a3}^{下}=(\gamma_1 h_1+P_{坡})K_{a1}-2c_1\sqrt{K_{a1}}=(19\times1+9.5)\times0.49-0=13.97(\text{kPa})$$

同理 7m 处：

$$p_{a7}^{上}=(19\times7-10\times4)\times0.49+10\times4=85.57(\text{kPa})$$

$$p_{a7}^{下}=(19\times7-10\times4+20)\times0.49+10\times4=95.37(\text{kPa})$$

8.43m 处：

$$p_{a8.43}^{上}=(19\times8.43+20-10\times5.43)\times0.49+10\times5.43=115.98(\text{kPa})$$

(2) 第 2 层：微风化花岗岩

8.43m 处：

$$p_{a8.43}^{下}=(19\times8.43+20-10\times5.43)\times0.217+10\times5.43=81.61(\text{kPa})$$

10.53m 处：

$$p_{a10.53}^{上}=(19\times8.43+23\times2.1-10\times7.53+20)\times0.217+10\times7.53=108.54(\text{kPa})$$

(3) 第 3 层：中风化花岗岩

10.53m 处：

$$p_{a10.53}^{下}=(19\times8.43+23\times2.1-10\times7.53+20)\times0.132+10\times7.53=95.52(\text{kPa})$$

距 10.53m 往下 xm 处：

$$\begin{aligned}p_{a10.53+x}&=[19\times8.43+23\times2.1+25x-10(x+7.53)+20]\times0.132+10(x+7.53)\\&=95.52+11.98x(\text{kPa})\end{aligned}$$

11.8.1.2 基坑底以下被动土压力计算

挖到 14.55m 处，基坑内侧地下水在开挖面以下 0.5m。

地下水以上：

$$p_{p14.55}=0(\text{kPa})$$

$$p_{p15.05}=25\times0.5\times7.549+0=94.36(\text{kPa})$$

地下水以下 xm 处：

$$p_{p15.05+x}=(25\times(0.5+x)-10x)\times7.549+0+10x=94.36+123.24x(\text{kPa})$$

$$p_{p18.55}=94.36+123.24\times3.5=525.7(\text{kPa})$$

则土压力分布图如图 11-32 所示。

11.8.1.3 考虑开挖工况的坑内被动土压力计算

工况示意图如图 11-33 所示，本剖面施工时可分为以下几个工况：工况①开挖到 2.4m，未打入锚索；工况②开挖到 2.4m，在 2.2m 冠梁处打入第一道锚索；工况③开挖到 7.5m，未打入第二道锚索；工况④开挖到 7.5m，在 7m 处打入第二道锚索；工况⑤开挖到 11.5m，未打入第三道锚索；工况⑥开挖到 11.5m，在 11m 处打入第三道锚索；工况⑦开挖到基坑底 14.55m，已打完三道锚索。

因为工况③、⑤、⑦相较②、④、⑥桩的受力条件和基坑侧壁的稳定性都更差，所以重点针对工况③、⑤、⑦进行分析计算，确定坑内被动土压力并判断是否有土压力零点。

(1) 工况③

开挖到 7.5m，只打入第一道锚索，未打入第二道锚索。

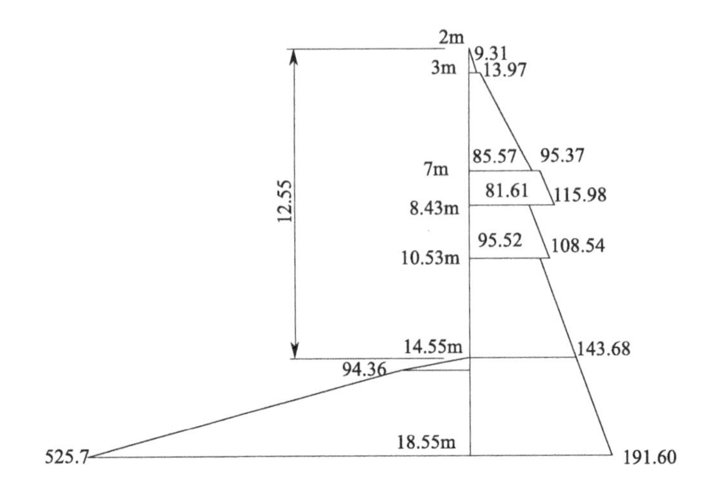

图 11-32　单元剖面土压力强度分布图（单位：kPa）

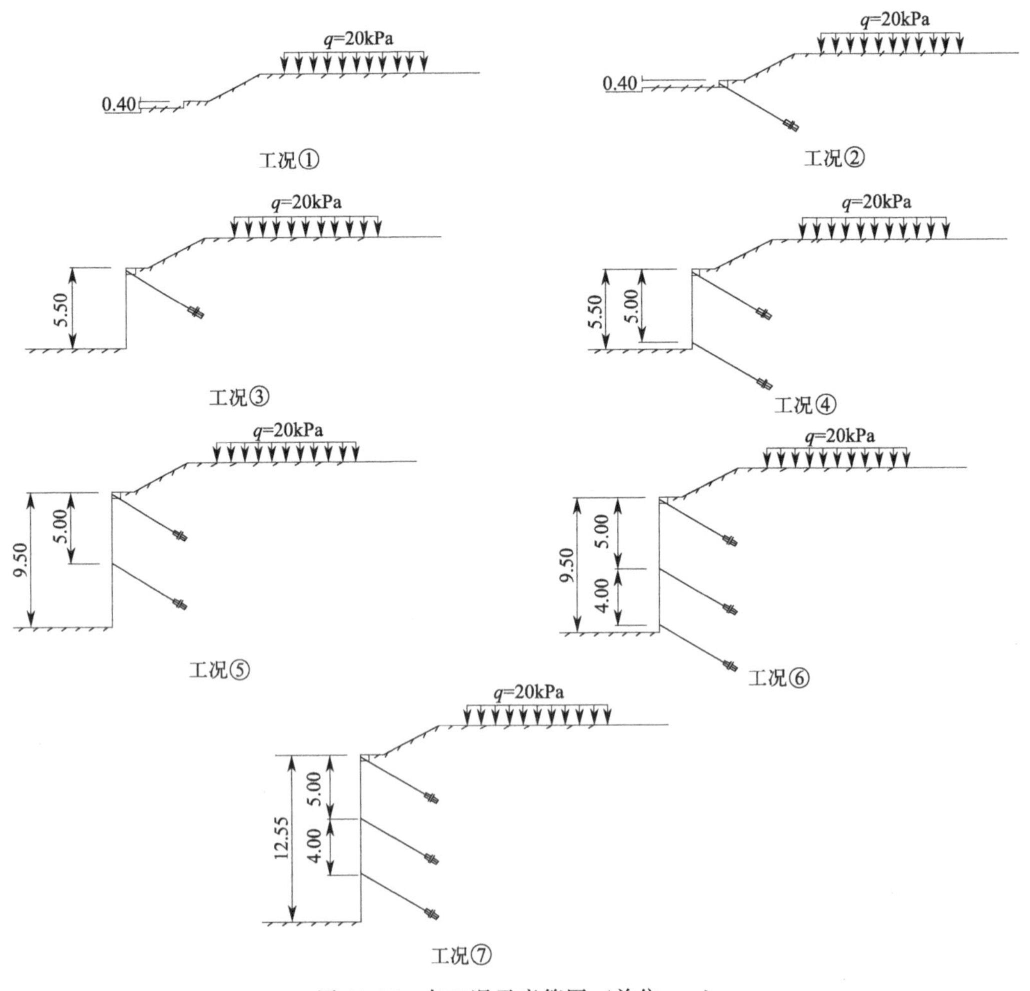

图 11-33　各工况示意简图（单位：m）

7.5m 处：

$$p_{p7.5}=0(\text{kPa})$$

8m 处：

$$p_{p8}=19\times0.5\times2.04+0=19.38(\text{kPa})<p_{a8}=109.78(\text{kPa})$$

8.43m处：

$$p_{p8.43}^{上}=(19\times0.93-10\times0.43)\times2.04+10\times0.43=31.57(\text{kPa})<p_{a8.43}^{上}=115.98(\text{kPa})$$

$$p_{p8.43}^{下}=(19\times0.93-10\times0.43)\times4.599+10\times0.43=65.79(\text{kPa})<p_{a8.43}^{下}=81.61(\text{kPa})$$

设8.43+xm处为土压力零点：

$$[19\times0.93+23x-10(0.43+x)]\times4.599+10\times(0.43+x)=81.61+12.82x$$

解得：

$$x=0.28(\text{m})$$

则工况③下的土压力零点位于开挖面以下0.93+0.28=1.21(m)处。

(2) 工况⑤

开挖到11.5m，只打入第一、二道锚索，未打入第三道锚索。

11.5m处：

$$p_{p11.5}=2c_3\sqrt{K_{p3}}=0(\text{kPa})$$

12m处：

$$p_{p12}=25\times0.5\times7.549=94.36(\text{kPa})<p_{a12}=113.13(\text{kPa})$$

设12+xm处为土压力零点，列方程有：

$$113.13+11.98x=[25(x+0.5)-10x]\times7.549+10x$$

解得：

$$x=0.17(\text{m})$$

则工况⑤下的土压力零点位于开挖面以下0.5+0.17=0.67(m)处。

(3) 工况⑦

开挖到基坑底14.55m，已打完三道锚索。

14.55m处：

$$p_{p14.55}=0(\text{kPa})$$

15.05m处：

$$p_{p15.05}=25\times0.5\times7.549=94.36(\text{kPa})<p_{a15.05}=149.67(\text{kPa})$$

假设土压力零点在15.05+xm处：

$$p_{p15.05+x}=[25\times(0.5+x)-10x]\times7.549+10x=95.52+11.98(4.02+0.5+x)$$

解得：

$$x=0.50(\text{m})$$

则工况⑦下的土压力零点位于基坑底面以下0.5+0.5=1(m)处。

11.8.2 结构内力计算

本剖面拟打入三道锚索，属于多层支锚结构，手算采用经典法——等值梁法进行内力计算。

本剖面初步设计为排桩直径为600mm，桩间距为1000mm。拟在基坑深度2.2m、7m、11m处依次设置三道锚索，第一道锚索锚索水平间距为4m，第二道锚索和第三道锚索锚索水平间距为2m，锚固体成孔直径为$d=150$mm。

11.8.2.1 工况③计算

开挖到7.5m，只在2.2m处打入第一道锚索，未打入第二道锚索。因为2～2.2m段的土压力很小，可以忽略，将锚索设置处和土压力零点处看作铰支点，地面以下2.2～8.71m段桩身内力计算简图如图11-34所示。

该结构为静定结构。

(1) 求两支座反力

$$R_{8.71}\times6.51-\left[1.86\times0.8\times0.4+13.97\times4\times2.8+95.37\times0.5\times\left(4.8+\frac{0.5}{2}\right)+90.4\times0.5\times\right.$$

$$\left(4.8+0.5+\frac{0.5}{2}\right)+84.41\times0.43\times\left(5.8+\frac{0.43}{2}\right)+15.82\times0.28\times\frac{1}{2}\times\left(6.43-0.2+\frac{0.28}{3}\right)$$

$$+(9.31-1.86)\times\frac{2}{3}\times0.8+(85.57-13.97)\times4\times\frac{1}{2}\times\left(0.8+\frac{2\times4}{3}\right)+(102.78-95.37)$$

$$\times0.5\times\frac{1}{2}\times\left(4.8+\frac{2\times0.5}{3}\right)+(102.78-90.4)\times0.5\times\frac{1}{2}\times\left(5.3+\frac{0.5}{3}\right)$$

$$+(90.4-84.41)\times0.43\times\frac{1}{2}\times(5.8+\frac{0.43}{3})\Big]=0$$

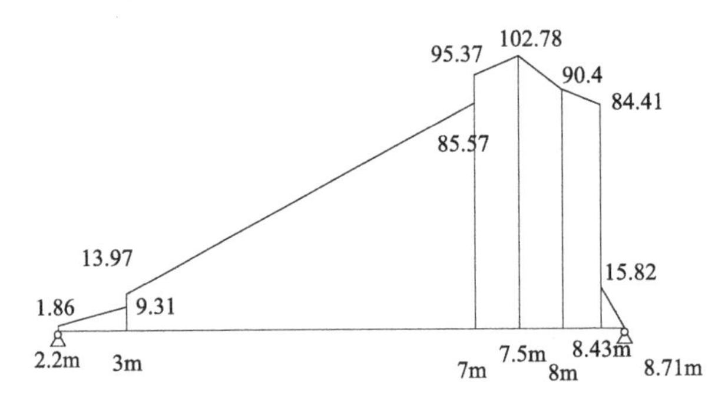

图 11-34　工况③2.2～8.71m 段桩身内力计算简图

解得：

$$R_{8.71}=203.90(\text{kN})$$

$$R_{2.2}=\frac{(1.86+9.31)\times0.8}{2}+\frac{(13.97+85.57)\times4}{2}+\frac{(95.37+102.78)\times0.5}{2}$$

$$+\frac{(102.78+90.4)\times0.5}{2}+\frac{(90.4+84.41)\times0.43}{2}+\frac{15.82\times0.28}{2}-R_{8.71}$$

解得：

$$R_{2.2}=122.53(\text{kN})$$

(2) 求解剪力零点和最大弯矩

设剪力零点在 3m 往右 xm 处

$$(1.86+9.31)\times0.8\times\frac{1}{2}+(13.97+17.9x+13.97)x\times\frac{1}{2}=122.53$$

解得：

$$x=2.79(\text{m})$$

剪力零点位于地面以下 2.79+1+2=5.79(m)处。

对剪力零点处取矩：

$$M=R_{2.2}\times(0.8+2.79)-1.86\times0.8\times(0.4+2.79)+\frac{1}{2}\times0.8\times(9.31-1.86)\times\left(\frac{0.8}{3}+2.79\right)$$

$$-13.97\times2.79\times\frac{2.79}{2}-\frac{17.9\times2.79}{2}\times2.79\times\frac{2.79}{3}$$

解得：

$$M=306.86(\text{kN}\cdot\text{m})$$

综上，工况③最大弯矩在地面以下 5.79m 处，为 $M_{max}=306.86(\text{kN}\cdot\text{m})$。

11.8.2.2　工况⑤计算

开挖到 11.5m，只打入第一、二道锚索，未打入第三道锚索。因为在 2.2m、7m 处打入两道锚索，将锚索设置处和土压力零点看作铰支点，所以地面以下 2.2～12.17m。

计算简图如图 11-35 所示。

参考《实用建筑结构静力计算手册》并分两段计算：

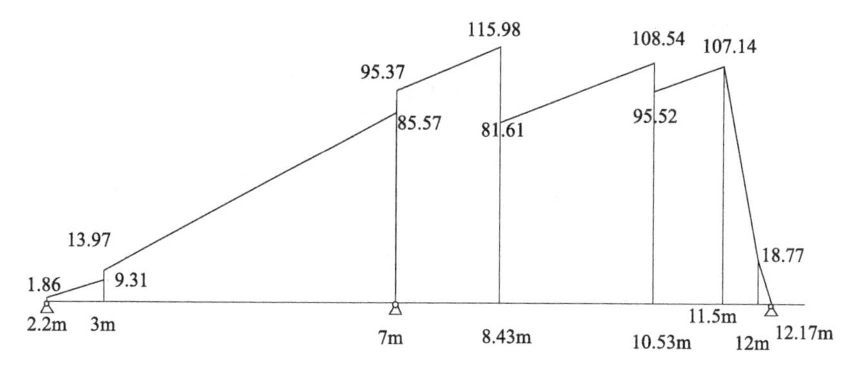

图 11-35　工况⑤2.2～12.17m 段桩身计算简图

（1）2.2～7m 段

计算简图如图 11-36 所示。

$$q_1=0(\text{kPa})\quad q_2=9.31(\text{kPa})\quad q_3=13.97(\text{kPa})\quad q_4=71.6(\text{kPa})$$

$$\frac{a}{l}=\frac{0.8}{4.8}=\frac{1}{6}\qquad \frac{b}{l}=\frac{4}{4.8}=\frac{5}{6}$$

$$M_7^1=\frac{q_1a^2}{8}\left(2-\frac{a^2}{l^2}\right)+\frac{q_2a^2}{6}\left(1-\frac{3}{5}\times\frac{a^2}{l^2}\right)+\frac{q_3b^2}{8}\left(2-\frac{b}{l}\right)^2+\frac{q_4b^2}{24}\left(4-3\times\frac{b}{l}+\frac{3}{5}\times\frac{b^2}{l^2}\right)$$

$$=0+0.98+38.03+91.49=130.5(\text{kN}\cdot\text{m})$$

（2）7～12.17m 段

计算简图如图 11-37 所示。

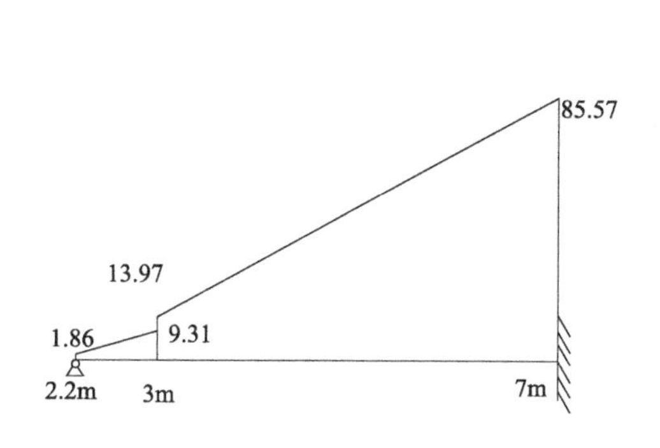

图 11-36　工况⑤2.2～7m 段桩身弯矩计算简图

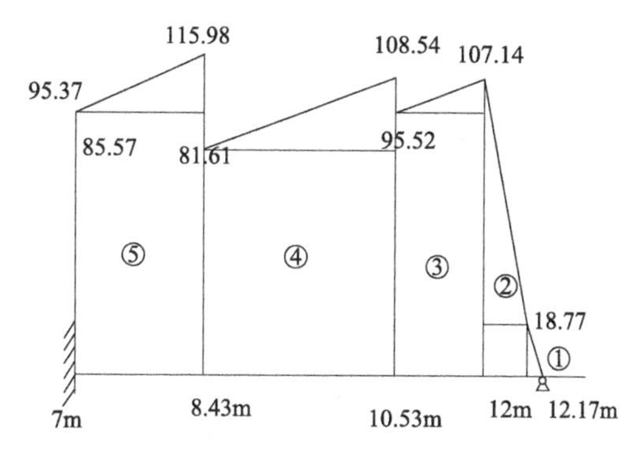

图 11-37　工况⑤7～12.17m 段桩身弯矩计算简图

进行分块计算，分为五块①、②、③、④、⑤，分别计算 7m 处的弯矩。

第①部分：

$$M=-\frac{18.77\times0.17^2}{6}\times\left[1-\frac{3}{5}\times\left(\frac{0.17}{5.17}\right)^2\right]=-0.09(\text{kN}\cdot\text{m})$$

第②部分矩形部分：

$$a=\frac{0.5}{2}+0.17=0.42$$

$$b=4.75$$

$$R_A=\frac{18.77\times0.5}{8\times5.17^3}\times(12\times4.75^2\times5.17-4\times4.75^3+0.42\times0.5^2)=8.24(\text{kN})$$

$$M=8.24\times5.17-18.77\times0.5\times4.75=-1.98(\text{kN}\cdot\text{m})$$

第②部分三角形部分：

$$a=\frac{0.5}{3}+0.17=0.34$$

$$b=4.83$$

$$R_A=\frac{88.37\times0.5}{24\times5.17^3}\times\left(18\times4.83^2\times5.17-6\times4.83^3+0.34\times0.5^2-\frac{2\times0.5^3}{45}\right)=19.92(\text{kN})$$

$$M=19.92\times5.17-\frac{1}{2}\times88.37\times0.5\times4.83=-3.72(\text{kN}\cdot\text{m})$$

第③部分矩形部分：

$$a=\frac{9.5-8.53}{2}+0.67=1.16$$

$$b=4.01$$

$$c=0.97$$

$$d=0.67$$

$$R_A=\frac{95.52\times0.97}{8\times5.17^3}\times(12\times4.01^2\times5.17-4\times4.01^3+1.16\times0.97^2)=62.09(\text{kN})$$

$$M=62.09\times5.17-95.52\times0.97\times4.01=-50.54(\text{kN}\cdot\text{m})$$

第③部分三角形部分：

$$a=\frac{0.97}{3}+0.67=0.99$$

$$b=5.17-0.99=4.18$$

$$c=0.97$$

$$d=0.67$$

$$R_A=\frac{11.62\times0.97}{24\times5.17^3}\times\left(18\times4.18^2\times5.17-6\times4.18^3+0.99\times0.97^2+\frac{2\times0.97^3}{45}\right)=4.04(\text{kN})$$

$$M=4.04\times5.17-\frac{1}{2}\times11.62\times0.97\times4.18=-2.67(\text{kN}\cdot\text{m})$$

第④部分矩形部分：

$$a=\frac{2.1}{2}+0.67+0.97=2.69$$

$$b=2.48$$

$$c=2.1$$

$$d=1.64$$

$$R_A=\frac{81.61\times2.1}{8\times5.17^3}\times(12\times2.48^2\times5.17-4\times2.48^3+2.69\times2.1^2)=51.53(\text{kN})$$

$$M=51.53\times5.17-81.61\times2.1\times2.69=-194.6(\text{kN}\cdot\text{m})$$

第④部分三角形部分：

$$a=5.17-2.83=2.34$$

$$b=\frac{2}{3}\times2.1+1.43=2.83$$

$$c=2.1$$

$$d=1.6$$

$$R_A=\frac{26.93\times2.1}{24\times5.17^3}\times\left(18\times2.83^2\times5.17-6\times2.83^3+2.34\times2.1^2+\frac{2\times2.1^3}{45}\right)=10.57(\text{kN})$$

$$M=10.57\times5.17-\frac{1}{2}\times26.93\times2.1\times2.83=-25.38(\mathrm{kN\cdot m})$$

第⑤部分矩形部分：

$$a=3.74$$
$$b=1.43$$
$$q=95.37$$
$$M=-\frac{95.37\times1.43^2}{8}\times\left(2-\frac{1.43}{5.17}\right)^2=-72.4(\mathrm{kN\cdot m})$$

第⑤部分三角形部分：

$$a=3.74$$
$$b=1.43$$
$$q=115.98-95.37=20.61$$
$$M=-\frac{20.61\times1.43^2}{24}\times\left(8-\frac{1.43}{5.17}\times9+\frac{12}{5}\times\left(\frac{1.43}{5.17}\right)^2\right)=-10.08(\mathrm{kN\cdot m})$$

将所有的 M 进行叠加得：

$$M_{7右}=-361.46(\mathrm{kN\cdot m})$$
$$M_{7左}=+130.5(\mathrm{kN\cdot m})$$

(3) 对 7m 处不平衡力矩进行弯矩分配

假设桩的抗弯刚度 EI 不变，求分配系数：

$$S_7^1=3i_7^1=\frac{3EI}{4.8}=0.625EI \qquad S_7^2=3i_7^2=\frac{3EI}{5.17}=0.58EI$$

分配系数：　$\mu_7^1=0.52$　　$\mu_7^2=0.48$

弯矩分配过程见表 11-4。

表 11-4　弯矩分配表　　单位：kN・m

节点	2.2	7		12.17
分配系数		0.52	0.48	
固端弯矩	0	+130.5 +120.1	−361.46 +110.86	0
最终弯矩	0	+250.6	−250.6	0

(4) 用静力平衡方程求 2.2m、7m、12.17m 处支座反力

① 2.2～7m 段

对 4m 处取矩：

$$R_{2.2}\times4.8+250.6-\frac{4}{5}\times9.31\times0.8\times\frac{1}{2}\times\left(4+\frac{0.8}{3}\right)-13.97\times4\times2-(85.57-13.97)$$
$$\times4\times\frac{1}{2}\times\frac{4}{3}-1.86\times0.8\times4.4=0$$

解得：　$R_{2.2}=14.87(\mathrm{kN})$

② 7～12.17m 段

对 7m 处取矩：

$$R_{12.17}\times5.17+250.6-18.77\times0.17\times\frac{1}{2}\times\left(5+\frac{0.17}{3}\right)-\frac{18.77}{2}\times\left(\frac{0.5}{2}+4.5\right)$$
$$-(107.14-18.77)\times0.5\times\frac{1}{2}\times\left(4.5+\frac{0.5}{3}\right)-95.52\times0.97\times\left(3.53+\frac{0.97}{2}\right)$$

$$-(107.14-95.52)\times0.97\times\frac{1}{2}\times\left(3.53+\frac{2}{3}\times0.97\right)-81.61\times2.1\times\left(1.43+\frac{2.1}{2}\right)$$

$$-(108.54-81.61)\times2.1\times\frac{1}{2}\times\left(1.43+\frac{2}{3}\times2.1\right)-95.37\times1.43\times\left(\frac{1.43}{2}\right)$$

$$-(115.98-95.37)\times1.43\times\frac{1}{2}\times\left(\frac{2}{3}\times1.43\right)=0$$

解得： $R_{12.17}=177.43(\mathrm{kN})$

通过静力平衡方程求得： $R_7=486.03(\mathrm{kN})$

综上，工况⑤支座反力：

$$R_{2.2}=14.87(\mathrm{kN})\qquad R_7=486.03(\mathrm{kN})\qquad R_{12.17}=177.43(\mathrm{kN})$$

(5) 用静力平衡方程和支反力求剪力零点和最大弯矩

求解第一个剪力零点：

$$16.00=4.468+\frac{1}{2}x(13.97+17.9x+13.97)$$

解得： $x=0.60(\mathrm{m})$

剪力零点位于地面以下 2.8m 处，显然此处的弯矩较小。

求解第二个剪力零点：

$$178.48=18.77\times0.17\times\frac{1}{2}+\frac{1}{2}\times0.5\times(107.14+18.77)+\frac{1}{2}\times0.97\times(95.52+107.14)$$

$$+\frac{1}{2}x(108.54-12.82x+108.54)$$

解得： $x=0.44(\mathrm{m})$

对剪力零点处取矩：

$$M=102.90\times0.44\times\frac{0.44}{2}+95.52\times0.97\times(0.44+0.97)+18.77\times0.5\times\frac{1}{2}$$

$$\times(0.44+0.97+0.25)+18.77\times0.17\times\frac{1}{2}\times\left(5+\frac{0.17}{3}\right)+(108.54-102.9)$$

$$\times\frac{2}{3}\times0.44+(107.14-95.52)\times\left(0.44+\frac{2\times0.97}{3}\right)+(107.14-18.77)$$

$$\times0.5\times\frac{1}{2}\times\left(0.44+\frac{0.5}{3}+0.97\right)-177.43\times2.08=-217.75(\mathrm{kN\cdot m})$$

综上，工况⑤最大弯矩在中间支座点处，地面以下 7m 处 $M_{\max}=250.6(\mathrm{kN\cdot m})$。

11.8.2.3 工况⑦计算

开挖到基坑底 14.55m，已在 2.2m、7m、11m 处打入三道锚索，此工况土压力零点在坑底以下 1.00m 处，将锚索作用点和土压力零点看作一个铰，所以地面以下 2.2～15.55m，计算简图如图 11-38 所示。

利用《实用建筑结构静力计算手册》分三段计算：

(1) 2.2～7m 段

计算过程同工况⑤。

$$q_1=0(\mathrm{kPa})\quad q_2=9.31(\mathrm{kPa})\quad q_3=13.97(\mathrm{kPa})\quad q_4=71.6(\mathrm{kPa})$$

$$\frac{a}{l}=\frac{0.8}{4.8}=\frac{1}{6}\qquad\frac{b}{l}=\frac{4}{4.8}=\frac{5}{6}$$

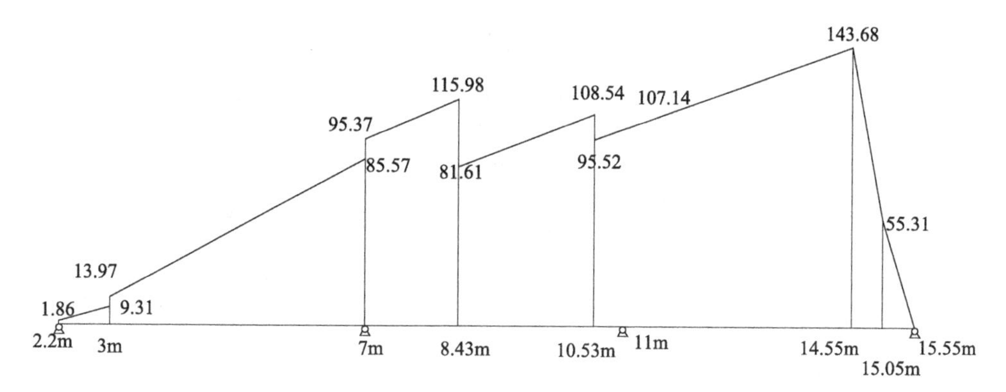

图 11-38　基坑工况⑦2.2～15.55m 段桩身计算简图

$$M_7^1=\frac{q_1a^2}{8}\left(2-\frac{a^2}{l^2}\right)+\frac{q_2a^2}{6}\left(1-\frac{3}{5}\times\frac{a^2}{l^2}\right)+\frac{q_3b^2}{8}\left(2-\frac{b}{l}\right)^2+\frac{q_4b^2}{24}\left(4-3\times\frac{b}{l}+\frac{3}{5}\times\frac{b^2}{l^2}\right)$$

$$=0+0.98+38.03+91.49=130.5(\text{kN}\cdot\text{m})$$

(2) 7～11m 段

计算简图如图 11-39 所示。

进行分块计算，分为三块①、②、③，设 7m 处为 A 点，11m 处为 B 点。分别计算 A、B 点处的弯矩。

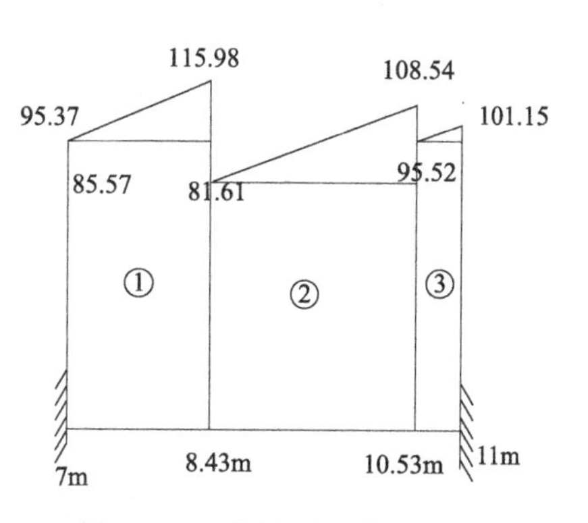

图 11-39　基坑工况⑦7～11m 段桩身弯矩计算简图

第①部分矩形部分：

$$M_A=-\frac{95.37\times1.43^2}{12}\times\left[6-8\times\frac{1.43}{4}+3\times\left(\frac{1.43}{4}\right)^2\right]$$

$$=-57.26(\text{kN}\cdot\text{m})$$

$$M_B=-\frac{95.37\times1.43^3}{12\times4}\times\left(4-3\times\frac{1.43}{4}\right)=-17.00(\text{kN}\cdot\text{m})$$

第①部分三角形部分：

$$\alpha=\frac{1.43}{4}=0.3575$$

$$q=20.61$$

$$M_A=-\frac{20.61\times1.43^2}{6}\times\left[2-3\times\frac{1.43}{4}+\frac{6}{5}\times\left(\frac{1.43}{4}\right)^2\right]=-7.07(\text{kN}\cdot\text{m})$$

$$M_B=-\frac{20.61\times1.43^3}{4\times4}\times\left(1-\frac{4}{5}\times\frac{1.43}{4}\right)=-2.69(\text{kN}\cdot\text{m})$$

第②部分矩形部分：

$$a=2.48$$

$$b=1.52$$

$$c=2.1$$

$$M_A=-\frac{81.61\times2.1}{12\times4^2}\times(12\times2.48\times1.52^2-3\times1.52\times2.1^2+5\times2.1^2)=-63.11(\text{kN}\cdot\text{m})$$

$$M_B=-\frac{81.61\times2.1}{12\times4^2}\times(12\times2.48\times1.52^2+3\times1.52\times2.1^2-5\times2.1^2)=-59.64(\text{kN}\cdot\text{m})$$

第②部分三角形部分：

$$a=2.83$$
$$b=1.17$$
$$c=2.1$$
$$d=1.43$$
$$q=13.02$$

$$M_A=-\frac{13.02\times 2.1}{36\times 4^2}\times\left(18\times 2.83\times 1.17^2-3\times 1.17\times 2.1^2+4\times 2.1^2-\frac{2\times 2.1^3}{15}\right)=-3.35(\text{kN}\cdot\text{m})$$

$$M_B=-\frac{13.02\times 2.1}{36\times 4^2}\times\left(18\times 2.83\times 1.17^2+3\times 1.17\times 2.1^2-4\times 2.1^2+\frac{2\times 2.1^3}{15}\right)=-2.43(\text{kN}\cdot\text{m})$$

第③部分矩形部分：

$$a=0.47$$
$$b=3.53$$
$$\alpha=\frac{0.47}{4}=0.1175$$

$$M_A=-\frac{95.52\times 0.47^3}{12\times 4}\times(4-3\times 0.1175)=-0.75(\text{kN}\cdot\text{m})$$

$$M_B=-\frac{95.52\times 0.47^2}{12}\times(6-8\times 0.1175+3\times 0.1175^2)=-8.97(\text{kN}\cdot\text{m})$$

第③部分三角形部分：

$$\alpha=\frac{0.47}{4}=0.1175$$
$$\beta=\frac{3.53}{4}=0.8825$$
$$q=5.63$$

$$M_A=-\frac{5.63\times 0.47^3}{12\times 4}\times\left(1-\frac{3}{5}\times 0.1175\right)=-0.01(\text{kN}\cdot\text{m})$$

$$M_B=-\frac{5.63\times 0.47^2}{12}\times\left(2\times 0.8825+\frac{3}{5}\times 0.1175^2\right)=-0.18(\text{kN}\cdot\text{m})$$

（3）11～15.55m 段

计算简图如图 11-40 所示。

假设 11m 处为 B 点，15m、55m 处为 A 点。进行分块计算，分为三块①、②、③，分别计算 B 点处的弯矩。

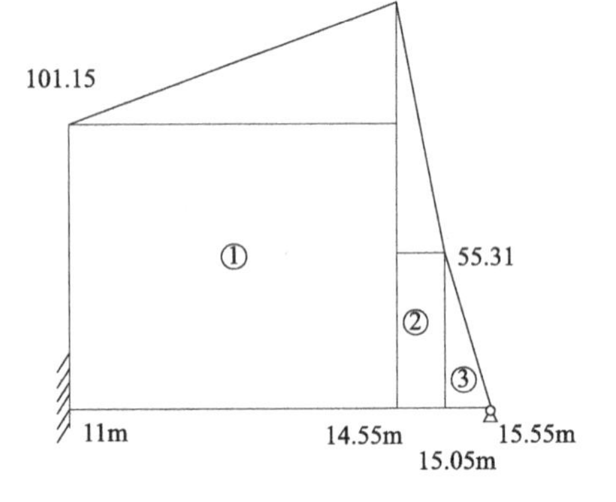

图 11-40 工况⑦11～15.55m 段桩身弯矩计算简图

第①部分矩形部分：

$$M_B=-\frac{101.15\times 3.55^2}{8}\times\left(2-\frac{3.55}{4.55}\right)^2=-237.08(\text{kN}\cdot\text{m})$$

第①部分三角形部分：

$$a=1$$
$$b=3.55$$
$$q=42.53$$

$$M_B=-\frac{42.53\times 3.55^2}{24}\times\left[8-9\times\frac{1}{4.55}+\frac{12}{5}\times\left(\frac{1}{4.55}\right)^2\right]=-137.08(\text{kN}\cdot\text{m})$$

第②部分矩形部分：

$$a=0.5+\frac{0.5}{2}=0.75$$

$$b=3.55+\frac{0.5}{2}=3.8$$

$$c=0.5$$

$$d=0.5$$

$$R_A=\frac{55.31\times0.5}{8\times4.55^3}\times(12\times4.55\times3.8^2-4\times3.8^3+0.75\times0.5^2)=20.89(\mathrm{kN})$$

$$M_B=20.89\times4.55-55.31\times0.5\times3.8=-10.04(\mathrm{kN\cdot m})$$

第②部分三角形部分：

$$a=0.5+\frac{2\times0.5}{3}=0.83$$

$$b=3.72$$

$$c=0.5$$

$$d=0.5$$

$$q=88.37$$

$$R_A=\frac{88.37\times0.5}{24\times4.55^3}\times\left(18\times4.55\times3.72^2-6\times3.72^3+0.83\times0.5^2-\frac{2\times0.5^3}{45}\right)=16.12(\mathrm{kN})$$

$$M_B=16.12\times4.55-\frac{1}{2}\times88.37\times0.5\times3.72=-8.84(\mathrm{kN\cdot m})$$

第③部分矩形部分：

$$\beta=\frac{0.5}{4.55}$$

$$M_B=-\frac{55.31\times0.5^2}{24}\times\left[8-9\times\frac{0.5}{4.55}+\frac{12}{5}\times\left(\frac{0.5}{4.55}\right)^2\right]=-4.06(\mathrm{kN\cdot m})$$

将所有的 M 进行叠加得：

$$M_{7右}=-131.55(\mathrm{kN\cdot m})$$

$$M_{7左}=+130.5(\mathrm{kN\cdot m})$$

$$M_{11右}=-397.1(\mathrm{kN\cdot m})$$

$$M_{11左}=+91.75(\mathrm{kN\cdot m})$$

(4) 对 7m、11m 处不平衡力矩进行弯矩分配

假设桩的抗弯刚度 EI 不变，求分配系数：

$$S_7^1=3i_7^1=\frac{3EI}{4.8}=0.625EI \qquad S_7^2=4i_7^2=\frac{4EI}{4}=EI$$

$$S_{11}^1=4i_{11}^1=\frac{4EI}{4}=EI \qquad S_{11}^2=3i_{11}^2=\frac{3EI}{4.55}=0.66EI$$

分配系数：　$\mu_7^1=0.38$　　$\mu_7^2=0.62$　　$\mu_{11}^1=0.60$　　$\mu_{11}^2=0.40$

弯矩分配过程见表 11-5。

表 11-5 弯矩分配表 单位：kN·m

节点	2.2	7		11		15.55
分配系数		0.38	0.62	0.60	0.40	
固端弯矩	0	+130.5	−131.55	+91.75	−397.1	0
			+91.61 ←	+183.21	+122.14	
		−34.41	−56.15 →	−28.08		
			+8.43 ←	+16.85	+11.23	
		−3.20	−5.23 →	−2.62		
			+0.79 ←	+1.57	+1.05	
		−0.30	−0.498			
最终弯矩	0	+93.28	−93.28	+258.98	−258.98	0

（5）用静力平衡方程求 2.2m、7m、11m、15.55m 处支座反力

① 2.2～7m 段

对 7m 处取矩：

$$R_{2.2}\times 4.8+92.59-1.86\times 0.8\times\left(4+\frac{0.8}{2}\right)-(9.31-1.86)\times 0.8\times\frac{1}{2}\times\left(4+\frac{0.8}{3}\right)$$

$$-13.97\times 4\times 2-(84.57-13.97)\times 4\times\frac{1}{2}\times\frac{4}{3}=0$$

解得： $R_{2.2}=47.64(\text{kN})$

设 7m 处左端剪力为 $F_{7左}$，由水平方向上力的平衡方程得：

$$F_{7左}=F_q-R_{2.2}$$

式中，F_q 为桩身 2.2～7m 段受到的坑外水平荷载，大小为：

$$0.5\times(1.86+9.31)\times 0.8+0.5\times(13.97+85.57)+4=203.52(\text{kN})$$

则 $F_{7左}=F_q-R_{2.2}F_{7左}=F_q-R_{2.2}=203.52-47.64=155.88(\text{kN})$

② 7～11m 段

对 11m 处取矩，设 7m 处右端剪力为 $F_{7右}$：

$$F_7\times 4+262.68-93.28-95.37\times 1.43\times\left(2.1+0.47+\frac{1.43}{2}\right)-81.61\times 2.1\times\left(0.47+\frac{2.1}{2}\right)$$

$$-95.52\times 0.47\times\frac{0.47}{2}-(115.98-95.37)\times 1.43\times\frac{1}{2}\times\left(2.1+0.47+\frac{1.43}{3}\right)$$

$$-(108.54-81.61)\times 2.1\times\frac{1}{2}\times(0.47+0.7)=0$$

解得： $F_{7右}=155.14(\text{kN})$

则支座反力： $R_7=F_{7左}+F_{7右}=155.14+155.88=311.02(\text{kN})$

设 11m 处左端剪力为 $F_{11左}$，由水平方向上力的平衡方程得：

$$F_{11左}=F_q-F_{7右}=241.85(\text{kN})$$

式中，F_q 为桩身 7～11m 段受到的坑外水平荷载，大小为 396.99kN。

③ 11～15.55m 段

对 11m 处取矩：

$$R_{15.55}\times 4.55+262.68-101.15\times 3.55\times\frac{3.55}{2}-(143.67-101.15)\times 3.55\times\frac{1}{2}\times\frac{2}{3}\times 3.55$$

$$-55.31\times 0.5\times(3.55+0.25)-(143.68-55.31)\times 0.5\times\frac{1}{2}\times\left(\frac{0.5}{3}+3.55\right)$$

$$-55.31\times 0.5\times\frac{1}{2}\times\left(4.05+\frac{0.5}{3}\right)=0$$

解得：　$R_{15.55}=175.56(\text{kN})$

设 11m 处右端剪力为 $F_{11右}$，由水平方向上力的平衡方程得：

$$F_{11右}=F_q-R_{15.55}=327.59(\text{kN})$$

式中，F_q 为桩身 11～15.55m 段受到的坑外水平荷载，大小为 503.15kN。

则支座反力：　$R_{11}=F_{11左}+F_{11右}=569.44(\text{kN})$

综上，工况⑦支座反力：

$$R_{2.2}=47.64(\text{kN})\qquad R_7=311.02(\text{kN})$$

$$R_{11}=569.44(\text{kN})\qquad R_{15.55}=175.56(\text{kN})$$

(6) 用静力平衡方程和支反力求剪力零点和最大弯矩

① 2.2～7m 段剪力零点

设剪力零点在 2.2m 右侧 $x+0.8$m 处：

$$47.64=(1.86+9.31)\times0.8\times\frac{1}{2}+\frac{1}{2}(13.97+13.97+17.9x)x$$

解得：　$x=1.55(\text{m})$

剪力零点位于地面以下 3.75m 处，此时 M 显然较小。

② 7～11m 段剪力零点

设剪力零点在 5m 右侧 $x+1.43$m 处：

$$155.14=(95.37+115.98)\times1.43\times\frac{1}{2}+\frac{1}{2}(81.61+81.61+12.82x)x$$

解得：　$x=0.05(\text{m})$

$$M=93.28+95.37\times1.43\times\left(\frac{1.43}{2}+0.05\right)+(115.98-95.37)\times1.43\times\frac{1}{2}\times\left(\frac{1.43}{3}+0.05\right)$$
$$+81.61\times0.05\times\frac{0.05}{2}+0.65\times0.05\times\frac{1}{2}\times\frac{0.05}{3}-155.14\times(1.43+0.05)=-24.14(\text{kN}\cdot\text{m})$$

③ 11～15.55m 段剪力零点

设剪力零点在 15.55m 左侧 $x+1$m 处：

$$176.38=(55.31+143.68)\times0.5\times\frac{1}{2}+\frac{1}{2}\times0.5\times55.31+\frac{1}{2}(143.68+143.68-11.98x)x$$

解得：　$x=0.89(\text{m})$

$$M_{极}=176.38\times1.89-113.02\times0.89\times\frac{0.89}{2}-55.31\times0.5\times\left(\frac{0.5}{2}+0.89\right)-(143.68-113.02)$$
$$\times0.89\times\frac{1}{2}\times\frac{2}{3}\times0.89-(143.68-55.31)\times0.5\times\frac{1}{2}\times\left(0.89+\frac{0.5}{3}\right)=230.29(\text{kN}\cdot\text{m})$$

工况⑦最大弯矩在第三个支座处，即地面以下 11m 处，$M_{max}=258.98(\text{kN}\cdot\text{m})$。

综上所述，对比各个工况的最大弯矩和最大剪力，该单元剖面挡土构件所产生的最大弯矩为 $M_{max}=258.98(\text{kN}\cdot\text{m})$，最大剪力为 $V_{max}=316.04(\text{kN})$。

11.8.3　桩身配筋计算

该基坑工程安全等级为一级，初步设计桩径为 600mm，桩间距为 1m，冠梁尺寸取 600mm×400mm，由基坑规范可知，该工程的结构重要性系数 $\gamma_0=1.1$，基本组合综合分项系数 $\gamma_F=1.25$，则弯矩和剪力设计值分别为：

$$M=\gamma_0\gamma_F l_0 M_{max,k}=1.1\times1.25\times1\times306.86=421.93(\text{kN}\cdot\text{m})$$

$$V=\gamma_0\gamma_F l_0 V_{max,k}=1.1\times1.25\times1\times316.04=434.56(\text{kN})$$

钢筋中的纵筋初步选用 HRB400 级钢筋，抗拉强度 $f_y=360\text{MPa}$，箍筋初步选用 HRB400 级钢筋，抗拉强度 $f_{yv}=360\text{MPa}$，桩身初步采用 C40 混凝土，其混凝土轴心抗压强度设计值 $f_c=19100\text{kN/m}^2$，保护层厚度初步取 $c=50\text{mm}$。

桩身采用全截面配筋，根据《建筑基坑支护技术规程》附录 B 第 B.0.1 条可知，其正截面受弯承载力理应满足式(11-44) 规定：

$$M \leqslant \frac{2}{3} f_c A r \frac{\sin^3 \pi\alpha}{\pi} + f_y A_s r_s \frac{\sin\pi\alpha + \sin\pi\alpha_t}{\pi} \tag{11-44a}$$

$$\alpha f_c A r\left(1-\frac{\sin 2\pi\alpha}{2\pi\alpha}\right)+(\alpha-\alpha_t) f_y A_s=0 \tag{11-44b}$$

$$\alpha_t = 1.25 - 2\alpha \tag{11-44c}$$

式中，M 为桩的弯矩设计值，kN·m；f_c 为混凝土轴心抗压强度设计值，kN/m^2；A 为支护桩截面面积，m^2；f_y 为纵向钢筋的抗拉强度设计值，kN/m^2；A_s 为全部纵向钢筋的截面面积，m^2；r_s 为纵向钢筋重心所在的半径，m。

该公式试用于截面内纵向钢筋数量不少于 6 根的情况。

由式(11-44) 可得：

$$M \leqslant \frac{2}{3} f_c A r \frac{\sin^3 \pi\alpha}{\pi} + \frac{\alpha f_c A r_s \times\left(1-\frac{\sin 2\pi\alpha}{2\pi\alpha}\right)}{1.25-3\alpha} \times \frac{\sin\pi\alpha + \sin\pi(1.25-2\alpha)}{\pi}$$

首先假设纵筋直径 $d=30\text{mm}$，则 $r_s=0.3-0.065$。

将已知量代入得：

$$421.93=\frac{2}{3}\times 19100\times\pi\times 0.3^2\times 0.3\times\frac{\sin^3\pi\alpha}{\pi}+$$

$$\frac{\alpha\times 19100\times\pi\times 0.3^2\times(0.3-0.065)\left(1-\frac{\sin 2\pi\alpha}{2\pi\alpha}\right)}{1.25-3\alpha}\times\frac{\sin\pi\alpha+\sin\pi(1.25-2\alpha)}{\pi}$$

解得：$\alpha=0.294$

进而求得：$\alpha_t=1.25-2\alpha=1.25-2\times 0.294=0.663$

则纵筋截面面积：

$$0.294\times 19100\times\pi\times 0.3^2\times\left[1-\frac{\sin(2\pi\times 0.294)}{2\pi\times 0.294}\right]=(0.663-0.294)\times 360\times 10^3\times A_s$$

解得：$A_s=5727.6(\text{mm}^2)$

查《混凝土结构设计规范》附录钢筋表，选配 12⏀25 钢筋，实际配筋面积 $A_s=5890\ \text{mm}^2>0.55\%A=1554.3\ \text{mm}^2$，配筋率为 2.08%，满足最小配筋率的要求。

根据基坑规范，圆形截面的支护桩斜截面等效为宽度 $b=1.76r=0.528\text{m}$，截面有效高度 $h_0=1.6r=0.48\text{m}$ 的矩形截面混凝土桩，按照现行《混凝土结构设计规范》中矩形截面斜截面承载力的规定进行计算。

（1）验算矩形截面尺寸

$$\frac{h_w}{b}=\frac{0.48}{0.528}=0.91\leqslant 4 \quad \text{属于厚腹梁}$$

$$0.25\beta_c f_c b h_0=0.25\times 1\times 19100\times 0.48\times 0.528=1210.176(\text{kN})>V_{max}=434.56(\text{kN})$$

截面尺寸满足要求。

（2）验算是否需计算配置箍筋

$$0.7 f_t b h_0=0.7\times 1710\times 0.48\times 0.528=303.37(\text{kN})<V_{max}=434.56(\text{kN})$$

按计算配腹筋，只配箍筋，不配弯起钢筋。

根据《混凝土结构设计规范》进行配筋：

$$\frac{A_{sv}}{S}=\frac{nA_{sv1}}{S}=\frac{V-\alpha_{cv}f_t bh_0}{f_{yv}h_0}=\frac{(434.56-303.37)}{360\times10^3\times0.48}=0.759(\text{mm})$$

$$\frac{2\times\pi\times5^2}{S}=0.759(\text{mm})$$

解得：

$$S=206.96(\text{mm})$$

选配Φ10@200，其配箍率：

$$\rho_{sv}=\frac{nA_{sv1}}{bs}=\frac{2\times\pi\times5^2}{528\times200}=0.149(\%)>\rho_{sv,min}=0.24\frac{f_t}{f_{yv}}=0.24\times\frac{1.71}{360}=0.114(\%)$$

满足要求，同时满足箍筋的最小直径和最大间距的要求。同时沿桩身设置 HRB400 加强钢筋，取Φ16@2000。

11.8.4　冠梁设计

冠梁的截面尺寸为 600mm×400mm。选用 C40 混凝土，选用 HRB400 钢筋，保护层厚度 c=30mm。由于冠梁上打了锚索，故把冠梁视为连续梁进行设计计算，取三跨进行内力计算，锚索水平间距为 4m，其受力情况如图 11-41 所示。

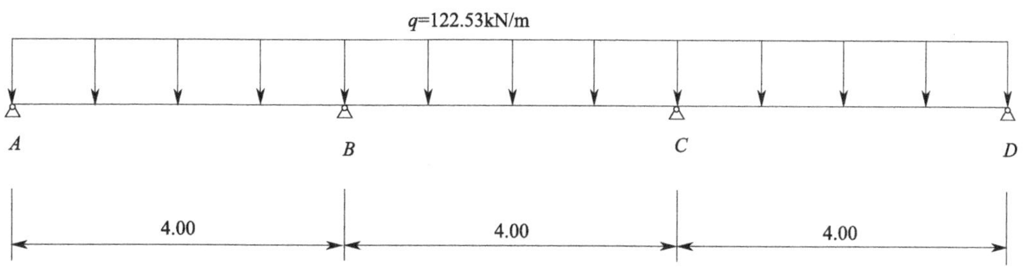

图 11-41　冠梁计算简图

11.8.4.1　冠梁内力计算

(1) 利用弯矩分配法计算，固定 B、C 两点

① AB 段，计算简图如图 11-42 所示。

$$M_B^1=\frac{ql^2}{8}=\frac{1}{8}\times122.53\times4^2=245.06(\text{kN}\cdot\text{m})$$

② BC 段，计算简图如图 11-43 所示。

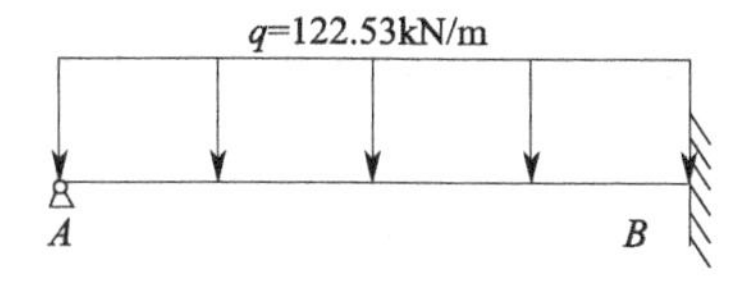

图 11-42　冠梁 AB 段计算简图

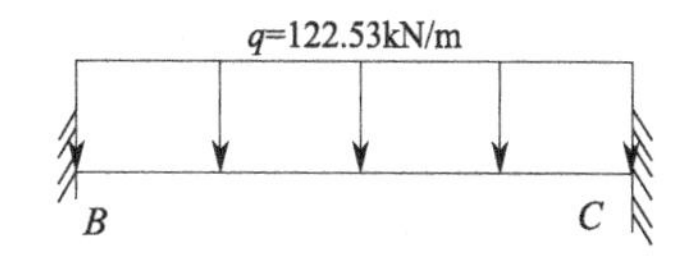

图 11-43　冠梁 BC 段计算简图

$$M_B^2=M_C^1=\frac{ql^2}{12}=\frac{1}{12}\times122.53\times4^2=163.37(\text{kN}\cdot\text{m})$$

③ CD 段，计算简图如图 11-44 所示。

$$M_C^2=\frac{ql^2}{8}=\frac{1}{8}\times122.53\times4^2=245.06(\text{kN}\cdot\text{m})$$

（2）对 B、C 点进行弯矩分配

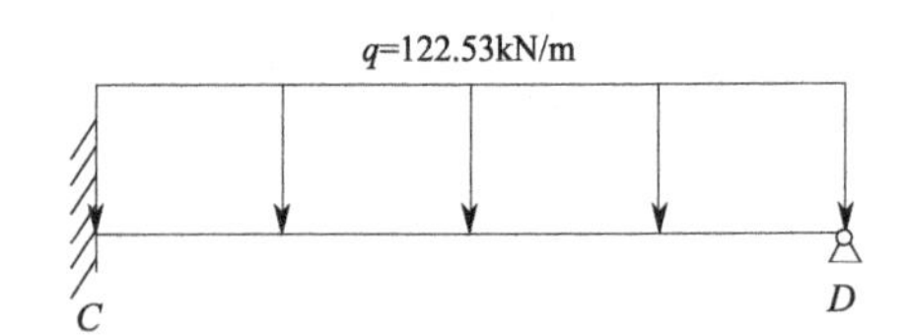

图 11-44 冠梁 CD 段计算简图

$$S_{B左}=3i=\frac{2EI}{l}$$

$$S_{B右}=4i=\frac{4EI}{l}$$

所以 B 点左右的分配系数分别为 0.43、0.57。由对称性，C 点左右分配系数分别为 0.57、0.43。

弯矩分配过程见表 11-6。

表 11-6 弯矩分配表 单位：kN·m

节点	A	B			C		D
分配系数		0.43	0.57		0.57	0.43	
固端弯矩	0	+245.06	−163.37		+163.37	−245.06	0
			+23.28	←	+46.26	+35.13	
		−45.14	−59.83	→	−30.38		
			+8.66	←	+17.32	+13.06	
		−3.72	−4.94				
最终弯矩	0	+196.2	−196.2		+196.87	−196.87	0

（3）求支座反力

分析 AB 段，对 B 处取矩：

$$R_A\times4+196.2-122.53\times\frac{4^2}{2}=0$$

解得：
$$R_A=196.01(\text{kN})$$

由对称性可得：

$$R_B=122.53\times6-196.01=539.17(\text{kN})$$

（4）求最大弯矩

设剪力零点在 A 点右侧 xm 处，得：

$$x=196.01\div122.53=1.60(\text{m})$$

剪力零点处的弯矩：

$$M=196.01\times1.6-122.53\times\frac{1.60^2}{2}=156.78(\text{kN}\cdot\text{m})$$

对称点处剪力一定为 0，对称点处弯矩：

$$M=196.01\times6+539.17\times2-122.53\times\frac{6^2}{2}=48.86(\text{kN}\cdot\text{m})$$

综上，冠梁弯矩是在 B、C 点处最大，为 $M_{\max}=196.66\text{kN}\cdot\text{m}$，最大剪力在 B 点左侧，为 $V_{\max}=294.16\text{kN}$。

11.8.4.2 冠梁配筋

弯矩和剪力设计值分别为：

$$M=\gamma_0\gamma_F M_{\max,k}=1.1\times1.25\times196.66=270.41(\text{kN}\cdot\text{m})$$
$$V=\gamma_0\gamma_F V_{\max,k}=1.1\times1.25\times294.16=404.47(\text{kN})$$

纵筋选用 HRB400 级钢筋，抗拉强度 $f_y=360\text{MPa}$，箍筋选用 HRB400 级钢筋，抗拉强度 $f_{yv}=360\text{MPa}$，桩身采用 C40 混凝土，其混凝土轴心抗压强度设计值 $f_c=19100\text{kN/m}^2$，保护层厚度 $c=30\text{mm}$，初步确定箍筋直径为 10mm。$a_s=30+10+\frac{20}{2}=50(\text{mm})$，则 $h_0=600-50=500(\text{mm})$。

$$\alpha_s=\frac{M}{\alpha_1 f_c b h_0^2}=\frac{270.41\times10^6}{1\times19.1\times400\times550^2}=0.117$$

$$\xi=1-\sqrt{1-2\alpha_s}=1-\sqrt{1-2\times0.117}=0.125<0.518$$

满足条件，不会出现少筋破坏。

$$A_s=\frac{\alpha_1 f_c b\xi h_0}{f_y}=\frac{19.1\times400\times0.125\times550}{360}=1459(\text{mm}^2)$$

根据《混凝土结构设计规范》进行配筋，选配钢筋 4ф22，实配钢筋面积：

$$\rho=\frac{1520}{400\times550}\times100\%=0.69\%>\rho_{\min}\frac{h}{h_0}=0.2\%\times\frac{600}{550}=0.22\%, A_s=1520\text{mm}^2$$

满足最小配筋率要求。腰筋选用 3C16 的钢筋，钢筋间距满足规范要求。

配置箍筋：

(1) 验算截面尺寸

$$\frac{h_w}{b}=\frac{0.55}{0.4}=1.375\leqslant4\quad 属于厚腹梁$$

$$0.25\beta_c f_c b h_0=0.25\times1\times19100\times0.55\times0.4=1050.5(\text{kN})>V_{\max}=404.47(\text{kN})$$

截面尺寸满足要求。

(2) 验算是否需计算配置箍筋

$$0.7 f_t b h_0=0.7\times1710\times0.4\times0.55=263.34(\text{kN})<V_{\max}=404.47(\text{kN})$$

按计算配腹筋，只配箍筋，不配弯起钢筋。

根据《混凝土结构设计规范》进行配筋：

$$\frac{A_{sv}}{S}=\frac{nA_{sv1}}{S}=\frac{V-\alpha_{cv} f_t b h_0}{f_{yv} h_0}=\frac{404.47-263.34}{360\times10^3\times0.55}=0.713(\text{mm})$$

$$\frac{2\times\pi\times5^2}{S}=0.713(\text{mm})$$

解得：
$$S=206.96(\text{mm})$$

选配Φ10@200，其配箍率：

$$\rho_{sv}=\frac{nA_{sv1}}{bs}=\frac{2\times\pi\times5^2}{400\times200}\times100\%=0.196\%>\rho_{sv,\min}=0.24\frac{f_t}{f_{yv}}=0.24\times\frac{1.71}{360}\times100\%=0.114\%$$

满足要求，同时满足箍筋的最小直径和最大间距的要求。同时沿桩身设置 HRB400 加强钢筋，取Φ16 @2000。冠梁的配筋图如图 11-45 所示。

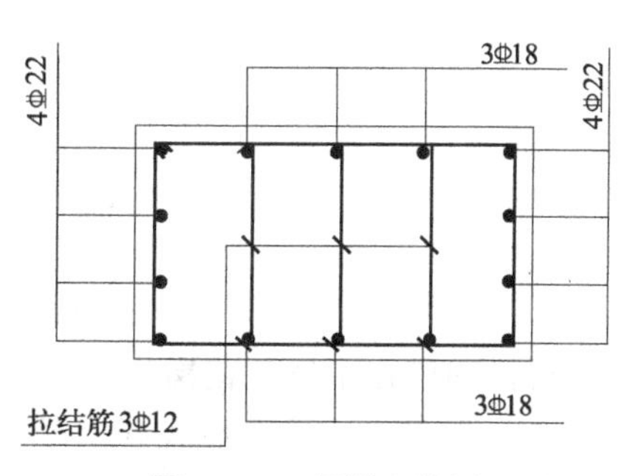

图 11-45　冠梁配筋图

11.8.5　锚索设计

锚索设置在基坑深 2.2m、7m 和 11m 的位置，三道锚索的水平间距由上到下为 4m、2m、2m，锚索的倾角均为 30°，锚索选用 1×7（7 股）钢绞线，单束锚索直径 15.2mm 或 21.6mm，抗拉强度设计值 $f_{py}=1320\text{MPa}$，锚固体直径 $d=150\text{mm}$。锚固体与各层土的极限黏结强度标准值 q_{sik} 如表 11-7 所示。

表 11-7 锚固体的极限黏结强度标准值 单位：kPa

土名称	岩土体与锚固体极限黏结强度标准值 q_{sik}
杂填土	20
强风化花岗岩	280
中风化花岗岩	800

锚索的长度包括锚杆自由段和锚固段的长度。采用极限平衡理论确定潜在滑动面，锚杆的自由段长度可按式(11-45) 进行计算：

$$l_f \geqslant \frac{(a_1+a_2-d\tan\alpha)\sin\left(45°-\frac{\varphi_m}{2}\right)}{\sin\left(45°+\frac{\varphi_m}{2}+\alpha\right)}+\frac{d}{\cos\alpha}+1.5 \tag{11-45}$$

式中，l_f 为锚杆非锚固段长度，m；α 为锚杆倾角，(°)；d 为挡土构件的水平尺寸，m；a_1 为锚杆的锚头中点至基坑底面的距离，m；a_2 为基坑底面至基坑外侧主动土压力强度与基坑内侧被动土压力强度等值点的距离，m；φ_m 为等值点以上各土层厚度加权等效内摩擦角，(°)。

由前面的计算可知，基坑底以下 1.0m 处为主被动土压力强度等值点，$a_2=1.0$m。

$$\varphi_m=\frac{20\times6.53+40\times2.1+50\times4.92}{12.55+1}=38.99(°)$$

11.8.5.1 第一道锚索设计

(1) 自由段长度

第一道锚索锚头中点位于地面以下 2.2m 处（考虑了放坡的 2m)，锚索倾角为 30°。

$$l_f \geqslant \frac{(12.35+1-0.6\tan30°)\sin\left(45°-\frac{33.38°}{2}\right)}{\sin\left(45°+\frac{33.38°}{2}+30°\right)}+\frac{0.6}{\cos30°}+1.5=8.3(\text{m})$$

取自由段长度 $l_f=9$m。

(2) 锚固段长度

安全等级为一级，查规范可得安全系数 $K_t=1.8$，锚杆轴向拉力标准值按式(11-46) 计算：

$$N_k=\frac{F_h s}{b_a\cos\alpha} \tag{11-46}$$

式中，F_h 为挡土构件计算宽度内的弹性支点水平反力，kN；s 为锚杆水平间距，m；α 为锚杆倾角，(°)；b_a 为排桩土反力计算宽度，m。

$$N_k=\frac{122.53\times4}{1.0\times\cos30°}=565.94(\text{kN})$$

$$R_k=N_k\times K_t=565.94\times1.8=1018.69(\text{kN})$$

$$\sum q_{sik}l=\frac{R_k}{\pi d}=\frac{1018.69}{\pi\times0.15}=2161.73$$

设锚固段在中风化花岗岩中的长度为 x：

$$(12.46-9)\times20+4.2\times280+800x=2161.73$$

解得：

$$x=1.15(\text{m})$$

则 $l_m=(12.46-9)+4.2+1.15=8.81(\text{m})$。

取锚固段长度 $l_m=9$m。

综上，锚杆长度取 $l=l_f+l_m=9+9=18(\mathrm{m})$。

(3) 杆体配筋

采用 1×7 (7 股) 钢绞线，单束直径为 15.2mm，抗拉强度设计值为 $f_{py}=1320\mathrm{MPa}$。

$$A_p=\frac{N}{f_p}=\frac{\gamma_0\gamma_F E_k}{f_{py}}=\frac{1.1\times1.25\times565.94\times10^3}{1320}=589.52(\mathrm{mm}^2)$$

$$n=\frac{589.52}{\pi\times\left(\frac{15.2}{2}\right)^2}=3.2$$

选择 4 根直径为 15.2mm 的钢绞线。

11.8.5.2　第二道锚索设计

(1) 自由段长度

第二道锚索锚头中点位于地面以下 7m 处 (考虑了放坡的 2m)，锚索倾角为 30°。

$$l_f\geqslant\frac{(12.55-5+1-0.6\tan30^\circ)\sin\left(45^\circ-\frac{33.38^\circ}{2}\right)}{\sin\left(45^\circ+\frac{33.38^\circ}{2}+30^\circ\right)}+\frac{0.6}{\cos30^\circ}+1.5=6.09(\mathrm{m})$$

取自由段长度 $l_f=7\mathrm{m}$。

(2) 锚固段长度

安全等级为一级，查规范可得安全系数 $K_t=1.8$，锚杆轴向拉力标准值计算：

$$N_k=\frac{486.03\times2}{1.0\times\cos30^\circ}=1122.44(\mathrm{kN})$$

$$R_k=N_k\times K_t=1122.44\times1.8=2020.39(\mathrm{kN})$$

$$\sum q_{sik}l_i=\frac{R_k}{\pi d}=\frac{2020.39}{\pi\times0.15}=4287.40$$

设锚固段在中风化花岗岩中的长度为 x：

$$0.63\times2\times280\times800x=4287.40$$

解得：

$$x=5.15(\mathrm{m})$$

则 $l_m=5.15+2\times0.63=6.41(\mathrm{m})$。

取锚固段长度 $l_m=7\mathrm{m}$。

综上，锚杆长度取 $l=l_f+l_m=7+7=14(\mathrm{m})$。

(3) 杆体配筋

采用 1×7 (7 股) 钢绞线，单束直径为 21.6mm，抗拉强度设计值为 $f_{py}=1320\mathrm{MPa}$。

$$A_p=\frac{N}{f_p}=\frac{\gamma_0\gamma_F E_k}{f_{py}}=\frac{1.1\times1.25\times1122.44\times10^3}{1320}=1169.2(\mathrm{mm}^2)$$

$$n=\frac{1169.2}{\pi\times\left(\frac{21.6}{2}\right)^2}=3.19$$

选择 4 根直径为 21.6mm 的钢绞线。

11.8.5.3　第三道锚索设计

(1) 自由段长度

第三道锚索锚头中点位于地面以下 11m 处 (考虑了放坡的 2m)，锚索倾角为 30°。

$$l_{\mathrm{f}} \geqslant \frac{(12.55-5-4+1-0.6\tan30°)\sin\left(45°-\frac{33.38°}{2}\right)}{\sin\left(45°+\frac{33.38°}{2}+30°\right)}+\frac{0.6}{\cos30°}+1.5=4.17(\mathrm{m})$$

取自由段长度 $l_{\mathrm{f}}=5\mathrm{m}$。

(2) 锚固段长度

安全等级为一级，查规范可得安全系数 $K_{\mathrm{t}}=1.8$，锚杆轴向拉力标准值计算：

$$N_{\mathrm{k}}=\frac{527.7\times2}{1.0\times\cos30°}=1315.07(\mathrm{kN})$$

$$R_{\mathrm{k}}=N_{\mathrm{k}}\times K_{\mathrm{t}}=1315.07\times1.8=2367.12(\mathrm{kN})$$

$$\sum q_{sik}l_i=\frac{R_{\mathrm{k}}}{\pi d}=\frac{2367.12}{\pi\times0.15}=5023.18$$

设锚固段在中风化花岗岩中的长度为 x m：

$$800x=5023.18$$

解得：

$$x=6.28(\mathrm{m})$$

取锚固段长度 $l_{\mathrm{m}}=6.5\mathrm{m}$。

综上，锚杆长度取 $l=l_{\mathrm{f}}+l_{\mathrm{m}}=5+6=11.5(\mathrm{m})$。

(3) 杆体配筋

采用 1×7（7 股）钢绞线，单束直径为 21.6mm，抗拉强度设计值为 $f_{\mathrm{py}}=1320\mathrm{MPa}$。

$$A_{\mathrm{p}}=\frac{N}{f_{\mathrm{p}}}=\frac{\gamma_0\gamma_{\mathrm{F}}E_{\mathrm{k}}}{f_{\mathrm{py}}}=\frac{1.1\times1.25\times1315.07\times10^3}{1320}=1369.86(\mathrm{mm}^2)$$

$$n=\frac{1369.86}{\pi\times\left(\frac{21.6}{2}\right)^2}=3.74$$

选择 4 束直径为 21.6mm 的钢绞线。

11.8.6 腰梁设计

腰梁为型钢组合梁，7m 锚索处的腰梁为腰梁 1，11m 锚索处的腰梁为腰梁 2。由于是使用钢结构组合梁，腰梁按单跨简支梁计算，排桩间距 1.0m，与桩相接处作用集中力，锚索水平间距为 2.0m，锚索作为铰支座，计算模型见计算简图。

(1) 腰梁 1 设计

单位长度桩作用在腰梁上的集中力 $F_{\mathrm{h}}=486.03\mathrm{kN}$。

设计值：　$M_{\max}=1.1\times1.25\times485.03\times1\times0.5=334.15(\mathrm{kN\cdot m})$

计算简图如图 11-46 所示。

型钢腰梁截面模量应满足：

$$W_{nx}\geqslant\frac{M_x}{\gamma_x f}=\frac{334.15\times10^6}{1.05\times215}=1480.2\times10^3(\mathrm{mm}^3)$$

当采用双排型钢组合腰梁，每排型钢的截面模量 W_x 应满足：

$$W_x\geqslant\frac{1480.2\times10^3}{2}=740.1\times10^3(\mathrm{mm}^3)$$

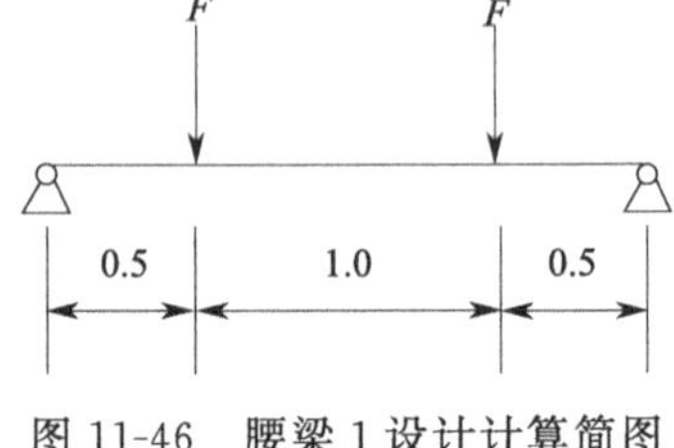

图 11-46　腰梁 1 设计计算简图

① 当腰梁采用双排工字钢，应选择 32c 工字型钢，其截面模量 $W_x=760\times10^3\mathrm{mm}^3$；

② 当腰梁采用双排槽钢[36c 槽钢，其截面模量 $W_x=746\times10^3\mathrm{mm}^3$。

(2) 腰梁 2 设计

计算简图如图 11-47 所示。

单位长度桩作用在腰梁上的集中力 $F_h=569.44\text{kN}$。

设计值：

$$M_{max}=1.1\times1.25\times569.44\times1\times0.5=391.49(\text{kN}\cdot\text{m})$$

型钢腰梁截面模量应满足：

$$W_{nx}\geqslant\frac{M_x}{\gamma_x f}=\frac{391.49\times10^6}{1.05\times215}=1734.17\times10^3(\text{mm}^3)$$

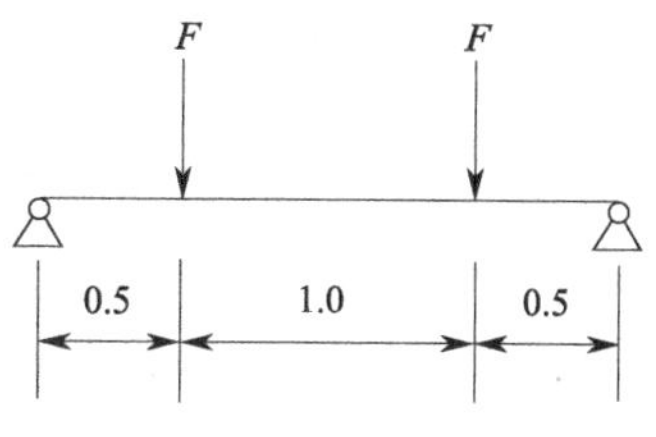

图 11-47　腰梁 2 设计计算简图

当采用双排型钢组合腰梁，每排型钢的截面模量 W_x 应满足：

$$W_x\geqslant\frac{1734.17\times10^3}{2}=867.1\times10^3(\text{mm}^3)$$

① 当腰梁采用双排工字钢，应选择 36a 工字型钢，其截面模量 $W_x=875\times10^3\text{mm}^3$；

② 当腰梁采用双排槽钢[40a 槽钢，其截面模量 $W_x=879\times10^3\text{mm}^3$。

11.8.7　稳定性验算

本单元剖面采用放坡＋桩锚支护，根据《建筑基坑支护技术规程》，该剖面需进行上部放坡部分稳定性验算、整个基坑侧壁整体稳定性验算和坑底抗隆起稳定性验算。

11.8.7.1　坑底抗隆起稳定性验算

根据式(11-37) 进行抗隆起稳定性验算，拟定挡土构件嵌固深度 $l_d=4\text{m}$。

$$\gamma_{m1}=\frac{20\times6.53+23\times2.1+25\times6.92}{12.55+4}=21.26(\text{kN/m}^3)$$

$$\gamma_{m2}=25\text{kN/m}^3$$

$$N_q=\tan^2\left(45^\circ+\frac{\varphi}{2}\right)e^{\pi\tan\varphi}=\tan^2\left(45^\circ+\frac{50^\circ}{2}\right)e^{\pi\tan50^\circ}=319.06$$

$$N_c=\frac{N_q-1}{\tan\varphi}=\frac{319.06-1}{\tan50^\circ}=266.88\qquad q_0=20+19\times2=58$$

$$\frac{\gamma_{m2}l_dN_q+cN_c}{\gamma_{m1}(h+l_d)+q_0}=\frac{25\times4\times319.06+0}{21.26\times(12.55+4)+58}=77.85>1.8$$

故坑底抗隆起稳定性满足《建筑基坑支护技术规程》要求。

11.8.7.2　整体稳定性验算

根据式(11-36) 进行整体稳定性验算。任取圆心 O，以 O 点与桩底连线为半径作圆弧，如图 11-48 所示。

本基坑安全等级为一级，$K_s\geqslant1.35$，具体计算过程详见表 11-8。

表 11-8　整体稳定安全系数计算表

土条编号	$\theta_j/(^\circ)$	u_j/kPa	$h_jb_j\gamma_m/\text{kN}$	$(q_jb_j+\Delta G_j)\cos\theta_j\tan\varphi_j-u_jl_j\tan\varphi_j$	$(q_jb_j+\Delta G_j)\sin\theta_j$
−11	−36.43	2.35	18.37	14.13	−10.91
−10	−32.5	9.22	35.54	22.70	−19.10
−9	−28.73	15.14	50.35	32.04	−24.20
−8	−25.1	20.22	63.05	41.43	−26.75
−7	−21.57	24.54	73.84	50.39	−27.15
−6	−18.12	28.15	82.87	58.57	−25.77
−5	−14.74	31.10	90.24	65.69	−22.96
−4	−11.41	33.42	96.05	71.58	−19.00
−3	−8.13	35.14	100.36	76.09	−14.19
−2	−4.87	36.28	103.21	79.16	−8.76

续表

土条编号	$\theta_j/(°)$	u_j/kPa	$h_jb_j\gamma_m$/kN	$(q_jb_j+\Delta G_j)\cos\theta_j\tan\varphi_j-u_jl_j\tan\varphi_j$	$(q_jb_j+\Delta G_j)\sin\theta_j$
−1	−1.62	36.85	104.63	80.70	−2.96
1	1.62	36.85	104.63	80.70	−2.96
2	4.87	36.28	103.21	79.16	−8.76
3	8.13	155.64	370.73	250.01	52.43
4	11.41	153.92	367.30	241.95	72.66
5	14.74	151.60	370.48	240.18	94.26
6	18.12	148.65	374.11	237.34	116.35
7	21.57	145.04	376.02	230.88	138.24
8	25.1	140.72	369.45	213.52	156.72
9	28.73	135.64	358.72	190.53	172.43
10	32.5	129.72	343.91	182.48	195.53
11	36.43	122.85	326.74	150.51	205.91
12	40.58	114.88	306.82	115.55	212.60
13	45	105.60	283.63	77.88	214.70
14	49.8	94.70	256.36	37.74	211.08
15	55.14	81.62	223.66	−4.20	199.94
16	61.36	65.31	185.23	−31.79	180.12
17	69.33	42.96	138.61	−23.91	148.40

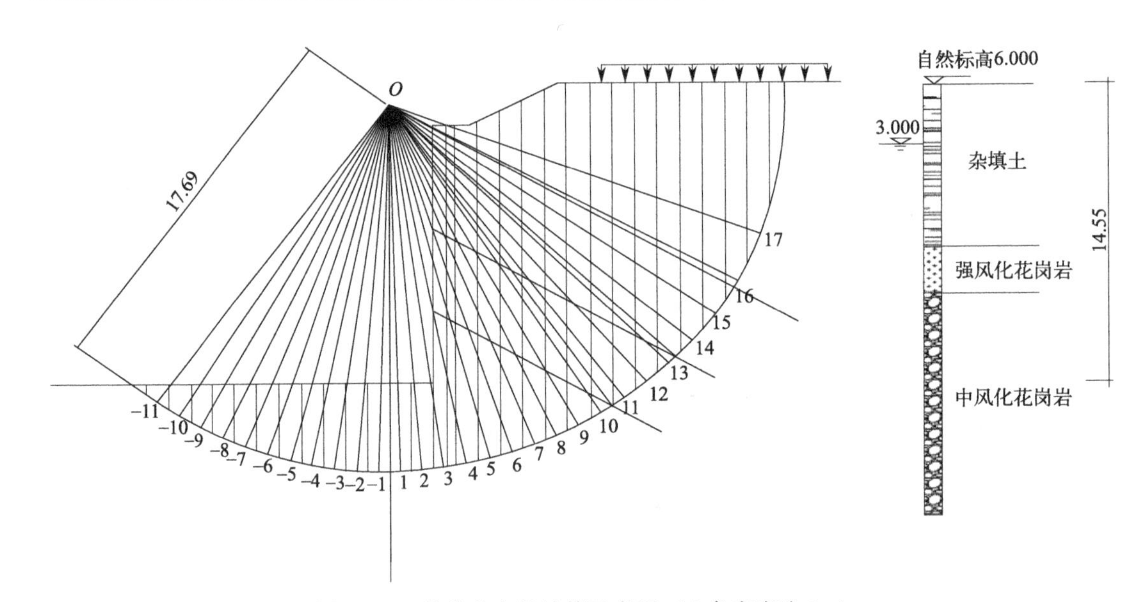

图 11-48 整体稳定性计算示意图（土条宽度取 1m）

通过 CAD 作图，可知圆弧面在第一层、第二层和第三层锚索处的法线与垂直面的夹角分别为 $\theta_{k1}=60.01°$，$\theta_{k2}=46.42°$，$\theta_{k3}=34.50°$。查规范可知，锚索提供的抗力为：

$$\sum R'_{k,k}\left[\cos(\theta_k+\alpha_k)+\psi_v\right]/s_{x,k} \tag{11-47}$$

式中：

$$\psi_v=0.5\sin(\theta_k+\alpha_k)\tan\varphi \tag{11-48}$$

$$R'_{k,k}=\min\{\pi d\sum q_{sik}l_m, f_{ptk}A_p\} \tag{11-49}$$

（1）第一道锚杆

$$\pi d\sum q_{sik}l_m=\pi\times0.15\times(1.475\times280+1.8328\times800)=885.57(\text{kN})$$

$$f_{ptk}A_p=1820\times726=1321.32(\text{kN})$$

则 $R'_{k,k1}=885.57\text{kN}$。

$$\psi_v=0.5\sin(\theta_k+\alpha_k)\tan\varphi=0.5\sin(60.01°+30°)\tan40°=0.4195$$

$$R'_{k,k1}[\cos(\theta_k+\alpha_k)+\psi_v]/s_{x,k}=885.57\times[\cos(60.01°+30°)+0.4195]/4=92.84$$

（2）第二道锚杆

$$\pi d\sum q_{sik}l_m=\pi\times0.15\times(2.2021\times800)=830.17(\text{kN})$$

$$f_{ptk}A_p=1820\times1270=2311.4(\text{kN})$$

则 $R'_{k,k2}=830.17\text{kN}$。

$$\psi_v=0.5\sin(\theta_k+\alpha_k)\tan\varphi=0.5\sin(46.42°+30°)\tan50°=0.5792$$

$$R'_{k,k2}[\cos(\theta_k+\alpha_k)+\psi_v]/s_{x,k}=830.17\times[\cos(46.42°+30°)+0.5792]/2=337.88$$

（3）第三道锚杆

$$\pi d\sum q_{sik}l_m=\pi\times0.15\times(2.4314\times800)=916.62(\text{kN})$$

$$f_{ptk}A_p=1820\times1270=2311.4(\text{kN})$$

则 $R'_{k,k3}=916.62\text{kN}$。

$$\psi_v=0.5\sin(\theta_k+\alpha_k)\tan\varphi=0.5\sin(34.50°+30°)\tan40°=0.3787$$

$$R'_{k,k3}[\cos(\theta_k+\alpha_k)+\psi_v]/s_{x,k}=916.62\times[\cos(34.5°+30°)+0.5378]/2=370.87$$

求解：
$$K_{s,i}=\frac{2824.86+92.84+337.88+443.79}{2157.90}=1.681>1.35$$

因此，对于该任意指定圆心的圆弧滑动面，其整体稳定性验算满足《建筑基坑支护技术规程》的相关要求。

11.8.7.3　放坡部分稳定性验算

放坡角度很小，一般情况下能够满足要求，但是还是需要按式(11-10）和式(11-11）验算其稳定性。任取可能的滑移面，如图 11-49 所示。

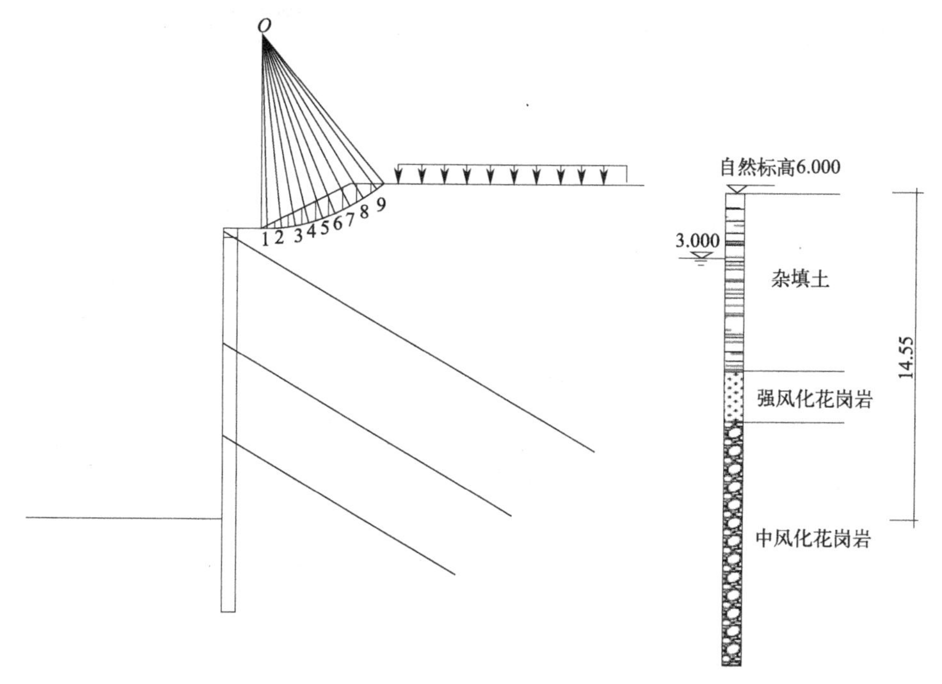

图 11-49　放坡整体稳定性计算示意图（土条宽度取 0.6m）

本基坑安全等级为一级，$K_s\geqslant1.35$，具体计算过程详见表 11-9。

表 11-9 整体稳定安全系数计算表

土条编号	$\theta_j/(°)$	u_j/kPa	$h_j b_j \gamma_m$/kN	$(q_j b_j+\Delta G_j)\cos\theta_j\tan\varphi_j-u_j l_j\tan\varphi_j$	$(q_j b_j+\Delta G_j)\sin\theta_j$
1	2.05	0	2.66	1.54	0.10
2	6.16	0	7.60	4.38	0.82
3	10.30	0	11.78	6.72	2.11
4	14.50	0	14.82	8.32	3.71
5	18.78	0	17.10	9.39	5.51
6	23.17	0	18.43	9.83	7.25
7	27.71	0	18.81	9.66	8.75
8	32.45	0	13.11	6.42	7.03
9	37.46	0	5.13	2.36	3.12

求解：

$$K_{s,i}=\frac{58.62}{38.39}=1.527>1.35$$

因此，对于该滑动面，其整体稳定性验算满足《建筑基坑支护技术规程》的相关要求。

习　题

11-1 基坑支护的类型有哪些？各有什么特点？

11-2 地下水位以下作用在支护结构上的侧压力应如何计算？各适用于什么情况？

11-3 水泥土挡墙的计算内容有哪些？

11-4 一基坑开挖深度 $h=4.6$m，拟采用水泥土挡墙，墙体重度 $\gamma_{cs}=21\text{kN/m}^3$，墙体与土体的摩擦系数 $\mu=0.3$，地面超载 $q=12$kPa，周围土层重度 $\gamma=17.6\text{kN/m}^3$，内摩擦角 $\varphi=19°$，黏聚力 $c=12\text{kN/m}^2$，试计算此挡墙稳定性。

11-5 某基坑拟采用土钉支护结构，开挖深度 $h=7.5$m，土层参数及超载信息见图 11-50，试设计此土钉墙并对其抗内外稳定性及单个土钉的抗拔稳定性进行验算。

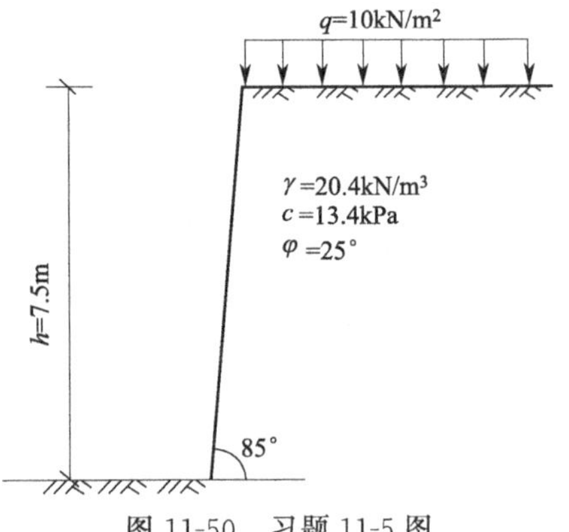

图 11-50 习题 11-5 图

参 考 文 献

[1] 中华人民共和国建设部．建筑基坑支护技术规程（JGJ 120—2012）．北京：中国建筑工业出版社，1999.

[2] 中华人民共和国冶金工业部．建筑基坑工程技术规范（YB 9258—1997）．北京：冶金工业出版社，2012.

[3] 中华人民共和国建设部．建筑地基基础设计规范（GB 50007—2011）．北京：中国建筑工业出版社，2002.

[4] 袁聚云，李镜培，楼晓明，等．基础工程设计原理．上海：同济大学出版社，2002.

[5] 华南理工大学，浙江大学，湖南大学．基础工程．北京：中国建筑工业出版社，2005.

[6] 曾亮．专业案例一本通．广州：广东旅游出版社，2014.

[7] 葛忻声，肖毓恺．高层建筑基础的实用设计方法．北京：中国水利水电出版社，2006.

[8] 中国工程建设标准化协会．基坑土钉支护技术规程（CECS 96：1997）．北京：中国工程建设标准化协会，1997．

[9] 黄生根，张希浩，曹辉，等．地基处理与基坑支护工程．武汉：中国地质大学出版社，2007.

第12章

地基处理

【学习指南】本章主要介绍不同地基处理方法的加固机理和设计计算。通过本章学习，应了解地基处理方法的分类，熟悉不同地基处理方法的加固机理和适用范围，掌握不同地基处理方法的设计计算。

12.1　概述

天然地基是指不需要处理建(构)筑物就可直接修建在上面的地基。在满足地基承载力和建筑物容许变形的前提下，应尽量采用天然地基。但是，若天然地基很软弱，不能满足基础对强度和变形等方面的要求时，需要对地基进行处理。处理后的地基称为人工地基。地基处理技术方法是建造人工地基的技术方法，简称为地基处理，即为了提高地基承载力，改善其变形性质或渗透性质而采取的人工处理地基的方法。

12.1.1　地基处理的目的

地基处理的主要目的是针对工程建设中地基所面临的主要问题，通过相应的加固措施，改善土体的工程特性以满足工程要求。主要表现在以下几个方面。

（1）提高地基土的抗剪强度

当地基土的抗剪强度较低，不足以支撑上部结构传来的荷载时，地基可能会发生局部或整体剪切破坏，从而导致上部结构失稳、开裂甚至倒塌。因此，为了防止地基剪切破坏，需要采取相应的处理措施，提高地基土的抗剪强度，增加地基的稳定性。

（2）降低地基土的压缩性

在附加应力作用下，地基土将产生压缩变形，从而引起基础沉降。当基础沉降量或不均匀沉降过大时，可能会引起上部结构的倾斜、开裂，影响其安全和正常使用。因此，需要采取相应的措施，降低地基土的压缩性，减少基础的沉降量或不均匀沉降。

（3）改善地基土的透水特性

改善地基土的透水特性主要表现在两个方面：一方面是增加软土等渗透性差的地基土的透水性，以加快其固结，满足工程对承载力和变形的要求；另一方面是降低地基土的透水性或减少其上的水压力，以防出现管涌、流砂、渗漏、溶蚀等工程问题。

（4）改善地基土的动力特性

地基土在地震、波浪、交通荷载、打桩等动荷载作用下，可能会出现液化、震陷、振动下沉等问题。因此，需要采取一定的措施，改善地基土的动力特性，提高地基的抗震性能。

(5) 改善特殊土的不良工程特性

当需要在特殊土地基上修建建(构)筑物时，为了保证其安全和正常使用，需要采取相应的地基处理措施，以消除黄土的湿陷性、膨胀土的胀缩性、冻土的冻胀性等。

12.1.2 地基处理方法分类

地基处理方法的分类很多。按照地基处理的加固原理，主要分为如下几类。

(1) 置换

置换是指用物理力学性质较好的岩土材料换掉天然地基中部分或全部软弱土或不良土，形成双层地基或复合地基，以提高地基承载力、减小地基沉降量。常见的有：换填垫层法、强夯置换法、石灰桩法、砂石桩(置换)法、挤淤置换法、水泥粉煤灰碎石桩法、EPS(泡沫苯乙烯)超轻质料填土法等。

(2) 预压

预压也称排水固结，是指在建(构)筑物修建之前，预先使地基土在一定荷载作用下排水固结，使得土体中的孔隙减小，抗剪强度提高，以达到提高地基承载力、加速土体固结、减小沉降的目的。如堆载预压法、真空预压法、降低地下水位法、电渗法等均属此类。

(3) 化学加固

化学加固也称胶结、灌入固化物，是指向土体中灌入或拌入水泥、石灰等化学固化材料，在地基中形成复合土体，以达到地基处理的目的。如深层搅拌法、渗入注浆法、劈裂注浆法、压密注浆法、电动化学注浆法、高压喷射注浆法等。

(4) 振密、挤密

采用振密、挤密的方法使土体进一步密实，相对密度增大、孔隙比减小，以达到提高承载力、减小沉降量的目的。如表层压实法、强夯法、振冲挤密法、土桩与灰土桩法、挤密砂石桩法、夯实水泥土桩法、水泥粉煤灰碎石桩法、柱锤冲扩桩法等。

(5) 加筋

加筋是在地基中铺设强度较高、模量比较大的筋材，以达到提高地基承载力、减小沉降量、提高土体抗拉性能的目的。常见的有加筋土垫层法、土钉法、树根桩法、土层锚杆法等。

(6) 冷热处理

冷热处理是指通过冻结或焙烧加热地基土，以改变土体的物理力学性质，达到地基处理的目的。如冻结法、烧结法等。

(7) 托换

这类方法是对既有建(构)筑物地基基础进行加固处理，以满足地基承载力要求或有效减小沉降。如桩式托换法、加大基础面积法、加深基础法等。

(8) 纠倾与迁移

纠倾是指对由于沉降不均匀造成倾斜的建(构)筑物进行矫正；迁移是指将建(构)筑物整体移动位置。如加载纠倾法、迫降纠倾法、顶升纠倾法等。

值得注意的是，很多地基处理方法同时具有多种不同作用，如砂石桩具有置换、挤密、排水和加筋的多重作用，振冲法不仅具有挤密作用同时还有置换作用。因此，对地基处理方法严格精确地分类是十分困难的。另外，尽管地基处理的方法很多，但没有一种方法是万能的，每种地基处理方法都有一定的适用范围，在选择时要特别注意。

12.1.3 地基处理方法的选择与步骤

由于不同的地基处理方法有不同的适用范围，每个具体工程对地基的要求也不同，并且机具、材料等条件也会因工作部门不同、地区不同而有较大的差别。因此，对每个具体工程都要进行细致分析，从地基条件、处理要求（包括经处理后地基应达到的各项指标、处理的目的和范围、工程进度等)、工程费用以及材料、机具来源等各方面进行综合考虑，以选择合适的地基处理方案。

一般情况下，地基处理方案的确定，宜按下列步骤进行。

(1) 准备工作

在选择地基处理方案前，应仔细分析场地的工程勘察资料、上部结构及基础设计资料；结合工程情况，了解当地地基处理经验和施工条件；调查邻近建筑、地下工程和有关管线等情况；了解建筑场地的环境情况。

(2) 初选方案

根据结构类型、荷载大小及使用要求，结合地形地貌、地层结构、土质条件、地下水特征、环境情况和对邻近建筑的影响等因素进行综合分析，初步选出几种可供考虑的地基处理方案，包括选择两种或多种地基处理措施组成的综合处理方案。

(3) 方案比较

对初步选出的各种地基处理方案，分别从加固原理、适用范围、预期处理效果、耗用材料、施工机械、工期要求和对环境的影响等方面进行技术经济分析和对比，选择最佳的地基处理方法。

(4) 现场试验或试验性施工

对已选定的地基处理方法，宜按建筑物地基基础设计等级和场地复杂程度，在有代表性的场地上进行相应的现场试验或试验性施工，并进行必要的测试，以检验设计参数和处理效果，如达不到设计要求时，应查明原因，修改设计参数或调整地基处理方法。

12.1.4　我国地基处理技术的发展过程

地基处理是一门综合性的技术学科，它涉及的专业极为广泛，是一个实践性、综合性、社会性极强的系统工程。因此，地基处理具有社会性、综合性、实践性、地区性、技术与经济统一性五个基本属性，即：

① 随社会不同历史时期的科学技术、经济和管理水平而发展的社会性。

② 必须运用多学科理论、多工种技术的综合性。

③ 直接应用于实际工程又依赖于实践而发展的实践性。

④ 由于地基土的沉积环境不同，具有明显的区域性，因而不同地基处理技术及其适用性也相应地具有地区性。

⑤ 对地基问题的处理过程及其恰当与否，关系到整个工程的质量、投资、进度、管理和环境保护等各个方面，即地基处理具有很强的技术与经济的统一性。

地基处理技术的发展在世界各地很不均衡，它不仅取决于各地地基土的不同工程特性，而且与各地经济发展及基础工程的建设规模和速度息息相关。随着我国国民经济的发展，岩土工程界博采众长，一方面广泛引进世界各国的先进技术与经验，另一方面因地制宜创造性地研究与开发，形成了具有中国特色的地基处理技术体系。我国地基处理技术的发展过程大致可分为如下三个阶段。

继承和学习苏联阶段(1978 年前)：其中 20 世纪 50—60 年代为起步应用时期。这一阶段的特点是借助苏联的地基处理技术和我国传统的技术方法。由于受到机具、技术以及建设规模的限制，这一时期最为广泛使用的是垫层等浅层处理法，如砂石垫层、灰土桩法、砂桩挤密、化学灌浆、重锤夯实、浸水法及井点降水等。由于处在起步和继承阶段，既有成功之经验，又有教训。

开放和引进阶段(1978—1988 年)：由于改革开放和大规模建设的需要，此阶段从国外引进了大量的地基处理新技术(如生石灰桩法、深层搅拌桩法、土工合成材料法等)，地基处理向大面积、深土层发展，施工机具和条件也得到较大的改善。

创新与发展阶段(1989年至今)：在学习国外先进技术的基础上，结合我国自身的特点和工程实践经验，发展了许多新的地基处理技术和方法，如复合地基处理技术、置换技术、改进后的真空预压法、振冲置换的干振法、工业废料在地基处理工程中的应用、双灰桩、渣土桩处理地基新技术、既有建筑物加固的地基处理技术、深基坑工程及其病害处理技术、深基坑施工的地基处理工程等，以1989年我国第一本《建筑地基处理技术规范》送审稿审查通过为标志，初步形成了具有中国特色的地基处理技术及其支护体系。

另外，土木工程学会成立了地基处理专业委员会，从1987年开始基本上每隔两年召开一次全国性的地基处理学术讨论会；中国建筑标准化协会于1992年成立了地基处理技术标准化委员会，专门从事各类地基处理技术标准的规划、审议、研讨工作，以提高地基处理技术标准的水平等。这些工作都极大地推动了地基处理技术的发展。

12.2 换填垫层法

12.2.1 概述

当地表浅层比较软弱或不均匀不能满足上部结构对地基的要求，而土层厚度又不很大时，可将其部分或全部挖除，然后回填其他性能稳定、无侵蚀性、强度较高的材料，并分层压(或夯、振)实，形成垫层的地基处理方法称为换填垫层法。由于换填垫层法具有就地取材、施工方便、不需要特殊的机械设备、缩短工期、降低造价等优点，在工程中得到较为普遍的应用。

换填垫层法适用于浅层软弱地基及不均匀地基的处理，如淤泥、淤泥质土、湿陷性黄土、素填土、杂填土等的浅层处理。对于建筑范围内局部存在松填土、暗沟、暗塘、古井、古墓或拆除旧基础后的坑穴，也可采用该方法进行处理，但是在这种局部的换填处理中，必须保持地基的整体变形均匀。

换填垫层法的处理深度通常控制在3m以内较为经济合理。对于较深厚的软弱土层，当仅用垫层局部置换上层软弱土时，一般可提高持力层的承载力，但是下卧软弱土层在荷载作用下的长期变形可能依然很大，会对上部结构产生有害影响，所以此时不应采用浅层局部置换处理。

换填垫层法的选择，还应考虑垫层材料的来源和造价。垫层材料可选用中粗砂、碎石、素土和灰土等。在有充分依据或成功经验时，也可采用其他质地坚硬、性能稳定、透水性强、无侵蚀性的材料。根据垫层材料的不同，换填垫层法可分为：素土垫层法、灰土垫层法、砂(砾)垫层法、粉煤灰垫层法、加筋垫层法等几类。

换填垫层法在施工过程中一定要控制好垫层材料的质量、含水量、铺填厚度和压实遍数等，以求获得最佳夯压效果。垫层材料的含水量应控制在最优含水量附近，当含水量偏大时可采用晾晒或拌入生石灰吸水等方法进行预处理。垫层的施工方法、分层铺填厚度、每层压实遍数等宜通过试验确定。一般情况下，垫层的分层铺填厚度可取200～300mm。

另外，必须高度重视地下水对压实效果的影响，若地下水位偏高将降低压实效果。如果下卧层为含水量大的砂土或粉土时，易发生液化；下卧层为饱和黏土时，施工振动易导致结构扰动破坏或超静孔隙水压力上升而软化。因此，当地下水位过高时，应考虑人工降低地下水位，或结合其他方法进行综合处理。

12.2.2 加固机理

换填垫层法的加固机理主要表现在以下几个方面。

(1) 提高地基承载力

浅基础的地基承载力与基础下土层的抗剪强度有关，以抗剪强度较高的砂或其他材料部分或全部置换基础下的软弱土层，可显著地提高地基的承载力，增强地基的稳定性。

(2) 减少沉降量

一般地基浅层部分的沉降量在总沉降量中所占的比例较大。如以密实砂或其他填筑材料代替上部软弱土层，可以减少这部分的沉降量。另外，由于垫层的应力扩散作用，使作用在下卧层土上的压力较少，这样也会相应减少下卧层土的沉降量。同时，垫层材料相对均匀，可减少地基的不均匀沉降。

(3) 加速软弱土层的排水固结

用透水性大的材料(一般要求其渗透系数高于下卧层渗透系数 2 个数量级以上)作为垫层，可以成为软弱下卧层的排水面，使软弱土层受压后的超静孔隙水压力容易消散，从而加速了软弱土层的固结，提高了地基土的强度，避免地基发生塑性破坏。

(4) 防止冻胀

因为粗颗粒的垫层材料孔隙大，不易产生毛细管现象，因此可以防止寒冷地区土中结冰所造成的冻胀。这时，砂垫层的底面应满足当地冻结深度的要求。

(5) 消除膨胀土的胀缩作用

在膨胀土地基上可选用砂、碎石、块石、煤渣、二灰或灰土等材料作为垫层以消除膨胀土的胀缩。垫层的厚度应依据变形计算确定，一般不少于 0.3m，且垫层宽度应大于基础宽度，而基础的两侧宜用与垫层相同的材料回填。

(6) 消除湿陷性黄土的湿陷

常用素土垫层或灰土垫层处理湿陷性黄土，以消除基础底面以下 1～3m 厚湿陷性黄土的湿陷量。必须指出，砂垫层不易处理湿陷性黄土地基，这是由于砂垫层的透水性大反而容易引起黄土的湿陷。

12.2.3 设计计算

垫层的设计不但要满足上部结构对地基变形及稳定的要求，还应符合经济合理的原则。

垫层设计的主要内容是确定垫层的厚度和宽度。对于垫层，既要求有足够的厚度来置换可能被剪切破坏的软弱土层，又要求有足够的宽度以防止垫层向两侧挤出。对于排水垫层来说，除应有一定的厚度和密度以满足上述要求外，还应形成一个排水面以促进下部软弱土层的固结。垫层的设计方法有多种，本节仅介绍《建筑地基处理技术规范》(JGJ 79—2012)给出的方法。

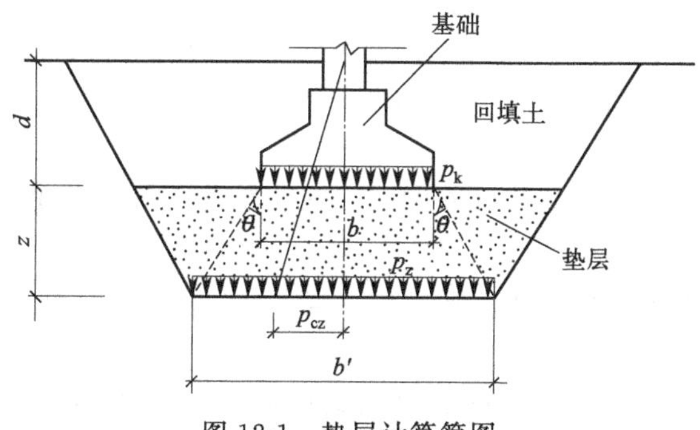

图 12-1 垫层计算简图

12.2.3.1 垫层厚度的确定

垫层厚度 z 应根据需置换软弱土的深度或下卧土层的承载力确定（图 12-1)，并符合下式要求：

$$p_z + p_{cz} \leqslant f_{az} \tag{12-1}$$

式中，p_z 为相应于荷载效应标准组合时，垫层底面处的附加压力值；p_{cz} 为垫层底面处土的自重压力值；f_{az} 为经深度修正后垫层底面处土层的地基承载力特征值。

垫层底面处的附加压力值 p_z 可根据压力扩散角，按下式计算。

条形基础：

$$p_z = \frac{b(p_k - p_c)}{b + 2z\tan\theta} \tag{12-2}$$

矩形基础：

$$p_z = \frac{bl(p_k - p_c)}{(b + 2z\tan\theta)(l + 2z\tan\theta)} \tag{12-3}$$

式中，b 为矩形或条形基础底面的宽度；l 为矩形基础底面的长度；p_k 为相应于荷载效应标准组合时，基础底面处的平均压力值；p_c 为基础底面处土的自重压力值；z 为基础底面下垫层的厚度；θ 为垫层的压力扩散角，宜通过试验确定，当无试验资料时，可按表 12-1 采用。

表 12-1　土和砂石材料压力扩散角 θ

z/b	换填材料		
	中砂、粗砂、砾砂、圆砾、角砾、石屑、卵石、碎石、矿渣	粉质黏土、粉煤灰	灰土
0.25	20°	6°	28°
≥0.50	30°	23°	

注：当 $z/b<0.25$ 时，除灰土仍取 $\theta=28°$ 外，其余材料均取 $\theta=0°$，必要时，宜由试验确定；当 $0.25<z/b<0.5$ 时，θ 值可内插求得。

另外，换填垫层的厚度不宜小于 0.5m，也不宜大于 3m。

12.2.3.2　垫层底面宽度的确定

垫层底面的宽度应满足基础底面应力扩散的要求，可按下式确定：

$$b' \geqslant b + 2z\tan\theta \tag{12-4}$$

式中，b'为垫层底面宽度；θ 为垫层的压力扩散角，可按表 12-1 采用，当 $z/b<0.25$ 时，仍按 $z/b=0.25$ 取值。

整片垫层底面的宽度可根据施工的要求适当加宽。

垫层顶面宽度可从垫层底面两侧向上，按基坑开挖期间保持边坡稳定的当地经验放坡确定。垫层顶面每边超出基础底边不应小于 300mm。

12.2.3.3　垫层的承载力

垫层的承载力宜通过现场静载荷试验确定，并应验算下卧层的承载力。对于按现行《建筑地基基础设计规范》(GB 50007—2011)设计等级为丙级的建筑物以及一般的小型、轻型或对沉降要求不高的工程，在无试验资料或经验时，当施工达到规范要求的压实标准后，初步设计时可参照表 12-2 选用。

表 12-2　各种垫层的压实标准及承载力特征值

施工方法	换填材料	压实系数 λ_c	承载力特征值 f_{ak}/kPa
碾压、振密或夯实	碎石、卵石	≥0.97	200～300
	砂夹石(其中碎石、卵石占全重的 30%～50%)		200～250

续表

施工方法	换填材料	压实系数 λ_c	承载力特征值 f_{ak}/kPa
碾压、振密或夯实	土夹石(其中碎石、卵石占全重的 30%～50%)	≥0.97	150～200
	中砂、粗砂、砾砂、圆砾、角砾	≥0.97	150～200
	石屑		120～150
	粉质黏土		130～180
	灰土	≥0.95	200～250
	粉煤灰	≥0.95	120～150
	矿渣	—	200～300

注：1. 压实系数小的垫层，承载力特征值取低值，反之取高值。

2. 原状矿渣垫层取低值，分级矿渣或混合矿渣垫层取高值。

3. 压实系数 λ_c 是土的控制干密度 ρ_d 与最大干密度 $\rho_{d\max}$ 之比；土的最大干密度宜采用击实试验确定，碎石或卵石的最大干密度可取 2.1～2.2t/m^3。

4. 表中压实系数 λ_c 是使用轻型击实试验测定土的最大干密度 $\rho_{d\max}$ 时给出的压实控制标准，采用重型击实试验时，对粉质黏土、灰土、粉煤灰及其他材料压实标准应为 $\lambda_c \geq 0.94$。

12.2.3.4　沉降计算

采用换填垫层进行局部处理后，往往由于软弱下卧层的变形，地基仍将产生过大的沉降量及差异沉降量。因此，为了保证地基处理效果及上部结构的安全使用，应进行沉降计算。

垫层地基的变形由垫层自身变形和下卧层变形两部分组成。

在换填垫层满足垫层厚度、垫层宽度和压实标准(表 12-2)的条件下，垫层地基的变形可仅考虑其下卧层的变形。对地基沉降有严格限制的建筑，应计算垫层自身的变形。

当垫层下存在软弱下卧层时，在进行地基变形计算时应考虑邻近建筑物基础荷载对软弱下卧层顶面应力叠加的影响。当超出原地面标高的垫层或换填材料的重度高于天然土层重度时，地基下卧层将产生较大的变形，如工程条件许可，宜及时换填，以使由此引起的大部分地基变形在上部结构施工之前完成，并应考虑其附加的荷载对建筑本身及其邻近建筑的影响。

由于粗粒换填材料垫层自身的压缩变形在施工期间已基本完成，且量值很小，因而对于碎石、卵石、砂夹石、砂和矿渣垫层，在地基变形计算中，可以忽略垫层自身部分的变形值，但是对于细粒材料尤其是厚度较大的换填垫层，则应计入垫层自身的变形，有关垫层的模量应根据试验或当地经验确定。

垫层下卧层的变形量可按现行《建筑地基基础设计规范》(GB 50007—2011)的有关规定进行计算。

【例 12-1】 某条形基础，基础底面宽 1.2m，基础埋深为 1.2m，基础顶面作用荷载 $F=100$kN/m，地下水位距地表为 0.8m。地基土表层为淤泥，厚 2.5m，天然重度为 17.5kN/m^3，饱和重度为 18.5kN/m^3；第二层为淤泥质黏土，厚 15m，重度为 18kN/m^3，地基承载力特征值为 65kPa。因地基土较软弱，不能承受上部荷载，拟采用砂垫层处理地基，试设计砂垫层的尺寸。

【解】(1) 确定砂垫层的厚度并验算

设砂垫层厚度为 1.3m，并要求分层碾压夯实，其干密度要求大于 1.6t/m^3。则基础底面的平均压力设计值为

$$p_k=\frac{100\times1+1.2\times1\times0.8\times20+1.2\times1\times0.4\times10}{1.2\times1}=103.3\ (\text{kPa})$$

基础底面处土的自重压力为

$$p_c=17.5\times0.8+(18.5-10)\times0.4=17.4\ (\text{kPa})$$

因为$\frac{z}{b}=\frac{1.3}{1.2}=1.1$，所以查表12-1可得$\theta=30°$。

砂垫层底面处的附加压力为

$$p_z=\frac{b(p_k-p_c)}{b+2z\tan\theta}=\frac{1.2\times(103.3-17.4)}{1.2+2\times1.3\times\tan30°}=38.2\ (\text{kPa})$$

垫层底面处土的自重压力为

$$p_{cz}=17.5\times0.8+(18.5-10)\times1.7=28.5\ (\text{kPa})$$

经深度修正后淤泥质黏土的地基承载力特征值为

$$f_{az}=f_{ak}+\eta_d\gamma_m(d-0.5)=65+1.0\times\frac{17.5\times0.8+8.5\times1.7}{2.5}\times(2.5-0.5)=87.8\ (\text{kPa})$$

$$p_z+p_{cz}=66.7\text{kPa}<f_{az}=87.8\text{kPa}\quad 满足设计要求$$

(2) 确定垫层的底面宽度

$$b'\geqslant b+2z\tan\theta=1.2+2\times1.3\times\tan30°=2.701\ (\text{m})\quad 取砂垫层宽度为2.8\text{m}$$

12.3 预压法

12.3.1 概述

预压法也称排水固结法即对天然地基或先在地基中设置砂井、袋装砂井或塑料排水带等竖向排水体，然后利用结构物本身的重量分级逐渐加载，或在结构物建造前对场地先行加载预压，使土体中的孔隙水排出，逐渐固结，地基发生沉降，同时强度逐步提高的地基处理方法。

预压法常用于解决软黏土地基的沉降和稳定问题，可使地基的沉降在加载预压期间基本完成或大部分完成，从而使结构物在使用期间不致产生过大的沉降量和沉降差。同时，可增加地基土的抗剪强度，提高地基的承载力和稳定性。

预压法适用于处理淤泥质土、淤泥和冲填土等饱和黏性土地基。对于在持续荷载作用下体积会发生很大压缩、强度会明显增长的土，这种方法特别适用。对超固结土，只有当土层的有效上覆压力与预压荷载所产生的应力水平明显大于土的先期固结压力时，土层才会发生明显的压缩。

12.3.1.1 预压法的组成

预压法由排水系统和加压系统两部分组成。

(1) 加压系统

加压系统是指对地基施行预压的荷载，它使地基土中的固结压力增加而产生固结。加压材料可以是固体(填土、砂石等)、液体或真空负压等。

(2) 排水系统

排水系统的主要作用是改变地基土原有的排水边界条件，增加孔隙水排出的途径，缩短排水的距离，以加速土体的固结。

排水系统包括水平排水垫层和竖向排水体两部分。当软土层厚度较薄(小于4.0m)或渗透性较好(如夹有薄粉砂层等)并且施工期允许时，可仅在地面铺设一定厚度的砂垫层，然后加载预压。当遇到透水性很差的深厚软土层时，应在土体中打设砂井或塑料排水带等竖向排水体，并与地面铺设的排水砂垫层相连，构成排水系统。

在预压法中，加压系统是必要的，如果没有加压系统，孔隙水因为没有压差不会自然排出，地基也就得不到加固。对于透水性很差的深厚软土层，如果只增加预压荷载，则会因为孔隙水排出速度缓慢而不能在预压期间尽快完成设计所要求的沉降量，强度不能及时得到提高，加载也就不能顺利进行，所以上述两个系统，在预压法设计时应该联系起来综合考虑。

12.3.1.2　预压法的分类

根据预压荷载的大小，预压法可分为等效预压和超载预压。等效预压是指预压荷载与建(构)筑物的使用荷载相等。当预压荷载大于实际使用荷载时称为超载预压。土体经过超载预压后，原来的正常固结土将处于超固结状态，从而使得土层在使用荷载作用下的变形大为减小。理论上，超载预压可以完全消除工后沉降，但是由于卸载后土体回弹，所以适当延长预压时间是必要的。

根据加压系统的不同，预压法可分为堆载预压法、真空预压法、联合预压法、降水预压法和电渗排水预压法几类。

堆载预压法是在建(构)筑物建造以前，对建筑场地预先施加一定的荷载，使地基强度增加、沉降量减小的地基处理方法。根据排水系统的不同，堆载预压法又可分为天然地基堆载预压和塑料排水带(或砂井)地基堆载预压两大类，两者的区别在于前者的排水系统以天然地基土层本身为主，而后者在天然地基中还人为地增设了排水体。

真空预压法是通过对覆盖于竖井地基表面的不透气薄膜抽真空，而使地基固结的处理方法。对于真空预压工程，必须在地基内设置竖向排水体。

降水预压法(降低地下水位法)是通过降低地下水位、增加土体自重应力，来达到提高地基承载力、减小沉降量和增加稳定性的地基处理方法。该类方法一般不设排水系统，也可以辅以各种形式的竖向排水通道。

电渗预压法(电渗法)是在土体中插入两个电极，通上直流电，土体中的水就会从阳极区流向阴极区，如果以井点作为阴极，还可以将流向阴极区的水通过井点抽出去，以达到土体加固的目的。该类方法一般不设排水系统。

联合法是以上几种方法的联合使用，如真空-堆载联合预压法等。

实际上，降低地下水位法和电渗法并没有施加荷载，而是通过降低原来的地下水位，使得土体的有效自重应力增加，以达到预压的目的，所以也把它们归属于加压系统。另外，真空预压法、降低地下水位法和电渗法由于不增加剪应力，地基不会产生剪切破坏，所以它们可以适用于很软弱的黏土地基。

12.3.2　加固机理

(1) 堆载预压法的加固机理

在堆载作用下，土体中产生了超静孔隙水压力，随着超静孔隙水压力的消散，孔隙水被逐渐排出，地基发生固结变形，土中有效应力逐渐提高，地基承载力也随之增加。待堆载卸除以后，场地土的结构与堆载前相比发生了变化(孔隙比减小)，再在上面修筑建(构)筑物时，地基土将不再沿原始压缩曲线而是沿原始再压缩曲线进行压缩变形，即在相同外荷载作用下，地基的沉降量将比施加堆载前减小。

排水系统增加了天然土层的排水途径，缩短了排水距离，使得地基能在短期内达到较好的固结效果，并使沉降提前完成，同时加速地基土强度的增长，使地基承载力提高的速率始终大于施工荷载的速率，以保证地基的稳定性，这一点无论从理论还是实践上都得到了证实。

(2) 真空预压法的加固机理

采用真空预压法处理地基时，通常在需要加固的软土地基内设置砂井或塑料排水带等竖向排水体，然后在地基表面铺设一定厚度的砂垫层，砂垫层中埋设渗水管道，并保证竖向排水通道与水平排水通道良好沟通，再用不透气的薄膜将砂垫层密封好，使之与大气隔绝，薄膜四周埋入土中 1.5～2m，最后通过与真空泵连接，将薄膜下土体中的气、水抽出，使其形成真空。当抽真空时，先后在地表砂垫层及竖向排水通道内逐步形成真空，使土体内部与排水通道、垫层之间形成压差，在此压差作用下，土体中的孔隙水不断由排水通道排出，从而使土体固结。

真空预压法、降低地下水位法和电渗排水法由于不会增加剪应力，地基不会产生剪切破坏，所以能适用于很软弱的黏性土地基。

12.3.3 堆载预压法设计计算

堆载预压法设计包括排水系统设计和加压系统设计两部分，主要内容有：确定竖向排水体的材料、断面尺寸、间距、排列方式和深度以及排水垫层的厚度和材料；确定预压区范围、预压荷载大小、荷载分级、加载速率和预压时间；计算堆载荷载作用下地基土的固结度、强度增长、抗滑稳定性和变形。

12.3.3.1 排水系统设计

（1）竖向排水体的材料

竖向排水体可采用普通砂井、袋装砂井和塑料排水带。砂井的砂料应选用中粗砂，砂料的粒径必须能保证砂井具有良好的透水性，不被黏土颗粒堵塞，所以砂料应洁净，不应有草根等杂物，且其含泥量不能超过3%。

（2）竖向排水体的深度

竖向排水体的深度，应根据土层分布、建筑物对地基稳定性和变形的要求以及工期来确定。对以地基抗滑稳定性控制的工程，竖向排水体的深度至少应超过最危险滑动面2.0m；对以地基变形控制为主的建筑，竖向排水体的深度应根据在限定的预压时间内需完成的变形量确定，一般宜穿透受压缩土层；当深厚的高压缩性土层内有砂层或砂层透镜体时，竖向排水体应尽可能打至砂层或砂层透镜体。

（3）竖向排水体的直径

普通砂井直径可取300～500mm，袋装砂井直径可取70～120mm。塑料排水带的当量换算直径可按下式计算：

$$d_p=\frac{2(b+\delta)}{\pi} \tag{12-5}$$

式中，d_p为塑料排水带当量换算直径；b为塑料排水带宽度；δ为塑料排水带厚度。

（4）竖向排水体的间距

竖向排水体的间距可根据地基土的固结特性、预定时间内所要求达到的固结度以及施工影响等通过计算、分析确定。设计时，竖井的间距可按井径比n选用（$n=d_e/d_w$，d_w为竖井直径，对塑料排水带可取$d_w=d_p$）。塑料排水带或袋装砂井的井径比$n=15\sim22$，普通砂井的井径比$n=6\sim8$。

实际上，排水体截面的大小只要满足及时排水固结即可，由于软土的渗透性比砂性土小，所以排水体的理论直径可很小，但直径过小，施工困难，直径过大对增加固结速率并不显著。从原则上讲，为达到同样的固结度，缩短排水体间距比增加排水体直径效果要好，即井径和井间距之间的关系“细而密”比“粗而稀”佳。

（5）竖向排水体的平面布置

竖向排水体的平面布置可采用等边三角形或正方形排列，如图12-2所示。以等边三角形排列较为紧凑和有效。正方形排列的每个砂井，其影响范围为一个正方形；等边三角形排列的每个砂井，其影响范围为一个正六边形。竖井的有效排水直径d_e与间距l的关系为

正方形排列：$$d_e=\sqrt{\frac{4}{\pi}}\times l=1.13l$$

等边三角形排列：　　$d_e=\sqrt{\frac{2\sqrt{3}}{\pi}}\times l=1.05l$

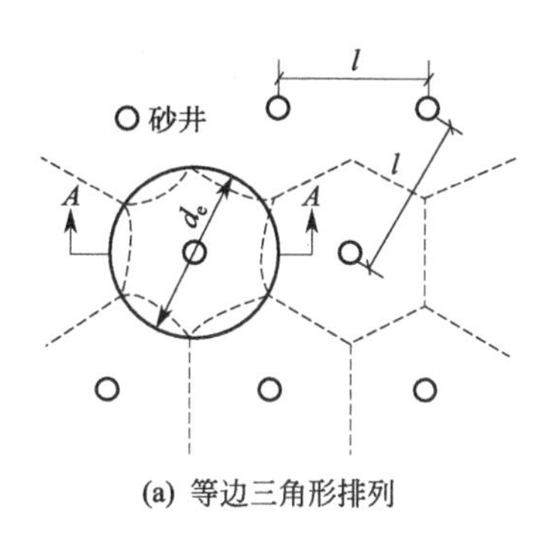

(a) 等边三角形排列

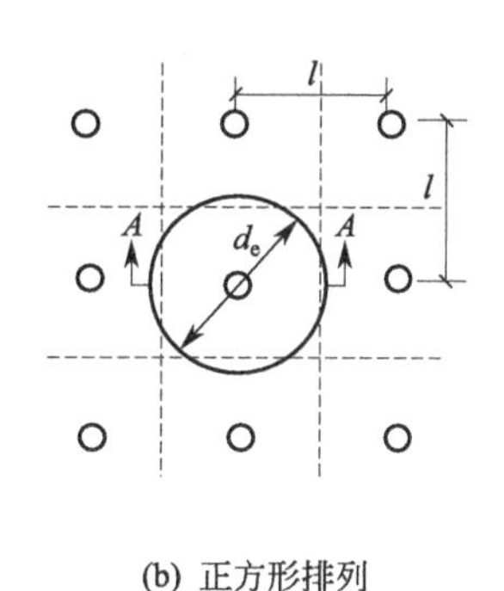

(b) 正方形排列

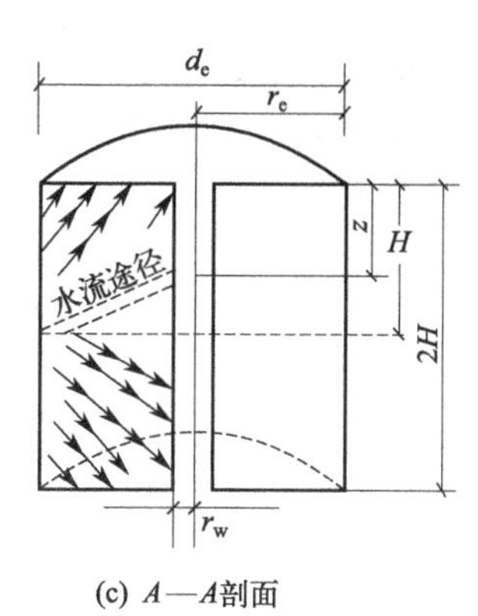

(c) A—A剖面

图 12-2　砂井地基布置图

(6) 水平排水砂垫层

预压法处理地基必须在地表铺设与竖向排水体相连的砂垫层，以连通各竖向排水体将水排到工程场地以外。砂垫层的厚度不应小于 500mm，对表层土松软的软土地基应加厚。砂垫层的宽度应大于堆载宽度或建（构）筑物的底宽，并伸出砂井区外边线 2 倍的砂井直径。在预压区边缘应设置排水沟，在预压区内宜设置与砂垫层相连的排水盲沟。

砂垫层砂料宜用中粗砂，黏粒含量不宜大于 3%，砂料中可混有少量粒径小于 50mm 的砾石。砂垫层分层捣实后的干密度应不小于 1.5g/cm^3，渗透系数宜大于 $1\times10^{-2}\text{cm/s}$。

12.3.3.2　地基固结度计算

地基固结度计算是预压法设计的一个重要内容。地基固结度计算包括瞬时加荷条件下的固结度计算和逐级加荷条件下的固结度计算。在此仅介绍《建筑地基处理技术规范》给出的计算方法（改进的高木俊介法），即在一级或多级等速加荷条件下，当固结时间为 t 时，对应总荷载的地基平均固结度计算公式为

$$\overline{U}_t=\sum_{i=1}^{n}\frac{\dot{q}_i}{\sum\Delta p}\left[(T_i-T_{i-1})-\frac{\alpha}{\beta}e^{-\beta t}(e^{\beta T_i}-e^{\beta T_{i-1}})\right] \tag{12-6}$$

式中，$\overline{U}_t$ 为 t 时间地基的平均固结度；$\sum\Delta p$ 为各级荷载的累计值；$\dot{q}_i$ 为第 i 级荷载的加速度率，kPa/d；T_{i-1}，T_i 分别为第 i 级荷载加载的起始和终止时间（从零点起算），当计算第 i 级荷载加载过程中某时间 t 的固结度时，T_i 改为 t；α，β 为参数，取值见表 12-3，对于竖井地基，表中所列 β 为不考虑涂抹和井阻影响的参数值。

表 12-3　α 和 β 的取值

排水固结条件参数	竖向排水固结 $\overline{U}_z>30\%$	向内径向排水固结	竖向和向内径向排水固结（竖井穿透压缩土层）	说明
α	$\frac{8}{\pi^2}$	1	$\frac{8}{\pi^2}$	$F(n)=\frac{n^2}{n^2-1}\ln n-\frac{3n^2-1}{4n^2}$ c_H 为土的径向排水固结系数； c_V 为土的竖向排水固结系数； H 为土层竖向排水距离； $\overline{U}_z$ 为双面排水层或固结应力均匀分布的单面排水土层平均固结度
β	$\frac{\pi^2 c_V}{4H^2}$	$\frac{8c_H}{F(n)d_e^2}$	$\frac{8c_H}{F(n)d_e^2}+\frac{\pi^2 c_V}{4H^2}$	

【例 12-2】 已知地基为淤泥质黏土层，固结系数 $c_H=c_V=1.8\times10^{-3}\mathrm{cm^2/s}$，受压土层厚 20m，袋装砂井直径 $d_w=70\mathrm{mm}$，袋装砂井为等边三角形布置，间距 $l=1.4\mathrm{m}$，深度 $H=20\mathrm{m}$，砂井底部为不透水层，砂井打穿受压土层。预压荷载总压力 $p=100\mathrm{kPa}$，分两级等速加载，如图 12-3 所示。求加荷开始后 120d 时受压土层的平均固结度(不考虑竖井井阻和涂抹影响)。

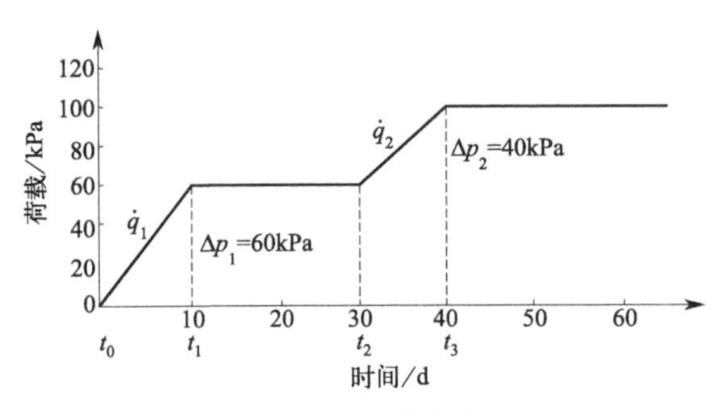

图 12-3　加荷曲线

【解】 受压土层平均固结度包括两部分：径向排水平均固结度和向上竖向排水平均固结度。按式(12-6) 计算。根据题意由表 12-2 可知：

$$\alpha=\frac{8}{\pi^2}=0.81 \quad \beta=\frac{8c_H}{F(n)d_e^2}+\frac{\pi^2 c_V}{4H^2}$$

砂井的有效排水圆柱体直径：

$$d_e=1.05l=1.05\times1.4=1.47\ (\mathrm{m})$$

井径比：

$$n=\frac{d_e}{d_w}=\frac{1.47}{0.07}=21$$

则

$$F(n)=\frac{n^2}{n^2-1}\ln n-\frac{3n^2-1}{4n^2}=\frac{21^2}{21^2-1}\times\ln21-\frac{3\times21^2-1}{4\times21^2}=2.3$$

$$\beta=\frac{8\times1.8\times10^{-3}}{2.3\times147^2}+\frac{3.14^2\times1.8\times10^{-3}}{4\times2000^2}=2.9\times10^{-7}\ (\mathrm{s^{-1}})=0.0251\ (\mathrm{d^{-1}})$$

第一级荷载加荷速率：

$$\dot{q}_1=60/10=6\ (\mathrm{kPa/d})$$

第二级荷载加荷速率：

$$\dot{q}_2=40/10=4\ (\mathrm{kPa/d})$$

固结度计算：

$$\begin{aligned}\bar{U}_t&=\sum_{i=1}^{n}\frac{\dot{q}_i}{\sum\Delta p}\left[(T_i-T_{i-1})-\frac{\alpha}{\beta}e^{-\beta t}(e^{\beta T_i}-e^{\beta T_{i-1}})\right]\\&=\frac{\dot{q}_1}{\sum\Delta p}\left[(T_1-T_0)-\frac{\alpha}{\beta}e^{-\beta t}(e^{\beta T_1}-e^{\beta T_0})\right]+\frac{\dot{q}_2}{\sum\Delta p}\left[(T_3-T_2)-\frac{\alpha}{\beta}e^{-\beta t}(e^{\beta T_3}-e^{\beta T_2})\right]\\&=\frac{6}{100}\times\left[(10-0)-\frac{0.81}{0.0251}e^{-0.0251\times120}\times(e^{0.0251\times10}-e^{0.0251\times0})\right]\\&\quad+\frac{4}{100}\times\left[(40-30)-\frac{0.81}{0.0251}e^{-0.0251\times120}\times(e^{0.0251\times40}-e^{0.0251\times30})\right]=0.93\end{aligned}$$

12.3.3.3　加压系统设计

加压系统的设计内容包括：堆载材料、堆载范围、堆载大小和加载速率等。

堆载预压，根据堆载材料分为自重预压、加荷预压和加水预压。堆载材料一般用填土、砂石等散粒材料，油罐通常利用灌体充水对地基进行预压。

预压荷载顶面的范围应等于或大于建筑物的基础外缘。

预压荷载的大小应根据设计要求确定。对于沉降有严格限制的建筑，应采用超载预压法处理。超载量的大小应根据预压时间内要求完成的变形量确定，并宜使预压荷载下受压土层各点的有效竖向应力大于建(构)筑物荷载引起的相应点的附加应力。

加载速率应根据地基土的强度确定。当天然地基土的强度满足预压荷载下地基的稳定性要求时，可一次性加载，否则应分级逐渐加载。

由于软黏土地基抗剪强度低，无论直接建造建(构)筑物还是进行堆载预压往往都不可能快速加载，必须分级逐渐加荷，待前期荷载下地基强度增加到足以加下一级荷载时方可加下一级荷载。一般情况下，先用简便的方法确定初步加荷的大小，然后校核初步加荷下的地基的稳定性和沉降量。具体计算步骤如下。

① 利用天然地基的抗剪强度计算第一级容许施加的荷载 p_1。Fellennius 估算公式如下：

$$p_1=\frac{5.52\tau_{f0}}{K} \tag{12-7}$$

式中，K 为安全系数，建议采用 1.1～1.5；τ_{f0} 为天然地基土的不排水抗剪强度，由三轴不排水试验或原位十字板剪切试验测定。

② 计算第一级荷载作用下的地基强度。在 p_1 荷载作用下，经过一段时间预压后地基强度会提高，提高以后的地基强度 τ_{f1} 为

$$\tau_{f1}=\eta(\tau_{f0}+\Delta\tau_{fc}) \tag{12-8}$$

式中，$\Delta\tau_{fc}$ 为 p_1 作用下地基因固结而增长的强度，它与土层的固结度有关，一般可先假定一固结度，然后求出强度增量 $\Delta\tau_{fc}$；η 为强度折减系数。

③ 计算 p_1 作用下达到要求的固结度所需要的时间，以确定第二级荷载开始施加的时间和第一级荷载停歇的时间。

④ 根据步骤②所得到的地基强度 τ_{f1} 计算第二级所施加的荷载 p_2：

$$p_2=\frac{5.52\tau_{f1}}{K} \tag{12-9}$$

重复步骤③、④可依次计算出各级加荷荷载和停歇时间。

⑤ 按以上步骤确定的加荷计划，进行每一级荷载下地基的稳定性验算。地基的整体、局部稳定性可按圆弧滑动法进行验算。计算中应考虑地基土强度随深度的变化和由于预压荷载引起地基固结而产生的强度增量。当验算结果不满足安全要求时，必须调整预压方案，再重新验算。

⑥ 计算预压荷载下地基的最终沉降量和预压期间的沉降量，以确定预压荷载的卸除时间，这时在预压荷载作用下所完成的沉降量已达到设计要求，所残余的沉降量为建(构)筑物所允许。

12.3.3.4　地基土抗剪强度计算

在预压荷载作用下，随着排水固结的进行，地基土的抗剪强度逐渐增长；另一方面，剪应力也随外荷载的增加而加大，并且剪应力在某种条件(剪切蠕变)下，还可能导致土体的强度衰减。因此，地基中某点某一时间的抗剪强度 τ_f 可表示为

$$\tau_f=\tau_{f0}+\Delta\tau_{fc}-\Delta\tau_{f\tau} \tag{12-10}$$

式中，$\Delta\tau_{f\tau}$ 为由于剪切蠕变而引起的抗剪强度衰减量。

目前，推算预压荷载作用下地基强度增长的方法很多，常用的有有效应力法和规范推荐法。

（1）有效应力法

考虑到由于剪切蠕动所引起强度衰减部分 $\Delta\tau_{f\tau}$ 目前尚难提出合适的计算方法，故式（12-10）改写为

$$\tau_f=\eta(\tau_{f0}+\Delta\tau_{fc}) \tag{12-11}$$

式中，η 为考虑剪切蠕变及其他因素对强度影响的一个综合性的折减系数，η 值与地基土在附加剪应力作用下可能产生的强度衰减作用有关，根据国内一些地区的实测反算结果，η 值为0.8～0.85，如果判定地基土没有强度衰减可能时，$\eta=1.0$。

（2）规范推荐法

现行规范仅给出了正常固结饱和黏性土地基，某点某一时刻的抗剪强度 τ_f 的计算公式：

$$\tau_{ft}=\tau_{f0}+\Delta\sigma_z U_t\tan\varphi_{cu} \tag{12-12}$$

式中，τ_{ft} 为 t 时刻，该点土的抗剪强度；$\Delta\sigma_z$ 为预压荷载引起的该点的附加竖向应力；φ_{cu} 为三轴固结不排水压缩试验求得的土的内摩擦角。

12.3.3.5　地基的最终沉降量计算

预压荷载下地基的变形包括瞬时变形、主固结变形和次固结变形三部分。次固结变形的大小和土的性质有关。泥炭土、有机质土或高塑性黏土土层，次固结变形较显著，而其他土中次固结变形所占比例不大。如忽略次固结变形，则受压土层的总变形由瞬时变形和主固结变形两部分组成。对于主固结变形，工程上常采用单向压缩分层总和法计算，这种方法只有当荷载面积的宽度或直径大于受压土层的厚度时才较符合计算条件，否则应对变形计算值进行修正以考虑侧向变形的影响，故《建筑地基处理技术规范》（JGJ 79—2012）规定可用下式计算地基的最终竖向变形量：

$$s_t=\xi\sum_{i=1}^{n}\frac{e_{0i}-e_{1i}}{1+e_{0i}}h_i \tag{12-13}$$

式中，s_t 为最终竖向变形量；e_{0i} 为第 i 层中点土自重应力所对应的孔隙比，从室内固结试验 e-p 曲线查得；e_{1i} 为第 i 层中点土自重应力与附加应力之和所对应的孔隙比，从室内固结试验 e-p 曲线查得；h_i 为第 i 层土层厚度；ξ 为经验系数，考虑了瞬时变形和其他影响因素，对正常固结饱和黏性土地基可取 $\xi=1.1\sim1.4$，荷载较大、地基土较软弱时取较大值，否则取较小值。

变形计算时，可取附加应力与自重应力的比值为0.1的深度作为受压层的计算深度。

12.4　夯实地基法与压实地基法

12.4.1　概述

夯实地基法是指反复将夯锤提到高处使其自由落下，给地基以冲击和振动能量，将地基土密实处理或置换形成密实墩体的地基处理方法。夯实地基法可分为强夯法和强夯置换法。

强夯法是20世纪60年代末由法国Menard技术公司首先创用的。这种方法是将很重的锤提到(一般为10～60t)高处使其自由落下（落距一般10～40m），给地基以冲击力和振动，从而提高地基土的强度并降低其压缩性。

强夯法处理地基是20世纪60年代末由法国Menard技术公司首先创用的。这种方

法是将很重的锤(一般为 100～400kN)提到高处使其自由落下(落距一般为 6～40m)，给地基以冲击力和振动，从而提高地基土的强度并降低其压缩性。

由于强夯法具有适应性强、设备简单、造价低、工期短等优点，已在建筑、仓库、油罐、公路、铁路、机场及码头等领域得到广泛应用。但是，强夯法对土质有一定的要求，对于软土地基一般来说处理效果不显著，甚至经常失败，比较突出的现象是在施工的过程中出现橡皮土，此时土体的抗剪强度丧失、不能承载，还需要用高昂的代价挖出或处理橡皮土。因此，强夯法主要适用于处理碎石土、砂土、低饱和度的粉土与黏性土、湿陷性黄土、素填土和杂填土等地基。

对于工业废渣来说，采用强夯法处理的效果也是理想的。我国冶金、化学和电力等工业排放大量废渣，不仅占用大量土地，而且易造成环境污染，工程实践证明，将质地坚硬、性能稳定、无腐蚀性和放射性危害的工业废渣作为地基或填料，采用强夯法处理，能取得较好的效果，从而解决了长期存在的废渣占地和环境污染问题，同时还为废渣利用开辟了新途径。

强夯法施工中的振动和噪声会对环境造成一定的影响。对振动有特殊要求的建筑物或精密仪器设备等，当强夯施工振动有可能对其产生有害影响时，应采取隔振或防振措施。

为了弥补强夯法的缺陷，20 世纪 80 年代后期又提出了强夯置换法。强夯置换法是将重锤提到高处使其自由落下形成夯坑，并不断往夯坑内回填砂石、矿渣或其他硬质的粗颗粒材料，在地基中形成密实的置换体(墩体)，以此来提高地基承载力、减小沉降量。强夯置换法实质上是将强夯法和置换法的思想结合起来的一种地基处理技术，主要适用于高饱和度的粉土与软塑-流塑的黏性土等对变形控制要求不严的工程。

强夯置换法具有加固效果显著、施工期短、施工费用低等优点，目前已用于堆场、公路、机场、房屋建筑、油罐等工程中，一般效果良好，个别工程因设计、施工不当，加固后出现下沉较大或墩体与墩间土下沉不等的情况。因此，强夯置换法在设计前必须通过现场试验确定其运用性和处理效果，否则不得采用。

压实地基法是指利用平碾、振动碾、冲击碾或其他碾压设备将填土分层密实的地基处理方法。该方法适用于处理大面积填土地基。浅层软弱地基以及局部不均匀地基的换填处理应符合 12.2 节的相关规定。

12.4.2　强夯法加固机理

强夯法虽然在工程中广被采用，但目前还没有一套成熟的理论和设计计算方法，这主要是因为强夯法的加固机理比较复杂，对于不同土质、不同的强夯工艺，其加固机理有所不同。下面仅从宏观角度，对非饱和土和饱和土的强夯加固机理做简要叙述。

12.4.2.1　非饱和土的加固机理

强夯加固非饱和土是基于强夯的动力密实作用，即在冲击能的作用下，土体中的孔隙体积减小、土体变得密实，从而土体的强度得到提高。非饱和土在夯实过程中，孔隙中的气体被排出体外，土颗粒间产生相对位移即引起夯实变形。实际工程中表现为地面瞬间产生较大的沉陷，一般夯击一遍后，夯坑的深度可达到 0.6～1.0m，承载力可比夯前提高 2～3 倍。由于夯击过程中，每次夯击的能量都是从地基浅部向深部逐渐衰减，这样在地基浅部几米范围内土颗粒得以密实，土体的物理力学性质得到较大改善，形成强夯实区，使土体浅部形成相对硬壳层；而深部土体的物理力学性质一般不会有较大改变，形成弱夯实区。所以，强夯的结果通常会造成上硬下软的双层地基，或使地基本来具有的上硬下软结构更加显著。图 12-4 是日本板口旭曾提出的一种地基密实状态模式。

12.4.2.2 饱和土的加固机理

当用强夯法处理细颗粒饱和土时，是基于动力固结的机理。在夯击能的冲击作用下，土体内部产生了强大的冲击波，破坏了土体原有的结构，使得土体局部发生液化并产生了许多裂隙，增加了排水通道，使孔隙水能顺利排出。随着超孔隙水压力的消散土体固结，土体强度得到增强。同时由于软土的触变性，土体强度会得到进一步提高。

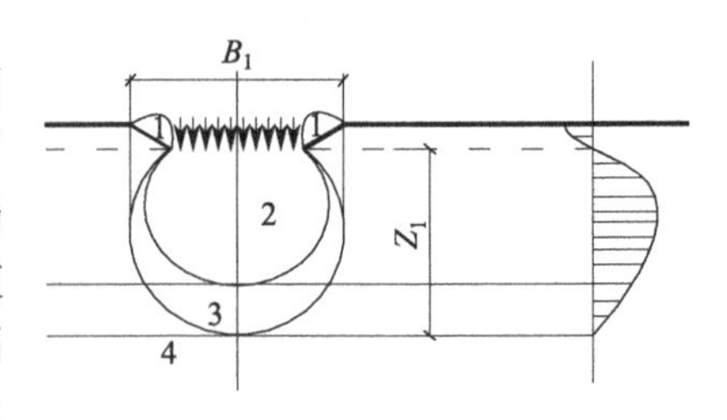

图 12-4 地基土动力密实状态模式

1—松散区；2—强夯实区；3—弱夯实区；4—无影响区；B_1，Z_1——一次夯击加固范围

与静力固结理论相对应，Menard 提出了动力固结理论来分析强夯时土体强度的增长、夯击能的传递机理、在夯击能作用下孔隙水的变化机理以及强夯的时间效应等。动力固结理论可概述如下。

（1）饱和土体压缩

Menard 认为由于土体中有机物的分解作用，第四纪土中大都含有以微气泡形式存在的气体，强夯时，气体体积压缩，孔隙水压力增大，随后气体膨胀，孔隙水排出，同时孔隙水压力减小，这样每夯击一遍，孔隙水和气体的体积都有所减少，土体得到加密。

（2）局部产生液化

在强大夯击能的作用下，土体中的超孔隙水压力迅速提高，导致部分土体发生液化，土体强度消失，土颗粒通过重新排列而趋于密实。

（3）土体渗透性发生变化

在夯击能的作用下，地基土中出现了冲击波和动应力。当土中的超孔隙水压力大于颗粒间的侧向压力时，会导致土颗粒间出现裂隙，形成排水通道。此时，土体的渗透性增加，超孔隙水压力迅速消散。当孔压小于颗粒间的侧压力时，裂隙即自行闭合，土中水的运动又恢复常态。

（4）触变恢复

当强夯结束以后，土体的结构被破坏，强度几乎降为零。但是，饱和黏性土具有触变性，随着时间的推移，强度又可逐渐恢复。

实际上，在强夯过程中，动力密实和动力固结是同时发生不可分割的，但是对于不同性质的土有所侧重。一般来讲，对于无黏性土、非饱和土侧重于动力密实机理，但也会伴有动力固结；对于黏性土侧重于动力固结机理，但也伴有动力密实。

12.4.3 强夯法设计计算

强夯法的设计内容主要包括确定有效加固深度、夯锤重和落距、最佳夯击能、夯击遍数、间歇时间、加固范围和夯点的布置等。

（1）有效加固深度

有效加固深度既是选择地基处理方法的重要依据，又是反映处理效果的重要参数，应根据现场试夯或当地经验确定。当无条件试夯时，有效加固深度可按下式估算：

$$H \approx \sqrt{Mh} \tag{12-14}$$

式中，h 为落距；M 为夯锤重。

实践表明，上面公式的计算结果往往偏大。影响有效加固深度的因素众多，如单击夯击能、地基土的性质、不同土层的厚度、埋藏顺序、地下水位等，所以强夯有效加固深度最好根据现场试验或当地的经验确定。现行《建筑地基处理技术规范》给出了一些供参考的有效加固深度，见表 12-4。

表 12-4　强夯法的有效加固深度　　单位：m

单击夯击能/(kN·m)	碎石土、砂土等粗颗粒土	粉土、黏性土、湿陷性黄土等细粒土	单击夯击能/(kN·m)	碎石土、砂土等粗颗粒土	粉土、黏性土、湿陷性黄土等细粒土
1000	4.0～5.0	3.0～4.0	6000	8.5～9.0	7.5～8.0
2000	5.0～6.0	4.0～5.0	8000	9.0～9.5	8.0～8.5
3000	6.0～7.0	5.0～6.0	10000	9.5～10.0	8.5～9.0
4000	7.0～8.0	6.0～7.0	12000	10.0～11.0	9.0～10.0
5000	8.0～8.5	7.0～7.5			

注：强夯法的有效加固深度应从最初起夯面算起；单击夯击能大于 12000kN·m 时，强夯的有效加固深度应通过试验确定。

（2）夯击次数

夯击次数是强夯设计中的一个重要参数，对于不同地基土来说夯击次数也不同。一般应按照现场试夯得到的夯击次数与夯沉量之间的关系曲线来确定，并应同时满足下列条件。

① 最后两击的平均夯沉量不宜大于下列数值：当单击夯击能 E（夯锤重 M 与落距 h 的乘积）小于 4000kN·m 时为 50mm；当单击夯击能为 $4000 \leqslant E < 6000$kN·m 时为 100mm；当单击夯击能为 $6000 \leqslant E < 8000$kN·m 时为 150mm；当单击夯击能大于 8000kN·m 时为 200mm。

② 夯坑周围地面不应发生过大的隆起。

③ 不因夯坑过深而发生提锤困难。

（3）夯击遍数

夯击能量不能一次施加，否则土体会产生侧向挤出，强度反而有所降低，且难以恢复，所以应根据需要分几遍施加。

夯击遍数应根据地基土的性质确定，可采用点夯 2～4 遍。对于渗透性较差的细粒土，必要时夯击遍数可以增加。最后再以低能量满夯 2 遍，满夯可采用轻锤或低落距多次夯击，锤印搭接。

施工时，第一遍宜为最大能级强夯，宜采用较稀疏的布点进行；第二遍、第三遍夯能级逐渐减小，夯点插于前遍的夯点之间进行；第一遍可分 2～3 次夯完，即采用跳行跳点夯。每遍夯完后，应将地面摊平碾压，再进行下遍夯击。

（4）间歇时间

两遍夯击之间应有一定的时间间隔即间歇时间，间歇时间应根据超孔隙水压力的消散情况确定。当缺少实测资料时，可根据地基土的渗透性确定，对于渗透性较差的黏性土地基，间歇时间不应少于 3～4 周；对于渗透性好的地基可连续夯击。

（5）夯点布置及间距

夯击点位置可根据基底平面形状，采用等边三角形、等腰三角形或正方形布置。夯击点间距一般根据地基土的性质和要求处理的深度确定。第一遍夯击点间距可取夯锤直径的 2.5～3.5 倍，第二遍夯击点位于第一遍夯击点之间。以后各遍夯击点间距可适当减小。另外，对于处理深度较大或单击夯击能较大的工程，第一遍夯击点间距宜适当增大；对于细颗粒土，为了便于超孔隙水压力消散，夯点间距不宜过小。

（6）强夯处理范围

强夯处理范围应大于建筑物基础范围，每边超出基础外缘的宽度宜为基底下设计处理深度的 1/2～2/3，并不宜小于 3m。

(7) 地基承载力特征值的确定

强夯地基承载力特征值应通过现场载荷试验确定，初步设计时也可根据夯后原位测试和土工试验指标按现行国家标准《建筑地基基础设计规范》(GB 50007—2011)的有关规定确定。

(8) 变形计算

强夯地基变形包括两部分：有效加固深度范围内的土层变形和其下下卧层的变形。变形计算时可按现行《建筑地基基础设计规范》(GB 50007—2011)的有关规定进行。夯后有效加固深度内土层的压缩模量应通过原位测试或土工试验确定。

12.4.4 压实地基法设计计算

(1) 压实填料

压实填土的填料可选用粉质黏土、灰土、粉煤灰、级配良好的砂土或碎石土，以及质地坚硬、性能稳定、无腐蚀性和无放射性危害的工业废料等，并应满足下列要求：

① 以碎石土作填料时，其最大粒径不宜大于100mm；

② 以粉质黏土、粉土作填料时，其含水量宜为最优含水量，可采用击实试验确定；

③ 不得使用淤泥、耕土、冻土、膨胀土以及有机质含量大于5%的土料；

④ 采用振动压实法时，宜降低地下水位到振实面下600mm。

(2) 铺填厚度和压实遍数

碾压法和振动压实法施工时，应根据压实机械的压实性能、地基土性质、密实度、压实系数和施工含水量等，并结合现场试验确定碾压分层厚度、碾压遍数、碾压范围和有效加固深度等施工参数。初步设计可按表12-5选用。

表12-5 填土每层铺填厚度及压实遍数

施工设备	每层铺填厚度/mm	每层压实遍数
平碾(8～12t)	200～300	6～8
羊足碾(5～16t)	200～350	8～16
振动碾(8～15t)	500～1200	6～8
冲压碾压(冲击势能15～25kJ)	600～1500	20～40

(3) 压实填土质量控制

压实填土的质量以压实系数 λ_c 控制，并应根据结构类型和压实填土所在部位按表12-6的要求确定。

表12-6 压实填土的质量控制

结构类型	填土部位	压实系数 λ_c	控制含水量/%
砌体承重结构和框架结构	在地基主要受力层范围以内	≥0.97	$\omega_{op}\pm2$
	在地基主要受力层范围以下	≥0.95	
排架结构	在地基主要受力层范围以内	≥0.96	
	在地基主要受力层范围以下	≥0.94	

注：地坪垫层以下及基础底面标高以上的压实填土，压实系数不应小于0.94。

压实填土的最大干密度和最优含水量，宜采用击实试验确定，当无试验资料时，最大干密度可按下式计算：

$$\rho_{dmax}=\eta\frac{\rho_w d_s}{1+0.01\omega_{op}d_s} \tag{12-15}$$

式中，ρ_{dmax} 为分层压实填土的最大干密度；η 为经验系数，粉质黏土取0.96，粉土取0.97；ρ_w 为水的密度；d_s 为土粒相对密度；ω_{op} 为填料的最优含水量。

当填料为碎石或卵石时，其最大干密度可取 2.1～2.2 t/m^3。

(4) 压实填土地基承载力特征值与变形计算

压实填土地基承载力特征值，应根据现场静载荷试验确定，或可通过动力触探、静力触探等试验，并结合静载荷试验结果确定；其下卧层顶面的承载力应满足本规范式(12-1)、式(12-2) 和式(12-3)的要求。

压实填土地基的变形，可按现行国家标准《建筑地基基础设计规范》(GB 50007—2011)的有关规定计算，压缩模量应通过处理后地基的原位测试或土工试验确定。

12.5 复合地基法

12.5.1 概述

复合地基是指天然地基在地基处理过程中部分土体得到增强，或被置换，或在天然地基中设置加筋材料，加固区是由基体(天然地基土体或被改良的天然地基土体)和增强体两部分组成的人工地基[1]。目前工程中常见的竖向增强体有碎石桩、砂桩、水泥土桩、灰土桩、水泥粉煤灰碎石桩(CFG 桩) 等，水平增强体主要是指土工织物、土工格栅等土工合成材料。

12.5.1.1 复合地基的分类

复合地基可按不同的方法进行分类，下面主要介绍几种常见的分类方法。

(1) 根据增强体方向分类

根据地基中增强体的方向，可将复合地基分为水平增强体复合地基、竖向增强体复合地基即桩式复合地基和斜向增强体复合地基。与天然地基相比，桩式(或竖向增强体)复合地基有两个基本特点：加固区由基体和增强体两部分组成，因而复合地基是非均质的、各向异性的；在荷载作用下，基体和增强体共同承担上部荷载。

(2) 根据增强体材料分类

根据增强体材料性质的不同，可将复合地基分为散体材料桩复合地基(如碎石桩复合地基、砂桩复合地基等)、黏结体材料桩复合地基(如水泥土桩复合地基、CFG 桩复合地基等)和土工合成材料复合地基。

(3) 根据桩土相对刚度分类

根据桩土的相对刚度，可将黏结体材料桩复合地基分为柔性桩复合地基和刚性桩复合地基。前者如水泥土桩复合地基、灰土桩复合地基，后者如钢筋混凝土桩复合地基、低强度混凝土桩复合地基等。

12.5.1.2 复合地基承载力特征值

复合地基承载力特征值应通过现场复合地基静载荷试验或采用增强体静载荷试验结果和其周边土的承载力特征值结合经验确定。初步设计时，可按下列公式估算：

(1) 散体材料增强体复合地基

$$f_{spk}=[1+m(n-1)]f_{sk} \tag{12-16}$$

式中，f_{spk} 为复合地基承载力特征值；n 为复合地基桩土应力比，可按地区经验确定；f_{sk} 为处理后桩间土承载力特征值，可按地区经验确定；m 为面积置换率，$m=d^2/d_e^2$；d 为桩身平均直径；d_e 为一根桩所分担的处理地基面积的等效圆直径，等边三角形布桩，$d_e=1.05s$；正方形布桩，$d_e=1.13s$；矩形布桩，$d_e=1.13\sqrt{s_1 s_2}$；s、s_1、s_2 分别为桩间距、纵向间距和横向间距。

（2）黏结材料增强体复合地基

$$f_{spk}=\lambda m\frac{R_a}{A_p}+\beta(1-m)f_{sk} \tag{12-17}$$

式中，λ 为单桩承载力发挥系数，可按地区经验取值；A_p 为桩的截面积；β 为桩间土承载力折减系数，可按地区经验取值；R_a 为单桩竖向承载力特征值，按式（12-18）和式（12-19）计算，并取其中最小值。

（3）单桩竖向承载力特征值

① 单桩竖向承载力特征值可按下式估算：

$$R_a=u_p\sum_{i=1}^{n}q_{si}l_{pi}+\alpha_p q_p A_p \tag{12-18}$$

式中，u_p 为桩的周长；q_{si}、q_p 为桩周第 i 层土的侧阻力、桩端端阻力特征值，可按地区经验确定；l_{pi} 为第 i 层土的厚度；α_p 为桩端端阻力发挥系数，应按地区经验确定。

② 桩体试块抗压强度平均值　黏结材料增强体桩身强度应满足式（12-19a）的要求。当复合地基承载力进行基础埋深的深度修正时，增强体桩身强度应满足式（12-19b）的要求。

$$f_{cu}\geqslant 4\frac{\lambda R_a}{A_p} \tag{12-19a}$$

$$f_{cu}\geqslant 4\frac{\lambda R_a}{A_p}\left[1+\frac{\gamma_m(d-0.5)}{f_{spa}}\right] \tag{12-19b}$$

式中，f_{cu} 为桩体混合料试块(边长 150mm 立方体)标准养护 28d 立方体抗压强度平均值；d 为基础埋深；γ_m 为基础底面以上土的加权平均重度，地下水位以下取有效重度；f_{spa} 为深度修正后的复合地基承载力特征值。

12.5.1.3　复合地基变形计算

复合地基变形计算应符合现行国家标准《建筑地基基础设计规范》(GB 50007—2011)的有关规定，地基变形计算深度应大于复合土层的深度。复合土层的分层与天然地基相同，各复合土层的压缩模量等于该层天然地基压缩模量的 ξ 倍，ξ 值可按下式确定：

$$\xi=\frac{f_{spk}}{f_{ak}} \tag{12-20}$$

式中，f_{ak} 为基础底面下天然地基的承载力特征值。

复合地基最终沉降计算公式：

$$s=\psi_s\left[\sum_{i=1}^{n_1}(z_i\bar{a}_i-z_{i-1}\bar{a}_{i-1})\frac{p_0}{\xi E_{si}}+\sum_{i=1+n_1}^{n_2}(z_i\bar{a}_i-z_{i-1}\bar{a}_{i-1})\frac{p_0}{E_{si}}\right] \tag{12-21}$$

式中，s 为按分层总和法计算出的复合地基最终沉降量；n_1 为加固区深度范围内土层总的分层数；n_2 为沉降计算深度范围内土层总的分层数；p_0 为对应于荷载效应准永久组合时的基底附加压力；E_{si} 为基础底面下第 i 层土的压缩模量；ξ 为加固区压缩模量提高系数，按式（12-20）计算；z_i、z_{i-1} 为基础底面至第 i 层土和第 $i-1$ 层土底面的距离；$\bar{a}_i$、$\bar{a}_{i-1}$ 为基础底面计算点至第 i 层土和第 $i-1$ 层土底面范围内的平均附加应力系数，可查相关的平均附加应力系数表；ψ_s 为沉降计算经验系数，根据地区沉降观测资料及经验确定，无地区经验时可采用表 12-7 的数值。

表 12-7　变形计算经验系数 ψ_s

$\bar{E}_s$/MPa	4.0	7.0	15.0	20.0	35.0
ψ_s	1.0	0.7	0.4	0.2	0.2

注：$\bar{E}_s$ 为沉降计算深度范围内压缩模量的当量值，按下式计算：

$$\bar{E}_s=\frac{\sum_{i=1}^{n}A_i+\sum_{j=1}^{m}A_j}{\sum_{i=1}^{n}\frac{A_i}{E_{spi}}+\sum_{i=1}^{n}\frac{A_j}{E_{sj}}} \tag{12-22}$$

式中，A_i 为加固土层第 i 层土的竖向附加应力面积；A_j 为加固土层下第 j 层土的竖向附加应力面积。

12.5.2　振冲碎石桩与沉管砂石桩法

在 20 世纪 30 年代，德国工程师 S. Steuerman(1936 年)发明了振动水冲法(简称振冲法)。振冲法是以起重机吊起振冲器，启动潜水电机后带动偏心块，使振冲器产生高频振动，同时开启水泵，高压水由喷嘴喷射高压水流，在边振边冲的联合作用下，将振冲器沉入到土中预定深度，经过清孔后，即可向孔内逐段填入碎石等粗粒料，每段填料均在振动影响下被振密挤实，达到要求的密实度后即可提升振冲器，如此重复填料和振密，直到地面，从而在地基中形成一个大直径的密实桩体，所形成的桩体与原地基土组成复合地基。1976 年，振冲法由南京水利科学研究院引入我国并得到迅速推广。目前，该方法在我国已被广泛应用于各种工业和民用建筑、油罐、水坝、港口、电站、机场、高速公路、铁路等领域的地基处理中。

碎石桩、砂桩和砂石桩总称为砂石桩。砂石桩法是指采用振动、冲击或水冲等方式在软弱地基中成孔后，再将砂或碎石挤压入已成的孔中，形成大直径的砂石所构成的密实桩体，并和原地基土组成复合地基的地基处理方法。

砂石桩法可以利用振动沉管、锤击沉管或冲击成孔等成桩法成孔。

振冲碎石桩和沉管砂石桩复合地基适用于处理松散砂土、粉土、粉质黏土、素填土和杂填土等地基，以及用于处理可液化地基。对于饱和黏土地基，如果对变形控制不严格，可采用砂石桩置换处理。不加填料振冲挤密法适用于处理黏粒含量不大于 10%的中砂和粗砂地基。

对大型的、重要的或场地地层复杂的工程，以及对于处理不排水抗剪强度不小于 20kPa 的饱和黏土和饱和黄土地基，应在施工前通过现场试验确定其适用性。不加填料振冲挤密适用于处理黏粒含量不大于 10%的中砂、粗砂地基。

12.5.2.1　加固机理

(1) 振冲法加固机理

振冲法对不同性质的土层分别具有置换、挤密和振密、桩体、排水固结等作用。

① 置换作用　振冲法对黏性土地基主要起置换作用，即通过在振冲孔内加填碎石或卵石等强度高的回填料来置换原来的软弱土体，达到提高地基承载力的目的。

② 挤密、振密作用　振冲法对于中细砂、粉土、素填土和杂填土除了具有置换作用外，还具有挤密和振密的作用。因为以上土体在施工过程中都要在振冲孔内加填碎石等回填料并形成大直径的密实桩体，桩体将对周围土层产生很大的横向压力，使周围土层变得密实。另外，在施工过程中，振冲器的重复水平振动，不仅使孔壁周围的土体变得密实，还可以利用填料作为传力介质，在振冲器的水平振动下通过连续加填料将桩间土进一步振挤密实。

③ 桩体作用　在振冲孔内形成的碎石或卵石等振冲桩与桩间土共同作用构成了复合地基。由于振冲桩的刚度远大于桩间土刚度，并且压缩性较低。所以基础传给复合地基的附加应力，随着地基变形逐渐集中到振冲桩上，桩间土负担的附加应力相对减小，振冲桩在复合地基中起到了桩体作用。

④ 排水固结作用　如果在细颗粒含量较高的地基中形成碎石桩，由于碎石桩具有良好

的渗透性，可以形成排水通道，使土体中的超孔隙水压力快速消散，达到加速地基土固结，提高其强度和稳定性的目的。

（2）砂石桩法加固机理

砂石桩在处理地基时主要靠桩的挤密和施工中的振动作用使桩周土的密度增大，以达到提高地基承载力、降低压缩性的目的。对于不同的地基土，砂石桩的加固机理也不尽相同。

① 在松散砂土、粉土地基中的主要作用

a. 挤密作用　在施工过程中，采用锤击法或振动法向砂土中沉管和一次拔管成桩时，由于沉管对周围土层产生了很大的横向挤压力，并将孔中原来的土挤向四周，使得周围土层中的孔隙比减小，密度增大。

b. 振密作用　在向地基中沉管和边振动边逐步拔管成桩的过程中，对桩管四围的土层除了产生挤密作用外，沉管的振动能量还以波的形式在土体中传播，引起周围土体振动，导致部分土体结构破坏，土颗粒重新排列，从而使得松散状态的土体趋向密实。

c. 抗液化作用　由于饱和松砂在地震荷载作用下具有较强的振密性，土体易趋于密实，土体中的孔隙减小，使得孔隙水不能及时排出，从而形成了超孔隙水压力。随着饱和砂土地基中超孔隙水压力的不断积累，当其达到上覆土压力时，土颗粒间的有效应力完全丧失而导致地基液化。砂石桩加固可液化地基的作用主要表现在以下三个方面：通过振密和挤密作用提高了饱和砂土的密实度，减小了饱和砂层的振密性；通过排水作用，加速了土体中超孔隙水压力的消散，限制了超孔隙水压力的增长；通过桩体作用，减小了桩间土所受到的剪应力，即减弱了作用于土体上使土振密的驱动力强度，也就减小了产生液化的超孔隙水压力，从而提高了桩间土的抗液化能力。

②在黏土地基中的主要作用

a. 置换作用　用密实的砂石桩置换相同体积的软弱黏土，形成复合地基。由于砂石桩的强度和抗变形能力比软弱黏土大，从而使得复合地基的承载力比原来天然地基大、沉降量比天然地基小。

b. 排水固结作用　由于砂石桩的渗透系数比较大，它在渗透性差的软弱黏土中起到了改善排水边界条件、加速软弱黏土固结的作用。

砂石桩复合地基除了可以提高地基承载力、减少沉降量外，还可通过桩体约束桩间土的侧向变形，来提高桩间土的抗剪强度，即加筋作用。

12.5.2.2　设计计算

振冲碎石桩和沉管砂石桩复合地基的设计内容主要包括：确定桩体填料、处理范围、布桩方式、桩径、桩长、桩间距、垫层厚度和材料、复合地基承载力特征值以及处理后复合地基的变形计算等。

（1）桩径

桩径可根据地基土质情况、成桩方式和成桩设备等因素确定，桩的平均直径可按每根桩所用的填料量计算。振冲碎石桩桩径宜为 800～1200mm，沉管砂石桩桩径宜为 300～800mm。

（2）桩体材料

振冲桩桩体材料可采用含泥量不大于5%的碎石、卵石、矿渣或其他性能稳定的硬质材料，不宜使用风化易碎的石料。常用的填料粒径为：当振冲器功率为30kW时，填料粒径宜为20～80mm；当振冲器为55kW时，填料粒径宜为30～100mm；当振冲器为75kW时，填料粒径宜为40～150mm。

沉管桩桩体材料可用碎石、卵石、角砾、圆砾、砾砂、粗砂、中砂或石屑等硬质材料，含泥量不大于5%，最大粒径不宜大于50mm。

（3）处理范围

地基处理范围应根据建筑物的重要性和场地条件确定，宜在基础外缘扩大 1～3 排桩。当要求消除地基液化时，在基础外缘扩大宽度不应小于基底下可液化土层厚度的 1/2，且不应小于 5m。

（4）布桩方式

桩位布置，对大面积满堂基础和独立基础，可采用三角形、正方形、矩形布置；对条形基础，可沿基础轴线采用单排布桩或对称轴线多排布桩。

（5）桩间距

桩间距应通过现场试验确定，并应符合下列规定：

① 振冲碎石桩的桩间距应根据上部结构荷载大小和场地土层情况，并结合所采用的振冲器功率大小综合考虑。30kW 振冲器布桩间距可采用 1.3～2.0m；55kW 振冲器布桩间距可采用 1.4～2.5m；75kW 振冲器布桩间距可采用 1.5～3.0m。不加填料振冲挤密孔距可为 2.0～3.0m。

② 沉管砂石桩的桩间距，不宜大于砂石桩直径的 4.5 倍。初步设计时，对于松散粉土和砂土地基，应根据挤密后要求达到的孔隙比确定，可按下列公式估算：

等边三角形布置

$$s=0.95\xi d\sqrt{\frac{1+e_0}{e_0-e_1}} \tag{12-23}$$

正方形布置

$$s=0.89\xi d\sqrt{\frac{1+e_0}{e_0-e_1}} \tag{12-24a}$$

$$e_1=e_{max}-D_{r1}(e_{max}-e_{min}) \tag{12-24b}$$

式中，s 为砂石桩间距；d 为砂石桩直径；ξ 为修正系数，当考虑振动下沉密实作用时，可取 1.1～1.2；不考虑振动下沉密实作用时，可取 1.0；e_0 为地基处理前砂土的孔隙比，可按原状土样试验确定，也可根据动力或静力触探等对比试验确定；e_1 为地基挤密后要求达到的孔隙比；e_{max}、e_{min} 为砂土的最大、最小孔隙比，可按现行国家标准《土工试验方法标准》（GB/T 50123—2019）的有关规定确定；D_{r1} 为地基挤密后要求砂土达到的相对密实度，可取 0.70～0.85。

（6）桩长

桩长可根据工程要求和工程地质条件以及地基的稳定和变形验算确定，并应符合下列规定：

① 当相对硬土层埋深较浅时，可按相对硬层埋深确定；

② 当相对硬土层埋深较大时，可按建筑物地基变形允许值确定；

③ 对按稳定性控制的工程，桩长应不小于最危险滑动面以下 2.0m 的深度；

④ 对可液化的地基，桩长应按要求处理液化的深度确定；

⑤ 桩长不宜小于 4m。

（7）垫层

桩顶与基础之间宜铺设厚度为 300～500mm 的垫层。垫层材料宜用中砂、粗砂、级配砂石和碎石等，最大粒径不宜大于 30mm，其夯填度（夯实后的厚度与虚铺厚度的比值）应不大于 0.9。

（8）复合地基的承载力特征值

复合地基的承载力初步设计可按式（12-16）估算，处理后桩间土承载力特征值，可按地区经验确定，如无经验时，对于一般黏性土地基，可取天然地基承载力特征值，对于松散的粉土和砂土可取天然地基承载力特征值 1.2～1.5 倍；复合地基桩土应力比 n，宜采用实测值确定，如无实测资料时，对于黏性土可取 2.0～4.0，对于砂土、粉土可取 1.5～3.0。

另外，复合地基的变形计算应符合 12.5.1 节的相关规定。

【例 12-3】 某砌体结构采用条形基础，基础宽度 $b=1.6\text{m}$，埋深 1.5m，基础底面处每延米长度上由上部结构传来的轴心竖向力标准值 $F_k=230\text{kN/m}$。基础底面以上土的自重标准值 $\gamma=17.5\text{kN/m}^3$。基础底面以下为粉土，压缩性高。拟采用直径 $d=1.0\text{m}$ 振冲碎石桩处理地基，正方形布桩，桩间距为 1.3m。桩体承载力特征值 $f_{pk}=280\text{kPa}$，处理后桩间土承载力特征值 $f_{sk}=110\text{kPa}$。试验算地基承载力[1]。

【解】（1）计算基础底面处的地基平均压力（取 1m 长基础计算）p_k：

$$p_k=\frac{F_k+G_k}{A}=\frac{230\times1+1.5\times1.6\times1\times20}{1.6\times1}=173.75(\text{kN/m}^2)$$

（2）计算所需的复合地基承载力特征值 f_{spk}

根据现行《建筑地基处理技术规范》3.0.4 条，基础底面处经修正后的复合地基承载力特征值为 $f_{sp}=f_{spk}+\gamma\ (d-0.5)\ =f_{spk}+17.5\times\ (1.5-0.5)\ =f_{spk}+17.5$。

根据现行《建筑地基基础设计规范》5.2.1 条规定：$p_k\leqslant f_{sp}$，即所需的复合地基承载力特征值：

$$f_{spk}\geqslant p_k-17.5=155.75(\text{kPa})$$

（3）计算处理后的复合地基承载力特征值

正方形布桩，$d_e=1.13s$，故

$$m=\frac{d^2}{d_e^{\ 2}}=(\frac{1.0}{1.13\times1.2})^2=0.463$$

取桩土应力比 $n=2$，则

$$f_{spk}=[1+m(n-1)]f_{sk}=[1+0.463\times(2-1)]\times110=160.93(\text{kPa})$$

由以上计算结果可得，处理后的复合地基承载力特征值大于所需的复合地基承载力特征值，满足要求。

12.5.3 水泥粉煤灰碎石桩法

12.5.3.1 概述

水泥粉煤灰碎石桩法(CFG 桩法)是由水泥、粉煤灰、碎石、石屑或砂等混合料加水搅拌而形成的高黏结强度桩，由桩体、桩间土和褥垫层一起组成复合地基的地基处理方法。

水泥粉煤灰碎石桩是针对碎石桩复合地基提出来的。因为用碎石桩加固软黏土时，加固效果不明显，主要原因是碎石桩为散粒体材料，本身没有黏结强度，主要靠周围土体的约束来抵抗基础传来的竖向荷载，土体越软，对桩体的约束作用越差，桩传递竖向荷载的能力越弱。在碎石桩中掺入石屑、粉煤灰、水泥等，加水搅拌后可形成一种黏结强度较高的桩体，从而使其具有刚性桩的一些特性。一般情况，CFG 桩不仅可以发挥全桩长的侧阻力作用，如果桩端落在好土层上时也能发挥端阻力作用，这样可以更好地提高复合地基的承载力。另外，刚施工完成的 CFG 桩排水性较好，可以排出由于施工引起的超孔隙水压力，直到桩体结硬为止，这样的排水过程可以延续几个小时，而不会影响桩体强度，这对减少因孔压消散太慢引起的地面隆起和增加桩间土的密实度大为有利。

水泥粉煤灰碎石桩是高黏结强度桩，需在基础和桩顶之间设置一定厚度的褥垫层，以保证桩、土共同承担荷载形成复合地基。水泥粉煤灰碎石桩与素混凝土桩的区别仅在于桩体材料的构成不同，而在其受力和变形特性方面没有什么区别。

水泥粉煤灰碎石桩复合地基具有承载力提高幅度大、地基变形小的特点，并具有较大的适用范围。它既可用于条基、独立基础，也可用于箱基、筏基；既可用于工业厂房，也可用于民用建筑。就土性而言，可用于处理黏土、粉土、砂土和正常固结的素填土等地基。对淤泥质土应通过现场试验确定其适用性。

水泥粉煤灰碎石桩不仅用于承载力较低的土，对承载力较高，但变形不能满足要求的地基，也可采用水泥粉煤灰碎石桩以减少地基变形。

12.5.3.2　加固机理

CFG 桩的加固作用主要表现在以下几个方面。

（1）振密、挤密作用

采用振动沉管法施工时，由于振动和挤压作用使桩间土变得密实。

（2）桩体作用

由于 CFG 桩是高黏结强度桩，桩体强度比桩周土大，在荷载作用下桩体本身的压缩量比桩周土小，因此随着地基的变形荷载逐渐集中到桩体上，CFG 桩起到了桩体作用，复合地基的承载力也得到提高。在其他参数相同的情况下，桩越长、桩的荷载分担比(桩承担的荷载占总荷载的百分比)越高。

（3）褥垫层作用

褥垫层在复合地基中的作用主要有以下几方面。

① 保证桩、土共同承担荷载　褥垫层可以保证桩、土共同承担荷载，是水泥粉煤灰碎石桩形成复合地基的重要条件。在竖向荷载作用下，桩体逐渐向褥垫层中刺入，桩顶上部的褥垫层材料在受压缩的同时，向周围发生流动。垫层材料的流动使得桩间土与基础底面始终保持接触并使桩间土的压缩模量增大，桩土的共同作用得到保证。

② 减小基础底面的应力集中　垫层材料的流动使桩间土承载力得以充分发挥，桩体承担的荷载相对减小，基底压力分布趋于均匀，减小了基础底面的应力集中，地基的变形情况得到改善。

③ 调整桩土垂直和水平荷载分担比　一般情况下，褥垫层越薄，桩承担的竖向荷载占总荷载的百分比越高，反之亦然；褥垫层越厚，土分担的水平荷载占总荷载的百分比越大，桩分担的水平荷载越小。

12.5.3.3　设计计算

CFG 桩复合地基的设计主要包括桩体填料、桩径、桩长、桩间距、布桩方式和范围、垫层厚度和材料、CFG 桩复合地基承载力特征值的确定以及处理后复合地基的变形计算等内容。

（1）桩体参数

① 桩径　CFG 桩桩径过小，施工质量不容易控制，桩径过大，需要加大褥垫层厚度才能保证桩土共同承担上部结构传来的荷载。因此，长螺旋钻中心压灌、干成孔和和振动沉管成桩桩径宜取 350～600mm；泥浆护壁钻孔成桩宜取 600～800mm；钢筋混凝土预制桩宜取 300～600mm。一般采用等边三角形或正方形布桩。

② 桩间距　应根据设计要求的复合地基承载力、建筑物控制沉降量、土性、施工工艺等确定。桩间距首先应满足承载力和变形量的要求。另外，从施工角度考虑，尽量选用较大的桩距，以防止新打桩对已打桩的不良影响。在满足承载力和变形要求的前提下，可通过调整桩长来调整桩间距，桩越长，桩间距可以越大。当采用非挤土成桩工艺和部分挤土成桩工艺，桩间距宜为 3～5 倍桩径；采用挤土成桩工艺和墙下条形基础单排布桩，桩间距宜为 3～6 倍桩径；桩长范围内有饱和粉土、粉细砂、淤泥、淤泥质土层，采用长螺旋钻中心压灌成桩施工中可能发生窜孔时宜采用较大的桩距。

③ 布桩范围　CFG桩可只布置在基础范围内，并可根据建筑物荷载分布、基础形式和地基土性状，合理确定布桩参数。

④ 桩长　应将桩端落在相对好的土层上，这样可以很好地发挥桩的端阻力，也可避免由于场地岩性变化大可能造成建(构)筑物沉降的不均匀。因此，设计时应根据地质勘察资料、加固深度，确定桩端持力层和预估桩长。

(2) 褥垫层设计

褥垫层材料可选用中砂、粗砂、级配砂石或碎石等，最大粒径不宜大于30mm。褥垫层厚度一般取150～300mm，当桩径大或桩间距大时褥垫层厚度宜取大值。

(3) CFG桩复合地基承载力特征值

CFG桩复合地基承载力特征值应按12.5.1节规定确定。初步设计时，可按式(12-17)估算，其中单桩承载力发挥系数λ和桩间土承载力发挥系数β应按地区经验取值，无经验时λ可取0.8～0.9；β可取0.9～1.0；处理后桩间土的承载力特征值f_{sk}，对非挤土成桩工艺，可取天然地基承载力特征值；对挤土成桩工艺，一般黏性土可取天然地基承载力特征值；松散砂土、粉土可取天然地基承载力特征值的1.2～1.5倍，原土强度低的取大值。

按式(12-18)和式(12-19)估算单桩承载力，并取其中最小值，桩端端阻力发挥系数α_p可取1.0。

另外，CFG桩复合地基的变形按12.5.1节规定计算。

12.5.4　水泥土搅拌法

12.5.4.1　概述

水泥土搅拌法适用于处理正常固结的淤泥、淤泥质土、粉土(中密、稍密)、饱和黄土、素填土、黏性土(软塑、可塑)、粉细砂(松散、中密)、中粗砂(松散、稍密)等土层。不适用于含大孤石或障碍物较多且不易清除的杂填土、欠固结淤泥和淤泥质土、硬塑及坚硬的黏性土、密实的砂类土，以及地下水渗流影响成桩质量的土层。当地基土的天然含水量小于30%(黄土含水量小于25%)时不宜采用粉体搅拌法。冬期施工时，应注意负温对处理效果的影响。

水泥土搅拌法用于处理泥炭土、有机质土、塑性指数大于25的黏土、pH值小于4的酸性土，或在腐蚀性环境中以及无工程经验的地区使用时，必须通过现场和室内试验确定其适用性。

水泥土搅拌法形成的水泥土加固体，可作为竖向承载的复合地基，基坑工程围护挡墙、被动区加固、防渗帷幕，大体积水泥稳定土等。加固体形状可分为柱状、壁状、格栅状或块状等。

12.5.4.2　加固机理

水泥土搅拌法主要是通过水泥与土(简称水泥土)之间的物理化学反应来达到提高地基土承载力、减少地基沉降量的目的。

(1) 水泥的水解和水化反应

普通硅酸盐水泥主要由氧化钙、二氧化硅、三氧化二铝、三氧化二铁及三氧化硫等组成，由这些不同的氧化物分别组成了不同的水泥矿物：硅酸三钙、硅酸二钙、铝酸三钙、铁铝酸四钙、硫酸钙等。用水泥加固软土时，水泥颗粒表面的矿物很快与软土中的水发生水解和水化反应，生成氢氧化钙、含水硅酸钙、含水铝酸钙及含水铁酸钙等化合物。

所生成的氢氧化钙、含水硅酸钙能迅速溶于水中，使水泥颗粒表面重新暴露出来，再与水发生反应，这样周围的水溶液就逐渐达到饱和。当溶液达到饱和后，水分子虽继续深入颗粒内部，但新生成物已不能再溶解，只能以细分散状态的胶体析出，悬浮于溶液中形成胶体。

（2）土颗粒与水泥水化物的作用

当水泥的各种水化物生成后，有的自身继续硬化，形成水泥石骨架，有的则与其周围具有一定活性的黏土颗粒发生反应。

① 离子交换和团粒化作用　黏土和水结合时会表现出一种胶体特征，如黏土中含量最多的二氧化硅遇水后，形成硅酸胶体微粒，其表面带有钠离子（Na^{+}）或钾离子（K^{+}），它们所形成的扩散层较厚，土颗粒间距离较大，并能和水泥水化生成的氢氧化钙中钙离子（Ca^{2+}）进行当量吸附交换，使扩散层变薄，土颗粒间距离减小，大量分散的较小土颗粒形成较大的土团颗粒，从而使土体强度提高。

水泥水化生成的凝胶粒子的比表面积约比原水泥颗粒大 1000 倍，因而产生很大的表面能，有强烈的吸附活性，能使较大的土团粒进一步结合起来，形成水泥土的团粒结构，并封闭各土团的空隙，形成坚固的联结，使得水泥土的强度大大提高。

② 硬凝反应　随着水泥水化反应的深入，溶液中析出大量的钙离子，当其数量超过离子交换所需量后，在碱性环境中，能使组成黏土矿物的二氧化硅及三氧化二铝的一部分或大部分与钙离子进行化学反应，逐渐生成不溶于水的稳定结晶化合物，增大水泥土的强度。

③ 碳酸化作用　水泥水化物中游离的氢氧化钙能吸收水中和空气中的二氧化碳，发生碳酸化反应，生成不溶于水的碳酸钙，这种反应也能使水泥土强度增加，但增长的速度较慢，幅度也较小。

12.5.4.3　水泥土的室内配合比试验

尽管已经发展多年，但水泥土搅拌法无论是从加固机理、设计计算方法还是施工工艺都还处于半理论半经验状态。掺入水泥以后，地基土的性质会发生变化，这些变化与水泥类别、掺入量、外加剂及被加固土自身的性质等诸多因素有关。因此，通过水泥土的室内配比试验，可以定量地反映出水泥土特性的一些变化规律，为设计提供一定的依据。《建筑地基处理技术规范》(JGJ 79—2012)规定：设计前，应进行处理地基土的室内配合比试验。针对现场拟处理地基土的性质，选择合适的固化剂、外掺剂及掺入量，为设计提供不同龄期、不同配比的强度参数。

众所周知，不同土质掺入水泥以后所反映的物理化学性质不完全相同，下面简要介绍一些典型的水泥土室内配合比试验结果，以便读者对水泥土的性质有一定性的了解。

（1）水泥土的物理性质

① 含水量　水泥土在硬凝过程中，由于水泥水化等反应，使部分自由水以结晶水的形式固定下来，故水泥土的含水量略低于原土样的含水量，且随着水泥掺入比的增加而减小。

② 重度　由于拌入软土中的水泥浆的重度与软土的重度相近，所以水泥土的重度与天然软土的重度相差不大。因此，采用水泥土搅拌法加固厚层软土地基时，其加固部分对下部未加固部分不致产生过大的附加荷重，也不会产生较大的附加沉降。

③ 相对密度　由于水泥的相对密度为 3.1，比一般软土的相对密度 2.65～2.75 为大，故水泥土的相对密度比天然软土的相对密度稍大。

④ 渗透系数　水泥土的渗透系数随水泥掺入比的增大和养护龄期的增长而减小，一般可达 10^{-8}～10^{-5}cm/s 数量级。水泥加固淤泥质黏土能减小原天然土层的水平向渗透系数，而对垂直向渗透性的改善，效果不显著。因此，在深基坑工程施工中可以用它作为止水帷幕。

（2）水泥土的力学性质

① 抗压强度及其影响因素　水泥土的抗压强度一般比天然软土大几十倍至数百倍。其变形特征随强度不同而介于脆性体与弹塑体之间，见图 12-5。

影响水泥土抗压强度的因素有：水泥掺入比、水泥标号、龄期、含水量、有机质含量、外掺剂、养护条件及土性等。

a. 水泥掺入比 a_w 对强度的影响。水泥土掺入比是指掺加的水泥质量与被加固软土的质量之比，用百分数表示。

水泥土的强度随着水泥掺入比的增加而增大，当 a_w＜5％时，由于水泥与土的反应过弱，水泥土固化程度低，强度离散性也较大，故在水泥土搅拌法的实际施工中，选用的水泥掺入比必须大于 7％（图中 A_{25}～A_5 表示水泥掺入比为 25％～5％）。

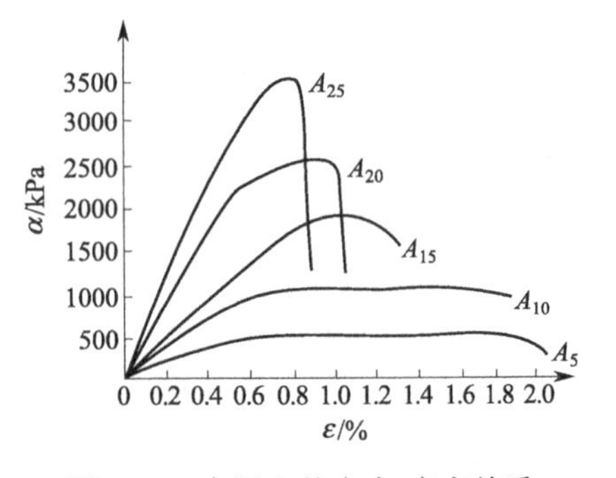

图 12-5　水泥土的应力-应变关系

b. 龄期对强度的影响。水泥土的强度随着龄期的增长而提高，一般在龄期超过 28d 后仍有明显增长，龄期超过 3 个月后强度增长才减缓。从抗压强度试验得知，在其他条件相同时，不同龄期水泥土的无侧限抗压强度之间大致呈线性关系，其经验关系式如下：

$$q_{u7}=(0.47\sim0.63)q_{u28}$$

$$q_{u14}=(0.62\sim0.80)q_{u28}$$

$$q_{u60}=(1.15\sim1.46)q_{u28}$$

$$q_{u90}=(1.43\sim1.80)q_{u28}$$

$$q_{u90}=(2.37\sim3.73)q_{u7}$$

$$q_{u90}=(1.73\sim2.82)q_{u14}$$

式中，q_{u7}、q_{u14}、q_{u28}、q_{u60}、q_{u90} 分别为 7d、14d、28d、60d 和 90d 龄期的水泥土抗压强度。

为了降低造价，国内外取 90d 龄期为标准龄期的立方体抗压强度平均值作为竖向承载的水泥土（承重搅拌桩试块）的强度。

c. 水泥标号对强度的影响。水泥土的强度随水泥标号的提高而增加。水泥强度等级提高 10 级，水泥土强度增大 20％～30％。如要求达到相同强度，水泥强度等级提高 10 级可降低水泥掺入比 2％～3％。

d. 土样含水量对强度的影响。当水泥土配比相同时，其强度随土样的天然含水量的降低而增大，试验表明，当土的含水量在 50％～85％范围内变化时，含水量每降低 10％，水泥土强度可提高为 30％。

e. 土样中有机质含量对强度影响。由于有机质使土体具有较大的水溶性和塑性、较大的膨胀性和低渗透性，并使土具有酸性，所以有机质含量较高会阻碍水泥水化反应，影响水泥土的强度增长。因此，对于有机质含量高的软土单纯用水泥加固的效果较差。

f. 外掺剂对强度的影响。不同外加剂对强度的影响不同。木质素磺酸钙对水泥土强度的增长影响不大，主要起减水作用；三乙醇胺、氯化钙、碳酸钠、水玻璃和石膏等材料对水泥土强度有增强作用，其效果对不同土质和不同水泥掺入比又有所不同。当掺入与水泥等量的粉煤灰后，水泥土强度可提高 10％左右。故在加固软土时掺入粉煤灰不仅可消耗工业废料，水泥土强度还可有所提高。

g. 养护方法。养护方法对水泥土的强度影响主要表现在养护环境的湿度和温度。国内外试验资料都说明，养护方法对短龄期水泥土强度的影响很大，随着时间的增长，不同养护方法下的水泥土无侧限抗压强度趋于一致，说明养护方法对水泥土后期强度的影响较小。

② 水泥土的抗拉、抗剪强度　大量试验结果表明：水泥土的抗拉、抗剪强度一般随抗压强度的增长而提高。

（3）水泥土的抗冻性能

水泥土试件在自然负温下进行抗冻试验。试验结果表明：其外观无显著变化，仅少数试块表面出现裂缝，并有局部微膨胀或出现片状剥落及边角脱落，但深度及面积均不大，可见自然冰冻不会造成水泥土深部的结构破坏。

12.5.4.4　设计计算

水泥土搅拌法形成的水泥土加固体，可作为竖向承载的复合地基。确定处理方案前除应按现行《岩土工程勘察规范》要求进行岩土工程详细勘察外，尚应查明拟处理土层的 pH 值、塑性指数、有机质含量、地下障碍物及软土分布情况、地下水位及其运动规律等。

水泥土搅拌法的设计内容主要包括确定搅拌桩的桩径、桩长、加固形式、布置范围、固化剂、垫层设计、复合地基承载力特征值以及处理后复合地基的变形计算等。

（1）固化剂

固化剂宜选用强度等级为 C32.5 及以上的普通硅酸盐水泥。水泥掺量除块状加固时可用被加固湿土质量的 7%～12%外，其余宜为 12%～20%。这是因为块状加固属于大体积处理，对于水泥土的强度要求不高，为了节约水泥，可选用较低的水泥掺量。湿法的水泥浆水灰比可选用 0.5～0.6。

外掺剂可根据工程需要和土质条件选用具有早强、缓凝、减水以及节省水泥等作用的材料，但应避免环境污染。

（2）桩径与桩长

水泥土搅拌桩的桩径不应小于 500mm。竖向承载搅拌桩的长度应根据上部结构对承载力和变形的要求确定，并宜穿透软弱土层到达承载力相对较高的土层；在深厚软土层中尽量避免采用“悬浮”桩型；当设置的搅拌桩同时为提高地基稳定性时，其桩长应超过危险滑弧以下不小于 2m。湿法的加固深度不宜大于 20m，干法不宜大于 15m。

（3）加固形式

竖向承载搅拌桩的平面布置可根据上部结构特点及对地基承载力和变形的要求，采用柱状、壁状、格栅状、块状及长短桩相结合等不同加固形式。

① 柱状　每隔一定距离打设一根水泥土桩，形成柱状加固形式，适用于单层工业厂房独立柱基础和多层房屋条形基础下的地基加固，它可充分发挥桩身强度与桩周侧阻力。

② 壁状　将相邻桩体部分重叠搭接成为壁状加固形式，适用于深基坑开挖时的边坡加固以及建筑物长高比大、刚度小、对不均匀沉降比较敏感的多层房屋条形基础下的地基加固。

③ 块状　是纵横两个方向的相邻桩搭接而形成的。对上部结构单位面积荷载大、对不均匀沉降控制严格的构筑物地基进行加固时可采用这种形式。

④ 格栅状　是纵横两个方向的相邻桩体搭接而形成的格栅状加固形式。适用于对上部结构单位面积荷载大和对不均匀沉降要求控制严格的建(构)筑物的地基加固。

⑤ 长短桩相结合　当地质条件复杂，同一建筑物坐落在两类不同性质的地基土上时，可用 3m 左右的短桩将相邻长桩连成壁状或格栅状，借以调整和减小不均匀沉降量。

（4）加固范围

水泥土桩的强度和刚度是介于散体材料桩(砂桩、碎石桩等)和刚性桩(钢筋混凝土桩、混凝土桩等)之间，它所形成的桩体在无侧限情况下可保持直立，在轴向力作用下又有一定的压缩性，但其承载性能又与刚性桩相似，因此在设计时可只在基础平面范围内布桩，并且独立基础下的桩数不宜少于 4 根。宜采用正方形、等边三角形等布桩方式。

（5）复合地基及单桩竖向承载力特征值

① 复合地基承载力特征值　竖向承载水泥土搅拌桩复合地基的承载力特征值应通过

现场单桩或多桩复合地基荷载试验确定。初步设计时，可按式(12-17)估算，处理后桩间土的承载力特征值 f_{sk}，可取天然地基承载力特征值；单桩承载力发挥系数 λ 可取 1.0；桩间土承载力发挥系数 β，对淤泥、淤泥质土和流塑状软土等处理土层，可取 0.1～0.4，对于其他土层可取 0.4～0.8。

② 单桩竖向承载力特征值　单桩竖向承载力特征值应通过现场载荷试验确定。初步设计时也可按式(12-18) 估算，桩端端阻力发挥系数可取 0.4～0.6；桩端端阻力特征值，可取桩端土未修正的地基承载力特征值，并应同时满足式(12-25)的要求，应使由桩身材料强度确定的单桩承载力不小于由桩周土和桩端土的抗力所提供的单桩承载力。

$$R_a = \eta f_{cu} A_p \tag{12-25}$$

式中，f_{cu} 为与搅拌桩桩身水泥土配比相同的室内加固土试块，边长为 70.7mm 的立方体在标准养护条件下 90d 龄期的立方体抗压强度平均值；η 为桩身强度折减系数，干法可取 0.20～0.25；湿法可取 0.25。

另外，CFG 桩复合地基的变形按 12.5.1 节规定计算。

(6) 垫层设计

竖向承载搅拌桩复合地基应在基础和桩之间设置褥垫层。褥垫层厚度可取 200～300mm。其材料可选用中砂、粗砂、级配砂石等，最大粒径不宜大于 20mm。

【例 12-4】 某框架结构基础采用筏板基础，基础埋深为 3.5m，基底尺寸为 14m×32m，板厚为 0.45m，地下水位距地表 2.5m。上部结构传来的相应于标准组合产生的竖向力 $F_k=80500$kN，$M_k=12000$kN·m。工程地质情况为：第一层素填土厚 3.5m，$\gamma=17.5\text{kN/m}^3$，$\gamma_{sat}=18.5\text{kN/m}^3$；第二层淤泥质土厚 6m，$\gamma_{sat}=18.0\text{kN/m}^3$，$q_{si}=8$kPa，$f_{sk}=70$kPa；第三层黏土厚 8m，$\gamma_{sat}=18.5\text{kN/m}^3$，$q_{si}=28$kPa，$f_{sk}=200$kPa。筏板基础地基采用深层搅拌法处理。其底下布桩根数为 570，搅拌桩直径 $d=0.8$m，桩长 6m，搅拌桩水泥土试块的 $f_{cu}=1254$kPa。桩端天然地基土的承载力折减系数 $\alpha_p=0.5$；桩身强度折减系数 $\eta=0.25$；桩间土承载力折减系数 $\beta=0.4$。试验算地基承载力。

【解】 (1) 先确定置换率 m

根数：

$$n=\frac{A}{A_e}=\frac{14\times32}{A_e}$$

$$A_e=\frac{14\times32}{n}=\frac{14\times32}{570}=0.786\ (\text{m}^2)$$

$$m=\frac{A_p}{A_e}=\frac{\frac{\pi}{4}\times0.8^2}{0.786}=0.64$$

(2) 确定 R_a

因为 $\alpha_p=0.5$，$\eta=0.25$，则

$$R_a=\eta f_{cu}A_p=0.25\times1254\times\frac{\pi\times0.8^2}{4}=157.5\ (\text{kN})$$

$$R_a=u_p\sum_{i=1}^{n}q_{si}l_{pi}+\alpha_p q_p A_p=\pi\times0.8\times8\times6+0.5\times200\times\frac{\pi}{4}\times0.8^2=170.82\ (\text{kN})$$

故取 $R_a=157.5$kN。

(3) 确定 f_{sp}

$$f_{spk}=\lambda m\frac{R_a}{A_p}+\beta(1-m)f_{sk}=1.0\times0.64\times\frac{157.5\times4}{\pi\times0.8^2}+0.4\times(1-0.64)\times70=210.72\ (\text{kPa})$$

$$f_{sp}=f_{spk}+\eta_d\gamma_m(d-0.5)=210.72+1.0\times\frac{17.5\times2.5+(18.5-10)\times1}{3.5}\times(3.5-0.5)=255.51\ (\text{kPa})$$

（4）承载力验算

$$p_k=\frac{F_k+G_k}{A}=\frac{80500+14\times32\times2.5\times20+14\times32\times1\times10}{14\times32}=239.69\ (\text{kPa})<f_{sp}$$

$$e=\frac{M_k}{F_k+G_k}=\frac{12000}{80500+14\times32\times2.5\times20+14\times32\times1\times10}=0.11\ (\text{m})<\frac{b}{6}=\frac{32}{6}=5.33\ (\text{m})$$

$$p_{kmax}=\frac{F_k+G_k}{A}+\frac{6M_k}{lb^2}=239.69+\frac{6\times12000}{14\times32^2}=244.71\ (\text{kPa})<1.2f_{sp}=306.61\ (\text{kPa})$$

12.5.5　多桩型复合地基

12.5.5.1　概述

采用两种及两种以上不同材料增强体，或采用同一材料、不同长度增强体加固形成的复合地基，称为多桩型复合地基。

多桩型复合地基适用于处理不同深度存在相对硬层的正常固结土，或浅层存在欠固结土、湿陷性黄土、可液化土等特殊土，以及地基承载力和变形要求较高的地基。

多桩型复合地基的设计应符合下列原则：

① 桩型及施工工艺的确定，应考虑土层情况、承载力与变形控制要求、经济性和环境要求等综合因素。

② 对复合地基承载力贡献较大或用于控制复合土层变形的长桩，应选择相对较好的持力层；对处理欠固结土的增强体，其桩长应穿越欠固结土层；对消除湿陷性土的增强体，其桩长宜穿过湿陷性土层；对处理液化土的增强体，其桩长宜穿过可液化土层。

③ 如浅部存在有较好持力层的正常固结土，可采用长桩与短桩的组合方案。

④ 对浅部存在软土或欠固结土，宜先采用预压、压实、夯实、挤密方法或低强度桩复合地基等处理浅层地基，再采用桩身强度相对较高的长桩进行地基处理。

⑤ 对湿陷性黄土应按现行国家标准《湿陷性黄土地区建筑标准》（GB 50025—2018)的规定，采用压实、夯实或土桩、灰土桩等处理湿陷性，再采用桩身强度相对较高的长桩进行地基处理。

⑥ 对可液化地基，可采用碎石桩等方法处理液化土层，再采用有黏结强度桩进行地基处理。

12.5.5.2　设计计算

（1）布桩方式

多桩型复合地基的布桩宜采用正方形或三角形间隔布置，刚性桩宜在基础范围内布桩，其他增强体布桩应满足液化土地基和湿陷性黄土地基对不同性质土质处理范围的要求。

（2）垫层设计

多桩型复合地基垫层设置，对刚性长、短桩复合地基宜选择砂石垫层，垫层厚度宜取对复合地基承载力贡献大的增强体直径的1/2；对刚性桩与其他材料增强体桩组合的复合地基，垫层厚度宜取刚性桩直径的1/2；对湿陷性黄土地基，垫层材料应采用灰土，垫层厚度宜为300mm。

（3）多桩型复合地基承载力特征值

多桩型复合地基单桩承载力应由静载荷试验确定，初步设计可按式(12-19)估算；对施工扰动敏感的土层，应考虑后施工桩对已施工桩的影响，单桩承载力予以折减。

多桩型复合地基承载力特征值，用采用多桩复合地基静载荷试验确定，初步设计时，可采用下列公式估算。

① 对具有黏结强度的两种桩组合形成的多桩型复合地基承载力特征值可按下式计算：

$$f_{spk}=m_1\frac{\lambda_1 R_{a1}}{A_{p1}}+m_2\frac{\lambda_2 R_{a2}}{A_{p2}}+\beta(1-m_1-m_2)f_{sk} \tag{12-26}$$

式中，m_1、m_2 分别为桩 1、桩 2 的面积置换率；λ_1、λ_2 分别为桩 1、桩 2 的单桩承载力发挥系数；应由单桩复合地基试验等变形准则或多桩复合地基静载荷试验确定，有地区经验时也可按地区经验确定；R_{a1}、R_{a2} 分别为桩 1、桩 2 的单桩承载力特征值；A_{p1}、A_{p2} 分别为桩 1、桩 2 的截面面积；β 为桩间土承载力发挥系数；无经验时可取 0.9～1.0；f_{sk} 为处理后复合罐基桩间土承载力特征值。

② 对具有黏结强度的桩与散体材料桩组合形成的复合地基承载力特征值可按下式计算：

$$f_{spk}=m_1\frac{\lambda_1 R_{a1}}{A_{p1}}+\beta[1-m_1-m_2(n-1)]f_{sk} \tag{12-27}$$

式中，β 为仅由散体材料桩加固处理形成的复合罐基承载力发挥系数；n 为仅由散体材料桩加固处理形成复合罐基的桩土应力比；f_{sk} 为仅由散体材料桩加固处理后桩间土承载力特征值。

③ 多桩型复合地基面积置换率，应根据基础面积与该面积范围内实际的布桩数量进行计算，当基础面积较大或条形基础较长时，可用单元面积置换率替代。

a. 当按图 12-6（a）矩形布桩时

$$m_1=\frac{A_{p1}}{2s_1 s_2} \qquad m_2=\frac{A_{p2}}{2s_1 s_2} \tag{12-28a}$$

b. 当按图 12-6（b）三角形布桩且 $s_1=s_2$ 时

$$m_1=\frac{A_{p1}}{2{s_1}^2} \qquad m_2=\frac{A_{p2}}{2{s_1}^2} \tag{12-28b}$$

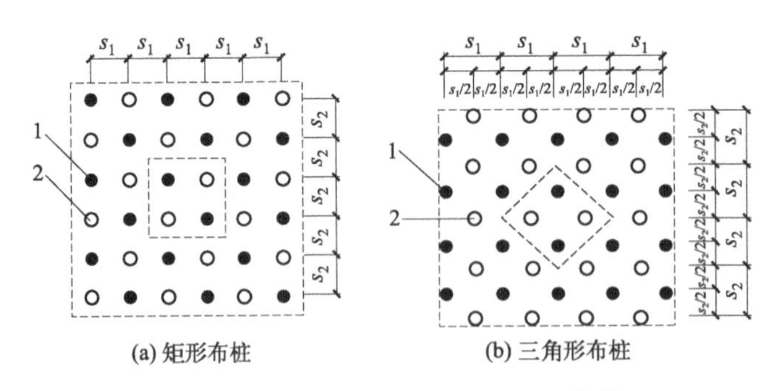

(a) 矩形布桩　　(b) 三角形布桩

图 12-6　多桩型复合地基单元面积计算模型

1—桩 1；2—桩 2

（4）多桩型复合变形计算

多桩型复合地基的变形可按 12.5.1 节的规定计算，复合土层的压缩模量可按下列公式计算。

① 对有黏结强度增强体的长短桩复合加固区、仅长桩加固区土层压缩模量提高系数分别按下列公式计算：

$$\zeta_1=\frac{f_{\mathrm{spk}}}{f_{\mathrm{ak}}} \tag{12-29a}$$

$$\zeta_2=\frac{f_{\mathrm{spk1}}}{f_{\mathrm{ak}}} \tag{12-29b}$$

式中，f_{spk1}、f_{spk} 分别为仅由长桩处理形成复合地基承载力特征值和长短桩复合地基承载力特征值；ζ_1、ζ_2 分别为长短桩复合地基加固土层压缩模量提高系数和仅由长桩处理形成复合地基加固土层压缩模量提高系数。

② 对有黏结强度的桩与散体材料桩组合形成的复合地基加固区土层压缩模量提高系数可按下列公式计算：

$$\zeta_1=\frac{f_{\mathrm{spk}}}{f_{\mathrm{spk2}}}[1+m(n-1)]\alpha \tag{12-30a}$$

$$\zeta_1=\frac{f_{\mathrm{spk}}}{f_{\mathrm{ak}}} \tag{12-30b}$$

式中，f_{spk2} 为仅由散体材料桩加固处理后复合地基承载力特征值；α 为处理后桩间土地基承载力的调整系数，$\alpha=f_{\mathrm{sk}}/f_{\mathrm{ak}}$；$m$ 为散体材料桩的面积置换率。

另外，复合地基变形计算深度应大于复合地基土层的厚度，且应满足现行国家标准《建筑地基基础设计规范》(GB 50007)的有关规定。

习　　题

12-1　进行地基处理时，应如何选择合理的地基处理方法？

12-2　换填垫层法的厚度如何确定？

12-3　试述堆载预压法加固地基的设计内容和步骤。

12-4　简述振冲法的加固机理。

12-5　松散砂土的承载力特征值为 75kPa，拟采用砂石桩进行地基处理。砂石桩的直径 $d=600$mm，正方形布置，间距 $s=1.5$m。砂石桩的桩体承载力特征值为 350kPa。试求处理后的复合地基承载力特征值 f_{spk}。

12-6　某基础埋深为 5m，基础底面尺寸为 30m×35m，$F_{\mathrm{k}}=280000$kN，$M_{\mathrm{k}}=20000$kN·m，采用 CFG 桩复合地基，桩径 0.4m，桩长 21m，桩间距 $s=1.8$m，正方形布桩，经试验得单桩竖向极限承载力为 1424kN，其他参数见图 12-7。试验算 CFG 桩复合地基的承载力。

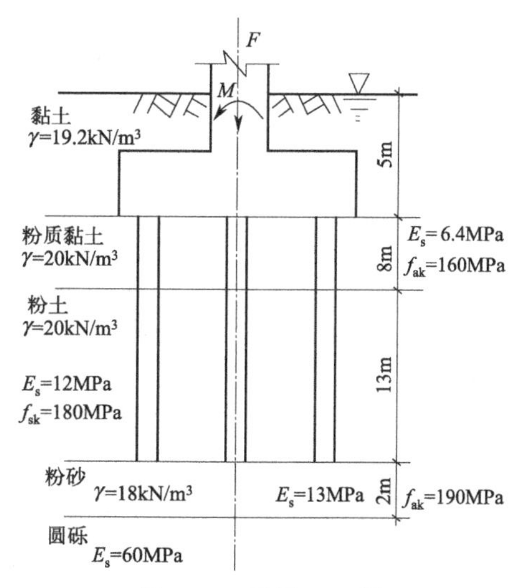

图 12-7　习题 12-6 图

参　考　文　献

[1] 龚晓楠．复合地基理论及工程应用．北京：中国建筑工业出版社，2003.
[2] 施岚青．2010 年注册结构工程师专业考试应试指南．北京：中国建筑工业出版社，2010.
[3] 中华人民共和国建设部．建筑地基处理技术规范(JGJ 79—2012)．北京：中国建筑工业出版社，2012.
[4] 刘永红．地基处理．北京：科学出版社，2005.
[5] 巩天真，岳晨曦．地基处理．北京：科学出版社，2008.
[6] 叶书麟．地基处理工程实例应用手册．北京：中国建筑工业出版社，1997.
[7] 徐至钧，赵锡鸿．地基处理技术与工程实例．北京：科学出版社，2008.
[8] 钱德玲．注册岩土工程师专业考试模拟题集．北京：中国建筑工业出版社，2009.
[9] 郑俊杰．地基处理技术．武汉：华中科技大学出版社，2004.

附录

附录 A 抗剪强度指标标准值

根据室内 n 组三轴压缩试验的结果 c_i 和 φ_i（$i=1,2,\cdots,n$），按下列公式计算内摩擦角和黏聚力的变异系数：

$$\delta_{\varphi}=\frac{\sigma_{\varphi}}{\varphi_{m}} \tag{A-1}$$

$$\delta_{c}=\frac{\sigma_{c}}{c_{m}} \tag{A-2}$$

$$\varphi_{m}=\frac{\sum_{i=1}^{n}\varphi_{i}}{n} \qquad c_{m}=\frac{\sum_{i=1}^{n}c_{i}}{n} \tag{A-3}$$

$$\sigma_{\varphi}=\sqrt{\frac{\sum_{i=1}^{n}\varphi_{i}^{2}-n\varphi_{m}^{2}}{n-1}} \qquad \sigma_{c}=\sqrt{\frac{\sum_{i=1}^{n}c_{i}^{2}-nc_{m}^{2}}{n-1}} \tag{A-4}$$

式中，δ_{φ}、δ_{c} 分别为内摩擦角和黏聚力的变异系数；φ_{m}、c_{m} 分别为内摩擦角和黏聚力的试验平均值；σ_{φ}、σ_{c} 分别为内摩擦角和黏聚力的标准差。

按下列公式计算内摩擦角和黏聚力的统计修正系数 ψ_{φ} 和 ψ_{c}：

$$\psi_{\varphi}=1-\left(\frac{1.704}{\sqrt{n}}+\frac{4.678}{n^{2}}\right)\delta_{\varphi} \tag{A-5}$$

$$\psi_{c}=1-\left(\frac{1.704}{\sqrt{n}}+\frac{4.678}{n^{2}}\right)\delta_{c} \tag{A-6}$$

内摩擦角标准值和黏聚力标准值分别为

$$\varphi_{k}=\psi_{\varphi}\varphi_{m} \tag{A-7}$$

$$c_{k}=\psi_{c}c_{m} \tag{A-8}$$

附录B 建筑材料规定

《混凝土结构设计规范》(GB 50010—2010)中关于钢筋的规定如下。

混凝土结构的钢筋应按下列规定选用：

① 纵向受力普通钢筋宜采用 HRB400、HRB500、HRBF400、HRBF500 钢筋，也可采用 HRB335、HRBF335、HPB300、RRB400 钢筋；

② 箍筋宜采用 HRB400、HRBF400、HPB300、HRB500、HRBF500 钢筋，也可采用 HRB335、HRBF335 钢筋；

③ 预应力筋宜采用预应力钢丝、钢绞线和预应力螺纹钢筋。

注意：RRB400 钢筋不宜用作重要部位的受力钢筋，不应用于直接承受疲劳荷载的构件。

普通钢筋强度标准值及设计值见表 B-1、表 B-2。

表 B-1 普通钢筋强度标准值

牌号	符号	公称直径 d/mm	屈服强度标准值 f_{yk}/(N/mm^2)	极限强度标准值 f_{stk}/(N/mm^2)
HPB300	Φ	6～22	300	420
HRB335 HRBF335	Φ Φ^{F}	6～50	335	455
HRB400 HRBF400 RRB400	Φ Φ^{F} Φ^{R}	6～50	400	540
HRB500 HRBF500	Φ Φ^{F}	6～50	500	630

表 B-2 普通钢筋强度设计值 单位：N/mm^2

牌号	抗拉强度设计值 f_y	抗压强度设计值 f'_y
HPB300	270	270
HRB335、HRBF335	300	300
HRB400、HRBF400、RRB400	360	360
HRB500、HRBF500	435	435